Automation 全国高等学校自动化专业系列教材
教育部高等学校自动化专业教学指导分委员会牵头规划

Problems and Solutions
for Linear System Theory

线性系统理论（第2版）习题与解答

郑大钟　编著
Zheng Dazhong

清华大学出版社
北 京

内 容 简 介

本书为作者所著《线性系统理论》的配套教材。书中对主教材所包含全部共近 200 道习题提供了解答。内容覆盖线性系统的时间域理论和复频率域理论,包括系统的状态空间描述和矩阵分式描述,系统特性和运动规律的时间域分析和复频率域分析,系统基于各类性能指标的时间域综合和复频率域综合等。习题类型涉及正确运用已学方法和结论直接求解的"基本题",灵活运用已学概念和知识去解决未有现成结论和方法的"灵活题",以及训练基本演绎推证能力的"证明题"。

本书除对习题给出完全解答,还就每章论述内容归纳出反映基本概念和方法的主要知识点,并以推论形式从一些解答中引申出具有规律性的一般性结论。此外,本书补充了 50 多道新增习题,提供读者自行独立求解的机会和空间。

本书可作为理工科大学生和研究生学习线性系统理论课程的参考教材,也可作为学习线性系统理论的独立辅助教材,并可供相关领域科学工作者和工程技术人员学习参考。

本书封面贴有清华大学出版社防伪标签,无标签者不得销售。
版权所有,侵权必究。举报:010-62782989,beiqinquan@tup.tsinghua.edu.cn。

图书在版编目(CIP)数据

线性系统理论(第 2 版)习题与解答/郑大钟著. —北京:清华大学出版社,2005.5(2025.2 重印)
(新编《信息、控制与系统》系列教材)
(清华大学信息科学技术学院教材——自动化系列)
ISBN 978-7-302-10749-1

Ⅰ. 线… Ⅱ. 郑… Ⅲ. 线性系统理论-高等学校-解题 Ⅳ. O231.1-44

中国版本图书馆 CIP 数据核字(2005)第 027338 号

责任编辑:王一玲
责任印制:宋 林

出版发行:清华大学出版社
    网　　址:https://www.tup.com.cn, https://www.wqxuetang.com
    地　　址:北京清华大学学研大厦 A 座　　邮　编:100084
    社 总 机:010-83470000　　邮　购:010-62786544
    投稿与读者服务:010-62776969, c-service@tup.tsinghua.edu.cn
    质 量 反 馈:010-62772015, zhiliang@tup.tsinghua.edu.cn
印 装 者:三河市君旺印务有限公司
经　　销:全国新华书店
开　　本:175mm×245mm　　印 张:25.5　　字　数:557 千字
版　　次:2005 年 5 月第 1 版　　印　次:2025 年 2 月第 17 次印刷
定　　价:69.00 元

产品编号:018148-04

出版说明

本套教材是针对清华大学信息科学技术学院所属电子工程系、计算机科学与技术系、自动化系、微电子研究所、软件学院的现行本科培养方案和研究生培养计划的课程设置而组织编写的。这些培养方案和培养计划是基于清华大学对研究型大学的定位和对研究型教学的强调，吸纳多年来在教学改革与实践中所取得的成果和形成的共识，历经多届试用和不断修订而形成的。贯穿于其中的"本科教育的通识性、培养模式的宽口径、教学方式的研究型、专业课程的前沿性"的相关思想将成为我们组编本套教材所力求体现的基本指导原则。

本套教材以本科教材为主并适量包括研究生教材。定位上，属于信息学科大类中各个基本方向的基本理论和前沿技术的一套高等院校教材。层次上，覆盖学院公共基础课程、专业技术基础课程、专业课程、研究生课程。领域上，涉及6个系列14个领域，即学院公共基础课程系列，信息与通信工程系列（含通信、信息处理等领域），微电子光电子系列（含微电子、光电子等领域），计算机科学与技术系列（含计算机科学、计算机网络与安全、计算机应用、软件工程、网格计算等领域），自动化系列（含控制理论与控制工程、模式识别与智能控制、检测与电子技术、系统工程、现代集成制造等领域），实验实践系列。类型上，以文字教材为主并适量包括多媒体教材，以主教材为主并适量包括习题集、教师手册等辅助教材，以基本理论和工程技术教材为主并适量包括实验和实践课程教材。列入这套教材中的著作，大多是清华大学信息科学技术学院所属系所院开设的课程中经过较长教学实践而形成的，既有多年教学经验和教学改革基础上新编著的教材，也有部分已出版教材的更新和修订版本。教材总体上将突出求新与求实的风格，力求反映所属领域的基本理论和新进展，力求做到学科先进性和教学适用性的统一。

本套教材的主要读者对象为电子科学与技术、信息与通信工程、计算机科学与技术、控制科学与工程、系统科学、电气工程、机械工程、化学技术与工程、核能工程等相关理工专业的大学生和研究生，以及相应领域和部门的科学工作者和工程技术人员。我们希望，这套教材既能为在校大学生和研究生的学习提供内容先进、论述系统和适于教学的教材或参考书，也能为广大科学工作者与工程技术人员的知识更新与继续学习提供适合的和有价值的进修或自学读物。我们同时要感谢使用本系列教材的广大教师、学生和科技工作者的热情支持，并热忱欢迎提出批评和意见。

《清华大学信息科学技术学院教材》编委会

2003 年 10 月

前言

《线性系统理论（第2版）习题与解答》是为作者所著《线性系统理论》（第2版）而编写的一本配套教材。《线性系统理论》（第1版）出版于1990年，为国内近百所大学采用作为高年级本科生和研究生教材，至1999年已7次重印。1993年3月，由台北儒林图书有限公司出版繁体字版本，台湾地区多所大学采用作为研究生教材或参考书。1996年2月，获国家电子工业部第三届全国电子类专业优秀教材一等奖。1997年7月，获国家教育委员会国家级教学成果奖二等奖。1999年4月，列入首批由国家教育部研究生工作办公室推荐的全国“研究生教学用书”。《线性系统理论》（第2版）出版于2002年10月，在保持第1版的体系结构和基本特色前提下，借鉴课程改革和教学中的成果经验，吸纳教材使用中的意见建议，对所有章节的内容安排和论述方式作了全方位改写，继续受到高度评价和广泛采用，在不到两年时间里已4次重印。

线性系统理论的教和学中习题构成为不可缺少的重要环节。不论是正确理解概念、方法和结论，还是灵活运用知识和方法解决现实问题，习题都具有基本作用并提供必要训练。本书对配套主教材中所包含的全部近200道习题提供了完全的解答。内容覆盖线性系统的时间域理论和复频率域理论，包括系统的状态空间描述和矩阵分式描述，系统特性和运动规律的时间域分析和复频率域分析，系统基于各类性能指标的时间域综合和复频率域综合等。类型涉及正确运用已学方法和结论直接求解问题的“基本题”，灵活运用已学概念和知识解决未有现成结论和方法的问题的“灵活题”，以及意在训练逻辑推理能力和技巧的“证明题”。此外，为使读者有自行独立求解习题的机会和空间，本书还提供了50多道新增习题以供在教和学中选用。

本书是在读者推动和督促下完成的。《线性系统理论》（第1版）出版伊始，作者和责编就收到不少读者来信，反映演算习题特别是灵活题和证明题中的困难，要求出版习题解答。《线性系统理论》（第 2 版）出版后，这种情况更为广泛和频繁。为满足读者这种需求，作者从 2004 年初开始花了一年时间，经过断断续续编写和一道道习题演算，使本书得以完成。本书的目标，既是引导正确和灵活运用线性系统理论中的概念、方法和结论去求解、分析和综合习题中问题，又是引导在习题的求解过程中来提高分析问题和解决问题的能力。除对所有习题分别给出一种完全的解答外，本书还就每章主题和内容概要指出反映基本概念和方法的主要知识点，并以推论形式从一些习题的解答中引申导出反映规律性的一般性结论。本书既可作为理工科大学生和研究生学习线性系统理论课程的参考教材，也可作为学习线性系统理论的独立辅助教材，并可供相关领域的科学工作者和工程技术人员学习参考。

在本书所提供的一部分习题的解答中，吸纳和参考了作者在清华大学讲授研究生课程《线性系统理论》和《现代控制理论》时的历届研究生的作业，在此特别向他（她）们表示衷心的感谢。此外，还要感谢清华大学出版社责任编辑王一玲同志为编辑和出版本书所作的细致工作和很多帮助。

最后，需要指出，尽管作者花了几乎一年时间来编写本书，书中难免仍会有不妥和错误之处，衷心希望读者不吝批评指正。

郑大钟

2005 年 1 月于北京清华大学

目录

第二部分 线性系统的复频率域理论

第三部分 新 增 习 题

第1章

绪 论

《线性系统理论（第 2 版）习题与解答》是以线性系统的描述、分析与综合为研究对象的一本习题与题解性教材。本书的各章标题和覆盖内容同于作者所著研究生和高年级本科生教材《线性系统理论》（第 2 版）。本书在定位上，既可看成是作者所著《线性系统理论》（第 2 版）的一本配套教材，也可作为学习线性系统理论的一本独立辅助教材。

（1）习题的作用

线性系统理论是研究线性系统的描述、分析与综合的理论和方法的一门学科。教学实践和认识规律表明，许多概念需要通过习题的求解去加深理解，许多方法需要通过习题的求解去得到熟练，许多知识需要通过习题的求解去灵活应用。有鉴于此，习题已成为线性系统理论学习中的一个不可缺少的应用环境和检验环节，通过解决以习题形式给出的线性系统的描述、分析和综合问题，加深理解和灵活运用线性系统理论的概念、方法和结论，以提高分析问题和解决问题的能力。

（2）本书的范围

《线性系统理论（第 2 版）习题与解答》的论述范围同时涉及“线性系统的时间域理论”和“线性系统的复频率域理论”。论述内容覆盖线性系统的状态空间描述和传递函数矩阵分式描述，线性系统结构特性和运动规律的时间域分析和复频率域分析，线性系统基于各类性能指标的时间域综合和复频率域综合等各个部分。

（3）本书的体系

本书的论述体系区分为“主要知识点”、“习题与解答”和“规律性推论”三个层面。各章的“主要知识点”，针对每章所论述的主题和内容，以知识点的形式简明地和有重点地归纳给出了相关的概念、理论和方法，使之可直接和方便地运用于所属章中习题的求解。各章的“习题与解答”，习题部分取自于作者所著教材《线性系统理论》（第 2 版），解答部分则对每个习题给出一种完全的解答，包括对习题类型的判断和具体的求解过程，但决不意味着这是惟一的或最好的解答。“规律性推论”附于某些习题的解答之后，它们是从一些习题的解答中所引申导出的具有规律性的一般性结论，这些推论构成为有用的新知识点而可被运用于简化求解某些新习题和直接解决某些新问题。

（4）习题的类型

本书对配套主教材《线性系统理论》（第 2 版）所提供的全部共近 200 道习题给出了完全的解答。习题类型的设计力求突出“多元化”和“层次化”的原则。既包括训练正确运用线性系统理论所提供的方法和结论求解描述、分析和综合问题的“基本题”，这些习题比较直观和直接，意在训练相关概念和相关方法的正确和熟练运用；也包括训练灵活运用已学的概念和知识去解决未有现成结论和方法的问题的“灵活题”，这些习题比较复杂和灵活，对其求解往往需要先从已有的结果和方法中推出适用的方法才能下手，意在培养综合运用和融会贯通已学知识的能力；此外还引入一些训练演绎和推证基本能力的“证明题”，目的在于训练和提高工科学生的逻辑推理能力和数学证明技巧，在现今的科学研究和工程开发中这已成为相关领域研究和开发人员的一种不可忽视的基本能力。此外，为使读者有自行独立求解习题的实践机会和空间，书中还提供了 50 多道新增习题以供在教学中选用。

（5）本书的读者对象

本书是作为学习线性系统理论的配套教材而编写的，既可作为理工科大学生和研究生学习线性系统理论课程的参考教材，也可作为学习线性系统理论的独立辅助教材，并可供相关领域的科学工作者和工程技术人员学习参考。

第一部分

线性系统的时间域理论

第2章 线性系统的状态空间描述

2.1 本章的主要知识点

状态空间描述是线性系统的最为基本的时域描述。线性系统时间域理论中对系统的分析和综合都是建立在状态空间描述基础上的。建立状态空间描述的问题归结为从系统物理结构、系统输出输入描述和系统方块图描述来导出对应的状态方程和输出方程。下面指出本章的主要知识点。

（1）状态变量组和状态

状态变量组

动力学系统的状态变量组为能完全表征其时间域行为的一个最小内部变量组 $x_1(t)$，$x_2(t)$，$\cdots, x_n(t)$，t 为自变量时间。状态变量组数学上表征为一个线性无关极大变量组。

状态

状态为由 $x_1(t), x_2(t)$，$\cdots, x_n(t)$ 组成的一个 n 维列向量 $\boldsymbol{x}$。状态的维数 n 代表系统的维数。动力学系统状态的选取为不惟一，任意选取的两个状态 $\boldsymbol{x}$ 和 $\bar{\boldsymbol{x}}$ 间为线性非奇异变换的关系。

（2）状态空间描述

连续时间线性系统状态空间描述

连续时间线性时不变系统的状态空间描述形式为

状态方程　$\dot{\boldsymbol{x}} = \boldsymbol{A}\boldsymbol{x} + \boldsymbol{B}\boldsymbol{u}$，$t \geqslant 0$

输出方程　$\boldsymbol{y} = \boldsymbol{C}\boldsymbol{x} + \boldsymbol{D}\boldsymbol{u}$

连续时间线性时变系统的状态空间描述形式为

状态方程 $\dot{\boldsymbol{x}} = \boldsymbol{A}(t)\boldsymbol{x} + \boldsymbol{B}(t)\boldsymbol{u}$， $t \in [t_0, t_f]$

输出方程 $\boldsymbol{y} = \boldsymbol{C}(t)\boldsymbol{x} + \boldsymbol{D}(t)\boldsymbol{u}$

离散时间线性系统状态空间描述

离散时间线性时不变系统的状态空间描述形式为

状态方程 $\boldsymbol{x}(k+1) = \boldsymbol{G}\boldsymbol{x}(k) + \boldsymbol{H}\boldsymbol{u}(k), \quad k = 0, 1, 2, \cdots$

输出方程 $\boldsymbol{y}(k) = \boldsymbol{C}\boldsymbol{x}(k) + \boldsymbol{D}\boldsymbol{u}(k)$

离散时间线性时变系统的状态空间描述形式为

状态方程 $\boldsymbol{x}(k+1) = \boldsymbol{G}(k)\boldsymbol{x}(k) + \boldsymbol{H}(k)\boldsymbol{u}(k), \quad k = 0, 1, 2, \cdots$

输出方程 $\boldsymbol{y}(k) = \boldsymbol{C}(k)\boldsymbol{x}(k) + \boldsymbol{D}(k)\boldsymbol{u}(k)$

（3）由物理系统建立状态空间描述的方法

建立状态空间描述的基本步骤

① 选取系统中一个“线性无关极大变量组”为状态变量组。通常，可选为各个储能元件（如电路中电容和电感，力学系统中质量和弹簧）的相应变量（如电容端电压和流经电感电流，物体速度、位置和弹簧位移）。

② 基于相应物理学定律（如电容、电感、电阻变量关系式和基尔霍夫定律，质量、弹簧、阻尼变量关系式和牛顿定律）组成系统的原始方程。

③ 通过对原始方程的计算和整理，导出等式右端为状态导数 $\dot{\boldsymbol{x}}$，左端为状态 $\boldsymbol{x}$ 线性项和输入 $\boldsymbol{u}$ 线性项相加的“状态方程”，以及等式右端为输出 $\boldsymbol{y}$，左端为状态 $\boldsymbol{x}$ 线性项和输入 $\boldsymbol{u}$ 线性项相加的“输出方程”。对不同类型线性系统状态方程和输出方程的形式如前所述。

（4）由输入输出描述建立状态空间描述的方法

输入输出描述

对连续时间 SISO 线性时不变系统，微分方程型输入输出描述为

$$y^{(n)} + a_{n-1}y^{(n-1)} + \cdots + a_1 y^{(1)} + a_0 y = b_m u^{(m)} + b_{m-1}u^{(m-1)} + \cdots + b_1 u^{(1)} + b_0 u$$

$$y^{(i)} = \mathrm{d}^i y / \mathrm{d}t^i, \quad u^{(j)} = \mathrm{d}^j u / \mathrm{d}t^j$$

传递函数型输入输出描述为

$$g(s) = \frac{\hat{y}(s)}{\hat{u}(s)} = \frac{b_m s^m + b_{m-1}s^{m-1} + \cdots + b_1 s + b_0}{s^n + a_{n-1}s^{n-1} + \cdots + a_1 s + a_0}$$

确定状态空间描述的方法 Ⅰ

给定“微分方程型输入输出描述”或“传递函数型输入输出描述”。

对 $m < n$ 情形，状态空间描述为

状态方程 $\dot{\boldsymbol{x}} = \left[\begin{array}{c|ccc} 0 & 1 & & \\ \vdots & & \ddots & \\ 0 & & & 1 \\ \hline -a_0 & -a_1 & \cdots & -a_{n-1} \end{array}\right]\boldsymbol{x} + \begin{bmatrix} 0 \\ \vdots \\ 0 \\ 1 \end{bmatrix}u$

输出方程 $y = [b_0, \ \dots \ b_m, \ 0, \ \cdots, \ 0]\boldsymbol{x}$

对 $m = n$ 情形，状态空间描述为

状态方程 $\dot{\boldsymbol{x}} = \left[\begin{array}{c|ccc} 0 & 1 & & \\ \vdots & & \ddots & \\ 0 & & & 1 \\ \hline -a_0 & -a_1 & \cdots & -a_{n-1} \end{array}\right]\boldsymbol{x} + \begin{bmatrix} 0 \\ \vdots \\ 0 \\ 1 \end{bmatrix}u$

输出方程 $y = [(b_0 - b_n a_0), (b_1 - b_n a_1), \cdots, (b_{n-1} - b_n a_{n-1})]\boldsymbol{x} + b_n u$

确定状态空间描述方法 II

给定“微分方程型输入输出描述”或“传递函数型输入输出描述”。

对 $m \leqslant n$ 情形，状态空间描述为

状态方程 $\dot{\boldsymbol{x}} = \left[\begin{array}{c|ccc} 0 & 1 & & \\ \vdots & & \ddots & \\ 0 & & & 1 \\ \hline -a_0 & -a_1 & \cdots & -a_{n-1} \end{array}\right]\boldsymbol{x} + \begin{bmatrix} \beta_1 \\ \beta_2 \\ \vdots \\ \beta_n \end{bmatrix}u$

输出方程 $y = [1, 0, \cdots, 0]\boldsymbol{x} + b_n u$

其中

$$\beta_0 = b_n, \quad \beta_1 = b_{n-1} - a_{n-1}\beta_0, \quad \beta_2 = b_{n-2} - a_{n-1}\beta_1 - a_{n-2}\beta_0, \quad \cdots$$
$$\beta_n = b_0 - a_{n-1}\beta_{n-1} - a_{n-2}\beta_{n-2} - \cdots - a_1\beta_1 - a_0\beta_0$$

（5）由方块图描述建立状态空间描述的方法

建立状态空间描述的基本步骤

① 化“给定方块图”为组成环节均是惯性环节（$k_i / s + s_i$）和比例环节 k_{0j} 的“规范化方块图”。

② 指定各个惯性环节的输出为状态变量。

③ 根据“惯性环节”和“求和环节”的输出输入关系列写出方程，并基此导出等式右端为 $s\hat{x}_i(s)$ 和左端为各个状态变量象函数线性项和输入象函数线性项相加的“变换域状态方程”，以及等式右端为输出象函数 $\hat{y}(s)$ 和左端为各个状态变量函数线性项和输入象函数线性项相加的“变换域输出方程”。

④ 利用拉普拉斯反变换关系导出“变换域状态方程”和“变换域输出方程”的时域形式，再进而表为上述指出的相应类型线性时不变系统的状态空间描述形式。

（6）连续时间线性时不变系统状态方程的约当规范形

系统特征值$\{\lambda_1, \lambda_2, \cdots, \lambda_n\}$两两相异情形

变换阵$\boldsymbol{P}=[\boldsymbol{v}_1, \boldsymbol{v}_2, \cdots, \boldsymbol{v}_n]$，$\boldsymbol{v}_i$为矩阵$\boldsymbol{A}$属于特征值$\lambda_i$的一个特征向量

约当规范形 $\dot{\bar{\boldsymbol{x}}}=\boldsymbol{P}^{-1}\boldsymbol{A}\boldsymbol{P}\bar{\boldsymbol{x}}+\boldsymbol{P}^{-1}\boldsymbol{B}\boldsymbol{u}$，$\boldsymbol{P}^{-1}\boldsymbol{A}\boldsymbol{P}=\begin{bmatrix}\lambda_1 & & & \\ & \lambda_2 & & \\ & & \ddots & \\ & & & \lambda_n\end{bmatrix}$

系统重特征值$\{\lambda_i$（代数重数σ_i，几何重数α_i），$i=1,2,\cdots,l\}$情形

变换阵$\boldsymbol{Q}$由矩阵$\boldsymbol{A}$属于各特征值的广义特征向量组构成

约当规范形 $\dot{\hat{\boldsymbol{x}}}=\boldsymbol{Q}^{-1}\boldsymbol{A}\boldsymbol{Q}\hat{\boldsymbol{x}}+\boldsymbol{Q}^{-1}\boldsymbol{B}\boldsymbol{u}$

$$\boldsymbol{Q}^{-1}\boldsymbol{A}\boldsymbol{Q}=\begin{bmatrix}\boldsymbol{J}_1 & & \\ & \ddots & \\ & & \boldsymbol{J}_l\end{bmatrix}$$

$$\underset{(\sigma_i\times\sigma_i)}{\boldsymbol{J}_i}=\begin{bmatrix}\boldsymbol{J}_{i1} & & \\ & \ddots & \\ & & \boldsymbol{J}_{i\alpha_i}\end{bmatrix},\quad i=1,2,\cdots,l$$

$$\underset{(r_{ik}\times r_{ik})}{\boldsymbol{J}_{ik}}=\begin{bmatrix}\lambda_i & 1 & & \\ & \lambda_i & \ddots & \\ & & \ddots & 1 \\ & & & \lambda_i\end{bmatrix},\quad k=1,2,\cdots,\sigma_i,\quad \sum_{k=1}^{\alpha_i} r_{ik}=\sigma_i$$

（7）由状态空间描述导出传递函数矩阵

传递函数矩阵基本关系式

连续时间线性时不变系统的传递函数矩阵基于状态空间描述的关系式为

$$\boldsymbol{G}(s)=\boldsymbol{C}(s\boldsymbol{I}-\boldsymbol{A})^{-1}\boldsymbol{B}+\boldsymbol{D}$$

传递函数矩阵实用算式

计算

$$\alpha(s)=\det(s\boldsymbol{I}-\boldsymbol{A})=s^n+\alpha_{n-1}s^{n-1}+\cdots+\alpha_1 s+\alpha_0$$

$$\boldsymbol{E}_{n-1}=\boldsymbol{CB},\quad \boldsymbol{E}_{n-2}=\boldsymbol{CAB}+\alpha_{n-1}\boldsymbol{CB},\quad \cdots,\quad \boldsymbol{E}_1=\boldsymbol{CA}^{n-2}\boldsymbol{B}+\alpha_{n-1}\boldsymbol{CA}^{n-3}\boldsymbol{B}+\cdots+\alpha_2\boldsymbol{CB}$$

$$\boldsymbol{E}_0=\boldsymbol{CA}^{n-1}\boldsymbol{B}+\alpha_{n-1}\boldsymbol{CA}^{n-2}\boldsymbol{B}+\cdots+\alpha_1\boldsymbol{CB}$$

则

$$\boldsymbol{G}(s)=\frac{1}{\alpha(s)}[\boldsymbol{E}_{n-1}s^{n-1}+\boldsymbol{E}_{n-2}s^{n-2}+\cdots+\boldsymbol{E}_1 s+\boldsymbol{E}_0]+\boldsymbol{D}$$

（8）组合系统的状态空间描述和传递函数矩阵

并联系统

两个连续时间线性时不变子系统(A_1,B_1,C_1,D_1)和(A_2,B_2,C_2,D_2)的并联系统Σ_p，状态空间描述为

状态方程 $\begin{bmatrix}\dot{x}_1\\ \dot{x}_2\end{bmatrix}=\begin{bmatrix}A_1 & 0\\ 0 & A_2\end{bmatrix}\begin{bmatrix}x_1\\ x_2\end{bmatrix}+\begin{bmatrix}B_1\\ B_2\end{bmatrix}u$

输出方程 $y=[C_1 \quad C_2]\begin{bmatrix}x_1\\ x_2\end{bmatrix}+[D_1 \quad D_2]u$

传递函数矩阵为

$$G_p(s)=G_1(s)+G_2(s)$$

串联系统

两个连续时间线性时不变子系统$\Sigma_1\ (A_1,B_1,C_1,D_1)$和$\Sigma_2\ (A_2,B_2,C_2,D_2)$按“$\Sigma_1$-$\Sigma_2$”顺序的串联系统$\Sigma_T$，状态空间描述为

状态方程 $\begin{bmatrix}\dot{x}_1\\ \dot{x}_2\end{bmatrix}=\begin{bmatrix}A_1 & 0\\ B_2C_1 & A_2\end{bmatrix}\begin{bmatrix}x_1\\ x_2\end{bmatrix}+\begin{bmatrix}B_1\\ B_2D_1\end{bmatrix}u$

输出方程 $y=[D_2C_1 \quad C_2]\begin{bmatrix}x_1\\ x_2\end{bmatrix}+(D_1D_2)u$

传递函数矩阵为

$$G_T(s)=G_2(s)\ G_1(s)$$

输出反馈系统

连续时间线性时不变输出反馈系统Σ_F，正向通道为严真子系统$\Sigma_1\ (A_1,B_1,C_1)$，反馈通道为严真子系统$\Sigma_2\ (A_2,B_2,C_2)$，状态空间描述为

状态方程 $\begin{bmatrix}\dot{x}_1\\ \dot{x}_2\end{bmatrix}=\begin{bmatrix}A_1 & -B_1C_2\\ B_2C_1 & A_2\end{bmatrix}\begin{bmatrix}x_1\\ x_2\end{bmatrix}+\begin{bmatrix}B_1\\ 0\end{bmatrix}u$

输出方程 $y=[C_1 \quad 0]\begin{bmatrix}x_1\\ x_2\end{bmatrix}$

传递函数矩阵为

$$G(s)=[I+G_1(s)G_2(s)]^{-1}G_1(s) \quad 或 \quad G(s)=G_1(s)[I+G_2(s)G_1(s)]^{-1}$$

2.2 习题与解答

本章的习题安排围绕线性时不变系统的状态空间描述及其特性。基本题部分包括从物理系统、时间域与频率域输入输出描述和方块图描述导出对应状态方程和输出方程，从系统矩阵确定特征方程和特征值，化系统状态方程为约当规范形，基于系统的状态空

间描述计算传递函数矩阵，确定反馈系统的传递函数矩阵和状态空间描述等。证明题部分包括一类矩阵积的特征值，逆矩阵的特征值，矩阵指数行列式的关系式等。灵活题部分包括确定两个指定矩阵间的变换阵，对矩阵的高幂方的可行计算，计算矩阵指数等。

题 2.1 给定图 P2.1(a)和(b)所示两个电路，试列写出其状态方程和输出方程。其中，分别指定：

(a) 状态变量组 $x_1 = u_C$，$x_2 = i$；输入变量 $u = e(t)$；输出变量 $y = i$

(b) 状态变量组 $x_1 = u_{C_1}$，$x_2 = u_{C_2}$；输入变量 $u = e(t)$；输出变量 $y = u_C$

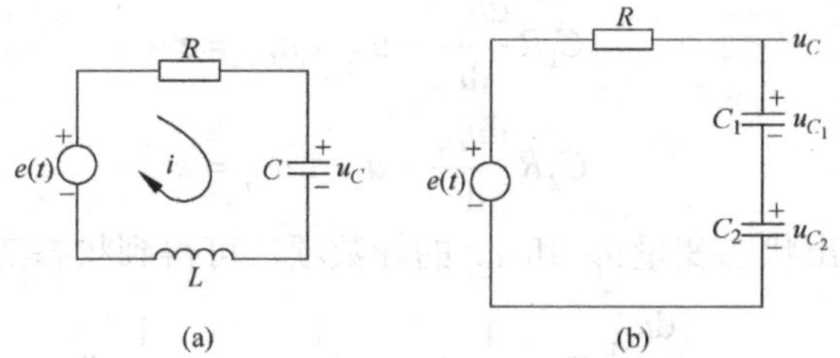

图 P2.1

解 本题属于由物理系统建立状态空间描述的基本题，意在训练正确和熟练运用电路定律列写出电路的状态方程和输出方程。

(a) 列写 P2.1(a)电路的状态方程和输出方程。首先，考虑到电容 C 和电感 L 为给定电路中仅有的两个储能元件，电容端电压 u_C 和流经电感电流 i 构成此电路的线性无关极大变量组，从而选取状态变量组 $x_1 = u_C$ 和 $x_2 = i$ 符合定义要求。基此，利用电路元件关系式和回路基尔霍夫定律，定出电路方程为

$$C\frac{\mathrm{d}u_C}{\mathrm{d}t} = i$$

$$L\frac{\mathrm{d}i}{\mathrm{d}t} + Ri + u_C = e$$

再由上述电路方程导出状态变量 u_C 和 i 的导数项，可得到状态变量方程规范形式：

$$\frac{\mathrm{d}u_C}{\mathrm{d}t} = \frac{1}{C}i$$

$$\frac{\mathrm{d}i}{\mathrm{d}t} = -\frac{1}{L}u_C - \frac{R}{L}i + \frac{1}{L}e$$

表 $\dot{u}_C = \mathrm{d}u_C/\mathrm{d}t$ 和 $\dot{i} = \mathrm{d}i/\mathrm{d}t$，并将上述方程组表为向量方程，就得到此电路的状态方程：

$$\begin{bmatrix} \dot{u}_C \\ \dot{i} \end{bmatrix} = \begin{bmatrix} 0 & \frac{1}{C} \\ -\frac{1}{L} & -\frac{R}{L} \end{bmatrix} \begin{bmatrix} u_C \\ i \end{bmatrix} + \begin{bmatrix} 0 \\ \frac{1}{L} \end{bmatrix} e$$

继而，按约定输出 $y=i$，可直接得到此电路的输出方程：

$$y=\begin{bmatrix}0 & 1\end{bmatrix}\begin{bmatrix}u_C\\ i\end{bmatrix}$$

(b) 列写 P2.1(b)电路的状态方程和输出方程。类似地，考虑到电容 C_1 和 C_2 为给定电路中仅有的两个储能元件，电容端电压 u_{C_1} 和 u_{C_2} 构成此电路的线性无关极大变量组，选取状态变量组 $x_1=u_{C_1}$ 和 $x_2=u_{C_2}$ 符合定义要求。基此，利用电路元件关系式和回路基尔霍夫定律，定出电路方程为

$$C_1R\frac{\mathrm{d}u_{C_1}}{\mathrm{d}t}+u_{C_1}+u_{C_2}=e$$

$$C_2R\frac{\mathrm{d}u_{C_2}}{\mathrm{d}t}+u_{C_1}+u_{C_2}=e$$

再由上述电路方程导出状态变量 u_{C_1} 和 u_{C_2} 的导数项，可得到状态变量方程规范形式：

$$\frac{\mathrm{d}u_{C_1}}{\mathrm{d}t}=-\frac{1}{C_1R}u_{C_1}-\frac{1}{C_1R}u_{C_2}+\frac{1}{C_1R}e$$

$$\frac{\mathrm{d}u_{C_2}}{\mathrm{d}t}=-\frac{1}{C_2R}u_{C_1}-\frac{1}{C_2R}u_{C_2}+\frac{1}{C_2R}e$$

表 $\dot{u}_{C_1}=\mathrm{d}u_{C_1}/\mathrm{d}t$ 和 $\dot{u}_{C_2}=\mathrm{d}u_{C_2}/\mathrm{d}t$，并将上述方程组表为向量方程，就得到此电路的状态方程：

$$\begin{bmatrix}\dot{u}_{C_1}\\ \dot{u}_{C_2}\end{bmatrix}=\begin{bmatrix}-\frac{1}{C_1R} & -\frac{1}{C_1R}\\ -\frac{1}{C_2R} & -\frac{1}{C_2R}\end{bmatrix}\begin{bmatrix}u_{C_1}\\ u_{C_2}\end{bmatrix}+\begin{bmatrix}\frac{1}{C_1R}\\ \frac{1}{C_2R}\end{bmatrix}e$$

继而，按约定输出 $y=u_C$，可由电路导出：

$$y=u_C=u_{C_1}+u_{C_2}$$

将其表为向量方程，就得到此电路的输出方程：

$$y=\begin{bmatrix}1 & 1\end{bmatrix}\begin{bmatrix}u_{C_1}\\ u_{C_2}\end{bmatrix}$$

对本题求解过程加以引申，可以得到如下一般性结论。

推论 2.1　一个电路系统所包含储能元件（电容和电感）的特性变量（电容端电压 u_C 和流经电感电流 i_L）集合必构成为此电路的一个线性无关极大变量组，按定义可被取为这个电路系统的状态变量组。

题 2.2　给定图 P2.2 所示的一个液位系统，图中

$q_{\text{in}}, q_1, q_2=$ 相应位置处的液流速率

$h_1, h_2 =$ 相应液罐的液位高度

$A_1, A_2 =$ 相应液罐的截面积

$R_1, R_2 =$ 相应管道的流阻

试列写出其状态方程和输出方程。其中，指定：

状态变量组 $x_1 = h_1$，$x_2 = h_2$

输入变量 $u = q_{\text{in}}$

输出变量组 $y_1 = h_1$，$y_2 = h_2$

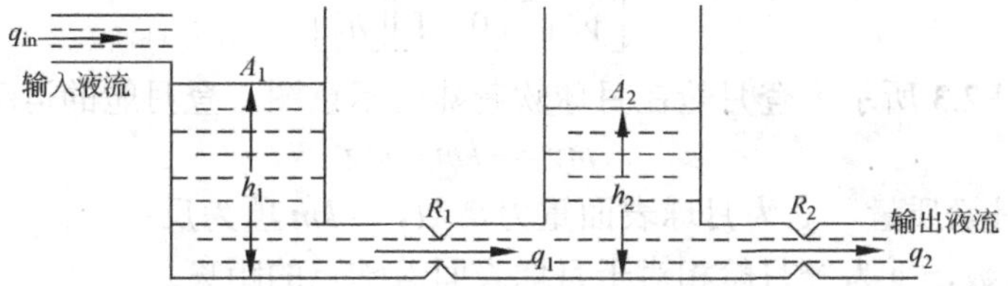

图 P2.2

解 本题属于由物理系统建立状态空间描述的基本题，意在训练对液位系统正确和熟练运用流量力学定律列写出状态方程和输出方程。

首先，列写液位系统的状态方程。此系统的储能元件为两个液罐，其液位高度 h_1 和 h_2 构成系统的线性无关极大变量组，从而选取状态变量组 $x_1 = h_1$ 和 $x_2 = h_2$ 符合定义要求。此后，对系统的两个液罐，先来导出：

流阻关系式 $R_1 = (h_1 - h_2)/q_1$，$R_2 = h_2/q_2$

液罐流量平衡关系式 $A_1 \mathrm{d}h_1 = (q_{\text{in}} - q_1)\mathrm{d}t$，$A_2 \mathrm{d}h_2 = (q_1 - q_2)\mathrm{d}t$

再由上述方程，导出关于“状态变量 h_1 和 h_2 的导数项”以及“液流速率 q_1 和 q_2”的如下两组方程：

$$\frac{\mathrm{d}h_1}{\mathrm{d}t} = -\frac{1}{A_1}q_1 + \frac{1}{A_1}q_{\text{in}}, \quad \frac{\mathrm{d}h_2}{\mathrm{d}t} = \frac{1}{A_2}q_1 - \frac{1}{A_2}q_2$$

$$q_1 = \frac{1}{R_1}h_1 - \frac{1}{R_1}h_2, \quad q_2 = \frac{1}{R_2}h_2$$

将上述第二组关系式代入第一组两个方程，可定出此液位系统的状态变量方程规范形式：

$$\frac{\mathrm{d}h_1}{\mathrm{d}t} = -\frac{1}{A_1R_1}h_1 + \frac{1}{A_1R_1}h_2 + \frac{1}{A_1}q_{\text{in}}$$

$$\frac{\mathrm{d}h_2}{\mathrm{d}t} = \frac{1}{A_2R_1}h_1 - \left(\frac{1}{A_2R_1} + \frac{1}{A_2R_2}\right)h_2$$

表 $\dot{h}_1 = \mathrm{d}h_1/\mathrm{d}t$ 和 $\dot{h}_2 = \mathrm{d}h_2/\mathrm{d}t$，并将上述方程组表为向量方程，就得到此液位系统的状态方程：

$$\begin{bmatrix} \dot{h}_1 \\ \dot{h}_2 \end{bmatrix} = \begin{bmatrix} -\dfrac{1}{A_1R_1} & \dfrac{1}{A_1R_1} \\ \dfrac{1}{A_2R_1} & -\left(\dfrac{1}{A_2R_1}+\dfrac{1}{A_2R_2}\right) \end{bmatrix} \begin{bmatrix} h_1 \\ h_2 \end{bmatrix} + \begin{bmatrix} \dfrac{1}{A_1} \\ 0 \end{bmatrix} q_{\text{in}}$$

继而，列写液位系统的输出方程。为此，按约定输出变量 $y_1 = h_1$ 和 $y_2 = h_2$，基此直接得到此液位系统的输出方程：

$$\begin{bmatrix} y_1 \\ y_2 \end{bmatrix} = \begin{bmatrix} 1 & 0 \\ 0 & 1 \end{bmatrix} \begin{bmatrix} h_1 \\ h_2 \end{bmatrix}$$

题 2.3　图 P2.3 所示为登月舱在月球软着陆的示意图。登月舱的运动方程为

$$m\ddot{y} = -k\dot{m} - mg$$

其中，m 为登月舱质量，g 为月球表面重力常数，$-k\dot{m}$ 项为反向推力，k 为常数，y 为登月舱相对于月球表面着陆点的距离。现指定状态变量组 $x_1 = y$，$x_2 = \dot{y}$ 和 $x_3 = m$，输入变量 $u = \dot{m}$，试列写出系统的状态方程。

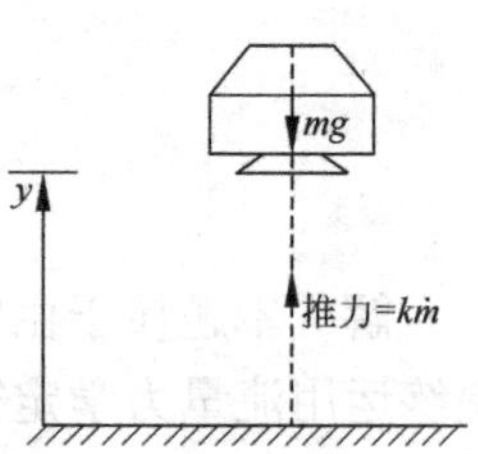

图　P2.3

解　本题属于由物理系统建立状态空间描述的基本题。

对给定力学系统，储能元件质量的相应变量即位置、速度和质量（本题中它也是随时间改变的），可被取为状态变量组 $x_1 = y$，$x_2 = \dot{y}$ 和 $x_3 = m$。基此，利用力学定律并考虑到输入变量 $u = \dot{m}$，先来导出：

$$\dot{x}_1 = \dot{y} = x_2$$

$$\dot{x}_2 = \ddot{y} = \frac{k}{m}\dot{m} - \frac{gm}{m} = -\frac{g}{x_3}x_3 + \frac{k}{x_3}u$$

$$\dot{x}_3 = \dot{m} = u$$

再将此方程组表为向量方程，就得到系统的状态方程：

$$\begin{bmatrix} \dot{x}_1 \\ \dot{x}_2 \\ \dot{x}_3 \end{bmatrix} = \begin{bmatrix} 0 & 1 & 0 \\ 0 & 0 & -\dfrac{g}{x_3} \\ 0 & 0 & 0 \end{bmatrix} \begin{bmatrix} x_1 \\ x_2 \\ x_3 \end{bmatrix} + \begin{bmatrix} 0 \\ \dfrac{k}{x_3} \\ 1 \end{bmatrix} u$$

且由状态方程形式可以看出，给定力学系统为非线性系统。

题 2.4　给定图 P2.4 所示的一个系统方块图，输入变量和输出变量分别为 u 和 y，试列写出系统的状态方程和输出方程，其中状态变量组指定为 $x_1 = y$ 和 $x_2 = \dot{y}$。

解　本题属于由方块图导出状态空间描述的基本题。由于此方块图中不包含二阶环节和高阶环节，无须规范化而可直接基于方块图定出其状态方程和输出方程。

首先，列写此方块图的状态方程。对此，按指定的状态变量 $x_1 = y$ 和 $x_2 = \dot{y}$，并基

于方块图中变量间的因果关系，可以导出状态变量方程为

$$\dot{x}_1 = \dot{y} = x_2$$

$$\dot{x}_2 = \ddot{y} = u - [k + a(t) + by]y = u - [k + a(t) + bx_1]x_1$$

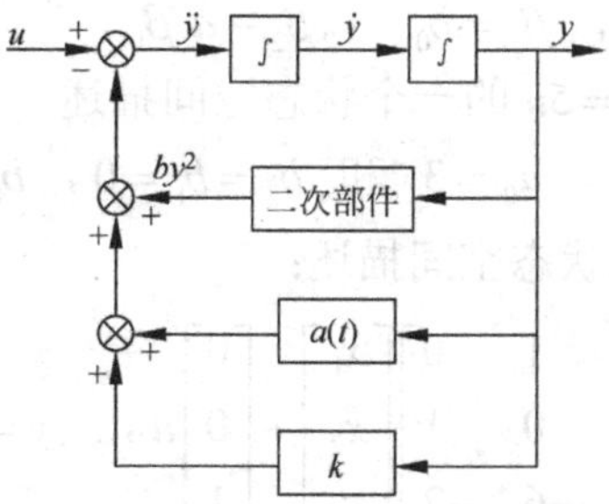

图 P2.4

将上述方程组表为向量方程，就得到此方块图的状态方程：

$$\begin{bmatrix} \dot{x}_1 \\ \dot{x}_2 \end{bmatrix} = \begin{bmatrix} 0 & 1 \\ -[k + a(t) + bx_1] & 0 \end{bmatrix} \begin{bmatrix} x_1 \\ x_2 \end{bmatrix} + \begin{bmatrix} 0 \\ 1 \end{bmatrix} u$$

且由状态方程形式可以看出，此方块图为非线性和时变的系统。

继而，列写此方块图的输出方程。对此，按约定输出 $x_1 = y$，可直接得到此方块图的输出方程：

$$y = \begin{bmatrix} 1 & 0 \end{bmatrix} \begin{bmatrix} x_1 \\ x_2 \end{bmatrix}$$

题 2.5 求出下列各输入输出描述的一个状态空间描述：

(i) $\dddot{y} + 2\ddot{y} + 6\dot{y} + 3y = 5u$

(ii) $\dddot{y} + 8\ddot{y} + 5\dot{y} + 13y = 4\dot{u} + 7u$

(iii) $3\dddot{y} + 6\ddot{y} + 12\dot{y} + 9y = 6\dot{u} + 3u$

解 本题属于由时间域输入输出描述导出状态空间描述的基本题。通常，可采用多种算法来实现两种描述间的转换。

容易看出，题中给出的系统均为严真三阶系统，其“首一化”输入输出描述的一般表达式为

$$\dddot{y} + a_2\ddot{y} + a_1\dot{y} + a_0 y = b_2\ddot{u} + b_1\dot{u} + b_0 u$$

当采用算法 1（主教材中结论 2.1 的算法）时，所得状态空间描述为

$$\begin{bmatrix} \dot{x}_1 \\ \dot{x}_2 \\ \dot{x}_3 \end{bmatrix} = \begin{bmatrix} 0 & 1 & 0 \\ 0 & 0 & 1 \\ -a_0 & -a_1 & -a_2 \end{bmatrix} \begin{bmatrix} x_1 \\ x_2 \\ x_3 \end{bmatrix} + \begin{bmatrix} 0 \\ 0 \\ 1 \end{bmatrix} u, \quad y = \begin{bmatrix} b_0 & b_1 & b_2 \end{bmatrix} \begin{bmatrix} x_1 \\ x_2 \\ x_3 \end{bmatrix}$$

当采用算法 2（主教材中结论 2.2 的算法）时，所得状态空间描述为

$$\begin{bmatrix}\dot{x}_1\\ \dot{x}_2\\ \dot{x}_3\end{bmatrix}=\begin{bmatrix}0&1&0\\0&0&1\\-a_0&-a_1&-a_2\end{bmatrix}\begin{bmatrix}x_1\\x_2\\x_3\end{bmatrix}+\begin{bmatrix}\beta_1\\ \beta_2\\ \beta_3\end{bmatrix}u,\quad y=\begin{bmatrix}1&0&0\end{bmatrix}\begin{bmatrix}x_1\\x_2\\x_3\end{bmatrix}$$

其中，$\beta_1=b_2$，$\beta_2=b_1-a_2\beta_1$，$\beta_3=b_0-a_2\beta_2-a_1\beta_1$。

（i）确定$\dddot{y}+2\ddot{y}+6\dot{y}+3y=5u$的一个状态空间描述

算法 1：由$a_2=2$，$a_1=6$，$a_0=3$ 和 $b_2=b_1=0$，$b_0=5$，利用上述算法 1 的结果式，可得到此输入输出描述的状态空间描述：

$$\begin{bmatrix}\dot{x}_1\\ \dot{x}_2\\ \dot{x}_3\end{bmatrix}=\begin{bmatrix}0&1&0\\0&0&1\\-3&-6&-2\end{bmatrix}\begin{bmatrix}x_1\\x_2\\x_3\end{bmatrix}+\begin{bmatrix}0\\0\\1\end{bmatrix}u,\quad y=\begin{bmatrix}5&0&0\end{bmatrix}\begin{bmatrix}x_1\\x_2\\x_3\end{bmatrix}$$

算法 2：由$a_2=2$，$a_1=6$，$a_0=3$ 和 $b_2=b_1=0$，$b_0=5$，先来定出$\beta_1=0$，$\beta_2=0$，$\beta_3=5$。基此，利用上述算法 2 的结果式，可得到此输入输出描述的状态空间描述：

$$\begin{bmatrix}\dot{x}_1\\ \dot{x}_2\\ \dot{x}_3\end{bmatrix}=\begin{bmatrix}0&1&0\\0&0&1\\-3&-6&-2\end{bmatrix}\begin{bmatrix}x_1\\x_2\\x_3\end{bmatrix}+\begin{bmatrix}0\\0\\5\end{bmatrix}u,\quad y=\begin{bmatrix}1&0&0\end{bmatrix}\begin{bmatrix}x_1\\x_2\\x_3\end{bmatrix}$$

（ii）确定$\dddot{y}+8\ddot{y}+5\dot{y}+13y=4\dot{u}+7u$的一个状态空间描述

算法 1：由$a_2=8$，$a_1=5$，$a_0=13$ 和 $b_2=0$，$b_1=4$，$b_0=7$，利用上述算法 1 的结果式，可得到此输入输出描述的状态空间描述：

$$\begin{bmatrix}\dot{x}_1\\ \dot{x}_2\\ \dot{x}_3\end{bmatrix}=\begin{bmatrix}0&1&0\\0&0&1\\-13&-5&-8\end{bmatrix}\begin{bmatrix}x_1\\x_2\\x_3\end{bmatrix}+\begin{bmatrix}0\\0\\1\end{bmatrix}u,\quad y=\begin{bmatrix}7&4&0\end{bmatrix}\begin{bmatrix}x_1\\x_2\\x_3\end{bmatrix}$$

算法 2：由$a_2=8$，$a_1=5$，$a_0=13$ 和 $b_2=0$，$b_1=4$，$b_0=7$，先来定出$\beta_1=0$，$\beta_2=4$，$\beta_3=-25$。基此，利用上述算法 2 的结果式，可得到此输入输出描述的状态空间描述：

$$\begin{bmatrix}\dot{x}_1\\ \dot{x}_2\\ \dot{x}_3\end{bmatrix}=\begin{bmatrix}0&1&0\\0&0&1\\-13&-5&-8\end{bmatrix}\begin{bmatrix}x_1\\x_2\\x_3\end{bmatrix}+\begin{bmatrix}0\\4\\-25\end{bmatrix}u,\quad y=\begin{bmatrix}1&0&0\end{bmatrix}\begin{bmatrix}x_1\\x_2\\x_3\end{bmatrix}$$

（iii）确定$3\dddot{y}+6\ddot{y}+12\dot{y}+9y=6\dot{u}+3u$的一个状态空间描述

算法 1：首先，将给定输入输出描述乘以$1/3$，导出“首一化”输入输出描述：

$$\dddot{y}+2\ddot{y}+4\dot{y}+3y=2\dot{u}+u$$

再由“首一化”输入输出描述的系数 $a_2=2$，$a_1=4$，$a_0=3$ 和 $b_2=0$，$b_1=2$，$b_0=1$，利用上述算法 1 的结果式，可得到此输入输出描述的状态空间描述：

$$\begin{bmatrix}\dot{x}_1\\ \dot{x}_2\\ \dot{x}_3\end{bmatrix}=\begin{bmatrix}0&1&0\\0&0&1\\-3&-4&-2\end{bmatrix}\begin{bmatrix}x_1\\x_2\\x_3\end{bmatrix}+\begin{bmatrix}0\\0\\1\end{bmatrix}u,\quad y=\begin{bmatrix}1&2&0\end{bmatrix}\begin{bmatrix}x_1\\x_2\\x_3\end{bmatrix}$$

算法 2：由"首一化"输入输出描述的系数 $a_2=2$，$a_1=4$，$a_0=3$ 和 $b_2=0$，$b_1=2$，$b_0=1$，先来定出 $\beta_1=0$，$\beta_2=2$，$\beta_3=-3$。基此，利用上述算法 2 的结果式，可得到此输入输出描述的状态空间描述：

$$\begin{bmatrix}\dot{x}_1\\ \dot{x}_2\\ \dot{x}_3\end{bmatrix}=\begin{bmatrix}0&1&0\\0&0&1\\-3&-4&-2\end{bmatrix}\begin{bmatrix}x_1\\x_2\\x_3\end{bmatrix}+\begin{bmatrix}0\\2\\-3\end{bmatrix}u,\quad y=\begin{bmatrix}1&0&0\end{bmatrix}\begin{bmatrix}x_1\\x_2\\x_3\end{bmatrix}$$

对本题求解过程加以引申，可以得到如下一般性结论。

推论 2.5 由时间域输入输出描述导出状态空间描述的算法为不惟一，其状态空间描述的结果也不惟一。

题 2.6 求出下列各输入输出描述的一个状态空间描述：

（i）$\dfrac{\hat{y}(s)}{\hat{u}(s)}=\dfrac{2s^2+18s+40}{s^3+6s^2+11s+6}$

（ii）$\dfrac{\hat{y}(s)}{\hat{u}(s)}=\dfrac{3(s+5)}{(s+3)^2(s+1)}$

解 本题属于由传递函数型输入输出描述导出状态空间描述的基本题。通常，可以采用多种算法来实现两种描述间的转换。

（i）确定 $\dfrac{\hat{y}(s)}{\hat{u}(s)}=\dfrac{2s^2+18s+40}{s^3+6s^2+11s+6}$ 的一个状态空间描述

本子题中的严真传递函数一般表达式

$$\frac{\hat{y}(s)}{\hat{u}(s)}=\frac{b_2s^2+b_1s+b_0}{s^3+a_2s^2+a_1s+a_0}$$

实质上等同于题 2.5 中的严真"时间域输入输出描述"，可采用上题中两种算法来确定其对应状态空间描述。

当采用上题中算法 1 时，得到给定传递函数的状态空间描述：

$$\begin{bmatrix}\dot{x}_1\\ \dot{x}_2\\ \dot{x}_3\end{bmatrix}=\begin{bmatrix}0&1&0\\0&0&1\\-a_0&-a_1&-a_2\end{bmatrix}\begin{bmatrix}x_1\\x_2\\x_3\end{bmatrix}+\begin{bmatrix}0\\0\\1\end{bmatrix}u=\begin{bmatrix}0&1&0\\0&0&1\\-6&-11&-6\end{bmatrix}\begin{bmatrix}x_1\\x_2\\x_3\end{bmatrix}+\begin{bmatrix}0\\0\\1\end{bmatrix}u$$

$$y=\begin{bmatrix}b_0&b_1&b_2\end{bmatrix}\begin{bmatrix}x_1\\x_2\\x_3\end{bmatrix}=\begin{bmatrix}40&18&2\end{bmatrix}\begin{bmatrix}x_1\\x_2\\x_3\end{bmatrix}$$

当采用上题中算法 2 时，先来定出 $\beta_1=b_2=2$，$\beta_2=b_1-a_2\beta_1=18-(6\times2)=6$，

$\beta_3 = b_0 - a_2\beta_2 - a_1\beta_1 = 40-(6\times6)-(11\times2)=-18$，得到给定传递函数的状态空间描述：

$$\begin{bmatrix}\dot{x}_1\\ \dot{x}_2\\ \dot{x}_3\end{bmatrix}=\begin{bmatrix}0&1&0\\0&0&1\\-a_0&-a_1&-a_2\end{bmatrix}\begin{bmatrix}x_1\\x_2\\x_3\end{bmatrix}+\begin{bmatrix}\beta_1\\ \beta_2\\ \beta_3\end{bmatrix}u=\begin{bmatrix}0&1&0\\0&0&1\\-6&-11&-6\end{bmatrix}\begin{bmatrix}x_1\\x_2\\x_3\end{bmatrix}+\begin{bmatrix}2\\6\\-18\end{bmatrix}u$$

$$y=\begin{bmatrix}1&0&0\end{bmatrix}\begin{bmatrix}x_1\\x_2\\x_3\end{bmatrix}$$

（ii）确定$\dfrac{\hat{y}(s)}{\hat{u}(s)}=\dfrac{3(s+5)}{(s+3)^2(s+1)}$的一个状态空间描述

本子题中的严真传递函数一般表达式可进而表为

$$\frac{\hat{y}(s)}{\hat{u}(s)}=b\frac{1}{(s-s_3)}\cdot\frac{1}{(s-s_2)}\cdot\frac{(s-z_1)}{(s-s_1)}=\frac{1}{(s-s_3)}\cdot\frac{1}{(s-s_2)}\cdot\left[1+\frac{(s_1-z_1)}{(s-s_1)}\right]b$$

$$\text{极点 } s_1=3,\ s_2=3,\ s_3=1,\quad \text{零点 } z_1=5$$

基此，可将上述传递函数表达式看成是“由右向左三个环节的串联”，且

由$\dfrac{\hat{x}_1(s)}{\hat{u}(s)}=\dfrac{b(s_1-z_1)}{(s-s_1)}$　导出　$\dot{x}_1=s_1x_1+b(s_1-z_1)u$

由$\hat{x}_2(s)=\dfrac{1}{(s-s_2)}[\hat{x}_1(s)+b\hat{u}(s)]$　导出　$\dot{x}_2=s_2x_2+x_1+bu$

由$\hat{x}_3(s)=\dfrac{1}{(s-s_3)}\hat{x}_2(s)$　导出　$\dot{x}_3=s_3x_3+x_2$

由$\hat{y}(s)=\hat{x}_3(s)$　导出　$y=x_3$

从而，可定出此输入输出描述的一个状态空间描述：

$$\begin{bmatrix}\dot{x}_1\\ \dot{x}_2\\ \dot{x}_3\end{bmatrix}=\begin{bmatrix}s_1&0&0\\1&s_2&0\\0&1&s_3\end{bmatrix}\begin{bmatrix}x_1\\x_2\\x_3\end{bmatrix}+\begin{bmatrix}b(s_1-z_1)\\b\\0\end{bmatrix}u=\begin{bmatrix}3&0&0\\1&3&0\\0&1&1\end{bmatrix}\begin{bmatrix}x_1\\x_2\\x_3\end{bmatrix}+\begin{bmatrix}-6\\3\\0\end{bmatrix}u$$

$$y=\begin{bmatrix}0&0&1\end{bmatrix}\begin{bmatrix}x_1\\x_2\\x_3\end{bmatrix}$$

对本题求解结果加以引申，可以得到如下一般性结论。

推论 2.6A　由传递函数型输入输出描述导出状态空间描述的算法为不惟一，状态空间描述的结果也不惟一。

推论 2.6B　针对题中所示的传递函数的两类表达形式，分别运用题中采用的确定状态空间描述的两类算法，会有利于简化计算过程。

题 2.7　给定图 P2.7 所示的一个系统方块图，输入变量和输出变量分别为u和y，

试求出系统的一个状态空间描述。

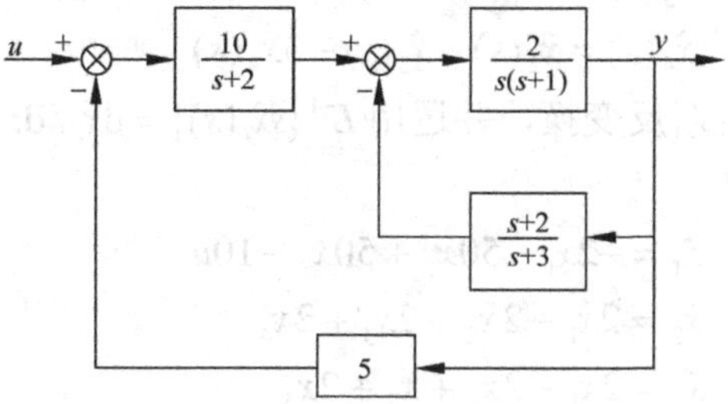

图 P2.7

解 本题属于由方块图导出状态空间描述的基本题。

首先，定出状态方程。对此，需将给定方块图化为图 P2.7A 所示规范方块图，并按图中所示把每个一阶环节的输出取为状态变量 x_1, x_2, x_3, x_4。进而，利用每个环节的因果关系，可以导出变换域变量关系式：

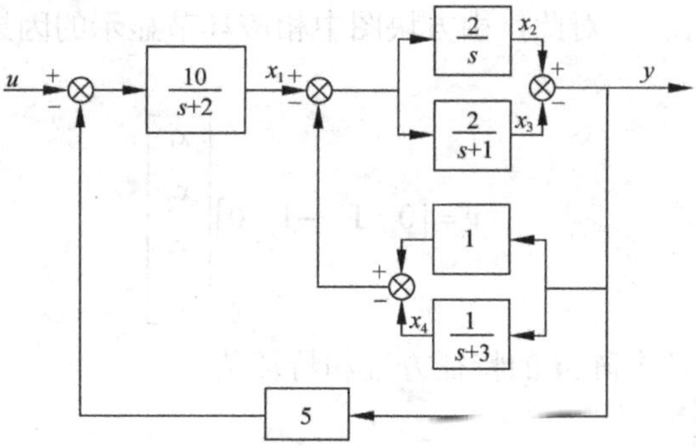

图 P2.7A

$$\hat{x}_1(s)=\frac{10}{s+2}\{\hat{u}(s)-5[\hat{x}_2(s)-\hat{x}_3(s)]\}$$

$$\hat{x}_2(s)=\frac{2}{s}\{\hat{x}_1(s)-\hat{x}_2(s)+\hat{x}_3(s)+\hat{x}_4(s)\}$$

$$\hat{x}_3(s)=\frac{2}{s+1}\{\hat{x}_1(s)-\hat{x}_2(s)+\hat{x}_3(s)+\hat{x}_4(s)\}$$

$$\hat{x}_4(s)=\frac{1}{s+3}\{\hat{x}_2(s)-\hat{x}_3(s)\}$$

基此，可以导出变换域状态变量方程：

$$s\hat{x}_1(s)=-2\hat{x}_1(s)-50\hat{x}_2(s)+50\hat{x}_3(s)+10\hat{u}(s)$$

$$s\hat{x}_2(s)=2\hat{x}_1(s)-2\hat{x}_2(s)+2\hat{x}_3(s)+2\hat{x}_4(s)$$
$$s\hat{x}_3(s)=2\hat{x}_1(s)-2\hat{x}_2(s)+\hat{x}_3(s)+2\hat{x}_4(s)$$
$$s\hat{x}_4(s)=\hat{x}_2(s)-\hat{x}_3(s)-3\hat{x}_4(s)$$

将上述关系式组取拉普拉斯反变换，并运用 $L^{-1}\{s\hat{x}_i(s)\}=\mathrm{d}x_i/\mathrm{d}t=\dot{x}_i$，就定出此方块图的状态变量方程：

$$\begin{aligned}\dot{x}_1&=-2x_1-50x_2+50x_3+10u\\ \dot{x}_2&=2x_1-2x_2+2x_3+2x_4\\ \dot{x}_3&=2x_1-2x_2+x_3+2x_4\\ \dot{x}_4&=x_2-x_3-3x_4\end{aligned}$$

再将上述方程组表为向量方程，得到此方块图的状态方程：

$$\begin{bmatrix}\dot{x}_1\\ \dot{x}_2\\ \dot{x}_3\\ \dot{x}_4\end{bmatrix}=\begin{bmatrix}-2&-50&50&0\\ 2&-2&2&2\\ 2&-2&1&2\\ 0&1&-1&-3\end{bmatrix}\begin{bmatrix}x_1\\ x_2\\ x_3\\ x_4\end{bmatrix}+\begin{bmatrix}10\\ 0\\ 0\\ 0\end{bmatrix}u$$

进而，定出输出方程。对此，由方块图中相应环节显示的因果关系，可直接导出此方块图的输出方程：

$$y=\begin{bmatrix}0&1&-1&0\end{bmatrix}\begin{bmatrix}x_1\\ x_2\\ x_3\\ x_4\end{bmatrix}$$

题 2.8 求出下列各方阵 $\boldsymbol{A}$ 的特征方程和特征值：

（i） $\boldsymbol{A}=\begin{bmatrix}2&5\\ -2&-3\end{bmatrix}$

（ii） $\boldsymbol{A}=\begin{bmatrix}0&1&0\\ 0&0&1\\ 0&-1&-1\end{bmatrix}$

解 本题属于由系统矩阵确定特征方程和特征值的基本题。这类问题在状态空间法分析和综合线性时不变控制系统中是会经常遇到的。

（i） 确定 $\boldsymbol{A}=\begin{bmatrix}2&5\\ -2&-3\end{bmatrix}$ 的特征方程和特征值

对二维矩阵行列式的计算有着直接和简便的方法。基此，即可定出

$\boldsymbol{A}$ 的特征多项式 $\det(s\boldsymbol{I}-\boldsymbol{A})=\det\begin{bmatrix}s-2&-5\\ 2&s+3\end{bmatrix}=(s-2)(s+3)+10=s^2+s+4$

$\boldsymbol{A}$ 的特征方程 $\det(s\boldsymbol{I}-\boldsymbol{A})=s^2+s+4=0$

再由求解 $\boldsymbol{A}$ 的特征方程，可定出给定 $\boldsymbol{A}$ 的两个特征值为

$$\lambda_{1,2}=-\frac{1}{2}\pm \mathrm{j}\frac{\sqrt{15}}{2}$$

（ii）确定 $\boldsymbol{A}=\begin{bmatrix}0 & 1 & 0\\ 0 & 0 & 1\\ 0 & -1 & -1\end{bmatrix}$ 的特征多项式和特征值

三维矩阵的行列式的计算同样有着直接和简便的方法。基此，即可定出

$\boldsymbol{A}$ 的特征多项式 $\det(s\boldsymbol{I}-\boldsymbol{A})=\det\begin{bmatrix}s & -1 & 0\\ 0 & s & -1\\ 0 & 1 & s+1\end{bmatrix}=s^2(s+1)+s=s^3+s^2+s$

$\boldsymbol{A}$ 的特征方程 $\det(s\boldsymbol{I}-\boldsymbol{A})=s^3+s^2+s=0$

再由求解 $\boldsymbol{A}$ 的特征方程，可定出给定 $\boldsymbol{A}$ 的特征值为

$$\lambda_1=0,\quad \lambda_{2,3}=-\frac{1}{2}\pm \mathrm{j}\frac{\sqrt{3}}{2}$$

对题 2.8 的解题过程加以引申，可以得到如下一般性结论。

推论 2.8 若方阵 $\boldsymbol{A}=\begin{bmatrix}0 & 1 & 0\\ 0 & 0 & 1\\ -\alpha_0 & -\alpha_1 & -\alpha_2\end{bmatrix}$，则 $\det(s\boldsymbol{I}-\boldsymbol{A})=s^3+\alpha_2 s^2+\alpha_1 s+\alpha_0$，且可推广到 $n\times n$ 矩阵 $\boldsymbol{A}$ 的情形。

题 2.9 设 $\boldsymbol{A}$ 和 $\boldsymbol{B}$ 为同维非奇异方阵，试证明 $\boldsymbol{AB}$ 和 $\boldsymbol{BA}$ 具有相同的特征值集。

解 本题属于运用矩阵特征多项式和特征值的性质证明相关结论，意在训练演绎思维和逻辑推证的能力。

表 $\Lambda(\boldsymbol{AB})$ 和 $\Lambda(\boldsymbol{BA})$ 为矩阵积 $\boldsymbol{AB}$ 和 $\boldsymbol{BA}$ 的特征值集。由"矩阵特征多项式在线性非奇异变换下不变属性"知，对任意同维非奇异常阵 $\boldsymbol{P}$，$\boldsymbol{P}^{-1}(\boldsymbol{AB})\boldsymbol{P}$ 和 $\boldsymbol{AB}$ 具有相同特征多项式，即有

$$\det(s\boldsymbol{I}-\boldsymbol{AB})=\det(s\boldsymbol{I}-\boldsymbol{P}^{-1}\boldsymbol{ABP})=\det\boldsymbol{P}^{-1}(s\boldsymbol{I}-\boldsymbol{AB})\boldsymbol{P}$$

现知 $\boldsymbol{A}$ 为非奇异方阵，基此取变换阵 $\boldsymbol{P}=\boldsymbol{A}$，则由上式证得：

$$\det(s\boldsymbol{I}-\boldsymbol{AB})=\det\boldsymbol{A}^{-1}(s\boldsymbol{I}-\boldsymbol{AB})\boldsymbol{A}=\det(s\boldsymbol{I}-\boldsymbol{BA})$$

即矩阵积 $\boldsymbol{AB}$ 和 $\boldsymbol{BA}$ 具有相同特征多项式。进而，这意味着矩阵积 $\boldsymbol{AB}$ 和 $\boldsymbol{BA}$ 具有相同特征值集，从而"$\Lambda(\boldsymbol{AB})=\Lambda(\boldsymbol{BA})$"。证明完成。

题 2.10 设 $\boldsymbol{A}$ 为 n 维非奇异常阵，其特征值 $\{\lambda_1,\lambda_2,\cdots,\lambda_n\}$ 为两两相异，试证明 $\boldsymbol{A}^{-1}$ 的特征值为 $\{\lambda_1^{-1},\lambda_2^{-1},\cdots,\lambda_n^{-1}\}$。

解 本题属于运用矩阵的对角线形式约当规范形的属性证明相关结论，意在训练演绎思维和逻辑推证的能力。

由“矩阵的对角线形式约当规范形”知，若 $\boldsymbol{A}$ 的特征值 $\{\lambda_1, \lambda_2, \cdots, \lambda_n\}$ 为两两相异，则必存在 n 维非奇异常阵 $\boldsymbol{P}$ 使成立：

$$\boldsymbol{A}=\boldsymbol{P}\begin{bmatrix}\lambda_1 & & \\ & \ddots & \\ & & \lambda_n\end{bmatrix}\boldsymbol{P}^{-1}$$

现知 $\boldsymbol{A}$ 非奇异，则对上式求逆可以导出

$$\boldsymbol{A}^{-1}=\{\boldsymbol{P}\begin{bmatrix}\lambda_1 & & \\ & \ddots & \\ & & \lambda_n\end{bmatrix}\boldsymbol{P}^{-1}\}^{-1}=\boldsymbol{P}\begin{bmatrix}\lambda_1^{-1} & & \\ & \ddots & \\ & & \lambda_n^{-1}\end{bmatrix}\boldsymbol{P}^{-1}$$

再对上式计算特征多项式，得到

$$\det(s\boldsymbol{I}-\boldsymbol{A}^{-1})=\det(s\boldsymbol{I}-\boldsymbol{P}\begin{bmatrix}\lambda_1^{-1} & & \\ & \ddots & \\ & & \lambda_n^{-1}\end{bmatrix}\boldsymbol{P}^{-1})$$

$$=\det\begin{bmatrix}s-\lambda_1^{-1} & & \\ & \ddots & \\ & & s-\lambda_n^{-1}\end{bmatrix}=\prod_{i=1}^{n}(s-\lambda_i^{-1})$$

从而，可知 $\{\lambda_1^{-1}, \lambda_2^{-1}, \cdots, \lambda_n^{-1}\}$ 为 $\boldsymbol{A}^{-1}$ 的特征值。证明完成。

题 2.11 化下列各状态方程为约当规范形：

（i）$\dot{\boldsymbol{x}}=\begin{bmatrix}8 & -8 & -2\\ 4 & -3 & -2\\ 3 & -4 & 1\end{bmatrix}\boldsymbol{x}+\begin{bmatrix}2 & 3\\ 1 & 5\\ 7 & 1\end{bmatrix}\boldsymbol{u}$

（ii）$\dot{\boldsymbol{x}}=\begin{bmatrix}0 & 1\\ -9 & -6\end{bmatrix}\boldsymbol{x}+\begin{bmatrix}4\\ 2\end{bmatrix}u$

解 本题属于化状态方程为约当规范形的基本题。

（i）确定 $\dot{\boldsymbol{x}}=\begin{bmatrix}8 & -8 & -2\\ 4 & -3 & -2\\ 3 & -4 & 1\end{bmatrix}\boldsymbol{x}+\begin{bmatrix}2 & 3\\ 1 & 5\\ 7 & 1\end{bmatrix}\boldsymbol{u}$ 的约当规范形

首先，定出系统矩阵 $\boldsymbol{A}$ 的特征多项式

$$\det(s\boldsymbol{I}-\boldsymbol{A})=\det\begin{bmatrix}s-8 & 8 & 2\\ -4 & s+3 & 2\\ -3 & 4 & s-1\end{bmatrix}$$

$$=\{(s-8)(s+3)(s-1)-48-32\}-\{-6(s+3)+8(s-8)-32(s-1)\}$$

$$=s^3-6s^2+11s-6$$

和特征值

$$\lambda_1 = 1, \quad \lambda_2 = 2, \quad \lambda_3 = 3$$

再运用特征向量关系式 $\boldsymbol{A}\boldsymbol{v}_i = \lambda_i \boldsymbol{v}_i \ (i = 1, 2, 3)$，导出矩阵 $\boldsymbol{A}$ 的分别属于上述三个特征值的特征向量 $\boldsymbol{v}_1, \boldsymbol{v}_2, \boldsymbol{v}_3$：

$$由\begin{bmatrix} 8 & -8 & -2 \\ 4 & -3 & -2 \\ 3 & -4 & 1 \end{bmatrix}\begin{bmatrix} v_{11} \\ v_{12} \\ v_{13} \end{bmatrix} = 1 \times \begin{bmatrix} v_{11} \\ v_{12} \\ v_{13} \end{bmatrix}，\quad 导出 \boldsymbol{v}_1 = \begin{bmatrix} v_{11} \\ v_{12} \\ v_{13} \end{bmatrix} = \begin{bmatrix} 1 \\ 3/4 \\ 1/2 \end{bmatrix} v_{11}$$

$$由\begin{bmatrix} 8 & -8 & -2 \\ 4 & -3 & -2 \\ 3 & -4 & 1 \end{bmatrix}\begin{bmatrix} v_{21} \\ v_{22} \\ v_{23} \end{bmatrix} = 2 \times \begin{bmatrix} v_{21} \\ v_{22} \\ v_{23} \end{bmatrix}，\quad 导出 \boldsymbol{v}_2 = \begin{bmatrix} v_{21} \\ v_{22} \\ v_{23} \end{bmatrix} = \begin{bmatrix} 1 \\ 2/3 \\ 1/3 \end{bmatrix} v_{21}$$

$$由\begin{bmatrix} 8 & -8 & -2 \\ 4 & -3 & -2 \\ 3 & -4 & 1 \end{bmatrix}\begin{bmatrix} v_{31} \\ v_{32} \\ v_{33} \end{bmatrix} = 3 \times \begin{bmatrix} v_{31} \\ v_{32} \\ v_{33} \end{bmatrix}，\quad 导出 \boldsymbol{v}_3 = \begin{bmatrix} v_{31} \\ v_{32} \\ v_{33} \end{bmatrix} = \begin{bmatrix} 1 \\ 1/2 \\ 1/2 \end{bmatrix} v_{31}$$

其中，可取 v_{11}, v_{21}, v_{31} 为非零任意有限常数。

进而，基于特征向量 $\boldsymbol{v}_1, \boldsymbol{v}_2, \boldsymbol{v}_3$ 组成变换阵 $\boldsymbol{P}$，则通过变换 $\bar{\boldsymbol{x}} = \boldsymbol{P}^{-1}\boldsymbol{x}$ 可导出给定状态方程的约当规范形。并且，随变换阵 $\boldsymbol{P}$ 的组成不同，所得约当规范形结果也为不同。现取变换阵为 $\boldsymbol{P} = [\boldsymbol{v}_1, \boldsymbol{v}_2, \boldsymbol{v}_3]$，其中取 $v_{11} = v_{21} = v_{31} = 1$，则通过计算得到

$$\boldsymbol{P} = \begin{bmatrix} 1 & 1 & 1 \\ 3/4 & 2/3 & 1/2 \\ 1/2 & 1/3 & 1/2 \end{bmatrix}，\quad \boldsymbol{P}^{-1} = \begin{bmatrix} -4 & 4 & 4 \\ 3 & 0 & -6 \\ 2 & -4 & 2 \end{bmatrix}$$

$$\bar{\boldsymbol{A}} = \boldsymbol{P}^{-1}\boldsymbol{A}\boldsymbol{P} = \begin{bmatrix} -4 & 4 & 4 \\ 3 & 0 & -6 \\ 2 & -4 & 2 \end{bmatrix}\begin{bmatrix} 8 & -8 & -2 \\ 4 & -3 & -2 \\ 3 & -4 & 1 \end{bmatrix}\begin{bmatrix} 1 & 1 & 1 \\ 3/4 & 2/3 & 1/2 \\ 1/2 & 1/3 & 1/2 \end{bmatrix} = \begin{bmatrix} 1 & 0 & 0 \\ 0 & 2 & 0 \\ 0 & 0 & 3 \end{bmatrix}$$

$$\bar{\boldsymbol{B}} = \boldsymbol{P}^{-1}\boldsymbol{B} = \begin{bmatrix} -4 & 4 & 4 \\ 3 & 0 & -6 \\ 2 & -4 & 2 \end{bmatrix}\begin{bmatrix} 2 & 3 \\ 1 & 5 \\ 7 & 1 \end{bmatrix} = \begin{bmatrix} 24 & 12 \\ -36 & 3 \\ 14 & -12 \end{bmatrix}$$

从而，导出给定状态方程的约当规范形为

$$\dot{\bar{\boldsymbol{x}}} = \bar{\boldsymbol{A}}\bar{\boldsymbol{x}} + \bar{\boldsymbol{B}}\boldsymbol{u} = \begin{bmatrix} 1 & 0 & 0 \\ 0 & 2 & 0 \\ 0 & 0 & 3 \end{bmatrix}\bar{\boldsymbol{x}} + \begin{bmatrix} 24 & 12 \\ -36 & 3 \\ 14 & -12 \end{bmatrix}\boldsymbol{u}$$

（ii）确定 $\dot{\boldsymbol{x}} = \begin{bmatrix} 0 & 1 \\ -9 & -6 \end{bmatrix}\boldsymbol{x} + \begin{bmatrix} 4 \\ 2 \end{bmatrix}u$ 的约当规范形

首先，利用本章中的推论 2.8，对给定系统矩阵 $\boldsymbol{A}$ 直接定出

特征多项式 $\det(sI-A)=s^2+6s+9$

特征值 $\lambda_1=-3$（代数重数$\sigma_1=2$）

进而，定出矩阵A的属于$\lambda_1=-3$的广义特征向量组。对此

由$\mathrm{rank}(\lambda_1 I-A)^0=\mathrm{rank}\begin{bmatrix}1&0\\0&1\end{bmatrix}=2=2-\nu_0$，定出 $\nu_0=0$

由$\mathrm{rank}(\lambda_1 I-A)^1=\mathrm{rank}\begin{bmatrix}-3&-1\\9&3\end{bmatrix}=1=2-\nu_1$，定出 $\nu_1=1$

由$\mathrm{rank}(\lambda_1 I-A)^2=\mathrm{rank}\begin{bmatrix}-3&-1\\9&3\end{bmatrix}^2=0=2-\nu_2$，定出 $\nu_2=2$，$m_0=2$

且因$\nu_2=\sigma_1=2$，停止上述计算。由此，可以定出

“广义特征向量组分块表”的列数$=m_0=2$

“分块表”中“列1”的特征向量个数$=\nu_{m_0}-\nu_{m_0-1}=\nu_2-\nu_1=2-1=1$

“分块表”中“列2”的特征向量个数$=\nu_{m_0-1}-\nu_{m_0-2}=\nu_1-\nu_0=1-0=1$

基此，构成如下的“广义特征向量组分块表”：

列1 （特征向量个数=1）	列2 （特征向量个数=1）
$v_{11}^{(2)}=v_{11}$	$v_{11}^{(1)}=-(-3I-A)v_{11}$

表中，独立型特征向量v_{11}为满足“$(-3I-A)^2v_{11}=0$，$(-3I-A)v_{11}\neq 0$”的2×1向量。

故由

$$(-3I-A)^2v_{11}=\begin{bmatrix}-3&-1\\9&3\end{bmatrix}^2v_{11}=\begin{bmatrix}0&0\\0&0\end{bmatrix}v_{11}=0$$

$$(-3I-A)v_{11}=\begin{bmatrix}-3&-1\\9&3\end{bmatrix}v_{11}\neq 0$$

可以任取

$$v_{11}=\begin{bmatrix}1\\1\end{bmatrix}$$

由此，定出“导出型特征向量$-(-3I-A)v_{11}$”为

$$-(-3I-A)v_{11}=\begin{bmatrix}3&1\\-9&-3\end{bmatrix}\begin{bmatrix}1\\1\end{bmatrix}=\begin{bmatrix}4\\-12\end{bmatrix}$$

从而，导出一个广义特征向量组为

$$v_{11}^{(1)}=-(-3I-A)v_{11}=\begin{bmatrix}4\\-12\end{bmatrix},\quad v_{11}^{(2)}=v_{11}=\begin{bmatrix}1\\1\end{bmatrix}$$

最后，基于广义特征向量组 $v_{11}^{(1)}$，$v_{11}^{(2)}$ 组成变换阵并定出其逆矩阵，有

$$\boldsymbol{Q}=[\boldsymbol{v}_{11}^{(1)}\ \ \boldsymbol{v}_{11}^{(2)}]=\begin{bmatrix}4 & 1\\ -12 & 1\end{bmatrix},\quad \boldsymbol{Q}^{-1}=\begin{bmatrix}4 & 1\\ -12 & 1\end{bmatrix}^{-1}=\begin{bmatrix}1/16 & -1/16\\ 3/4 & 1/4\end{bmatrix}$$

基此，经计算得到

$$\boldsymbol{Q}^{-1}\boldsymbol{A}\boldsymbol{Q}=\begin{bmatrix}1/16 & -1/16\\ 3/4 & 1/4\end{bmatrix}\begin{bmatrix}0 & 1\\ -9 & -6\end{bmatrix}\begin{bmatrix}4 & 1\\ -12 & 1\end{bmatrix}=\begin{bmatrix}-3 & 1\\ 0 & -3\end{bmatrix}$$

$$\boldsymbol{Q}^{-1}\boldsymbol{B}=\begin{bmatrix}1/16 & -1/16\\ 3/4 & 1/4\end{bmatrix}\begin{bmatrix}4\\ 2\end{bmatrix}=\begin{bmatrix}1/8\\ 7/2\end{bmatrix}$$

于是，通过变换 $\hat{\boldsymbol{x}}=\boldsymbol{Q}^{-1}\boldsymbol{x}$，导出给定状态方程的约当规范形为

$$\dot{\hat{\boldsymbol{x}}}=\boldsymbol{Q}^{-1}\boldsymbol{A}\boldsymbol{Q}\hat{\boldsymbol{x}}+\boldsymbol{Q}^{-1}\boldsymbol{B}\boldsymbol{u}=\begin{bmatrix}-3 & 1\\ 0 & -3\end{bmatrix}\hat{\boldsymbol{x}}+\begin{bmatrix}1/8\\ 7/2\end{bmatrix}\boldsymbol{u}$$

题 2.12 计算下列状态空间描述的传递函数 $g(s)$：

$$\dot{\boldsymbol{x}}=\begin{bmatrix}-5 & -1\\ 3 & -1\end{bmatrix}\boldsymbol{x}+\begin{bmatrix}2\\ 5\end{bmatrix}u$$
$$y=\begin{bmatrix}1 & 2\end{bmatrix}\boldsymbol{x}+4u$$

解 本题属于由状态空间描述计算传递函数的基本题。

鉴于所讨论系统为二维，直接运用基本关系式 $g(s)=\boldsymbol{c}(s\boldsymbol{I}-\boldsymbol{A})^{-1}\boldsymbol{b}$ 就可简单定出其传递函数 $g(s)$。对此，先行计算：

$$\det(s\boldsymbol{I}-\boldsymbol{A})=\det\begin{bmatrix}s+5 & 1\\ -3 & s+1\end{bmatrix}=(s+5)(s+1)+3=s^2+6s+8$$

$$\operatorname{adj}(s\boldsymbol{I}-\boldsymbol{A})=\operatorname{adj}\begin{bmatrix}s+5 & 1\\ -3 & s+1\end{bmatrix}=\begin{bmatrix}s+1 & -1\\ 3 & s+5\end{bmatrix}$$

基此，即可定出给定系统的传递函数 $g(s)$ 为

$$g(s)=\boldsymbol{c}(s\boldsymbol{I}-\boldsymbol{A})^{-1}\boldsymbol{b}=\frac{\boldsymbol{c}\operatorname{adj}(s\boldsymbol{I}-\boldsymbol{A})\boldsymbol{b}}{\det(s\boldsymbol{I}-\boldsymbol{A})}=\frac{\begin{bmatrix}1 & 2\end{bmatrix}\begin{bmatrix}s+1 & -1\\ 3 & s+5\end{bmatrix}\begin{bmatrix}2\\ 5\end{bmatrix}}{s^2+6s+8}=\frac{12s+59}{s^2+6s+8}$$

题 2.13 给定一个单输入系统的状态方程为

$$\begin{bmatrix}\dot{x}_1\\ \dot{x}_2\\ \dot{x}_3\end{bmatrix}=\begin{bmatrix}0 & 2 & 0\\ 0 & 0 & 2\\ 1 & -3 & 5\end{bmatrix}\begin{bmatrix}x_1\\ x_2\\ x_3\end{bmatrix}+\begin{bmatrix}2\\ 3\\ 5\end{bmatrix}u$$

现取输出变量 $y=x_2+3x_3$，试列写出相应的 $y-u$ 高阶微分方程。

解 本题属于由状态空间描述导出时间域输入输出描述的基本题。

将 $y = x_2 + 3x_3$ 表为

$$y = \begin{bmatrix} 0 & 1 & 3 \end{bmatrix} \begin{bmatrix} x_1 \\ x_2 \\ x_3 \end{bmatrix}$$

那么，问题就归结为先定出 $(\boldsymbol{A}, \boldsymbol{b}, \boldsymbol{c})$ 的传递函数 $g(s) = \boldsymbol{c}(s\boldsymbol{I} - \boldsymbol{A})^{-1}\boldsymbol{b}$，再定出对应于 $g(s)$ 的时间域输入输出描述。对此，先行计算

$$\det(s\boldsymbol{I} - \boldsymbol{A}) = \det \begin{bmatrix} s & -2 & 0 \\ 0 & s & -2 \\ -1 & 3 & s-5 \end{bmatrix} = \{(s^3 - 5s^2) - 4\} - \{-6s\} = s^3 - 5s^2 + 6s - 4$$

$$\operatorname{adj}(s\boldsymbol{I} - \boldsymbol{A}) = \operatorname{adj} \begin{bmatrix} s & -2 & 0 \\ 0 & s & -2 \\ -1 & 3 & s-5 \end{bmatrix} = \begin{bmatrix} s^2 - 5s + 6 & 2s - 10 & 4 \\ 2 & s^2 - 5s & 2s \\ s & -3s + 2 & s^2 \end{bmatrix}$$

基此，定出传递函数 $g(s)$ 为

$$g(s) = \boldsymbol{c}(s\boldsymbol{I} - \boldsymbol{A})^{-1}\boldsymbol{b} = \frac{\boldsymbol{c}\operatorname{adj}(s\boldsymbol{I} - \boldsymbol{A})\boldsymbol{b}}{\det(s\boldsymbol{I} - \boldsymbol{A})}$$

$$= \frac{\begin{bmatrix} 0 & 1 & 3 \end{bmatrix} \begin{bmatrix} s^2 - 5s + 6 & 2s - 10 & 4 \\ 2 & s^2 - 5s & 2s \\ s & -3s + 2 & s^2 \end{bmatrix} \begin{bmatrix} 2 \\ 3 \\ 5 \end{bmatrix}}{s^3 - 5s^2 + 6s - 4} = \frac{18s^2 - 26s + 22}{s^3 - 5s^2 + 6s - 4}$$

再由上述 $g(s)$ 导出变换域 $y - u$ 的关系式：

$$(s^3 - 5s^2 + 6s - 4)\hat{y}(s) = (18s^2 - 26s + 22)\hat{u}(s)$$

而将上式作拉普拉斯反变换，就得到系统的时间域 $y - u$ 描述为

$$\dddot{y} - 5\ddot{y} + 6\dot{y} - 4y = 18\ddot{u} - 26\dot{u} + 22u$$

题 2.14 计算下列状态空间描述的传递函数矩阵 $\boldsymbol{G}(s)$：

$$\dot{\boldsymbol{x}} = \begin{bmatrix} 0 & 1 & 0 \\ 0 & 0 & 1 \\ -3 & -1 & -2 \end{bmatrix} \boldsymbol{x} + \begin{bmatrix} 1 & 0 \\ 0 & 1 \\ 1 & 1 \end{bmatrix} \boldsymbol{u}$$

$$y = \begin{bmatrix} 1 & 1 & 1 \end{bmatrix} \boldsymbol{x}$$

解 本题属于由状态空间描述导出传递函数矩阵的基本题。

鉴于所讨论系统为三维，运用基本关系式 $\boldsymbol{G}(s) = \boldsymbol{C}(s\boldsymbol{I} - \boldsymbol{A})^{-1}\boldsymbol{B}$ 定出其传递函数 $\boldsymbol{G}(s)$。对此，先行计算：

$$\det(s\boldsymbol{I} - \boldsymbol{A}) = s^3 + 2s^2 + s + 3 \text{（运用推论 2.8）}$$

$$\mathrm{adj}(s\boldsymbol{I}-\boldsymbol{A})=\mathrm{adj}\begin{bmatrix} s & -1 & 0 \\ 0 & s & -1 \\ 3 & 1 & s+2 \end{bmatrix}=\begin{bmatrix} s^2+2s+1 & s+2 & 1 \\ -3 & s^2+2s & s \\ -3s & -s-3 & s^2 \end{bmatrix}$$

基此，就可定出传递函数矩阵$\boldsymbol{G}(s)$为

$$\boldsymbol{G}(s)=\boldsymbol{C}(s\boldsymbol{I}-\boldsymbol{A})^{-1}\boldsymbol{B}=\frac{\boldsymbol{C}\mathrm{adj}(s\boldsymbol{I}-\boldsymbol{A})\boldsymbol{B}}{\det(s\boldsymbol{I}-\boldsymbol{A})}$$

$$=\frac{\begin{bmatrix}1 & 1 & 1\end{bmatrix}\begin{bmatrix} s^2+2s+1 & s+2 & 1 \\ -3 & s^2+2s & s \\ -3s & -s-3 & s^2 \end{bmatrix}\begin{bmatrix}1 & 0 \\ 0 & 1 \\ 1 & 1\end{bmatrix}}{s^3+2s^2+s+3}$$

$$=\begin{bmatrix}\dfrac{2s^2-1}{s^3+2s^2+s+3} & \dfrac{2s^2+3s}{s^3+2s^2+s+3}\end{bmatrix}$$

对题 2.14 的解题过程加以引申，可以得到如下一般性结论。

推论 2.14 若方矩阵 $\boldsymbol{A}=\begin{bmatrix} 0 & 1 & 0 & 0 & 0 \\ 0 & 0 & 1 & 0 & 0 \\ 0 & 0 & 0 & 1 & 0 \\ 0 & 0 & 0 & 0 & 1 \\ -\alpha_0 & -\alpha_1 & -\alpha_3 & -\alpha_4 & -\alpha_5 \end{bmatrix}$，则其特征矩阵$(s\boldsymbol{I}-\boldsymbol{A})$的伴随阵具有结果：

$$\mathrm{adj}(s\boldsymbol{I}-\boldsymbol{A})=\begin{bmatrix} * & \cdots & \cdots & * & 1 \\ & & & & s \\ \vdots & & & \vdots & s^2 \\ & & & & s^3 \\ * & \cdots & \cdots & * & s^4 \end{bmatrix}$$

其中，$*$代表的元没有规律性。这个结果在系统分析中是会用到的，且可推广到$n\times n$矩阵$\boldsymbol{A}$的情形。

题 2.15 给定同维的两个方阵$\boldsymbol{A}$和$\tilde{\boldsymbol{A}}$为：

$$\boldsymbol{A}=\begin{bmatrix} 0 & 1 & & \\ \vdots & & \ddots & \\ 0 & & & 1 \\ \alpha_0 & \alpha_1 & \cdots & \alpha_{n-1} \end{bmatrix} \quad 和 \quad \tilde{\boldsymbol{A}}=\begin{bmatrix} 0 & \cdots & 0 & \alpha_0 \\ 1 & & & \alpha_1 \\ & \ddots & & \vdots \\ & & 1 & \alpha_{n-1} \end{bmatrix}$$

试确定一个非奇异变换阵$\boldsymbol{P}$使成立$\tilde{\boldsymbol{A}}=\boldsymbol{P}^{-1}\boldsymbol{A}\boldsymbol{P}$。

解 本题属于“由给定矩阵$\boldsymbol{A}$和变换矩阵$\boldsymbol{P}$确定变换后矩阵$\tilde{\boldsymbol{A}}$”的逆问题，意在训

练运用已学知识（如特征值的约当规范形及其变换）灵活求解的能力。

考虑到

$$\tilde{A} = A^{\mathrm{T}} \quad 和 \quad (sI - \tilde{A}) = (sI - A)^{\mathrm{T}}$$

可知 A 和 $\tilde{A}$ 具有等同特征多项式和特征值，即

$$\det(sI - \tilde{A}) = \det(sI - A) = s^n - \alpha_{n-1}s^{n-1} - \cdots - \alpha_1 s - \alpha_0 \quad （运用推论 2.8）$$

$$(\tilde{\lambda}_1, \tilde{\lambda}_2, \cdots, \tilde{\lambda}_n) = (\lambda_1, \lambda_2, \cdots, \lambda_n)$$

下面，区分两类情形，确定使 $\tilde{A} = P^{-1}AP$ 的非奇异变换阵 P 。

（1）特征值 $\lambda_1, \lambda_2, \cdots, \lambda_n$ 两两相异的情形。对此，先来定出矩阵 A 的属于各特征值 $\lambda_1, \lambda_2, \cdots, \lambda_n$ 的特征向量：

$$由\begin{bmatrix} 0 & 1 & & \\ \vdots & & \ddots & \\ 0 & & & 1 \\ \alpha_0 & \alpha_1 & \cdots & \alpha_{n-1} \end{bmatrix}\begin{bmatrix} v_{11} \\ v_{12} \\ \vdots \\ v_{1n} \end{bmatrix} = \lambda_1 \begin{bmatrix} v_{11} \\ v_{12} \\ \vdots \\ v_{1n} \end{bmatrix}，\quad 导出 \quad v_1 = \begin{bmatrix} v_{11} \\ v_{12} \\ \vdots \\ v_{1n} \end{bmatrix} = \begin{bmatrix} 1 \\ \lambda_1 \\ \vdots \\ \lambda_1^{n-1} \end{bmatrix} v_{11}$$

$$由\begin{bmatrix} 0 & 1 & & \\ \vdots & & \ddots & \\ 0 & & & 1 \\ \alpha_0 & \alpha_1 & \cdots & \alpha_{n-1} \end{bmatrix}\begin{bmatrix} v_{21} \\ v_{22} \\ \vdots \\ v_{2n} \end{bmatrix} = \lambda_2 \begin{bmatrix} v_{21} \\ v_{22} \\ \vdots \\ v_{2n} \end{bmatrix}，\quad 导出 \quad v_2 = \begin{bmatrix} v_{21} \\ v_{22} \\ \vdots \\ v_{2n} \end{bmatrix} = \begin{bmatrix} 1 \\ \lambda_2 \\ \vdots \\ \lambda_2^{n-1} \end{bmatrix} v_{21}$$

……

$$由\begin{bmatrix} 0 & 1 & & \\ \vdots & & \ddots & \\ 0 & & & 1 \\ \alpha_0 & \alpha_1 & \cdots & \alpha_{n-1} \end{bmatrix}\begin{bmatrix} v_{n1} \\ v_{n2} \\ \vdots \\ v_{nn} \end{bmatrix} = \lambda_n \begin{bmatrix} v_{n1} \\ v_{n2} \\ \vdots \\ v_{nn} \end{bmatrix}，\quad 导出 \quad v_n = \begin{bmatrix} v_{n1} \\ v_{n2} \\ \vdots \\ v_{nn} \end{bmatrix} = \begin{bmatrix} 1 \\ \lambda_n \\ \vdots \\ \lambda_n^{n-1} \end{bmatrix} v_{n1}$$

现组成变换矩阵 $F = [v_1, v_2, \cdots, v_n]$，并取 $v_{11} = v_{21} = \cdots = v_{n1} = 1$，有

$$F = \begin{bmatrix} 1 & 1 & \cdots & 1 \\ \lambda_1 & \lambda_2 & \cdots & \lambda_n \\ \vdots & \vdots & \vdots & \vdots \\ \lambda_1^{n-1} & \lambda_2^{n-1} & \cdots & \lambda_n^{n-1} \end{bmatrix}，\quad F^{-1}AF = \begin{bmatrix} \lambda_1 & & & \\ & \lambda_2 & & \\ & & \ddots & \\ & & & \lambda_n \end{bmatrix}$$

再考虑到 $\tilde{A} = A^{\mathrm{T}}$，又有：

$$F^{-1}AF = \begin{bmatrix} \lambda_1 & & & \\ & \lambda_2 & & \\ & & \ddots & \\ & & & \lambda_n \end{bmatrix} = \begin{bmatrix} \lambda_1 & & & \\ & \lambda_2 & & \\ & & \ddots & \\ & & & \lambda_n \end{bmatrix}^{\mathrm{T}}$$

$$=(\boldsymbol{F}^{-1}\boldsymbol{A}\boldsymbol{F})^{\mathrm{T}}=\boldsymbol{F}^{\mathrm{T}}\boldsymbol{A}^{\mathrm{T}}(\boldsymbol{F}^{-1})^{\mathrm{T}}=\boldsymbol{F}^{\mathrm{T}}\tilde{\boldsymbol{A}}(\boldsymbol{F}^{\mathrm{T}})^{-1}$$

于是，由上述得到的 $\boldsymbol{F}^{-1}\boldsymbol{A}\boldsymbol{F}$ 和 $\boldsymbol{F}^{\mathrm{T}}\tilde{\boldsymbol{A}}(\boldsymbol{F}^{\mathrm{T}})^{-1}$ 的关系式，可以导出

$$\boldsymbol{F}^{\mathrm{T}}\tilde{\boldsymbol{A}}(\boldsymbol{F}^{\mathrm{T}})^{-1}=\boldsymbol{F}^{-1}\boldsymbol{A}\boldsymbol{F}$$

$$\tilde{\boldsymbol{A}}=(\boldsymbol{F}^{\mathrm{T}})^{-1}\boldsymbol{F}^{-1}\boldsymbol{A}\boldsymbol{F}\boldsymbol{F}^{\mathrm{T}}=(\boldsymbol{F}\boldsymbol{F}^{\mathrm{T}})^{-1}\boldsymbol{A}(\boldsymbol{F}\boldsymbol{F}^{\mathrm{T}})=\boldsymbol{P}^{-1}\boldsymbol{A}\boldsymbol{P}$$

从而，就定出使 $\tilde{\boldsymbol{A}}=\boldsymbol{P}^{-1}\boldsymbol{A}\boldsymbol{P}$ 的非奇异变换阵 $\boldsymbol{P}=\boldsymbol{F}\boldsymbol{F}^{\mathrm{T}}$，且矩阵 $\boldsymbol{F}$ 前面已经定出。

（2）特征值 $\lambda_1,\lambda_2,\cdots,\lambda_n$ 包含重值的情形。对此，考虑到矩阵 $\boldsymbol{A}$ 和 $\tilde{\boldsymbol{A}}$ 具有等同特征值，则基于矩阵 $\boldsymbol{A}$ 和 $\tilde{\boldsymbol{A}}$ 的广义特征向量组，可分别构造非奇异变换矩阵 $\boldsymbol{Q}$ 和 $\tilde{\boldsymbol{Q}}$，使成立

$$\boldsymbol{Q}^{-1}\boldsymbol{A}\boldsymbol{Q}=\boldsymbol{J}\quad\text{和}\quad\tilde{\boldsymbol{Q}}^{-1}\tilde{\boldsymbol{A}}\tilde{\boldsymbol{Q}}=\boldsymbol{J}$$

基此，可以导出

$$\tilde{\boldsymbol{Q}}^{-1}\tilde{\boldsymbol{A}}\tilde{\boldsymbol{Q}}=\boldsymbol{Q}^{-1}\boldsymbol{A}\boldsymbol{Q}$$

$$\tilde{\boldsymbol{A}}=\tilde{\boldsymbol{Q}}\boldsymbol{Q}^{-1}\boldsymbol{A}\boldsymbol{Q}\tilde{\boldsymbol{Q}}^{-1}=(\boldsymbol{Q}\tilde{\boldsymbol{Q}}^{-1})^{-1}\boldsymbol{A}(\boldsymbol{Q}\tilde{\boldsymbol{Q}}^{-1})=\boldsymbol{P}^{-1}\boldsymbol{A}\boldsymbol{P}$$

从而，就定出使 $\tilde{\boldsymbol{A}}=\boldsymbol{P}^{-1}\boldsymbol{A}\boldsymbol{P}$ 的非奇异变换阵 $\boldsymbol{P}=\boldsymbol{Q}\tilde{\boldsymbol{Q}}^{-1}$。

对题 2.15 的解题过程加以引申，可以得到如下一般性结论。

推论 2.15A 若矩阵 $\boldsymbol{A}=\begin{bmatrix}0&1&&\\\vdots&&\ddots&\\0&&&1\\\alpha_0&\alpha_1&\cdots&\alpha_{n-1}\end{bmatrix}$，且其特征值 $\lambda_1,\lambda_2,\cdots,\lambda_n$ 两两相异，则

$\boldsymbol{A}$ 化为约当规范形 $\boldsymbol{F}^{-1}\boldsymbol{A}\boldsymbol{F}=\begin{bmatrix}\lambda_1&&&\\&\lambda_2&&\\&&\ddots&\\&&&\lambda_n\end{bmatrix}$ 的变换阵 $\boldsymbol{F}=\begin{bmatrix}1&1&\cdots&1\\\lambda_1&\lambda_2&\cdots&\lambda_n\\\vdots&\vdots&\vdots&\vdots\\\lambda_1^{n-1}&\lambda_2^{n-1}&\cdots&\lambda_n^{n-1}\end{bmatrix}$

推论 2.15B 若矩阵 $\tilde{\boldsymbol{A}}=\begin{bmatrix}0&\cdots&0&\alpha_0\\1&&&\alpha_1\\&\ddots&&\vdots\\&&1&\alpha_{n-1}\end{bmatrix}$，且其特征值 $\lambda_1,\lambda_2,\cdots,\lambda_n$ 为两两相异，则

$\tilde{\boldsymbol{A}}$ 化为约当规范形 $\tilde{\boldsymbol{F}}^{-1}\tilde{\boldsymbol{A}}\tilde{\boldsymbol{F}}=\begin{bmatrix}\lambda_1&&&\\&\lambda_2&&\\&&\ddots&\\&&&\lambda_n\end{bmatrix}$ 的变换阵 $\tilde{\boldsymbol{F}}=\begin{bmatrix}1&\lambda_1&\cdots&\lambda_1^{n-1}\\1&\lambda_2&\cdots&\lambda_2^{n-1}\\\vdots&\vdots&\vdots&\vdots\\1&\lambda_n&\cdots&\lambda_n^{n-1}\end{bmatrix}^{-1}$

题 2.16 对下列 3×3 常阵 $\boldsymbol{A}$ 计算 $\boldsymbol{A}^{100}$：

$$A=\begin{bmatrix}0&1&0\\0&0&1\\-6&-1&4\end{bmatrix}$$

解 本题属于按可行的简便方法计算矩阵 $\boldsymbol{A}$ 的高次幂问题，意在训练运用已学知识（如两两相异特征值的约当规范形及其变换）灵活地解决这类计算问题。

直接计算 $\boldsymbol{A}^{100}$ 将面临复杂的运算，这在本质上是不可行的。一种可行的简便方法是，采用基于两两相异特征值的约当规范形方法。对此，先行定出矩阵 $\boldsymbol{A}$ 的特征多项式和特征值：

$$\det(s\boldsymbol{I}-\boldsymbol{A})=s^3-4s^2+s+6\ \text{（直接运用推论 2.8）}=(s+1)(s^2-5s+6)$$

$$\lambda_1=-1,\quad \lambda_2=2,\quad \lambda_3=3$$

进而定出 $\boldsymbol{A}$ 的属于上述各特征值的特征向量，有

$$\text{由}\begin{bmatrix}0&1&0\\0&0&1\\-6&-1&4\end{bmatrix}\begin{bmatrix}v_{11}\\v_{12}\\v_{13}\end{bmatrix}=(-1)\times\begin{bmatrix}v_{11}\\v_{12}\\v_{13}\end{bmatrix},\quad \text{导出}\ \boldsymbol{v}_1=\begin{bmatrix}v_{11}\\v_{12}\\v_{13}\end{bmatrix}=\begin{bmatrix}1\\-1\\1\end{bmatrix}v_{11}$$

$$\text{由}\begin{bmatrix}0&1&0\\0&0&1\\-6&-1&4\end{bmatrix}\begin{bmatrix}v_{21}\\v_{22}\\v_{23}\end{bmatrix}=2\times\begin{bmatrix}v_{21}\\v_{22}\\v_{23}\end{bmatrix},\quad \text{导出}\ \boldsymbol{v}_2=\begin{bmatrix}v_{21}\\v_{22}\\v_{23}\end{bmatrix}=\begin{bmatrix}1\\2\\4\end{bmatrix}v_{21}$$

$$\text{由}\begin{bmatrix}0&1&0\\0&0&1\\-6&-1&4\end{bmatrix}\begin{bmatrix}v_{31}\\v_{32}\\v_{33}\end{bmatrix}=3\times\begin{bmatrix}v_{31}\\v_{32}\\v_{33}\end{bmatrix},\quad \text{导出}\ \boldsymbol{v}_3=\begin{bmatrix}v_{31}\\v_{32}\\v_{33}\end{bmatrix}=\begin{bmatrix}1\\3\\9\end{bmatrix}v_{31}$$

基此，取变换阵 $\boldsymbol{P}=[\boldsymbol{v}_1,\boldsymbol{v}_2,\boldsymbol{v}_3]$，其中取 $v_{11}=v_{21}=v_{31}=1$，并计算定出 $\boldsymbol{P}^{-1}$，得到

$$\boldsymbol{P}=\begin{bmatrix}1&1&1\\-1&2&3\\1&4&9\end{bmatrix},\quad \boldsymbol{P}^{-1}=\begin{bmatrix}1/2&-5/12&1/12\\1&2/3&-1/3\\-1/2&-1/4&1/4\end{bmatrix}$$

于是，由

$$\boldsymbol{A}=\boldsymbol{P}\begin{bmatrix}\lambda_1&0&0\\0&\lambda_2&0\\0&0&\lambda_3\end{bmatrix}\boldsymbol{P}^{-1}$$

即可定出

$$\boldsymbol{A}^{100}=\left(\boldsymbol{P}\begin{bmatrix}\lambda_1&0&0\\0&\lambda_2&0\\0&0&\lambda_3\end{bmatrix}\boldsymbol{P}^{-1}\right)^{100}=\boldsymbol{P}\begin{bmatrix}\lambda_1^{100}&0&0\\0&\lambda_2^{100}&0\\0&0&\lambda_3^{100}\end{bmatrix}\boldsymbol{P}^{-1}$$

$$=\begin{bmatrix}1&1&1\\-1&2&3\\1&4&9\end{bmatrix}\begin{bmatrix}(-1)^{100}&0&0\\0&2^{100}&0\\0&0&3^{100}\end{bmatrix}\begin{bmatrix}1/2&-5/12&1/12\\1&2/3&-1/3\\-1/2&-1/4&1/4\end{bmatrix}$$

$$=\begin{bmatrix}(1/2)+2^{100}-(1/2)\times3^{100} & -(5/12)+(2/3)\times2^{100}-(1/4)\times3^{100} & (1/12)-(1/3)\times2^{100}+(1/4)\times3^{100}\\ -(1/2)+2\times2^{100}-(2/3)\times3^{100} & (5/12)+(4/3)\times2^{100}-(3/4)\times3^{100} & -(1/12)-(2/3)\times2^{100}+(3/4)\times3^{100}\\ (1/2)+4\times2^{100}-(9/2)\times3^{100} & -(5/12)+(8/3)\times2^{100}-(9/4)\times3^{100} & (1/12)-(4/3)\times2^{100}+(9/4)\times3^{100}\end{bmatrix}$$

对题 2.16 的解题过程加以引申，可以得到如下一般性结论。

推论 2.16A 表 $n\times n$ 矩阵 $\boldsymbol{A}$ 的 n 个两两相异实特征值为 $\lambda_1,\lambda_2,\cdots,\lambda_n$，$N$ 为任意正整数，则在定出使 $\boldsymbol{P}^{-1}\boldsymbol{AP}=\mathrm{diag}\{\lambda_1,\lambda_2,\cdots,\lambda_n\}$ 的变换阵 $\{\boldsymbol{P},\ \boldsymbol{P}^{-1}\}$ 后，有计算 $\boldsymbol{A}^N$ 的简便公式为

$$\boldsymbol{A}^N=\boldsymbol{P}\begin{bmatrix}\lambda_1^N&&&\\&\lambda_2^N&&\\&&\ddots&\\&&&\lambda_n^N\end{bmatrix}\boldsymbol{P}^{-1}$$

推论 2.16B 表 3×3 矩阵 $\boldsymbol{A}$ 的 3 重实特征值为 λ_1，N 为任意正整数，那么：

若约当规范形 $\boldsymbol{Q}^{-1}\boldsymbol{AQ}=\begin{bmatrix}\lambda_1&&\\&\lambda_1&\\&&\lambda_1\end{bmatrix}$，则计算 $\boldsymbol{A}^N$ 的简便公式为

$$\boldsymbol{A}^N=\boldsymbol{Q}\begin{bmatrix}\lambda_1^N&&\\&\lambda_1^N&\\&&\lambda_1^N\end{bmatrix}\boldsymbol{Q}^{-1}$$

若约当规范形 $\boldsymbol{Q}^{-1}\boldsymbol{AQ}=\begin{bmatrix}\lambda_1&&\\&\lambda_1&1\\&&\lambda_1\end{bmatrix}$，则计算 $\boldsymbol{A}^N$ 的简便公式为

$$\boldsymbol{A}^N=\boldsymbol{Q}\begin{bmatrix}\lambda_1^N&&\\&\lambda_1^N&N\lambda_1^{N-1}\\&&\lambda_1^N\end{bmatrix}\boldsymbol{Q}^{-1}$$

若约当规范形 $Q^{-1}AQ=\begin{bmatrix}\lambda_1 & 1 & \\ & \lambda_1 & 1 \\ & & \lambda_1\end{bmatrix}$，则计算 A^N 的简便公式为

$$A^N=Q\begin{bmatrix}\lambda_1^N & N\lambda_1^{N-1} & \dfrac{N(N-1)}{2}\lambda_1^{N-2} \\ & \lambda_1^N & N\lambda_1^{N-1} \\ & & \lambda_1^N\end{bmatrix}Q^{-1}$$

推论 2.16C 表 3×3 矩阵 A 的 3 个实特征值为 λ_1 和 $\lambda_2=\lambda_3$，且 $\lambda_1\neq\lambda_2$，N 为任意正整数，那么：若约当规范形 $Q^{-1}AQ=\begin{bmatrix}\lambda_1 & & \\ & \lambda_2 & 1 \\ & & \lambda_2\end{bmatrix}$，则计算 A^N 的简便公式为

$$A^N=Q\begin{bmatrix}\lambda_1^N & & \\ & \lambda_2^N & N\lambda_2^{N-1} \\ & & \lambda_2^N\end{bmatrix}Q^{-1}$$

题 2.17 给定方常阵 A，定义以 A 为幂的矩阵指数为

$$\mathrm{e}^A=I+A+\frac{1}{2!}A^2+\cdots+\frac{1}{k!}A^k+\cdots$$

现知 A 的特征值 $\lambda_1,\lambda_2,\cdots,\lambda_n$ 为两两相异，试证明 $\det[\mathrm{e}^A]=\prod_{i=1}^{n}\mathrm{e}^{\lambda_i}$ 。

解 本题要证明矩阵指数 e^A 一个关系式，意在训练运用已学知识（如相异特征值约当规范形）灵活解决这类问题。

由 A 的特征值 $\lambda_1,\cdots,\lambda_n$ 两两相异知，必存在 n 维非奇异常阵 P 使成立

$$A=P\begin{bmatrix}\lambda_1 & & \\ & \ddots & \\ & & \lambda_n\end{bmatrix}P^{-1},\ \cdots,\qquad A^k=P\begin{bmatrix}\lambda_1^k & & \\ & \ddots & \\ & & \lambda_n^k\end{bmatrix}P^{-1},\ \cdots$$

将此代入矩阵指数 e^A 的定义式，导出

$$\begin{aligned}\mathrm{e}^A&=I+A+\frac{1}{2!}A^2+\cdots+\frac{1}{k!}A^k+\cdots\\&=P\left\{\begin{bmatrix}1 & & \\ & \ddots & \\ & & 1\end{bmatrix}+\begin{bmatrix}\lambda_1 & & \\ & \ddots & \\ & & \lambda_n\end{bmatrix}+\frac{1}{2!}\begin{bmatrix}\lambda_1^2 & & \\ & \ddots & \\ & & \lambda_n^2\end{bmatrix}+\cdots\right.\end{aligned}$$

$$+\frac{1}{k!}\begin{bmatrix}\lambda_1^k & & \\ & \ddots & \\ & & \lambda_n^k\end{bmatrix}+\cdots\}P^{-1}$$

$$=P\begin{bmatrix}1+\lambda_1+\frac{1}{2!}\lambda_1^2+\cdots+\frac{1}{k!}\lambda_1^k+\cdots & & \\ & \ddots & \\ & & 1+\lambda_n+\frac{1}{2!}\lambda_n^2+\cdots+\frac{1}{k!}\lambda_n^k+\cdots\end{bmatrix}P^{-1}$$

$$=P\begin{bmatrix}e^{\lambda_1} & & \\ & \ddots & \\ & & e^{\lambda_n}\end{bmatrix}P^{-1}$$

基此，对矩阵指数 e^A 取行列式，并注意到 $\det P\det P^{-1}=1$，证得

$$\det e^A=\det P\begin{bmatrix}e^{\lambda_1} & & \\ & \ddots & \\ & & e^{\lambda_n}\end{bmatrix}P^{-1}=\det\begin{bmatrix}e^{\lambda_1} & & \\ & \ddots & \\ & & e^{\lambda_n}\end{bmatrix}=\prod_{i=1}^{n}e^{\lambda_i}$$

由本题求解过程中的结果，可以得到如下一般性结论。

推论 2.17 n 维矩阵 A 的特征值 $\lambda_1,\lambda_2,\cdots,\lambda_n$ 两两相异，n 维非奇异变换阵 P 使成立

$$A=P\begin{bmatrix}\lambda_1 & & \\ & \ddots & \\ & & \lambda_n\end{bmatrix}P^{-1}$$

则矩阵指数 e^A 的算式为

$$e^A=P\begin{bmatrix}e^{\lambda_1} & & \\ & \ddots & \\ & & e^{\lambda_n}\end{bmatrix}P^{-1}$$

题 2.18 计算下列方常阵 A 的 e^A：

$$A=\begin{bmatrix}0 & 1\\ -2 & -3\end{bmatrix}$$

解 本题属于矩阵指数 e^A 的计算题，意在训练运用已学知识（如相异特征值约当规范形及其变换）灵活地解决这类问题。

先行定出给定方阵 A 的特征多项式和特征值：

$$\det(sI-A)=s^2+3s+2\ （直接运用推论 2.8）=(s+1)(s+2)$$

$$\lambda_1=-1,\quad \lambda_2=-2$$

再定出 A 的属于上述各特征值的特征向量：

$$由\begin{bmatrix}0 & 1\\-2 & -3\end{bmatrix}\begin{bmatrix}v_{11}\\v_{12}\end{bmatrix}=(-1)\times\begin{bmatrix}v_{11}\\v_{12}\end{bmatrix}，\quad 导出\quad \boldsymbol{v}_1=\begin{bmatrix}v_{11}\\v_{12}\end{bmatrix}=\begin{bmatrix}1\\-1\end{bmatrix}v_{11}$$

$$由\begin{bmatrix}0 & 1\\-2 & -3\end{bmatrix}\begin{bmatrix}v_{21}\\v_{22}\end{bmatrix}=(-2)\times\begin{bmatrix}v_{21}\\v_{22}\end{bmatrix}，\quad 导出\quad \boldsymbol{v}_2=\begin{bmatrix}v_{21}\\v_{22}\end{bmatrix}=\begin{bmatrix}1\\-2\end{bmatrix}v_{21}$$

基于特征向量 $\boldsymbol{v}_1,\boldsymbol{v}_2$ 组成变换阵 $\boldsymbol{P}=[\boldsymbol{v}_1,\boldsymbol{v}_2]$，其中取 $v_{11}=v_{21}=1$，并计算定出 $\boldsymbol{P}^{-1}$，有

$$\boldsymbol{P}=\begin{bmatrix}1 & 1\\-1 & -2\end{bmatrix},\quad \boldsymbol{P}^{-1}=\begin{bmatrix}2 & 1\\-1 & -1\end{bmatrix}$$

基此，据推论 2.17，定出矩阵指数 $\mathrm{e}^{\boldsymbol{A}}$ 为

$$\mathrm{e}^{\boldsymbol{A}}=\boldsymbol{P}\begin{bmatrix}\mathrm{e}^{\lambda_1} & 0\\0 & \mathrm{e}^{\lambda_2}\end{bmatrix}\boldsymbol{P}^{-1}$$

$$=\begin{bmatrix}1 & 1\\1 & -2\end{bmatrix}\begin{bmatrix}\mathrm{e}^{-1} & 0\\0 & \mathrm{e}^{-2}\end{bmatrix}\begin{bmatrix}2 & 1\\-1 & -1\end{bmatrix}=\begin{bmatrix}2\mathrm{e}^{\lambda_1}-\mathrm{e}^{\lambda_2} & \mathrm{e}^{\lambda_1}-\mathrm{e}^{\lambda_2}\\2\mathrm{e}^{\lambda_1}+2\mathrm{e}^{\lambda_2} & \mathrm{e}^{\lambda_1}+2\mathrm{e}^{\lambda_2}\end{bmatrix}$$

题 2.19 给定图 P2.19 所示的动态输出反馈系统，其中：

$$\boldsymbol{G}_1(s)=\begin{bmatrix}\dfrac{1}{s+1} & \dfrac{1}{s+2}\\0 & \dfrac{s+1}{s+2}\end{bmatrix},\quad \boldsymbol{G}_2(s)=\begin{bmatrix}\dfrac{1}{s+3} & \dfrac{1}{s+4}\\\dfrac{1}{s+1} & 0\end{bmatrix}$$

试定出反馈系统的传递函数矩阵 $\boldsymbol{G}(s)$。

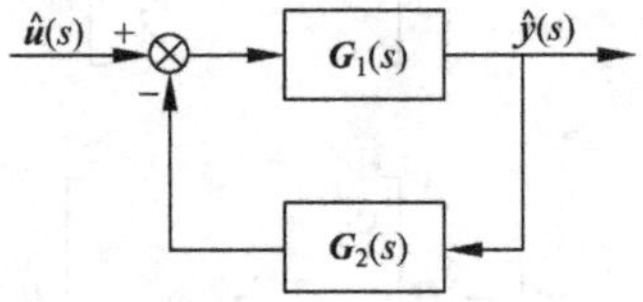

图 P2.19

解 本题属于由组成环节传递函数矩阵确定输出反馈系统传递函数矩阵的基本题。计算所依据的关系式为

$$\boldsymbol{G}(s)=\boldsymbol{G}_1(s)[\boldsymbol{I}+\boldsymbol{G}_2(s)\boldsymbol{G}_1(s)]^{-1}\quad 或\quad \boldsymbol{G}(s)=[\boldsymbol{I}+\boldsymbol{G}_1(s)\boldsymbol{G}_2(s)]^{-1}\boldsymbol{G}_1(s)$$

采用前一个计算公式。对此，先行计算

$$\boldsymbol{G}_2(s)\boldsymbol{G}_1(s)=\begin{bmatrix}\dfrac{1}{s+3} & \dfrac{1}{s+4}\\\dfrac{1}{s+1} & 0\end{bmatrix}\begin{bmatrix}\dfrac{1}{s+1} & \dfrac{1}{s+2}\\0 & \dfrac{s+1}{s+2}\end{bmatrix}=\begin{bmatrix}\dfrac{1}{(s+1)(s+3)} & \dfrac{s^2+5s+7}{(s+2)(s+3)(s+4)}\\\dfrac{1}{(s+1)^2} & \dfrac{1}{(s+1)(s+2)}\end{bmatrix}$$

$$[\boldsymbol{I}+\boldsymbol{G}_2(s)\boldsymbol{G}_1(s)]=\begin{bmatrix}\dfrac{s^2+4s+4}{(s+1)(s+3)} & \dfrac{s^2+5s+7}{(s+2)(s+3)(s+4)}\\ \dfrac{1}{(s+1)^2} & \dfrac{s^2+3s+3}{(s+1)(s+2)}\end{bmatrix}$$

$$[\boldsymbol{I}+\boldsymbol{G}_2(s)\boldsymbol{G}_1(s)]^{-1}=\begin{bmatrix}\dfrac{s^2+4s+4}{(s+1)(s+3)} & \dfrac{s^2+5s+7}{(s+2)(s+3)(s+4)}\\ \dfrac{1}{(s+1)^2} & \dfrac{s^2+3s+3}{(s+1)(s+2)}\end{bmatrix}^{-1}$$

$$=\begin{bmatrix}\dfrac{(s^2+3s+3)(s+3)(s+4)}{s^4+10s^3+37s^2+62s+41} & -\dfrac{(s^2+5s+7)(s+1)}{s^4+10s^3+37s^2+62s+41}\\ -\dfrac{(s+2)(s+3)(s+4)}{(s+1)(s^4+10s^3+37s^2+62s+41)} & \dfrac{(s^2+4s+4)(s+2)(s+4)}{s^4+10s^3+37s^2+62s+41}\end{bmatrix}$$

基此，求得

$$\boldsymbol{G}(s)=\boldsymbol{G}_1(s)[\boldsymbol{I}+\boldsymbol{G}_2(s)\boldsymbol{G}_1(s)]^{-1}=\begin{bmatrix}\dfrac{1}{s+1} & \dfrac{1}{s+2}\\ 0 & \dfrac{s+1}{s+2}\end{bmatrix}\times$$

$$\begin{bmatrix}\dfrac{(s^2+3s+3)(s+3)(s+4)}{s^4+10s^3+37s^2+62s+41} & -\dfrac{(s^2+5s+7)(s+1)}{s^4+10s^3+37s^2+62s+41}\\ -\dfrac{(s+2)(s+3)(s+4)}{(s+1)(s^4+10s^3+37s^2+62s+41)} & \dfrac{(s^2+4s+4)(s+2)(s+4)}{s^4+10s^3+37s^2+62s+41}\end{bmatrix}$$

$$=\begin{bmatrix}\dfrac{(s+2)(s+3)(s+4)}{s^4+10s^3+37s^2+62s+41} & -\dfrac{s^3+7s^2+15s+9}{s^4+10s^3+37s^2+62s+41}\\ -\dfrac{(s+3)(s+4)}{s^4+10s^3+37s^2+62s+41} & \dfrac{(s^2+4s+4)(s+1)(s+4)}{s^4+10s^3+37s^2+62s+41}\end{bmatrix}$$

题 2.20 定出图 P2.19 所示动态输出反馈系统的一个状态方程和一个输出方程，其中：

$$\boldsymbol{G}_1(s)=\frac{2s+1}{s(s+1)(s+3)}\quad ,\quad \boldsymbol{G}_2(s)=\frac{s+2}{s+4}$$

解 本题属于由组成环节传递函数确定输出反馈系统的状态空间描述的基本题。可采用几种算法求解，算法之一是采用关系式

$$\boldsymbol{G}(s)=\boldsymbol{G}_1(s)[\boldsymbol{I}+\boldsymbol{G}_2(s)\boldsymbol{G}_1(s)]^{-1}$$

导出输出反馈系统的传递函数，再基此定出其状态空间描述。

对此，先行计算

$$G_2(s)G_1(s)=\frac{(2s+1)(s+2)}{s(s+1)(s+3)(s+4)}$$

$$[1+G_2(s)G_1(s)]^{-1}=\left[1+\frac{(2s+1)(s+2)}{s(s+1)(s+3)(s+4)}\right]^{-1}=\frac{s(s+1)(s+3)(s+4)}{s^4+8s^3+21s^2+17s+2}$$

再定出输出反馈系统的传递函数为

$$\begin{aligned}G(s)&=G_1(s)[I+G_2(s)G_1(s)]^{-1}\\&=\frac{(2s+1)(s+4)}{s^4+8s^3+21s^2+17s+2}=\frac{2s^2+9s+4}{s^4+8s^3+21s^2+17s+2}\end{aligned}$$

进而，采用题 2.5 中算法 1，由上述 $G(s)$ 定出输出反馈系统的一组状态方程和输出方程为

$$\begin{bmatrix}\dot{x}_1\\\dot{x}_2\\\dot{x}_3\\\dot{x}_4\end{bmatrix}=\begin{bmatrix}0&1&0&0\\0&0&1&0\\0&0&0&1\\-2&-17&-21&-8\end{bmatrix}\begin{bmatrix}x_1\\x_2\\x_3\\x_4\end{bmatrix}+\begin{bmatrix}0\\0\\0\\1\end{bmatrix}u,\quad y=\begin{bmatrix}4&9&2&0\end{bmatrix}\begin{bmatrix}x_1\\x_2\\x_3\\x_4\end{bmatrix}$$

第 3 章
线性系统的运动分析

3.1 本章的主要知识点

线性系统时域运动分析的核心在于揭示系统状态相对于初始状态和输入的演化规律，这既是线性系统时间域理论所要研究的一个基本课题，也是状态空间方法中分析和综合线性系统控制特性的基础。下面指出本章的主要知识点。

（1）连续时间线性时不变系统的状态运动

状态运动表达式

连续时间线性时不变系统的状态运动为“ $\dot{\boldsymbol{x}}=\boldsymbol{A}\boldsymbol{x}+\boldsymbol{B}\boldsymbol{u}$， $\boldsymbol{x}(t_0)=\boldsymbol{x}_0$ ”的解 $\boldsymbol{x}(t)$。

当初始时刻 $t_0=0$：　$\boldsymbol{x}(t)=\mathrm{e}^{\boldsymbol{A}t}\boldsymbol{x}_0+\int_0^t \mathrm{e}^{\boldsymbol{A}(t-\tau)}\boldsymbol{B}\boldsymbol{u}(\tau)\mathrm{d}\tau,\quad t\geqslant 0$

当初始时刻 $t_0\neq 0$：　$\boldsymbol{x}(t)=\mathrm{e}^{\boldsymbol{A}(t-t_0)}\boldsymbol{x}_0+\int_{t_0}^t \mathrm{e}^{\boldsymbol{A}(t-\tau)}\boldsymbol{B}\boldsymbol{u}(\tau)\mathrm{d}\tau,\quad t\geqslant t_0$

零输入响应 $\boldsymbol{x}_{0u}(t)$

零输入响应定义为“ $\dot{\boldsymbol{x}}=\boldsymbol{A}\boldsymbol{x}$， $\boldsymbol{x}(t_0)=\boldsymbol{x}_0$ ”的解 $\boldsymbol{x}_{0u}(t)$。

当初始时刻 $t_0=0$：　$\boldsymbol{x}_{0u}(t)=\mathrm{e}^{\boldsymbol{A}t}\boldsymbol{x}_0,\quad t\geqslant 0$

当初始时刻 $t_0\neq 0$：　$\boldsymbol{x}_{0u}(t)=\mathrm{e}^{\boldsymbol{A}(t-t_0)}\boldsymbol{x}_0,\quad t\geqslant t_0$

零初态响应 $\boldsymbol{x}_{0x}(t)$

零初态响应定义为“ $\dot{\boldsymbol{x}}=\boldsymbol{A}\boldsymbol{x}+\boldsymbol{B}\boldsymbol{u}$， $\boldsymbol{x}(t_0)=\boldsymbol{0}$ ”的解 $\boldsymbol{x}_{0x}(t)$。

当初始时刻 $t_0=0$：　$\boldsymbol{x}_{0x}(t)=\int_0^t \mathrm{e}^{\boldsymbol{A}(t-\tau)}\boldsymbol{B}\boldsymbol{u}(\tau)\mathrm{d}\tau,\quad t\geqslant 0$

当初始时刻$t_0 \neq 0$：　$\boldsymbol{x}_{0x}(t)=\int_{t_0}^{t} \mathrm{e}^{\boldsymbol{A}(t-\tau)}\boldsymbol{B}\boldsymbol{u}(\tau)\mathrm{d}\tau,\quad t \geqslant t_0$

（2）连续时间线性时不变系统的状态转移矩阵

状态转移矩阵

对n维线性时不变系统，状态转移矩阵定义为“$\dot{\boldsymbol{\Phi}}(t-t_0)=\boldsymbol{A}\boldsymbol{\Phi}(t-t_0)$，$\boldsymbol{\Phi}(t_0)=\boldsymbol{I}$”的$n \times n$解阵$\boldsymbol{\Phi}(t-t_0)$。

当初始时刻$t_0=0$：　$\boldsymbol{\Phi}(t)=\mathrm{e}^{\boldsymbol{A}t},\ t \geqslant 0$

当初始时刻$t_0 \neq 0$：　$\boldsymbol{\Phi}(t-t_0)=\mathrm{e}^{\boldsymbol{A}(t-t_0)},\ t \geqslant t_0$

计算$\mathrm{e}^{\boldsymbol{A}t}$的方法

对$n \times n$矩阵$\boldsymbol{A}$，计算$\mathrm{e}^{\boldsymbol{A}t}$的基本算法有4种。

① 定义法

$$\mathrm{e}^{\boldsymbol{A}t}=\boldsymbol{I}+\boldsymbol{A}t+\frac{1}{2!}\boldsymbol{A}^2t^2+\frac{1}{3!}\boldsymbol{A}^3t^3+\cdots$$

② 特征值法

对“$\boldsymbol{A}$的特征值$\lambda_1,\lambda_2,\cdots,\lambda_n$两两相异”情形

$$\mathrm{e}^{\boldsymbol{A}t}=\boldsymbol{P}\begin{bmatrix}\mathrm{e}^{\lambda_1 t} & & \\ & \ddots & \\ & & \mathrm{e}^{\lambda_n t}\end{bmatrix}\boldsymbol{P}^{-1}$$

$\boldsymbol{P}=[\boldsymbol{v}_1\quad \boldsymbol{v}_2\quad \cdots\quad \boldsymbol{v}_n]$，$\boldsymbol{v}_i$为$\boldsymbol{A}$的属于特征值$\lambda_i$的特征向量

对“$\boldsymbol{A}$含重特征值”情形，以$n=5$为例，设特征值为λ_1（代数重数$\sigma_1=3$，几何重数$\alpha_1=1$），λ_2（$\sigma_2=2$，$\alpha_2=1$）

$$\mathrm{e}^{\boldsymbol{A}t}=\boldsymbol{Q}\left[\begin{array}{ccc:cc}\mathrm{e}^{\lambda_1 t} & t\mathrm{e}^{\lambda_1 t} & \frac{1}{2!}t^2\mathrm{e}^{\lambda_1 t} & 0 & 0\\ 0 & \mathrm{e}^{\lambda_1 t} & t\mathrm{e}^{\lambda_1 t} & 0 & 0\\ 0 & 0 & \mathrm{e}^{\lambda_1 t} & 0 & 0\\ \hdashline 0 & 0 & 0 & \mathrm{e}^{\lambda_2 t} & t\mathrm{e}^{\lambda_2 t}\\ 0 & 0 & 0 & 0 & \mathrm{e}^{\lambda_2 t}\end{array}\right]\boldsymbol{Q}^{-1}$$

$\boldsymbol{Q}$由$\boldsymbol{A}$的属于特征值λ_1和λ_2的广义特征向量组构成

③ 有限项展开法

$$\mathrm{e}^{\boldsymbol{A}t}=\alpha_0(t)\boldsymbol{I}+\alpha_1(t)\boldsymbol{A}+\cdots+\alpha_{n-1}(t)\boldsymbol{A}^{n-1}$$

对“$\boldsymbol{A}$的特征值$\lambda_1,\lambda_2,\cdots,\lambda_n$两两相异”情形，计算系数的关系式为

$$\begin{bmatrix}\alpha_0(t)\\ \alpha_1(t)\\ \vdots \\ \alpha_{n-1}(t)\end{bmatrix}=\begin{bmatrix}1 & \lambda_1 & \lambda_1^2 & \cdots & \lambda_1^{n-1}\\ 1 & \lambda_2 & \lambda_2^2 & \cdots & \lambda_2^{n-1}\\ \vdots & \vdots & \vdots & \vdots & \vdots\\ 1 & \lambda_n & \lambda_n^2 & \cdots & \lambda_n^{n-1}\end{bmatrix}^{-1}\begin{bmatrix}e^{\lambda_1 t}\\ e^{\lambda_2 t}\\ \vdots\\ e^{\lambda_n t}\end{bmatrix}$$

对“$\boldsymbol{A}$ 含重特征值”情形，设特征值为 λ_1（代数重数 $\sigma_1=3$，几何重数 $\alpha_1=1$），λ_2（$\sigma_2=2$，$\alpha_2=1$），计算系数的关系式为

$$\begin{bmatrix}\alpha_1(t)\\ \alpha_2(t)\\ \alpha_3(t)\\ \hline \alpha_4(t)\\ \alpha_5(t)\end{bmatrix}=\begin{bmatrix}0 & 0 & 1 & 3\lambda_1 & 6\lambda_1^2\\ 0 & 1 & 2\lambda_1 & 3\lambda_1^2 & 4\lambda_1^3\\ 1 & \lambda_1 & \lambda_1^2 & \lambda_1^3 & \lambda_1^4\\ \hline 0 & 1 & 2\lambda_2 & 3\lambda_2^2 & 4\lambda_2^3\\ 1 & \lambda_2 & \lambda_2^2 & \lambda_2^3 & \lambda_2^4\end{bmatrix}^{-1}\begin{bmatrix}\frac{1}{2}t^2 e^{\lambda_1 t}\\ te^{\lambda_1 t}\\ e^{\lambda_1 t}\\ \hline te^{\lambda_2 t}\\ e^{\lambda_2 t}\end{bmatrix}$$

④ 预解矩阵法

$$e^{At}=L^{-1}(s\boldsymbol{I}-\boldsymbol{A})^{-1}$$

（3）连续时间线性时变系统的状态运动

状态转移矩阵

对 n 维连续时间线性时变系统“$\dot{\boldsymbol{x}}=\boldsymbol{A}(t)\boldsymbol{x}+\boldsymbol{B}(t)\boldsymbol{u}$，$\boldsymbol{x}(t_0)=\boldsymbol{x}_0$”，状态转移矩阵定义为“$\dot{\boldsymbol{\Phi}}(t,t_0)=\boldsymbol{A}(t)\boldsymbol{\Phi}(t,t_0)$，$\boldsymbol{\Phi}(t_0,t_0)=\boldsymbol{I}$”的 $n\times n$ 解阵 $\boldsymbol{\Phi}(t,t_0)$，一般难以得到解析形式解。

状态运动表达式

连续时间线性时变系统的状态运动为“$\dot{\boldsymbol{x}}=\boldsymbol{A}(t)\boldsymbol{x}+\boldsymbol{B}(t)\boldsymbol{u}$，$\boldsymbol{x}(t_0)=\boldsymbol{x}_0$”的解 $\boldsymbol{x}(t)$：

$$\boldsymbol{x}(t)=\boldsymbol{\Phi}(t,t_0)\boldsymbol{x}_0+\int_{t_0}^{t}\boldsymbol{\Phi}(t,\tau)\boldsymbol{B}(\tau)\boldsymbol{u}(\tau)\mathrm{d}\tau,\quad t\in[t_0,t_\alpha]$$

零输入响应 $\boldsymbol{x}_{0u}(t)$

零输入响应定义为“$\dot{\boldsymbol{x}}=\boldsymbol{A}(t)\boldsymbol{x}$，$\boldsymbol{x}(t_0)=\boldsymbol{x}_0$”的解 $\boldsymbol{x}_{0u}(t)$。

$$\boldsymbol{x}_{0u}(t)=\boldsymbol{\Phi}(t,t_0)\boldsymbol{x}_0,\qquad t\in[t_0,t_\alpha]$$

零初态响应 $\boldsymbol{x}_{0x}(t)$

零初态响应定义为“$\dot{\boldsymbol{x}}=\boldsymbol{A}(t)\boldsymbol{x}+\boldsymbol{B}(t)\boldsymbol{u}$，$\boldsymbol{x}(t_0)=\boldsymbol{0}$”的解 $\boldsymbol{x}_{0x}(t)$。

$$\boldsymbol{x}_{0x}(t)=\int_{t_0}^{t}\boldsymbol{\Phi}(t,\tau)\boldsymbol{B}(\tau)\boldsymbol{u}(\tau)\,\mathrm{d}\tau,\qquad t\in[t_0,t_\alpha]$$

（4）连续时间线性系统的时间离散化模型

基本假设

三个基本假设为“等周期采样”、“采样周期大小满足香农采样定理要求的条件”以及“零阶保持方式”。

离散化变量向量

离散状态 $\boldsymbol{x}(k)=[\boldsymbol{x}(t)]_{t=kT}$，　离散输入 $\boldsymbol{u}(k)=[\boldsymbol{u}(t)]_{t=kT}$

离散输出 $\boldsymbol{y}(k)=[\boldsymbol{y}(t)]_{t=kT}$，　$k=0,1,\cdots,l$

连续时间线性时变系统的时间离散化模型

线性时变系统“$\dot{\boldsymbol{x}}=\boldsymbol{A}(t)\boldsymbol{x}+\boldsymbol{B}(t)\boldsymbol{u}$，$\boldsymbol{y}=\boldsymbol{C}(t)\boldsymbol{x}+\boldsymbol{D}(t)\boldsymbol{u}$，$\boldsymbol{x}(t_0)=\boldsymbol{x}_0$”离散化模型为

$$\boldsymbol{x}(k+1)=\boldsymbol{G}(k)\boldsymbol{x}(k)+\boldsymbol{H}(k)\boldsymbol{u}(k),\quad \boldsymbol{x}(0)=\boldsymbol{x}_0,\quad k=0,1,\cdots,l$$
$$\boldsymbol{y}(k)=\boldsymbol{C}(k)\boldsymbol{x}(k)+\boldsymbol{D}(k)\boldsymbol{u}(k)$$

其中

$$\boldsymbol{G}(k)=\boldsymbol{\Phi}((k+1)T,kT)=\boldsymbol{\Phi}(k+1,k),\quad \boldsymbol{H}(k)=\int_{kT}^{(k+1)T}\boldsymbol{\Phi}((k+1)T,\tau)\boldsymbol{B}(\tau)\mathrm{d}\tau$$
$$\boldsymbol{C}(k)=[\boldsymbol{C}(t)]_{t=kT},\quad \boldsymbol{D}(k)=[\boldsymbol{D}(t)]_{t=kT}$$

连续时间线性时不变系统的时间离散化模型

线性时不变系统“$\dot{\boldsymbol{x}}=\boldsymbol{A}\boldsymbol{x}+\boldsymbol{B}\boldsymbol{u}$，$\boldsymbol{y}=\boldsymbol{C}\boldsymbol{x}+\boldsymbol{D}\boldsymbol{u}$，$\boldsymbol{x}(t_0)=\boldsymbol{x}_0$”离散化模型为

$$\boldsymbol{x}(k+1)=\boldsymbol{G}\boldsymbol{x}(k)+\boldsymbol{H}\boldsymbol{u}(k),\quad \boldsymbol{x}(0)=\boldsymbol{x}_0,\quad k=0,1,2,\cdots$$
$$\boldsymbol{y}(k)=\boldsymbol{C}\boldsymbol{x}(k)+\boldsymbol{D}\boldsymbol{u}(k)$$

其中

$$\boldsymbol{G}=\mathrm{e}^{\boldsymbol{A}T},\quad \boldsymbol{H}=\left(\int_0^T\mathrm{e}^{\boldsymbol{A}t}\mathrm{d}t\right)\boldsymbol{B}$$

（5）离散时间线性系统状态运动

线性时变系统的状态转移矩阵

对 n 维离散时间线性时变系统“$\boldsymbol{x}(k+1)=\boldsymbol{G}(k)\boldsymbol{x}(k)+\boldsymbol{H}(k)\boldsymbol{u}(k)$，$\boldsymbol{x}(0)=\boldsymbol{x}_0$”，状态转移矩阵定义为“$\boldsymbol{\Phi}(k+1,m)=\boldsymbol{G}(k)\boldsymbol{\Phi}(k,m)$，$\boldsymbol{\Phi}(m,m)=\boldsymbol{I}$”的 $n\times n$ 解阵 $\boldsymbol{\Phi}(k,m)$，且有 $\boldsymbol{\Phi}(k,m)=\boldsymbol{G}(k-1)\boldsymbol{G}(k-2)\cdots\boldsymbol{G}(m)$。

线性时变系统状态运动表达式

离散时间线性时变系统的状态运动为“$\boldsymbol{x}(k+1)=\boldsymbol{G}(k)\boldsymbol{x}(k)+\boldsymbol{H}(k)\boldsymbol{u}(k)$，$\boldsymbol{x}(0)=\boldsymbol{x}_0$”的解 $\boldsymbol{x}(k)$：

$$\boldsymbol{x}(k)=\boldsymbol{\Phi}(k,0)\boldsymbol{x}_0+\sum_{i=0}^{k-1}\boldsymbol{\Phi}(k,i+1)\boldsymbol{H}(i)\boldsymbol{u}(i)$$

线性时不变系统的状态转移矩阵

对 n 维离散时间线性时不变系统“$\boldsymbol{x}(k+1)=\boldsymbol{G}\boldsymbol{x}(k)+\boldsymbol{H}\boldsymbol{u}(k)$，$\boldsymbol{x}(0)=\boldsymbol{x}_0$”，状态转移矩阵定义为“$\boldsymbol{\Phi}(k+1)=\boldsymbol{G}\boldsymbol{\Phi}(k)$，$\boldsymbol{\Phi}(0)=\boldsymbol{I}$”的 $n\times n$ 解阵 $\boldsymbol{\Phi}(k)$，且有 $\boldsymbol{\Phi}(k)=\boldsymbol{G}^k$。

线性时不变系统状态运动表达式

离散时间线性时不变系统的状态运动为“$\boldsymbol{x}(k+1)=\boldsymbol{G}\boldsymbol{x}(k)+\boldsymbol{H}\boldsymbol{u}(k)$，$\boldsymbol{x}(0)=\boldsymbol{x}_0$”的

解 $\boldsymbol{x}(k)$：

$$\boldsymbol{x}(k)=\boldsymbol{\Phi}(k)\boldsymbol{x}_0+\sum_{i=0}^{k-1}\boldsymbol{\Phi}(k-i-1)\boldsymbol{H}\boldsymbol{u}(i)$$

3.2 习题与解答

本章的习题安排围绕线性时不变系统的运动分析及其特性。基本题部分包括基于系统的状态方程确定矩阵指数函数，状态转移矩阵，典型输入下的状态响应，连续时间线性时不变系统的时间离散化，离散时间线性时不变系统的状态响应等。证明题部分包括连续时间线性时不变系统状态响应的拉普拉斯变换证明，一类矩阵线性微分方程解的证明，线性系统状态转移矩阵的特性，线性时不变系统及其伴随系统的状态转移矩阵的特性，矩阵指数函数行列式的关系式等。灵活题部分包括由状态转移矩阵确定系统矩阵，由线性时不变系统的状态解组确定系统矩阵等。

题 3.1 分别定出下列常阵 $\boldsymbol{A}$ 的矩阵指数函数 $e^{\boldsymbol{A}t}$：

(i) $\boldsymbol{A}=\begin{bmatrix}-2 & 0\\ 0 & -3\end{bmatrix}$

(ii) $\boldsymbol{A}=\begin{bmatrix}-2 & 1\\ 0 & -2\end{bmatrix}$

(iii) $\boldsymbol{A}=\begin{bmatrix}0 & 0\\ 1 & 0\end{bmatrix}$

(iv) $\boldsymbol{A}=\begin{bmatrix}0 & -1\\ 4 & 0\end{bmatrix}$

解 本题属于由“常阵 $\boldsymbol{A}$”计算“矩阵指数函数 $e^{\boldsymbol{A}t}$”的基本题。这类问题在连续时间线性时不变系统的运动分析中是会经常遇到的。

本题可以采用多种算法进行计算，下面只是给出其中的一种算法。

(i) 采用“预解矩阵法”确定 $\boldsymbol{A}=\begin{bmatrix}-2 & 0\\ 0 & -3\end{bmatrix}$ 的矩阵指数函数 $e^{\boldsymbol{A}t}$。对此，先来定出

$$\text{预解矩阵}\ (s\boldsymbol{I}-\boldsymbol{A})^{-1}=\begin{bmatrix}s+2 & 0\\ 0 & s+3\end{bmatrix}^{-1}=\begin{bmatrix}\dfrac{1}{s+2} & 0\\ 0 & \dfrac{1}{s+3}\end{bmatrix}$$

再利用拉普拉斯反变换 $L^{-1}\left\{\dfrac{1}{s+a}\right\}=e^{-at}$，即可定出矩阵指数函数 $e^{\boldsymbol{A}t}$ 为

$$e^{At}=L^{-1}\{(sI-A)^{-1}\}==\begin{bmatrix}L^{-1}\left(\dfrac{1}{s+2}\right) & 0\\ 0 & L^{-1}\left(\dfrac{1}{s+3}\right)\end{bmatrix}=\begin{bmatrix}e^{-2t} & 0\\ 0 & e^{-3t}\end{bmatrix}$$

对本题答案加以引申，可以得到如下一般性结论。

推论 3.1-1 对角阵 $A=\begin{bmatrix}a_1 & & \\ & \ddots & \\ & & a_n\end{bmatrix}$ 的矩阵指数函数 $e^{At}=\begin{bmatrix}e^{a_1t} & & \\ & \ddots & \\ & & e^{a_nt}\end{bmatrix}$

(ii) 采用“预解矩阵法”确定 $A=\begin{bmatrix}-2 & 1\\ 0 & -2\end{bmatrix}$ 的矩阵指数函数 e^{At}。对此，先来定出

$$\text{预解矩阵}\quad (sI-A)^{-1}=\begin{bmatrix}s+2 & -1\\ 0 & s+2\end{bmatrix}^{-1}=\begin{bmatrix}\dfrac{1}{s+2} & \dfrac{1}{(s+2)^2}\\ 0 & \dfrac{1}{s+2}\end{bmatrix}$$

再利用拉普拉斯反变换 $L^{-1}\left\{\dfrac{1}{s+a}\right\}=e^{-at}$ 和 $L^{-1}\left\{\dfrac{1}{(s+a)^2}\right\}=te^{-at}$，即可定出 e^{At} 为

$$e^{At}=L^{-1}\{(sI-A)^{-1}\}==\begin{bmatrix}L^{-1}\left\{\dfrac{1}{s+2}\right\} & L^{-1}\left\{\dfrac{1}{(s+2)^2}\right\}\\ 0 & L^{-1}\left\{\dfrac{1}{s+2}\right\}\end{bmatrix}=\begin{bmatrix}e^{-2t} & te^{-2t}\\ 0 & e^{-2t}\end{bmatrix}$$

对本题答案加以引申，可以得到如下一般性结论。

推论 3.1-2A 矩阵 $A=\begin{bmatrix}a & 1\\ 0 & a\end{bmatrix}$ 的矩阵指数函数 $e^{At}=\begin{bmatrix}e^{at} & te^{at}\\ 0 & e^{at}\end{bmatrix}$，矩阵 $A=\begin{bmatrix}a & 1 & 0\\ 0 & a & 1\\ 0 & 0 & a\end{bmatrix}$ 的矩阵指数函数 $e^{At}=\begin{bmatrix}e^{at} & te^{at} & \dfrac{1}{2!}t^2e^{at}\\ 0 & e^{at} & te^{at}\\ 0 & 0 & e^{at}\end{bmatrix}$

推论 3.1-2B 矩阵 $A=\begin{bmatrix}0 & 1\\ 0 & 0\end{bmatrix}$ 的矩阵指数函数 $e^{At}=\begin{bmatrix}1 & t\\ 0 & 1\end{bmatrix}$，矩阵 $A=\begin{bmatrix}0 & 1 & 0\\ 0 & 0 & 1\\ 0 & 0 & 0\end{bmatrix}$ 的

矩阵指数函数 $e^{At}=\begin{bmatrix}1 & t & \frac{1}{2!}t^2\\ 0 & 1 & t\\ 0 & 0 & 1\end{bmatrix}$

(iii) 采用“灵活求解法”确定 $\boldsymbol{A}=\begin{bmatrix}0 & 0\\ 1 & 0\end{bmatrix}$ 的矩阵指数函数 e^{At}。设 $\boldsymbol{B}=\boldsymbol{A}^{\mathrm{T}}$，考虑到 $e^{At}=(e^{Bt})^{\mathrm{T}}$，则利用上述推论 3.1-2B 可以定出

$$\boldsymbol{B}=\boldsymbol{A}^{\mathrm{T}}=\begin{bmatrix}0 & 1\\ 0 & 0\end{bmatrix}，矩阵指数函数\ e^{At}=(e^{Bt})^{\mathrm{T}}=\begin{bmatrix}1 & t\\ 0 & 1\end{bmatrix}^{\mathrm{T}}=\begin{bmatrix}1 & 0\\ t & 1\end{bmatrix}$$

(iv) 采用“预解矩阵法”确定 $\boldsymbol{A}=\begin{bmatrix}0 & -1\\ 4 & 0\end{bmatrix}$ 的矩阵指数函数 e^{At}。对此，先来定出

$$预解矩阵\quad (s\boldsymbol{I}-\boldsymbol{A})^{-1}=\begin{bmatrix}s & 1\\ -4 & s\end{bmatrix}^{-1}=\begin{bmatrix}\dfrac{s}{s^2+2^2} & -\dfrac{1}{s^2+2^2}\\ \dfrac{4}{s^2+2^2} & \dfrac{s}{s^2+2^2}\end{bmatrix}$$

再利用拉普拉斯反变换 $L^{-1}\left\{\dfrac{s}{s^2+\beta^2}\right\}=\cos\beta t$ 和 $L^{-1}\left\{\dfrac{\beta}{s^2+\beta^2}\right\}=\sin\beta t$，即可定出矩阵指数函数 e^{At} 为

$$e^{At}=L^{-1}\{(s\boldsymbol{I}-\boldsymbol{A})^{-1}\}=\begin{bmatrix}L^{-1}\left\{\dfrac{s}{s^2+2^2}\right\} & L^{-1}\left\{-\dfrac{1}{2}\dfrac{2}{s^2+2^2}\right\}\\ L^{-1}\left\{2\dfrac{2}{s^2+2^2}\right\} & L^{-1}\left\{\dfrac{s}{s^2+2^2}\right\}\end{bmatrix}=\begin{bmatrix}\cos 2t & -\dfrac{1}{2}\sin 2t\\ 2\sin 2t & \cos 2t\end{bmatrix}$$

题 3.2 采用除定义算法外的三种方法，计算下列各个矩阵 $\boldsymbol{A}$ 的矩阵指数函数 e^{At}：

(i) $\boldsymbol{A}=\begin{bmatrix}0 & 1\\ -2 & -3\end{bmatrix}$

(ii) $\boldsymbol{A}=\begin{bmatrix}0 & 1 & 0\\ 0 & 0 & 1\\ -6 & -11 & -6\end{bmatrix}$

解 本题意在训练正确和熟练运用“由 $\boldsymbol{A}$ 计算矩阵指数函数 e^{At}”的几种基本算法。

(i) 确定 $\boldsymbol{A}=\begin{bmatrix}0 & 1\\ -2 & -3\end{bmatrix}$ 的矩阵指数函数 e^{At}

特征值法。对给定矩阵 $\boldsymbol{A}$，先行定出

特征多项式 $\det(s\boldsymbol{I}-\boldsymbol{A})=\begin{vmatrix} s & -1 \\ 2 & s+3 \end{vmatrix}=s^2+3s+2=(s+2)(s+1)$

特征值 $\lambda_1=-2$， $\lambda_2=-1$

再定出 $\boldsymbol{A}$ 的属于特征值 $\lambda_1=-2$ 和 $\lambda_2=-1$ 的特征向量 $\boldsymbol{v}_1$ 和 $\boldsymbol{v}_2$，有

由 $\begin{bmatrix} 0 & 1 \\ -2 & -3 \end{bmatrix}\begin{bmatrix} v_{11} \\ v_{12} \end{bmatrix}=-2\begin{bmatrix} v_{11} \\ v_{12} \end{bmatrix}=\begin{bmatrix} -2v_{11} \\ -2v_{12} \end{bmatrix}$ 导出 $\boldsymbol{v}_1=\begin{bmatrix} v_{11} \\ v_{12} \end{bmatrix}=\begin{bmatrix} 1 \\ -2 \end{bmatrix}v_{11}$

由 $\begin{bmatrix} 0 & 1 \\ -2 & -3 \end{bmatrix}\begin{bmatrix} v_{21} \\ v_{22} \end{bmatrix}=-1\begin{bmatrix} v_{21} \\ v_{22} \end{bmatrix}=\begin{bmatrix} -v_{21} \\ -v_{22} \end{bmatrix}$ 导出 $\boldsymbol{v}_2=\begin{bmatrix} v_{21} \\ v_{22} \end{bmatrix}=\begin{bmatrix} 1 \\ -1 \end{bmatrix}v_{21}$

基此，取任意非零实数 $v_{11}=v_{21}=1$，定出一个变换阵及其逆为

$$\boldsymbol{P}=[\boldsymbol{v}_1\quad \boldsymbol{v}_2]=\begin{bmatrix} 1 & 1 \\ -2 & -1 \end{bmatrix} \quad 和 \quad \boldsymbol{P}^{-1}=\begin{bmatrix} -1 & -1 \\ 2 & 1 \end{bmatrix}$$

从而，定出矩阵 $\boldsymbol{A}$ 的矩阵指数函数 $\mathrm{e}^{\boldsymbol{A}t}$ 为

$$\mathrm{e}^{\boldsymbol{A}t}=\boldsymbol{P}\begin{bmatrix} \mathrm{e}^{-2t} & 0 \\ 0 & \mathrm{e}^{-t} \end{bmatrix}\boldsymbol{P}^{-1}=\begin{bmatrix} 1 & 1 \\ -2 & -1 \end{bmatrix}\begin{bmatrix} \mathrm{e}^{-2t} & 0 \\ 0 & \mathrm{e}^{-t} \end{bmatrix}\begin{bmatrix} -1 & -1 \\ 2 & 1 \end{bmatrix}$$

$$=\begin{bmatrix} 2\mathrm{e}^{-t}-\mathrm{e}^{-2t} & \mathrm{e}^{-t}-\mathrm{e}^{-2t} \\ -2\mathrm{e}^{-t}+2\mathrm{e}^{-2t} & -\mathrm{e}^{-t}+2\mathrm{e}^{-2t} \end{bmatrix}$$

对上述解题过程加以引申，可以得到如下一般性结论。

推论 3.2-1 上述题解中所采用的算法中变换阵 $\boldsymbol{P}$ 为不惟一，但其不同取法必导致矩阵指数函数 $\mathrm{e}^{\boldsymbol{A}t}$ 的惟一结果。

有限项展开法。前已定出，矩阵 $\boldsymbol{A}$ 的特征值为 $\lambda_1=-2$ 和 $\lambda_2=-1$。基此，先行定出

$$\begin{bmatrix} \alpha_0(t) \\ \alpha_1(t) \end{bmatrix}=\begin{bmatrix} 1 & \lambda_1 \\ 1 & \lambda_2 \end{bmatrix}^{-1}\begin{bmatrix} \mathrm{e}^{\lambda_1 t} \\ \mathrm{e}^{\lambda_2 t} \end{bmatrix}=\begin{bmatrix} 1 & -2 \\ 1 & -1 \end{bmatrix}^{-1}\begin{bmatrix} \mathrm{e}^{-2t} \\ \mathrm{e}^{-t} \end{bmatrix}=\begin{bmatrix} -1 & 2 \\ -1 & 1 \end{bmatrix}\begin{bmatrix} \mathrm{e}^{-2t} \\ \mathrm{e}^{-t} \end{bmatrix}=\begin{bmatrix} -\mathrm{e}^{-2t}+2\mathrm{e}^{-t} \\ -\mathrm{e}^{-2t}+\mathrm{e}^{-t} \end{bmatrix}$$

由此，即可定出矩阵指数函数 $\mathrm{e}^{\boldsymbol{A}t}$ 为

$$\mathrm{e}^{\boldsymbol{A}t}=\alpha_0(t)\boldsymbol{I}+\alpha_1(t)\boldsymbol{A}=\left[-\mathrm{e}^{-2t}+2\mathrm{e}^{-t}\right]\begin{bmatrix} 1 & 0 \\ 0 & 1 \end{bmatrix}+\left[-\mathrm{e}^{-2t}+\mathrm{e}^{-t}\right]\begin{bmatrix} 0 & 1 \\ -2 & -3 \end{bmatrix}$$

$$=\begin{bmatrix} 2\mathrm{e}^{-t}-\mathrm{e}^{-2t} & \mathrm{e}^{-t}-\mathrm{e}^{-2t} \\ -2\mathrm{e}^{-t}+2\mathrm{e}^{-2t} & -\mathrm{e}^{-t}+2\mathrm{e}^{-2t} \end{bmatrix}$$

预解矩阵法。先行定出，矩阵 $\boldsymbol{A}$ 的预解矩阵为

$$(s\boldsymbol{I}-\boldsymbol{A})^{-1}=\begin{bmatrix} s & -1 \\ 2 & s+3 \end{bmatrix}^{-1}=\begin{bmatrix} \dfrac{s+3}{s^2+3s+2} & \dfrac{1}{s^2+3s+2} \\ \dfrac{-2}{s^2+3s+2} & \dfrac{s}{s^2+3s+2} \end{bmatrix}$$

$$=\begin{bmatrix}\dfrac{s+3}{(s+1)(s+2)} & \dfrac{1}{(s+1)(s+2)}\\ \dfrac{-2}{(s+1)(s+2)} & \dfrac{s}{(s+1)(s+2)}\end{bmatrix}=\begin{bmatrix}\dfrac{2}{s+1}-\dfrac{1}{s+2} & \dfrac{1}{s+1}-\dfrac{1}{s+2}\\ -\dfrac{2}{s+1}+\dfrac{2}{s+2} & -\dfrac{1}{s+1}+\dfrac{2}{s+2}\end{bmatrix}$$

再利用拉普拉斯反变换 $L^{-1}\left\{\dfrac{1}{s+a}\right\}=\mathrm{e}^{-at}$，即可定出矩阵指数函数 e^{At} 为

$$\mathrm{e}^{At}=L^{-1}\{(s\boldsymbol{I}-\boldsymbol{A})^{-1}\}=\begin{bmatrix}2\mathrm{e}^{-t}-\mathrm{e}^{-2t} & \mathrm{e}^{-t}-\mathrm{e}^{-2t}\\ -2\mathrm{e}^{-t}+2\mathrm{e}^{-2t} & -\mathrm{e}^{-t}+2\mathrm{e}^{-2t}\end{bmatrix}$$

(ii) 确定 $\boldsymbol{A}=\begin{bmatrix}0 & 1 & 0\\ 0 & 0 & 1\\ -6 & -11 & -6\end{bmatrix}$ 的矩阵指数函数 e^{At}

特征值法。对给定矩阵 $\boldsymbol{A}$，先行定出

特征多项式 $\det(s\boldsymbol{I}-\boldsymbol{A})=s^3+6s^2+11s+6=(s+3)(s+2)(s+1)$

特征值 $\lambda_1=-1$， $\lambda_2=-2$， $\lambda_3=-3$

再定出 $\boldsymbol{A}$ 的属于特征值 $\lambda_1=-1$，$\lambda_2=-2$ 和 $\lambda_3=-3$ 的特征向量 $\boldsymbol{v}_1,\boldsymbol{v}_2$ 和 $\boldsymbol{v}_3$：

由 $\begin{bmatrix}0 & 1 & 0\\ 0 & 0 & 1\\ -6 & -11 & -6\end{bmatrix}\begin{bmatrix}v_{11}\\ v_{12}\\ v_{13}\end{bmatrix}=-1\begin{bmatrix}v_{11}\\ v_{12}\\ v_{13}\end{bmatrix}=\begin{bmatrix}-v_{11}\\ -v_{12}\\ -v_{13}\end{bmatrix}$ 导出 $\boldsymbol{v}_1=\begin{bmatrix}v_{11}\\ v_{12}\\ v_{13}\end{bmatrix}=\begin{bmatrix}1\\ -1\\ 1\end{bmatrix}v_{11}$

由 $\begin{bmatrix}0 & 1 & 0\\ 0 & 0 & 1\\ -6 & -11 & -6\end{bmatrix}\begin{bmatrix}v_{21}\\ v_{22}\\ v_{23}\end{bmatrix}=-2\begin{bmatrix}v_{21}\\ v_{22}\\ v_{23}\end{bmatrix}=\begin{bmatrix}-2v_{21}\\ -2v_{22}\\ -2v_{23}\end{bmatrix}$ 导出 $\boldsymbol{v}_2=\begin{bmatrix}v_{21}\\ v_{22}\\ v_{23}\end{bmatrix}=\begin{bmatrix}1\\ -2\\ 4\end{bmatrix}v_{21}$

由 $\begin{bmatrix}0 & 1 & 0\\ 0 & 0 & 1\\ -6 & -11 & -6\end{bmatrix}\begin{bmatrix}v_{31}\\ v_{32}\\ v_{33}\end{bmatrix}=-3\begin{bmatrix}v_{31}\\ v_{32}\\ v_{33}\end{bmatrix}=\begin{bmatrix}-3v_{31}\\ -3v_{32}\\ -3v_{33}\end{bmatrix}$ 导出 $\boldsymbol{v}_3=\begin{bmatrix}v_{31}\\ v_{32}\\ v_{33}\end{bmatrix}=\begin{bmatrix}1\\ -3\\ 9\end{bmatrix}v_{31}$

基此，取任意非零实数 $v_{11}=v_{21}=v_{31}=1$，定出一个变换阵及其逆为

$$\boldsymbol{P}=[\boldsymbol{v}_1\quad \boldsymbol{v}_2\quad \boldsymbol{v}_3]=\begin{bmatrix}1 & 1 & 1\\ -1 & -2 & -3\\ 1 & 4 & 9\end{bmatrix}\quad 和\quad \boldsymbol{P}^{-1}=\begin{bmatrix}3 & 5/2 & 1/2\\ -3 & -4 & -1\\ 1 & 3/2 & 1/2\end{bmatrix}$$

从而，定出矩阵指数函数 e^{At} 为

$$\mathrm{e}^{At}=\boldsymbol{P}\begin{bmatrix}\mathrm{e}^{-t} & 0 & 0\\ 0 & \mathrm{e}^{-2t} & 0\\ 0 & 0 & \mathrm{e}^{-3t}\end{bmatrix}\boldsymbol{P}^{-1}=\begin{bmatrix}1 & 1 & 1\\ -1 & -2 & -3\\ 1 & 4 & 9\end{bmatrix}\begin{bmatrix}\mathrm{e}^{-t} & 0 & 0\\ 0 & \mathrm{e}^{-2t} & 0\\ 0 & 0 & \mathrm{e}^{-3t}\end{bmatrix}\begin{bmatrix}3 & 5/2 & 1/2\\ -3 & -4 & -1\\ 1 & 3/2 & 1/2\end{bmatrix}$$

$$
=\begin{bmatrix} 3e^{-t}-3e^{-2t}+e^{-3t} & \frac{5}{2}e^{-t}-4e^{-2t}+\frac{3}{2}e^{-3t} & \frac{1}{2}e^{-t}-e^{-2t}+\frac{1}{2}e^{-3t} \\ -3e^{-t}+6e^{-2t}-3e^{-3t} & -\frac{5}{2}e^{-t}+8e^{-2t}-\frac{9}{2}e^{-3t} & -\frac{1}{2}e^{-t}+2e^{-2t}-\frac{3}{2}e^{-3t} \\ 3e^{-t}-12e^{-2t}+9e^{-3t} & \frac{5}{2}e^{-t}-16e^{-2t}+\frac{27}{2}e^{-3t} & \frac{1}{2}e^{-t}-4e^{-2t}+\frac{9}{2}e^{-3t} \end{bmatrix}
$$

对上述解题过程加以引申，可以得到如下一般性结论。

推论 3.2-2 上述题解中的变换阵 $\boldsymbol{P}$ 为不惟一，但其不同取法必导致矩阵指数函数 $e^{\boldsymbol{A}t}$ 的惟一结果。

有限项展开法。前已定出，矩阵 $\boldsymbol{A}$ 特征值为 $\lambda_1=-1$，$\lambda_2=-2$ 和 $\lambda_3=-3$。基此，先行定出

$$
\begin{bmatrix} \alpha_0(t) \\ \alpha_1(t) \\ \alpha_2(t) \end{bmatrix}=\begin{bmatrix} 1 & \lambda_1 & \lambda_1^2 \\ 1 & \lambda_2 & \lambda_2^2 \\ 1 & \lambda_3 & \lambda_3^2 \end{bmatrix}^{-1}\begin{bmatrix} e^{\lambda_1 t} \\ e^{\lambda_2 t} \\ e^{\lambda_3 t} \end{bmatrix}=\begin{bmatrix} 1 & -1 & 1 \\ 1 & -2 & 4 \\ 1 & -3 & 9 \end{bmatrix}^{-1}\begin{bmatrix} e^{-t} \\ e^{-2t} \\ e^{-3t} \end{bmatrix}
$$

$$
=\begin{bmatrix} 3 & -3 & 1 \\ 5/2 & -4 & 3/2 \\ 1/2 & -1 & 1/2 \end{bmatrix}\begin{bmatrix} e^{-t} \\ e^{-2t} \\ e^{-3t} \end{bmatrix}=\begin{bmatrix} 3e^{-t}-3e^{-2t}+e^{-3t} \\ \frac{5}{2}e^{-t}-4e^{-2t}+\frac{3}{2}e^{-3t} \\ \frac{1}{2}e^{-t}-e^{-2t}+\frac{1}{2}e^{-3t} \end{bmatrix}
$$

由此，即可定出矩阵指数函数 $e^{\boldsymbol{A}t}$ 为

$$
e^{\boldsymbol{A}t}=\alpha_0(t)\boldsymbol{I}+\alpha_1(t)\boldsymbol{A}+\alpha_2(t)\boldsymbol{A}^2
$$

$$
=\left[3e^{-t}-3e^{-2t}+e^{-3t}\right]\begin{bmatrix} 1 & 0 & 0 \\ 0 & 1 & 0 \\ 0 & 0 & 1 \end{bmatrix}+\left[\frac{5}{2}e^{-t}-4e^{-2t}+\frac{3}{2}e^{-3t}\right]\begin{bmatrix} 0 & 1 & 0 \\ 0 & 0 & 1 \\ -6 & -11 & -6 \end{bmatrix}+
$$

$$
\left[\frac{1}{2}e^{-t}-e^{-2t}+\frac{1}{2}e^{-3t}\right]\begin{bmatrix} 0 & 0 & 1 \\ -6 & -11 & -6 \\ 36 & 60 & 25 \end{bmatrix}
$$

$$
=\begin{bmatrix} 3e^{-t}-3e^{-2t}+e^{-3t} & \frac{5}{2}e^{-t}-4e^{-2t}+\frac{3}{2}e^{-3t} & \frac{1}{2}e^{-t}-e^{-2t}+\frac{1}{2}e^{-3t} \\ -3e^{-t}+6e^{-2t}-3e^{-3t} & -\frac{5}{2}e^{-t}+8e^{-2t}-\frac{9}{2}e^{-3t} & -\frac{1}{2}e^{-t}+2e^{-2t}-\frac{3}{2}e^{-3t} \\ 3e^{-t}-12e^{-2t}+9e^{-3t} & \frac{5}{2}e^{-t}-16e^{-2t}+\frac{27}{2}e^{-3t} & \frac{1}{2}e^{-t}-4e^{-2t}+\frac{9}{2}e^{-3t} \end{bmatrix}
$$

预解矩阵法。先行定出，给定矩阵 $\boldsymbol{A}$ 的预解矩阵为

$$(s\boldsymbol{I}-\boldsymbol{A})^{-1}=\begin{bmatrix} s & -1 & 0 \\ 0 & s & -1 \\ 6 & 11 & s+6 \end{bmatrix}^{-1}$$

$$=\begin{bmatrix} \dfrac{s^2+6s+11}{s^3+6s^2+11s+6} & \dfrac{s+6}{s^3+6s^2+11s+6} & \dfrac{1}{s^3+6s^2+11s+6} \\ \dfrac{-6}{s^3+6s^2+11s+6} & \dfrac{s^2+6s}{s^3+6s^2+11s+6} & \dfrac{s}{s^3+6s^2+11s+6} \\ \dfrac{-6s}{s^3+6s^2+11s+6} & \dfrac{-11s-6}{s^3+6s^2+11s+6} & \dfrac{s^2}{s^3+6s^2+11s+6} \end{bmatrix}$$

$$=\begin{bmatrix} \dfrac{3}{s+1}-\dfrac{3}{s+2}+\dfrac{1}{s+3} & \dfrac{5/2}{s+1}-\dfrac{4}{s+2}+\dfrac{3/2}{s+3} & \dfrac{1/2}{s+1}-\dfrac{1}{s+2}+\dfrac{1/2}{s+3} \\ -\dfrac{3}{s+1}+\dfrac{6}{s+2}-\dfrac{3}{s+3} & -\dfrac{5/2}{s+1}+\dfrac{8}{s+2}-\dfrac{9/2}{s+3} & -\dfrac{1/2}{s+1}+\dfrac{2}{s+2}-\dfrac{3/2}{s+3} \\ \dfrac{3}{s+1}-\dfrac{12}{s+2}+\dfrac{9}{s+3} & \dfrac{5/2}{s+1}-\dfrac{16}{s+2}+\dfrac{27/2}{s+3} & \dfrac{1/2}{s+1}-\dfrac{4}{s+2}+\dfrac{9/2}{s+3} \end{bmatrix}$$

再利用拉普拉斯反变换 $L^{-1}\left\{\dfrac{1}{s+a}\right\}=\mathrm{e}^{-at}$，即可定出矩阵指数函数 $\mathrm{e}^{\boldsymbol{A}t}$ 为

$$\mathrm{e}^{\boldsymbol{A}t}=L^{-1}\{(s\boldsymbol{I}-\boldsymbol{A})^{-1}\}$$

$$=\begin{bmatrix} 3\mathrm{e}^{-t}-3\mathrm{e}^{-2t}+\mathrm{e}^{-3t} & \dfrac{5}{2}\mathrm{e}^{-t}-4\mathrm{e}^{-2t}+\dfrac{3}{2}\mathrm{e}^{-3t} & \dfrac{1}{2}\mathrm{e}^{-t}-\mathrm{e}^{-2t}+\dfrac{1}{2}\mathrm{e}^{-3t} \\ -3\mathrm{e}^{-t}+6\mathrm{c}^{-2t}-3\mathrm{e}^{-3t} & -\dfrac{5}{2}\mathrm{e}^{-t}+8\mathrm{e}^{-2t}-\dfrac{9}{2}\mathrm{e}^{-3t} & -\dfrac{1}{2}\mathrm{e}^{-t}+2\mathrm{e}^{-2t}-\dfrac{3}{2}\mathrm{e}^{-3t} \\ 3\mathrm{e}^{-t}-12\mathrm{e}^{-2t}+9\mathrm{e}^{-3t} & \dfrac{5}{2}\mathrm{e}^{-t}-16\mathrm{e}^{-2t}+\dfrac{27}{2}\mathrm{e}^{-3t} & \dfrac{1}{2}\mathrm{e}^{-t}-4\mathrm{e}^{-2t}+\dfrac{9}{2}\mathrm{e}^{-3t} \end{bmatrix}$$

题 3.3 试求下列各连续时间线性时不变系统的状态变量解 $x_1(t)$ 和 $x_2(t)$：

(i) $\begin{bmatrix} \dot{x}_1 \\ \dot{x}_2 \end{bmatrix}=\begin{bmatrix} 0 & 1 \\ -3 & -2 \end{bmatrix}\begin{bmatrix} x_1 \\ x_2 \end{bmatrix}$，$\begin{bmatrix} x_1(0) \\ x_2(0) \end{bmatrix}=\begin{bmatrix} 1 \\ 1 \end{bmatrix}$，$t\geqslant 0$

(ii) $\begin{bmatrix} \dot{x}_1 \\ \dot{x}_2 \end{bmatrix}=\begin{bmatrix} 0 & 1 \\ -2 & -3 \end{bmatrix}\begin{bmatrix} x_1 \\ x_2 \end{bmatrix}+\begin{bmatrix} 2 \\ 0 \end{bmatrix}u$，$\begin{bmatrix} x_1(0) \\ x_2(0) \end{bmatrix}=\begin{bmatrix} 0 \\ 1 \end{bmatrix}$，$u(t)=\mathrm{e}^{-t}$，$t\geqslant 0$

解 本题属于系统运动状态分析的基本题，意在训练在给定初始状态和/或外部输入下正确和熟练地由“状态方程”定出“状态响应”。

(i) 确定“$\begin{bmatrix} \dot{x}_1 \\ \dot{x}_2 \end{bmatrix}=\begin{bmatrix} 0 & 1 \\ -3 & -2 \end{bmatrix}\begin{bmatrix} x_1 \\ x_2 \end{bmatrix}$，$\begin{bmatrix} x_1(0) \\ x_2(0) \end{bmatrix}=\begin{bmatrix} 1 \\ 1 \end{bmatrix}$，$t\geqslant 0$”的状态零输入响应 $\boldsymbol{x}_{0u}(t)$

计算算式为 $\boldsymbol{x}_{0u}(t)=\mathrm{e}^{\boldsymbol{A}t}\boldsymbol{x}(0)$。首先，采用“预解矩阵法”定出给定 $\boldsymbol{A}$ 的矩阵指数函数 $\mathrm{e}^{\boldsymbol{A}t}$。对此，先行导出矩阵 $\boldsymbol{A}$ 的预解矩阵 $(s\boldsymbol{I}-\boldsymbol{A})^{-1}$，有

$$(s\boldsymbol{I}-\boldsymbol{A})^{-1}=\begin{bmatrix} s & -1 \\ 3 & s+2 \end{bmatrix}^{-1}=\begin{bmatrix} \dfrac{s+2}{s^2+2s+3} & \dfrac{1}{s^2+2s+3} \\ \dfrac{-3}{s^2+2s+3} & \dfrac{s}{s^2+2s+3} \end{bmatrix}$$

$$=\begin{bmatrix} \dfrac{(s+1)}{(s+1)^2+(\sqrt{2})^2}+\dfrac{\sqrt{2}}{2}\dfrac{\sqrt{2}}{(s+1)^2+(\sqrt{2})^2} & \dfrac{\sqrt{2}}{2}\dfrac{\sqrt{2}}{(s+1)^2+(\sqrt{2})^2} \\ -\dfrac{3\sqrt{2}}{2}\dfrac{\sqrt{2}}{(s+1)^2+(\sqrt{2})^2} & \dfrac{(s+1)}{(s+1)^2+(\sqrt{2})^2}-\dfrac{\sqrt{2}}{2}\dfrac{\sqrt{2}}{(s+1)^2+(\sqrt{2})^2} \end{bmatrix}$$

再利用拉普拉斯反变换

$$L^{-1}\left\{\frac{(s+\alpha)}{(s+\alpha)^2+\beta^2}\right\}=\mathrm{e}^{-\alpha t}\cos\beta t \quad 和 \quad L^{-1}\left\{\frac{\beta}{(s+\alpha)^2+\beta^2}\right\}=\mathrm{e}^{-\alpha t}\sin\beta t$$

即可得到

$$\begin{aligned}\mathrm{e}^{\boldsymbol{A}t}&=L^{-1}\{(s\boldsymbol{I}-\boldsymbol{A})^{-1}\}\\&=\begin{bmatrix} \mathrm{e}^{-t}\left(\cos\sqrt{2}t+\dfrac{\sqrt{2}}{2}\sin\sqrt{2}t\right) & \dfrac{\sqrt{2}}{2}\mathrm{e}^{-t}\sin\sqrt{2}t \\ -\dfrac{3\sqrt{2}}{2}\mathrm{e}^{-t}\sin\sqrt{2}t & \mathrm{e}^{-t}\left(\cos\sqrt{2}t-\dfrac{\sqrt{2}}{2}\sin\sqrt{2}t\right) \end{bmatrix}\end{aligned}$$

进而，定出系统状态的零输入响应 $\boldsymbol{x}_{0u}(t)$。对此，基于算式 $\boldsymbol{x}_{0u}(t)=\mathrm{e}^{\boldsymbol{A}t}\boldsymbol{x}(0)$，即可得到

$$\boldsymbol{x}_{0u}(t)=\mathrm{e}^{\boldsymbol{A}t}\boldsymbol{x}(0)=\begin{bmatrix} \mathrm{e}^{-t}\left(\cos\sqrt{2}t+\dfrac{\sqrt{2}}{2}\sin\sqrt{2}t\right) & \dfrac{\sqrt{2}}{2}\mathrm{e}^{-t}\sin\sqrt{2}t \\ -\dfrac{3\sqrt{2}}{2}\mathrm{e}^{-t}\sin\sqrt{2}t & \mathrm{e}^{-t}\left(\cos\sqrt{2}t-\dfrac{\sqrt{2}}{2}\sin\sqrt{2}t\right) \end{bmatrix}\begin{bmatrix}1\\1\end{bmatrix}$$

$$=\begin{bmatrix} \mathrm{e}^{-t}(\cos\sqrt{2}t+\sqrt{2}\sin\sqrt{2}t) \\ \mathrm{e}^{-t}(\cos\sqrt{2}t-2\sqrt{2}\sin\sqrt{2}t) \end{bmatrix}$$

(ii) 确定“$\begin{bmatrix}\dot{x}_1\\\dot{x}_2\end{bmatrix}=\begin{bmatrix}0 & 1\\-2 & -3\end{bmatrix}\begin{bmatrix}x_1\\x_2\end{bmatrix}+\begin{bmatrix}2\\0\end{bmatrix}u$，$\begin{bmatrix}x_1(0)\\x_2(0)\end{bmatrix}=\begin{bmatrix}0\\1\end{bmatrix}$，$u(t)=\mathrm{e}^{-t}$，$t\geqslant 0$”的状态响应 $\boldsymbol{x}(t)$

计算算式为 $\boldsymbol{x}(t)=\mathrm{e}^{\boldsymbol{A}t}\boldsymbol{x}(0)+\int_0^t \mathrm{e}^{\boldsymbol{A}(t-\tau)}\boldsymbol{B}u(\tau)\mathrm{d}\tau$。矩阵 $\boldsymbol{A}=\begin{bmatrix}0 & 1\\-2 & -3\end{bmatrix}$ 的矩阵指数函数

e^{At} 已在题 3.2 (i)的题解中定出，即

$$e^{At}=\begin{bmatrix}2e^{-t}-e^{-2t} & e^{-t}-e^{-2t}\\ -2e^{-t}+2e^{-2t} & -e^{-t}+2e^{-2t}\end{bmatrix}$$

基此，先行分别定出

$$e^{At}\boldsymbol{x}(0)=\begin{bmatrix}2e^{-t}-e^{-2t} & e^{-t}-e^{-2t}\\ -2e^{-t}+2e^{-2t} & -e^{-t}+2e^{-2t}\end{bmatrix}\begin{bmatrix}0\\1\end{bmatrix}=\begin{bmatrix}e^{-t}-e^{-2t}\\ -e^{-t}+2e^{-2t}\end{bmatrix}$$

$$\int_0^t e^{A(t-\tau)}\boldsymbol{B}u(\tau)d\tau=\int_0^t\begin{bmatrix}2e^{-(t-\tau)}-e^{-2(t-\tau)} & e^{-(t-\tau)}-e^{-2(t-\tau)}\\ -2e^{-(t-\tau)}+2e^{-2(t-\tau)} & -e^{-(t-\tau)}+2e^{-2(t-\tau)}\end{bmatrix}\begin{bmatrix}2\\0\end{bmatrix}e^{-\tau}d\tau$$

$$=\int_0^t\begin{bmatrix}4e^{-t}-2e^{-2t}e^{\tau}\\ -4e^{-t}+4e^{-2t}e^{\tau}\end{bmatrix}d\tau=\begin{bmatrix}4te^{-t}-2e^{-2t}(e^{t}-1)\\ -4te^{-t}+4e^{-2t}(e^{t}-1)\end{bmatrix}$$

$$=\begin{bmatrix}-2e^{-t}+4te^{-t}+2e^{-2t}\\ 4e^{-t}-4te^{-t}-4e^{-2t}\end{bmatrix}$$

于是，利用上述结果，就可定出系统的状态响应为

$$\boldsymbol{x}(t)=e^{At}\boldsymbol{x}(0)+\int_0^t e^{A(t-\tau)}\boldsymbol{B}u(\tau)d\tau$$

$$=\begin{bmatrix}e^{-t}-e^{-2t}\\ -e^{-t}+2e^{-2t}\end{bmatrix}+\begin{bmatrix}-2e^{-t}+4te^{-t}+2e^{-2t}\\ 4e^{-t}-4te^{-t}-4e^{-2t}\end{bmatrix}=\begin{bmatrix}(4t-1)e^{-t}+2e^{-2t}\\ -(4t-3)e^{-t}-4e^{-2t}\end{bmatrix}$$

题 3.4 给定一个连续时间线性时不变系统，已知

$$\boldsymbol{\Phi}(t)=\begin{bmatrix}e^{-t} & 0\\ 0 & e^{-2t}\end{bmatrix},\quad \boldsymbol{b}=\begin{bmatrix}1\\1\end{bmatrix},\quad \boldsymbol{x}(0)=\begin{bmatrix}2\\3\end{bmatrix}$$

定出系统相对于下列各个 $u(t)$ 的状态响应 $\boldsymbol{x}(t)$：

(i) $u(t)=\delta(t)$（单位脉冲函数）

(ii) $u(t)=1(t)$（单位阶跃函数）

(iii) $u(t)=t$

(iv) $u(t)=\sin t$

解 本题属于系统运动状态分析的基本题，意在训练在给定初始状态和外部输入下正确和熟练地定出状态响应结果。

本题的计算算式为 $\boldsymbol{x}(t)=e^{At}\boldsymbol{x}(0)+\int_0^t e^{A(t-\tau)}\boldsymbol{b}u(\tau)d\tau$。

(i) 对 “ $e^{At}=\boldsymbol{\Phi}(t)=\begin{bmatrix}e^{-t} & 0\\ 0 & e^{-2t}\end{bmatrix}$, $\boldsymbol{b}=\begin{bmatrix}1\\1\end{bmatrix}$, $\boldsymbol{x}(0)=\begin{bmatrix}2\\3\end{bmatrix}$, $u(t)=\delta(t)$ ”，确定系统状态响应 $\boldsymbol{x}(t)$。对此，先行计算定出

$$e^{At}\boldsymbol{x}(0)=\begin{bmatrix}e^{-t} & 0\\ 0 & e^{-2t}\end{bmatrix}\begin{bmatrix}2\\3\end{bmatrix}=\begin{bmatrix}2e^{-t}\\ 3e^{-2t}\end{bmatrix}$$

$$\int_0^t e^{A(t-\tau)}bu(\tau)d\tau=\int_0^t\begin{bmatrix}e^{-(t-\tau)} & 0\\ 0 & e^{-2(t-\tau)}\end{bmatrix}\begin{bmatrix}1\\1\end{bmatrix}\delta(\tau)d\tau=\int_0^t\begin{bmatrix}e^{-t}e^{\tau}\delta(\tau)\\ e^{-2t}e^{2\tau}\delta(\tau)\end{bmatrix}d\tau=\begin{bmatrix}e^{-t}\\ e^{-2t}\end{bmatrix}$$

基此，并利用计算算式，得到系统状态响应 $x(t)$ 为

$$x(t)=e^{At}x(0)+\int_0^t e^{A(t-\tau)}bu(\tau)d\tau=\begin{bmatrix}2e^{-t}\\ 3e^{-2t}\end{bmatrix}+\begin{bmatrix}e^{-t}\\ e^{-2t}\end{bmatrix}=\begin{bmatrix}3e^{-t}\\ 4e^{-2t}\end{bmatrix}$$

(ii) 对“ $e^{At}=\Phi(t)=\begin{bmatrix}e^{-t} & 0\\ 0 & e^{-2t}\end{bmatrix}$， $b=\begin{bmatrix}1\\1\end{bmatrix}$， $x(0)=\begin{bmatrix}2\\3\end{bmatrix}$， $u(t)=1(t)$ ”，确定系统状态响应 $x(t)$ 。对此，先行计算定出

$$e^{At}x(0)=\begin{bmatrix}2e^{-t}\\ 3e^{-2t}\end{bmatrix}\text{（由(i)题解的结果）}$$

$$\int_0^t e^{A(t-\tau)}bu(\tau)d\tau=\int_0^t\begin{bmatrix}e^{-(t-\tau)} & 0\\ 0 & e^{-2(t-\tau)}\end{bmatrix}\begin{bmatrix}1\\1\end{bmatrix}1d\tau=\int_0^t\begin{bmatrix}e^{-t}e^{\tau}\\ e^{-2t}e^{2\tau}\end{bmatrix}d\tau$$

$$=\begin{bmatrix}e^{-t}(e^{t}-1)\\ e^{-2t}\left(\frac{1}{2}e^{2t}-\frac{1}{2}\right)\end{bmatrix}=\begin{bmatrix}1-e^{-t}\\ \frac{1}{2}-\frac{1}{2}e^{-2t}\end{bmatrix}$$

基此，并利用计算算式，得到系统状态响应 $x(t)$ 为

$$x(t)=e^{At}x(0)+\int_0^t e^{A(t-\tau)}bu(\tau)d\tau=\begin{bmatrix}2e^{-t}\\ 3e^{-2t}\end{bmatrix}+\begin{bmatrix}1-e^{-t}\\ \frac{1}{2}-\frac{1}{2}e^{-2t}\end{bmatrix}=\begin{bmatrix}e^{-t}+1\\ \frac{5}{2}e^{-2t}+\frac{1}{2}\end{bmatrix}$$

(iii) 对“ $e^{At}=\Phi(t)=\begin{bmatrix}e^{-t} & 0\\ 0 & e^{-2t}\end{bmatrix}$， $b=\begin{bmatrix}1\\1\end{bmatrix}$， $x(0)=\begin{bmatrix}2\\3\end{bmatrix}$， $u(t)=t$ ”，确定系统状态响应 $x(t)$ 。对此，先行计算定出

$$e^{At}x(0)=\begin{bmatrix}2e^{-t}\\ 3e^{-2t}\end{bmatrix}\text{（由(i)题解的结果）}$$

$$\int_0^t e^{A(t-\tau)}bu(\tau)d\tau=\int_0^t\begin{bmatrix}e^{-(t-\tau)} & 0\\ 0 & e^{-2(t-\tau)}\end{bmatrix}\begin{bmatrix}1\\1\end{bmatrix}\tau d\tau=\int_0^t\begin{bmatrix}e^{-t}\tau e^{\tau}\\ e^{-2t}\tau e^{2\tau}\end{bmatrix}d\tau$$

$$=\begin{bmatrix}e^{-t}[e^{t}(t-1)+1]\\ e^{-2t}\left[\frac{1}{4}e^{2t}(2t-1)+\frac{1}{4}\right]\end{bmatrix}=\begin{bmatrix}e^{-t}+t-1\\ \frac{1}{4}e^{-2t}+\frac{1}{2}t-\frac{1}{4}\end{bmatrix}$$

基此，并利用计算算式，得到系统状态响应 $x(t)$ 为

$$\boldsymbol{x}(t)=\mathrm{e}^{\boldsymbol{A}t}\boldsymbol{x}(0)+\int_0^t \mathrm{e}^{\boldsymbol{A}(t-\tau)}\boldsymbol{b}u(\tau)\mathrm{d}\tau=\begin{bmatrix}2\mathrm{e}^{-t}\\3\mathrm{e}^{-2t}\end{bmatrix}+\begin{bmatrix}\mathrm{e}^{-t}+t-1\\ \frac{1}{4}\mathrm{e}^{-2t}+\frac{1}{2}t-\frac{1}{4}\end{bmatrix}=\begin{bmatrix}3\mathrm{e}^{-t}+t-1\\ \frac{13}{4}\mathrm{e}^{-2t}+\frac{1}{2}t-\frac{1}{4}\end{bmatrix}$$

(iv) 对“ $\mathrm{e}^{\boldsymbol{A}t}=\boldsymbol{\Phi}(t)=\begin{bmatrix}\mathrm{e}^{-t}&0\\0&\mathrm{e}^{-2t}\end{bmatrix}$， $\boldsymbol{b}=\begin{bmatrix}1\\1\end{bmatrix}$， $\boldsymbol{x}(0)=\begin{bmatrix}2\\3\end{bmatrix}$， $u(t)=\sin t$ ”，确定系统状态响应 $\boldsymbol{x}(t)$ 。对此，先行计算定出

$$\mathrm{e}^{\boldsymbol{A}t}\boldsymbol{x}(0)=\begin{bmatrix}2\mathrm{e}^{-t}\\3\mathrm{e}^{-2t}\end{bmatrix}\text{（由(i)题解的结果）}$$

$$\int_0^t \mathrm{e}^{\boldsymbol{A}(t-\tau)}\boldsymbol{b}u(\tau)\mathrm{d}\tau=\int_0^t\begin{bmatrix}\mathrm{e}^{-(t-\tau)}&0\\0&\mathrm{e}^{-2(t-\tau)}\end{bmatrix}\begin{bmatrix}1\\1\end{bmatrix}\sin\tau\mathrm{d}\tau=\int_0^t\begin{bmatrix}\mathrm{e}^{-t}\mathrm{e}^{\tau}\sin\tau\\ \mathrm{e}^{-2t}\mathrm{e}^{2\tau}\sin\tau\end{bmatrix}\mathrm{d}\tau$$

$$=\int_0^t\begin{bmatrix}\mathrm{e}^{-t}\,\mathrm{Im}\,\mathrm{e}^{(1+\mathrm{j})\tau}\\ \mathrm{e}^{-2t}\,\mathrm{Im}\,\mathrm{e}^{(2+\mathrm{j})\tau}\end{bmatrix}\mathrm{d}\tau=\begin{bmatrix}\mathrm{e}^{-t}\left\{\mathrm{Im}\left[\frac{1}{1+\mathrm{j}}\mathrm{e}^{(1+\mathrm{j})t}\right]-\mathrm{Im}\left[\frac{1}{1+\mathrm{j}}\right]\right\}\\ \mathrm{e}^{-2t}\left\{\mathrm{Im}\left[\frac{1}{2+\mathrm{j}}\mathrm{e}^{(2+\mathrm{j})t}\right]-\mathrm{Im}\left[\frac{1}{2+\mathrm{j}}\right]\right\}\end{bmatrix}$$

$$=\begin{bmatrix}\frac{1}{2}(\mathrm{e}^{-t}+\sin t-\cos t)\\ \frac{1}{5}(\mathrm{e}^{-2t}+2\sin t-\cos t)\end{bmatrix}$$

基此，并利用计算算式，得到系统状态响应 $\boldsymbol{x}(t)$ 为

$$\boldsymbol{x}(t)=\mathrm{e}^{\boldsymbol{A}t}\boldsymbol{x}(0)+\int_0^t \mathrm{e}^{\boldsymbol{A}(t-\tau)}\boldsymbol{b}u(\tau)\mathrm{d}\tau$$

$$=\begin{bmatrix}2\mathrm{e}^{-t}\\3\mathrm{e}^{-2t}\end{bmatrix}+\begin{bmatrix}\frac{1}{2}(\mathrm{e}^{-t}+\sin t-\cos t)\\ \frac{1}{5}(\mathrm{e}^{-2t}+2\sin t-\cos t)\end{bmatrix}=\begin{bmatrix}\frac{5}{2}\mathrm{e}^{-t}+\frac{1}{2}\sin t-\frac{1}{2}\cos t\\ \frac{16}{5}\mathrm{e}^{-2t}+\frac{2}{5}\sin t-\frac{1}{5}\cos t\end{bmatrix}$$

题 3.5 给定一个连续时间线性时不变系统，已知状态转移矩阵 $\boldsymbol{\Phi}(t)$ 为

$$\boldsymbol{\Phi}(t)=\begin{bmatrix}\frac{1}{2}(\mathrm{e}^{-t}+\mathrm{e}^{3t})&\frac{1}{4}(-\mathrm{e}^{-t}+\mathrm{e}^{3t})\\-\mathrm{e}^{-t}+\mathrm{e}^{3t}&\frac{1}{2}(\mathrm{e}^{-t}+\mathrm{e}^{3t})\end{bmatrix}$$

试据此定出系统矩阵 $\boldsymbol{A}$ 。

解 本题属于“矩阵 $\boldsymbol{A}$ ”和“矩阵指数函数 $\mathrm{e}^{\boldsymbol{A}t}$ ”间关系的反问题。未有直接关系式可以利用，意在训练运用已学知识（如矩阵指数函数性质）灵活地解决这类问题。

先建立问题一般算式。对连续时间线性时不变系统，状态转移矩阵$\boldsymbol{\Phi}(t)=\mathrm{e}^{At}$。再由$\mathrm{e}^{At}$性质$\mathrm{d}\mathrm{e}^{At}/\mathrm{d}t=A\mathrm{e}^{At}$和$(\mathrm{e}^{At})_{t=0}=\boldsymbol{I}$，可以导出由“$\mathrm{e}^{At}$”确定“矩阵$A$”的一个算式为

$$A=(A\mathrm{e}^{At})_{t=0}=(\mathrm{d}\mathrm{e}^{At}/\mathrm{d}t)_{t=0}$$

再就给定$\boldsymbol{\Phi}(t)$即e^{At}确定矩阵A。对此，由给定e^{At}可以导出

$$\mathrm{d}\mathrm{e}^{At}/\mathrm{d}t=\mathrm{d}\boldsymbol{\Phi}(t)/\mathrm{d}t=\frac{\mathrm{d}}{\mathrm{d}t}\begin{bmatrix}\frac{1}{2}(\mathrm{e}^{-t}+\mathrm{e}^{3t}) & \frac{1}{4}(-\mathrm{e}^{-t}+\mathrm{e}^{3t})\\ (-\mathrm{e}^{-t}+\mathrm{e}^{3t}) & \frac{1}{2}(\mathrm{e}^{-t}+\mathrm{e}^{3t})\end{bmatrix}$$

$$=\begin{bmatrix}-\frac{1}{2}\mathrm{e}^{-t}+\frac{3}{2}\mathrm{e}^{3t} & \frac{1}{4}\mathrm{e}^{-t}+\frac{3}{4}\mathrm{e}^{3t}\\ \mathrm{e}^{-t}+3\mathrm{e}^{3t} & -\frac{1}{2}\mathrm{e}^{-t}+\frac{3}{2}\mathrm{e}^{3t}\end{bmatrix}$$

从而，定出系统矩阵A为

$$A=(\mathrm{d}\mathrm{e}^{At}/\mathrm{d}t)_{t=0}=\begin{bmatrix}-\frac{1}{2}\mathrm{e}^{-t}+\frac{3}{2}\mathrm{e}^{3t} & \frac{1}{4}\mathrm{e}^{-t}+\frac{3}{4}\mathrm{e}^{3t}\\ \mathrm{e}^{-t}+3\mathrm{e}^{3t} & -\frac{1}{2}\mathrm{e}^{-t}+\frac{3}{2}\mathrm{e}^{3t}\end{bmatrix}_{t=0}=\begin{bmatrix}1 & 1\\ 4 & 1\end{bmatrix}$$

由本题解题中导出的结果并加以引申，可以得到如下一般性结论。

推论 3.5A　对给定矩阵指数函数e^{At}，系统矩阵$A=(\mathrm{d}\mathrm{e}^{At}/\mathrm{d}t)_{t=0}$

推论 3.5B　对给定矩阵指数函数e^{At}，由$\mathrm{d}\mathrm{e}^{At}/\mathrm{d}t=A\mathrm{e}^{At}$，可得$A=\{(\mathrm{d}\mathrm{e}^{At}/\mathrm{d}t)(\mathrm{e}^{At})^{-1}\}$。

推论 3.5C　对给定矩阵指数函数e^{At}，由$(s\boldsymbol{I}-A)^{-1}=L(\mathrm{e}^{At})$，可得$A=-\{[L(\mathrm{e}^{At})]^{-1}\}_{s=0}$。

题 3.6　对连续时间线性时不变系统$\dot{\boldsymbol{x}}=A\boldsymbol{x}+\boldsymbol{B}\boldsymbol{u},\ \ \boldsymbol{x}(0)=\boldsymbol{x}_0$，试利用拉普拉斯变换证明系统状态运动的表达式为

$$\boldsymbol{x}(t)=\mathrm{e}^{At}\boldsymbol{x}_0+\int_0^t\mathrm{e}^{A(t-\tau)}\boldsymbol{B}\boldsymbol{u}(\tau)\mathrm{d}\tau$$

解　“定理-证明”论述方式已在包括控制理论在内的一批技术科学中得到广泛采用。本题意在训练演绎思维和逻辑推证能力。

表状态和输入的拉普拉斯变换$\boldsymbol{X}(s)=L(\boldsymbol{x})$和$\boldsymbol{U}(s)=L(\boldsymbol{u})$，则对系统状态方程作拉普拉斯变换，并运用变换的线性属性和关系式$L(\dot{\boldsymbol{x}})=s\boldsymbol{X}(s)-\boldsymbol{x}_0$，可以顺次导出

$$s\boldsymbol{X}(s)-\boldsymbol{x}_0=A\boldsymbol{X}(s)+\boldsymbol{B}\boldsymbol{U}(s),\quad (s\boldsymbol{I}-A)\boldsymbol{X}(s)=\boldsymbol{x}_0+\boldsymbol{B}\boldsymbol{U}(s)$$

$$\boldsymbol{X}(s)=(s\boldsymbol{I}-A)^{-1}\boldsymbol{x}_0+(s\boldsymbol{I}-A)^{-1}\boldsymbol{B}\boldsymbol{U}(s)$$

其中，已用到$(s\boldsymbol{I}-A)$非奇异的事实。再注意到

$$L^{-1}\{(s\boldsymbol{I}-\boldsymbol{A})^{-1}\}=\mathrm{e}^{\boldsymbol{A}t},\quad L\{(s\boldsymbol{I}-\boldsymbol{A})^{-1}\boldsymbol{BU}(s)\}=\int_0^t \mathrm{e}^{\boldsymbol{A}(t-\tau)}\boldsymbol{Bu}(\tau)\mathrm{d}\tau$$

则将前述最后一个关系式作拉普拉斯反变换，证得

$$\begin{aligned}\boldsymbol{x}=L^{-1}\{\boldsymbol{X}(s)\}&=L^{-1}\{(s\boldsymbol{I}-\boldsymbol{A})^{-1}\boldsymbol{x}_0\}+L^{-1}\{(s\boldsymbol{I}-\boldsymbol{A})^{-1}\boldsymbol{BU}(s)\}\\&=\mathrm{e}^{\boldsymbol{A}t}\boldsymbol{x}_0+\int_0^t \mathrm{e}^{\boldsymbol{A}(t-\tau)}\boldsymbol{Bu}(\tau)\mathrm{d}\tau\end{aligned}$$

题 3.7 给定一个时不变矩阵微分方程：

$$\dot{\boldsymbol{X}}=\boldsymbol{AX}+\boldsymbol{XA}^{\mathrm{T}},\quad \boldsymbol{X}(0)=\boldsymbol{P}_0$$

其中，$\boldsymbol{X}$ 为 $n\times n$ 变量矩阵。证明上述矩阵方程的解阵为

$$\boldsymbol{X}(t)=\mathrm{e}^{\boldsymbol{A}t}\boldsymbol{P}_0\mathrm{e}^{\boldsymbol{A}^{\mathrm{T}}t}$$

解 本题属于证明题，意在训练演绎思维和逻辑推证能力。

欲证“$\boldsymbol{X}(t)=\mathrm{e}^{\boldsymbol{A}t}\boldsymbol{P}_0\mathrm{e}^{\boldsymbol{A}^{\mathrm{T}}t}$ 为解阵”等价于证明“$\boldsymbol{X}(t)=\mathrm{e}^{\boldsymbol{A}t}\boldsymbol{P}_0\mathrm{e}^{\boldsymbol{A}^{\mathrm{T}}t}$ 同时满足方程和初始条件”。对此，可以导出

满足方程 $$\begin{aligned}\dot{\boldsymbol{X}}(t)&=\frac{\mathrm{d}}{\mathrm{d}t}(\mathrm{e}^{\boldsymbol{A}t}\boldsymbol{P}_0\mathrm{e}^{\boldsymbol{A}^{\mathrm{T}}t})=\left(\frac{\mathrm{d}}{\mathrm{d}t}\mathrm{e}^{\boldsymbol{A}t}\right)\boldsymbol{P}_0\mathrm{e}^{\boldsymbol{A}^{\mathrm{T}}t}+\mathrm{e}^{\boldsymbol{A}t}\boldsymbol{P}_0\left(\frac{\mathrm{d}}{\mathrm{d}t}\mathrm{e}^{\boldsymbol{A}^{\mathrm{T}}t}\right)\\&=\boldsymbol{A}(\mathrm{e}^{\boldsymbol{A}t}\boldsymbol{P}_0\mathrm{e}^{\boldsymbol{A}^{\mathrm{T}}t})+(\mathrm{e}^{\boldsymbol{A}t}\boldsymbol{P}_0\mathrm{e}^{\boldsymbol{A}^{\mathrm{T}}t})\boldsymbol{A}^{\mathrm{T}}=\boldsymbol{AX}+\boldsymbol{XA}^{\mathrm{T}}\end{aligned}$$

满足初始条件 $$\boldsymbol{X}(0)=\{\mathrm{e}^{\boldsymbol{A}t}\boldsymbol{P}_0\mathrm{e}^{\boldsymbol{A}^{\mathrm{T}}t}\}_{t=0}=\{\mathrm{e}^{\boldsymbol{A}t}\}_{t=0}\boldsymbol{P}_0\{\mathrm{e}^{\boldsymbol{A}^{\mathrm{T}}t}\}_{t=0}=\boldsymbol{P}_0$$

表明，$\boldsymbol{X}(t)=\mathrm{e}^{\boldsymbol{A}t}\boldsymbol{P}_0\mathrm{e}^{\boldsymbol{A}^{\mathrm{T}}t}$ 为给定矩阵微分方程的解阵。证明完成。

题 3.8 给定连续时间时变自治系统 $\dot{\boldsymbol{x}}=\boldsymbol{A}(t)\boldsymbol{x}$ 及其伴随系统 $\dot{\boldsymbol{z}}=-\boldsymbol{A}^{\mathrm{T}}(t)\boldsymbol{z}$，表 $\boldsymbol{\Phi}(t,t_0)$ 和 $\boldsymbol{\Phi}_z(t,t_0)$ 分别为它们的状态转移矩阵，试证明 $\boldsymbol{\Phi}(t,t_0)\boldsymbol{\Phi}_z^{\mathrm{T}}(t,t_0)=\boldsymbol{I}$。

解 本题为证明题，意在训练演绎思维和逻辑推证能力。

首先，导出使 $\boldsymbol{\Phi}(t,t_0)\boldsymbol{\Phi}_z^{\mathrm{T}}(t,t_0)=\boldsymbol{I}$ 的矩阵：

$$\boldsymbol{\Phi}_z(t,t_0)=\boldsymbol{\Phi}^{-\mathrm{T}}(t,t_0)=\boldsymbol{\Phi}^{\mathrm{T}}(t_0,t)$$

进而，利用性质 $\dot{\boldsymbol{\Phi}}(t_0,t)=-\boldsymbol{\Phi}(t_0,t)\boldsymbol{A}(t)$ 和上述结果 $\boldsymbol{\Phi}_z(t,t_0)=\boldsymbol{\Phi}^{\mathrm{T}}(t_0,t)$，可对伴随系统导出

$$\begin{aligned}\dot{\boldsymbol{\Phi}}_z(t,t_0)&=\dot{\boldsymbol{\Phi}}^{\mathrm{T}}(t_0,t)=(-\boldsymbol{\Phi}(t_0,t)\boldsymbol{A}(t))^{\mathrm{T}}=-\boldsymbol{A}^{\mathrm{T}}(t)\boldsymbol{\Phi}^{\mathrm{T}}(t_0,t)\\&=-\boldsymbol{A}^{\mathrm{T}}(t)\boldsymbol{\Phi}_z(t,t_0)\ \text{（满足状态转移矩阵方程）}\\\boldsymbol{\Phi}_z(t_0,t_0)&=\boldsymbol{\Phi}^{\mathrm{T}}(t_0,t_0)=\boldsymbol{I}\quad\text{（满足初始条件）}\end{aligned}$$

表明 $\boldsymbol{\Phi}_z(t,t_0)=\boldsymbol{\Phi}^{\mathrm{T}}(t_0,t)$ 为伴随系统状态转移矩阵，从而证得

$$\boldsymbol{\Phi}(t,t_0)\boldsymbol{\Phi}_z^{\mathrm{T}}(t,t_0)=\boldsymbol{\Phi}(t,t_0)\boldsymbol{\Phi}(t_0,t)=\boldsymbol{I}$$

题 3.9 给定连续时间线性时变系统为

$$\dot{\boldsymbol{x}}=\begin{bmatrix}\boldsymbol{A}_{11}(t) & \boldsymbol{A}_{12}(t)\\ \boldsymbol{A}_{21}(t) & \boldsymbol{A}_{22}(t)\end{bmatrix}\boldsymbol{x}+\begin{bmatrix}\boldsymbol{B}_1(t)\\ \boldsymbol{B}_2(t)\end{bmatrix}\boldsymbol{u},\quad t\geqslant t_0$$

表系统状态转移矩阵为

$$\boldsymbol{\Phi}(t,t_0)=\begin{bmatrix}\boldsymbol{\Phi}_{11}(t,t_0) & \boldsymbol{\Phi}_{12}(t,t_0)\\ \boldsymbol{\Phi}_{21}(t,t_0) & \boldsymbol{\Phi}_{22}(t,t_0)\end{bmatrix}$$

试证明：若 $\boldsymbol{A}_{21}(t)\equiv\boldsymbol{0}$，则必有 $\boldsymbol{\Phi}_{21}(t,t_0)\equiv\boldsymbol{0}$。

解 本题为证明题，意在训练演绎思维和逻辑推证能力。

由 $\boldsymbol{A}_{21}(t)\equiv\boldsymbol{0}$，可导出系统状态转移矩阵方程及其初始条件为

$$\dot{\boldsymbol{\Phi}}(t,t_0)=\begin{bmatrix}\dot{\boldsymbol{\Phi}}_{11}(t,t_0) & \dot{\boldsymbol{\Phi}}_{12}(t,t_0)\\ \dot{\boldsymbol{\Phi}}_{21}(t,t_0) & \dot{\boldsymbol{\Phi}}_{22}(t,t_0)\end{bmatrix}=\begin{bmatrix}\boldsymbol{A}_{11}(t) & \boldsymbol{A}_{12}(t)\\ \boldsymbol{0} & \boldsymbol{A}_{22}(t)\end{bmatrix}\begin{bmatrix}\boldsymbol{\Phi}_{11}(t,t_0) & \boldsymbol{\Phi}_{12}(t,t_0)\\ \boldsymbol{\Phi}_{21}(t,t_0) & \boldsymbol{\Phi}_{22}(t,t_0)\end{bmatrix}$$

$$\boldsymbol{\Phi}(t_0,t_0)=\begin{bmatrix}\boldsymbol{\Phi}_{11}(t_0,t_0) & \boldsymbol{\Phi}_{12}(t_0,t_0)\\ \boldsymbol{\Phi}_{21}(t_0,t_0) & \boldsymbol{\Phi}_{22}(t_0,t_0)\end{bmatrix}=\begin{bmatrix}\boldsymbol{I} & \boldsymbol{0}\\ \boldsymbol{0} & \boldsymbol{I}\end{bmatrix}$$

基此，对 $\boldsymbol{\Phi}_{21}(t,t_0)$ 可以导出

$$\dot{\boldsymbol{\Phi}}_{21}(t,t_0)=\boldsymbol{A}_{22}(t)\boldsymbol{\Phi}_{21}(t,t_0),\quad \boldsymbol{\Phi}_{21}(t_0,t_0)=\boldsymbol{0}$$

从而，由 $\boldsymbol{A}_{22}(t)\neq\boldsymbol{0}$ 并考虑到方程解的惟一性，可知“同时满足上述方程及其初始条件的解阵”只可能为 $\boldsymbol{\Phi}_{21}(t,t_0)\equiv\boldsymbol{0}$。证明完成。

题 3.10 给定一个二维连续时间线性时不变自治系统 $\dot{\boldsymbol{x}}=\boldsymbol{A}\boldsymbol{x},\ t\geqslant 0$。现知，对应于两个不同初态的状态响应为

$$\text{对 } \boldsymbol{x}(0)=\begin{bmatrix}1\\-4\end{bmatrix},\quad \boldsymbol{x}(t)=\begin{bmatrix}\mathrm{e}^{-3t}\\-4\mathrm{e}^{-3t}\end{bmatrix}$$

$$\text{对 } \boldsymbol{x}(0)=\begin{bmatrix}2\\-1\end{bmatrix},\quad \boldsymbol{x}(t)=\begin{bmatrix}2\mathrm{e}^{-2t}\\-\mathrm{e}^{-2t}\end{bmatrix}$$

试据此定出系统矩阵 $\boldsymbol{A}$。

解 本题属于“系统矩阵 $\boldsymbol{A}$”和“零输入状态响应 $\boldsymbol{x}(t)$”间关系的反问题，未有现成算法可以直接利用，意在训练运用已学知识（零输入状态响应和矩阵指数函数性质）灵活地解决这类问题。

先来建立问题一般算式。首先，对线性无关两个二维初始状态向量 $\boldsymbol{x}_{(1)}(0)$ 和 $\boldsymbol{x}_{(2)}(0)$，利用零输入状态响应关系式 $\boldsymbol{x}(t)=\mathrm{e}^{\boldsymbol{A}t}\boldsymbol{x}(0)$，可以导出：

$$[\boldsymbol{x}_{(1)}(t)\quad \boldsymbol{x}_{(2)}(t)]=\mathrm{e}^{\boldsymbol{A}t}[\boldsymbol{x}_{(1)}(0)\quad \boldsymbol{x}_{(2)}(0)]$$

考虑到 $[\boldsymbol{x}_{(1)}(0)\quad \boldsymbol{x}_{(2)}(0)]$ 非奇异，将上式右乘 $[\boldsymbol{x}_{(1)}(0)\quad \boldsymbol{x}_{(2)}(0)]^{-1}$，得到：

$$\mathrm{e}^{\boldsymbol{A}t}=[\boldsymbol{x}_{(1)}(t)\quad \boldsymbol{x}_{(2)}(t)][\boldsymbol{x}_{(1)}(0)\quad \boldsymbol{x}_{(2)}(0)]^{-1}$$

进而，利用推论 3.5A，由上述矩阵指数函数 $\mathrm{e}^{\boldsymbol{A}t}$，可进一步定出

$$\boldsymbol{A}=\left\{\frac{\mathrm{d}}{\mathrm{d}t}\mathrm{e}^{\boldsymbol{A}t}\right\}_{t=0}=\left\{\left(\frac{\mathrm{d}}{\mathrm{d}t}[\boldsymbol{x}_{(1)}(t)\quad \boldsymbol{x}_{(2)}(t)]\right)\left([\boldsymbol{x}_{(1)}(0)\quad \boldsymbol{x}_{(2)}(0)]^{-1}\right)\right\}_{t=0}$$

$$=\left\{\frac{\mathrm{d}}{\mathrm{d}t}[\boldsymbol{x}_{(1)}(t)\quad \boldsymbol{x}_{(2)}(t)]\right\}_{t=0}[\boldsymbol{x}_{(1)}(0)\quad \boldsymbol{x}_{(2)}(0)]^{-1}$$

现就给定的两个零输入状态响应$\boldsymbol{x}_{(1)}(t)$和$\boldsymbol{x}_{(2)}(t)$确定系统矩阵$\boldsymbol{A}$。对此，组成并计算

$$[\boldsymbol{x}_{(1)}(t) \quad \boldsymbol{x}_{(2)}(t)]=\begin{bmatrix} e^{-3t} & 2e^{-2t} \\ -4e^{-3t} & -e^{-2t} \end{bmatrix}$$

$$\left\{\frac{d}{dt}[\boldsymbol{x}_{(1)}(t) \quad \boldsymbol{x}_{(2)}(t)]\right\}_{t=0}=\begin{bmatrix} -3e^{-3t} & -4e^{-2t} \\ 12e^{-3t} & 2e^{-2t} \end{bmatrix}_{t=0}=\begin{bmatrix} -3 & -4 \\ 12 & 2 \end{bmatrix}$$

$$[\boldsymbol{x}_{(1)}(0) \quad \boldsymbol{x}_{(2)}(0)]^{-1}=\{[\boldsymbol{x}_{(1)}(t) \quad \boldsymbol{x}_{(2)}(t)]_{t=0}\}^{-1}=\left\{\begin{bmatrix} e^{-3t} & 2e^{-2t} \\ -4e^{-3t} & -e^{-2t} \end{bmatrix}_{t=0}\right\}^{-1}$$

$$=\begin{bmatrix} 1 & 2 \\ -4 & -1 \end{bmatrix}^{-1}=\frac{1}{7}\begin{bmatrix} -1 & -2 \\ 4 & 1 \end{bmatrix}$$

基此，并利用前述导出的算式，即可定出

$$\boldsymbol{A}=\left\{\frac{d}{dt}[\boldsymbol{x}_{(1)}(t) \quad \boldsymbol{x}_{(2)}(t)]\right\}_{t=0}[\boldsymbol{x}_{(1)}(0) \quad \boldsymbol{x}_{(2)}(0)]^{-1}$$

$$=\begin{bmatrix} -3 & -4 \\ 12 & 2 \end{bmatrix}\begin{bmatrix} -1 & -2 \\ 4 & 1 \end{bmatrix}\frac{1}{7}=\begin{bmatrix} -\frac{13}{7} & \frac{2}{7} \\ -\frac{4}{7} & -\frac{22}{7} \end{bmatrix}$$

由本题解题方法并加以引申，可以得到如下一般性结论。

推论 3.10A 对n维连续时间线性时不变自治系统"$\dot{\boldsymbol{x}}=\boldsymbol{A}\boldsymbol{x},\ t \geqslant 0$"，对应于线性无关的$n$维初始状态向量$\boldsymbol{x}_{(1)}(0)$，$\boldsymbol{x}_{(2)}(0),\cdots$，$\boldsymbol{x}_{(n)}(0)$，给定$n$个线性无关的$n$维状态响应为$\boldsymbol{x}_{(1)}(t)$，$\boldsymbol{x}_{(2)}(t),\cdots$，$\boldsymbol{x}_{(n)}(t)$，则可基此定出系统矩阵$\boldsymbol{A}$为

$$\boldsymbol{A}=\left\{\frac{d}{dt}\left[\boldsymbol{x}_{(1)}(t) \quad \boldsymbol{x}_{(2)}(t) \quad \cdots \quad \boldsymbol{x}_{(n)}(t)\right]\right\}_{t=0}\left[\boldsymbol{x}_{(1)}(0) \quad \boldsymbol{x}_{(2)}(0) \quad \cdots \quad \boldsymbol{x}_{(n)}(0)\right]^{-1}$$

推论 3.10B 对n维连续时间线性时不变自治系统"$\dot{\boldsymbol{x}}=\boldsymbol{A}\boldsymbol{x},\ t \geqslant 0$"，对应于线性无关的$n$维初始状态向量$\boldsymbol{x}_{(1)}(0)$，$\boldsymbol{x}_{(2)}(0),\cdots$，$\boldsymbol{x}_{(n)}(0)$，给定$n$个线性无关的$n$维状态响应为$\boldsymbol{x}_{(1)}(t)$，$\boldsymbol{x}_{(2)}(t),\cdots$，$\boldsymbol{x}_{(n)}(t)$，则由

$$e^{\boldsymbol{A}t}=\left[\boldsymbol{x}_{(1)}(t) \quad \boldsymbol{x}_{(2)}(t) \quad \cdots \quad \boldsymbol{x}_{(n)}(t)\right]\left[\boldsymbol{x}_{(1)}(0) \quad \boldsymbol{x}_{(2)}(0) \quad \cdots \quad \boldsymbol{x}_{(n)}(0)\right]^{-1}$$

$$\boldsymbol{A}=-\{[L(e^{\boldsymbol{A}t})]^{-1}\}_{s=0}$$

可基此定出系统矩阵$\boldsymbol{A}$为

$$\boldsymbol{A}=-(\{L([\boldsymbol{x}_{(1)}(t) \quad \boldsymbol{x}_{(2)}(t) \quad \cdots \quad \boldsymbol{x}_{(n)}(t)][\boldsymbol{x}_{(1)}(0) \quad \boldsymbol{x}_{(2)}(0) \quad \cdots \quad \boldsymbol{x}_{(n)}(0)]^{-1})\}^{-1})_{s=0}$$

题 3.11 给定方常阵$\boldsymbol{A}$，设其特征值为两两相异，表$\mathrm{tr}\,\boldsymbol{A}$为$\boldsymbol{A}$的迹即其对角元素之和，试证明：

$$\det e^{\boldsymbol{A}t}=e^{(\mathrm{tr}\,\boldsymbol{A})t}$$

解　本题为证明题，意在训练演绎思维和逻辑推证能力。

表$n\times n$实常阵$\boldsymbol{A}$的n个两两相异特征值为$\lambda_1,\lambda_2,\cdots,\lambda_n$，则基于其特征向量必可构造一个$n\times n$非奇异常阵$\boldsymbol{P}$，使成立：

$$\boldsymbol{A}=\boldsymbol{P}\begin{bmatrix}\lambda_1 & & \\ & \ddots & \\ & & \lambda_n\end{bmatrix}\boldsymbol{P}^{-1}\quad 和\quad \mathrm{e}^{\boldsymbol{A}t}=\boldsymbol{P}\begin{bmatrix}\mathrm{e}^{\lambda_1 t} & & \\ & \ddots & \\ & & \mathrm{e}^{\lambda_n t}\end{bmatrix}\boldsymbol{P}^{-1}$$

对上述$\mathrm{e}^{\boldsymbol{A}t}$关系式等式两边取行列式，并考虑到$\det\boldsymbol{P}^{-1}=1/\det\boldsymbol{P}$，得到$\det\mathrm{e}^{\boldsymbol{A}t}$关系式为

$$\det\mathrm{e}^{\boldsymbol{A}t}=\det\boldsymbol{P}\left(\prod_{i=1}^{n}\mathrm{e}^{\lambda_i t}\right)\det\boldsymbol{P}^{-1}=\mathrm{e}^{\left(\sum\limits_{i=1}^{n}\lambda_i\right)t}$$

进而，对“矩阵$\boldsymbol{A}$”和“矩阵$\boldsymbol{A}$的变换式”分别定出它们的特征多项式，并运用关系式$\det\boldsymbol{P}^{-1}=1/\det\boldsymbol{P}$，得到

$$\begin{aligned}\det(s\boldsymbol{I}-\boldsymbol{A})&=\det\begin{bmatrix}s-a_{11} & -a_{12} & \cdots & -a_{1n}\\ -a_{21} & s-a_{22} & \ddots & \vdots\\ \vdots & \ddots & \ddots & -a_{n-1,n}\\ -a_{n1} & \cdots & -a_{n,n-1} & s-a_{nn}\end{bmatrix}\\&=s^n+\left(-\sum_{i=1}^{n}a_{ii}\right)s^{n-1}+\beta_{n-2}s^{n-2}+\cdots+\beta_1 s+\beta_0\end{aligned}$$

和

$$\begin{aligned}\det(s\boldsymbol{I}-\boldsymbol{A})&=\det(s\boldsymbol{I}-\boldsymbol{P}^{-1}\boldsymbol{A}\boldsymbol{P})=\left|s\boldsymbol{I}-\begin{bmatrix}\lambda_1 & & \\ & \ddots & \\ & & \lambda_n\end{bmatrix}\right|=\begin{vmatrix}s-\lambda_1 & & \\ & \ddots & \\ & & s-\lambda_n\end{vmatrix}\\&=s^n+\left(-\sum_{i=1}^{n}\lambda_i\right)s^{n-1}+\beta_{n-2}s^{n-2}+\cdots+\beta_1 s+\beta_0\end{aligned}$$

由上述两个特征多项式相等，并利用矩阵$\boldsymbol{A}$的迹的定义，导出

$$\mathrm{tr}\boldsymbol{A}=\sum_{i=1}^{n}a_{ii}=\sum_{i=1}^{n}\lambda_i$$

最后，将$\mathrm{tr}\boldsymbol{A}$的关系式代入$\det\mathrm{e}^{\boldsymbol{A}t}$的关系式，证得：

$$\det\mathrm{e}^{\boldsymbol{A}t}=\mathrm{e}^{\left(\sum\limits_{i=1}^{n}\lambda_i\right)t}=\mathrm{e}^{\left(\sum\limits_{i=1}^{n}a_{ii}\right)t}=\mathrm{e}^{(\mathrm{tr}\boldsymbol{A})t}$$

题3.12　定出下列连续时间线性时不变系统的时间离散化状态方程：

$$\begin{bmatrix}\dot{x}_1\\ \dot{x}_2\end{bmatrix}=\begin{bmatrix}0 & 1\\ 0 & 0\end{bmatrix}\begin{bmatrix}x_1\\ x_2\end{bmatrix}+\begin{bmatrix}0\\ 1\end{bmatrix}u$$

其中，采样周期为$T=2$。

解 本题属于运用离散化关系式由“连续时间系统状态方程”导出“时间离散化系统状态方程”的基本题。

首先，定出连续时间系统的矩阵指数函数 e^{At}。对此，运用推论 3.1-2B，可直接得到

$$e^{At} = \begin{bmatrix} 1 & t \\ 0 & 1 \end{bmatrix}$$

继而，运用离散化系统的系数矩阵关系式 $\boldsymbol{G} = e^{AT}$ 和 $\boldsymbol{H} = (\int_0^T e^{At}dt)\boldsymbol{B}$，并知 $T=2$，先行定出

$$\boldsymbol{G} = e^{AT} = \begin{bmatrix} 1 & T \\ 0 & 1 \end{bmatrix} = \begin{bmatrix} 1 & 2 \\ 0 & 1 \end{bmatrix}$$

$$\boldsymbol{H} = (\int_0^T e^{At}dt)\boldsymbol{B} = \left(\int_0^T \begin{bmatrix} 1 & t \\ 0 & 1 \end{bmatrix} dt\right)\begin{bmatrix} 0 \\ 1 \end{bmatrix} = \begin{bmatrix} T & \frac{1}{2}T^2 \\ 0 & T \end{bmatrix}\begin{bmatrix} 0 \\ 1 \end{bmatrix} = \begin{bmatrix} \frac{1}{2}T^2 \\ T \end{bmatrix} = \begin{bmatrix} 2 \\ 2 \end{bmatrix}$$

基此，并表 $x_1(k) = x_1(t)_{t=kT}$，$x_2(k) = x_2(t)_{t=kT}$ 和 $u(k) = u(t)_{t=kT}$，即可导出

$$\begin{bmatrix} x_1(k+1) \\ x_2(k+1) \end{bmatrix} = \boldsymbol{G}\begin{bmatrix} x_1(k) \\ x_2(k) \end{bmatrix} + \boldsymbol{H}u(k) = \begin{bmatrix} 1 & 2 \\ 0 & 1 \end{bmatrix}\begin{bmatrix} x_1(k) \\ x_2(k) \end{bmatrix} + \begin{bmatrix} 2 \\ 2 \end{bmatrix}u(k)$$

题 3.13 给定一个人口分布问题的状态方程为

$$\begin{bmatrix} x_1(k+1) \\ x_2(k+1) \end{bmatrix} = \begin{bmatrix} 1.01(1-0.04) & 1.01(0.02) \\ 1.01(0.04) & 1.01(1-0.02) \end{bmatrix}\begin{bmatrix} x_1(k) \\ x_2(k) \end{bmatrix}, \quad \begin{bmatrix} x_1(0) \\ x_2(0) \end{bmatrix} = \begin{bmatrix} 10^7 \\ 9\times 10^7 \end{bmatrix}$$

其中，x_1 表示城市人口，x_2 表示乡村人口，令 $k=0$ 表示 2001 年。试采用计算机计算 2001—2015 年城市和乡村人口分布的演化过程，并绘出城市和乡村人口分布的演化曲线。

解 本题属于运用迭代法确定离散时间系统状态方程的数值解的基本题。最好采用编程通过计算机进行求解。

下面给出计算结果即“2001—2015 年城市和乡村人口分布的演化过程结果”。并且，基此可绘出城市和乡村人口分布的演化曲线，如图 P3.13 所示。

年份	城市人口	乡村人口	年份	城市人口	乡村人口
2001	1.0000×10^7	9.0000×10^7	2009	2.0693×10^7	8.7593×10^7
2002	1.1514×10^7	8.9486×10^7	2010	2.1833×10^7	8.7536×10^7
2003	1.2972×10^7	8.9038×10^7	2011	2.2938×10^7	8.7525×10^7
2004	1.4376×10^7	8.8654×10^7	2012	2.4009×10^7	8.7559×10^7
2005	1.5730×10^7	8.8331×10^7	2013	2.5048×10^7	8.7636×10^7
2006	1.7036×10^7	8.8066×10^7	2014	2.6057×10^7	8.7754×10^7
2007	1.8297×10^7	8.7856×10^7	2015	2.7037×10^7	8.7912×10^7
2008	1.9515×10^7	8.7699×10^7			

题 3.14　给定一个离散时间线性时不变系统为

$$\begin{bmatrix} x_1(k+1) \\ x_2(k+1) \end{bmatrix} = \begin{bmatrix} 1 & 2 \\ 1 & 0 \end{bmatrix} \begin{bmatrix} x_1(k) \\ x_2(k) \end{bmatrix} + \begin{bmatrix} 1 \\ 2 \end{bmatrix} u(k), \quad \begin{bmatrix} x_1(0) \\ x_2(0) \end{bmatrix} = \begin{bmatrix} 1 \\ 1 \end{bmatrix}$$

再取控制 $u(k)$ 为

$$u(k) = \begin{cases} 1, & \text{当 } k = 0, 2, 4, \cdots \\ 0, & \text{当 } k = 1, 3, 5, \cdots \end{cases}$$

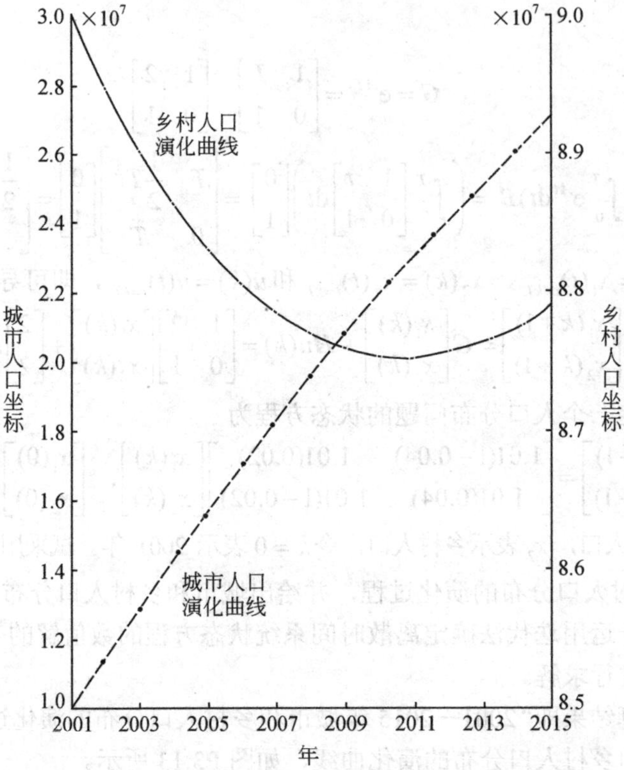

图　P3.13

采用计算机计算 $x_1(k)$ 和 $x_2(k)$ 当 $k = 1, 2, \cdots, 10$ 时的值。

解　本题属于运用迭代法确定离散时间系统状态方程的数值解的基本题。最好采用编程通过计算机进行求解。

计算结果给出如下：

k	$x_1(k)$	$x_2(k)$	k	$x_1(k)$	$x_2(k)$
1	4	3	6	172	82
2	10	4	7	337	174
3	19	12	8	685	337
4	43	19	9	1360	687
5	82	45	10	2734	1360

题 3.15 对上题给出的离散时间线性时不变系统，计算系统状态转移矩阵$\boldsymbol{\Phi}(k)$在$k=10$时的结果。

解 本题属于由系统矩阵$\boldsymbol{G}$确定状态转移矩阵$\boldsymbol{\Phi}(k)$的基本题。

计算算式为$\boldsymbol{\Phi}(k)=\boldsymbol{G}^k$。基此，通过计算，有

$$\boldsymbol{G}=\begin{bmatrix}1 & 2\\1 & 0\end{bmatrix}$$

$$\boldsymbol{G}^2=\boldsymbol{G}\boldsymbol{G}=\begin{bmatrix}1 & 2\\1 & 0\end{bmatrix}\begin{bmatrix}1 & 2\\1 & 0\end{bmatrix}=\begin{bmatrix}3 & 2\\1 & 2\end{bmatrix}$$

$$\boldsymbol{G}^3=\boldsymbol{G}\boldsymbol{G}^2=\begin{bmatrix}1 & 2\\1 & 0\end{bmatrix}\begin{bmatrix}3 & 2\\1 & 2\end{bmatrix}=\begin{bmatrix}5 & 6\\3 & 2\end{bmatrix}$$

$$\boldsymbol{G}^4=\boldsymbol{G}\boldsymbol{G}^3=\begin{bmatrix}1 & 2\\1 & 0\end{bmatrix}\begin{bmatrix}5 & 6\\3 & 2\end{bmatrix}=\begin{bmatrix}11 & 10\\5 & 6\end{bmatrix}$$

$$\boldsymbol{G}^5=\boldsymbol{G}\boldsymbol{G}^4=\begin{bmatrix}1 & 2\\1 & 0\end{bmatrix}\begin{bmatrix}11 & 10\\5 & 6\end{bmatrix}=\begin{bmatrix}21 & 22\\11 & 10\end{bmatrix}$$

$$\boldsymbol{G}^6=\boldsymbol{G}\boldsymbol{G}^5=\begin{bmatrix}1 & 2\\1 & 0\end{bmatrix}\begin{bmatrix}21 & 22\\11 & 10\end{bmatrix}=\begin{bmatrix}43 & 42\\21 & 22\end{bmatrix}$$

$$\boldsymbol{G}^7=\boldsymbol{G}\boldsymbol{G}^6=\begin{bmatrix}1 & 2\\1 & 0\end{bmatrix}\begin{bmatrix}43 & 42\\21 & 22\end{bmatrix}=\begin{bmatrix}85 & 86\\43 & 42\end{bmatrix}$$

$$\boldsymbol{G}^8=\boldsymbol{G}\boldsymbol{G}^7=\begin{bmatrix}1 & 2\\1 & 0\end{bmatrix}\begin{bmatrix}85 & 86\\43 & 42\end{bmatrix}=\begin{bmatrix}171 & 170\\85 & 86\end{bmatrix}$$

$$\boldsymbol{G}^9=\boldsymbol{G}\boldsymbol{G}^8=\begin{bmatrix}1 & 2\\1 & 0\end{bmatrix}\begin{bmatrix}171 & 170\\85 & 86\end{bmatrix}=\begin{bmatrix}341 & 342\\171 & 170\end{bmatrix}$$

$$\boldsymbol{G}^{10}=\boldsymbol{G}\boldsymbol{G}^9=\begin{bmatrix}1 & 2\\1 & 0\end{bmatrix}\begin{bmatrix}341 & 342\\171 & 170\end{bmatrix}=\begin{bmatrix}683 & 682\\341 & 342\end{bmatrix}$$

基此，就可定出系统在$k=10$时的状态转移矩阵$\boldsymbol{\Phi}(10)$为

$$\boldsymbol{\Phi}(10)=\boldsymbol{G}^{10}=\begin{bmatrix}683 & 682\\341 & 342\end{bmatrix}$$

第 4 章 线性系统的能控性和能观测性

4.1 本章的主要知识点

线性系统的能控性和能观测性，既是系统控制理论所要研究的基本系统结构特性，也是状态空间法分析和综合线性系统的控制特性的基础。下面，指出本章的主要知识点。

（1）能控性和能观测性

能控性定义

称线性系统的一个非零状态 $\boldsymbol{x}_0$ 为时刻 t_0 能控，如果存在“时刻 $t_1 > t_0$ ”和“控制 $\boldsymbol{u}(t)$，$t \in [t_0, t_1]$ ”，使 $\boldsymbol{x}(t_0) = \boldsymbol{x}_0$ 转移到 $\boldsymbol{x}(t_1) = \boldsymbol{0}$ 。称线性系统为时刻 t_0 完全能控，若状态空间中所有非零状态均为时刻 t_0 完全能控。

能达性定义

称线性系统的一个非零状态 $\boldsymbol{x}_1$ 为时刻 t_0 能达，如果存在“时刻 $t_1 > t_0$ ”和“控制 $\boldsymbol{u}(t)$，$t \in [t_0, t_1]$ ”，使 $\boldsymbol{x}(t_0) = \boldsymbol{0}$ 转移到 $\boldsymbol{x}(t_1) = \boldsymbol{x}_1$ 。称线性系统为时刻 t_0 完全能达，若状态空间中所有非零状态均为时刻 t_0 完全能达。

能观测性定义

称线性系统一个非零状态 $\boldsymbol{x}_0$ 为时刻 t_0 不能观测，如果存在时刻 $t_1 > t_0$ ，对所有 $t \in [t_0, t_1]$，以 $\boldsymbol{x}(t_0) = \boldsymbol{x}_0$ 为初始状态的输出 $\boldsymbol{y}(t) \equiv \boldsymbol{0}$ 。称线性系统为时刻 t_0 完全能观测，若状态空间中所有非零状态均不为时刻 t_0 不能观测。

（2）连续时间线性时不变系统的能控性判据

能控性和能达性等价性

连续时间线性时不变系统“ $\dot{\boldsymbol{x}} = \boldsymbol{A}\boldsymbol{x} + \boldsymbol{B}\boldsymbol{u}$ ，$t \geqslant 0$ ，$\boldsymbol{A}$ 为 $n \times n$ 阵，$\boldsymbol{B}$ 为 $n \times p$ 阵”的

"能控性"和"能达性"为等价，即

系统完全能控 $\Leftrightarrow$ 系统完全能达

能控性常用判据

① 格拉姆矩阵判据。存在时刻 $t_1>0$，有

系统完全能控 $\Leftrightarrow$ 格拉姆矩阵 $\boldsymbol{W}_c[0,t_1]=\int_0^{t_1}e^{-\boldsymbol{A}t}\boldsymbol{B}\boldsymbol{B}^{T}e^{-\boldsymbol{A}^{T}t}dt$ 非奇异

② 秩判据

系统完全能控 $\Leftrightarrow$ $\boldsymbol{Q}_c=\left[\,\boldsymbol{B}\mid\boldsymbol{A}\boldsymbol{B}\mid\cdots\mid\boldsymbol{A}^{n-1}\boldsymbol{B}\,\right]$ 行满秩，即 $\text{rank}\,\boldsymbol{Q}_c=n$

③ PBH 秩判据

系统完全能控 $\Leftrightarrow$ $\text{rank}\,[s\boldsymbol{I}-\boldsymbol{A},\ \boldsymbol{B}]=n$，$\forall s\in C$

④ 约当规范形判据

系统特征值 $\lambda_1,\lambda_2,\cdots,\lambda_n$ 两两相异情形：先将系统状态方程通过变换化为约当规范形

$$\dot{\bar{\boldsymbol{x}}}=\begin{bmatrix}\lambda_1 & & & \\ & \lambda_2 & & \\ & & \ddots & \\ & & & \lambda_n\end{bmatrix}\bar{\boldsymbol{x}}+\bar{\boldsymbol{B}}\boldsymbol{u}$$

则

系统完全能控 $\Leftrightarrow$ $\bar{\boldsymbol{B}}$ 不含零行

特征值 λ_1（σ_1 重），λ_2（σ_2 重），…，λ_l（σ_l 重）且 $\lambda_i\neq\lambda_j$，$\forall i\neq j$"情形：先将系统状态方程通过变换化为约当规范形

$$\dot{\hat{\boldsymbol{x}}}=\hat{\boldsymbol{A}}\hat{\boldsymbol{x}}+\hat{\boldsymbol{B}}\boldsymbol{u}$$

其中

$$\underset{(n\times n)}{\hat{\boldsymbol{A}}}=\begin{bmatrix}\boldsymbol{J}_1 & & & \\ & \boldsymbol{J}_2 & & \\ & & \ddots & \\ & & & \boldsymbol{J}_l\end{bmatrix},\qquad \underset{(n\times p)}{\hat{\boldsymbol{B}}}=\begin{bmatrix}\hat{\boldsymbol{B}}_1\\ \hat{\boldsymbol{B}}_2\\ \vdots\\ \hat{\boldsymbol{B}}_l\end{bmatrix}$$

$$\underset{(\sigma_i\times\sigma_i)}{\boldsymbol{J}_i}=\begin{bmatrix}\boldsymbol{J}_{i1} & & & \\ & \boldsymbol{J}_{i2} & & \\ & & \ddots & \\ & & & \boldsymbol{J}_{i\sigma_i}\end{bmatrix},\qquad \underset{(\sigma_i\times p)}{\hat{\boldsymbol{B}}_i}=\begin{bmatrix}\hat{\boldsymbol{B}}_{i1}\\ \hat{\boldsymbol{B}}_{i2}\\ \vdots\\ \hat{\boldsymbol{B}}_{i\sigma_i}\end{bmatrix}$$

$$\underset{(r_{ik}\times r_{ik})}{\boldsymbol{J}_{ik}}=\begin{bmatrix}\lambda_i & 1 & & & \\ & \lambda_i & 1 & & \\ & & \ddots & \ddots & \\ & & & \ddots & 1 \\ & & & & \lambda_i\end{bmatrix},\quad \underset{(r_{ik}\times p)}{\hat{\boldsymbol{B}}_{ik}}=\begin{bmatrix}\hat{\boldsymbol{b}}_{1ik}\\ \hat{\boldsymbol{b}}_{2ik}\\ \vdots \\ \hat{\boldsymbol{b}}_{rik}\end{bmatrix}$$

则

系统完全能控 $\Leftrightarrow$ $\forall i=1,2,\cdots,l$，由 $\hat{\boldsymbol{B}}_{i1},\hat{\boldsymbol{B}}_{i2},\cdots,\hat{\boldsymbol{B}}_{i\alpha_i}$ 末行组成矩阵为行线性无关

（3）连续时间线性时不变系统的能观测性判据

能观测性常用判据

连续时间线性时不变系统“$\dot{\boldsymbol{x}}=\boldsymbol{A}\boldsymbol{x}$，$\boldsymbol{y}=\boldsymbol{C}\boldsymbol{x}$，$t\geqslant 0$，$\boldsymbol{A}$ 为 $n\times n$ 阵，$\boldsymbol{C}$ 为 $q\times n$ 阵”。

① 格拉姆矩阵判据。存在时刻 $t_1>0$，有

系统完全能观测 $\Leftrightarrow$ 格拉姆矩阵 $\boldsymbol{W}_{\mathrm{o}}[0,t_1]=\int_0^{t_1}\mathrm{e}^{\boldsymbol{A}^{\mathrm{T}}t}\boldsymbol{C}^{\mathrm{T}}\boldsymbol{C}\mathrm{e}^{\boldsymbol{A}t}\mathrm{d}t$ 非奇异

② 秩判据

系统完全能观测 $\Leftrightarrow$ $\boldsymbol{Q}_{\mathrm{o}}=\begin{bmatrix}\boldsymbol{C}\\ \boldsymbol{C}\boldsymbol{A}\\ \vdots\\ \boldsymbol{C}\boldsymbol{A}^{n-1}\end{bmatrix}$ 列满秩，即 $\mathrm{rank}\,\boldsymbol{Q}_{\mathrm{o}}=n$

③ PBH 秩判据

系统完全能观测 $\Leftrightarrow$ $\mathrm{rank}\begin{bmatrix}\boldsymbol{C}\\ s\boldsymbol{I}-\boldsymbol{A}\end{bmatrix}=n$，$\forall s\in C$

④ 约当规范形判据

特征值 $\lambda_1,\lambda_2,\cdots,\lambda_n$ 两两相异情形：先将系统状态方程通过变换化为约当规范形

$$\dot{\bar{\boldsymbol{x}}}=\begin{bmatrix}\lambda_1 & & & \\ & \lambda_2 & & \\ & & \ddots & \\ & & & \lambda_n\end{bmatrix}\bar{\boldsymbol{x}},\quad \boldsymbol{y}=\bar{\boldsymbol{C}}\bar{\boldsymbol{x}}$$

则

系统完全能观测 $\Leftrightarrow$ $\bar{\boldsymbol{C}}$ 不含零列

特征值 λ_1（σ_1 重），λ_2（σ_2 重），$\cdots$，λ_l（σ_l 重）且 $\lambda_i\neq\lambda_j$，$\forall i\neq j$ 情形：先将系统状态方程通过变换化为约当规范形

$$\dot{\hat{\boldsymbol{x}}}=\hat{\boldsymbol{A}}\hat{\boldsymbol{x}},\quad \boldsymbol{y}=\hat{\boldsymbol{C}}\hat{\boldsymbol{x}}$$

其中

$$\underset{(n\times n)}{\hat{A}}=\begin{bmatrix}J_1 & & & \\ & J_2 & & \\ & & \ddots & \\ & & & J_l\end{bmatrix},\quad \underset{(n\times n)}{\hat{C}}=\begin{bmatrix}\hat{C}_1, & \hat{C}_2, & \cdots, & \hat{C}_l\end{bmatrix}$$

$$\underset{(\sigma_i\times\sigma_i)}{J_i}=\begin{bmatrix}J_{i1} & & & \\ & J_{i2} & & \\ & & \ddots & \\ & & & J_{il}\end{bmatrix},\quad \underset{(q\times\sigma_i)}{\hat{C}_i}=\begin{bmatrix}\hat{C}_{i1}, & \hat{C}_{i2}, & \cdots, & \hat{C}_{i\sigma_i}\end{bmatrix}$$

$$\underset{(r_{ik}\times r_{ik})}{J_{ik}}=\begin{bmatrix}\lambda_i & 1 & & & \\ & \lambda_i & 1 & & \\ & & \ddots & \ddots & \\ & & & \ddots & 1 \\ & & & & \lambda_i\end{bmatrix},\quad \underset{(q\times r_{ik})}{\hat{C}_{ik}}=\begin{bmatrix}\hat{c}_{1ik}, & \hat{c}_{2ik}, & \cdots, & \hat{c}_{rik}\end{bmatrix}$$

则

系统完全能观测 $\Leftrightarrow$ $\forall\ i=1,2,\cdots,l$，$\hat{C}_{i1},\hat{C}_{i2},\cdots,\hat{C}_{i\alpha_i}$ 首列组成矩阵为列线性无关

（4）连续时间线性时变系统的能控性判据和能观测性判据

能控性的秩判据

连续时间线性时变系统“$\dot{x}=A(t)x+B(t)u$，$t\in J$，$A(t)$ 为 $n\times n$ 阵，$B(t)$ 为 $n\times p$ 阵”。组成并计算一组矩阵

$$M_0(t)=B(t),\quad M_1(t)=-A(t)M_0(t)+\frac{\mathrm{d}}{\mathrm{d}t}M_0(t)$$

$$M_2(t)=-A(t)M_1(t)+\frac{\mathrm{d}}{\mathrm{d}t}M_1(t),\ \cdots,\ M_{n-1}(t)=-A(t)M_{n-2}(t)+\frac{\mathrm{d}}{\mathrm{d}t}M_{n-2}(t)$$

则

存在时刻 $t_1\in J$，$t_1>t_0$，使 $\mathrm{rank}\left[M_0(t_1)\mid M_1(t_1)\mid\cdots\mid M_{n-1}(t_1)\right]=n$

$\Rightarrow$（即充分条件） 系统为时刻 $t_0\in J$ 完全能控

能观测性的秩判据

连续时间线性时变系统“$\dot{x}=A(t)x$，$y=C(t)x$，$t\in J$，$A(t)$ 为 $n\times n$ 阵，$C(t)$ 为 $q\times n$ 阵”。组成并计算一组矩阵：

$$N_0(t)=C(t),\quad N_1(t)=N_0(t)A(t)+\frac{\mathrm{d}}{\mathrm{d}t}N_0(t)$$

$$N_2(t)=N_1(t)A(t)+\frac{\mathrm{d}}{\mathrm{d}t}N_1(t),\ \cdots,\ N_{n-1}(t)=N_{n-2}(t)A(t)+\frac{\mathrm{d}}{\mathrm{d}t}N_{n-2}(t)$$

则

$$\text{存在时刻}\,t_1 \in J，\ t_1 > t_0，\text{使}\operatorname{rank}\begin{bmatrix} \boldsymbol{N}_0(t_1) \\ \boldsymbol{N}_1(t_1) \\ \vdots \\ \boldsymbol{N}_{n-1}(t_1) \end{bmatrix} = n$$

$\Rightarrow$（即充分条件）　系统为时刻 $t_0 \in J$ 完全能观测

（5）离散时间线性时变系统的能控性判据和能观测性判据

能控性和能达性的格拉姆矩阵判据

离散时间线性时变系统“$\boldsymbol{x}(k+1)=\boldsymbol{G}(k)\boldsymbol{x}(k)+\boldsymbol{H}(k)\boldsymbol{u}(k)$，$k \in J_k$，$\boldsymbol{G}(k)$ 为 $n\times n$ 阵，$\boldsymbol{H}(k)$ 为 $n\times p$ 阵”。若存在时刻 $l>h$，$l,h\in J_k$，组成并计算

$$\text{状态转移矩阵}\quad \boldsymbol{\Phi}(l,k+1)=\boldsymbol{G}(l-1)\boldsymbol{G}(l-2)\cdots\boldsymbol{G}(k+1)$$

$$\text{格拉姆矩阵}\quad \boldsymbol{W}_{\mathrm{c}}[h,l]=\sum_{k=h}^{l-1}\boldsymbol{\Phi}(l,k+1)\boldsymbol{H}(k)\boldsymbol{H}^{\mathrm{T}}(k)\boldsymbol{\Phi}^{\mathrm{T}}(l,k+1)$$

① 能达性格拉姆矩阵判据

系统时刻 $h\in J_k$ 完全能达　$\Leftrightarrow$　$\boldsymbol{W}_{\mathrm{c}}[h,l]$ 非奇异

② 能控性格拉姆矩阵判据

系统时刻 $h\in J_k$ 完全能控　$\Leftrightarrow$（充要条件）

$\boldsymbol{G}(k)$ 对所有 $k\in[h,l-1]$ 非奇异，$\boldsymbol{W}_{\mathrm{c}}[h,l]$ 非奇异

$\boldsymbol{G}(k)$ 对一个或一些 $k\in[h,l-1]$ 奇异，$\boldsymbol{W}_{\mathrm{c}}[h,l]$ 非奇异

$\Rightarrow$（充分条件）　系统时刻 $h\in J_k$ 完全能控

③ 能控性和能达性等价条件

$\boldsymbol{G}(k)$ 对所有 $k\in[h,l-1]$ 非奇异　$\Rightarrow$

“系统时刻 $h\in J_k$ 完全能控”当且仅当“系统时刻 $h\in J_k$ 完全能达”

能观测性格拉姆矩阵判据

离散时间线性时变系统“$\boldsymbol{x}(k+1)=\boldsymbol{G}(k)\boldsymbol{x}(k)$，$\boldsymbol{y}(k)=\boldsymbol{C}(k)\boldsymbol{x}(k)$，$k\in J_k$，$\boldsymbol{G}(k)$ 为 $n\times n$ 阵，$\boldsymbol{C}(k)$ 为 $q\times n$ 阵”。若存在时刻 $l>h$，$l,h\in J_k$，组成并计算

$$\text{状态转移矩阵}\quad \boldsymbol{\Phi}(k+1,h)=\boldsymbol{G}(k)\boldsymbol{G}(k-1)\cdots\boldsymbol{G}(h)$$

$$\text{格拉姆矩阵}\quad \boldsymbol{W}_{\mathrm{o}}[h,l]=\sum_{k=h}^{l-1}\boldsymbol{\Phi}^{\mathrm{T}}(k+1,h)\boldsymbol{C}^{\mathrm{T}}(k)\boldsymbol{C}(k)\boldsymbol{\Phi}(k+1,h)$$

则

系统时刻 $h\in J_k$ 完全能观测　$\Leftrightarrow$　$\boldsymbol{W}_{\mathrm{o}}[h,l]$ 非奇异

（6）离散时间线性时不变系统的能控性判据和能观测性判据

常用能控性和能达性判据

离散时间线性时不变系统“$\boldsymbol{x}(k+1)=\boldsymbol{G}\boldsymbol{x}(k)+\boldsymbol{H}\boldsymbol{u}(k)$，$\boldsymbol{G}$ 为 $n\times n$ 阵，$\boldsymbol{H}$ 为 $n\times p$ 阵”。

① 格拉姆矩阵判据。若存在时刻 $l>0$，组成并计算

$$\text{格拉姆矩阵}\quad \boldsymbol{W}_{\mathrm{c}}[0,l]=\sum_{k=0}^{l-1}\boldsymbol{G}^{k}\boldsymbol{H}\boldsymbol{H}^{\mathrm{T}}(\boldsymbol{G}^{\mathrm{T}})^{k}$$

则

系统完全能达 $\Leftrightarrow$ $\boldsymbol{W}_{\mathrm{c}}[0,l]$ 非奇异

系统完全能控 $\Leftrightarrow$ $\boldsymbol{G}$ 非奇异，$\boldsymbol{W}_{\mathrm{c}}[0,l]$ 非奇异

$\boldsymbol{G}$ 奇异，$\boldsymbol{W}_{\mathrm{c}}[0,l]$ 非奇异 $\Rightarrow$（充分条件） 系统完全能控

$\boldsymbol{G}$ 非奇异 $\Rightarrow$ “系统完全能控”当且仅当“系统完全能达”

② 秩判据。组成并计算

$$\text{判别矩阵}\quad \boldsymbol{Q}_{\mathrm{kc}}=[\boldsymbol{H}\quad \boldsymbol{G}\boldsymbol{H}\quad \cdots\quad \boldsymbol{G}^{n-1}\boldsymbol{H}]$$

则

系统完全能达 $\Leftrightarrow$ $\mathrm{rank}\boldsymbol{Q}_{\mathrm{kc}}=n$

系统完全能控 $\Leftrightarrow$ $\boldsymbol{G}$ 非奇异，$\mathrm{rank}\boldsymbol{Q}_{\mathrm{kc}}=n$

$\boldsymbol{G}$ 奇异，$\mathrm{rank}\boldsymbol{Q}_{\mathrm{kc}}=n$ $\Rightarrow$（即充分条件） 系统完全能控

$\boldsymbol{G}$ 非奇异 $\Rightarrow$ “系统完全能控”当且仅当“系统完全能达”

常用能观测性判据

离散时间线性时不变系统“ $\boldsymbol{x}(k+1)=\boldsymbol{G}\boldsymbol{x}(k)$， $\boldsymbol{y}(k)=\boldsymbol{C}\boldsymbol{x}(k)$， $\boldsymbol{G}$ 为 $n\times n$ 阵， $\boldsymbol{C}$ 为 $q\times n$ 阵”。

① 格拉姆矩阵判据。若存在时刻 $l>0$，组成并计算

$$\text{格拉姆矩阵}\quad \boldsymbol{W}_{\mathrm{o}}[0,l]=\sum_{k=0}^{l-1}(\boldsymbol{G}^{\mathrm{T}})^{k}\boldsymbol{C}^{\mathrm{T}}\boldsymbol{C}\boldsymbol{G}^{k}$$

则

系统完全能观测 $\Leftrightarrow$ $\boldsymbol{W}_{\mathrm{o}}[0,l]$ 非奇异

② 秩判据。组成并计算

$$\text{判别矩阵}\quad \boldsymbol{Q}_{\mathrm{ko}}=\begin{bmatrix}\boldsymbol{C}\\ \boldsymbol{C}\boldsymbol{G}\\ \vdots\\ \boldsymbol{C}\boldsymbol{G}^{n-1}\end{bmatrix}$$

则

系统完全能观测 $\Leftrightarrow$ $\mathrm{rank}\boldsymbol{Q}_{\mathrm{ko}}=n$

（7）连续时间线性时不变系统的能控规范形和能观测规范形

SISO 线性时不变系统的能控规范形和能观测规范形

对 n 维系统 $(\boldsymbol{A},\boldsymbol{b},\boldsymbol{c})$，计算定出

$$\det(s\boldsymbol{I}-\boldsymbol{A})=s^{n}+\alpha_{n-1}s^{n-1}+\cdots+\alpha_{1}s+\alpha_{0}$$

$$\beta_{n-1}=\boldsymbol{cb}\,,\quad \beta_{n-2}=\boldsymbol{cAb}+\alpha_{n-1}\boldsymbol{cb}\,,\quad \cdots,\quad \beta_1=\boldsymbol{cA}^{n-2}\boldsymbol{b}+\alpha_{n-1}\boldsymbol{cA}^{n-3}\boldsymbol{b}+\cdots+\alpha_2\boldsymbol{cb}$$

$$\beta_0=\boldsymbol{cA}^{n-1}\boldsymbol{b}+\alpha_{n-1}\boldsymbol{cA}^{n-2}\boldsymbol{b}+\cdots+\alpha_1\boldsymbol{cb}$$

① n 维完全能控系统的能控规范形

变换阵　$\boldsymbol{P}=[\boldsymbol{A}^{n-1}\boldsymbol{b}\quad \boldsymbol{A}^{n-2}\boldsymbol{b}\quad \cdots\quad \boldsymbol{b}]\begin{bmatrix}1 & & & \\ \alpha_{n-1} & \ddots & & \\ \vdots & \ddots & \ddots & \\ \alpha_1 & \cdots & \alpha_{n-1} & 1\end{bmatrix}$

能控规范形　$\bar{\boldsymbol{A}}_{\mathrm{c}}=\boldsymbol{P}^{-1}\boldsymbol{AP}=\begin{bmatrix}0 & 1 & & \\ \vdots & & \ddots & \\ 0 & & & 1\\ -\alpha_1 & -\alpha_2 & \cdots & -\alpha_{n-1}\end{bmatrix}$，$\bar{\boldsymbol{b}}_{\mathrm{c}}=\boldsymbol{P}^{-1}\boldsymbol{b}=\begin{bmatrix}0\\ \vdots\\ 0\\ 1\end{bmatrix}$

$$\bar{\boldsymbol{c}}_{\mathrm{c}}=\boldsymbol{cP}=[\beta_0\quad \beta_1\quad \cdots\quad \beta_{n-1}]$$

② n 维完全能观测系统的能观测规范形

变换阵　$\boldsymbol{Q}=\begin{bmatrix}1 & \alpha_{n-1} & \cdots & \alpha_1\\ & \ddots & \ddots & \vdots\\ & & \ddots & \alpha_{n-1}\\ & & & 1\end{bmatrix}\begin{bmatrix}\boldsymbol{cA}^{n-1}\\ \boldsymbol{cA}^{n-2}\\ \vdots\\ \boldsymbol{c}\end{bmatrix}$

能观测规范形　$\hat{\boldsymbol{A}}_{\mathrm{o}}=\boldsymbol{QAQ}^{-1}=\begin{bmatrix}0 & \cdots & 0 & -\alpha_0\\ 1 & & & -\alpha_1\\ & \ddots & & \vdots\\ & & 1 & -\alpha_{n-1}\end{bmatrix}$，$\hat{\boldsymbol{b}}_{\mathrm{o}}=\boldsymbol{Qb}=\begin{bmatrix}\beta_0\\ \beta_1\\ \vdots\\ \beta_{n-1}\end{bmatrix}$

$$\hat{\boldsymbol{c}}_{\mathrm{o}}=\boldsymbol{cQ}^{-1}=[0\quad \cdots\quad 0\quad 1]$$

MIMO 线性时不变系统的能控规范形和能观测规范形

以双输入双输出的 $n=5$ 维线性时不变系统 $(\boldsymbol{A},\boldsymbol{B},\boldsymbol{C})$ 为例。

① 完全能控系统的旺纳姆能控规范形

$$\operatorname{rank}\boldsymbol{Q}_{\mathrm{c}}=\operatorname{rank}[\boldsymbol{B}\quad \boldsymbol{AB}\quad \cdots\quad \boldsymbol{A}^4\boldsymbol{B}]=5,\quad \boldsymbol{B}=[\boldsymbol{b}_1\quad \boldsymbol{b}_2]$$

搜索 $\boldsymbol{Q}_{\mathrm{c}}$ 中 5 个线性无关列向量，设为 $\boldsymbol{b}_1,\boldsymbol{Ab}_1,\boldsymbol{A}^2\boldsymbol{b}_1,\boldsymbol{b}_2,\boldsymbol{Ab}_2$

导出：线性组合　$\boldsymbol{A}^3\boldsymbol{b}_1=-(\alpha_{12}\boldsymbol{A}^2\boldsymbol{b}_1+\alpha_{11}\boldsymbol{Ab}_1+\alpha_{10}\boldsymbol{b}_1)$

基组　$\boldsymbol{e}_{11}=\boldsymbol{A}^2\boldsymbol{b}_1+\alpha_{12}\boldsymbol{Ab}_1+\alpha_{11}\boldsymbol{b}_1$，$\boldsymbol{e}_{12}=\boldsymbol{Ab}_1+\alpha_{12}\boldsymbol{b}_1$，$\boldsymbol{e}_{13}=\boldsymbol{b}_1$

线性组合　$\boldsymbol{A}^2\boldsymbol{b}_2=-(\alpha_{21}\boldsymbol{Ab}_2+\alpha_{20}\boldsymbol{b}_2)+(\gamma_{231}\boldsymbol{e}_{13}+\gamma_{221}\boldsymbol{e}_{12}+\gamma_{211}\boldsymbol{e}_{11})$

基组　$\boldsymbol{e}_{21}=\boldsymbol{Ab}_2+\alpha_{21}\boldsymbol{b}_2$，$\boldsymbol{e}_{22}=\boldsymbol{b}_2$

变换阵 $\boldsymbol{T}=[\boldsymbol{e}_{11}\quad \boldsymbol{e}_{12}\quad \boldsymbol{e}_{13}\quad \boldsymbol{e}_{21}\quad \boldsymbol{e}_{22}]$

能控规范形 $$\bar{\boldsymbol{A}}_{\mathrm{c}}=\boldsymbol{T}^{-1}\boldsymbol{A}\boldsymbol{T}=\begin{bmatrix}0 & 1 & 0 & \gamma_{211} & 0\\ 0 & 0 & 1 & \gamma_{221} & 0\\ -\alpha_{10} & -\alpha_{11} & -\alpha_{12} & \gamma_{231} & 0\\ 0 & 0 & 0 & 0 & 1\\ 0 & 0 & 0 & -\alpha_{20} & -\alpha_{20}\end{bmatrix}$$

$$\bar{\boldsymbol{B}}_{\mathrm{c}}=\boldsymbol{T}^{-1}\boldsymbol{B}=\begin{bmatrix}0 & 0\\ 0 & 0\\ 1 & 0\\ 0 & 0\\ 0 & 1\end{bmatrix},\quad \bar{\boldsymbol{C}}_{\mathrm{c}}=\boldsymbol{C}\boldsymbol{T}=\text{无特殊形式}$$

② 完全能观测系统的旺纳姆能观测规范形

能观测规范形 $\tilde{\boldsymbol{A}}_{\mathrm{o}}\ (=)\ (\bar{\boldsymbol{A}}_{\mathrm{c}})^{\mathrm{T}}$，$\tilde{\boldsymbol{C}}_{\mathrm{o}}\ (=)\ (\bar{\boldsymbol{B}}_{\mathrm{c}})^{\mathrm{T}}$，$\tilde{\boldsymbol{B}}_{\mathrm{o}}\ (=)\ (\bar{\boldsymbol{C}}_{\mathrm{c}})^{\mathrm{T}}$，(=) 代表形式上等同

③ 完全能控系统的龙伯格能控规范形

$$\operatorname{rank}\boldsymbol{Q}_{\mathrm{c}}=\operatorname{rank}[\boldsymbol{B}\quad \boldsymbol{AB}\quad \cdots\quad \boldsymbol{A}^4\boldsymbol{B}]=5,\quad \boldsymbol{B}=[\boldsymbol{b}_1\quad \boldsymbol{b}_2]$$

搜索 $\boldsymbol{Q}_{\mathrm{c}}$ 中 5 个线性无关列向量，设为 $\boldsymbol{b}_1,\boldsymbol{A}\boldsymbol{b}_1,\boldsymbol{A}^2\boldsymbol{b}_1,\boldsymbol{b}_2,\boldsymbol{A}\boldsymbol{b}_2$

预变换阵 $$\boldsymbol{P}^{-1}=[\boldsymbol{b}_1\quad \boldsymbol{A}\boldsymbol{b}_1\quad \boldsymbol{A}^2\boldsymbol{b}_1\quad \boldsymbol{b}_2\quad \boldsymbol{A}\boldsymbol{b}_2],\quad \boldsymbol{P}=(\boldsymbol{P}^{-1})^{-1}=\begin{bmatrix}\boldsymbol{e}_{11}^{\mathrm{T}}\\ \boldsymbol{e}_{12}^{\mathrm{T}}\\ \boldsymbol{e}_{13}^{\mathrm{T}}\\ \boldsymbol{e}_{21}^{\mathrm{1}}\\ \boldsymbol{e}_{22}^{\mathrm{T}}\end{bmatrix}$$

变换阵 $$\boldsymbol{S}^{-1}=\begin{bmatrix}\boldsymbol{e}_{13}^{\mathrm{T}}\\ \boldsymbol{e}_{13}^{\mathrm{T}}\boldsymbol{A}\\ \boldsymbol{e}_{13}^{\mathrm{T}}\boldsymbol{A}^2\\ \boldsymbol{e}_{22}^{\mathrm{T}}\\ \boldsymbol{e}_{22}^{\mathrm{T}}\boldsymbol{A}\end{bmatrix},\quad \boldsymbol{S}=(\boldsymbol{S}^{-1})^{-1}$$

能控规范形 $$\hat{\boldsymbol{A}}_{\mathrm{c}}=\boldsymbol{S}^{-1}\boldsymbol{A}\boldsymbol{S}=\begin{bmatrix}0 & 1 & 0 & 0 & 0\\ 0 & 0 & 1 & 0 & 0\\ -\alpha_{10} & -\alpha_{11} & -\alpha_{12} & \beta_{14} & \beta_{15}\\ 0 & 0 & 0 & 0 & 1\\ \beta_{21} & \beta_{22} & \beta_{23} & -\alpha_{20} & -\alpha_{21}\end{bmatrix}$$

$$\hat{B}_c = S^{-1}B = \begin{bmatrix} 0 & 0 \\ 0 & 0 \\ 1 & \gamma \\ 0 & 0 \\ 0 & 1 \end{bmatrix}, \quad \hat{C}_c = CS = \text{无特殊形式}$$

α, β, γ 为可能非零元

④ 完全能观测系统的龙伯格能观测规范形

能观测规范形　$\breve{A}_o\,(=)\,(\hat{A}_c)^T$，$\breve{C}_o\,(=)\,(\hat{B}_c)^T$，$\breve{B}_o\,(=)\,(\hat{C}_c)^T$，$(=)$代表形式上等同

（8）连续时间线性时不变系统的结构分解

系统按能控性的结构分解

不完全能控 n 维 $q\times p$ 严真连续时间线性时不变系统$\{A, B, C\}$

$$\text{rank}Q_c = \text{rank}[B \quad AB \quad \cdots \quad A^{n-1}B] = k < n$$

$q_1, q_2, \cdots, q_k = Q_c$ 中任意 k 个线性无关 n 维列向量

$q_{k+1}, q_{k+2}, \cdots, q_n =$ 与$\{q_1, q_2, \cdots, q_k\}$线性无关的除 Q_c 外 R^n 中

任意 $n-k$ 个线性无关 n 维列向量

$$P^{-1} = Q = [q_1 \quad \cdots \quad q_k \quad q_{k+1} \quad \cdots \quad q_n], \quad P = Q^{-1}$$

则基于线性非奇异变换

$$\bar{x} = Px = \begin{bmatrix} \bar{x}_c \\ \bar{x}_{\bar{c}} \end{bmatrix}$$

$\bar{x}_c$ 为 k 维能控分状态，$\bar{x}_{\bar{c}}$ 为 $n-k$ 维不能控分状态，可导出系统按能控性的结构分解，分解形式惟一但结果不惟一，有

$$\begin{bmatrix} \dot{\bar{x}}_c \\ \dot{\bar{x}}_{\bar{c}} \end{bmatrix} = \begin{bmatrix} \bar{A}_c & \bar{A}_{12} \\ 0 & \bar{A}_{\bar{c}} \end{bmatrix} \begin{bmatrix} \bar{x}_c \\ \bar{x}_{\bar{c}} \end{bmatrix} + \begin{bmatrix} \bar{B}_c \\ 0 \end{bmatrix} u$$

$$y = [\bar{C}_c \quad \bar{C}_{\bar{c}}] \begin{bmatrix} \bar{x}_c \\ \bar{x}_{\bar{c}} \end{bmatrix}$$

系统按能观测性的结构分解

对不完全能观测 n 维 $q\times p$ 严真连续时间线性时不变系统$\{A, B, C\}$

$$\text{rank}Q_o = \text{rank}\begin{bmatrix} C \\ CA \\ \vdots \\ CA^{n-1} \end{bmatrix} = m < n$$

$h_1, h_2, \cdots, h_m = Q_o$ 中任意 m 个线性无关 n 维行向量

$h_{m+1}, h_{m+2}, \cdots, h_n =$ 与$\{h_1, h_2, \cdots, h_m\}$线性无关的除 Q_o 外 $R^{1\times n}$ 中

任意 $n-m$ 个线性无关 n 维行向量

$$F=\begin{bmatrix} h_1 \\ \vdots \\ h_m \\ h_{m+1} \\ \vdots \\ h_n \end{bmatrix}$$

则基于线性非奇异变换

$$\hat{x}=Fx=\begin{bmatrix} \hat{x}_{\text{o}} \\ \hat{x}_{\bar{\text{o}}} \end{bmatrix}$$

$\hat{x}_{\text{o}}$ 为 m 维能观测分状态，$\hat{x}_{\bar{\text{o}}}$ 为 $n-m$ 维不能观测分状态，可导出系统按能观测性的结构分解，分解形式惟一但结果不惟一，有

$$\begin{bmatrix} \dot{\hat{x}}_{\text{o}} \\ \dot{\hat{x}}_{\bar{\text{o}}} \end{bmatrix}=\begin{bmatrix} \hat{A}_{\text{o}} & 0 \\ \hat{A}_{21} & \hat{A}_{\bar{\text{o}}} \end{bmatrix}\begin{bmatrix} \hat{x}_{\text{o}} \\ \hat{x}_{\bar{\text{o}}} \end{bmatrix}+\begin{bmatrix} \hat{B}_{\text{o}} \\ \hat{B}_{\bar{\text{o}}} \end{bmatrix}u$$

$$y=[\hat{C}_{\text{o}} \quad 0]\begin{bmatrix} \hat{x}_{\text{o}} \\ \hat{x}_{\bar{\text{o}}} \end{bmatrix}$$

系统结构的规范分解

对不完全能控和不完全能观测 n 维 $q\times p$ 严真连续时间线性时不变系统 $\{A,B,C\}$，表

$\tilde{x}_{\text{co}}$ = 能控能观测分状态，　$\tilde{x}_{\text{c}\bar{\text{o}}}$ = 能控不能观测分状态

$\tilde{x}_{\bar{\text{c}}\text{o}}$ = 不能控能观测分状态，$\tilde{x}_{\bar{\text{c}}\bar{\text{o}}}$ = 不能控不能观测分状态

可导出系统结构的规范分解，分解形式惟一但结果不惟一，有

$$\begin{bmatrix} \dot{\tilde{x}}_{\text{co}} \\ \dot{\tilde{x}}_{\text{c}\bar{\text{o}}} \\ \dot{\tilde{x}}_{\bar{\text{c}}\text{o}} \\ \dot{\tilde{x}}_{\bar{\text{c}}\bar{\text{o}}} \end{bmatrix}=\begin{bmatrix} \tilde{A}_{\text{co}} & 0 & A_{13} & 0 \\ \tilde{A}_{21} & \tilde{A}_{\text{c}\bar{\text{o}}} & \tilde{A}_{23} & \tilde{A}_{24} \\ 0 & 0 & \tilde{A}_{\bar{\text{c}}\text{o}} & 0 \\ 0 & 0 & \tilde{A}_{43} & \tilde{A}_{\bar{\text{c}}\bar{\text{o}}} \end{bmatrix}\begin{bmatrix} \tilde{x}_{\text{co}} \\ \tilde{x}_{\text{c}\bar{\text{o}}} \\ \tilde{x}_{\bar{\text{c}}\text{o}} \\ \tilde{x}_{\bar{\text{c}}\bar{\text{o}}} \end{bmatrix}+\begin{bmatrix} \tilde{B}_{\text{co}} \\ \tilde{B}_{\text{c}\bar{\text{o}}} \\ 0 \\ 0 \end{bmatrix}u$$

$$y=[\tilde{C}_{\text{co}} \quad 0 \quad \tilde{C}_{\bar{\text{c}}\text{o}} \quad 0]\begin{bmatrix} \tilde{x}_{\text{co}} \\ \tilde{x}_{\text{c}\bar{\text{o}}} \\ \tilde{x}_{\bar{\text{c}}\text{o}} \\ \tilde{x}_{\bar{\text{c}}\bar{\text{o}}} \end{bmatrix}$$

传递函数矩阵属性

$q\times p$ 严真连续时间线性时不变系统 $\{A,B,C\}$ 的传递函数矩阵 $G(s)$ 只是对系统结构的一种不完全描述。若系统不完全能控和不完全能观测，则传递函数矩阵 $G(s)$ 只能反映系统的能控能观测部分，即 $G(s)=\tilde{C}_{\text{co}}(sI-\tilde{A}_{\text{co}})^{-1}\tilde{B}_{\text{co}}$。系统可由传递函数矩阵 $G(s)$ 完全表征，当且仅当系统为完全能控和完全能观测。

4.2 习题与解答

本章的习题安排围绕线性系统的基本结构特性能控性和能观测性及其相关问题。基本题部分包括基于线性系统的状态空间描述判断能控性和能观测性，确定使系统能控和能观测的参数范围，确定系统的能控性指数和能观测性指数，导出系统的能控规范形和能观测规范形，对系统按能控性或/和按能观测性的结构分解等。证明题部分包括线性时不变系统联合能控和能观测的条件，并联系统能控和能观测的必要条件，线性时不变系统的一类线性非奇异变换的属性等。

题 4.1 判断下列各连续时间线性时不变系统是否完全能控：

（i）$\dot{\boldsymbol{x}}=\begin{bmatrix}0&1&0\\0&0&1\\-2&-4&-3\end{bmatrix}\boldsymbol{x}+\begin{bmatrix}1&0\\0&1\\-1&1\end{bmatrix}\boldsymbol{u}$

（ii）$\dot{\boldsymbol{x}}=\begin{bmatrix}0&4&3\\0&20&21\\0&-25&-20\end{bmatrix}\boldsymbol{x}+\begin{bmatrix}-1\\3\\0\end{bmatrix}\boldsymbol{u}$

（iii）$\dot{\boldsymbol{x}}=\begin{bmatrix}2&0&0&0\\0&3&0&0\\0&0&4&1\\0&0&0&4\end{bmatrix}\boldsymbol{x}+\begin{bmatrix}2&0\\4&1\\0&0\\1&0\end{bmatrix}\boldsymbol{u}$

（iv）$\dot{\boldsymbol{x}}=\begin{bmatrix}4&1&0&0\\0&4&0&0\\0&0&4&1\\0&0&0&4\end{bmatrix}\boldsymbol{x}+\begin{bmatrix}0&0\\1&2\\0&0\\2&1\end{bmatrix}\boldsymbol{u}$

解 本题属于由系统矩阵对$\{\boldsymbol{A},\boldsymbol{B}\}$判断能控性的基本题。通常，需随系统矩阵$\boldsymbol{A}$的形式，选择计算上最为简便的判据。

（i）判断 $\dot{\boldsymbol{x}}=\begin{bmatrix}0&1&0\\0&0&1\\-2&-4&-3\end{bmatrix}\boldsymbol{x}+\begin{bmatrix}1&0\\0&1\\-1&1\end{bmatrix}\boldsymbol{u}$ 的能控性

鉴于$\boldsymbol{A}$无特定形式，采用秩判据较简便。对此，计算判别阵的秩，并注意到$n=3$，有

$$\operatorname{rank}\begin{bmatrix}\boldsymbol{B}&\boldsymbol{AB}&\boldsymbol{A}^2\boldsymbol{B}\end{bmatrix}=\operatorname{rank}\begin{bmatrix}1&0&0&*&*&*\\0&1&-1&*&*&*\\-1&1&1&*&*&*\end{bmatrix}=3=n$$

式中前 3 列已为线性无关，所以无须再计算其后的 3 个*列。基此，可知系统完全能控。

（ii）判断 $\dot{\boldsymbol{x}}=\begin{bmatrix}0 & 4 & 3\\0 & 20 & 21\\0 & -25 & -20\end{bmatrix}\boldsymbol{x}+\begin{bmatrix}-1\\3\\0\end{bmatrix}\boldsymbol{u}$ 的能控性

鉴于 $\boldsymbol{A}$ 无特定形式，采用秩判据较简便。对此，计算判别阵的秩，并注意到 $n=3$，有

$$\mathrm{rank}\begin{bmatrix}\boldsymbol{b} & \boldsymbol{Ab} & \boldsymbol{A}^2\boldsymbol{b}\end{bmatrix}=\mathrm{rank}\begin{bmatrix}-1 & 12 & 15\\3 & 60 & -375\\0 & -75 & 0\end{bmatrix}=3=n$$

基此，可知系统完全能控。

（iii）判断 $\dot{\boldsymbol{x}}=\begin{bmatrix}2 & 0 & 0 & 0\\0 & 3 & 0 & 0\\0 & 0 & 4 & 1\\0 & 0 & 0 & 4\end{bmatrix}\boldsymbol{x}+\begin{bmatrix}2 & 0\\4 & 1\\0 & 0\\1 & 0\end{bmatrix}\boldsymbol{u}$ 的能控性

鉴于 $\boldsymbol{A}$ 为约当规范形，以采用“约当规范形判据”较简便。可以看出，$\boldsymbol{A}$ 约当规范形中，相应于特征值 $\lambda_1=2,\lambda_2=3$ 和 $\lambda_3=4$ 各都只有一个约当小块。对此情形，系统完全能控充要条件是矩阵 $\boldsymbol{B}$ 中对应于“三个约当小块的末行”的行，即行 $\boldsymbol{b}_1^{\mathrm{T}},\boldsymbol{b}_2^{\mathrm{T}}$ 和 $\boldsymbol{b}_4^{\mathrm{T}}$，均为非零行。基此，由给定矩阵 $\boldsymbol{B}$，有

$$\boldsymbol{b}_1^{\mathrm{T}}=\begin{bmatrix}2 & 0\end{bmatrix}\neq\boldsymbol{0},\quad \boldsymbol{b}_2^{\mathrm{T}}=\begin{bmatrix}4 & 1\end{bmatrix}\neq\boldsymbol{0},\quad \boldsymbol{b}_4^{\mathrm{T}}=\begin{bmatrix}1 & 0\end{bmatrix}\neq\boldsymbol{0}$$

可知系统完全能控。

（iv）判断 $\dot{\boldsymbol{x}}=\begin{bmatrix}4 & 1 & 0 & 0\\0 & 4 & 0 & 0\\0 & 0 & 4 & 1\\0 & 0 & 0 & 4\end{bmatrix}\boldsymbol{x}+\begin{bmatrix}0 & 0\\1 & 2\\0 & 0\\2 & 1\end{bmatrix}\boldsymbol{u}$ 的能控性

鉴于 $\boldsymbol{A}$ 为约当规范形，以采用约当规范形判据较简便。可以看出，$\boldsymbol{A}$ 约当规范形中，相应于惟一特征值 $\lambda_1=4$ 有两个约当小块。对此情形，系统完全能控充要条件是矩阵 $\boldsymbol{B}$ 中对应于“两个约当小块的末行”的行，即行 $\boldsymbol{b}_2^{\mathrm{T}}$ 和 $\boldsymbol{b}_4^{\mathrm{T}}$，为线性无关。基此，由给定矩阵 $\boldsymbol{B}$，有

$$\mathrm{rank}\begin{bmatrix}\boldsymbol{b}_2^{\mathrm{T}}\\\boldsymbol{b}_4^{\mathrm{T}}\end{bmatrix}=\mathrm{rank}\begin{bmatrix}1 & 2\\2 & 1\end{bmatrix}=2$$

可知系统完全能控。

对题 4.1（i）的求解过程加以引申，可以得到如下一般性结论。

推论 4.1 对双输入三维线性时不变系统：

$$\dot{\boldsymbol{x}} = \boldsymbol{Ax} + \boldsymbol{Bu} = \begin{bmatrix} a_{11} & a_{12} & a_{13} \\ a_{21} & a_{22} & a_{23} \\ a_{31} & a_{32} & a_{33} \end{bmatrix} \boldsymbol{x} + \begin{bmatrix} b_{11} & b_{12} \\ b_{21} & b_{22} \\ b_{31} & b_{32} \end{bmatrix} \boldsymbol{u}$$

当采用秩判据判断系统能控性时，可有如下计算简化结论：

（A）若 $\boldsymbol{B}$ 满秩即 $\operatorname{rank}\boldsymbol{B} = 2$，则

$$\text{系统完全能控} \quad \Leftrightarrow \quad \operatorname{rank}[\boldsymbol{B} \quad \boldsymbol{AB}] = 3$$

（B）若 $\boldsymbol{B}$ 降秩即 $\operatorname{rank}\boldsymbol{B} = 1$，且 $\boldsymbol{b}_1 = \begin{bmatrix} b_{11} \\ b_{21} \\ b_{31} \end{bmatrix} \neq \boldsymbol{0}$，则

$$\text{系统完全能控} \quad \Leftrightarrow \quad \operatorname{rank}[\boldsymbol{b}_1 \quad \boldsymbol{Ab}_1 \quad \boldsymbol{A}^2\boldsymbol{b}_1] = 3$$

题 4.2 确定使下列各连续时间线性时不变系统完全能控的待定参数 a，b，c 取值范围：

（i）$\dot{\boldsymbol{x}} = \begin{bmatrix} -2 & 0 & 0 \\ 0 & -2 & 0 \\ 0 & 0 & -2 \end{bmatrix} \boldsymbol{x} + \begin{bmatrix} a & 1 \\ 2 & 4 \\ b & 1 \end{bmatrix} \boldsymbol{u}$

（ii）$\dot{\boldsymbol{x}} = \begin{bmatrix} 0 & a \\ b & c \end{bmatrix} \boldsymbol{x} + \begin{bmatrix} 1 \\ 0 \end{bmatrix} \boldsymbol{u}$

解 本题属于由矩阵对 $\{\boldsymbol{A}, \boldsymbol{B}\}$ 判断系统能控性的基本题。

（i）确定 $\dot{\boldsymbol{x}} = \begin{bmatrix} -2 & 0 & 0 \\ 0 & -2 & 0 \\ 0 & 0 & -2 \end{bmatrix} \boldsymbol{x} + \begin{bmatrix} a & 1 \\ 2 & 4 \\ b & 1 \end{bmatrix} \boldsymbol{u}$ 中 a，b 取值范围

本题可采用多种方法求解。下面给出其中两种方法。

约当规范形判据法。可以看出，矩阵 $\boldsymbol{A}$ 为约当规范形，相应于惟一特征值 $\lambda_1 = -2$ 共有三个约当小块。对此情形，系统完全能控充要条件是矩阵 $\boldsymbol{B}$ 中对应于“三个约当小块的末行”的行为线性无关，即 $\boldsymbol{B}$ 中三个行 $\boldsymbol{b}_1^{\mathrm{T}}$，$\boldsymbol{b}_2^{\mathrm{T}}$ 和 $\boldsymbol{b}_3^{\mathrm{T}}$ 为线性无关。基此，由给定矩阵 $\boldsymbol{B}$，不管待定参数 a，b 取为什么值，必有

$$\operatorname{rank}\begin{bmatrix} a & 1 \\ 2 & 4 \\ b & 1 \end{bmatrix} < 3 = n$$

即在参数 a，b 任意取值下系统均为不完全能控。

秩判据法。运用推论 4.1 的计算简化结论，就两种情形分别讨论。

当“$a \neq 1/2$，$b \neq 1/2$”时，$\operatorname{rank}\boldsymbol{B} = 2$，系统完全能控当且仅当 $\operatorname{rank}[\boldsymbol{B} \quad \boldsymbol{AB}] = 3$。对此情形，判别阵中“第 1 列和第 3 列为线性相关”和“第 2 列和第 4 列为线性相关”，而 $\operatorname{rank}\boldsymbol{B} = 2$，必有

$$\operatorname{rank}\begin{bmatrix}\boldsymbol{B} & \boldsymbol{AB}\end{bmatrix}=\operatorname{rank}\begin{bmatrix}a & 1 & -2a & -2\\ 2 & 4 & -4 & -8\\ b & 1 & -2b & -2\end{bmatrix}=2<3=n$$

参数a，b在此取值下系统均为不完全能控。

当“$a=b=1/2$”时，$\operatorname{rank}\boldsymbol{B}=1$，系统完全能控当且仅当$\operatorname{rank}[\boldsymbol{b}_1\ \boldsymbol{Ab}_1\ \boldsymbol{A}^2\boldsymbol{b}_1]=3$。对此情形，由于

$$\operatorname{rank}[\boldsymbol{b}_1\ \boldsymbol{Ab}_1\ \boldsymbol{A}^2\boldsymbol{b}_1]=\operatorname{rank}\begin{bmatrix}1/2 & -1 & 2\\ 2 & -4 & 8\\ 1/2 & -1 & 2\end{bmatrix}=1<3=n$$

参数a，b在此取值下系统为不完全能控。

综上可知，不管待定参数a，b取为什么值，系统均为不完全能控。

（ii）确定$\dot{\boldsymbol{x}}=\begin{bmatrix}0 & a\\ b & c\end{bmatrix}\boldsymbol{x}+\begin{bmatrix}1\\ 0\end{bmatrix}\boldsymbol{u}$中待定参数$a$，$b$，$c$的取值范围

本题可采用多种方法求解。鉴于矩阵$\boldsymbol{A}$无特定形式，采用秩判据较简便。对此，注意到$n=2$，由要求

$$\operatorname{rank}\begin{bmatrix}\boldsymbol{b} & \boldsymbol{Ab}\end{bmatrix}=\operatorname{rank}\begin{bmatrix}1 & 0\\ 0 & b\end{bmatrix}=2$$

可定出待定参数a，b，c的取值范围为

$$a=\text{任意有限值},\quad b\neq 0,\quad c=\text{任意有限值}$$

对题4.2（i）和（ii）的求解结果加以引申，可以得到如下一般性结论。

推论 4.2A 题4.2（i）的系统称为结构不完全能控系统。这类系统的特点是，由系统结构所决定，不管将系统待定参数取为什么值，系统均为不完全能控。

推论 4.2B 使“结构不完全能控系统”转化为结构完全能控的一个途径是增加系统控制输入变量的个数，如题4.2（i）系统中使控制输入变量由u_1,u_2增加为u_1,u_2,u_3。

推论 4.2C 对“结构完全能控系统”如题4.2（ii）的系统，总可通过选取参数值而使其完全能控，且任意选取参数使系统完全能控的概率几乎为1。

题 4.3 判断下列各连续时间线性时不变系统是否完全能观测：

（i）$\dot{\boldsymbol{x}}=\begin{bmatrix}0 & 1 & 0\\ 0 & 0 & 1\\ -2 & -4 & -3\end{bmatrix}\boldsymbol{x},\quad y=\begin{bmatrix}1 & 4 & 2\end{bmatrix}\boldsymbol{x}$

（ii）$\dot{\boldsymbol{x}}=\begin{bmatrix}-2 & 1 & 0\\ 0 & -2 & 0\\ 0 & 0 & -2\end{bmatrix}\boldsymbol{x},\quad \boldsymbol{y}=\begin{bmatrix}1 & 0 & 4\\ 2 & 0 & 8\end{bmatrix}\boldsymbol{x}$

（iii）$\dot{\boldsymbol{x}}=\begin{bmatrix}1&3&2\\1&4&6\\2&1&7\end{bmatrix}\boldsymbol{x},\quad \boldsymbol{y}=\begin{bmatrix}1&0&0\\2&1&0\end{bmatrix}\boldsymbol{x}$

解　本题属于由矩阵对$\{\boldsymbol{A},\boldsymbol{C}\}$判断系统能观测性的基本题。并且，应随矩阵$\boldsymbol{A}$的形式，选择计算较简便的判据。

（i）判断“$\dot{\boldsymbol{x}}=\begin{bmatrix}0&1&0\\0&0&1\\-2&-4&-3\end{bmatrix}\boldsymbol{x},\quad y=\begin{bmatrix}1&4&2\end{bmatrix}\boldsymbol{x}$”的能观测性

矩阵$\boldsymbol{A}$为非约当规范形，采用秩判据较简便。计算判别阵的秩，并注意到$n=3$，有

$$\operatorname{rank}\begin{bmatrix}\boldsymbol{c}\\\boldsymbol{cA}\\\boldsymbol{cA}^2\end{bmatrix}=\operatorname{rank}\begin{bmatrix}1&4&2\\-4&-7&-2\\4&4&-1\end{bmatrix}=3=n$$

可知系统完全能观测。

（ii）判断“$\dot{\boldsymbol{x}}=\begin{bmatrix}-2&1&0\\0&-2&0\\0&0&-2\end{bmatrix}\boldsymbol{x},\quad \boldsymbol{y}=\begin{bmatrix}1&0&4\\2&0&8\end{bmatrix}\boldsymbol{x}$”的能观测性

矩阵$\boldsymbol{A}$为约当规范形，采用约当规范形判据较简便。$\boldsymbol{A}$约当规范形中，相应于惟一特征值$\lambda_1=-2$有两个约当小块。对此情形，系统完全能观测充分必要条件是，矩阵$\boldsymbol{C}$中对应于两个“约当小块的首列”的列即列$\boldsymbol{c}_1$和$\boldsymbol{c}_3$线性无关。基此，由给定矩阵$\boldsymbol{C}$，有

$$\operatorname{rank}\begin{bmatrix}\boldsymbol{c}_1&\boldsymbol{c}_3\end{bmatrix}=\operatorname{rank}\begin{bmatrix}1&4\\2&8\end{bmatrix}=1<2$$

可知系统不完全能观测。

（iii）判断“$\dot{\boldsymbol{x}}=\begin{bmatrix}1&3&2\\1&4&6\\2&1&7\end{bmatrix}\boldsymbol{x},\quad \boldsymbol{y}=\begin{bmatrix}1&0&0\\2&1&0\end{bmatrix}\boldsymbol{x}$”的能观测性

矩阵$\boldsymbol{A}$无特定形式，采用秩判据较简便。计算判别阵的秩，并注意到$n=3$，有

$$\operatorname{rank}\begin{bmatrix}\boldsymbol{C}\\\boldsymbol{CA}\\\boldsymbol{CA}^2\end{bmatrix}=\operatorname{rank}\begin{bmatrix}1&0&0\\2&1&0\\1&3&2\\*&*&*\\*&*&*\\*&*&*\end{bmatrix}=3=n$$

由于式中前3行线性无关，无须再计算3个$*$行。从而，可知系统完全能观测。

对题 4.3（iii）的求解过程加以引申，可以得到如下一般性结论。

推论 4.3 对双输出三维线性时不变系统

$$\dot{\boldsymbol{x}} = \boldsymbol{A}\boldsymbol{x} = \begin{bmatrix} a_{11} & a_{12} & a_{13} \\ a_{21} & a_{22} & a_{23} \\ a_{31} & a_{32} & a_{33} \end{bmatrix}\boldsymbol{x}, \quad \boldsymbol{y} = \boldsymbol{C}\boldsymbol{x} = \begin{bmatrix} c_{11} & c_{12} & c_{13} \\ c_{21} & c_{22} & c_{23} \end{bmatrix}\boldsymbol{x}$$

采用秩判据判断系统能观测性时，可有如下计算简化结论：

（A）若 $\boldsymbol{C}$ 满秩即 $\operatorname{rank}\boldsymbol{C} = 2$，则

$$\text{系统完全能观测} \quad \Leftrightarrow \quad \operatorname{rank}\begin{bmatrix} \boldsymbol{C} \\ \boldsymbol{CA} \end{bmatrix} = 3$$

（B）若 $\boldsymbol{C}$ 降秩即 $\operatorname{rank}\boldsymbol{C} = 1$，且 $\boldsymbol{c}_1 \neq \boldsymbol{0}$，则

$$\text{系统完全能观测} \quad \Leftrightarrow \quad \operatorname{rank}\begin{bmatrix} \boldsymbol{c}_1 \\ \boldsymbol{c}_1\boldsymbol{A} \\ \boldsymbol{c}_1\boldsymbol{A}^2 \end{bmatrix} = 3$$

题 4.4 确定使下列各连续时间线性时不变系统完全能观测的待定参数 a，b，c 取值范围：

（i）$\dot{\boldsymbol{x}} = \begin{bmatrix} a & b \\ c & 0 \end{bmatrix}\boldsymbol{x}, \quad y = \begin{bmatrix} 1 & 0 \end{bmatrix}\boldsymbol{x}$

（ii）$\dot{\boldsymbol{x}} = \begin{bmatrix} -2 & 0 & 0 \\ 1 & -2 & 0 \\ 0 & 0 & -2 \end{bmatrix}\boldsymbol{x}, \quad \boldsymbol{y} = \begin{bmatrix} 1 & a & b \\ 4 & 0 & 4 \end{bmatrix}\boldsymbol{x}$

解 本题属于由矩阵对 $\{\boldsymbol{A}, \boldsymbol{C}\}$ 判断系统能观测性的基本题。并且，应随矩阵 $\boldsymbol{A}$ 的形式，选择计算较简便的判据。

（i）确定“$\dot{\boldsymbol{x}} = \begin{bmatrix} a & b \\ c & 0 \end{bmatrix}\boldsymbol{x}, \quad y = \begin{bmatrix} 1 & 0 \end{bmatrix}\boldsymbol{x}$”中 a，b，c 的取值范围

矩阵 $\boldsymbol{A}$ 无特定形式，采用秩判据较简便。计算判别阵的秩，并注意到 $n = 2$，由要求

$$\operatorname{rank}\begin{bmatrix} \boldsymbol{c} \\ \boldsymbol{cA} \end{bmatrix} = \operatorname{rank}\begin{bmatrix} 1 & 0 \\ a & b \end{bmatrix} = 2$$

可以定出 a，b，c 取值范围为

$$a = \text{任意有限值}, \qquad b \neq 0, \qquad c = \text{任意有限值}$$

（ii）确定“$\dot{\boldsymbol{x}} = \begin{bmatrix} -2 & 0 & 0 \\ 1 & -2 & 0 \\ 0 & 0 & -2 \end{bmatrix}\boldsymbol{x}, \quad \boldsymbol{y} = \begin{bmatrix} 1 & a & b \\ 4 & 0 & 4 \end{bmatrix}\boldsymbol{x}$”中 a，b 的取值范围

$\boldsymbol{A}$ 无特定形式，采用秩判据较简便。由推论 4.3 的简化计算结论，就两种情形分别讨论。

当“$a\neq 0$，$b\neq 1$”时，$\operatorname{rank}\boldsymbol{C}=2$，系统完全能观测当且仅当$\operatorname{rank}\begin{bmatrix}\boldsymbol{C}\\ \boldsymbol{CA}\end{bmatrix}=3$。对此情形，使系统完全能观测即满足

$$\operatorname{rank}\begin{bmatrix}\boldsymbol{C}\\ \boldsymbol{CA}\end{bmatrix}=\operatorname{rank}\begin{bmatrix}1 & a & b\\ 4 & 0 & 4\\ a-2 & -2a & -2b\\ -8 & 0 & -8\end{bmatrix}=3=n$$

的a，b的取值范围为

$$a\neq 0,\quad b\neq 1$$

当“$a=0$，$b=1$”时，$\operatorname{rank}\boldsymbol{C}=1$，系统完全能观测当且仅当$\operatorname{rank}\begin{bmatrix}\boldsymbol{c}_1\\ \boldsymbol{c}_1\boldsymbol{A}\\ \boldsymbol{c}_1\boldsymbol{A}^2\end{bmatrix}=3$。对此情形，由于

$$\operatorname{rank}\begin{bmatrix}\boldsymbol{c}_1\\ \boldsymbol{c}_1\boldsymbol{A}\\ \boldsymbol{c}_1\boldsymbol{A}^2\end{bmatrix}=\operatorname{rank}\begin{bmatrix}1 & 0 & 1\\ -2 & 0 & -2\\ 4 & 0 & 4\end{bmatrix}=1<3=n$$

系统不完全能观测。

综上可知，使系统完全能观测的a，b的取值范围为

$$a\neq 0,\quad b\neq 1$$

对题 4.4（i）和（ii）的求解结果加以引申，可以得到如下一般性结论。

推论 4.4 题 4.4（i）和（ii）的系统均为结构完全能观测系统。这类系统基本特点是，总可通过选取参数使之完全能观测，且任意选取参数使之完全能观测的概率几乎为 1。

题 4.5 确定使下列各连续时间线性时不变系统联合完全能控和完全能观测的待定参数a和b取值范围：

（i）$\dot{\boldsymbol{x}}=\begin{bmatrix}-1 & 1 & a\\ 0 & -2 & 1\\ 0 & 0 & -3\end{bmatrix}\boldsymbol{x}+\begin{bmatrix}0\\ 0\\ 1\end{bmatrix}\boldsymbol{u}$，$y=\begin{bmatrix}0 & 0 & 1\end{bmatrix}\boldsymbol{x}$

（ii）$\dot{\boldsymbol{x}}=\begin{bmatrix}0 & 0 & 1\\ 0 & 1 & 0\\ -2 & -3 & -5\end{bmatrix}\boldsymbol{x}+\begin{bmatrix}0\\ 1\\ a\end{bmatrix}\boldsymbol{u}$，$y=\begin{bmatrix}0 & 1 & b\end{bmatrix}\boldsymbol{x}$

解 本题属于由矩阵组$\{\boldsymbol{A}, \boldsymbol{B}, \boldsymbol{C}\}$判断系统联合能控性和能观测性的基本题。

（i）确定“ $\dot{\boldsymbol{x}}=\begin{bmatrix}-1 & 1 & a\\ 0 & -2 & 1\\ 0 & 0 & -3\end{bmatrix}\boldsymbol{x}+\begin{bmatrix}0\\0\\1\end{bmatrix}u$，$y=\begin{bmatrix}0 & 0 & 1\end{bmatrix}\boldsymbol{x}$ ”中 a 的取值范围

矩阵 $\boldsymbol{A}$ 无特定形式，采用秩判据较简便。基于能控性判据和能观测性判据，由

$$\det\begin{bmatrix}\boldsymbol{b} & \boldsymbol{A}\boldsymbol{b} & \boldsymbol{A}^2\boldsymbol{b}\end{bmatrix}=\det\begin{bmatrix}0 & a & 1-4a\\ 0 & 1 & -5\\ 1 & -3 & 9\end{bmatrix}=-a-1,\quad \det\begin{bmatrix}\boldsymbol{c}\\ \boldsymbol{c}\boldsymbol{A}\\ \boldsymbol{c}\boldsymbol{A}^2\end{bmatrix}=\det\begin{bmatrix}0 & 0 & 1\\ 0 & 0 & -3\\ 0 & 0 & 9\end{bmatrix}=0$$

可知，不管 a 取为什么值，系统均不是联合完全能控和完全能观测。

（ii）确定“ $\dot{\boldsymbol{x}}=\begin{bmatrix}0 & 0 & 1\\ 0 & 1 & 0\\ -2 & -3 & -5\end{bmatrix}\boldsymbol{x}+\begin{bmatrix}0\\1\\a\end{bmatrix}u$，$y=\begin{bmatrix}0 & 1 & b\end{bmatrix}\boldsymbol{x}$ ”中 a，b 的取值范围

矩阵 $\boldsymbol{A}$ 无特定形式，采用秩判据较简便。基于能控性和能观测性的秩判据，由要求

$$\det\begin{bmatrix}\boldsymbol{b} & \boldsymbol{A}\boldsymbol{b} & \boldsymbol{A}^2\boldsymbol{b}\end{bmatrix}=\det\begin{bmatrix}0 & a & -5a-3\\ 1 & 1 & 1\\ a & -5a-3 & 23a+12\end{bmatrix}=8a^2+21a+9$$

$$=8(a+0.5394)(a+2.0856)\neq 0$$

$$\det\begin{bmatrix}\boldsymbol{c}\\ \boldsymbol{c}\boldsymbol{A}\\ \boldsymbol{c}\boldsymbol{A}^2\end{bmatrix}=\det\begin{bmatrix}0 & 1 & b\\ -2b & -3b+1 & -5b\\ 10b & 12b+1 & 23b\end{bmatrix}=6b^3-16b^2=6b^2\left(b-\frac{8}{3}\right)\neq 0$$

可以定出，a，b 的取值范围为

$$a\neq -0.5394\ \text{和}\ -2.0856,\qquad b\neq 8/3\ \text{和}\ 0$$

题 4.6 计算下列连续时间线性时不变系统的能控性指数和能观测性指数：

$$\dot{\boldsymbol{x}}=\begin{bmatrix}0 & 1 & 0\\ 0 & 0 & 1\\ 0 & 3 & -1\end{bmatrix}\boldsymbol{x}+\begin{bmatrix}0 & 1\\ 1 & 0\\ 0 & 0\end{bmatrix}\boldsymbol{u},\quad \boldsymbol{y}=\begin{bmatrix}1 & 0 & 1\\ 0 & 1 & 0\end{bmatrix}\boldsymbol{x}$$

解 本题属于由矩阵组 $\{\boldsymbol{A},\boldsymbol{B},\boldsymbol{C}\}$ 计算能控性指数和能观测性指数的基本题。

对给定系统，可以看出

$$\boldsymbol{B}\ \text{满秩即}\ \operatorname{rank}\boldsymbol{B}=2,\qquad \boldsymbol{C}\ \text{满秩即}\ \operatorname{rank}\boldsymbol{C}=2$$

基此，运用推论 4.1 和推论 4.3 给出的简化秩判据，通过计算判别阵的秩，有

$$\operatorname{rank}\begin{bmatrix}\boldsymbol{B} & \boldsymbol{A}\boldsymbol{B}\end{bmatrix}=\operatorname{rank}\begin{bmatrix}0 & 1 & 1 & *\\ 1 & 0 & 0 & *\\ 0 & 0 & 3 & *\end{bmatrix}=3=n,\quad \operatorname{rank}\begin{bmatrix}\boldsymbol{C}\\ \boldsymbol{C}\boldsymbol{A}\end{bmatrix}=\operatorname{rank}\begin{bmatrix}1 & 0 & 1\\ 0 & 1 & 0\\ 0 & 4 & -1\\ * & * & *\end{bmatrix}=3=n$$

其中，$*$ 列和 $*$ 行无需计算。表能控性指数为 μ，能观测性指数为 ν，则由上述判别矩阵

结果中最高幂次项 $A^{\alpha}B$ 和 CA^{β} 中的幂次分别为 $\alpha=1$ 和 $\beta=1$，并据定义有 $\mu-1=\alpha$ 和 $\nu-1=\beta$，即可定出

$$\text{能控性指数 } \mu=\alpha+1=2, \quad \text{能观测性指数 } \nu=\beta+1=2$$

题 4.7 已知连续时间线性时变系统 $\dot{\boldsymbol{x}}=\boldsymbol{A}(t)\boldsymbol{x}+\boldsymbol{B}(t)\boldsymbol{u}$ 在时刻 t_0 完全能控，设有 $t_1>t_0$ 和 $t_2<t_0$，试论证系统在时刻 t_1 和 t_2 是否完全能控。

解 本题属于由能控性定义判断线性时变系统能控性的概念题。

按定义，系统在时刻 t_0 完全能控意味着，对任意初始状态 $\boldsymbol{x}(t_0)\neq\boldsymbol{0}$ 存在时刻 t_α 和容许控制 $\boldsymbol{u}(t)$，$t\in[t_0,t_\alpha]$，使有 $\boldsymbol{x}(t_\alpha)=\boldsymbol{0}$。

首先，考虑时刻 $t_2<t_0$。对任意初始状态 $\boldsymbol{x}(t_0)\neq\boldsymbol{0}$，取 $\boldsymbol{x}(t_2)=\boldsymbol{x}(t_0)\neq\boldsymbol{0}$，必存在时刻 t_α 和容许控制

$$\bar{\boldsymbol{u}}(t)=\begin{cases}\boldsymbol{0}, & t_2\leqslant t<t_0\\ \boldsymbol{u}(t), & t_0\leqslant t\leqslant t_\alpha\end{cases}$$

使得

$\boldsymbol{x}(t)$ 在 $t\in[t_2,t_0)$ 受“控制 $\bar{\boldsymbol{u}}(t)=\boldsymbol{0}$”作用达到 $\boldsymbol{x}(t)_{t=t_0}=\boldsymbol{x}(t_0)$

$\boldsymbol{x}(t)$ 在 $t\in[t_0,t_\alpha]$ 受“控制 $\bar{\boldsymbol{u}}(t)=\boldsymbol{u}(t)$”作用达到 $\boldsymbol{x}(t_\alpha)=\boldsymbol{0}$

从而证得，若系统在时刻 t_0 完全能控，则系统在时刻 $t_2<t_0$ 必完全能控。

进而，考虑时刻 $t_1>t_0$。由于考察的是时变系统，“对任意初始状态 $\boldsymbol{x}(t_0)\neq\boldsymbol{0}$ 存在时刻 t_α 和容许控制 $\boldsymbol{u}(t)$，$t\in[t_0,t_\alpha]$，使有 $\boldsymbol{x}(t_\alpha)=\boldsymbol{0}$”并不能肯定或否定“对任意初始状态 $\boldsymbol{x}(t_1)\neq\boldsymbol{0}$ 存在时刻 t_β 和容许控制 $\tilde{\boldsymbol{u}}(t)$，$t\in[t_1,t_\beta]$，使有 $\boldsymbol{x}(t_\beta)=\boldsymbol{0}$”。因此，尽管系统时刻 t_0 完全能控，但不能由此断言系统时刻 t_1 完全能控或不完全能控。

题 4.8 判断下列各连续时间线性时变系统是否完全能控：

（i）$\dot{\boldsymbol{x}}=\begin{bmatrix}0 & 1\\ 0 & t\end{bmatrix}\boldsymbol{x}+\begin{bmatrix}0\\ 1\end{bmatrix}u,\quad t\geqslant 0$

（ii）$\dot{\boldsymbol{x}}=\begin{bmatrix}0 & 0\\ 0 & 1\end{bmatrix}\boldsymbol{x}+\begin{bmatrix}1\\ \mathrm{e}^{-2t}\end{bmatrix}u,\quad t\geqslant 0$

（iii）$\dot{\boldsymbol{x}}=\begin{bmatrix}t & 1 & 0\\ 0 & t & 0\\ 0 & 0 & t^2\end{bmatrix}\boldsymbol{x}+\begin{bmatrix}0\\ 1\\ 1\end{bmatrix}u,\quad t\in[0,2]$

解 本题属于判断线性时变系统能控性的基本题。

（i）判断“$\dot{\boldsymbol{x}}=\begin{bmatrix}0 & 1\\ 0 & t\end{bmatrix}\boldsymbol{x}+\begin{bmatrix}0\\ 1\end{bmatrix}u,\quad t\geqslant 0$”的能控性

采用能控性秩判据。由系统维数 $n=2$，先行计算

$$M_0(t)=b(t)=\begin{bmatrix}0\\1\end{bmatrix},\quad M_1(t)=-A(t)M_0(t)+\frac{d}{dt}M_0(t)=-\begin{bmatrix}0&1\\0&t\end{bmatrix}\begin{bmatrix}0\\1\end{bmatrix}=\begin{bmatrix}-1\\-t\end{bmatrix}$$

基此，由存在“$t_1=1$”>“$t_0=0$”，使成立

$$\text{rank}[M_0(t_1)\ \ M_1(t_1)]=\text{rank}\begin{bmatrix}0&-1\\1&-t_1\end{bmatrix}=\text{rank}\begin{bmatrix}0&-1\\1&-1\end{bmatrix}=2=n$$

可知系统时刻$t_0=0$完全能控。

（ii）判断“$\dot{x}=\begin{bmatrix}0&0\\0&1\end{bmatrix}x+\begin{bmatrix}1\\e^{-2t}\end{bmatrix}u,\quad t\geqslant 0$”的能控性

采用能控性秩判据。由系统维数$n=2$，先行计算

$$M_0(t)=b(t)=\begin{bmatrix}1\\e^{-2t}\end{bmatrix}$$

$$M_1(t)=-A(t)M_0(t)+\frac{d}{dt}M_0(t)=-\begin{bmatrix}0&0\\0&1\end{bmatrix}\begin{bmatrix}1\\e^{-2t}\end{bmatrix}+\frac{d}{dt}\begin{bmatrix}1\\e^{-2t}\end{bmatrix}=\begin{bmatrix}0\\-3e^{-2t}\end{bmatrix}$$

基此，由存在“$t_1=1$”>“$t_0=0$”，使成立

$$\text{rank}[M_0(t_1)\ \ M_1(t_1)]=\text{rank}\begin{bmatrix}1&0\\e^{-2t_1}&-3e^{-2t_1}\end{bmatrix}=\text{rank}\begin{bmatrix}1&0\\e^{-2}&-3e^{-2}\end{bmatrix}=2=n$$

可知系统时刻$t_0=0$完全能控。

（iii）判断“$\dot{x}=\begin{bmatrix}t&1&0\\0&t&0\\0&0&t^2\end{bmatrix}x+\begin{bmatrix}0\\1\\1\end{bmatrix}u,\quad t\in[0,2]$”的能控性

采用能控性秩判据。由系统维数$n=3$，先行计算

$$M_0(t)=b(t)=\begin{bmatrix}0\\1\\1\end{bmatrix},\quad M_1(t)=-A(t)M_0(t)+\frac{d}{dt}M_0(t)=-\begin{bmatrix}t&1&0\\0&t&0\\0&0&t^2\end{bmatrix}\begin{bmatrix}0\\1\\1\end{bmatrix}=\begin{bmatrix}-1\\-t\\-t^2\end{bmatrix}$$

$$M_2(t)=-A(t)M_1(t)+\frac{d}{dt}M_1(t)=-\begin{bmatrix}t&1&0\\0&t&0\\0&0&t^2\end{bmatrix}\begin{bmatrix}-1\\-t\\-t^2\end{bmatrix}+\begin{bmatrix}0\\-1\\-2t\end{bmatrix}=\begin{bmatrix}2t\\t^2-1\\t^4-2t\end{bmatrix}$$

基此，由存在“$t_1=1$”>“$t_0=0$”，使成立

$$\text{rank}\left[M_0(t_1)\ \ M_1(t_1)\ \ M_2(t_1)\right]$$

$$=\text{rank}\begin{bmatrix}0&-1&2t_1\\1&-t_1&t_1^2-1\\1&-t_1^2&t_1^4-2t_1\end{bmatrix}=\text{rank}\begin{bmatrix}0&-1&2\\1&-1&0\\1&-1&-1\end{bmatrix}=3=n$$

可知系统时刻$t_0=0$完全能控。

题 4.9 给定离散时间线性时不变系统为

$$\begin{bmatrix} x_1(k+1) \\ x_2(k+1) \end{bmatrix} = \begin{bmatrix} 1 & 1-\mathrm{e}^{-T} \\ 0 & \mathrm{e}^{-T} \end{bmatrix} \begin{bmatrix} x_1(k) \\ x_2(k) \end{bmatrix} + \begin{bmatrix} \mathrm{e}^{-T}+T-1 \\ 1-\mathrm{e}^{-T} \end{bmatrix} u(k)$$

其中$T \neq 0$，试论证：是否可找到$u(k)$使在不超过$2T$时间内将任意非零初态转移到状态空间原点。

解 本题实质上属于判断离散时间线性时不变系统能控性的基本题。

由单输入离散时间线性时不变系统的“最小拍控制”结论可知，若n维系统完全能控，则必可构造一组输入控制使系统在n步内从任意初始状态转移到状态空间原点。

对给定单输入离散时间线性时不变系统，“维数$n=2$”和“步长$=T\neq 0$”。而由

$$\boldsymbol{G} = \begin{bmatrix} 1 & 1-\mathrm{e}^{-T} \\ 0 & \mathrm{e}^{-T} \end{bmatrix} \text{非奇异}$$

$$\det\begin{bmatrix} \boldsymbol{h} & \boldsymbol{Gh} \end{bmatrix} = \det\begin{bmatrix} \mathrm{e}^{-T}+T-1 & \mathrm{e}^{-2T}-\mathrm{e}^{-T}+T \\ 1-\mathrm{e}^{-T} & -\mathrm{e}^{-2T}+\mathrm{e}^{-T} \end{bmatrix} = -T(1-2\mathrm{e}^{-T}+\mathrm{e}^{-2T}) \neq 0$$

可知系统完全能控。从而，基于上述一般结论证得，可找到$u(k)$使系统在 2 步内即不超过$2T$时间内从任意初始状态转移到状态空间原点。

题 4.10 给定图 P4.10 所示的一个并联系统，试证明：并联系统Σ_{p}完全能控（完全能观测）的必要条件是子系统Σ_1和Σ_2均为完全能控（完全能观测）。

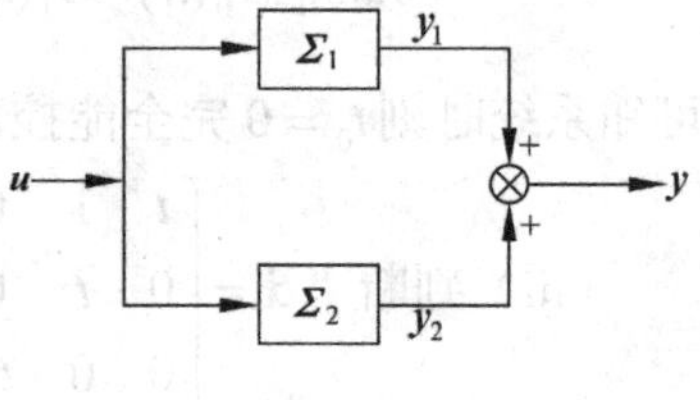

图 P4.10

解 本题为证明题，意在训练演绎思维和逻辑推证能力。

首先，建立并联系统Σ_{p}状态空间描述。表子系统Σ_i（$i=1,2$）状态空间描述为

$$\dot{\boldsymbol{x}}_i = \boldsymbol{A}_i\boldsymbol{x}_i + \boldsymbol{B}_i\boldsymbol{u}_i, \quad \boldsymbol{y}_i = \boldsymbol{C}_i\boldsymbol{x}_i$$

其中，$\dim \boldsymbol{A}_i = n_i$（$i=1,2$），并表$n_1+n_2=n$。再基于$\Sigma_{\mathrm{p}}$的连接特征，有

$$\boldsymbol{x}_1 \text{和} \boldsymbol{x}_2 \text{相互独立}, \quad \boldsymbol{u}_1=\boldsymbol{u}_2=\boldsymbol{u}, \quad \boldsymbol{y}=\boldsymbol{y}_1+\boldsymbol{y}_2$$

基此，就可导出Σ_{p}状态空间描述为

$$\begin{bmatrix} \dot{\boldsymbol{x}}_1 \\ \dot{\boldsymbol{x}}_2 \end{bmatrix} = \begin{bmatrix} \boldsymbol{A}_1 & \boldsymbol{0} \\ \boldsymbol{0} & \boldsymbol{A}_2 \end{bmatrix} \begin{bmatrix} \boldsymbol{x}_1 \\ \boldsymbol{x}_2 \end{bmatrix} + \begin{bmatrix} \boldsymbol{B}_1 \\ \boldsymbol{B}_2 \end{bmatrix} \boldsymbol{u}, \quad \boldsymbol{y} = \begin{bmatrix} \boldsymbol{C}_1 & \boldsymbol{C}_2 \end{bmatrix} \begin{bmatrix} \boldsymbol{x}_1 \\ \boldsymbol{x}_2 \end{bmatrix}$$

进而，对并联系统Σ_{p}应用能控性秩判据，证得：

$$\Sigma_{\mathrm{p}} \text{完全能控} \quad \Rightarrow \quad \mathrm{rank}[\boldsymbol{B}_{\mathrm{p}} \quad \boldsymbol{A}_{\mathrm{p}}\boldsymbol{B}_{\mathrm{p}} \quad \cdots \quad \boldsymbol{A}_{\mathrm{p}}^{n-1}\boldsymbol{B}_{\mathrm{p}}] = n$$

$$\Rightarrow \quad \mathrm{rank}\begin{bmatrix} \boldsymbol{B}_1 & \boldsymbol{A}_1\boldsymbol{B}_1 & \cdots & \boldsymbol{A}_1^{n-1}\boldsymbol{B}_1 \\ \boldsymbol{B}_2 & \boldsymbol{A}_2\boldsymbol{B}_2 & \cdots & \boldsymbol{A}_2^{n-1}\boldsymbol{B}_2 \end{bmatrix} = n$$

$$\Rightarrow \quad \mathrm{rank}[\boldsymbol{B}_1 \ \boldsymbol{A}_1\boldsymbol{B}_1 \cdots \boldsymbol{A}_1^{n-1}\boldsymbol{B}_1] = n_1, \quad \mathrm{rank}[\boldsymbol{B}_2 \ \boldsymbol{A}_2\boldsymbol{B}_2 \cdots \boldsymbol{A}_2^{n-1}\boldsymbol{B}_2] = n_2$$

$$\Rightarrow \quad \text{rank}[\boldsymbol{B}_1\ \boldsymbol{A}_1\boldsymbol{B}_1\ \cdots\ \boldsymbol{A}_1^{n_1-1}\boldsymbol{B}_1]=n_1,\quad \text{rank}[\boldsymbol{B}_2\ \boldsymbol{A}_2\boldsymbol{B}_2\ \cdots\ \boldsymbol{A}_2^{n_2-1}\boldsymbol{B}_2]=n_2$$

$\Rightarrow$ $\varSigma_1$ 完全能控，$\varSigma_2$ 完全能控

再对并联系统 $\varSigma_{\text{p}}$ 应用能观测性秩判据，证得：

$$\varSigma_{\text{p}}\text{ 完全能观测} \quad \Rightarrow \quad \text{rank}\begin{bmatrix}\boldsymbol{C}_{\text{p}}\\ \boldsymbol{C}_{\text{p}}\boldsymbol{A}_{\text{p}}\\ \vdots\\ \boldsymbol{C}_{\text{p}}\boldsymbol{A}_{\text{p}}^{n-1}\end{bmatrix}=n$$

$$\Rightarrow \quad \text{rank}\begin{bmatrix}\boldsymbol{C}_1 & \boldsymbol{C}_2\\ \boldsymbol{C}_1\boldsymbol{A}_1 & \boldsymbol{C}_2\boldsymbol{A}_2\\ \vdots & \vdots\\ \boldsymbol{C}_1\boldsymbol{A}_1^{n-1} & \boldsymbol{C}_2\boldsymbol{A}_2^{n-1}\end{bmatrix}=n$$

$$\Rightarrow \quad \text{rank}\begin{bmatrix}\boldsymbol{C}_1\\ \boldsymbol{C}_1\boldsymbol{A}_1\\ \vdots\\ \boldsymbol{C}_1\boldsymbol{A}_1^{n-1}\end{bmatrix}=n_1,\quad \text{rank}\begin{bmatrix}\boldsymbol{C}_2\\ \boldsymbol{C}_2\boldsymbol{A}_2\\ \vdots\\ \boldsymbol{C}_2\boldsymbol{A}_2^{n-1}\end{bmatrix}=n_2$$

$$\Rightarrow \quad \text{rank}\begin{bmatrix}\boldsymbol{C}_1\\ \boldsymbol{C}_1\boldsymbol{A}_1\\ \vdots\\ \boldsymbol{C}_1\boldsymbol{A}_1^{n_1-1}\end{bmatrix}=n_1,\quad \text{rank}\begin{bmatrix}\boldsymbol{C}_2\\ \boldsymbol{C}_2\boldsymbol{A}_2\\ \vdots\\ \boldsymbol{C}_2\boldsymbol{A}_2^{n_2-1}\end{bmatrix}=n_2$$

$\Rightarrow$ $\varSigma_1$ 完全能观测，$\varSigma_2$ 完全能观测

题 4.11 给定完全能控和完全能观测的单输入单输出线性时不变系统为

$$\dot{\boldsymbol{x}}=\begin{bmatrix}-1 & -2 & -2\\ 0 & -1 & 1\\ 1 & 0 & 1\end{bmatrix}\boldsymbol{x}+\begin{bmatrix}2\\ 0\\ 1\end{bmatrix}u,\quad y=\begin{bmatrix}1 & 1 & 0\end{bmatrix}\boldsymbol{x}$$

试定出：(i) 能控规范形和变换阵；(ii) 能观测规范形和变换阵。

解 本题属于将线性时不变系统矩阵组 $\{\boldsymbol{A},\boldsymbol{b},\boldsymbol{c}\}$ 变换为“能控规范形”和“能观测规范形”的基本题。

先行定出给定系统 $\{\boldsymbol{A},\boldsymbol{b},\boldsymbol{c}\}$ 的特征多项式

$$\det(s\boldsymbol{I}-\boldsymbol{A})=\det\begin{bmatrix}s+1 & 2 & 2\\ 0 & s+1 & -1\\ -1 & 0 & s-1\end{bmatrix}=s^3+s^2+s+3$$

和一组常数

$$\beta_2 = \boldsymbol{cb} = \begin{bmatrix}1 & 1 & 0\end{bmatrix}\begin{bmatrix}2\\0\\1\end{bmatrix} = 2$$

$$\beta_1 = \boldsymbol{cAb} + \alpha_2\boldsymbol{cb} = \begin{bmatrix}1 & 1 & 0\end{bmatrix}\begin{bmatrix}-1 & -2 & -2\\0 & -1 & 1\\1 & 0 & 1\end{bmatrix}\begin{bmatrix}2\\0\\1\end{bmatrix} + (1\times 2) = -3+2=-1$$

$$\beta_0 = \boldsymbol{cA}^2\boldsymbol{b} + \alpha_2\boldsymbol{cAb} + \alpha_1\boldsymbol{cb} = \begin{bmatrix}-1 & -3 & -1\end{bmatrix}\begin{bmatrix}-4\\1\\3\end{bmatrix} + [1\times(-3)] + (1\times 2) = -3$$

（i）确定能控规范形及其变换阵。基于单输入单输出系统能控规范形构成形式，可直接给出给定系统 $\{\boldsymbol{A}, \boldsymbol{b}, \boldsymbol{c}\}$ 的能控规范形为

$$\dot{\bar{\boldsymbol{x}}} = \begin{bmatrix}0 & 1 & 0\\0 & 0 & 1\\-\alpha_0 & -\alpha_1 & -\alpha_2\end{bmatrix}\bar{\boldsymbol{x}} + \begin{bmatrix}0\\0\\1\end{bmatrix}u = \begin{bmatrix}0 & 1 & 0\\0 & 0 & 1\\-3 & -1 & -1\end{bmatrix}\bar{\boldsymbol{x}} + \begin{bmatrix}0\\0\\1\end{bmatrix}u$$

$$y = \begin{bmatrix}\beta_0 & \beta_1 & \beta_2\end{bmatrix}\bar{\boldsymbol{x}} = \begin{bmatrix}-3 & -1 & 2\end{bmatrix}\bar{\boldsymbol{x}}$$

再据变换矩阵组成算式，可定出变换矩阵 $\boldsymbol{P}$ 及其逆为

$$\boldsymbol{P} = \begin{bmatrix}\boldsymbol{A}^2\boldsymbol{b} & \boldsymbol{Ab} & \boldsymbol{b}\end{bmatrix}\begin{bmatrix}1 & 0 & 0\\\alpha_2 & 1 & 0\\\alpha_1 & \alpha_2 & 1\end{bmatrix} = \begin{bmatrix}-4 & -4 & 2\\2 & 1 & 0\\-1 & 3 & 1\end{bmatrix}\begin{bmatrix}1 & 0 & 0\\1 & 1 & 0\\1 & 1 & 1\end{bmatrix} = \begin{bmatrix}-6 & -2 & 2\\3 & 1 & 0\\3 & 4 & 1\end{bmatrix}$$

$$\boldsymbol{P}^{-1} = \begin{bmatrix}-6 & -2 & 2\\3 & 1 & 0\\3 & 4 & 1\end{bmatrix}^{-1} = \frac{1}{18}\begin{bmatrix}1 & 10 & -2\\-3 & -12 & 6\\9 & 18 & 0\end{bmatrix}$$

作为校核，还可对规范形矩阵组 $(\bar{\boldsymbol{A}}_c, \bar{\boldsymbol{b}}_c, \bar{\boldsymbol{c}}_c)$ 作验证：

$$\bar{\boldsymbol{A}}_c = \boldsymbol{P}^{-1}\boldsymbol{AP} = \frac{1}{18}\begin{bmatrix}1 & 10 & -2\\-3 & -12 & 6\\9 & 18 & 0\end{bmatrix}\begin{bmatrix}-1 & -2 & -2\\0 & -1 & 1\\1 & 0 & 1\end{bmatrix}\begin{bmatrix}-6 & -2 & 2\\3 & 1 & 0\\3 & 4 & 1\end{bmatrix}$$

$$= \frac{1}{18}\begin{bmatrix}1 & 10 & -2\\-3 & -12 & 6\\9 & 18 & 0\end{bmatrix}\begin{bmatrix}-6 & -8 & -4\\0 & 3 & 1\\-3 & 2 & 3\end{bmatrix} = \begin{bmatrix}0 & 1 & 0\\0 & 0 & 1\\-3 & -1 & -1\end{bmatrix}$$

$$\bar{\boldsymbol{b}}_c = \boldsymbol{P}^{-1}\boldsymbol{b} = \frac{1}{18}\begin{bmatrix}1 & 10 & -2\\-3 & -12 & 6\\9 & 18 & 0\end{bmatrix}\begin{bmatrix}2\\0\\1\end{bmatrix} = \begin{bmatrix}0\\0\\1\end{bmatrix}$$

$$\bar{c}_c = cP = \begin{bmatrix}1 & 1 & 0\end{bmatrix}\begin{bmatrix}-6 & -2 & 2\\ 3 & 1 & 0\\ 3 & 4 & 1\end{bmatrix} = \begin{bmatrix}-3 & -1 & 2\end{bmatrix}$$

（ii）确定能观测规范形及其变换阵。对此，基于单输入单输出系统能观测规范形构成形式，可直接给出给定系统$\{\boldsymbol{A}, \boldsymbol{b}, \boldsymbol{c}\}$的能观测规范形为

$$\dot{\hat{x}} = \begin{bmatrix}0 & 0 & -\alpha_0\\ 1 & 0 & -\alpha_1\\ 0 & 1 & -\alpha_2\end{bmatrix}\hat{x} + \begin{bmatrix}\beta_0\\ \beta_1\\ \beta_2\end{bmatrix}u = \begin{bmatrix}0 & 0 & -3\\ 1 & 0 & -1\\ 0 & 1 & -1\end{bmatrix}\hat{x} + \begin{bmatrix}-3\\ -1\\ 2\end{bmatrix}u, \quad y = \begin{bmatrix}0 & 0 & 1\end{bmatrix}\hat{x}$$

再据变换矩阵的组成算式，可定出变换矩阵$\boldsymbol{Q}$及其逆为

$$Q = \begin{bmatrix}1 & \alpha_2 & \alpha_1\\ 0 & 1 & \alpha_2\\ 0 & 0 & 1\end{bmatrix}\begin{bmatrix}cA^2\\ cA\\ c\end{bmatrix} = \begin{bmatrix}1 & 1 & 1\\ 0 & 1 & 1\\ 0 & 0 & 1\end{bmatrix}\begin{bmatrix}0 & 5 & -2\\ -1 & -3 & -1\\ 1 & 1 & 0\end{bmatrix} = \begin{bmatrix}0 & 3 & -3\\ 0 & -2 & -1\\ 1 & 1 & 0\end{bmatrix}$$

$$Q^{-1} = \begin{bmatrix}0 & 3 & -3\\ 0 & -2 & -1\\ 1 & 1 & 0\end{bmatrix}^{-1} = \left(-\frac{1}{9}\right)\begin{bmatrix}1 & -3 & -9\\ -1 & 3 & 0\\ 2 & 3 & 0\end{bmatrix}$$

作为校核，还可对规范形矩阵组$(\hat{A}_o, \hat{b}_o, \hat{c}_o)$作验证：

$$\hat{A}_o = QAQ^{-1} = \begin{bmatrix}0 & 3 & -3\\ 0 & -2 & -1\\ 1 & 1 & 0\end{bmatrix}\begin{bmatrix}-1 & -2 & -2\\ 0 & -1 & 1\\ 1 & 0 & 1\end{bmatrix}\begin{bmatrix}1 & -3 & -9\\ -1 & 3 & 0\\ 2 & 3 & 0\end{bmatrix}\times\left(-\frac{1}{9}\right)$$

$$= \begin{bmatrix}-3 & -3 & 0\\ -1 & 2 & -3\\ -1 & -3 & -1\end{bmatrix}\begin{bmatrix}1 & -3 & -9\\ -1 & 3 & 0\\ 2 & 3 & 0\end{bmatrix}\times\left(-\frac{1}{9}\right) = \begin{bmatrix}0 & 0 & -3\\ 1 & 0 & -1\\ 0 & 1 & -1\end{bmatrix}$$

$$\hat{b}_o = Qb = \begin{bmatrix}0 & 3 & -3\\ 0 & -2 & -1\\ 1 & 1 & 0\end{bmatrix}\begin{bmatrix}2\\ 0\\ 1\end{bmatrix} = \begin{bmatrix}-3\\ -1\\ 2\end{bmatrix}$$

$$\hat{c}_o = cQ^{-1} = \begin{bmatrix}1 & 1 & 0\end{bmatrix}\begin{bmatrix}1 & -3 & -9\\ -1 & 3 & 0\\ 2 & 3 & 0\end{bmatrix}\times\left(-\frac{1}{9}\right) = \begin{bmatrix}0 & 0 & 1\end{bmatrix}$$

题 4.12 给定完全能控的单输入连续时间线性时不变系统为：

$$\dot{x} = Ax + bu$$

其中，$\boldsymbol{A}$和$\boldsymbol{b}$为$n\times n$和$n\times 1$常阵。取变换阵的逆$P^{-1} = [b \quad Ab \quad \cdots \quad A^{n-1}b]$，并引入线性非奇异变换$\bar{x} = Px$。试定出变换后系统状态方程，并论证变换后系统是否完全能控。

解 本题属于将系统矩阵对$\{\boldsymbol{A}, \boldsymbol{b}\}$通过变换推导出特定规范形的论证题。

首先，基于状态变换 $\bar{x} = Px$，将系统状态方程变换为

$$\dot{\bar{x}} = P\dot{x} = PAP^{-1}\bar{x} + Pbu = \bar{A}\bar{x} + \bar{b}u$$

其中，$\bar{A} = PAP^{-1}$，$\bar{b} = Pb$。

进而，推导矩阵对 $\{\bar{A}, \bar{b}\}$ 的结果。表系统特征多项式为

$$\det(sI - A) = s^n + \alpha_{n-1}s^{n-1} + \cdots + \alpha_1 s + \alpha_0$$

再由凯莱-哈密顿定理导出

$$A^n = -\alpha_{n-1}A^{n-1} - \cdots - \alpha_1 A - \alpha_0 I$$

基此，由

$$\begin{aligned}
AP^{-1} &= A[b \quad Ab \quad \cdots \quad A^{n-1}b] \\
&= [Ab \quad A^2b \quad \cdots \quad A^n b] \\
&= [Ab \quad A^2b \quad \cdots \quad -\alpha_{n-1}A^{n-1}b - \cdots - \alpha_1 Ab - \alpha_0 b] \\
&= [b \quad Ab \quad \cdots \quad A^{n-1}b]\begin{bmatrix} 0 & \cdots & 0 & -\alpha_0 \\ 1 & & & -\alpha_1 \\ & \ddots & & \vdots \\ & & 1 & -\alpha_{n-1} \end{bmatrix} \\
&= P^{-1}\begin{bmatrix} 0 & \cdots & 0 & -\alpha_0 \\ 1 & & & -\alpha_1 \\ & \ddots & & \vdots \\ & & 1 & -\alpha_{n-1} \end{bmatrix}
\end{aligned}$$

并将上式左乘 P，即可定出

$$\bar{A} = PAP^{-1} = \begin{bmatrix} 0 & \cdots & 0 & -\alpha_0 \\ 1 & & & -\alpha_1 \\ & \ddots & & \vdots \\ & & 1 & -\alpha_{n-1} \end{bmatrix}$$

其中，未标出的元均为 0。再由

$$b = [b \quad Ab \quad \cdots \quad A^{n-1}b]\begin{bmatrix} 1 \\ 0 \\ \vdots \\ 0 \end{bmatrix} = P^{-1}\begin{bmatrix} 1 \\ 0 \\ \vdots \\ 0 \end{bmatrix}$$

并将上式左乘 P，又可定出

$$\bar{b} = Pb = \begin{bmatrix} 1 \\ 0 \\ \vdots \\ 0 \end{bmatrix}$$

综合上述结果，定出变换后系统状态方程为

$$\dot{\bar{x}} = \begin{bmatrix} 0 & \cdots & 0 & -\alpha_0 \\ 1 & & & -\alpha_1 \\ & \ddots & & \vdots \\ & & 1 & -\alpha_{n-1} \end{bmatrix} \bar{x} + \begin{bmatrix} 1 \\ 0 \\ \vdots \\ 0 \end{bmatrix} u$$

最后，论证变换后系统的能控性。运用能控性秩判据，由

$$\text{rank}[\bar{b} \quad \bar{A}\bar{b} \quad \cdots \quad \bar{A}^{n-1}\bar{b}] = \text{rank}\begin{bmatrix} 1 & & & \\ & 1 & & \\ & & \ddots & \\ & & & 1 \end{bmatrix} = \text{rank}\boldsymbol{I}_n = n$$

可知变换后系统完全能控。基此，也将上述变换后系统状态方程称为一类能控规范形。

题 4.13 给定完全能控连续时间线性时不变系统为

$$\dot{\boldsymbol{x}} = \begin{bmatrix} 1 & 0 & 1 \\ 0 & 1 & 0 \\ 1 & 1 & 0 \end{bmatrix} \boldsymbol{x} + \begin{bmatrix} 1 & 0 \\ 0 & 1 \\ 1 & 0 \end{bmatrix} \boldsymbol{u}$$

定出其旺纳姆能控规范形和龙伯格能控规范形。

解 本题属于将多输入系统矩阵对 $\{\boldsymbol{A}, \boldsymbol{B}\}$ 变换为能控规范形的基本题。

(i) 定出给定系统 $\{\boldsymbol{A}, \boldsymbol{B}\}$ 的旺纳姆能控规范形

首先，采用列向搜索方案，由

$$[\boldsymbol{B} \ \ \boldsymbol{AB}] = [\boldsymbol{b}_1 \ \boldsymbol{b}_2 \ \boldsymbol{Ab}_1 \ \boldsymbol{Ab}_2] = \begin{bmatrix} 1 & 0 & 2 & 0 \\ 0 & 1 & 0 & 1 \\ 1 & 0 & 1 & 1 \end{bmatrix}$$

中找出 3 个线性无关列向量：

$$\boldsymbol{b}_1 = \begin{bmatrix} 1 \\ 0 \\ 1 \end{bmatrix}, \quad \boldsymbol{Ab}_1 = \begin{bmatrix} 2 \\ 0 \\ 1 \end{bmatrix}, \quad \boldsymbol{b}_2 = \begin{bmatrix} 0 \\ 1 \\ 0 \end{bmatrix}$$

进而，构造变换阵。对此，基于线性组合关系

$$\boldsymbol{A}^2\boldsymbol{b}_1 = \begin{bmatrix} 3 \\ 0 \\ 2 \end{bmatrix} = -(-1)\begin{bmatrix} 2 \\ 0 \\ 1 \end{bmatrix} - (-1)\begin{bmatrix} 1 \\ 0 \\ 1 \end{bmatrix} = -\alpha_{11}\boldsymbol{Ab}_1 - \alpha_{10}\boldsymbol{b}_1$$

定出基组 1：

$$\boldsymbol{e}_{11} = \boldsymbol{Ab}_1 + \alpha_{11}\boldsymbol{b}_1 = \begin{bmatrix} 2 \\ 0 \\ 1 \end{bmatrix} + (-1)\begin{bmatrix} 1 \\ 0 \\ 1 \end{bmatrix} = \begin{bmatrix} 1 \\ 0 \\ 0 \end{bmatrix}, \quad \boldsymbol{e}_{12} = \boldsymbol{b}_1 = \begin{bmatrix} 1 \\ 0 \\ 1 \end{bmatrix}$$

再直接定出基组 2：

$$e_{21} = b_2 = \begin{bmatrix} 0 \\ 1 \\ 0 \end{bmatrix}$$

在各个基组基础上，可导出变换阵及其逆为

$$T = [e_{11}\ e_{12}\ e_{21}] = \begin{bmatrix} 1 & 1 & 0 \\ 0 & 0 & 1 \\ 0 & 1 & 0 \end{bmatrix}, \quad T^{-1} = \begin{bmatrix} 1 & 1 & 0 \\ 0 & 0 & 1 \\ 0 & 1 & 0 \end{bmatrix}^{-1} = \begin{bmatrix} 1 & 0 & -1 \\ 0 & 0 & 1 \\ 0 & 1 & 0 \end{bmatrix}$$

最后，基于状态变换 $\bar{x} = T^{-1}x$，导出变换后的系数矩阵为

$$\bar{A}_c = T^{-1}AT = \begin{bmatrix} 1 & 0 & -1 \\ 0 & 0 & 1 \\ 0 & 1 & 0 \end{bmatrix}\begin{bmatrix} 1 & 0 & 1 \\ 0 & 1 & 0 \\ 1 & 1 & 0 \end{bmatrix}\begin{bmatrix} 1 & 1 & 0 \\ 0 & 0 & 1 \\ 0 & 1 & 0 \end{bmatrix} = \begin{bmatrix} 0 & 1 & -1 \\ 1 & 1 & 1 \\ 0 & 0 & 1 \end{bmatrix}$$

$$\bar{B}_c = T^{-1}B = \begin{bmatrix} 1 & 0 & -1 \\ 0 & 0 & 1 \\ 0 & 1 & 0 \end{bmatrix}\begin{bmatrix} 1 & 0 \\ 0 & 1 \\ 1 & 0 \end{bmatrix} = \begin{bmatrix} 0 & 0 \\ 1 & 0 \\ 0 & 1 \end{bmatrix}$$

基此，得到给定系统状态方程的旺纳姆能控规范形为

$$\dot{\bar{x}} = \bar{A}_c\bar{x} + \bar{B}_c u = \begin{bmatrix} 0 & 1 & -1 \\ 1 & 1 & 1 \\ 0 & 0 & 1 \end{bmatrix}\bar{x} + \begin{bmatrix} 0 & 0 \\ 1 & 0 \\ 0 & 1 \end{bmatrix}u$$

（ii）定出给定系统 $\{A, B\}$ 的龙伯格能控规范形

首先，采用行向搜索方案，从系统能控性判别阵中找出 3 个线性无关列向量：

$$b_1 = \begin{bmatrix} 1 \\ 0 \\ 1 \end{bmatrix}, \quad Ab_1 = \begin{bmatrix} 2 \\ 0 \\ 1 \end{bmatrix}, \quad b_2 = \begin{bmatrix} 0 \\ 1 \\ 0 \end{bmatrix}$$

进而，构造变换阵。由上述线性无关列向量组成非奇异阵 P^{-1}，并计算其逆 P，得到

$$P^{-1} = [b_1\ Ab_1\ b_2] = \begin{bmatrix} 1 & 2 & 0 \\ 0 & 0 & 1 \\ 1 & 1 & 0 \end{bmatrix}, \quad P = (P^{-1})^{-1} = \begin{bmatrix} 1 & 2 & 0 \\ 0 & 0 & 1 \\ 1 & 1 & 0 \end{bmatrix}^{-1} = \begin{bmatrix} -1 & 0 & 2 \\ 1 & 0 & -1 \\ 0 & 1 & 0 \end{bmatrix} = \begin{bmatrix} e_{11}^T \\ e_{12}^T \\ e_{21}^T \end{bmatrix}$$

再基于上述得到的 e_{12}^T 和 e_{21}^T 导出变换阵 S^{-1}，并计算其逆 S，有

$$S^{-1} = \begin{bmatrix} e_{12}^T \\ e_{12}^T A \\ e_{21}^T \end{bmatrix} = \begin{bmatrix} 1 & 0 & -1 \\ 0 & -1 & 1 \\ 0 & 1 & 0 \end{bmatrix}, \quad S = (S^{-1})^{-1} = \begin{bmatrix} 1 & 0 & -1 \\ 0 & -1 & 1 \\ 0 & 1 & 0 \end{bmatrix}^{-1} = \begin{bmatrix} 1 & 1 & 1 \\ 0 & 0 & 1 \\ 0 & 1 & 1 \end{bmatrix}$$

最后，基于状态变换 $\widehat{\boldsymbol{x}}=\boldsymbol{S}^{-1}\boldsymbol{x}$，导出变换后系统的系数矩阵为

$$\widehat{\boldsymbol{A}}_{\mathrm{c}}=\boldsymbol{S}^{-1}\boldsymbol{A}\boldsymbol{S}=\begin{bmatrix}1&0&-1\\0&-1&1\\0&1&0\end{bmatrix}\begin{bmatrix}1&0&1\\0&1&0\\1&1&0\end{bmatrix}\begin{bmatrix}1&1&1\\0&0&1\\0&1&1\end{bmatrix}=\begin{bmatrix}0&1&0\\1&1&1\\0&0&1\end{bmatrix}$$

$$\widehat{\boldsymbol{B}}_{\mathrm{c}}=\boldsymbol{S}^{-1}\boldsymbol{B}=\begin{bmatrix}1&0&-1\\0&-1&1\\0&1&0\end{bmatrix}\begin{bmatrix}1&0\\0&1\\1&0\end{bmatrix}=\begin{bmatrix}0&0\\1&-1\\0&1\end{bmatrix}$$

基此，得到给定系统状态方程的龙伯格能控规范形为

$$\dot{\widehat{\boldsymbol{x}}}=\widehat{\boldsymbol{A}}_{\mathrm{c}}\widehat{\boldsymbol{x}}+\widehat{\boldsymbol{B}}_{\mathrm{c}}\boldsymbol{u}=\begin{bmatrix}0&1&0\\1&1&1\\0&0&1\end{bmatrix}\widehat{\boldsymbol{x}}+\begin{bmatrix}0&0\\1&-1\\0&1\end{bmatrix}\boldsymbol{u}$$

题 4.14 定出下列线性时不变系统按能控性的结构分解式：

$$\dot{\boldsymbol{x}}=\begin{bmatrix}-1&1\\0&0\end{bmatrix}\boldsymbol{x}+\begin{bmatrix}1\\1\end{bmatrix}u$$

解 本题属于将系统矩阵组 $\{\boldsymbol{A},\boldsymbol{b}\}$ 按能控性分解的基本题。

首先，构造变换阵。考虑到系统维数 $n=2$，并基于能控性判别结果

$$\mathrm{rank}[\boldsymbol{b}\ \ \boldsymbol{A}\boldsymbol{b}]=\mathrm{rank}\begin{bmatrix}1&0\\1&0\end{bmatrix}=1<2=n$$

可知变换阵 $\boldsymbol{Q}=$ “2×2 矩阵 $[\boldsymbol{q}_1\ \ \boldsymbol{q}_2]$”，其中

$\boldsymbol{q}_1=[\boldsymbol{b}\ \ \boldsymbol{A}\boldsymbol{b}]$ 中的非零列向量 $\boldsymbol{b}$

$\boldsymbol{q}_2=[\boldsymbol{b}\ \ \boldsymbol{A}\boldsymbol{b}]$ 以外与 $\boldsymbol{b}$ 线性无关任一列向量

基此，可导出一个变换阵 $\boldsymbol{Q}$，并计算其逆 $\boldsymbol{P}$，得到

$$\boldsymbol{P}^{-1}=\boldsymbol{Q}=\begin{bmatrix}1&0\\1&1\end{bmatrix},\quad \boldsymbol{P}=\begin{bmatrix}1&0\\1&1\end{bmatrix}^{-1}=\begin{bmatrix}1&0\\-1&1\end{bmatrix}$$

进而，基于状态变换 $\overline{\boldsymbol{x}}=\boldsymbol{P}\boldsymbol{x}$，导出变换后系统的系数矩阵为

$$\overline{\boldsymbol{A}}=\boldsymbol{P}\boldsymbol{A}\boldsymbol{P}^{-1}=\begin{bmatrix}1&0\\-1&1\end{bmatrix}\begin{bmatrix}-1&1\\0&0\end{bmatrix}\begin{bmatrix}1&0\\1&1\end{bmatrix}=\begin{bmatrix}0&1\\0&-1\end{bmatrix},\quad \overline{\boldsymbol{b}}=\boldsymbol{P}\boldsymbol{b}=\begin{bmatrix}1&0\\-1&1\end{bmatrix}\begin{bmatrix}1\\1\end{bmatrix}=\begin{bmatrix}1\\0\end{bmatrix}$$

基此，得到给定系统状态方程按能控性的结构分解式为

$$\dot{\overline{\boldsymbol{x}}}=\overline{\boldsymbol{A}}\overline{\boldsymbol{x}}+\overline{\boldsymbol{b}}u=\begin{bmatrix}0&1\\0&-1\end{bmatrix}\overline{\boldsymbol{x}}+\begin{bmatrix}1\\0\end{bmatrix}u$$

其中

能控部分 $\dot{\overline{x}}_1=0\overline{x}_1+\overline{x}_2+u$，不能控部分 $\dot{\overline{x}}_2=-\overline{x}_2$

题 4.15 定出下列线性时不变系统的能控和能观测子系统：

$$\dot{\boldsymbol{x}} = \begin{bmatrix} \lambda_1 & 1 & & & \\ & \lambda_1 & 1 & & \\ & & \lambda_1 & & \\ & & & \lambda_2 & 1 \\ & & & & \lambda_2 \end{bmatrix} \boldsymbol{x} + \begin{bmatrix} 0 \\ 1 \\ 0 \\ 0 \\ 1 \end{bmatrix} u, \quad y = [0 \ \ 1 \ \ 1 \ \ 0 \ \ 1]\boldsymbol{x}$$

解 本题属于将系统矩阵组$\{\boldsymbol{A}, \boldsymbol{b}, \boldsymbol{c}\}$进行规范结构分解的基本题。

由系统矩阵$\boldsymbol{A}$为约当规范形，可运用能控性和能观测性的约当规范形判据，对系统状态$\boldsymbol{x} = [x_1 \ x_2 \ x_3 \ x_4 \ x_5]^{\mathrm{T}}$的各个变量直观地区分为能控和不能控、能观测和不能观测。

首先，将$\boldsymbol{x} = [x_1 \ x_2 \ x_3 \ x_4 \ x_5]^{\mathrm{T}}$的变量按能控性分解。注意到约当规范形$\boldsymbol{A}$中对应于特征值$\lambda_1$和$\lambda_2$各只有一个约当小块，且矩阵$\boldsymbol{b}$中对应于约当小块末行的两个行为$b_3 = 0$和$b_5 \neq 0$，基此可知

$$\{x_1, x_2, x_3\}\text{不完全能控}，\quad \{x_4, x_5\}\text{完全能控}$$

再由系统状态方程，可导出

$$\dot{x}_3 = \lambda_1 x_3$$

$$\begin{bmatrix} \dot{x}_1 \\ \dot{x}_2 \end{bmatrix} = \begin{bmatrix} \lambda_1 & 1 \\ 0 & \lambda_1 \end{bmatrix} \begin{bmatrix} x_1 \\ x_2 \end{bmatrix} + \begin{bmatrix} 0 \\ 1 \end{bmatrix} u + \begin{bmatrix} 0 \\ 1 \end{bmatrix} x_3$$

这就表明，不完全能控$\{x_1, x_2, x_3\}$中“x_3不能控”和“$\{x_1, x_2\}$能控”。综上导出，系统状态$\boldsymbol{x} = [x_1 \ x_2 \ x_3 \ x_4 \ x_5]^{\mathrm{T}}$中：

$$x_1, x_2, x_4, x_5\text{能控}，\quad x_3\text{不能控}$$

进而，将状态$\boldsymbol{x} = [x_1 \ x_2 \ x_3 \ x_4 \ x_5]^{\mathrm{T}}$的变量按能观测性分解。由于约当规范形$\boldsymbol{A}$中对应于特征值$\lambda_1$和$\lambda_2$各只有一个约当小块，且矩阵$\boldsymbol{c}$中对应于约当小块首行的两个列为$c_1 = 0$和$c_4 = 0$，基此可知：

$$\{x_1, x_2, x_3\}\text{不完全能观测}，\quad \{x_4, x_5\}\text{不完全能观测}$$

再由系统自治状态方程和输出方程，可导出

$$\dot{x}_1 = \lambda_1 x_1 + x_2, \quad y_1 = c_1 x_1 = 0$$

$$\begin{bmatrix} \dot{x}_2 \\ \dot{x}_3 \end{bmatrix} = \begin{bmatrix} \lambda_1 & 1 \\ 0 & \lambda_1 \end{bmatrix} \begin{bmatrix} x_2 \\ x_3 \end{bmatrix}, \quad y_{23} = [1 \ \ 1] \begin{bmatrix} x_2 \\ x_3 \end{bmatrix}$$

和

$$\dot{x}_4 = \lambda_2 x_4 + x_5, \quad y_4 = c_4 x_4 = 0$$

$$\dot{x}_5 = \lambda_2 x_5, \quad y_5 = x_5$$

这就表明，不完全能观测$\{x_1, x_2, x_3\}$中“x_1不能观测”和“$\{x_2, x_3\}$能观测”，不完全能观测$\{x_4, x_5\}$中“x_4不能观测”和“x_5能观测”。综上导出，系统状态$\boldsymbol{x} = [x_1 \ x_2 \ x_3 \ x_4 \ x_5]^{\mathrm{T}}$中：

$$x_2, x_3, x_5\text{能观测}，\quad x_1, x_4\text{不能观测}$$

最后，导出给定系统的能控和能观测子系统。归纳上述分析，先来定出能控和能观

测状态变量x_2和 x_5，能控和不能观测状态变量x_1和x_4，不能控和能观测状态变量x_3。基此，将系统状态方程和输出方程改写为

$$\begin{bmatrix}\dot{x}_2\\ \dot{x}_5\\ \dot{x}_1\\ \dot{x}_4\\ \dot{x}_3\end{bmatrix}=\begin{bmatrix}\lambda_1 & 0 & 0 & 0 & 1\\ 0 & \lambda_2 & 0 & 0 & 0\\ 1 & 0 & \lambda_1 & 0 & 0\\ 0 & 1 & 0 & \lambda_2 & 0\\ 0 & 0 & 0 & 0 & \lambda_1\end{bmatrix}\begin{bmatrix}x_2\\ x_5\\ x_1\\ x_4\\ x_3\end{bmatrix}+\begin{bmatrix}1\\ 1\\ 0\\ 0\\ 0\end{bmatrix}u,\quad y=\begin{bmatrix}1 & 1 & 0 & 0 & 1\end{bmatrix}\begin{bmatrix}x_2\\ x_5\\ x_1\\ x_4\\ x_3\end{bmatrix}$$

于是，由此定出给定系统的能控和能观测子系统为

$$\begin{bmatrix}\dot{x}_2\\ \dot{x}_5\end{bmatrix}=\begin{bmatrix}\lambda_1 & 0\\ 0 & \lambda_2\end{bmatrix}\begin{bmatrix}x_2\\ x_5\end{bmatrix}+\begin{bmatrix}1\\ 0\end{bmatrix}x_3+\begin{bmatrix}1\\ 1\end{bmatrix}u,\quad y_{\text{co}}=\begin{bmatrix}1 & 1\end{bmatrix}\begin{bmatrix}x_2\\ x_5\end{bmatrix}$$

题 4.16 给定单输入单输出线性时不变系统为

$$\dot{\boldsymbol{x}}=\boldsymbol{A}\boldsymbol{x}+\boldsymbol{b}u,\quad y=\boldsymbol{c}\boldsymbol{x}+du$$

其中，$\boldsymbol{A}$,$\boldsymbol{b}$和$\boldsymbol{c}$为非零常阵，$\dim(\boldsymbol{A})=n$。现知：

$$\boldsymbol{cb}=0,\ \boldsymbol{cAb}=0,\ \cdots,\ \boldsymbol{cA}^{n-1}\boldsymbol{b}=0$$

试论证系统是否联合完全能控和完全能观测。

解 本题为论证题，意在训练灵活运用系统的能控性和能观测性的判据推证新结论。

考虑到$\dim(\boldsymbol{A})=n$，有

系统联合完全能控和完全能观测 $\Leftrightarrow$

$$\text{rank}[\boldsymbol{b}\quad \boldsymbol{Ab}\quad \cdots\quad \boldsymbol{A}^{n-1}\boldsymbol{b}]=n,\quad \text{rank}\begin{bmatrix}\boldsymbol{c}\\ \boldsymbol{cA}\\ \vdots\\ \boldsymbol{cA}^{n-1}\end{bmatrix}=n \quad\Leftrightarrow$$

$$\text{rank}\begin{bmatrix}\boldsymbol{c}\\ \boldsymbol{cA}\\ \vdots\\ \boldsymbol{cA}^{n-1}\end{bmatrix}[\boldsymbol{b}\quad \boldsymbol{Ab}\quad \cdots\quad \boldsymbol{A}^{n-1}\boldsymbol{b}]=\text{rank}\begin{bmatrix}\boldsymbol{cb} & \boldsymbol{cAb} & \cdots & \boldsymbol{cA}^{n-1}\boldsymbol{b}\\ \boldsymbol{cAb} & & \cdot^{\cdot^{\cdot}} & \boldsymbol{cA}^{n}\boldsymbol{b}\\ \vdots & \cdot^{\cdot^{\cdot}} & \cdot^{\cdot^{\cdot}} & \vdots\\ \boldsymbol{cA}^{n-1}\boldsymbol{b} & \boldsymbol{cA}^{n}\boldsymbol{b} & \cdots & \boldsymbol{cA}^{2(n-1)}\boldsymbol{b}\end{bmatrix}=n$$

现知$\boldsymbol{cb}=0$，$\boldsymbol{cAb}=0$，…，$\boldsymbol{cA}^{n-1}\boldsymbol{b}=0$，则由

$$\text{rank}\begin{bmatrix}0 & 0 & \cdots & 0\\ 0 & & \cdot^{\cdot^{\cdot}} & \boldsymbol{cA}^{n}\boldsymbol{b}\\ \vdots & \cdot^{\cdot^{\cdot}} & \cdot^{\cdot^{\cdot}} & \vdots\\ 0 & \boldsymbol{cA}^{n}\boldsymbol{b} & \cdots & \boldsymbol{cA}^{2(n-1)}\boldsymbol{b}\end{bmatrix}<n$$

证得，给定系统不是联合完全能控和完全能观测的。

对本题求解过程加以引申，可以得到如下一般性结论。

推论 4.16A 给定单输入单输出线性时不变系统“ $\dot{x}=Ax+bu$ ， $y=cx+du$ ”， 其中， A , b 和 c 为非零常阵，$\dim(A)=n$ 。现知

$$cb=0,\ cAb=0,\ \cdots,\ cA^{n-2}b=0$$

则

$$\text{系统联合完全能控和完全能观测} \quad \Leftrightarrow \quad cA^{n-1}b\neq 0$$

推论 4.16B 给定单输入单输出线性时不变系统“ $\dot{x}=Ax+bu$ ， $y=cx+du$ ”， 其中， A , b 和 c 为非零常阵，$\dim(A)=n$ 。现知

$$cb=0,\ cAb=0,\ \cdots,\ cA^{n-2}b=0$$

则

$$\text{系统可用传递函数完全表征} \quad \Leftrightarrow \quad cA^{n-1}b\neq 0$$

推论 4.16C 给定单输入单输出线性时不变系统“ $\dot{x}=Ax+bu$ ， $y=cx+du$ ”，其中， A , b 和 c 为非零常阵，$\dim(A)=n$ 。则

$$\text{系统联合完全能控和完全能观测} \quad \Leftrightarrow \quad \operatorname{rank}\begin{bmatrix} cb & cAb & \cdots & cA^{n-1}b \\ cAb & & \iddots & cA^{n}b \\ \vdots & \iddots & \iddots & \vdots \\ cA^{n-1}b & cA^{n}b & \cdots & cA^{2(n-1)}b \end{bmatrix}=n$$

推论 4.16D 给定单输入单输出线性时不变系统“ $\dot{x}=Ax+bu$ ， $y=cx+du$ ”，其中， A , b 和 c 为非零常阵，$\dim(A)=n$ 。则

$$\text{系统可用传递函数完全表征} \quad \Leftrightarrow \quad \operatorname{rank}\begin{bmatrix} cb & cAb & \cdots & cA^{n-1}b \\ cAb & & \iddots & cA^{n}b \\ \vdots & \iddots & \iddots & \vdots \\ cA^{n-1}b & cA^{n}b & \cdots & cA^{2(n-1)}b \end{bmatrix}=n$$

题 4.17 对上题给出的单输入单输出线性时不变系统，定出传递函数 $g(s)$ 。

解 本题属于由状态空间描述导出传递函数的基本题。

表系统矩阵特征多项式

$$\det(sI-A)=\alpha(s)=s^{n}+\alpha_{n-1}s^{n-1}+\cdots+\alpha_{1}s+\alpha_{0}$$

和一组系数

$$E_{n-1}=cb\ ,\quad E_{n-2}=cAb+\alpha_{n-1}cb\ ,\quad \cdots\cdots,\quad E_{1}=cA^{n-2}b+\alpha_{n-1}cA^{n-3}b+\cdots+\alpha_{2}cb$$

$$E_{0}=cA^{n-1}b+\alpha_{n-1}cA^{n-2}b+\cdots+\alpha_{1}cb$$

则由基于状态空间描述的传递函数 $g(s)$ 实用算式，有

$$g(s)=\frac{1}{\alpha(s)}[E_{n-1}s^{n-1}+E_{n-2}s^{n-2}+\cdots+E_{1}s+E_{0}]+d$$

对于给定单输入单输出系统，已知

$$cb=0,\ cAb=0,\ \cdots,\ cA^{n-1}b=0$$

基此并据上述系数组的关系式，有

$$E_{n-1}=E_{n-2}=\cdots=E_1=E_0=0$$

从而，即可定出系统的传递函数 $g(s)=d$ 。

题 4.18 给定单输入单输出线性时不变系统为

$$\dot{\boldsymbol{x}}=\boldsymbol{A}\boldsymbol{x}+\boldsymbol{b}u\,,\quad y=\boldsymbol{c}\boldsymbol{x}$$

已知 $\{\boldsymbol{A},\boldsymbol{b}\}$ 完全能控，试问若任意选取 $\boldsymbol{c}$ 是否几乎总能使 $\{\boldsymbol{A},\boldsymbol{c}\}$ 完全能观测。请对此加以论证，并举例支持你的论证。

解 本题属于论证题，意在运用系统的能控性和能观测性的属性推证新结论。

对单输入单输出线性系统，矩阵对 $\{\boldsymbol{A},\boldsymbol{b}\}$ 完全能控的必要条件是，系统矩阵 $\boldsymbol{A}$ 或者"不包含重特征值"，或者"当包含重特征值时 $\boldsymbol{A}$ 的约当规范形中对应于每个重特征值各只有一个约当小块"。为论证这一论断，限于就后一种情形进行讨论。再考虑到线性非奇异变换不改变系统的能控性，可直接对 $\boldsymbol{A}$ 的约当规范形进行讨论。例如，考虑线性时不变系统：

$$\dot{\boldsymbol{x}}=\begin{bmatrix}\lambda_1 & 1 & & & \\ & \lambda_1 & 1 & & \\ & & \lambda_1 & & \\ & & & \lambda_2 & 1\\ & & & & \lambda_2\end{bmatrix}\boldsymbol{x}+\begin{bmatrix}b_1\\ b_2\\ b_3\\ b_4\\ b_5\end{bmatrix}u$$

由于矩阵 $\boldsymbol{A}$ 满足"其约当规范形中对应于每个重特征值各只有一个约当小块"的限制条件，采用能控性约当规范形判据知，若 $b_3\neq 0$ 和 $b_5\neq 0$ ，则 $\{\boldsymbol{A},\boldsymbol{b}\}$ 完全能控；若 $b_3=0$ 或/和 $b_5=0$ ，则 $\{\boldsymbol{A},\boldsymbol{b}\}$ 不完全能控。但是，如果系统矩阵 $\boldsymbol{A}$ 不满足上述限制条件，例如

$$\dot{\boldsymbol{x}}=\begin{bmatrix}\lambda_1 & 1 & & & \\ & \lambda_1 & & & \\ & & \lambda_1 & & \\ & & & \lambda_2 & 1\\ & & & & \lambda_2\end{bmatrix}\boldsymbol{x}+\begin{bmatrix}b_1\\ b_2\\ b_3\\ b_4\\ b_5\end{bmatrix}u$$

即 $\boldsymbol{A}$ 的约当规范形中对应于重特征值 λ_1 有两个约当小块，采用能控性约当规范形判据知，$\{\boldsymbol{A},\boldsymbol{b}\}$ 完全能控当且仅当"b_2 与 b_3 行线性无关和 $b_5\neq 0$"，而"b_2 与 b_3 行线性无关"即"$\mathrm{rank}[b_2\ \ b_3]^{\mathrm{T}}=2$"显然是不可能的，从而 $\{\boldsymbol{A},\boldsymbol{b}\}$ 必不完全能控。综上，这就证明了上述论断。

进而，对 $\{\boldsymbol{A},\boldsymbol{b}\}$ 完全能控即满足上述限制条件的系统矩阵 $\boldsymbol{A}$ ，$\{\boldsymbol{A},\boldsymbol{c}\}$ 所构成系统为结构能观测系统。再据推论 4.4 知，对结构能观测系统，任意选取 $\boldsymbol{c}$ 的参数使其完全能观测的概率几乎为 1，即总可任意选取 $\boldsymbol{c}$ 使其完全能观测。例如，考虑线性时不变系统：

$$\dot{\boldsymbol{x}}=\begin{bmatrix}\lambda_1 & 1 & & & \\ & \lambda_1 & 1 & & \\ & & \lambda_1 & & \\ & & & \lambda_2 & 1 \\ & & & & \lambda_2\end{bmatrix}\boldsymbol{x}+\begin{bmatrix}0\\1\\1\\0\\1\end{bmatrix}u, \quad y=[c_1 \quad c_2 \quad c_3 \quad c_4 \quad c_5]\boldsymbol{x}$$

矩阵 $\boldsymbol{A}$ 满足“其约当规范形中对应于每个重特征值各只有一个约当小块”的限制条件。采用能观测性的约当规范形判据知，$\{\boldsymbol{A},\boldsymbol{c}\}$ 为完全能观测当且仅当 $c_1 \neq 0$ 和 $c_4 \neq 0$。这就表明，在此例子中，若任意选取 $\boldsymbol{c}=[c_1 \quad c_2 \quad c_3 \quad c_4 \quad c_5]$，则使 $\{\boldsymbol{A},\boldsymbol{c}\}$ 不完全能观测只有 $c_1=0$ 或/和 $c_4=0$ 情形，除此而外的所有情形都使 $\{\boldsymbol{A},\boldsymbol{c}\}$ 完全能观测。这就直观地证得，几乎任意选取 $\boldsymbol{c}$ 可使 $\{\boldsymbol{A},\boldsymbol{c}\}$ 完全能观测。

对本题求解过程加以引申，可以得到如下一般性结论。

推论 4.18A 对单输入单输出线性时不变系统“$\dot{\boldsymbol{x}}=\boldsymbol{A}\boldsymbol{x}+\boldsymbol{b}u$，$y=\boldsymbol{c}\boldsymbol{x}$”，矩阵对 $\{\boldsymbol{A},\boldsymbol{b}\}$ 完全能控的必要条件是，$\boldsymbol{A}$ 或者“不包含重特征值”，或者“当包含重特征值时 $\boldsymbol{A}$ 的约当规范形中对应于每个重特征值各只有一个约当小块”。

推论 4.18B 对单输入单输出线性时不变系统“$\dot{\boldsymbol{x}}=\boldsymbol{A}\boldsymbol{x}+\boldsymbol{b}u$，$y=\boldsymbol{c}\boldsymbol{x}$”，矩阵对 $\{\boldsymbol{A},\boldsymbol{c}\}$ 完全能观测的必要条件是，$\boldsymbol{A}$ 或者“不包含重特征值”，或者“当包含重特征值时 $\boldsymbol{A}$ 的约当规范形中对应于每个重特征值各只有一个约当小块”。

推论 4.18C 对单输入单输出线性时不变系统“$\dot{\boldsymbol{x}}=\boldsymbol{A}\boldsymbol{x}+\boldsymbol{b}u$，$y=\boldsymbol{c}\boldsymbol{x}$”，系统为联合完全能控和完全能观测的必要条件是，$\boldsymbol{A}$ 或者“不包含重特征值”，或者“当包含重特征值时 $\boldsymbol{A}$ 的约当规范形中对应于每个重特征值各只有一个约当小块”。

推论 4.18D 对单输入单输出线性时不变系统“$\dot{\boldsymbol{x}}=\boldsymbol{A}\boldsymbol{x}+\boldsymbol{b}u$，$y=\boldsymbol{c}\boldsymbol{x}$”，系统可用其传递函数完全表征的必要条件是，$\boldsymbol{A}$ 或者“不包含重特征值”，或者“当包含重特征值时 $\boldsymbol{A}$ 的约当规范形中对应于每个重特征值各只有一个约当小块”。

第 5 章 系统运动的稳定性

5.1 本章的主要知识点

稳定是一切控制系统能够正常运行的前提。系统运动的稳定性是系统控制理论所要研究的一个基本课题。本章的研究对象将扩展到涉及线性系统和非线性系统，连续时间系统和离散时间系统。下面，指出本章的主要知识点。

（1）两类稳定性

稳定性的分类

系统的稳定性可分类为外部稳定性和内部稳定性。

外部稳定性

称一个动态系统为外部稳定，如果对任一有界输入 $\boldsymbol{u}(t)$，对应的输出 $\boldsymbol{y}(t)$ 均为有界。也称“有界输入-有界输出稳定性”，简称“BIBO 稳定性”。对连续时间线性时不变系统，BIBO 稳定的充分必要条件为，其真或严真传递函数矩阵 $\boldsymbol{G}(s)$ 的所有极点均具有负实部。

内部稳定性

称一个动态系统在时刻 t_0 为内部稳定即渐近稳定，如果由时刻 t_0 任意非零初始状态 $\boldsymbol{x}(t_0)=\boldsymbol{x}_0$ 引起的状态零输入响应 $\boldsymbol{x}_{0u}(t)$ 对所有 $t\in[t_0,\infty)$ 为有界，并满足渐近属性即成立 $\lim\limits_{t\to\infty}\boldsymbol{x}_{0u}(t)=\boldsymbol{0}$。对连续时间线性时不变系统，内部稳定即渐近稳定的充分必要条件为，其系统矩阵 $\boldsymbol{A}$ 所有特征值 $\lambda_i(\boldsymbol{A}), i=1,2,\cdots,n$ 均具有负实部。

两类稳定性等价条件

对连续时间线性时不变系统，系统渐近稳定则必为 BIBO 稳定，系统 BIBO 稳定不保证必为渐近稳定。当系统为完全能控和完全能观测，则系统 BIBO 稳定当且仅当系统渐近稳定。

（2）李亚普诺夫意义的稳定性

李亚普诺夫意义下稳定

称自治系统的孤立平衡状态 $\boldsymbol{x}_e=\boldsymbol{0}$ 在 t_0 时刻为李亚普诺夫意义下稳定，如果对任一实数 $\varepsilon>0$，都对应存在依赖于 ε 和 t_0 的实数 $\delta(\varepsilon,t_0)>0$，使满足 $\|\boldsymbol{x}_0-\boldsymbol{x}_e\|\leqslant\delta(\varepsilon,t_0)$ 的任一初始状态 $\boldsymbol{x}_0$ 出发的受扰运动 $\boldsymbol{\phi}(t;\ \boldsymbol{x}_0,t_0)$ 都满足 $\|\boldsymbol{\phi}(t;\boldsymbol{x}_0,t_0)-\boldsymbol{x}_e\|\leqslant\varepsilon,\quad\forall t\geqslant t_0$。

渐近稳定

称自治系统的孤立平衡状态 $\boldsymbol{x}_e=\boldsymbol{0}$ 在 t_0 时刻为渐近稳定，如果：（i）$\boldsymbol{x}_e=\boldsymbol{0}$ 在 t_0 时刻为李亚普诺夫意义下稳定；（ii）对实数 $\delta(\varepsilon,t_0)>0$ 和任给实数 $\mu>0$，都对应存在实数 $T(\mu,\delta,t_0)>0$，使满足 $\|\boldsymbol{x}_0-\boldsymbol{x}_e\|\leqslant\delta(\varepsilon,t_0)$ 任一初始状态 $\boldsymbol{x}_0$ 出发的受扰运动 $\boldsymbol{\phi}(t;\ \boldsymbol{x}_0,t_0)$ 满足 $\|\boldsymbol{f}(t;\ \boldsymbol{x}_0,t_0)-\boldsymbol{x}_e\|\leqslant\mu,\quad\forall t\geqslant t_0+T(\mu,\delta,t_0)$。

不稳定

称自治系统的孤立平衡状态 $\boldsymbol{x}_e=\boldsymbol{0}$ 在 t_0 时刻为不稳定，如果不管取实数 $\varepsilon>0$ 为多么大，都不存在对应一个实数 $\delta(\varepsilon,t_0)>0$，使满足 $\|\boldsymbol{x}_0-\boldsymbol{x}_c\|\leqslant\delta(\varepsilon,t_0)$ 的任意初始状态 $\boldsymbol{x}_0$ 出发的受扰运动 $\boldsymbol{\phi}(t;\ \boldsymbol{x}_0,t_0)$ 满足 $\|\boldsymbol{\phi}(t;\boldsymbol{x}_0,t_0)-\boldsymbol{x}_e\|\leqslant\varepsilon,\quad\forall t\geqslant t_0$。

（3）连续时间系统的李亚普诺夫稳定性判据

大范围渐近稳定判据

对 n 维非线性时不变自治系统“$\dot{\boldsymbol{x}}=\boldsymbol{f}(\boldsymbol{x}),\ \boldsymbol{x}(0)=\boldsymbol{x}_0$”，若可构造对 $\boldsymbol{x}$ 具有连续一阶偏导数的一个标量函数 $V(\boldsymbol{x})$，$V(\boldsymbol{0})=0$，则有

判据 1[强条件]　若对所有非零状态 $\boldsymbol{x}\in R^n$ 满足“$V(\boldsymbol{x})$ 正定”，“$\dot{V}(\boldsymbol{x})=\mathrm{d}V(\boldsymbol{x})/\mathrm{d}t$ 负定”，“当 $\|\boldsymbol{x}\|\to\infty$ 有 $V(\boldsymbol{x})\to\infty$”，则平衡状态 $\boldsymbol{x}_e=\boldsymbol{0}$ 大范围渐近稳定。

判据 2[弱条件]　若对所有非零状态 $\boldsymbol{x}\in R^n$ 满足“$V(\boldsymbol{x})$ 正定”，“$\dot{V}(\boldsymbol{x})=\mathrm{d}V(\boldsymbol{x})/\mathrm{d}t$ 负半定”，“对任意非零 $\boldsymbol{x}_0\in R^n$，$\dot{V}(\boldsymbol{\phi}(t;\boldsymbol{x}_0,0))\neq0$”，“当 $\|\boldsymbol{x}\|\to\infty$ 有 $V(\boldsymbol{x})\to\infty$”，则平衡状态 $\boldsymbol{x}_e=\boldsymbol{0}$ 大范围渐近稳定。

小范围渐近稳定判据

对 n 维非线性时不变自治系统“$\dot{\boldsymbol{x}}=\boldsymbol{f}(\boldsymbol{x}),\ \boldsymbol{x}(0)=\boldsymbol{x}_0$”，若可构造对 $\boldsymbol{x}$ 具有连续一阶偏导数的一个标量函数 $V(\boldsymbol{x})$，$V(\boldsymbol{0})=0$，以及围绕状态空间原点的一个吸引区 Ω，则有

判据 1[强条件]　若对所有非零状态 $\boldsymbol{x}\in\Omega$ 满足“$V(\boldsymbol{x})$ 正定”，“$\dot{V}(\boldsymbol{x})=\mathrm{d}V(\boldsymbol{x})/\mathrm{d}t$ 负定”，则平衡状态 $\boldsymbol{x}_e=\boldsymbol{0}$ 在 Ω 域内渐近稳定。

判据 2[弱条件]　若对所有非零状态 $\boldsymbol{x}\in\Omega$ 满足“$V(\boldsymbol{x})$ 正定”，“$\dot{V}(\boldsymbol{x})=\mathrm{d}V(\boldsymbol{x})/\mathrm{d}t$ 负半定”，“对任意非零 $\boldsymbol{x}_0\in\Omega$，$\dot{V}(\boldsymbol{\phi}(t;\boldsymbol{x}_0,0))\neq0$”，则平衡状态 $\boldsymbol{x}_e=\boldsymbol{0}$ 在 Ω 域内渐近稳定。

不稳定判据

对 n 维非线性时不变自治系统“$\dot{\boldsymbol{x}}=\boldsymbol{f}(\boldsymbol{x}),\ \boldsymbol{x}(0)=\boldsymbol{x}_0$”，若可构造对 $\boldsymbol{x}$ 具有连续一阶偏导数的一个标量函数 $V(\boldsymbol{x})$，$V(\boldsymbol{0})=0$，以及围绕状态空间原点的一个区域 Ω，使对所

有非零状态$x \in \Omega$满足"$V(x)$正定"，"$\dot{V}(x) = \mathrm{d}V(x)/\mathrm{d}t$正定"，则平衡状态$x_e = 0$不稳定。

（4）离散时间系统的李亚普诺夫稳定性判据

大范围渐近稳定判据

对n维非线性时不变自治系统"$x(k+1) = f(x(k)), x(0) = x_0$"，若可构造对状态$x(k)$的一个标量函数$V(x(k))$，$V(0) = 0$，则有

判据 1[强条件]　若对所有非零状态$x(k) \in R^n$满足"$V(x(k))$正定"，"$\Delta V(x(k)) = V(x(k+1)) - V(x(k))$负定"，"当$\|x(k)\| \to \infty$，有$V(x(k)) \to \infty$"，则平衡状态$x_e = 0$大范围渐近稳定。

判据 2[弱条件]　若对所有非零状态$x(k) \in R^n$满足"$V(x(k))$正定"，"$\Delta V(x(k)) = V(x(k+1)) - V(x(k))$负半定"，"对由任意非零初始状态$x(0) \in R^n$确定的所有自由运动轨线$x(k)$，$\Delta V(x(k))$不恒为零"，"当$\|x(k)\| \to \infty$，有$V(x(k)) \to \infty$"，则平衡状态$x_e = 0$大范围渐近稳定。

（5）连续时间线性时不变系统的稳定性判据

特征值判据

对n维线性时不变系统"$\dot{x} = Ax$"，有

判据 1　平衡状态$x_e = 0$是李亚普诺夫意义下稳定的充要条件为，"A的n个特征值实部均为零或负，且零实部特征值只能为A的最小多项式的单根"。

判据 2　平衡状态$x_e = 0$渐近稳定的充分必要条件为"A的n个特征值均具有负实部"。

李亚普诺夫判据

对n维线性时不变系统"$\dot{x} = Ax$"，Q为任给$n \times n$正定阵，$\sigma \geqslant 0$为任给实数，有

判据 1[基本形式]　平衡状态$x_e = 0$渐近稳定的充分必要条件为，"李亚普诺夫方程$A^{\mathrm{T}}P + PA = -Q$有惟一$n \times n$正定解阵$P$"。

判据 2[推广形式]　A的n个特征值$\lambda_i(A)$均满足$\mathrm{Re}\,\lambda_i(A) < -\sigma$，$i = 1, 2, \cdots, n$的充分必要条件为，"推广李亚普诺夫方程$2\sigma P + A^{\mathrm{T}}P + PA = -Q$有惟一$n \times n$正定解阵$P$"。

（6）离散时间线性时不变系统的稳定性判据

特征值判据

对n维线性时不变自治系统"$x(k+1) = Gx(k)$"，有

判据 1　平衡状态$x_e = 0$是李亚普诺夫意义下稳定的充分必要条件为，"G的n个特征值的幅值均等于或小于 1，且幅值等于 1 的特征值只能为G的最小多项式的单根"。

判据 2　平衡状态$x_e = 0$渐近稳定的充分必要条件为"G的n个特征值的幅值均小于 1"。

李亚普诺夫判据:

对n维线性时不变自治系统"$x(k+1) = Gx(k)$"，Q为任给$n \times n$正定矩阵，$0 \leqslant \sigma \leqslant 1$

为任给实数，有

判据 1[基本形式] 平衡状态 $\boldsymbol{x}_e=\boldsymbol{0}$ 渐近稳定的充分必要条件为，“离散型李亚普诺夫方程 $\boldsymbol{G}^{\mathrm{T}}\boldsymbol{P}\boldsymbol{G}-\boldsymbol{P}=-\boldsymbol{Q}$ 有惟一 $n\times n$ 正定解阵 $\boldsymbol{P}$”。

判据 1[推广形式] $\boldsymbol{G}$ 的 n 个特征值 $\lambda_i(\boldsymbol{G})$ 均满足 $|\lambda_i(\boldsymbol{G})|<\sigma$，$i=1,2,\cdots,n$ 的充分必要条件为，“推广离散型李亚普诺夫方程 $(1/\sigma)^2\boldsymbol{G}^{\mathrm{T}}\boldsymbol{P}\boldsymbol{G}-\boldsymbol{P}=-\boldsymbol{Q}$ 有惟一 $n\times n$ 正定解阵 $\boldsymbol{P}$”。

(7) 连续时间线性时不变系统的稳定自由运动的衰减性能估计

自由运动衰减估计

对渐近稳定的连续时间线性时不变自治系统“$\dot{\boldsymbol{x}}=\boldsymbol{A}\boldsymbol{x}$”，$\boldsymbol{Q}$ 为任给 $n\times n$ 正定矩阵，$\boldsymbol{P}$ 为李亚普诺夫方程 $\boldsymbol{A}^{\mathrm{T}}\boldsymbol{P}+\boldsymbol{P}\boldsymbol{A}=-\boldsymbol{Q}$ 的惟一 $n\times n$ 正定解阵，则系统自由运动衰减愈快当且仅当特征值 $\lambda_{\min}(\boldsymbol{P}^{-1}\boldsymbol{Q})$ 或 $\lambda_{\min}(\boldsymbol{Q}\boldsymbol{P}^{-1})$ 愈大。

5.2 习题与解答

本章的习题安排围绕线性系统和非线性系统的运动稳定性及其相关问题。基本题部分包括基于传递函数极点判据判断线性时不变系统的 BIBO 稳定性，基于系统矩阵特征值判据判断线性时不变系统的渐近稳定性，基于李亚普诺夫定理和李亚普诺夫判据判断非线性系统和线性系统的渐近稳定性，基于克拉索夫斯基定理判断非线性时不变系统的渐近稳定性等。证明题部分包括推证一类非线性时不变系统的克拉索夫斯基定理，推证某些线性时不变系统的渐近稳定性，推证单输入单输出线性时不变系统的一类性能值等。

题 5.1 给定一个单输入单输出连续时间线性时不变系统为

$$\dot{\boldsymbol{x}}=\begin{bmatrix}0&1&0\\0&0&1\\250&0&-5\end{bmatrix}\boldsymbol{x}+\begin{bmatrix}0\\0\\10\end{bmatrix}u,\ y=\begin{bmatrix}-25&5&0\end{bmatrix}\boldsymbol{x}$$

试判断：(i) 系统是否为渐近稳定；(ii) 系统是否为 BIBO 稳定。

解 本题属于判断线性时不变系统渐近稳定性和 BIBO 稳定性的基本题。

(i) 判断系统的渐近稳定性。首先，基于

$$\det\left(s\boldsymbol{I}-\begin{bmatrix}0&1&0\\0&0&1\\-\alpha_0&-\alpha_1&-\alpha_2\end{bmatrix}\right)=\alpha(s)=s^3+\alpha_2 s^2+\alpha_1 s+\alpha_0$$

的一般结论，定出给定 $\boldsymbol{A}$ 的特征多项式：

$$\det\left(sI-\begin{bmatrix}0 & 1 & 0\\ 0 & 0 & 1\\ 250 & 0 & -5\end{bmatrix}\right)=\alpha(s)=s^3+5s^2-250$$

进而，由经典控制理论中劳斯（Routh）判据知，$\alpha(s)=0$ 根均具有负实部的必要条件是，系数 $\{\alpha_3,\alpha_2,\alpha_1,\alpha_0\}$ 均为同号。可以看出，“$\alpha(s)=s^3+5s^2-250=0$”中系数不满足上述必要条件。基此可知，$\alpha(s)=s^3+5s^2-250=0$ 根不均具有负实部，即矩阵 $\boldsymbol{A}$ 的特征值不均具有负实部，给定系统不是渐近稳定的。

（ii）判断系统的 BIBO 稳定性。基于给定系统状态空间描述，先行定出其传递函数 $g(s)$：

$$\begin{aligned}g(s)&=\frac{1}{\det(sI-A)}c\,\mathrm{adj}(sI-A)b\\&=\frac{1}{s^3+5s^2-250}\begin{bmatrix}-25 & 5 & 0\end{bmatrix}\cdot\mathrm{adj}\begin{bmatrix}s & -1 & 0\\ 0 & s & -1\\ -250 & 0 & s+5\end{bmatrix}\cdot\begin{bmatrix}0\\0\\10\end{bmatrix}\\&=\frac{1}{s^3+5s^2-250}\begin{bmatrix}-25 & 5 & 0\end{bmatrix}\begin{bmatrix}* & * & 1\\ * & * & s\\ * & * & s^2\end{bmatrix}\begin{bmatrix}0\\0\\10\end{bmatrix}\\&=\frac{50(s-5)}{(s^2+10s+50)(s-5)}=\frac{50}{(s^2+10s+50)}\end{aligned}$$

进而，由 $g(s)$ 的分母多项式 $\alpha(s)=s^2+10s+50$ 的系数均为正值知，$g(s)$ 的极点必均具有负实部，系统为 BIBO 稳定。

（iii）解释上述结果的合理性。综上，给定系统为“BIBO 稳定”但为“非渐近稳定”，这是由系统“完全能控”但“不完全能观测”所导致的。为说明这一点，构造按能观测性分解的变换阵 $\boldsymbol{F}$，并计算其逆 $\boldsymbol{F}^{-1}$，有

$$\boldsymbol{F}=\begin{bmatrix}-25 & 5 & 0\\ 0 & -25 & 5\\ 0 & 0 & 1\end{bmatrix},\quad \boldsymbol{F}^{-1}=\frac{1}{625}\begin{bmatrix}-25 & -5 & 25\\ 0 & -25 & 125\\ 0 & 0 & 625\end{bmatrix}$$

基此，定出变换后系统矩阵 $\hat{\boldsymbol{A}}$ 为

$$\begin{aligned}\hat{A}=FAF^{-1}&=\begin{bmatrix}-25 & 5 & 0\\ 0 & -25 & 5\\ 0 & 0 & 1\end{bmatrix}\begin{bmatrix}0 & 1 & 0\\ 0 & 0 & 1\\ 250 & 0 & -5\end{bmatrix}\begin{bmatrix}-25 & -5 & 25\\ 0 & -25 & 125\\ 0 & 0 & 625\end{bmatrix}\times\frac{1}{625}\\&=\begin{bmatrix}0 & 1 & 0\\ -50 & -10 & 0\\ -10 & -2 & 5\end{bmatrix}\end{aligned}$$

其中，不能观测部分系统矩阵 $\hat{A}_{\bar{o}}=5$，其特征值为 $\lambda_{\bar{o}}=5$，而能观测部分的特征多项式 $\alpha(s)=s^2+10s+50$ 为稳定。再由状态空间描述和传递函数的关系知，传递函数 $g(s)$ 只能表征系统的能控且能观测部分。这就表明，尽管存在正特征值 $\lambda_{\bar{o}}=5$ 而导致系统为非渐近稳定，但因 $\lambda_{\bar{o}}=5$ 所属的不能观测部分不能反映于传递函数 $g(s)$ 中，从而系统 BIBO 稳定。

对题 5.1 的求解过程加以引申，可以得到如下一般性结论。

推论 5.1A 对首系数 α_n 为正的"n 次特征多项式" $\alpha(s)=\alpha_n s^n+\alpha_{n-1}s^{n-1}+\cdots+\alpha_1 s+\alpha_0$，$\alpha(s)=0$ 的根均具有负实部的必要条件是，系数 $\{\alpha_n,\alpha_{n-1},\cdots,\alpha_1,\alpha_0\}$ 均为正值。

推论 5.1B 对系数均为正值的"2 次特征多项式" $\alpha(s)=\alpha_2 s^2+\alpha_1 s+\alpha_0$，其 $\alpha(s)=0$ 的根必均具有负实部。

推论 5.1C 对系数均为正值的"3 次特征多项式" $\alpha(s)=\alpha_3 s^3+\alpha_2 s^2+\alpha_1 s+\alpha_0$，$\alpha(s)=0$ 的根均具有负实部的充分必要条件是，满足不等式 $\alpha_2\alpha_1>\alpha_3\alpha_0$。

推论 5.1D 对系数均为正值的"4 次特征多项式" $\alpha(s)=\alpha_4 s^4+\alpha_3 s^3+\alpha_2 s^2+\alpha_1 s+\alpha_0$，按如下方式构成劳斯表：

$$
\begin{array}{llll}
s^4 & \alpha_4 & \alpha_2 & \alpha_0 \\
s^3 & \alpha_3 & \alpha_1 & \\
s^2 & b_1=(\alpha_3\times\alpha_2)-(\alpha_4\times\alpha_1) & b_2=(\alpha_3\times\alpha_0) & \\
s^1 & c_1=(b_1\times\alpha_1)-(b_2\times\alpha_3) & & \\
s^0 & d_1=(c_1\times b_2) & &
\end{array}
$$

则 $\alpha(s)=0$ 的根均具有负实部的充分必要条件是，劳斯表中最左第一个数列的所有元 $\{\alpha_4,\alpha_3,b_1,c_1,d_1\}$ 均为正值。上述劳斯表构成过程以及判断结论可推广到任意 n 次代数多项式。

题 5.2 给定一个二阶连续时间非线性时不变系统为

$$
\begin{aligned}
\dot{x}_1 &= x_2 \\
\dot{x}_2 &= -\sin x_1 - x_2
\end{aligned}
$$

试：(i) 定出系统所有平衡状态；(ii) 定出各平衡点处线性化状态方程，并分别判断是否为渐近稳定。

解 本题属于确定系统平衡状态和判断线性化系统渐近稳定性的基本题。

(i) 确定系统平衡状态。表 x_{e1} 和 x_{e2} 为系统的平衡状态分量，由平衡状态定义知，x_{e1} 和 x_{e2} 满足方程：

$$
\begin{aligned}
x_{e2} &= 0 \\
-\sin x_{e1} - x_{e2} &= 0
\end{aligned}
$$

基此，即可定出系统所有平衡状态为

$$x_{e1} = 0, \pm \pi, \pm 2\pi, \cdots$$

$$x_{e2} = 0$$

（ii）确定平衡点处线性化状态方程并判断稳定性

情形Ⅰ：平衡点为

$$\{x_{e1} = 0, x_{e2} = 0\}, \ \{x_{e1} = \pm 2\pi, x_{e2} = 0\}, \ \{x_{e1} = \pm 4\pi, x_{e2} = 0\}, \ \cdots$$

对此，由一般关系式

$$\sin(x \pm k\pi) = \sin x, \quad k = 0, 2, 4, \cdots$$

$$\sin x = x - \frac{1}{3!}x^3 + \frac{1}{5!}x^5 - \frac{1}{7!}x^7 + \cdots$$

可知，在平衡点邻域内，一次近似式为

$$\sin(x \pm k\pi) \cong x, \quad k = 0, 2, 4, \cdots$$

基此，对给定非线性系统状态方程

$$\dot{x}_1 = x_2$$

$$\dot{x}_2 = -\sin x_1 - x_2$$

可导出其在这类平衡点邻域内的线性化状态方程为

$$\begin{bmatrix} \dot{x}_1 \\ \dot{x}_2 \end{bmatrix} = \begin{bmatrix} 0 & 1 \\ -1 & -1 \end{bmatrix} \begin{bmatrix} x_1 \\ x_2 \end{bmatrix}$$

而由线性化系统的特征多项式

$$\alpha(s) = s^2 + s + 1$$

并据推论 5.1B，可知线性化系统在这类平衡点邻域内为渐近稳定。

情形Ⅱ：平衡点为

$$\{x_{e1} = \pm\pi, x_{e2} = 0\}, \ \{x_{e1} = \pm 3\pi, x_{e2} = 0\}, \ \cdots$$

对此，由一般关系式

$$\sin(x \pm k\pi) = -\sin x, \quad k = 1, 3, 5, \cdots$$

$$\sin x = x - \frac{1}{3!}x^3 + \frac{1}{5!}x^5 - \frac{1}{7!}x^7 + \cdots$$

可知，在平衡点邻域内，一次近似式为

$$\sin(x_1 \pm k\pi) \cong -x_1, \quad k = 1, 3, 5, \cdots$$

基此，对给定非线性系统状态方程

$$\dot{x}_1 = x_2$$

$$\dot{x}_2 = -\sin x_1 - x_2$$

可导出其在这类平衡点邻域内的线性化状态方程为

$$\begin{bmatrix} \dot{x}_1 \\ \dot{x}_2 \end{bmatrix} = \begin{bmatrix} 0 & 1 \\ 1 & -1 \end{bmatrix} \begin{bmatrix} x_1 \\ x_2 \end{bmatrix}$$

而由线性化系统的特征多项式

$$\alpha(s)=s^2+s-1$$

并据推论 5.1B，可知线性化系统在这类平衡点邻域内不为渐近稳定。

题 5.3 对下列连续时间非线性时不变系统，判断原点平衡状态即 $\boldsymbol{x}_e=\boldsymbol{0}$ 是否为大范围渐近稳定：

$$\begin{cases}\dot{x}_1=x_2\\ \dot{x}_2=-x_1-x_1^2x_2\end{cases}$$

解 本题属于分析非线性时不变系统渐近稳定性的基本题。

基于李亚普诺夫第二方法的渐近稳定性定理进行分析。

(i) 选取候选李亚普诺夫函数 $V(\boldsymbol{x})$。对给定非线性系统，表状态 $\boldsymbol{x}=[x_1\ \ x_2]^{\mathrm{T}}$，并取 $V(\boldsymbol{x})=x_1^2+x_2^2$，可知

$$V(\boldsymbol{0})=0,\quad V(\boldsymbol{x})=x_1^2+x_2^2>0,\ \forall x_1\neq 0, x_2\neq 0$$

即 $V(\boldsymbol{x})=x_1^2+x_2^2$ 为正定。

(ii) 计算 $\dot{V}(\boldsymbol{x})$ 并判断其定号性。对取定 $V(\boldsymbol{x})=x_1^2+x_2^2$ 和系统状态方程，计算得到

$$\begin{aligned}\dot{V}(\boldsymbol{x})&=\frac{\partial V(\boldsymbol{x})}{\partial x_1}\frac{\mathrm{d}x_1}{\mathrm{d}t}+\frac{\partial V(\boldsymbol{x})}{\partial x_2}\frac{\mathrm{d}x_2}{\mathrm{d}t}=\begin{bmatrix}\dfrac{\partial V(\boldsymbol{x})}{\partial x_1} & \dfrac{\partial V(\boldsymbol{x})}{\partial x_2}\end{bmatrix}\begin{bmatrix}\dot{x}_1\\ \dot{x}_2\end{bmatrix}\\ &=\begin{bmatrix}2x_1 & 2x_2\end{bmatrix}\begin{bmatrix}x_2\\ -x_1-x_1^2x_2\end{bmatrix}=-2x_1^2x_2^2\end{aligned}$$

基此，可知

$$\dot{V}(\boldsymbol{0})=0,\quad \dot{V}(\boldsymbol{x})\begin{cases}=0, & \forall\{x_1=0, x_2\neq 0\},\ \forall\{x_1\neq 0, x_2=0\}\\ <0, & \forall x_1\neq 0, x_2\neq 0\end{cases}$$

即 $\dot{V}(\boldsymbol{x})=-2x_1^2x_2^2$ 为负半定。

(iii) 判断 $\dot{V}(\boldsymbol{\phi}(t;\boldsymbol{x}_0,0))\neq 0$。对此，只需判断使 $\dot{V}(\boldsymbol{x})=0$ 的

$$\boldsymbol{x}=\begin{bmatrix}0\\ x_2\end{bmatrix} \text{和} \ \boldsymbol{x}=\begin{bmatrix}x_1\\ 0\end{bmatrix}$$

不为系统状态方程的解。为此，将 $\boldsymbol{x}=[0\ \ x_2]^{\mathrm{T}}$ 代入状态方程，导出

$$0=x_2$$

$$\dot{x}_2=-x_1-x_1^2x_2=0$$

这表明，状态方程的解只为 $\boldsymbol{x}=[0\ \ 0]^{\mathrm{T}}$，$\boldsymbol{x}=[0\ \ x_2]^{\mathrm{T}}$ 不是系统状态方程的解。通过类似分析，也可证得 $\boldsymbol{x}=[x_1\ \ 0]^{\mathrm{T}}$ 不是状态方程的解。基此，可知 $\dot{V}(\boldsymbol{\phi}(t;\boldsymbol{x}_0,0))\neq 0$。

(iv) 结论。综上，对给定非线性时不变系统，可构造李亚普诺夫函数 $V(\boldsymbol{x})=x_1^2+x_2^2$，满足

$$V(\boldsymbol{x})\text{ 正定；}\ \dot V(\boldsymbol{x})\text{ 负半定；对任意 }\boldsymbol{x}_0 \neq \boldsymbol{0},\ \dot V(\boldsymbol{\phi}(t;\boldsymbol{x}_0,0)) \not\equiv 0$$

$$\text{当}\|\boldsymbol{x}\|=\sqrt{x_1^2+x_2^2}\to\infty\text{，有}V(\boldsymbol{x})=x_1^2+x_2^2\to\infty$$

基此，并据李亚普诺夫方法渐近稳定性定理知，系统原点平衡状态 $\boldsymbol{x}_e=\boldsymbol{0}$ 为大范围渐近稳定。

题 5.4 对下列连续时间非线性时不变系统，判断原点平衡状态即 $\boldsymbol{x}_e=\boldsymbol{0}$ 是否为大范围渐近稳定：

$$\begin{cases}\dot x_1 = x_2\\ \dot x_2 = -x_1^3 - x_2\end{cases}$$

解 本题属于分析非线性时不变系统渐近稳定性的基本题。

基于李亚普诺夫第二方法的渐近稳定性定理进行分析。

(i) 选取候选李亚普诺夫函数 $V(\boldsymbol{x})$。对给定非线性系统，表状态 $\boldsymbol{x}=[x_1\ \ x_2]^{\mathrm T}$，并取 $V(\boldsymbol{x})=x_1^4+2x_2^2$，可知

$$V(\boldsymbol{0})=0\text{，}\ V(\boldsymbol{x})=x_1^4+2x_2^2>0,\ \forall x_1\neq 0, x_2\neq 0$$

即 $V(\boldsymbol{x})=x_1^4+2x_2^2$ 为正定。

(ii) 计算 $\dot V(\boldsymbol{x})$ 并判断其定号性。对取定 $V(\boldsymbol{x})=x_1^4+2x_2^2$ 和系统状态方程，计算得到

$$\dot V(\boldsymbol{x})=\frac{\partial V(\boldsymbol{x})}{\partial x_1}\frac{\mathrm{d}x_1}{\mathrm{d}t}+\frac{\partial V(\boldsymbol{x})}{\partial x_2}\frac{\mathrm{d}x_2}{\mathrm{d}t}=\begin{bmatrix}\dfrac{\partial V(\boldsymbol{x})}{\partial x_1} & \dfrac{\partial V(\boldsymbol{x})}{\partial x_2}\end{bmatrix}\begin{bmatrix}\dot x_1\\ \dot x_2\end{bmatrix}$$

$$=\begin{bmatrix}4x_1^3 & 4x_2\end{bmatrix}\begin{bmatrix}x_2\\ -x_1^3-x_2\end{bmatrix}=-4x_2^2$$

基此，可知

$$\dot V(\boldsymbol{0})=0\text{，}\ \dot V(\boldsymbol{x})\begin{cases}=0, & \forall\{x_1,\ x_2=0\}\\ <0, & \forall\{x_1\neq 0,\ x_2\neq 0\}\end{cases}$$

即 $\dot V(\boldsymbol{x})=-4x_2^2$ 为负半定。

(iii) 判断 $\dot V(\boldsymbol{\phi}(t;\boldsymbol{x}_0,0))\not\equiv 0$。对此，只需判断使 $\dot V(\boldsymbol{x})=0$ 的 $\boldsymbol{x}=[x_1\ \ 0]^{\mathrm T}$ 不为系统状态方程的解。为此，将 $\boldsymbol{x}=[x_1\ \ 0]^{\mathrm T}$ 代入状态方程，导出

$$\dot x_1 = x_2 = 0$$

$$0=\dot x_2=-x_1^3-x_2=-x_1^3$$

这表明，状态方程的解只为 $\boldsymbol{x}=[0\ \ 0]^{\mathrm T}$，$\boldsymbol{x}=[x_1\ \ 0]^{\mathrm T}$ 不是系统状态方程的解。基此，可知 $\dot V(\boldsymbol{\phi}(t;\boldsymbol{x}_0,0))\not\equiv 0$。

(iv) 结论。综上，对给定非线性时不变系统，可构造李亚普诺夫函数 $V(\boldsymbol{x})=x_1^4+2x_2^2$，满足

$$V(\boldsymbol{x})\text{ 正定；}\ \dot V(\boldsymbol{x})\text{ 负半定；对任意 }\boldsymbol{x}_0 \neq \boldsymbol{0},\ \dot V(\boldsymbol{\phi}(t;\boldsymbol{x}_0,0)) \not\equiv 0$$

$$当\|\boldsymbol{x}\|=\sqrt{x_1^2+x_2^2}\to\infty，有V(\boldsymbol{x})=x_1^4+2x_2^2\to\infty$$

基此，并据李亚普诺夫方法渐近稳定性定理知，系统原点平衡状态 $\boldsymbol{x}_e=\boldsymbol{0}$ 为大范围渐近稳定。

题 5.5　对下列连续时间线性时变系统，判断原点平衡状态即 $\boldsymbol{x}_e=\boldsymbol{0}$ 是否为大范围渐近稳定：

$$\dot{\boldsymbol{x}}=\begin{bmatrix}0 & 1\\ -\dfrac{1}{t+1} & -10\end{bmatrix}\boldsymbol{x},\quad t\geqslant 0$$

（提示：取 $V(\boldsymbol{x},t)=\dfrac{1}{2}[x_1^2+(t+1)x_2^2]$）。

解　本题属于分析线性时变系统渐近稳定性的基本题。

基于李亚普诺夫第二方法的渐近稳定性定理进行分析。

（i）选取候选李亚普诺夫函数 $V(\boldsymbol{x})$。对给定线性时变系统，表 $\boldsymbol{x}=[x_1\ \ x_2]^{\mathrm{T}}$，并取

$$V(\boldsymbol{x},t)=\frac{1}{2}[x_1^2+(t+1)x_2^2]$$

可知，$V(\boldsymbol{0},t)=0$，$V(\boldsymbol{x},t)$ 为正定。

（ii）计算 $\dot{V}(\boldsymbol{x},t)$ 并判断其定号性。对取定 $V(\boldsymbol{x},t)=[x_1^2+(t+1)x_2^2]/2$ 和系统状态方程，计算得到

$$\dot{V}(\boldsymbol{x},t)=\frac{\mathrm{d}}{\mathrm{d}t}V(\boldsymbol{x},t)=\begin{bmatrix}\dfrac{\partial V(\boldsymbol{x},t)}{\partial x_1} & \dfrac{\partial V(\boldsymbol{x},t)}{\partial x_2}\end{bmatrix}\begin{bmatrix}\dot{x}_1\\ \dot{x}_2\end{bmatrix}+\frac{\partial V(\boldsymbol{x},t)}{\partial t}$$

$$=\begin{bmatrix}x_1 & (t+1)x_2\end{bmatrix}\begin{bmatrix}x_2\\ -\dfrac{1}{t+1}x_1-10x_2\end{bmatrix}+\frac{1}{2}x_2^2=-(10t+9.5)x_2^2$$

可知，$\dot{V}(\boldsymbol{0},t)=0$，$\dot{V}(\boldsymbol{x},t)$ 为负半定。

（iii）判断 $\dot{V}(\boldsymbol{\phi}(t;\boldsymbol{x}_0,0),t)\neq 0$。对此，除原点处 $\dot{V}(\boldsymbol{0},t)=0$，容易判断使 $\dot{V}(\boldsymbol{0},t)=0$ 的 $\boldsymbol{x}=[x_1\ \ 0]^{\mathrm{T}}$ 不是系统状态方程的解。从而，$\dot{V}(\boldsymbol{\phi}(t;\boldsymbol{x}_0,0),t)\neq 0$。

（iv）结论。综上，对给定线性时变系统，可构造 $V(\boldsymbol{x},t)=[x_1^2+(t+1)x_2^2]/2$，满足 $V(\boldsymbol{x},t)$ 正定；$\dot{V}(\boldsymbol{x},t)$ 负半定；对任意 $\boldsymbol{x}_0\neq\boldsymbol{0}$ 和任意 $t\geqslant 0$，$\dot{V}(\boldsymbol{\phi}(t;\boldsymbol{x}_0,0),t)\neq 0$

$$当\|\boldsymbol{x}\|=\sqrt{x_1^2+x_2^2}\to\infty，有V(\boldsymbol{x},t)=\frac{1}{2}[x_1^2+(t+1)x_2^2]\to\infty$$

基此，并据李亚普诺夫方法渐近稳定性定理知，系统原点平衡状态 $\boldsymbol{x}_e=\boldsymbol{0}$ 为大范围渐近稳定。

题 5.6　给定连续时间非线性时不变自治系统 $\dot{\boldsymbol{x}}=\boldsymbol{f}(\boldsymbol{x})$，$\boldsymbol{f}(\boldsymbol{0})=\boldsymbol{0}$，再表系统的雅可比（Jacobi）矩阵为

$$
\boldsymbol{F}(\boldsymbol{x})=\frac{\partial \boldsymbol{f}(\boldsymbol{x})}{\partial \boldsymbol{x}^{\mathrm{T}}}=\begin{bmatrix} \dfrac{\partial f_1(\boldsymbol{x})}{\partial x_1} & \cdots & \dfrac{\partial f_1(\boldsymbol{x})}{\partial x_n} \\ \vdots & & \vdots \\ \dfrac{\partial f_n(\boldsymbol{x})}{\partial x_1} & \cdots & \dfrac{\partial f_n(\boldsymbol{x})}{\partial x_n} \end{bmatrix}
$$

试证明：若 $\boldsymbol{F}^{\mathrm{T}}(\boldsymbol{x})+\boldsymbol{F}(\boldsymbol{x})$ 为负定，则系统原点平衡状态即 $\boldsymbol{x}_{\mathrm{e}}=\boldsymbol{0}$ 为大范围渐近稳定。

解　本题属于证明题，意在训练演绎思维和逻辑推证能力。上述结论常被称为克拉索夫斯基定理。

不失一般性，设 $\boldsymbol{x}_{\mathrm{e}}=\boldsymbol{0}$ 即原点为惟一平衡状态，基此导出

$$
\boldsymbol{f}(\boldsymbol{x})\begin{cases} =\boldsymbol{0}, & \boldsymbol{x}=\boldsymbol{0} \\ \neq \boldsymbol{0}, & \boldsymbol{x}\neq \boldsymbol{0} \end{cases}
$$

并设 $\|\boldsymbol{x}\|\to\infty$ 时，有 $\|\boldsymbol{f}(\boldsymbol{x})\|\to\infty$ 。

（i）选取候选李亚普诺夫函数 $V(\boldsymbol{x})$ 。对所讨论的连续时间非线性时不变系统，取 $V(\boldsymbol{x})=\boldsymbol{f}^{\mathrm{T}}(\boldsymbol{x})\boldsymbol{f}(\boldsymbol{x})$ ，且知

$$
V(\boldsymbol{x})=\boldsymbol{f}^{\mathrm{T}}(\boldsymbol{x})\boldsymbol{f}(\boldsymbol{x})\begin{cases} =0, & \boldsymbol{f}(\boldsymbol{x})=\boldsymbol{0}\text{ 即 }\boldsymbol{x}=\boldsymbol{0} \\ >0, & \boldsymbol{f}(\boldsymbol{x})\neq \boldsymbol{0}\text{ 即 }\boldsymbol{x}\neq \boldsymbol{0} \end{cases}
$$

即 $V(\boldsymbol{x})=\boldsymbol{f}^{\mathrm{T}}(\boldsymbol{x})\boldsymbol{f}(\boldsymbol{x})$ 为正定。

（ii）计算 $\dot{V}(\boldsymbol{x})$ 关系式。对非线性时不变系统和取定 $V(\boldsymbol{x})=\boldsymbol{f}^{\mathrm{T}}(\boldsymbol{x})\boldsymbol{f}(\boldsymbol{x})$ ，计算导出

$$
\begin{aligned}
\dot{V}(\boldsymbol{x})&=\frac{\mathrm{d}}{\mathrm{d}t}[\boldsymbol{f}^{\mathrm{T}}(\boldsymbol{x})\boldsymbol{f}(\boldsymbol{x})]=\left[\frac{\partial \boldsymbol{f}(\boldsymbol{x})}{\partial \boldsymbol{x}^{\mathrm{T}}}\dot{\boldsymbol{x}}\right]^{\mathrm{T}}\boldsymbol{f}(\boldsymbol{x})+\boldsymbol{f}^{\mathrm{T}}(\boldsymbol{x})\left[\frac{\partial \boldsymbol{f}(\boldsymbol{x})}{\partial \boldsymbol{x}^{\mathrm{T}}}\dot{\boldsymbol{x}}\right] \\
&=\boldsymbol{f}^{\mathrm{T}}(\boldsymbol{x})[\boldsymbol{F}^{\mathrm{T}}(\boldsymbol{x})+\boldsymbol{F}(\boldsymbol{x})]\boldsymbol{f}(\boldsymbol{x})
\end{aligned}
$$

（iii）证明结论。由上，存在李亚普诺夫函数 $V(\boldsymbol{x})=\boldsymbol{f}^{\mathrm{T}}(\boldsymbol{x})\boldsymbol{f}(\boldsymbol{x})$ 为正定，再由“ $\boldsymbol{F}^{\mathrm{T}}(\boldsymbol{x})+\boldsymbol{F}(\boldsymbol{x})$ 负定”知

$$
\dot{V}(\boldsymbol{x})=\boldsymbol{f}^{\mathrm{T}}(\boldsymbol{x})[\boldsymbol{F}^{\mathrm{T}}(\boldsymbol{x})+\boldsymbol{F}(\boldsymbol{x})]\boldsymbol{f}(\boldsymbol{x})\begin{cases} =0, & \boldsymbol{x}=\boldsymbol{0} \\ <0, & \boldsymbol{x}\neq \boldsymbol{0} \end{cases}
$$

即 $\dot{V}(\boldsymbol{x})$ 为负定，而当 $\|\boldsymbol{x}\|\to\infty$ 时有 $\|\boldsymbol{f}(\boldsymbol{x})\|\to\infty$ 即 $\boldsymbol{f}^{\mathrm{T}}(\boldsymbol{x})\boldsymbol{f}(\boldsymbol{x})\to\infty$ 。从而，据李亚普诺夫方法渐近稳定性定理知，给定非线性时不变系统原点平衡状态即 $\boldsymbol{x}_{\mathrm{e}}=\boldsymbol{0}$ 为大范围渐近稳定。证明完成。

题 5.7　利用上题给出结论，判断下列连续时间非线性时不变系统是否为大范围渐近稳定：

$$
\begin{cases} \dot{x}_1=-3x_1+x_2 \\ \dot{x}_2=x_1-x_2-x_2^3 \end{cases}
$$

解　本题属于运用克拉索夫斯基定理判断非线性时不变系统稳定性的基本题。

首先，确定系统平衡状态。表平衡状态分量为 x_{e1} 和 x_{e2}，按定义知其满足方程：

$$-3x_{e1}+x_{e2}=0$$
$$x_{e1}-x_{e2}-x_{e2}^3=0$$

由上述第二个方程定出 $x_{e1}=x_{e2}+x_{e2}^3$，再将其代入第一个方程并加整理，有

$$3x_{e2}^3+2x_{e2}=3x_{e2}\left(x_{e2}^2+\frac{2}{3}\right)=0$$

求解上述方程，并运用关系式 $x_{e1}=x_{e2}+x_{e2}^3$，得到平衡状态方程的全部解为

$$\{x_{e1}=0,x_{e2}=0\}，\left\{x_{e1}=\mathrm{j}\frac{1}{3}\sqrt{\frac{2}{3}},\ x_{e2}=\mathrm{j}\sqrt{\frac{2}{3}}\right\}，\left\{x_{e1}=-\mathrm{j}\frac{1}{3}\sqrt{\frac{2}{3}},\ x_{e2}=-\mathrm{j}\sqrt{\frac{2}{3}}\right\}$$

由于状态空间定义于实数域，复数平衡状态显然是没有意义的，表明 $\{x_{e1}=0,x_{e2}=0\}$ 即原点 $\boldsymbol{x}_e=\boldsymbol{0}$ 为给定系统惟一平衡状态。

进而，判断系统的渐近稳定性。对给定系统先行计算雅可比矩阵：

$$\boldsymbol{F}(\boldsymbol{x})=\frac{\partial \boldsymbol{f}(\boldsymbol{x})}{\partial \boldsymbol{x}^{\mathrm{T}}}=\begin{bmatrix}\dfrac{\partial f_1(\boldsymbol{x})}{\partial x_1} & \dfrac{\partial f_1(\boldsymbol{x})}{\partial x_2}\\ \dfrac{\partial f_2(\boldsymbol{x})}{\partial x_1} & \dfrac{\partial f_2(\boldsymbol{x})}{\partial x_2}\end{bmatrix}=\begin{bmatrix}-3 & 1\\ 1 & -3x_2^2-1\end{bmatrix}$$

并组成判别阵：

$$\boldsymbol{F}(\boldsymbol{x})+\boldsymbol{F}^{\mathrm{T}}(\boldsymbol{x})=\begin{bmatrix}-3 & 1\\ 1 & -(3x_2^2+1)\end{bmatrix}+\begin{bmatrix}-3 & 1\\ 1 & -(3x_2^2+1)\end{bmatrix}=-\begin{bmatrix}6 & -2\\ -2 & 2(3x_2^2+1)\end{bmatrix}$$

基此，容易判断：

$$\begin{bmatrix}6 & -2\\ -2 & 2(3x_2^2+1)\end{bmatrix}\text{为正定}$$

$$\boldsymbol{F}(\boldsymbol{x})+\boldsymbol{F}^{\mathrm{T}}(\boldsymbol{x})=-\begin{bmatrix}6 & -2\\ -2 & 2(3x_2^2+1)\end{bmatrix}\text{为负定}$$

从而，据克拉索夫斯基定理知，给定非线性时不变系统为大范围渐近稳定。

题 5.8　给定二阶连续时间线性时不变自治系统为

$$\dot{\boldsymbol{x}}=\begin{bmatrix}a_{11} & a_{12}\\ a_{21} & a_{22}\end{bmatrix}\boldsymbol{x}=\boldsymbol{A}\boldsymbol{x}$$

试用李亚普诺夫判据证明：系统原点平衡状态 $\boldsymbol{x}_e=\boldsymbol{0}$ 是大范围渐近稳定的条件为

$$\det\boldsymbol{A}>0，\ a_{11}+a_{22}<0$$

（提示：李亚普诺夫方程中取 $\boldsymbol{Q}=\boldsymbol{I}$）。

解　本题属于证明题，意在训练演绎思维和逻辑推证能力。

为使证明思路更为清晰，分成如下两步进行证明。

（i）对给定系统导出稳定性等价的系统矩阵。给定系统的特征多项式为

$$\det(s\boldsymbol{I}-\boldsymbol{A})=\det\begin{bmatrix} s-a_{11} & -a_{12} \\ -a_{21} & s-a_{22} \end{bmatrix}$$
$$=s^2-(a_{11}+a_{22})s+(a_{11}a_{22}-a_{12}a_{21})=s^2+\beta s+\det\boldsymbol{A}$$

其中 $\beta=-(a_{11}+a_{22})$。基此，考虑到

$$\boldsymbol{A}=\begin{bmatrix} a_{11} & a_{12} \\ a_{21} & a_{22} \end{bmatrix} \text{和} \bar{\boldsymbol{A}}=\begin{bmatrix} 0 & 1 \\ -\beta & -\det\boldsymbol{A} \end{bmatrix} \text{具有等同特征多项式} s^2+\beta s+\det\boldsymbol{A}$$

可知，$\bar{\boldsymbol{A}}$ 为与给定系统稳定性等价的系统矩阵。

（ii）对 $\bar{\boldsymbol{A}}$ 组成并求解李亚普诺夫方程。取 $\boldsymbol{Q}=\boldsymbol{I}$，组成李亚普诺夫方程，有

$$\begin{bmatrix} p_1 & p_2 \\ p_2 & p_3 \end{bmatrix}\begin{bmatrix} 0 & 1 \\ -\beta & -\det\boldsymbol{A} \end{bmatrix}+\begin{bmatrix} 0 & -\beta \\ 1 & -\det\boldsymbol{A} \end{bmatrix}\begin{bmatrix} p_1 & p_2 \\ p_2 & p_3 \end{bmatrix}=\begin{bmatrix} -1 & 0 \\ 0 & -1 \end{bmatrix}$$

求解上述方程：

由 $-2\beta p_2=-1$，导出 $p_2=\dfrac{1}{2\beta}$

由 $2p_2-2\det\boldsymbol{A}\cdot p_3=-1$，导出 $p_3=\dfrac{2p_2+1}{2\det\boldsymbol{A}}=\dfrac{1}{2\det\boldsymbol{A}}\dfrac{\beta+1}{\beta}$

由 $p_1-\det\boldsymbol{A}\cdot p_2-\beta p_3=0$，导出 $p_1=\det\boldsymbol{A}\cdot p_2+\beta p_3=\dfrac{\det\boldsymbol{A}}{2\beta}+\dfrac{\beta+1}{2\det\boldsymbol{A}}$

（iii）证明渐近稳定性条件。线性时不变系统的李亚普诺夫判据指出

等价系统矩阵 $\bar{\boldsymbol{A}}$ 渐近稳定 $\Leftrightarrow$ “$\boldsymbol{P}\bar{\boldsymbol{A}}+\bar{\boldsymbol{A}}^{\mathrm{T}}\boldsymbol{P}=-\boldsymbol{I}$”的解阵 $\boldsymbol{P}$ 正定

进而，又有

$$\text{解阵}\ \boldsymbol{P}\ \text{正定} \Leftrightarrow p_1=\left(\frac{\det\boldsymbol{A}}{2\beta}+\frac{\beta+1}{2\det\boldsymbol{A}}\right)=\frac{\det\boldsymbol{A}}{2\beta}\left\{1+\left(\frac{\beta}{\det\boldsymbol{A}}\right)^2+\frac{\beta}{(\det\boldsymbol{A})^2}\right\}>0$$

$$p_1p_3-p_2^2=\left(\frac{1}{2\det\boldsymbol{A}}\frac{\beta+1}{\beta}\right)\left(\frac{\det\boldsymbol{A}}{2\beta}+\frac{\beta+1}{2\det\boldsymbol{A}}\right)-\frac{1}{4\beta^2}$$
$$=\frac{1}{4\beta}\left[1+\frac{(\beta+1)^2}{(\det\boldsymbol{A})^2}\right]>0$$
$$\Leftrightarrow \det\boldsymbol{A}>0,\quad \beta>0$$
$$\Leftrightarrow \det\boldsymbol{A}>0,\quad (a_{11}+a_{22})<0$$

综合上述结果，并考虑到系统矩阵 $\boldsymbol{A}$ 和 $\bar{\boldsymbol{A}}$ 在稳定性上的等价性，证得

$\boldsymbol{x}_{\mathrm{e}}=\boldsymbol{0}$ 大范围渐近稳定即 $\boldsymbol{A}$ 渐近稳定 $\Leftrightarrow$ $\det\boldsymbol{A}>0$，$(a_{11}+a_{22})<0$

对题 5.8 的推证过程加以引申，可以得到如下一般性结论。

推论 5.8A 对二阶连续时间线性时不变自治系统：

$$\dot{\boldsymbol{x}}=\begin{bmatrix} a_{11} & a_{12} \\ a_{21} & a_{22} \end{bmatrix}\boldsymbol{x}=\boldsymbol{A}\boldsymbol{x}$$

其特征多项式为

$$\det(s\boldsymbol{I}-\boldsymbol{A})=\det\begin{bmatrix} s-a_{11} & -a_{12} \\ -a_{21} & s-a_{22} \end{bmatrix}=s^2+(-\mathrm{tr}\boldsymbol{A})s+\det\boldsymbol{A}\text{，}\quad \mathrm{tr}\boldsymbol{A}=(a_{11}+a_{22})$$

则由“二阶系统渐近稳定 $\Leftrightarrow$ 特征多项式系数均为正”知

$\boldsymbol{x}_{\mathrm{e}}=\boldsymbol{0}$ 渐近稳定即 $\lim\limits_{t\to\infty}\boldsymbol{x}(t)=\boldsymbol{0}$ 即“ $\mathrm{Re}\,\lambda_i(\boldsymbol{A})<0$，$i=1,2$ ”

$$\Leftrightarrow \det\boldsymbol{A}>0\text{，}\quad \mathrm{tr}\boldsymbol{A}<0$$

推论 5.8B 对二阶连续时间线性时不变自治系统：

$$\dot{\boldsymbol{x}}=\begin{bmatrix} a_{11} & a_{12} \\ a_{21} & a_{22} \end{bmatrix}\boldsymbol{x}=\boldsymbol{A}\boldsymbol{x}$$

$\boldsymbol{x}_{\mathrm{e}}=\boldsymbol{0}$ 指数稳定即 $\lim\limits_{t\to\infty}\boldsymbol{x}(t)\mathrm{e}^{\sigma t}=\boldsymbol{0}$ 即“ $\mathrm{Re}\,\lambda_i(\boldsymbol{A})<-\sigma$，$\sigma\geqslant 0$，$i=1,2$ ”

$$\Leftrightarrow (\sigma^2-\sigma\,\mathrm{tr}\boldsymbol{A}+\det\boldsymbol{A})>0\text{，}\quad (2\sigma-\mathrm{tr}\boldsymbol{A})>0$$

推论 5.8C 对三阶连续时间线性时不变自治系统：

$$\dot{\boldsymbol{x}}=\begin{bmatrix} a_{11} & a_{12} & a_{13} \\ a_{21} & a_{22} & a_{23} \\ a_{31} & a_{32} & a_{33} \end{bmatrix}\boldsymbol{x}=\boldsymbol{A}\boldsymbol{x}$$

其特征多项式为

$$\det(s\boldsymbol{I}-\boldsymbol{A})=\det\begin{bmatrix} s-a_{11} & -a_{12} & -a_{13} \\ -a_{21} & s-a_{22} & -a_{23} \\ -a_{31} & -a_{32} & s-a_{33} \end{bmatrix}=s^3+(-\mathrm{tr}\boldsymbol{A})s^2+\beta s+(-\det\boldsymbol{A})$$

$$\mathrm{tr}\boldsymbol{A}=(a_{11}+a_{22}+a_{33})$$

$$\beta=(a_{11}a_{22}+a_{22}a_{33}+a_{33}a_{11}-a_{12}a_{21}-a_{23}a_{32}-a_{31}a_{13})$$

则由“三阶系统渐近稳定 $\Leftrightarrow$ 特征多项式 $=\alpha_3s^3+\alpha_2s^2+\alpha_1s+\alpha_0$ 系数均为正，且 $\alpha_2\alpha_1>\alpha_3\alpha_0$ ”知

$\boldsymbol{x}_{\mathrm{e}}=\boldsymbol{0}$ 渐近稳定即 $\lim\limits_{t\to\infty}\boldsymbol{x}(t)=\boldsymbol{0}$ 即“ $\mathrm{Re}\,\lambda_i(\boldsymbol{A})<0$，$i=1,2,3$ ”

$$\Leftrightarrow \det\boldsymbol{A}<0\text{，}\quad \mathrm{tr}\boldsymbol{A}<0\text{，}\quad \beta>0\text{，}\quad \beta\,\mathrm{tr}\boldsymbol{A}<\det\boldsymbol{A}$$

题 5.9 对下列连续时间线性时不变系统，试用李亚普诺夫判据判断是否为大范围渐近稳定：

$$\dot{\boldsymbol{x}}=\begin{bmatrix} -1 & 1 \\ 2 & -3 \end{bmatrix}\boldsymbol{x}\text{，}\quad \boldsymbol{Q}=\boldsymbol{I}$$

解 本题属于运用李亚普诺夫判据判断线性时不变系统渐近稳定性的基本题。

首先，组成李亚普诺夫方程。对给定系统矩阵 $\boldsymbol{A}$，并取 $\boldsymbol{Q}=\boldsymbol{I}$，有

$$\begin{bmatrix} p_1 & p_2 \\ p_2 & p_3 \end{bmatrix}\begin{bmatrix} -1 & 1 \\ 2 & -3 \end{bmatrix}+\begin{bmatrix} -1 & 2 \\ 1 & -3 \end{bmatrix}\begin{bmatrix} p_1 & p_2 \\ p_2 & p_3 \end{bmatrix}=\begin{bmatrix} -1 & 0 \\ 0 & -1 \end{bmatrix}$$

进而，确定李亚普诺夫方程的解阵 $\boldsymbol{P}$。对此，由上述李亚普诺夫方程，导出

$$-2p_1+4p_2+0p_3=-1$$
$$p_1-4p_2+2p_3=0$$
$$0p_1+2p_2-6p_3=-1$$

并表其为

$$\begin{bmatrix}-2&4&0\\1&-4&2\\0&2&-6\end{bmatrix}\begin{bmatrix}p_1\\p_2\\p_3\end{bmatrix}=\begin{bmatrix}-1\\0\\-1\end{bmatrix}$$

由此，计算定出

$$\begin{bmatrix}p_1\\p_2\\p_3\end{bmatrix}=\begin{bmatrix}-2&4&0\\1&-4&2\\0&2&-6\end{bmatrix}^{-1}\begin{bmatrix}-1\\0\\-1\end{bmatrix}=\left(-\frac{1}{16}\right)\begin{bmatrix}20&24&8\\6&12&4\\2&4&4\end{bmatrix}\begin{bmatrix}-1\\0\\-1\end{bmatrix}=\begin{bmatrix}7/4\\5/8\\3/8\end{bmatrix}$$

从而，得到李亚普诺夫方程的解阵为

$$\boldsymbol{P}=\begin{bmatrix}p_1&p_2\\p_2&p_3\end{bmatrix}=\begin{bmatrix}7/4&5/8\\5/8&3/8\end{bmatrix}$$

最后，判断系统渐近稳定性。由上述解阵 $\boldsymbol{P}$ 的结果，可以导出

$$\varDelta_1=p_1=7/4>0$$
$$\varDelta_2=p_1p_3-p_2^2=(7/4)(3/8)-(5/8)^2=17/64>0$$

即李亚普诺夫方程解阵 $\boldsymbol{P}$ 为正定。从而，据李亚普诺夫判据知，系统为大范围渐近稳定。

题 5.10 给定渐近稳定的单输入单输出连续时间线性时不变系统为

$$\dot{\boldsymbol{x}}=\boldsymbol{A}\boldsymbol{x}+\boldsymbol{b}u,\quad y=\boldsymbol{c}\boldsymbol{x},\quad \boldsymbol{x}(0)=\boldsymbol{x}_0$$

其中 $u(t)\equiv 0$。再表 $\boldsymbol{P}$ 为李亚普诺夫方程

$$\boldsymbol{P}\boldsymbol{A}+\boldsymbol{A}^{\mathrm{T}}\boldsymbol{P}=-\boldsymbol{c}^{\mathrm{T}}\boldsymbol{c}$$

的正定对称解阵。试证明：

$$\int_0^\infty y^2(t)\mathrm{d}t=\boldsymbol{x}_0^{\mathrm{T}}\boldsymbol{P}\boldsymbol{x}_0$$

解 本题属于证明题，意在训练演绎思维和逻辑推证能力。

由 $y=\boldsymbol{c}\boldsymbol{x}$，并运用 $\boldsymbol{P}\boldsymbol{A}+\boldsymbol{A}^{\mathrm{T}}\boldsymbol{P}=-\boldsymbol{c}^{\mathrm{T}}\boldsymbol{c}$ 和 $\dot{\boldsymbol{x}}=\boldsymbol{A}\boldsymbol{x}$，可以导出

$$\begin{aligned}\int_0^\infty y^2(t)\mathrm{d}t&=\int_0^\infty y^{\mathrm{T}}y\mathrm{d}t=\int_0^\infty \boldsymbol{x}^{\mathrm{T}}\boldsymbol{c}^{\mathrm{T}}\boldsymbol{c}\boldsymbol{x}\mathrm{d}t=-\int_0^\infty \boldsymbol{x}^{\mathrm{T}}(\boldsymbol{P}\boldsymbol{A}+\boldsymbol{A}^{\mathrm{T}}\boldsymbol{P})\boldsymbol{x}\mathrm{d}t\\&=-\int_0^\infty[\boldsymbol{x}^{\mathrm{T}}\boldsymbol{P}\boldsymbol{A}\boldsymbol{x}+\boldsymbol{x}^{\mathrm{T}}\boldsymbol{A}^{\mathrm{T}}\boldsymbol{P}\boldsymbol{x}]\mathrm{d}t=-\int_0^\infty[\boldsymbol{x}^{\mathrm{T}}\boldsymbol{P}\dot{\boldsymbol{x}}+\dot{\boldsymbol{x}}^{\mathrm{T}}\boldsymbol{P}\boldsymbol{x}]\mathrm{d}t\\&=-\int_0^\infty\frac{\mathrm{d}}{\mathrm{d}t}(\boldsymbol{x}^{\mathrm{T}}\boldsymbol{P}\boldsymbol{x})\mathrm{d}t=\boldsymbol{x}^{\mathrm{T}}(0)\boldsymbol{P}\boldsymbol{x}(0)-\boldsymbol{x}^{\mathrm{T}}(\infty)\boldsymbol{P}\boldsymbol{x}(\infty)\end{aligned}$$

再考虑到系统为渐近稳定，基此必有 $\boldsymbol{x}(\infty)=\boldsymbol{0}$，证得 $\int_0^\infty y^2(t)\mathrm{d}t=\boldsymbol{x}_0^{\mathrm{T}}\boldsymbol{P}\boldsymbol{x}_0$。证明完成。

题 5.11 给定完全能控的连续时间线性时不变系统为

$$\dot{\boldsymbol{x}} = \boldsymbol{A}\boldsymbol{x} + \boldsymbol{B}\boldsymbol{u}$$

其中，取 $\boldsymbol{u} = -\boldsymbol{B}^{\mathrm{T}}\mathrm{e}^{-\boldsymbol{A}^{\mathrm{T}}t}\boldsymbol{W}^{-1}(T)\boldsymbol{x}_0$，而

$$\boldsymbol{W}(T) = \int_0^T \mathrm{e}^{-\boldsymbol{A}t}\boldsymbol{B}\boldsymbol{B}^{\mathrm{T}}\mathrm{e}^{-\boldsymbol{A}^{\mathrm{T}}t}\mathrm{d}t, \quad T > 0$$

试证明：基此构成的闭环系统为渐近稳定。

解 本题属于证明题，意在训练演绎思维和逻辑推证能力。

对任意初始状态 $\boldsymbol{x}_0 \neq \boldsymbol{0}$，给定线性时不变系统在 $\boldsymbol{u} = -\boldsymbol{B}^{\mathrm{T}}\mathrm{e}^{-\boldsymbol{A}^{\mathrm{T}}t}\boldsymbol{W}^{-1}(T)\boldsymbol{x}_0$ 作用下的状态具有特性：

$$\begin{aligned}\boldsymbol{x}(T) &= \mathrm{e}^{\boldsymbol{A}T}\boldsymbol{x}_0 + \int_0^T \mathrm{e}^{\boldsymbol{A}(T-t)}\boldsymbol{B}\boldsymbol{u}(t)\mathrm{d}t = \mathrm{e}^{\boldsymbol{A}T}\boldsymbol{x}_0 - \left\{\mathrm{e}^{\boldsymbol{A}T}\int_0^T \mathrm{e}^{-\boldsymbol{A}t}\boldsymbol{B}\boldsymbol{B}^{\mathrm{T}}\mathrm{e}^{-\boldsymbol{A}^{\mathrm{T}}t}\mathrm{d}t\right\}\boldsymbol{W}^{-1}(T)\boldsymbol{x}_0 \\ &= \mathrm{e}^{\boldsymbol{A}T}\boldsymbol{x}_0 - \mathrm{e}^{\boldsymbol{A}T}\boldsymbol{W}(T)\boldsymbol{W}^{-1}(T)\boldsymbol{x}_0 = \mathrm{e}^{\boldsymbol{A}T}\boldsymbol{x}_0 - \mathrm{e}^{\boldsymbol{A}T}\boldsymbol{x}_0 = \boldsymbol{0}\end{aligned}$$

这表明，对所构成闭环系统，由任意初始状态 $\boldsymbol{x}_0 \neq \boldsymbol{0}$ 所引起的运动为

$$\boldsymbol{x}(t) = \begin{cases}\mathrm{e}^{\boldsymbol{A}t}\boldsymbol{x}_0 + \int_0^t \mathrm{e}^{\boldsymbol{A}(t-\tau)}\boldsymbol{B}\boldsymbol{u}(\tau)\mathrm{d}\tau, & 0 \leqslant t < T \\ \boldsymbol{0}, & T \leqslant t \leqslant \infty\end{cases}$$

即有

$$\lim_{t\to\infty}\boldsymbol{x}(t) = \boldsymbol{0}, \quad \forall \boldsymbol{x}_0 \neq \boldsymbol{0}$$

从而，证得闭环系统渐近稳定。证明完成。

题 5.12 给定离散时间线性时不变系统为

$$\boldsymbol{x}(k+1) = \begin{bmatrix} 1 & 4 & 0 \\ -3 & -2 & -3 \\ 2 & 0 & 0 \end{bmatrix}\boldsymbol{x}(k)$$

试用两种方法判断系统是否为渐近稳定。

解 本题属于判断离散时间线性时不变系统稳定性的基本题。

容易判断 $\boldsymbol{G}$ 为非奇异，基此可知 $\boldsymbol{x}_{\mathrm{e}} = \boldsymbol{0}$ 为系统惟一平衡状态。

(i) 系统矩阵特征值判据法。对此，先行定出给定系统的特征多项式为

$$\det(z\boldsymbol{I} - \boldsymbol{G}) = \det\begin{bmatrix} z-1 & -4 & 0 \\ 3 & z+2 & 3 \\ -2 & 0 & z \end{bmatrix} = z^3 + z^2 + 10z + 24 = (z+2)(z^2 - z + 12)$$

基此，定出系统矩阵特征值为

$$\lambda_1 = -2, \quad \lambda_2 = \frac{1}{2}(1 + \mathrm{j}\sqrt{47}), \quad \lambda_3 = \frac{1}{2}(1 - \mathrm{j}\sqrt{47})$$

进而，由系统特征值的幅值不为均小于 1，而系统渐近稳定充分必要条件是其所有特征值的幅值均小于 1，可知给定系统不是渐近稳定的。

（ii）李亚普诺夫判据法。取$\boldsymbol{Q}=\boldsymbol{I}$，对给定系统组成离散型李亚普诺夫方程，有

$$\begin{bmatrix}1 & -3 & 2\\4 & -2 & 0\\0 & -3 & 0\end{bmatrix}\begin{bmatrix}p_{11} & p_{12} & p_{13}\\p_{12} & p_{22} & p_{23}\\p_{13} & p_{23} & p_{33}\end{bmatrix}\begin{bmatrix}1 & 4 & 0\\-3 & -2 & -3\\2 & 0 & 0\end{bmatrix}-\begin{bmatrix}p_{11} & p_{12} & p_{13}\\p_{12} & p_{22} & p_{23}\\p_{13} & p_{23} & p_{33}\end{bmatrix}=\begin{bmatrix}-1 & 0 & 0\\0 & -1 & 0\\0 & 0 & -1\end{bmatrix}$$

且可由此导出

$$\begin{aligned}&p_{11}-6p_{12}+4p_{13}+9p_{22}-12p_{23}+4p_{33}=-1\\&4p_{11}-14p_{12}+8p_{13}+6p_{22}-4p_{23}=0\\&-3p_{12}+9p_{22}-6p_{23}=0\\&16p_{11}-16p_{12}+4p_{22}=-1\\&-12p_{12}+6p_{22}=0\\&9p_{22}=-1\end{aligned}$$

将上述方程组由下而上进行求解，得到

$$\begin{aligned}&p_{22}=-1/9\\&p_{12}=p_{22}/2=-1/18\\&p_{11}=-1/16+p_{12}-p_{22}/4=-13/144\\&p_{23}=3p_{22}/2-p_{12}/2=-5/36\\&p_{13}=-p_{11}/2+7p_{12}/4-3p_{22}/4+p_{23}/2=-11/288\\&p_{33}=-1/4-p_{11}/4+3p_{12}/2-p_{13}-9p_{22}/4+3p_{23}=-253/576\end{aligned}$$

从而，定出离散型李亚普诺夫方程的解阵为

$$\boldsymbol{P}=\begin{bmatrix}-13/144 & -1/18 & -11/288\\-1/18 & -1/9 & -5/36\\-11/288 & -5/36 & -253/576\end{bmatrix}=-\frac{1}{576}\begin{bmatrix}52 & 32 & 22\\32 & 64 & 80\\22 & 80 & 253\end{bmatrix}$$

进而，对解阵$\boldsymbol{P}$通过计算，导出

$$\varDelta_1=-\frac{52}{576}<0,\quad \varDelta_2=-\frac{1}{576}(52\times64-32\times32)=-\frac{2304}{576}<0$$

$$\varDelta_3=-\frac{331776}{576}<0$$

表明解阵$\boldsymbol{P}$不为正定，而离散时间线性时不变系统为渐近稳定的充分必要条件是离散型李亚普诺夫方程的解阵$\boldsymbol{P}$正定，基此可知给定系统不为渐近稳定。

第6章 线性反馈系统的时间域综合

6.1 本章的主要知识点

控制系统的综合归结为按期望性能指标设计控制器。在线性反馈控制系统的时间域综合中，受控系统限于连续时间线性时不变系统，系统模型采用状态空间描述，控制模式基于反馈型控制，综合目标是确定一个反馈控制律以使闭环控制系统满足期望性能指标。下面指出本章的主要知识点。

（1）系统综合和反馈类型

综合问题的提法

对连续时间线性时不变受控系统“$\dot{\boldsymbol{x}}=\boldsymbol{A}\boldsymbol{x}+\boldsymbol{B}\boldsymbol{u}$，$\boldsymbol{y}=\boldsymbol{C}\boldsymbol{x}$”，确定一个反馈型控制$\boldsymbol{u}$，使导出的闭环控制系统的运动行为达到或优于指定期望性能指标。

反馈的类型

一是状态反馈，即把控制$\boldsymbol{u}$取为系统状态$\boldsymbol{x}$的线性向量函数$\boldsymbol{u}=-\boldsymbol{K}\boldsymbol{x}+\boldsymbol{v}$，$\boldsymbol{v}$为参考输入。二是输出反馈，即把控制$\boldsymbol{u}$取为系统输出$\boldsymbol{y}$的线性向量函数$\boldsymbol{u}=-\boldsymbol{F}\boldsymbol{y}+\boldsymbol{v}$。控制功能上，状态反馈优于输出反馈；物理构成上，输出反馈易于构成，状态反馈一般难以构成。

（2）状态反馈极点配置

问题的表述

对p输入的n维线性时不变受控系统“$\dot{\boldsymbol{x}}=\boldsymbol{A}\boldsymbol{x}+\boldsymbol{B}\boldsymbol{u}$”，指定任意$n$个“实数或共轭复数”期望闭环特征值$\{\lambda_1^*,\lambda_2^*,\cdots,\lambda_n^*\}$，确定一个$p\times n$状态反馈矩阵$\boldsymbol{K}$，使$\boldsymbol{u}=-\boldsymbol{K}\boldsymbol{x}+\boldsymbol{v}$导出的闭环控制系统$\dot{\boldsymbol{x}}=(\boldsymbol{A}-\boldsymbol{B}\boldsymbol{K})\boldsymbol{x}+\boldsymbol{B}\boldsymbol{v}$满足配置$\lambda_i(\boldsymbol{A}-\boldsymbol{B}\boldsymbol{K})=\lambda_i^*$，$i=1,2,\cdots,n$。

极点可任意配置条件

“$\dot{x}=Ax+Bu$”可用状态反馈配置任意n个闭环特征值$\Leftrightarrow\{A,\ B\}$完全能控

单输入情形极点配置综合算法

给定完全能控n维单输入受控系统(A, b)和n个期望闭环特征值$\{\lambda_1^*,\lambda_2^*,\cdots,\lambda_n^*\}$。

计算 $\det(sI-A)=s^n+\alpha_{n-1}s^{n-1}+\cdots+\alpha_1 s+\alpha_0$

$$\alpha^*(s)=\prod_{i=1}^{n}(s-\lambda_i^*)=s^n+\alpha_{n-1}^*s^{n-1}+\cdots+\alpha_1^*s+\alpha_0^*$$

$$P=[A^{n-1}b,\cdots,Ab,b]\begin{bmatrix}1 & & & \\ \alpha_{n-1} & \ddots & & \\ \vdots & \ddots & \ddots & \\ \alpha_1 & \cdots & \alpha_{n-1} & 1\end{bmatrix},\quad Q=P^{-1},$$

$$\bar{k}=\begin{bmatrix}\alpha_0^*-\alpha_0, & \cdots, & \alpha_{n-1}^*-\alpha_{n-1}\end{bmatrix}$$

则实现期望闭环特征值配置的$1\times n$状态反馈矩阵$k=\bar{k}Q$。

多输入情形极点配置综合算法（龙伯格变换法）

给定完全能控p输入的n维受控系统(A,B)和n个期望闭环特征值$\{\lambda_1^*,\lambda_2^*,\cdots,\lambda_n^*\}$，下面以“$n=5$和$p=2$”为例。

计算变换阵S^{-1}和S，化(A,B)为龙伯格能控规范形

$$\hat{A}_c=S^{-1}AS=\begin{bmatrix}0 & 1 & 0 & 0 & 0\\ 0 & 0 & 1 & 0 & 0\\ -\alpha_{10} & -\alpha_{11} & -\alpha_{12} & \beta_{14} & \beta_{15}\\ 0 & 0 & 0 & 0 & 1\\ \beta_{21} & \beta_{22} & \beta_{23} & -\alpha_{20} & -\alpha_{21}\end{bmatrix},\quad \hat{B}_c=S^{-1}B=\begin{bmatrix}0 & 0\\ 0 & 0\\ 1 & \gamma\\ 0 & 0\\ 0 & 1\end{bmatrix}$$

计算

$$\alpha_1^*(s)=(s-\lambda_1^*)(s-\lambda_2^*)(s-\lambda_3^*)=s^3+\alpha_{12}^*s^2+\alpha_{11}^*s+\alpha_{10}^*$$

$$\alpha_2^*(s)=(s-\lambda_4^*)(s-\lambda_5^*)=s^2+\alpha_{21}^*s+\alpha_{20}^*$$

$$\bar{K}=\begin{bmatrix}\alpha_{10}^*-\alpha_{10} & \alpha_{11}^*-\alpha_{11} & \alpha_{12}^*-\alpha_{12} & \beta_{14}-\gamma(\alpha_{20}^*-\alpha_{20}) & \beta_{15}-\gamma(\alpha_{21}^*-\alpha_{21})\\ 0 & 0 & 0 & \alpha_{20}^*-\alpha_{20} & \alpha_{21}^*-\alpha_{21}\end{bmatrix}$$

则实现期望闭环特征值配置的$p\times n$状态反馈矩阵$K=\bar{K}S^{-1}$。

（3）状态反馈镇定

问题的表述

对p输入的n维线性时不变受控系统“$\dot{x}=Ax+Bu$”，确定一个$p\times n$状态反馈矩阵K，使$u=-Kx+v$导出的闭环控制系统$\dot{x}=(A-BK)x+Bv$为渐近稳定，即成立$\mathrm{Re}\,\lambda_i(A-BK)<0$，$i=1,2,\cdots,n$。

可镇定条件

"$\dot{x}=Ax+Bu$" 可用状态反馈镇定 $\Leftrightarrow$ 系统不能控部分渐近稳定

(A,B)完全能控 $\Rightarrow$ （充分条件）"$\dot{x}=Ax+Bu$" 可用状态反馈镇定

状态反馈综合算法

对可镇定的n维线性时不变受控系统 "$\dot{x}=Ax+Bu$"，指定n个负实部任意期望特征值$\{\lambda_1^*,\lambda_2^*,\cdots,\lambda_n^*\}$，采用极点配置算法确定$p\times n$状态反馈矩阵$K$。

（4）基于状态反馈和输入变换的动态解耦

问题的表述

对n维$p\times p$方线性时不变受控系统 "$\dot{x}=Ax+Bu$，$y=Cx$"，确定一个 "输入变换和状态反馈矩阵对" 即 "非奇异$L\in R^{p\times p}, K\in R^{p\times n}$"，使由$u=-Kx+Lv$导出的闭环控制系统 "$\dot{x}=(A-BK)x+BLv$，$y=Cx$" 的传递函数矩阵$G_{\mathrm{KL}}(s)=C(sI-A+BK)^{-1}BL$为非奇异对角阵。

可动态解耦条件

对n维$p\times p$方受控系统 "$\dot{x}=Ax+Bu$，$y=Cx$"。定出

输出矩阵的行向量表示 $C=\begin{bmatrix} c_1' \\ \vdots \\ c_p' \end{bmatrix}$

结构特性指数 $d_i=$ 使 "$c_i'B=c_i'AB=\cdots=c_i'A^{d_i-1}B=0$，而$c_i'A^{d_i}B\neq 0$" 的非负整数$d_i$，$i=1,2,\cdots,p$

$1\times p$结构特性向量 $E_i=c_i'A^{d_i}B$，$i=1,2,\cdots,p$

$p\times p$判别矩阵 $E=\begin{bmatrix} E_1 \\ \vdots \\ E_p \end{bmatrix}$

则存在$\{L,K\}$使 "$\dot{x}=(A-BK)x+BLv$，$y=Cx$" 动态解耦$\Leftrightarrow E$非奇异

积分型解耦系统

对n维$p\times p$方受控系统 "$\dot{x}=Ax+Bu$，$y=Cx$"

导出结构特性指数d_i，$i=1,2,\cdots,p$

导出$1\times p$结构特性向量E_i，$i=1,2,\cdots,p$

计算 $E=\begin{bmatrix} E_1 \\ \vdots \\ E_p \end{bmatrix}$，$E^{-1}$，$F=\begin{bmatrix} c_1'A^{d_1+1} \\ \vdots \\ c_p'A^{d_p+1} \end{bmatrix}$

那么，若取 "输入变换矩阵$L=E^{-1}$"，"状态反馈矩阵$K=E^{-1}F$"，则包含输入变换状态反馈系统 "$\dot{x}=(A-BK)x+BLv$，$y=Cx$" 为积分型解耦系统，即其传递函数矩阵为

$$G_{\mathrm{KL}}(s)=C(sI-A+BK)^{-1}BL=\begin{bmatrix}\frac{1}{s^{d_1+1}} & & \\ & \ddots & \\ & & \frac{1}{s^{d_p+1}}\end{bmatrix}$$

积分型解耦系统是综合实用的动态解耦控制系统的必要桥梁。

（5）基于状态反馈和输入变换的静态解耦

问题的表述

对 n 维 $p\times p$ 方线性时不变受控系统“ $\dot{x}=Ax+Bu$， $y=Cx$ ”，确定非奇异输入变换阵 $L\in R^{p\times p}$ 和状态反馈阵 $K\in R^{p\times n}$，使由 $u=-Kx+Lv$ 导出的闭环系统“ $y=Cx$，$\dot{x}=(A-BK)x+BLv$ ”渐近稳定，且闭环传递函数矩阵 $G_{\mathrm{KL}}(s)=C(sI-A+BK)^{-1}BL$ 当 $s=0$ 时为非奇异对角常阵。

可静态解耦条件

存在 $\{L,K\}$ 使“ $y=Cx$， $\dot{x}=(A-BK)x+BLv$ ”静态解耦 $\Leftrightarrow$

① 受控系统可由状态反馈镇定

② 受控系统系数矩阵满足 $\operatorname{rank}\begin{bmatrix}A & B\\ C & 0\end{bmatrix}=n+p$

$\{L,K\}$ 综合算法

给定可静态解耦和完全能控的 n 维 $p\times p$ 受控系统(A， B， C)。

指定 n 个负实部期望特征值 $\{\lambda_1^*,\lambda_2^*,\cdots,\lambda_n^*\}$

指定静态解耦后各 SISO 系统期望稳态增益 $\tilde{d}_{11},\tilde{d}_{22},\cdots,\tilde{d}_{pp}$

按极点配置算法定出满足 $\{\lambda_1^*,\lambda_2^*,\cdots,\lambda_n^*\}$ 配置的状态反馈阵 K

定出对角矩阵 $\tilde{D}=\operatorname{diag}\{\tilde{d}_{11},\tilde{d}_{22},\cdots,\tilde{d}_{pp}\}$

计算 $C(A-BK)^{-1}B$， $[C(A-BK)^{-1}B]^{-1}$

则实现静态解耦的输入变换阵为 $L=-[C(A-BK)^{-1}B]^{-1}\tilde{D}$，状态反馈阵为 K。

（6）无静差跟踪控制

问题的表述

对作用有“ p 维控制输入 u ”和“ q 维确定性扰动 w ”的 n 维完全能控的连续时间线性时不变受控系统“ $\dot{x}=Ax+Bu+B_w w$， $y=Cx+Du+D_w w$ ”，基于图 6.1 所示的控制系统结构方案，确定一组“伺服控制器 $\dot{x}_c=A_c x+B_c e$ 和 K_c ”和“镇定控制器 K ”，使 q 维输出 y 实现对 q 维参考输入 y_0 的无静差跟踪，即 $\lim\limits_{t\to\infty}y(t)=\lim\limits_{t\to\infty}y_0(t)$

内模 $\dot{x}_c=A_c x+B_c e$ 的构成

伺服控制器基本部分的“内模 $\dot{x}_c=A_c x+B_c e$ ”是“参考输入 y_0 和扰动信号 w 的共同不稳定模型”。内模的“植入”能从机制上保证图 6.1 所示的控制系统实现无静差的跟

踪。先行导出

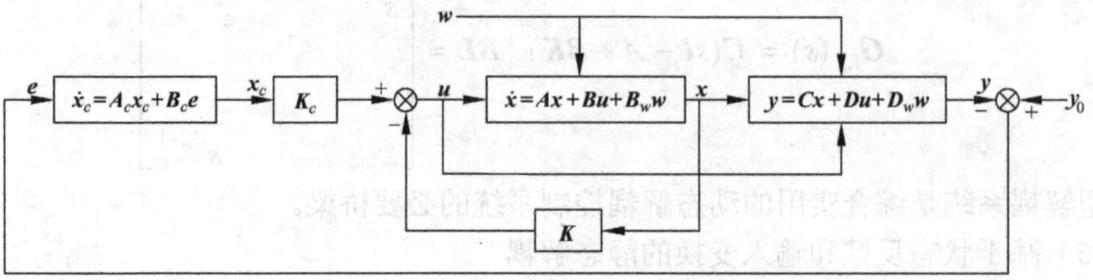

图 6.1 无静差跟踪控制系统结构图

y_0 的拉普拉斯变换 $\bar{Y}_0(s) = \begin{bmatrix} \dfrac{n_{r1}(s)}{d_{r1}(s)} \\ \vdots \\ \dfrac{n_{rq}(s)}{d_{rq}(s)} \end{bmatrix}$，$w$ 的拉普拉斯变换 $\bar{W}(s) = \begin{bmatrix} \dfrac{n_{w1}(s)}{d_{w1}(s)} \\ \vdots \\ \dfrac{n_{wq}(s)}{d_{wq}(s)} \end{bmatrix}$

$d_r(s) = \{d_{r1}(s), \cdots, d_{rq}(s)\}$ 最小公倍式，$d_w(s) = \{d_{w1}(s), \cdots, d_{wq}(s)\}$ 最小公倍式

分解 $d_r(s) = \bar{\phi}_r(s)$（根为稳定）$\times\, \phi_r(s)$（根为不稳定）

分解 $d_w(s) = \bar{\phi}_w(s)$（根为稳定）$\times\, \phi_w(s)$（根为不稳定）

$\phi(s) =$ “$\phi_r(s)$ 和 $\phi_w(s)$ 最小公倍式” $= s^l + \tilde{\alpha}_{l-1} s^{l-1} + \cdots + \tilde{\alpha}_1 s + \tilde{\alpha}_0$

$$\underset{l\times l}{\boldsymbol{\Gamma}} = \begin{bmatrix} 0 & & & \\ \vdots & & \boldsymbol{I}_{l-1} & \\ 0 & & & \\ -\tilde{\alpha}_0 & -\tilde{\alpha}_1 & \cdots & -\tilde{\alpha}_{l-1} \end{bmatrix}, \quad \underset{l\times 1}{\boldsymbol{\beta}} = \begin{bmatrix} 0 \\ \vdots \\ 0 \\ 1 \end{bmatrix}$$

则就可定出内模为 $\dot{\boldsymbol{x}}_c = \boldsymbol{A}_c \boldsymbol{x} + \boldsymbol{B}_c \boldsymbol{e}$，其中系数矩阵为

$$\underset{ql\times ql}{\boldsymbol{A}_c} = \begin{bmatrix} \boldsymbol{\Gamma} & & \\ & \ddots & \\ & & \boldsymbol{\Gamma} \end{bmatrix}, \quad \underset{ql\times q}{\boldsymbol{B}_c} = \begin{bmatrix} \boldsymbol{\beta} & & \\ & \ddots & \\ & & \boldsymbol{\beta} \end{bmatrix}$$

无静差跟踪条件

对图 6.1 所示的控制系统结构，$(\boldsymbol{A}, \boldsymbol{B})$ 为完全能控，则存在“伺服反馈阵 $\boldsymbol{K}_c$”和“镇定反馈阵 $\boldsymbol{K}$”使可实现无静差跟踪的一个充分条件为

①“控制输入 $\boldsymbol{u}$ 的维数 p”≥“输出 $\boldsymbol{y}$ 的维数 q”

② 对参考输入 $\boldsymbol{y}_0$ 和扰动信号 $\boldsymbol{w}$ 共同不稳定特征方程 $\phi(s) = 0$ 每个根 $\tilde{\lambda}_i$ 均成立

$$\operatorname{rank}\begin{bmatrix} \tilde{\lambda}_i \boldsymbol{I} - \boldsymbol{A} & \boldsymbol{B} \\ -\boldsymbol{C} & \boldsymbol{D} \end{bmatrix} = n + q, \quad i = 1, 2, \cdots, l$$

综合伺服反馈阵 $\boldsymbol{K}_c$ 和镇定反馈阵 $\boldsymbol{K}$ 的算法

给定图 6.1 所示满足“无静差跟踪条件”的控制系统，$(\boldsymbol{A}, \boldsymbol{B})$ 完全能控，并按前所述定出内模“$\dot{\boldsymbol{x}}_c = \boldsymbol{A}_c\boldsymbol{x} + \boldsymbol{B}_c\boldsymbol{e}$”。

① 图 6.1 所示控制系统中断开反馈点后导出 $n+ql$ 维开环串联系统 Σ_T，Σ_T 为完全能控，通过计算定出 Σ_T 的状态空间描述为

$$\begin{bmatrix}\dot{\boldsymbol{x}}\\ \dot{\boldsymbol{x}}_c\end{bmatrix}=\begin{bmatrix}\boldsymbol{A} & \boldsymbol{0}\\ -\boldsymbol{B}_c\boldsymbol{C} & \boldsymbol{A}_c\end{bmatrix}\begin{bmatrix}\boldsymbol{x}\\ \boldsymbol{x}_c\end{bmatrix}+\begin{bmatrix}\boldsymbol{B}\\ -\boldsymbol{B}_c\boldsymbol{D}\end{bmatrix}\boldsymbol{u}+\begin{bmatrix}\boldsymbol{B}_w\\ -\boldsymbol{B}_c\boldsymbol{D}_w\end{bmatrix}\boldsymbol{w}+\begin{bmatrix}\boldsymbol{0}\\ \boldsymbol{B}_c\end{bmatrix}\boldsymbol{y}_0$$

② 对串联系统 Σ_T 和任意指定的 $n+ql$ 个期望闭环特征值 $\{\lambda_j^*,\ j=1,2,\cdots,n+ql\}$，采用状态反馈极点配置算法，定出 $p\times(n+ql)$ 维状态反馈阵 $\boldsymbol{K}_T$。

③ 将 $\boldsymbol{K}_T$ 分块化，导出 $\boldsymbol{K}_T=[\underset{p\times n}{\boldsymbol{K}_1}\quad \underset{p\times ql}{\boldsymbol{K}_2}]$。

④ 综合得到的“伺服反馈阵 $\boldsymbol{K}_c = \boldsymbol{K}_2$”和“镇定反馈阵 $\boldsymbol{K} = -\boldsymbol{K}_1$”。

（7）有限时间线性二次型最优控制

问题的表述

线性二次型最优控制问题简称 LQ（Linear Quadratic）问题。对 n 维连续时间线性时不变受控系统“$\dot{\boldsymbol{x}}=\boldsymbol{A}\boldsymbol{x}+\boldsymbol{B}\boldsymbol{u}$，$\boldsymbol{x}(0)=\boldsymbol{x}_0$，$\boldsymbol{x}(t_f)=\boldsymbol{x}_f$，$t\in[0,t_f]$”，末时刻 t_f 为有限时间，指定二次型性能指标

$$J(\boldsymbol{u}(\cdot))=\frac{1}{2}\boldsymbol{x}_f^{\mathrm{T}}\boldsymbol{S}\boldsymbol{x}_f+\frac{1}{2}\int_0^{t_f}[\boldsymbol{x}^{\mathrm{T}}(t)\boldsymbol{Q}\boldsymbol{x}(t)+\boldsymbol{u}^{\mathrm{T}}(t)\boldsymbol{R}\boldsymbol{u}(t)]\mathrm{d}t$$

$n\times n$ 阵 $\boldsymbol{S}=\boldsymbol{S}^{\mathrm{T}}\geqslant 0$ 即正半定，$n\times n$ 阵 $\boldsymbol{Q}=\boldsymbol{Q}^{\mathrm{T}}\geqslant 0$ 即正半定

$p\times p$ 阵 $\boldsymbol{R}=\boldsymbol{R}^{\mathrm{T}}>0$ 即正定

要确定 p 维控制 $\boldsymbol{u}^*(\cdot)$，使状态轨线 $\boldsymbol{x}(t)$ 由 $\boldsymbol{x}(0)=\boldsymbol{x}_0$ 到达 $\boldsymbol{x}(t_f)=\boldsymbol{x}_f$ 同时，有

$$J(\boldsymbol{u}^*(\cdot))=\min_{\boldsymbol{u}(\cdot)}J(\boldsymbol{u}(\cdot))$$

最优控制和最优性能

对给定受控系统和性能指标，导出

矩阵黎卡提微分方程 $\quad -\dot{\boldsymbol{P}}(t)=\boldsymbol{P}(t)\boldsymbol{A}+\boldsymbol{A}^{\mathrm{T}}\boldsymbol{P}(t)+\boldsymbol{Q}-\boldsymbol{P}(t)\boldsymbol{B}\boldsymbol{R}^{-1}\boldsymbol{B}^{\mathrm{T}}\boldsymbol{P}(t)$

$$\boldsymbol{P}(t_f)=\boldsymbol{S},\qquad t\in[0,t_f]$$

$n\times n$ 正半定解阵 $\boldsymbol{P}(t)$ 为惟一

则

最优控制 $\boldsymbol{u}^*=-\boldsymbol{K}^*(t)\boldsymbol{x}$，状态反馈阵 $\boldsymbol{K}^*(t)=\boldsymbol{R}^{-1}\boldsymbol{B}^{\mathrm{T}}\boldsymbol{P}(t)$

最优性能 $J^*=J(\boldsymbol{u}^*(\cdot))=\dfrac{1}{2}\boldsymbol{x}_0^{\mathrm{T}}\boldsymbol{P}(0)\boldsymbol{x}_0$

（8）无限时间线性二次型最优控制

问题的表述

对 n 维线性时不变受控系统“$\dot{\boldsymbol{x}}=\boldsymbol{A}\boldsymbol{x}+\boldsymbol{B}\boldsymbol{u}$，$\boldsymbol{x}(0)=\boldsymbol{x}_0$，$\boldsymbol{x}(t_f)=\boldsymbol{0}$，$t\in[0,t_f]$”，

末时刻 $t_f=\infty$ 即无限时间，指定二次型性能指标

$$J(\boldsymbol{u}(\cdot))=\int_0^{\infty}(\boldsymbol{x}^{\mathrm{T}}\boldsymbol{Q}\boldsymbol{x}+\boldsymbol{u}^{\mathrm{T}}\boldsymbol{R}\boldsymbol{u})\mathrm{d}t$$

$p\times p$ 阵 $\boldsymbol{R}=\boldsymbol{R}^{\mathrm{T}}>0$

"$n\times n$ 阵 $\boldsymbol{Q}=\boldsymbol{Q}^{\mathrm{T}}>0$"或"$n\times n$ 阵 $\boldsymbol{Q}=\boldsymbol{Q}^{\mathrm{T}}\geqslant 0$ 且 $\{\boldsymbol{A},\boldsymbol{Q}^{1/2}\}$ 完全能观测"

要确定 p 维控制 $\boldsymbol{u}^*(\cdot)$，使状态轨线 $\boldsymbol{x}(t)$ 由 $\boldsymbol{x}(0)=\boldsymbol{x}_0$ 到达 $\boldsymbol{x}(\infty)=\boldsymbol{0}$ 同时，有

$$J(\boldsymbol{u}^*(\cdot))=\min_{\boldsymbol{u}(\cdot)}J(\boldsymbol{u}(\cdot))$$

最优控制和最优性能

对给定受控系统和性能指标，导出

矩阵黎卡提代数方程 $\boldsymbol{P}\boldsymbol{A}+\boldsymbol{A}^{\mathrm{T}}\boldsymbol{P}+\boldsymbol{Q}-\boldsymbol{P}\boldsymbol{B}^{\mathrm{T}}\boldsymbol{R}^{-1}\boldsymbol{B}\boldsymbol{P}=\boldsymbol{0}$

$n\times n$ 正定解阵 $\boldsymbol{P}$ 为惟一

则

最优控制 $\boldsymbol{u}^*=-\boldsymbol{K}^*\boldsymbol{x}$，状态反馈阵 $\boldsymbol{K}^*=\boldsymbol{R}^{-1}\boldsymbol{B}^{\mathrm{T}}\boldsymbol{P}$

最优调节系统"$\dot{\boldsymbol{x}}=(\boldsymbol{A}-\boldsymbol{B}\boldsymbol{R}^{-1}\boldsymbol{B}^{\mathrm{T}}\boldsymbol{P})\boldsymbol{x}$，$\boldsymbol{x}(0)=\boldsymbol{x}_0$"

最优性能 $J^*=J(\boldsymbol{u}^*(\cdot))=\boldsymbol{x}_0^{\mathrm{T}}\boldsymbol{P}\boldsymbol{x}_0$

最优调节系统稳定性

① 渐近稳定

最优调节系统"$\dot{\boldsymbol{x}}=(\boldsymbol{A}-\boldsymbol{B}\boldsymbol{R}^{-1}\boldsymbol{B}^{\mathrm{T}}\boldsymbol{P})\boldsymbol{x}$"必为渐近稳定

② 指数稳定

引入实数 $\alpha\geqslant 0$，组成黎卡提代数方程

$$\bar{\boldsymbol{P}}(\boldsymbol{A}+\alpha\boldsymbol{I})+(\boldsymbol{A}+\alpha\boldsymbol{I})^{\mathrm{T}}\bar{\boldsymbol{P}}+\boldsymbol{Q}-\bar{\boldsymbol{P}}\boldsymbol{B}^{\mathrm{T}}\boldsymbol{R}^{-1}\boldsymbol{B}\bar{\boldsymbol{P}}=\boldsymbol{0}$$

其 $n\times n$ 正定解阵 $\bar{\boldsymbol{P}}$ 为惟一。则

最优调节系统"$\dot{\boldsymbol{x}}=(\boldsymbol{A}-\boldsymbol{B}\boldsymbol{R}^{-1}\boldsymbol{B}^{\mathrm{T}}\bar{\boldsymbol{P}})\boldsymbol{x}$"指数稳定，即 $\lim\limits_{t\to\infty}\boldsymbol{x}(t)\mathrm{e}^{\alpha t}=\boldsymbol{0}$

最优调节系统鲁棒性

① 对单输入无限时间 LQ 问题，最优调节系统具有"至少 $\pm 60^{\circ}$ 相角裕度"和"$(1/2,\infty)$ 增益裕度"。

② 对多输入无限时间 LQ 问题，取控制加权阵 $\boldsymbol{R}=\mathrm{diag}\{\rho_1,\cdots,\rho_p\}$，$\rho_i>0$，最优调节系统的每个反馈控制回路均具有"至少 $\pm 60^{\circ}$ 相角裕度"和"$(1/2,\infty)$ 增益裕度"。

（9）状态观测器

综合全维观测器的算法

给定 n 维 $q\times p$ 完全能观测线性时不变系统"$\dot{\boldsymbol{x}}=\boldsymbol{A}\boldsymbol{x}+\boldsymbol{B}\boldsymbol{u}$，$\boldsymbol{y}=\boldsymbol{C}\boldsymbol{x}$"，指定全维观测器 Σ_{ob} 的 n 个期望特征值 $\{\lambda_1^*,\cdots,\lambda_n^*\}$。

综合方法一：①表 $\bar{\boldsymbol{A}}=\boldsymbol{A}^{\mathrm{T}}$ 和 $\bar{\boldsymbol{B}}=\boldsymbol{C}^{\mathrm{T}}$，且 $(\boldsymbol{A},\boldsymbol{C})$ 完全能观测意味着 $(\bar{\boldsymbol{A}},\bar{\boldsymbol{B}})$ 完全能控。②按"$\lambda_i(\bar{\boldsymbol{A}}-\bar{\boldsymbol{B}}\bar{\boldsymbol{K}})=\lambda_i^*$，$i=1,\cdots,n$"采用极点配置算法确定 $q\times n$ 阵 $\bar{\boldsymbol{K}}$。③计算得到

$L=\bar{K}^{\mathrm{T}}$。④全维观测器为 $\dot{\hat{x}}=(A-LC)\hat{x}+Ly+Bu$，系统状态 x 的重构状态为 $\hat{x}$。

综合方法二：①取 $n\times n$ 矩阵 F，使 $\lambda_i(F)=\lambda_i^*$，$\lambda_i^*\neq\lambda_j(A)$，$i,j=1,2,\cdots,n$。②取 $n\times q$ 矩阵 G，使 $\{F,G\}$ 完全能控。③解出方程 $TA-FT=GC$ 的非奇异解阵 T。④定出 $H=TB$。⑤全维观测器为 $\dot{z}=Fz+Gy+Hu$，系统状态 x 的重构状态为 $\hat{x}=T^{-1}z$。

综合降维观测器的算法

给定 n 维 $q\times p$ 完全能观测线性时不变系统"$\dot{x}=Ax+Bu$，$y=Cx$，$\operatorname{rank}C=q$"，指定降维观测器 Σ_{Rob} 的 $n-q$ 个期望特征值 $\{\lambda_1^*,\cdots,\lambda_{n-q}^*\}$。

综合方法一：①导出

$$\text{选 } R\in R^{(n-q)\times n} \text{ 使 } n\times n \text{ 阵 } P=\begin{bmatrix}C\\R\end{bmatrix} \text{ 为非奇异}$$

$$\text{计算并分块化 } Q=P^{-1}=[\underset{n\times q}{Q_1}\quad \underset{n\times(n-q)}{Q_2}]$$

$$\text{计算并分块化 } \bar{A}=PAP^{-1}=\begin{bmatrix}\overset{q\times q}{\bar{A}_{11}} & \overset{q\times(n-q)}{\bar{A}_{12}}\\ \underset{(n-q)\times q}{\bar{A}_{21}} & \underset{(n-q)\times(n-q)}{\bar{A}_{22}}\end{bmatrix},\quad \bar{B}=PB=\begin{bmatrix}\overset{q\times p}{\bar{B}_1}\\ \underset{(n-q)\times p}{\bar{B}_2}\end{bmatrix}$$

② 表 $\tilde{A}=\bar{A}_{22}^{\mathrm{T}}$ 和 $\tilde{B}=\bar{A}_{12}^{\mathrm{T}}$。按"$\lambda_i(\tilde{A}-\tilde{B}\tilde{K})=\lambda_i^*$，$i=1,\cdots,n-q$"，采用极点配置算法确定 $q\times(n-q)$ 阵 $\tilde{K}$。③计算定出 $\bar{L}=\tilde{K}^{\mathrm{T}}$。④计算定出 $(\bar{A}_{22}-\bar{L}\bar{A}_{12})$，$(\bar{B}_2-\bar{L}\bar{B}_1)$，以及 $[(\bar{A}_{22}-\bar{L}\bar{A}_{12})\bar{L}+(\bar{A}_{21}-\bar{L}\bar{A}_{11})]$。⑤降维观测器为

$$\dot{z}=(\bar{A}_{22}-\bar{L}\bar{A}_{12})z+[(\bar{A}_{22}-\bar{L}\bar{A}_{12})\bar{L}+(\bar{A}_{21}-\bar{L}\bar{A}_{11})]y+(\bar{B}_2-\bar{L}\bar{B}_1)u$$

系统状态 x 重构状态 $\hat{x}$ 为

$$\hat{x}=Q_1y+Q_2(z+\bar{L}y)$$

综合方法二：①取 $(n-q)\times(n-q)$ 矩阵 F，使满足 $\lambda_i(F)=\lambda_i^*$，$\lambda_i^*\neq\lambda_j(A)$，$i=1,2,\cdots,n-q$，$j=1,2,\cdots,n$。②取 $(n-q)\times q$ 矩阵 G，使 $\{F,G\}$ 完全能控。③解出方程 $TA-FT=GC$ 的解阵 T，使

$$P=\begin{bmatrix}C\\T\end{bmatrix} \text{ 为非奇异，} Q=P^{-1}=[\underset{n\times q}{Q_1}\quad \underset{n\times(n-q)}{Q_2}]$$

④ 定出 $H=TB$。⑤降维观测器为 $\dot{z}=Fz+Gy+Hu$，系统状态 x 的重构状态为 $\hat{x}=Q_1y+Q_2z$。

6.2 习题与解答

本章的习题安排围绕线性时不变受控系统在时间域内的状态反馈综合和状态观测器综合问题。基本题部分包括基于线性时不变系统状态空间描述的状态反馈极点配置，

状态反馈镇定，状态反馈和输入变换动态解耦，状态反馈和输入变换静态解耦，状态反馈二次型最优控制，全维和降维状态观测器等的综合。证明题部分涉及线性时不变系统的静态解耦、线性二次型最优控制、状态观测器等综合中的一些相关问题。

题 6.1 判断下列各连续时间线性时不变系统能否可用状态反馈任意配置全部特征值：

(i) $\dot{\boldsymbol{x}}=\begin{bmatrix}1 & 2\\ 3 & 1\end{bmatrix}\boldsymbol{x}+\begin{bmatrix}1\\ 0\end{bmatrix}u$

(ii) $\dot{\boldsymbol{x}}=\begin{bmatrix}1 & 0 & 0\\ 0 & -2 & 1\\ 0 & 0 & -2\end{bmatrix}\boldsymbol{x}+\begin{bmatrix}1 & 0\\ 0 & 1\\ 0 & 0\end{bmatrix}\boldsymbol{u}$

(iii) $\dot{\boldsymbol{x}}=\begin{bmatrix}0 & 1 & 0 & 0\\ 0 & 0 & 1 & 0\\ 0 & 0 & 0 & 1\\ -2 & -4 & -3 & -5\end{bmatrix}\boldsymbol{x}+\begin{bmatrix}0 & 0 & 0\\ 0 & 0 & 1\\ 0 & 1 & 0\\ 1 & 0 & 0\end{bmatrix}\boldsymbol{u}$

解 本题属于运用状态反馈配置特征值定理条件的基本题。

对线性时不变受控系统，状态反馈可任意配置其全部闭环特征值的充要条件是系统完全能控。基此，判断"状态反馈能否任意配置系统全部特征值"归结为判断"系统是否完全能控"。

(i) 对 $\dot{\boldsymbol{x}}=\begin{bmatrix}1 & 2\\ 3 & 1\end{bmatrix}\boldsymbol{x}+\begin{bmatrix}1\\ 0\end{bmatrix}u$ 运用能控性秩判据，由 $\operatorname{rank}[\boldsymbol{b}\quad \boldsymbol{A}\boldsymbol{b}]=\operatorname{rank}\begin{bmatrix}1 & 1\\ 0 & 3\end{bmatrix}=2=n$ 知系统完全能控，从而系统用状态反馈能任意配置全部闭环特征值。

(ii) 对 $\dot{\boldsymbol{x}}=\begin{bmatrix}1 & 0 & 0\\ 0 & -2 & 1\\ 0 & 0 & -2\end{bmatrix}\boldsymbol{x}+\begin{bmatrix}1 & 0\\ 0 & 1\\ 0 & 0\end{bmatrix}\boldsymbol{u}$ 运用能控性约当规范形判据，由"$\boldsymbol{b}_1=[1\ \ 0]$ 满足 $\neq\boldsymbol{0}$，$\boldsymbol{b}_3=[0\ \ 0]$ 不满足 $\neq\boldsymbol{0}$"知系统不完全能控，从而系统用状态反馈不能任意配置全部闭环特征值。

(iii) 对 $\dot{\boldsymbol{x}}=\begin{bmatrix}0 & 1 & 0 & 0\\ 0 & 0 & 1 & 0\\ 0 & 0 & 0 & 1\\ -2 & -4 & -3 & -5\end{bmatrix}\boldsymbol{x}+\begin{bmatrix}0 & 0 & 0\\ 0 & 0 & 1\\ 0 & 1 & 0\\ 1 & 0 & 0\end{bmatrix}\boldsymbol{u}$，由 $\operatorname{rank}\boldsymbol{B}=3$ 而运用能控性简化计算的秩判据导出的结果

$$\operatorname{rank}[\boldsymbol{B}\quad \boldsymbol{A}\boldsymbol{B}]=\operatorname{rank}\begin{bmatrix}0 & 0 & 0 & 0 & 0 & 1\\ 0 & 0 & 1 & 0 & 1 & 0\\ 0 & 1 & 0 & 1 & 0 & 0\\ 1 & 0 & 0 & -5 & -3 & -4\end{bmatrix}=\operatorname{rank}\begin{bmatrix}0 & 0 & 0 & 1\\ 0 & 0 & 1 & 0\\ 0 & 1 & 0 & 0\\ 1 & 0 & 0 & -4\end{bmatrix}=4=n$$

知系统完全能控，从而系统用状态反馈能任意配置全部闭环特征值。

题 6.2 给定单输入连续时间线性时不变受控系统：

$$\dot{\boldsymbol{x}}=\begin{bmatrix}1 & 2\\ 3 & 1\end{bmatrix}\boldsymbol{x}+\begin{bmatrix}1\\ 0\end{bmatrix}u$$

试确定一个状态反馈阵 $\boldsymbol{k}$，使闭环特征值配置为 $\lambda_1=-2+\mathrm{j}$ 和 $\lambda_2=-2-\mathrm{j}$。

解 本题属于运用状态反馈配置特征值的算法综合状态反馈阵的基本题。

本题受控系统同于题 5.1 (i)，前已判断其为完全能控，可用状态反馈配置全部闭环特征值。

（i）定出受控系统特征多项式 $\alpha(s)$ 和期望闭环特征多项式 $\alpha^*(s)$。对此，有

$$\alpha(s)=\det(s\boldsymbol{I}-\boldsymbol{A})=\det\begin{bmatrix}s-1 & -2\\ -3 & s-1\end{bmatrix}=s^2-2s-5$$

$$\alpha^*(s)=(s+2-j)(s+2+j)=s^2+4s+5$$

（ii）定出化能控规范形的变换阵 $\boldsymbol{P}$ 及其逆 $\boldsymbol{P}^{-1}$。对此，有

$$\boldsymbol{P}=\begin{bmatrix}\boldsymbol{Ab} & \boldsymbol{b}\end{bmatrix}\begin{bmatrix}1 & 0\\ \alpha_1 & 1\end{bmatrix}=\begin{bmatrix}1 & 1\\ 3 & 0\end{bmatrix}\begin{bmatrix}1 & 0\\ -2 & 1\end{bmatrix}=\begin{bmatrix}-1 & 1\\ 3 & 0\end{bmatrix},\quad \boldsymbol{P}^{-1}=\begin{bmatrix}-1 & 1\\ 3 & 0\end{bmatrix}^{-1}=\begin{bmatrix}0 & 1/3\\ 1 & 1/3\end{bmatrix}$$

（iii）定出状态反馈阵 $\boldsymbol{k}$。对此，即可导出

$$\boldsymbol{k}=\begin{bmatrix}\alpha_0^*-\alpha_0 & \alpha_1^*-\alpha_1\end{bmatrix}\boldsymbol{P}^{-1}=\begin{bmatrix}5+5 & 4+2\end{bmatrix}\begin{bmatrix}0 & 1/3\\ 1 & 1/3\end{bmatrix}$$

$$=\begin{bmatrix}10 & 6\end{bmatrix}\begin{bmatrix}0 & 1/3\\ 1 & 1/3\end{bmatrix}=\begin{bmatrix}6 & 16/3\end{bmatrix}$$

题 6.3 给定单输入单输出连续时间线性时不变受控系统的传递函数为

$$g_0(s)=\frac{1}{s(s+4)(s+8)}$$

试确定一个状态反馈阵 $\boldsymbol{k}$，使闭环极点配置为 $\lambda_1^*=-2$，$\lambda_2^*=-4$ 和 $\lambda_3^*=-7$。

解 本题属于运用状态反馈配置极点的算法综合状态反馈阵的基本题。

（i）定出受控系统特征多项式 $\alpha(s)$ 和系统传递函数的状态空间描述。对此，有

$$\alpha(s)=s(s+4)(s+8)=s^3+12s^2+32s$$

$$\boldsymbol{x}=\begin{bmatrix}0 & 1 & 0\\ 0 & 0 & 1\\ 0 & -32 & -12\end{bmatrix}\boldsymbol{x}+\begin{bmatrix}0\\ 0\\ 1\end{bmatrix}u,\quad y=\begin{bmatrix}1 & 0 & 0\end{bmatrix}\boldsymbol{x}$$

（ii）定出期望闭环特征多项式 $\alpha^*(s)$。对此，有

$$\alpha^*(s)=(s+2)(s+4)(s+7)=s^3+13s^2+50s+56$$

（iii）定出化能控规范形的变换阵 $\boldsymbol{P}$ 及其逆 $\boldsymbol{P}^{-1}$。考虑到上述导出的状态空间描述已

为能控规范形，有

$$P = P^{-1} = \begin{bmatrix} 1 & 0 & 0 \\ 0 & 1 & 0 \\ 0 & 0 & 1 \end{bmatrix}$$

（iv）定出状态反馈阵 $\boldsymbol{k}$ 。对此，即可导出

$$\begin{aligned} \boldsymbol{k} &= [\alpha_0^* - \alpha_0 \quad \alpha_1^* - \alpha_1 \quad \alpha_2^* - \alpha_2]\boldsymbol{P}^{-1} \\ &= [56-0 \quad 50-32 \quad 13-12] = [56 \quad 18 \quad 1] \end{aligned}$$

并且，由闭环传递函数

$$g_F(s) = \boldsymbol{c}(s\boldsymbol{I} - \boldsymbol{A} + \boldsymbol{bk})^{-1}\boldsymbol{b} = [1 \quad 0 \quad 0]\begin{bmatrix} s & -1 & 0 \\ 0 & s & -1 \\ 56 & 50 & s+13 \end{bmatrix}^{-1}\begin{bmatrix} 0 \\ 0 \\ 1 \end{bmatrix}$$

$$= \frac{1}{s^3+13s^2+50s+56}[1 \quad 0 \quad 0]\begin{bmatrix} * & * & 1 \\ * & * & s \\ * & * & s^2 \end{bmatrix}\begin{bmatrix} 0 \\ 0 \\ 1 \end{bmatrix} = \frac{1}{s^3+13s^2+50s+56}$$

可以验证系统实现了指定的期望极点配置。

题 6.4　对上题给出的受控系统，试确定一个状态反馈阵 $\boldsymbol{k}$，使相对于单位阶跃参考输入的输出过渡过程，满足期望指标：超调量 $\sigma \leqslant 20\%$，超调点时间 $t_\sigma \leqslant 0.4$ 秒。

解　本题属于运用极点配置算法按时域指标综合状态反馈阵的基本题。

（i）由给定时域指标导出期望闭环特征值组。将期望闭环特征值组分为两类，由时域指标决定的期望主导特征值对 λ_1^* 和 λ_2^*，以及与主导特征值对距离足够远的期望次要特征值 λ_3^*。进而，表期望主导特征值对为

$$\lambda_1^* = -\frac{1}{T}\zeta + \mathrm{j}\frac{1}{T}\sqrt{1-\zeta^2}\ ,\quad \lambda_2^* = -\frac{1}{T}\zeta - \mathrm{j}\frac{1}{T}\sqrt{1-\zeta^2}$$

并利用二阶系统时域性能指标与系统参数间的关系

$$0.2 \geqslant \sigma = \mathrm{e}^{-(\zeta/\sqrt{1-\zeta^2})\pi},\quad 0.4 \geqslant t_\sigma = \frac{\pi T}{\sqrt{1-\zeta^2}}$$

先行导出计算参数 ζ 和 T 的关系式。对此，由上述第一个关系式，可导出

$$\mathrm{e}^{-(\zeta/\sqrt{1-\zeta^2})\pi} = 1/\mathrm{e}^{(\zeta/\sqrt{1-\zeta^2})\pi},\quad \mathrm{e}^{(\zeta/\sqrt{1-\zeta^2})\pi} \geqslant \frac{1}{0.2} = 5$$

$$\frac{\zeta}{\sqrt{1-\zeta^2}} \geqslant \frac{\ln 5}{\pi} = \frac{1.60944}{3.14159} = 0.51230 = b\ ,\quad \frac{\zeta^2}{1-\zeta^2} \geqslant b^2 = 0.26245$$

从而，据此定出

$$\zeta \geqslant \sqrt{\frac{b^2}{1+b^2}} = \sqrt{\frac{0.26245}{1.26245}} = \sqrt{0.20789} = 0.45595$$

再由上述第二个关系式，并利用ζ的计算结果，又可定出

$$T=\frac{t_\sigma\sqrt{1-\zeta^2}}{\pi}\leqslant\frac{0.4\sqrt{1-\zeta^2}}{\pi}=\frac{0.4\times0.89001}{3.14159}=0.11332$$

基此，取满足这两个不等式的参数$\zeta=0.459$和$T=0.1098$，就可定出期望主导特征值对为

$$\lambda_1^*=-\frac{1}{T}\zeta+\mathrm{j}\frac{1}{T}\sqrt{1-\zeta^2}=-4.18+\mathrm{j}8.09\text{，}\quad\lambda_2^*=-\frac{1}{T}\zeta-\mathrm{j}\frac{1}{T}\sqrt{1-\zeta^2}=-4.18-\mathrm{j}8.09$$

再按“实部相距 4～6 倍”原则，在期望主导特征值对的左侧选取期望次要特征值为

$$\lambda_3^*=5\times\mathrm{Re}\,\lambda_1=5\times(-4.18)\approx-21$$

（ii）按导出的期望闭环特征值组综合状态反馈矩阵。对此，按与上题类同步骤进行综合。

首先，定出受控系统特征多项式$\alpha(s)$和系统传递函数的状态空间描述。对此，有

$$\alpha(s)=s(s+4)(s+8)=s^3+12s^2+32s$$

和

$$\dot{\boldsymbol{x}}=\begin{bmatrix}0&1&0\\0&0&1\\0&-32&-12\end{bmatrix}\boldsymbol{x}+\begin{bmatrix}0\\0\\1\end{bmatrix}u\text{，}\quad y=\begin{bmatrix}1&0&0\end{bmatrix}\boldsymbol{x}$$

其次，定出期望闭环特征多项式$\alpha^*(s)$。对此，有

$$\alpha^*(s)=(s+4.18-\mathrm{j}8.09)(s+4.18+\mathrm{j}8.09)(s+21)$$
$$=s^3+29.36s^2+258.48s+1741.33$$

再之，定出化能控规范形的变换阵$\boldsymbol{P}$及其逆$\boldsymbol{P}^{-1}$。考虑到由传递函数导出的状态空间描述已为能控规范形，有

$$\boldsymbol{P}=\boldsymbol{P}^{-1}=\begin{bmatrix}1&0&0\\0&1&0\\0&0&1\end{bmatrix}$$

最后，定出状态反馈阵$\boldsymbol{k}$。对此，即可导出

$$\boldsymbol{k}=[\alpha_0^*-\alpha_0\quad\alpha_1^*-\alpha_1\quad\alpha_2^*-\alpha_2]\boldsymbol{P}^{-1}$$
$$=[1741.33-0\quad 258.48-32\quad 29.36-12]=[1741.33\quad 226.48\quad 17.36]$$

对本题第一部分求解过程加以引申，可以得到如下一般性结论。

推论 6.4 对单位阶跃参考输入的输出期望指标的超调量$\sigma\leqslant\sigma_0$和超调点时间$t_\sigma\leqslant t_\sigma^*$秒，对应的期望主导特征值对$\lambda_1^*$和$\lambda_2^*$可如下地确定：先行计算

$$\zeta\geqslant\sqrt{\frac{b^2}{1+b^2}}\text{，}\quad b=\frac{\ln\left(\dfrac{1}{\sigma_0}\right)}{\pi}\text{，}\quad T\leqslant\frac{t_\sigma^*\sqrt{1-\zeta^2}}{\pi}$$

则在选定后可基此定出

$$\lambda_1^* = -\frac{1}{T}\zeta + \mathrm{j}\frac{1}{T}\sqrt{1-\zeta^2}，\quad \lambda_2^* = -\frac{1}{T}\zeta - \mathrm{j}\frac{1}{T}\sqrt{1-\zeta^2}$$

题 6.5 给定连续时间线性时不变受控系统：

$$\dot{\boldsymbol{x}} = \begin{bmatrix} 1 & 1 \\ 0 & 1 \end{bmatrix}\boldsymbol{x} + \begin{bmatrix} 0 \\ 1 \end{bmatrix}u$$

$$y = \begin{bmatrix} 2 & 0 \\ 0 & 1 \end{bmatrix}\boldsymbol{x}$$

试确定一个输出反馈阵 $\boldsymbol{f}$，使闭环特征值配置为 $\lambda_1^* = -2$ 和 $\lambda_2^* = -4$。

解 本题属于输出反馈配置指定闭环特征值的一类特殊问题。输出反馈一般不能任意配置系统的全部特征值。但本题中输出矩阵 $\boldsymbol{C}$ 为非奇异，使得可先定出配置极点的状态反馈矩阵 $\boldsymbol{k}$，再基此确定配置指定极点的输出反馈阵 $\boldsymbol{f}$。

（i）判断受控系统能控性。对此，运用能控性秩判据，由

$$\mathrm{rank}[\boldsymbol{b}\quad \boldsymbol{Ab}] = \mathrm{rank}\begin{bmatrix} 0 & 1 \\ 1 & 1 \end{bmatrix} = 2 = n$$

知系统完全能控，表明可用状态反馈任意配置指定极点。

（ii）综合配置指定极点的状态反馈阵。先行定出受控系统特征多项式 $\alpha(s)$ 和期望闭环特征多项式 $\alpha^*(s)$，有

$$\alpha(s) = \det(s\boldsymbol{I} - \boldsymbol{A}) = \det\begin{bmatrix} s-1 & -1 \\ 0 & s-1 \end{bmatrix} = s^2 - 2s + 1$$

$$\alpha^*(s) = (s+2)(s+4) = s^2 + 6s + 8$$

再导出化能控规范形的变换矩阵 $\boldsymbol{P}$ 及其逆 $\boldsymbol{P}^{-1}$：

$$\boldsymbol{P} = \begin{bmatrix} \boldsymbol{Ab} & \boldsymbol{b} \end{bmatrix}\begin{bmatrix} 1 & 0 \\ \alpha_1 & 1 \end{bmatrix} = \begin{bmatrix} 1 & 0 \\ 1 & 1 \end{bmatrix}\begin{bmatrix} 1 & 0 \\ -2 & 1 \end{bmatrix} = \begin{bmatrix} 1 & 0 \\ -1 & 1 \end{bmatrix}，\quad \boldsymbol{P}^{-1} = \begin{bmatrix} 1 & 0 \\ -1 & 1 \end{bmatrix}^{-1} = \begin{bmatrix} 1 & 0 \\ 1 & 1 \end{bmatrix}$$

基此，定出配置指定极点的状态反馈阵为

$$\boldsymbol{k} = \begin{bmatrix} \alpha_0^* - \alpha_0 & \alpha_1^* - \alpha_1 \end{bmatrix}\boldsymbol{P}^{-1} = \begin{bmatrix} 7 & 8 \end{bmatrix}\begin{bmatrix} 1 & 0 \\ 1 & 1 \end{bmatrix} = \begin{bmatrix} 15 & 8 \end{bmatrix}$$

（iii）综合配置指定极点的输出反馈阵。对此，考虑到输出矩阵 $\boldsymbol{C}$ 为非奇异，由使

$$\boldsymbol{kx} = \boldsymbol{kC}^{-1}\boldsymbol{Cx} = \boldsymbol{kC}^{-1}y = \boldsymbol{f}y$$

即可导出配置指定极点的输出反馈阵为

$$\boldsymbol{f} = \boldsymbol{kC}^{-1} = \begin{bmatrix} 15 & 8 \end{bmatrix}\begin{bmatrix} 2 & 0 \\ 0 & 1 \end{bmatrix}^{-1} = \begin{bmatrix} 15 & 8 \end{bmatrix}\begin{bmatrix} 1/2 & 0 \\ 0 & 1 \end{bmatrix} = \begin{bmatrix} 15/2 & 8 \end{bmatrix}$$

对本题求解过程加以引申，可以得到如下一般性结论。

推论 6.5 对“输出矩阵 $\boldsymbol{C}$ 非奇异”一类多输出连续时间线性时不变系统“ $\dot{\boldsymbol{x}} =$

$Ax+Bu$， $y=Cx$”，系统可基于输出反馈任意配置全部闭环特征值的充分必要条件是系统完全能控。进而，在定出配置指定期望特征值组的状态反馈阵 K 后，则配置指定期望特征值组的输出反馈阵 $F=KC^{-1}$。

题 6.6 给定单输入连续时间线性时不变受控系统：

$$\dot{x}=\begin{bmatrix}2&1&0&0\\0&2&0&0\\0&0&-2&0\\0&0&0&-2\end{bmatrix}x+\begin{bmatrix}0\\1\\1\\1\end{bmatrix}u$$

分别判断是否存在状态反馈阵 k，使闭环特征值配置到下列期望位置：

(i) $\lambda_1^*=-2$，$\lambda_2^*=-2$，$\lambda_3^*=-2$，$\lambda_4^*=-2$

(ii) $\lambda_1^*=-3$，$\lambda_2^*=-3$，$\lambda_3^*=-3$，$\lambda_4^*=-2$

(iii) $\lambda_1^*=-3$，$\lambda_2^*=-4$，$\lambda_3^*=-3$，$\lambda_4^*=-3$

解 本题属于灵活运用“状态反馈配置指定特征值组应满足条件”的基本题。

系统矩阵 A 已为约当规范形，对应特征值 $\lambda_1=2$ 有一个约当小块，对应特征值 $\lambda_2=-2$ 有两个约当小块。取出矩阵 b 中相应于各约当小块末行的那些行，并加判断，有

$$b_2=1\neq 0,\quad \operatorname{rank}\begin{bmatrix}b_3\\b_4\end{bmatrix}=\operatorname{rank}\begin{bmatrix}1\\1\end{bmatrix}=1<2$$

由能控性约当规范形判据知，系统不完全能控。并且，进而可知

$\lambda_1=2$，$\lambda_2=2$，$\lambda_3=-2$ 为系统能控部分的特征值

$\lambda_4=-2$ 为系统不能控部分的特征值

(i) 期望闭环特征值组为“$\lambda_1^*=-2,\lambda_2^*=-2,\lambda_3^*=-2,\lambda_4^*=-2$”情形。尽管受控系统不能控部分特征值 $\lambda_4=-2$ 不能任意配置，但由于“$\lambda_4=-2$”同于“$\lambda_4^*=-2$”，而系统能控部分特征值必可通过状态反馈配置到期望特征值 $\lambda_1^*=-2,\lambda_2^*=-2,\lambda_3^*=-2$。基此可知，必存在状态反馈阵 k，使可实现指定的这组期望极点配置。

(ii) 期望闭环特征值组为“$\lambda_1^*=-3,\lambda_2^*=-3,\lambda_3^*=-3,\lambda_4^*=-2$”情形。尽管受控系统不能控部分特征值 $\lambda_4=-2$ 不能任意配置，但由于“$\lambda_4=-2$”同于“$\lambda_4^*=-2$”，而系统能控部分特征值必可通过状态反馈配置到期望特征值 $\lambda_1^*=-3,\lambda_2^*=-3,\lambda_3^*=-3$。基此可知，必存在状态反馈阵 k，使可实现指定的这组期望极点配置。

(iii) 期望闭环特征值组为“$\lambda_1^*=-3,\lambda_2^*=-4,\lambda_3^*=-3,\lambda_4^*=-3$”情形。由于受控系统不能控部分的特征值 $\lambda_4=-2$ 不能任意配置，且有

$$\text{“}-2=\lambda_4\text{”}\neq\text{“}\lambda_i^*=-3\text{或}-4\text{”},\quad i=1,2,3,4$$

基此可知，必不存在状态反馈阵 k，使可实现指定的这组期望极点配置。

对本题求解过程加以引申，可以得到如下一般性结论。

推论 6.6 对 n 维不完全能控的连续时间线性时不变系统“ $\dot{\boldsymbol{x}}=\boldsymbol{A}\boldsymbol{x}+\boldsymbol{B}\boldsymbol{u}$ ， $\boldsymbol{y}=\boldsymbol{C}\boldsymbol{x}$ ”，表

$$\text{系统能控部分特征值}\ \{\lambda_1,\lambda_2,\cdots,\lambda_\beta\}$$

$$\text{系统不能控部分特征值}\ \{\lambda_{\beta+1},\lambda_{\beta+2},\cdots,\lambda_n\}$$

$$\text{期望闭环特征值组}\ \{\lambda_1^*,\lambda_2^*,\cdots,\lambda_n^*\}$$

那么，若

$$\{\lambda_{\beta+1},\lambda_{\beta+2},\cdots,\lambda_n\}\ \text{全部属于}\ \{\lambda_1^*,\lambda_2^*,\cdots,\lambda_n^*\}$$

则必存在状态反馈阵 $\boldsymbol{K}$ 使可实现指定的期望极点配置；若

$$\{\lambda_{\beta+1},\lambda_{\beta+2},\cdots,\lambda_n\}\ \text{部分属于或不属于}\ \{\lambda_1^*,\lambda_2^*,\cdots,\lambda_n^*\}$$

则必不存在状态反馈阵 $\boldsymbol{K}$ 使可实现指定的期望极点配置。

题 6.7 给定连续时间线性时不变受控系统：

$$\dot{\boldsymbol{x}}=\begin{bmatrix}1&1&0\\0&1&0\\0&0&2\end{bmatrix}\boldsymbol{x}+\begin{bmatrix}0&0\\1&0\\0&-1\end{bmatrix}\boldsymbol{u}$$

确定两个不同状态反馈阵 $\boldsymbol{K}_1$ 和 $\boldsymbol{K}_2$ ，使闭环特征值配置为

$$\lambda_1^*=-2,\quad \lambda_2^*=-1+\mathrm{j}2,\quad \lambda_3^*=-1-\mathrm{j}2$$

解 本题属于对多输入线性时不变系统配置指定闭环特征值的综合状态反馈阵的基本题。

系统矩阵 $\boldsymbol{A}$ 为约当规范形，对应特征值 $\lambda_1=1$ 和特征值 $\lambda_2=2$ 各只有一个约当小块。取出矩阵 $\boldsymbol{B}$ 中对应于各约当小块末行的那些行，并加判断，有

$$\boldsymbol{b}_2=[1\quad 0]\neq\boldsymbol{0},\quad \boldsymbol{b}_3=[0\quad -1]\neq\boldsymbol{0}$$

由能控性约当规范形判据知系统完全能控，从而用状态反馈能任意配置系统全部闭环特征值。

(i)“等价单输入法”综合状态反馈阵 $\boldsymbol{K}_1$

首先，判断矩阵 $\boldsymbol{A}$ 的循环性并构造等价输入矩阵 $\boldsymbol{b}$ 。$\boldsymbol{A}$ 为约当规范形，对应 $\lambda_1=1$ 和 $\lambda_2=2$ 各只有一个约当小块，则由“矩阵循环性约当规范形判据”知 $\boldsymbol{A}$ 为循环。基此，选取二维向量 $\boldsymbol{\rho}$ 并定出等价输入矩阵 $\boldsymbol{b}$ 使 $(\boldsymbol{A},\boldsymbol{b})$ 完全能控，有

$$\boldsymbol{\rho}=\begin{bmatrix}2\\1\end{bmatrix},\quad \boldsymbol{b}=\boldsymbol{B}\boldsymbol{\rho}=\begin{bmatrix}0&0\\1&0\\0&-1\end{bmatrix}\begin{bmatrix}2\\1\end{bmatrix}=\begin{bmatrix}0\\2\\-1\end{bmatrix}$$

取出 $\boldsymbol{b}$ 中相应 $\lambda_1=1$ 和 $\lambda_2=2$ 的约当小块末行的那些行，有 $b_2=2\neq 0$ 和 $b_3=-1\neq 0$ ，可知满足“$(\boldsymbol{A},\boldsymbol{b})$ 完全能控”要求。

进而，对 $(\boldsymbol{A},\boldsymbol{b})$ 配置指定期望闭环特征值组综合状态反馈阵 $\boldsymbol{k}$ 。先行定出系统特征

多项式$\alpha(s)$和期望闭环特征多项式$\alpha^*(s)$为

$$\alpha(s)=\det(s\boldsymbol{I}-\boldsymbol{A})=\det\begin{bmatrix} s-1 & -1 & 0 \\ 0 & s-1 & 0 \\ 0 & 0 & s-2 \end{bmatrix}=s^3-4s^2+5s-2$$

和

$$\alpha^*(s)=(s+2)(s+1-\mathrm{j}2)(s+1+\mathrm{j}2)=s^3+4s^2+9s+10$$

并导出化能控规范形的变换阵$\boldsymbol{P}$及其逆$\boldsymbol{P}^{-1}$为

$$\boldsymbol{P}=\begin{bmatrix} \boldsymbol{A}^2\boldsymbol{b} & \boldsymbol{A}\boldsymbol{b} & \boldsymbol{b} \end{bmatrix}\begin{bmatrix} 1 & 0 & 0 \\ \alpha_2 & 1 & 0 \\ \alpha_1 & \alpha_2 & 1 \end{bmatrix}=\begin{bmatrix} 4 & 2 & 0 \\ 2 & 2 & 2 \\ -4 & -2 & -1 \end{bmatrix}\begin{bmatrix} 1 & 0 & 0 \\ -4 & 1 & 0 \\ 5 & -4 & 1 \end{bmatrix}=\begin{bmatrix} -4 & 2 & 0 \\ 4 & -6 & 2 \\ -1 & 2 & -1 \end{bmatrix}$$

$$\boldsymbol{P}^{-1}=\begin{bmatrix} -4 & 2 & 0 \\ 4 & -6 & 2 \\ -1 & 2 & -1 \end{bmatrix}^{-1}=-\frac{1}{2}\begin{bmatrix} 1 & 1 & 2 \\ 1 & 2 & 4 \\ 1 & 3 & 8 \end{bmatrix}$$

基于上述结果，即可定出等价单输入系统$(\boldsymbol{A}, \boldsymbol{b})$的状态反馈阵$\boldsymbol{k}$为

$$\boldsymbol{k}=[\alpha_0^*-\alpha_0 \quad \alpha_1^*-\alpha_1 \quad \alpha_2^*-\alpha_2]\boldsymbol{P}^{-1}$$

$$=\begin{bmatrix} 12 & 4 & 8 \end{bmatrix}\begin{bmatrix} 1 & 1 & 2 \\ 1 & 2 & 4 \\ 1 & 3 & 8 \end{bmatrix}\left(-\frac{1}{2}\right)=\begin{bmatrix} -12 & -22 & -52 \end{bmatrix}$$

最后，对原系统确定实现指定闭环特征值配置的状态反馈矩阵$\boldsymbol{K}_1$。对此，有

$$\boldsymbol{K}_1=\boldsymbol{\rho}\,\boldsymbol{k}=\begin{bmatrix} 2 \\ 1 \end{bmatrix}\begin{bmatrix} -12 & -22 & -52 \end{bmatrix}=\begin{bmatrix} -24 & -44 & -104 \\ -12 & -22 & -52 \end{bmatrix}$$

且可看出，综合得到的状态反馈矩阵$\boldsymbol{K}_1$是秩 1 的。

(ii)“龙伯格能控规范形法”综合状态反馈阵$\boldsymbol{K}_2$

首先，导出给定系统状态方程的龙伯格能控规范形。组成和计算出系统能控性判别矩阵

$$\begin{bmatrix} \boldsymbol{B} & \boldsymbol{AB} & \boldsymbol{A}^2\boldsymbol{B} \end{bmatrix}=[\boldsymbol{b}_1\ \boldsymbol{b}_2\ \boldsymbol{Ab}_1\ \boldsymbol{Ab}_2\ \boldsymbol{A}^2\boldsymbol{b}_1\ \boldsymbol{A}^2\boldsymbol{b}_2]=\begin{bmatrix} 0 & 0 & 1 & * & * & * \\ 1 & 0 & 1 & * & * & * \\ 0 & -1 & 0 & * & * & * \end{bmatrix}$$

按行搜索法找出判别矩阵中三个线性无关列“$\boldsymbol{b}_1, \boldsymbol{b}_2, \boldsymbol{Ab}_1$”，以*表示的列因无须用到而不必计算。基此，组成预变换阵$\boldsymbol{P}^{-1}$并定出其逆$\boldsymbol{P}$，有

$$\boldsymbol{P}^{-1}=[\boldsymbol{b}_1\ \boldsymbol{Ab}_1\ \boldsymbol{b}_2]=\begin{bmatrix} 0 & 1 & 0 \\ 1 & 1 & 0 \\ 0 & 0 & -1 \end{bmatrix},\quad \boldsymbol{P}=\begin{bmatrix} \boldsymbol{p}_1' \\ \boldsymbol{p}_2' \\ \boldsymbol{p}_3' \end{bmatrix}=\begin{bmatrix} 0 & 1 & 0 \\ 1 & 1 & 0 \\ 0 & 0 & -1 \end{bmatrix}^{-1}=\begin{bmatrix} -1 & 1 & 0 \\ 1 & 0 & 0 \\ 0 & 0 & -1 \end{bmatrix}$$

由此，导出变换矩阵 $\boldsymbol{S}^{-1}$ 及其逆 $\boldsymbol{S}$，有

$$\boldsymbol{S}^{-1}=\begin{bmatrix}\boldsymbol{p}_2'\\ \boldsymbol{p}_2'\boldsymbol{A}\\ \boldsymbol{p}_3'\end{bmatrix}=\begin{bmatrix}1&0&0\\1&1&0\\0&0&-1\end{bmatrix},\quad \boldsymbol{S}=\begin{bmatrix}1&0&0\\1&1&0\\0&0&-1\end{bmatrix}^{-1}=\begin{bmatrix}1&0&0\\-1&1&0\\0&0&-1\end{bmatrix}$$

从而，可以定出给定系统状态方程的龙伯格能控规范形为

$$\hat{\boldsymbol{A}}=\boldsymbol{S}^{-1}\boldsymbol{A}\boldsymbol{S}=\begin{bmatrix}1&0&0\\1&1&0\\0&0&-1\end{bmatrix}\begin{bmatrix}1&1&0\\0&1&0\\0&0&2\end{bmatrix}\begin{bmatrix}1&0&0\\-1&1&0\\0&0&-1\end{bmatrix}=\begin{bmatrix}0&1&0\\-1&2&0\\0&0&2\end{bmatrix}$$

$$\hat{\boldsymbol{B}}=\boldsymbol{S}^{-1}\boldsymbol{B}=\begin{bmatrix}1&0&0\\1&1&0\\0&0&-1\end{bmatrix}\begin{bmatrix}0&0\\1&0\\0&-1\end{bmatrix}=\begin{bmatrix}0&0\\1&0\\0&1\end{bmatrix}$$

进而，对龙伯格能控规范形 $(\hat{\boldsymbol{A}},\hat{\boldsymbol{B}})$ 综合状态反馈阵 $\bar{\boldsymbol{K}}$。对此，考虑到

$$\hat{\boldsymbol{A}}=\begin{bmatrix}\hat{\boldsymbol{A}}_{11}&\hat{\boldsymbol{A}}_{12}\\ \hat{\boldsymbol{A}}_{21}&\hat{\boldsymbol{A}}_{22}\end{bmatrix},\quad \hat{\boldsymbol{A}}_{11}=\begin{bmatrix}0&1\\-1&2\end{bmatrix},\quad \hat{\boldsymbol{A}}_{22}=2,\quad \hat{\boldsymbol{A}}_{12}=\begin{bmatrix}0\\0\end{bmatrix},\quad \hat{\boldsymbol{A}}_{22}=[0\quad 0]$$

相应地将期望闭环特征值分为两组 $\{\lambda_2^*=-1+\mathrm{j}2,\lambda_3^*=-1-\mathrm{j}2\}$ 和 $\{\lambda_1^*=-2\}$，并分别定出其特征多项式为

$$\alpha_1^*(s)=(s+1-\mathrm{j}2)(s+1+\mathrm{j}2)=s^2+2s+5,\quad \alpha_2^*(s)=s+2$$

基于上述结果，即可导出状态反馈阵 $\bar{\boldsymbol{K}}$ 为

$$\bar{\boldsymbol{K}}=\begin{bmatrix}\alpha_{10}^*-\alpha_{10}&\alpha_{11}^*-\alpha_{11}&0\\0&0&\alpha_{20}^*-\alpha_{20}\end{bmatrix}=\begin{bmatrix}5-1&2-(-2)&0\\0&0&2-(-2)\end{bmatrix}=\begin{bmatrix}4&4&0\\0&0&4\end{bmatrix}$$

最后，对原系统确定实现指定闭环特征值配置的状态反馈矩阵 $\boldsymbol{K}_2$。对此，有

$$\boldsymbol{K}_2=\bar{\boldsymbol{K}}\boldsymbol{S}^{-1}=\begin{bmatrix}4&4&0\\0&0&4\end{bmatrix}\begin{bmatrix}1&0&0\\1&1&0\\0&0&-1\end{bmatrix}=\begin{bmatrix}8&4&0\\0&0&-4\end{bmatrix}$$

且可看出，综合得到的状态反馈矩阵 $\boldsymbol{K}_2$ 不是秩 1 的。

题 6.8 给定连续时间线性时不变受控系统：

$$\dot{\boldsymbol{x}}=\begin{bmatrix}0&2&0&0\\0&0&1&0\\-3&1&2&3\\2&1&0&0\end{bmatrix}\boldsymbol{x}+\begin{bmatrix}0&0\\0&0\\1&2\\0&2\end{bmatrix}\boldsymbol{u}$$

确定两个不同状态反馈阵 $\boldsymbol{K}_1$ 和 $\boldsymbol{K}_2$，使闭环特征值配置为

$$\lambda_{1,2}^*=-2\pm\mathrm{j}3,\quad \lambda_{3,4}^*=-5\pm\mathrm{j}6$$

解 本题属于对多输入线性时不变系统配置指定闭环特征值的综合状态反馈阵的基本题。

对给定系统，注意到 $\text{rank}\,\boldsymbol{B}=2$，组成其能控性简化计算判别阵并加判断：

$$\text{rank}\begin{bmatrix}\boldsymbol{B} & \boldsymbol{AB} & \boldsymbol{A}^2\boldsymbol{B}\end{bmatrix}=\text{rank}\begin{bmatrix}0&0&0&0&2&*\\0&0&1&2&2&*\\1&2&2&10&5&*\\0&2&0&0&1&*\end{bmatrix}=\text{rank}\begin{bmatrix}0&0&0&2\\0&0&1&2\\1&2&2&5\\0&2&0&1\end{bmatrix}=4=n$$

其中$*$表示的列必和先前各列线性相关而无须计算。基此，由能控性秩判据知系统完全能控，系统可用状态反馈任意配置全部闭环特征值。

(i)"龙伯格能控规范形法"综合状态反馈阵 $\boldsymbol{K}_1$

首先，导出给定系统状态方程的龙伯格能控规范形。组成和计算出系统能控性判别矩阵

$$[\boldsymbol{B}\ \boldsymbol{AB}\ \boldsymbol{A}^2\boldsymbol{B}\ \boldsymbol{A}^3\boldsymbol{B}]=[\boldsymbol{b}_1\ \boldsymbol{b}_2\ \boldsymbol{Ab}_1\ \boldsymbol{Ab}_2\ \boldsymbol{A}^2\boldsymbol{b}_1\ \boldsymbol{A}^2\boldsymbol{b}_2\ \boldsymbol{A}^3\boldsymbol{b}_1\ \boldsymbol{A}^3\boldsymbol{b}_2]$$
$$=\begin{bmatrix}0&*&0&*&2&*&4&*\\0&*&1&*&2&*&5&*\\1&*&2&*&5&*&9&*\\0&*&0&*&1&*&6&*\end{bmatrix}$$

按列搜索法找出判别矩阵中的 4 个线性无关列"$\boldsymbol{b}_1,\boldsymbol{Ab}_1,\boldsymbol{A}^2\boldsymbol{b}_1,\boldsymbol{A}^3\boldsymbol{b}_1$"，以$*$表示的列因无须用到而不必计算。基此，组成预变换阵 $\boldsymbol{P}^{-1}$ 并定出其逆 $\boldsymbol{P}$，有

$$\boldsymbol{P}^{-1}=[\boldsymbol{b}_1\ \boldsymbol{Ab}_1\ \boldsymbol{A}^2\boldsymbol{b}_1\ \boldsymbol{A}^3\boldsymbol{b}_1]=\begin{bmatrix}0&0&2&4\\0&1&2&5\\1&2&5&9\\0&0&1&6\end{bmatrix}$$

$$\boldsymbol{P}=\begin{bmatrix}\boldsymbol{p}_1'\\\boldsymbol{p}_2'\\\boldsymbol{p}_3'\\\boldsymbol{p}_4'\end{bmatrix}=\begin{bmatrix}0&0&2&4\\0&1&2&5\\1&2&5&9\\0&0&1&6\end{bmatrix}^{-1}=\left(-\frac{1}{8}\right)\begin{bmatrix}7&16&-8&-6\\7&-8&0&2\\-6&0&0&4\\1&0&0&-2\end{bmatrix}$$

由此，导出变换矩阵 $\boldsymbol{S}^{-1}$ 及其逆 $\boldsymbol{S}$，有

$$\boldsymbol{S}^{-1}=\begin{bmatrix}\boldsymbol{p}_4'\\\boldsymbol{p}_4'\boldsymbol{A}\\\boldsymbol{p}_4'\boldsymbol{A}^2\\\boldsymbol{p}_4'\boldsymbol{A}^3\end{bmatrix}=\begin{bmatrix}-1/8&0&0&1/4\\1/2&0&0&0\\0&1&0&0\\0&0&1&0\end{bmatrix},\quad \boldsymbol{S}=\begin{bmatrix}-1/8&0&0&1/4\\1/2&0&0&0\\0&1&0&0\\0&0&1&0\end{bmatrix}^{-1}=\begin{bmatrix}0&2&0&0\\0&0&1&0\\0&0&0&1\\4&1&0&0\end{bmatrix}$$

从而，可以定出给定系统状态方程的龙伯格能控规范形为

$$\hat{A}=S^{-1}AS=\begin{bmatrix}-1/8 & 0 & 0 & 1/4\\ 1/2 & 0 & 0 & 0\\ 0 & 1 & 0 & 0\\ 0 & 0 & 1 & 0\end{bmatrix}\begin{bmatrix}0 & 2 & 0 & 0\\ 0 & 0 & 1 & 0\\ -3 & 1 & 2 & 3\\ 2 & 1 & 0 & 0\end{bmatrix}\begin{bmatrix}0 & 2 & 0 & 0\\ 0 & 0 & 1 & 0\\ 0 & 0 & 0 & 1\\ 4 & 1 & 0 & 0\end{bmatrix}=\begin{bmatrix}0 & 1 & 0 & 0\\ 0 & 0 & 1 & 0\\ 0 & 0 & 0 & 1\\ 12 & -3 & 1 & 2\end{bmatrix}$$

$$\hat{B}=S^{-1}B=\begin{bmatrix}-1/8 & 0 & 0 & 1/4\\ 1/2 & 0 & 0 & 0\\ 0 & 1 & 0 & 0\\ 0 & 0 & 1 & 0\end{bmatrix}\begin{bmatrix}0 & 0\\ 0 & 0\\ 1 & 2\\ 0 & 2\end{bmatrix}=\begin{bmatrix}0 & 1/2\\ 0 & 0\\ 0 & 0\\ 1 & 2\end{bmatrix}$$

进而，对龙伯格能控规范形 $(\hat{A}, \hat{B})$ 综合状态反馈阵 $\bar{K}$ 。考虑到 $\hat{A}$ 只含一个块阵，相应地期望闭环特征值无须分组，并定出期望特征多项式为

$$\begin{aligned}\alpha^*(s)&=(s+2-\mathrm{j}3)(s+2+\mathrm{j}3)(s+5-\mathrm{j}6)(s+5+\mathrm{j}6)\\ &=s^4+14s^3+114s^2+374s+793\end{aligned}$$

基于上述结果，即可导出状态反馈阵 $\bar{K}$ 为

$$\bar{K}=\begin{bmatrix}\alpha_0^*-\alpha_0 & \alpha_1^*-\alpha_1 & \alpha_2^*-\alpha_2 & \alpha_3^*-\alpha_3\\ 0 & 0 & 0 & 0\end{bmatrix}$$

$$=\begin{bmatrix}793-(-12) & 374-3 & 114-(-1) & 14-(-2)\\ 0 & 0 & 0 & 0\end{bmatrix}=\begin{bmatrix}805 & 371 & 115 & 16\\ 0 & 0 & 0 & 0\end{bmatrix}$$

最后，对原系统确定实现指定特征值配置的状态反馈阵 K_1 。对此，有

$$K_1=\bar{K}S^{-1}=\begin{bmatrix}805 & 371 & 115 & 16\\ 0 & 0 & 0 & 0\end{bmatrix}\begin{bmatrix}-1/8 & 0 & 0 & 1/4\\ 1/2 & 0 & 0 & 0\\ 0 & 1 & 0 & 0\\ 0 & 0 & 1 & 0\end{bmatrix}=\begin{bmatrix}679/8 & 115 & 16 & 805/4\\ 0 & 0 & 0 & 0\end{bmatrix}$$

且可看出，综合得到的状态反馈阵 K_1 是秩 1 的。

（ii）“等价单输入法”综合状态反馈阵 K_2

首先，判断矩阵 A 的循环性并构造等价输入矩阵 b 。先行导出系统的特征多项式：

$$\alpha(s)=\det(sI-A)=\det\begin{bmatrix}s & -2 & 0 & 0\\ 0 & s & -1 & 0\\ 3 & -1 & s-2 & -3\\ -2 & -1 & 0 & s\end{bmatrix}$$

$$=s^4-2s^3-s^2+3s-12=(s^2-0.8583s-4.5929)(s^2-1.1417s+2.6127)$$

容易定出其特征值两两相异，可知系统为循环。基此，选取二维向量 ρ 并定出等价输入矩阵 b 使 (A, b) 完全能控，有

$$\boldsymbol{\rho}=\begin{bmatrix}2\\1\end{bmatrix},\quad \boldsymbol{b}=\boldsymbol{B\rho}=\begin{bmatrix}0&0\\0&0\\1&2\\0&2\end{bmatrix}\begin{bmatrix}2\\1\end{bmatrix}=\begin{bmatrix}0\\0\\4\\2\end{bmatrix}$$

运用能控性秩判据导出判断结果

$$\text{rank}[\boldsymbol{b}\ \ \boldsymbol{Ab}\ \ \boldsymbol{A}^2\boldsymbol{b}\ \ \boldsymbol{A}^3\boldsymbol{b}]=\text{rank}\begin{bmatrix}0&0&8&28\\0&4&14&32\\4&14&32&66\\2&0&4&30\end{bmatrix}=4=n$$

可知满足“$(\boldsymbol{A},\boldsymbol{b})$完全能控”要求。

进而，对$(\boldsymbol{A},\boldsymbol{b})$配置指定期望闭环特征值组综合状态反馈阵。先行导出系统特征多项式$\alpha(s)$和期望闭环特征多项式$\alpha^*(s)$为

$$\alpha(s)=s^4-2s^3-s^2+3s-12$$

$$\alpha^*(s)=(s+2-\text{j}3)(s+2+\text{j}3)(s+5-\text{j}6)(s+5+\text{j}6)$$

$$=s^4+14s^3+114s^2+374s+793$$

并定出化$(\boldsymbol{A},\boldsymbol{b})$为能控规范形的变换阵$\boldsymbol{P}$及其逆$\boldsymbol{P}^{-1}$，有

$$\boldsymbol{P}=[\boldsymbol{A}^3\boldsymbol{b}\ \ \boldsymbol{A}^2\boldsymbol{b}\ \ \boldsymbol{Ab}\ \ \boldsymbol{b}]\begin{bmatrix}1&0&0&0\\\alpha_3&1&0&0\\\alpha_2&\alpha_3&1&0\\\alpha_1&\alpha_2&\alpha_3&1\end{bmatrix}$$

$$=\begin{bmatrix}28&8&0&0\\32&14&4&0\\66&32&14&4\\30&4&0&2\end{bmatrix}\begin{bmatrix}1&0&0&0\\-2&1&0&0\\-1&-2&1&0\\3&-1&-2&1\end{bmatrix}=\begin{bmatrix}12&8&0&0\\0&6&4&0\\0&0&6&4\\28&2&-4&2\end{bmatrix}$$

$$\boldsymbol{P}^{-1}=\begin{bmatrix}12&8&0&0\\0&6&4&0\\0&0&6&4\\28&2&-4&2\end{bmatrix}^{-1}=\left(-\frac{1}{1184}\right)\begin{bmatrix}200&-224&64&-128\\-448&336&-96&192\\672&-800&144&-288\\-1008&1200&-512&432\end{bmatrix}$$

基于上述结果，即可定出等价单输入系统的状态反馈阵$\boldsymbol{k}$为

$$\boldsymbol{k}=[\alpha_0^*-\alpha_0\quad \alpha_1^*-\alpha_1\quad \alpha_2^*-\alpha_2\quad \alpha_3^*-\alpha_3]\boldsymbol{P}^{-1}$$

$$=[805\quad 371\quad 115\quad 16]\begin{bmatrix}200&-224&64&-128\\-448&336&-96&192\\672&-800&114&-288\\-1008&1200&-512&432\end{bmatrix}\left(-\frac{1}{1184}\right)$$

$$=\frac{1}{1184}\begin{bmatrix}-55944 & 128464 & -20822 & 58016\end{bmatrix}$$

最后，对原系统综合实现指定闭环特征值配置的状态反馈阵 $\boldsymbol{K}_2$。对此，有

$$\boldsymbol{K}_2=\rho\boldsymbol{k}=\begin{bmatrix}2\\1\end{bmatrix}\begin{bmatrix}-55944 & 128464 & -20822 & 58016\end{bmatrix}\left(\frac{1}{1184}\right)$$

$$=\begin{bmatrix}-94.50 & 217 & -35.17 & 98\\ -47.25 & 108.50 & -17.59 & 49\end{bmatrix}$$

且可看出，综合得到的状态反馈阵 $\boldsymbol{K}_2$ 是秩 1 的。

题 6.9　分别判断下列各连续时间线性时不变系统能否可用状态反馈镇定：

（i）$\dot{\boldsymbol{x}}=\begin{bmatrix}1 & 3\\2 & 1\end{bmatrix}\boldsymbol{x}+\begin{bmatrix}0\\1\end{bmatrix}u$

（ii）$\dot{\boldsymbol{x}}=\begin{bmatrix}4 & 2\\0 & -2\end{bmatrix}\boldsymbol{x}+\begin{bmatrix}1\\0\end{bmatrix}u$

（iii）$\dot{\boldsymbol{x}}=\begin{bmatrix}1 & 0 & 0\\0 & -2 & 1\\0 & 0 & -2\end{bmatrix}\boldsymbol{x}+\begin{bmatrix}1 & 0\\0 & 1\\0 & 0\end{bmatrix}\boldsymbol{u}$

解　本题属于运用线性时不变系统的“状态反馈镇定条件”判断系统可否镇定的基本题。

（i）对 $\dot{\boldsymbol{x}}=\begin{bmatrix}1 & 3\\2 & 1\end{bmatrix}\boldsymbol{x}+\begin{bmatrix}0\\1\end{bmatrix}u$，由能控性秩判据的判别结果

$$\operatorname{rank}[\boldsymbol{b}\ \ \boldsymbol{Ab}]=\operatorname{rank}\begin{bmatrix}0 & 3\\1 & 1\end{bmatrix}=2=n$$

可知给定系统 $(\boldsymbol{A},\boldsymbol{b})$ 完全能控。基于“状态反馈可镇定充分条件为系统完全能控”，可知给定系统能用状态反馈镇定。

（ii）对 $\dot{\boldsymbol{x}}=\begin{bmatrix}4 & 2\\0 & -2\end{bmatrix}\boldsymbol{x}+\begin{bmatrix}1\\0\end{bmatrix}u$，由能控性秩判据的判别结果

$$\operatorname{rank}[\boldsymbol{b}\ \ \boldsymbol{Ab}]=\operatorname{rank}\begin{bmatrix}1 & 4\\0 & 0\end{bmatrix}=1<n$$

可知给定系统 $(\boldsymbol{A},\boldsymbol{b})$ 不完全能控。而由状态方程已为按能控性结构分解形式，可以导出“系统能控部分 $A_c=4$，系统不能控部分 $A_{\bar{c}}=-2$”。从而，由“系统不能控部分 $A_{\bar{c}}=-2$ 为稳定即其特征值具有负实部”，基于“状态反馈可镇定的充分必要条件是系统不能控部分为稳定”，可知给定系统能用状态反馈镇定。

（iii）对 $\dot{\boldsymbol{x}}=\begin{bmatrix}1 & 0 & 0\\0 & -2 & 1\\0 & 0 & -2\end{bmatrix}\boldsymbol{x}+\begin{bmatrix}1 & 0\\0 & 1\\0 & 0\end{bmatrix}\boldsymbol{u}$，状态方程已为约当规范形，且对应特征值

$\lambda_1=1$ 和 $\lambda_2=-2$ 各只有一个约当小块。基此，并由能控性约当规范形判据的判别结果

$$\boldsymbol{b}_1'=[1\ \ 0]\ \text{满足条件}\ \boldsymbol{b}_1'\neq\boldsymbol{0}\text{，}\ \boldsymbol{b}_3'=[0\ \ 0]\ \text{不满足条件}\ \boldsymbol{b}_3'\neq\boldsymbol{0}$$

可知给定系统 $(\boldsymbol{A}, \boldsymbol{b})$ 不完全能控，且有

$$\text{系统能控部分}\ \boldsymbol{A}_{\rm c}=\begin{bmatrix}1 & 0\\ 0 & -2\end{bmatrix}\text{，系统不能控部分}\ \boldsymbol{A}_{\bar{\rm c}}=-2$$

从而，由“系统不能控部分 $\boldsymbol{A}_{\bar{\rm c}}=-2$ 为稳定即其特征值具有负实部”，基于“状态反馈可镇定的充分必要条件是系统不能控部分为稳定”，可知给定系统能用状态反馈镇定。

题 6.10 分别判断下列各连续时间线性时不变系统能否可用输出反馈镇定：

（i）$\dot{\boldsymbol{x}}=\begin{bmatrix}1 & 3\\ 2 & 1\end{bmatrix}\boldsymbol{x}+\begin{bmatrix}0\\ 1\end{bmatrix}u$

$\boldsymbol{y}=\begin{bmatrix}0 & 2\\ 1 & 0\end{bmatrix}\boldsymbol{x}$

（ii）$\dot{\boldsymbol{x}}=\begin{bmatrix}4 & 2\\ 0 & -2\end{bmatrix}\boldsymbol{x}+\begin{bmatrix}1\\ 0\end{bmatrix}u$

$\boldsymbol{y}=\begin{bmatrix}1 & 1\\ 0 & 2\end{bmatrix}\boldsymbol{x}$

（iii）$\dot{\boldsymbol{x}}=\begin{bmatrix}4 & 0 & 0\\ 0 & -1 & 1\\ 0 & 0 & -1\end{bmatrix}\boldsymbol{x}+\begin{bmatrix}0 & 1\\ 1 & 0\\ 0 & 0\end{bmatrix}\boldsymbol{u}$

$\boldsymbol{y}=\begin{bmatrix}1 & 0 & 1\\ 1 & 1 & 0\\ 2 & 4 & 3\end{bmatrix}\boldsymbol{x}$

解 本题属于对线性时不变系统灵活运用“状态反馈镇定条件”判断系统能否可用输出反馈镇定的问题。求解中要用到的基本结论是，若输出矩阵 $\boldsymbol{C}$ 非奇异，则“系统能用输出反馈镇定”的充分必要条件是“系统能用状态反馈镇定”。

（i）对 $\dot{\boldsymbol{x}}=\begin{bmatrix}1 & 3\\ 2 & 1\end{bmatrix}\boldsymbol{x}+\begin{bmatrix}0\\ 1\end{bmatrix}u$，$\boldsymbol{y}=\begin{bmatrix}0 & 2\\ 1 & 0\end{bmatrix}\boldsymbol{x}$，容易判断矩阵 $\boldsymbol{C}$ 非奇异。再由能控性秩判据的判别结果

$$\operatorname{rank}[\boldsymbol{b}\ \ \boldsymbol{A}\boldsymbol{b}]=\operatorname{rank}\begin{bmatrix}0 & 3\\ 1 & 1\end{bmatrix}=2=n$$

可知给定系统 $(\boldsymbol{A}, \boldsymbol{b})$ 完全能控。从而，基于“状态反馈可镇定的充分条件为系统完全能控”，可知给定系统能用状态反馈镇定。进而，由给定矩阵 $\boldsymbol{C}$ 非奇异，则运用“系统能用输出反馈镇定的充要条件是其能用状态反馈镇定”结论，可知给定系统能用输出反馈

镇定。

（ii）对 $\dot{x}=\begin{bmatrix}4 & 2\\0 & -2\end{bmatrix}x+\begin{bmatrix}1\\0\end{bmatrix}u$，$y=\begin{bmatrix}1 & 1\\0 & 2\end{bmatrix}x$，容易判断矩阵 C 非奇异。

系统状态方程已为按能控性的结构分解形式，可以导出“系统能控部分 $A_c=4$，系统不能控部分 $A_{\bar{c}}=-2$”。因此，由“系统不能控部分 $A_{\bar{c}}=-2$ 为稳定即其特征值具有负实部”，基于“状态反馈可镇定的充要条件是系统不能控部分为稳定”，可知给定系统能用状态反馈镇定。进而，由于给定矩阵 C 非奇异，基于“系统能用输出反馈镇定的充要条件是其能用状态反馈镇定”的结论，可知给定系统能用输出反馈镇定。

（iii）对 $\dot{x}=\begin{bmatrix}4 & 0 & 0\\0 & -1 & 1\\0 & 0 & -1\end{bmatrix}x+\begin{bmatrix}0 & 1\\1 & 0\\0 & 0\end{bmatrix}u$，$y=\begin{bmatrix}1 & 0 & 1\\1 & 1 & 0\\2 & 4 & 3\end{bmatrix}x$，容易判断矩阵 C 为非奇异。

系统状态方程已为约当规范形，对应特征值 $\lambda_1=4$ 和 $\lambda_2=-1$ 各只有一个约当小块。基此，由能控性约当规范形判据的判别结果“$b_1'=[0\ \ 1]$ 满足条件 $b_1'\neq\mathbf{0}$，$b_3'=[0\ \ 0]$ 不满足条件 $b_3'\neq\mathbf{0}$”，可知给定系统 (A, b) 不完全能控，且有

$$\text{系统能控部分 } A_c=\begin{bmatrix}4 & 0\\0 & -1\end{bmatrix}，\text{系统不能控部分 } A_{\bar{c}}=-1$$

基此，由“系统不能控部分 $A_{\bar{c}}=-1$ 为稳定即其特征值具有负实部”，基于“状态反馈可镇定的充分必要条件是系统不能控部分为稳定”，可知给定系统能用状态反馈镇定。进而，由给定矩阵 C 非奇异，基于“系统能用输出反馈镇定的充要条件是其能用状态反馈镇定”的结论，可知给定系统能用输出反馈镇定。

对本题求解过程加以引申，可以得到如下一般性结论。

推论 6.10A　对“输出矩阵 C 非奇异”的一类多输出连续时间线性时不变系统：

$$\dot{x}=Ax+Bu,\quad y=Cx$$

系统可基于输出反馈镇定的充分必要条件是“系统可由状态反馈镇定”。进而，在定出基于状态反馈镇定的反馈阵 K 后，则基于输出反馈镇定的反馈阵 $F=KC^{-1}$。

推论 6.10B　对“输出矩阵 C 非奇异”的一类多输出连续时间线性时不变系统：

$$\dot{x}=Ax+Bu,\quad y=Cx$$

系统可由输出反馈镇定的充分必要条件是“系统不能控部分为稳定即其所有特征值均具有负实部”。

推论 6.10C　对“输出矩阵 C 非奇异”的一类多输出连续时间线性时不变系统：

$$\dot{x}=Ax+Bu,\quad y=Cx$$

系统可由输出反馈镇定的一个充分条件是“系统为完全为能控”。

题 6.11　给定单输入单输出连续时间线性时不变系统的传递函数：

$$g_0(s)=\frac{(s+2)(s+3)}{(s+1)(s-2)(s+4)}$$

试判断是否存在状态反馈阵 $\boldsymbol{k}$ 使闭环传递函数：

$$g(s)=\frac{(s+3)}{(s+2)(s+4)}$$

如果存在，定出一个状态反馈阵 $\boldsymbol{k}$ 。

解 本题属于对线性时不变系统基于状态反馈配置传递函数极点的基本题。

（i）判断状态反馈阵 $\boldsymbol{k}$ 的存在性

对传递函数 $g_0(s)$，导出其一个完全能控的状态空间描述。而由极点配置条件知，对此完全能控描述必可任意配置其全部闭环特征值。基此可知，必存在状态反馈阵 $\boldsymbol{k}$ ，使闭环传递函数配置为 $g(s)$ 。

（ii）综合状态反馈阵 $\boldsymbol{k}$

首先，对给定系统传递函数

$$g_0(s)=\frac{(s+2)(s+3)}{(s+1)(s-2)(s+4)}=\frac{s^2+5s+6}{s^3+3s^2-6s-8}$$

导出其一个完全能控的状态空间描述：

$$\dot{\boldsymbol{x}}=\begin{bmatrix}0&1&0\\0&0&1\\8&6&-3\end{bmatrix}\boldsymbol{x}+\begin{bmatrix}0\\0\\1\end{bmatrix}u,\quad y=\begin{bmatrix}6&5&1\end{bmatrix}\boldsymbol{x}$$

且其特征多项式为

$$\alpha(s)=\det(s\boldsymbol{I}-\boldsymbol{A})=s^3+3s^2-6s-8$$

进而，比较 $g_0(s)$ 和 $g(s)$ 可以导出，期望闭环特征值组为 $s_1^*=-2$，$s_2^*=-2$ 和 $s_3^*=-4$，期望闭环特征多项式为

$$\alpha^*(s)=(s+2)^2(s+4)=s^3+8s^2+20s+16$$

再之，注意到状态空间描述已为能控规范形，基此可直接定出状态反馈阵 $\boldsymbol{k}$ 为

$$\boldsymbol{k}=[\alpha_0^*-\alpha_0\quad \alpha_1^*-\alpha_1\quad \alpha_2^*-\alpha_2]=\begin{bmatrix}16-(-8)&20-(-6)&8-3\end{bmatrix}=\begin{bmatrix}24&26&5\end{bmatrix}$$

最后，作为验证，可导出在综合得到的状态反馈阵 $\boldsymbol{k}$ 下的闭环传递函数即为

$$g(s)=\boldsymbol{c}(s\boldsymbol{I}-\boldsymbol{A}+\boldsymbol{b}\boldsymbol{k})^{-1}\boldsymbol{b}=\begin{bmatrix}6&5&1\end{bmatrix}\begin{bmatrix}s&-1&0\\0&s&-1\\16&20&s+8\end{bmatrix}^{-1}\begin{bmatrix}0\\0\\1\end{bmatrix}$$

$$=\frac{1}{s^3+8s^2+20s+16}\left\{\begin{bmatrix}6&5&1\end{bmatrix}\begin{bmatrix}*&*&1\\*&*&s\\*&*&s^2\end{bmatrix}\begin{bmatrix}0\\0\\1\end{bmatrix}\right\}$$

$$=\frac{s^2+5s+6}{s^3+8s^2+20s+16}=\frac{(s+2)(s+3)}{(s+2)^2(s+4)}=\frac{(s+3)}{(s+2)(s+4)}$$

题 6.12 给定连续时间线性时不变受控系统：

$$\dot{\boldsymbol{x}}=\begin{bmatrix}2&1&0\\0&1&0\\1&0&1\end{bmatrix}\boldsymbol{x}+\begin{bmatrix}0\\1\\0\end{bmatrix}u$$

试定出一个状态反馈阵 $\boldsymbol{k}$，使 $(\boldsymbol{A}-\boldsymbol{bk})$ 相似于：

$$\boldsymbol{F}=\begin{bmatrix}-3&0&0\\0&-2&0\\0&0&-1\end{bmatrix}$$

解 本题属于对线性时不变系统基于状态反馈配置系统特征值的基本题。

本题的实质是基于状态反馈配置系统闭环特征值为 $\lambda_1^*=-1,\lambda_2^*=-2$ 和 $\lambda_3^*=-3$。由能控性秩判据的判断结果

$$\text{rank}\begin{bmatrix}\boldsymbol{b}&\boldsymbol{Ab}&\boldsymbol{A}^2\boldsymbol{b}\end{bmatrix}=\text{rank}\begin{bmatrix}0&1&3\\1&1&1\\0&0&1\end{bmatrix}=3=n$$

可知系统完全能控。从而，基于状态反馈可配置上述期望闭环特征值组。进而，化 $(\boldsymbol{A},\boldsymbol{b})$ 为能控规范形。为此，先行导出系统特征多项式 $\alpha(s)$，以及变换矩阵 $\boldsymbol{P}$ 及其逆 $\boldsymbol{P}^{-1}$，有

$$\alpha(s)=\det(s\boldsymbol{I}-\boldsymbol{A})=\det\begin{bmatrix}s-2&-1&0\\0&s-1&0\\-1&0&s-1\end{bmatrix}=s^3-4s^2+5s-2$$

$$\boldsymbol{P}=\begin{bmatrix}\boldsymbol{A}^2\boldsymbol{b}&\boldsymbol{Ab}&\boldsymbol{b}\end{bmatrix}\begin{bmatrix}1&0&0\\\alpha_2&1&0\\\alpha_1&\alpha_2&1\end{bmatrix}=\begin{bmatrix}3&1&0\\1&1&1\\1&0&0\end{bmatrix}\begin{bmatrix}1&0&0\\-4&1&0\\5&-4&1\end{bmatrix}=\begin{bmatrix}-1&1&0\\2&-3&1\\1&0&0\end{bmatrix}$$

$$\boldsymbol{P}^{-1}=\begin{bmatrix}-1&1&0\\2&-3&1\\1&0&0\end{bmatrix}^{-1}=\begin{bmatrix}0&0&1\\1&0&1\\3&1&1\end{bmatrix}$$

基此，导出能控规范形 $(\bar{\boldsymbol{A}},\bar{\boldsymbol{b}})$ 为

$$\bar{\boldsymbol{A}}=\boldsymbol{P}^{-1}\boldsymbol{AP}=\begin{bmatrix}0&0&1\\1&0&1\\3&1&1\end{bmatrix}\begin{bmatrix}2&1&0\\0&1&0\\1&0&1\end{bmatrix}\begin{bmatrix}-1&1&0\\2&-3&1\\1&0&0\end{bmatrix}=\begin{bmatrix}0&1&0\\0&0&1\\2&-5&4\end{bmatrix}$$

$$\bar{\boldsymbol{b}}=\boldsymbol{P}^{-1}\boldsymbol{b}=\begin{bmatrix}0&0&1\\1&0&1\\3&1&1\end{bmatrix}\begin{bmatrix}0\\1\\0\end{bmatrix}=\begin{bmatrix}0\\0\\1\end{bmatrix}$$

再之，确定配置期望闭环特征值组的状态反馈阵 $\boldsymbol{k}$ 。对此，定出期望闭环特征多项式为

$$\alpha^*(s)=(s+1)(s+2)(s+3)=s^3+6s^2+11s+6$$

在此基础上，通过计算，即可定出：

$$\bar{\boldsymbol{k}}=[\alpha_0^*-\alpha_0 \quad \alpha_1^*-\alpha_1 \quad \alpha_2^*-\alpha_2]=[6-(-2) \quad 11-5 \quad 6-(-4)]=[8 \quad 6 \quad 10]$$

$$\boldsymbol{k}=\bar{\boldsymbol{k}}\boldsymbol{P}^{-1}=\begin{bmatrix}8 & 6 & 10\end{bmatrix}\begin{bmatrix}0 & 0 & 1\\ 1 & 0 & 1\\ 3 & 1 & 1\end{bmatrix}=\begin{bmatrix}36 & 10 & 24\end{bmatrix}$$

最后，要来证明，由上述导出的状态反馈阵 $\boldsymbol{k}$ 得到的闭环系统矩阵 $(\boldsymbol{A}-\boldsymbol{bk})$ 相似于：

$$\boldsymbol{F}=\begin{bmatrix}-3 & 0 & 0\\ 0 & -2 & 0\\ 0 & 0 & -1\end{bmatrix}$$

对此，先行定出闭环系统矩阵 $(\boldsymbol{A}-\boldsymbol{bk})$ 及其能控规范形 $(\bar{\boldsymbol{A}}-\bar{\boldsymbol{b}}\ \bar{\boldsymbol{k}})$：

$$(\boldsymbol{A}-\boldsymbol{bk})=\begin{bmatrix}2 & 1 & 0\\ 0 & 1 & 0\\ 1 & 0 & 1\end{bmatrix}-\begin{bmatrix}0\\ 1\\ 0\end{bmatrix}\begin{bmatrix}36 & 10 & 24\end{bmatrix}=\begin{bmatrix}2 & 1 & 0\\ -36 & -9 & -24\\ 1 & 0 & 1\end{bmatrix}$$

$$(\bar{\boldsymbol{A}}-\bar{\boldsymbol{b}}\ \bar{\boldsymbol{k}})=\begin{bmatrix}0 & 1 & 0\\ 0 & 0 & 1\\ 2 & -5 & 4\end{bmatrix}-\begin{bmatrix}0\\ 0\\ 1\end{bmatrix}\begin{bmatrix}8 & 6 & 10\end{bmatrix}=\begin{bmatrix}0 & 1 & 0\\ 0 & 0 & 1\\ -6 & -11 & -6\end{bmatrix}$$

且知两者满足如下变换关系：

$$(\boldsymbol{A}-\boldsymbol{bk})=\begin{bmatrix}2 & 1 & 0\\ -36 & -9 & -24\\ 1 & 0 & 1\end{bmatrix}$$

$$=\begin{bmatrix}-1 & 1 & 0\\ 2 & -3 & 1\\ 1 & 0 & 0\end{bmatrix}\begin{bmatrix}0 & 1 & 0\\ 0 & 0 & 1\\ -6 & -11 & -6\end{bmatrix}\begin{bmatrix}0 & 0 & 1\\ 1 & 0 & 1\\ 3 & 1 & 1\end{bmatrix}=\boldsymbol{P}(\bar{\boldsymbol{A}}-\bar{\boldsymbol{b}}\ \bar{\boldsymbol{k}})\boldsymbol{P}^{-1}$$

而“能控规范形 $(\bar{\boldsymbol{A}}-\bar{\boldsymbol{b}}\ \bar{\boldsymbol{k}})$ ”和其“对角形规范形”之间具有如下变换关系：

$$(\bar{\boldsymbol{A}}-\bar{\boldsymbol{b}}\ \bar{\boldsymbol{k}})=\begin{bmatrix}0 & 1 & 0\\ 0 & 0 & 1\\ -6 & -11 & -6\end{bmatrix}$$

$$=\begin{bmatrix}1 & 1 & 1\\ -3 & -2 & -1\\ 9 & 4 & 1\end{bmatrix}\begin{bmatrix}-3 & 0 & 0\\ 0 & -2 & 0\\ 0 & 0 & -1\end{bmatrix}\begin{bmatrix}1 & 1 & 1\\ -3 & -2 & -1\\ 9 & 4 & 1\end{bmatrix}^{-1}$$

$$=\begin{bmatrix}1 & 1 & 1\\ -3 & -2 & -1\\ 9 & 4 & 1\end{bmatrix}\begin{bmatrix}-3 & 0 & 0\\ 0 & -2 & 0\\ 0 & 0 & -1\end{bmatrix}\begin{bmatrix}2 & 3 & 1\\ -6 & -8 & -2\\ 6 & 5 & 1\end{bmatrix}\frac{1}{2}=\boldsymbol{QFQ}^{-1}$$

于是，基于上述结果，得到关系式：

$$(\boldsymbol{A}-\boldsymbol{bk})=\boldsymbol{P}(\bar{\boldsymbol{A}}-\bar{\boldsymbol{b}}\ \bar{\boldsymbol{k}})\boldsymbol{P}^{-1}=\boldsymbol{PQFQ}^{-1}\boldsymbol{P}^{-1}=(\boldsymbol{PQ})\boldsymbol{F}(\boldsymbol{PQ})^{-1}$$

从而，证得闭环系统矩阵 $(\boldsymbol{A}-\boldsymbol{bk})$ 相似于矩阵 $\boldsymbol{F}$ 。

题 6.13 给定下列连续时间线性时不变系统的传递函数矩阵或状态空间描述，分别判断系统能否可用状态反馈和输入变换实现动态解耦：

（i） $\boldsymbol{G}_0(s)=\begin{bmatrix}\dfrac{3}{s^2+2} & \dfrac{2}{s^2+s+1}\\ \dfrac{4s+1}{s^3+2s+1} & \dfrac{1}{s}\end{bmatrix}$

（ii） $\dot{\boldsymbol{x}}=\begin{bmatrix}3 & 1 & 0\\ 0 & 0 & -1\\ 0 & 1 & -1\end{bmatrix}\boldsymbol{x}+\begin{bmatrix}0 & 0\\ 1 & 0\\ 0 & 1\end{bmatrix}\boldsymbol{u}$

$\boldsymbol{y}=\begin{bmatrix}2 & -1 & 1\\ 0 & 2 & 1\end{bmatrix}\boldsymbol{x}$

解 本题属于对线性时不变系统运用可动态解耦条件判断系统可否动态解耦的基本题。

（i）判断 $\boldsymbol{G}_0(s)=\begin{bmatrix}\dfrac{3}{s^2+2} & \dfrac{2}{s^2+s+1}\\ \dfrac{4s+1}{s^3+2s+1} & \dfrac{1}{s}\end{bmatrix}$ 由“状态反馈和输入变换”的可动态解耦性

首先，确定系统结构特性指数和结构特性向量。由其基于传递函数矩阵 $\boldsymbol{G}_0(s)$ 的定义，并注意到方 $\boldsymbol{G}_0(s)$ 的维数为 2，可计算定出给定系统的“结构特性指数”

$$\sigma_{ij}=\text{“}g_{ij}(s)\text{分母次数”}-\text{“}g_{ij}(s)\text{分子次数”},\quad i=1,2$$

$$d_1=\min\{\sigma_{11},\sigma_{12}\}-1=\min\{2-0,2-0\}-1=2-1=1$$

$$d_2=\min\{\sigma_{21},\sigma_{22}\}-1=\min\{3-1,1-0\}-1=1-1=0$$

和“结构特性向量”

$$\boldsymbol{E}_1=\lim_{s\to\infty}s^{d_1+1}[g_{11}(s)\quad g_{12}(s)]=\lim_{s\to\infty}s^2\left[\frac{3}{s^2+2}\quad \frac{2}{s^2+s+1}\right]=[3\quad 2]$$

$$\boldsymbol{E}_2=\lim_{s\to\infty}s^{d_2+1}[g_{21}(s)\quad g_{22}(s)]=\lim_{s\to\infty}s\left[\frac{4s+1}{s^3+2s+1}\quad \frac{1}{s}\right]=[0\quad 1]$$

进而，判断系统可动态解耦性。对此，组成可解耦性判别矩阵

$$E=\begin{bmatrix}E_1\\E_2\end{bmatrix}=\begin{bmatrix}3&2\\0&1\end{bmatrix}$$

易知矩阵 E 非奇异。从而，此 $G_0(s)$ 表征的受控系统可用状态反馈和输入变换实现动态解耦。

（ii）判断 $\dot{x}=\begin{bmatrix}3&1&0\\0&0&-1\\0&1&-1\end{bmatrix}x+\begin{bmatrix}0&0\\1&0\\0&1\end{bmatrix}u$，$y=\begin{bmatrix}2&-1&1\\0&2&1\end{bmatrix}x$ 由状态反馈和输入变换的可动态解耦性

首先，确定系统结构特性指数和结构特性向量。由其基于状态空间描述的定义，并注意到系统的输出和输入维数为 2，可计算定出给定系统的“结构特性指数” $\{d_1,d_2\}$ 和“结构特性向量” $\{E_1,E_2\}$：

由 $c_1'B=\begin{bmatrix}2&-1&1\end{bmatrix}\begin{bmatrix}0&0\\1&0\\0&1\end{bmatrix}=\begin{bmatrix}-1&1\end{bmatrix}$，得到 $d_1=0$ 和 $E_1=c_1'A^{d_1}B=\begin{bmatrix}-1&1\end{bmatrix}$

由 $c_2'B=\begin{bmatrix}0&2&1\end{bmatrix}\begin{bmatrix}0&0\\1&0\\0&1\end{bmatrix}=\begin{bmatrix}2&1\end{bmatrix}$，得到 $d_2=0$ 和 $E_2=c_2'A^{d_2}B=\begin{bmatrix}2&1\end{bmatrix}$

进而，判断系统可动态解耦性。对此，组成可解耦性判别矩阵

$$E=\begin{bmatrix}E_1\\E_2\end{bmatrix}=\begin{bmatrix}-1&1\\2&1\end{bmatrix}$$

易知矩阵 E 非奇异。从而，此状态空间描述表征的受控系统可用状态反馈和输入变换实现动态解耦。

题 6.14 给定连续时间线性时不变系统：

$$\dot{x}=\begin{bmatrix}-1&0&0\\0&-2&-3\\1&0&1\end{bmatrix}x+\begin{bmatrix}1&0\\0&1\\0&-1\end{bmatrix}u$$

$$y=\begin{bmatrix}1&2&0\\0&1&1\end{bmatrix}x$$

试：（i）判断系统能否可由输入变换阵和状态反馈阵实现动态解耦；（ii）若能，定出使系统实现积分型解耦的输入变换阵和状态反馈阵 $\{L,K\}$。

解 本题属于对线性时不变系统运用动态可解耦条件进行判断和运用动态解耦算法进行综合的基本题。

（i）判断系统的可动态解耦性。首先，运用基于状态空间描述的定义，计算给定系统的“结构特性指数” $\{d_1,d_2\}$ 和“结构特性向量” $\{E_1,E_2\}$：

由$\boldsymbol{c}_1'\boldsymbol{B}=\begin{bmatrix}1 & 2 & 0\end{bmatrix}\begin{bmatrix}1 & 0\\0 & 1\\0 & -1\end{bmatrix}=\begin{bmatrix}1 & 2\end{bmatrix}$，得到$d_1=0$和$\boldsymbol{E}_1=\boldsymbol{c}_1'\boldsymbol{A}^{d_1}\boldsymbol{B}=\begin{bmatrix}1 & 2\end{bmatrix}$

由$\boldsymbol{c}_2'\boldsymbol{B}=\begin{bmatrix}0 & 1 & 1\end{bmatrix}\begin{bmatrix}1 & 0\\0 & 1\\0 & -1\end{bmatrix}=\begin{bmatrix}0 & 0\end{bmatrix}$，

$$\boldsymbol{c}_2'\boldsymbol{AB}=\begin{bmatrix}0 & 1 & 1\end{bmatrix}\begin{bmatrix}-1 & 0 & 0\\0 & -2 & -3\\1 & 0 & 1\end{bmatrix}\begin{bmatrix}1 & 0\\0 & 1\\0 & -1\end{bmatrix}=\begin{bmatrix}1 & 0\end{bmatrix},$$

得到$d_2=1$和$\boldsymbol{E}_2=\boldsymbol{c}_2'\boldsymbol{A}^{d_2}\boldsymbol{B}=\begin{bmatrix}1 & 0\end{bmatrix}$

基此，组成可解耦性判别矩阵

$$\boldsymbol{E}=\begin{bmatrix}\boldsymbol{E}_1\\\boldsymbol{E}_2\end{bmatrix}=\begin{bmatrix}1 & 2\\1 & 0\end{bmatrix}$$

易知矩阵$\boldsymbol{E}$非奇异。从而，此状态空间描述表征的受控系统可用状态反馈和输入变换实现动态解耦。

（ii）综合实现积分型解耦的输入变换阵和状态反馈阵$\{\boldsymbol{L},\boldsymbol{K}\}$。对此，先行定出

$$\boldsymbol{E}^{-1}=\begin{bmatrix}1 & 2\\1 & 0\end{bmatrix}^{-1}=\begin{bmatrix}0 & 1\\1/2 & -1/2\end{bmatrix},\quad \boldsymbol{F}=\begin{bmatrix}\boldsymbol{c}_1'\boldsymbol{A}^{d_1+1}\\\boldsymbol{c}_2'\boldsymbol{A}^{d_2+1}\end{bmatrix}=\begin{bmatrix}\boldsymbol{c}_1'\boldsymbol{A}\\\boldsymbol{c}_2'\boldsymbol{A}^2\end{bmatrix}=\begin{bmatrix}-1 & -4 & -6\\-3 & 4 & 4\end{bmatrix}$$

基此，即可定出使系统实现积分型解耦的输入变换阵和状态反馈阵$\{\boldsymbol{L},\boldsymbol{K}\}$为

$$\boldsymbol{L}=\boldsymbol{E}^{-1}=\begin{bmatrix}0 & 1\\1/2 & -1/2\end{bmatrix}$$

$$\boldsymbol{K}=\boldsymbol{E}^{-1}\boldsymbol{F}=\begin{bmatrix}0 & 1\\1/2 & -1/2\end{bmatrix}\begin{bmatrix}-1 & -4 & -6\\-3 & 4 & 4\end{bmatrix}=\begin{bmatrix}-3 & 4 & 4\\1 & -4 & -5\end{bmatrix}$$

题 6.15 对上题给出的受控系统，试：（i）判断系统能否可由输入变换阵和状态反馈阵实现静态解耦；（ii）若能，定出使系统实现静态解耦的一对输入变换阵和状态反馈阵$\{\boldsymbol{L},\boldsymbol{K}\}$。

解 本题属于对线性时不变系统运用可静态解耦条件进行判断和运用静态解耦算法进行综合的基本题。

（i）判断给定系统的可静态解耦性

对此，对给定系统就可静态解耦性两个条件进行判断，有

由$\text{rank}[\boldsymbol{B}\quad \boldsymbol{AB}\quad \boldsymbol{A}^2\boldsymbol{B}]=\text{rank}\begin{bmatrix}1 & 0 & -1 & * & * & *\\0 & 1 & 0 & * & * & *\\0 & -1 & 1 & * & * & *\end{bmatrix}=3=n$（*元无需计算就可判断），表明系统完全能控即满足“系统可由状态反馈镇定条件”

由 $\operatorname{rank}\begin{bmatrix} \boldsymbol{A} & \boldsymbol{B} \\ \boldsymbol{C} & \boldsymbol{0} \end{bmatrix} = \operatorname{rank}\begin{bmatrix} -1 & 0 & 0 & 1 & 0 \\ 0 & -2 & -3 & 0 & 1 \\ 1 & 0 & 1 & 0 & -1 \\ 1 & 2 & 0 & 0 & 0 \\ 0 & 1 & 1 & 0 & 0 \end{bmatrix} = 5 = 3 + 2 = n + p$，表明系统满足“可静态解耦的秩条件”

从而可知，给定系统能由输入变换和状态反馈实现静态解耦。

（ii）综合实现静态解耦的输入变换阵和状态反馈阵 $\{\boldsymbol{L}, \boldsymbol{K}\}$

首先，按镇定或不失一般性按指定的 3 个稳定期望闭环特征值 $\lambda_1^* = -4$，$\lambda_2^* = -2$ 和 $\lambda_3^* = -3$，运用极点配置算法综合状态反馈阵 $\boldsymbol{K}$。为此，需要导出给定系统状态空间描述的龙伯格能控规范形。对上述能控性判别阵按行搜索找出三个线性无关列 $\{\boldsymbol{b}_1, \boldsymbol{b}_2, \boldsymbol{A}\boldsymbol{b}_1\}$，由此组成“预变换阵”并计算其逆，有

$$\boldsymbol{P}^{-1} = [\boldsymbol{b}_1\ \boldsymbol{A}\boldsymbol{b}_1\ \boldsymbol{b}_2] = \begin{bmatrix} 1 & -1 & 0 \\ 0 & 0 & 1 \\ 0 & 1 & -1 \end{bmatrix},\quad \boldsymbol{P} = \begin{bmatrix} 1 & -1 & 0 \\ 0 & 0 & 1 \\ 0 & 1 & -1 \end{bmatrix}^{-1} = \begin{bmatrix} 1 & 1 & 1 \\ 0 & 1 & 1 \\ 0 & 1 & 0 \end{bmatrix}$$

基此，可构造变换阵并定出其逆，有

$$\boldsymbol{S}^{-1} = \begin{bmatrix} \boldsymbol{p}_2' \\ \boldsymbol{p}_2'\boldsymbol{A} \\ \boldsymbol{p}_3' \end{bmatrix} = \begin{bmatrix} 0 & 1 & 1 \\ 1 & -2 & -2 \\ 0 & 1 & 0 \end{bmatrix},\quad \boldsymbol{S} = \begin{bmatrix} 0 & 1 & 1 \\ 1 & -2 & -2 \\ 0 & 1 & 0 \end{bmatrix}^{-1} = \begin{bmatrix} 2 & 1 & 0 \\ 0 & 0 & 1 \\ 1 & 0 & -1 \end{bmatrix}$$

于是，即可导出给定系统状态空间描述的龙伯格能控规范形为

$$\bar{\boldsymbol{A}} = \boldsymbol{S}^{-1}\boldsymbol{A}\boldsymbol{S} = \begin{bmatrix} 0 & 1 & 1 \\ 1 & -2 & -2 \\ 0 & 1 & 0 \end{bmatrix}\begin{bmatrix} -1 & 0 & 0 \\ 0 & -2 & -3 \\ 1 & 0 & 1 \end{bmatrix}\begin{bmatrix} 2 & 1 & 0 \\ 0 & 0 & 1 \\ 1 & 0 & -1 \end{bmatrix} = \begin{bmatrix} 0 & 1 & 0 \\ -2 & -3 & 0 \\ -3 & 0 & 1 \end{bmatrix}$$

$$\bar{\boldsymbol{B}} = \boldsymbol{S}^{-1}\boldsymbol{B} = \begin{bmatrix} 0 & 1 & 1 \\ 1 & -2 & -2 \\ 0 & 1 & 0 \end{bmatrix}\begin{bmatrix} 1 & 0 \\ 0 & 1 \\ 0 & -1 \end{bmatrix} = \begin{bmatrix} 0 & 0 \\ 1 & 0 \\ 0 & 1 \end{bmatrix}$$

在此基础上，相应于 $\bar{\boldsymbol{A}}$ 的对角块为“2 维块阵”和“1 维块阵”，将期望闭环特征值分成相应两组，并导出其两个期望闭环特征多项式为

$$\alpha_1^*(s) = (s - \lambda_1^*)(s - \lambda_2^*) = (s+4)(s+2) = s^2 + 6s + 8,\quad \alpha_2^*(s) = s - \lambda_3^* = s + 3$$

据此，先构造定出相对于龙伯格能控规范形的状态反馈阵 $\bar{\boldsymbol{K}}$ 为

$$\bar{\boldsymbol{K}} = \begin{bmatrix} \alpha_{10}^* - \alpha_{10} & \alpha_{11}^* - \alpha_{11} & \beta_{13} - \gamma(\alpha_{20}^* - \alpha_{20}) \\ 0 & 0 & \alpha_{20}^* - \alpha_{20} \end{bmatrix}$$

$$= \begin{bmatrix} 8-2 & 6-3 & 0 - 0\times[3-(-1)] \\ 0 & 0 & 3-(-1) \end{bmatrix} = \begin{bmatrix} 6 & 3 & 0 \\ 0 & 0 & 4 \end{bmatrix}$$

而相对于原系统的状态反馈阵 $\boldsymbol{K}$ 为

$$\boldsymbol{K}=\bar{\boldsymbol{K}}\boldsymbol{S}^{-1}=\begin{bmatrix}6 & 3 & 0\\0 & 0 & 4\end{bmatrix}\begin{bmatrix}0 & 1 & 1\\1 & -2 & -2\\0 & 1 & 0\end{bmatrix}=\begin{bmatrix}3 & 0 & 0\\0 & 4 & 0\end{bmatrix}$$

进而，确定输入变换阵 $\boldsymbol{L}$。对此，先行计算

$$(\boldsymbol{A}-\boldsymbol{B}\boldsymbol{K})=\begin{bmatrix}-1 & 0 & 0\\0 & -2 & -3\\1 & 0 & 1\end{bmatrix}-\begin{bmatrix}1 & 0\\0 & 1\\0 & -1\end{bmatrix}\begin{bmatrix}3 & 0 & 0\\0 & 4 & 0\end{bmatrix}=\begin{bmatrix}-4 & 0 & 0\\0 & -6 & -3\\1 & 4 & 1\end{bmatrix}$$

$$(\boldsymbol{A}-\boldsymbol{B}\boldsymbol{K})^{-1}=\begin{bmatrix}-4 & 0 & 0\\0 & -6 & -3\\1 & 4 & 1\end{bmatrix}^{-1}=\left(-\frac{1}{24}\right)\begin{bmatrix}6 & 0 & 0\\-3 & -4 & -12\\6 & 16 & 24\end{bmatrix}$$

$$\boldsymbol{C}(\boldsymbol{A}-\boldsymbol{B}\boldsymbol{K})^{-1}\boldsymbol{B}=\left(-\frac{1}{24}\right)\begin{bmatrix}1 & 2 & 0\\0 & 1 & 1\end{bmatrix}\begin{bmatrix}6 & 0 & 0\\-3 & -4 & -12\\6 & 16 & 24\end{bmatrix}\begin{bmatrix}1 & 0\\0 & 1\\0 & -1\end{bmatrix}=\begin{bmatrix}0 & -2/3\\-1/8 & 0\end{bmatrix}$$

$$[\boldsymbol{C}(\boldsymbol{A}-\boldsymbol{B}\boldsymbol{K})^{-1}\boldsymbol{B}]^{-1}=\begin{bmatrix}0 & -2/3\\-1/8 & 0\end{bmatrix}^{-1}=\begin{bmatrix}0 & -8\\-3/2 & 0\end{bmatrix}$$

基此，若取闭环系统的期望稳态增益为

$$\tilde{\boldsymbol{D}}=\begin{bmatrix}2 & 0\\0 & 1\end{bmatrix}$$

那么可定出输入变换阵 $\boldsymbol{L}$ 为

$$\boldsymbol{L}=-[\boldsymbol{C}(\boldsymbol{A}-\boldsymbol{B}\boldsymbol{K})^{-1}\boldsymbol{B}]^{-1}\tilde{\boldsymbol{D}}=-\begin{bmatrix}0 & -8\\-3/2 & 0\end{bmatrix}\begin{bmatrix}2 & 0\\0 & 1\end{bmatrix}=\begin{bmatrix}0 & 8\\3 & 0\end{bmatrix}$$

题 6.16 给定连续时间线性时不变受控系统：

$$\dot{\boldsymbol{x}}=\begin{bmatrix}0 & 1\\0 & 0\end{bmatrix}\boldsymbol{x}+\begin{bmatrix}0\\1\end{bmatrix}\boldsymbol{u},\quad \boldsymbol{x}(0)=\begin{bmatrix}1\\2\end{bmatrix}$$

和性能指标：

$$J=\int_0^\infty(2x_1^2+2x_1x_2+x_2^2+u^2)\mathrm{d}t$$

试确定最优状态反馈阵 $\boldsymbol{k}^*$ 和最优性能值 J^*。

解 本题属于对线性时不变受控系统综合 LQ 最优控制律和确定最优性能的基本题。首先，组成和求解给定问题的代数黎卡提方程。为此，表性能指标式为

$$J=\int_0^\infty\left\{[x_1\quad x_2]\begin{bmatrix}2 & 1\\1 & 1\end{bmatrix}\begin{bmatrix}x_1\\x_2\end{bmatrix}+u^2\right\}\mathrm{d}t$$

定出其加权矩阵

$$Q=\begin{bmatrix}2 & 1\\ 1 & 1\end{bmatrix}>0 \text{ 即正定}, \quad R=1>0 \text{ 即正定}$$

其后，组成给定问题的代数黎卡提方程：

$$\mathbf{0}=\boldsymbol{PA}+\boldsymbol{A}^{\mathrm{T}}\boldsymbol{P}+\boldsymbol{Q}-\boldsymbol{PB}R^{-1}\boldsymbol{B}^{\mathrm{T}}\boldsymbol{P}$$

$$=\begin{bmatrix}p_1 & p_2\\ p_2 & p_3\end{bmatrix}\begin{bmatrix}0 & 1\\ 0 & 0\end{bmatrix}+\begin{bmatrix}0 & 0\\ 1 & 0\end{bmatrix}\begin{bmatrix}p_1 & p_2\\ p_2 & p_3\end{bmatrix}+\begin{bmatrix}2 & 1\\ 1 & 1\end{bmatrix}-\begin{bmatrix}p_1 & p_2\\ p_2 & p_3\end{bmatrix}\begin{bmatrix}0\\ 1\end{bmatrix}\begin{bmatrix}0 & 1\end{bmatrix}\begin{bmatrix}p_1 & p_2\\ p_2 & p_3\end{bmatrix}$$

并可导出

$$\begin{bmatrix}-p_2^2 & p_1-p_2p_3\\ p_1-p_2p_3 & 2p_2-p_3^2\end{bmatrix}=\begin{bmatrix}-2 & -1\\ -1 & -1\end{bmatrix}$$

基此，得到方程组：

$$p_2^2=2, \quad p_1-p_2p_3=-1, \quad 2p_2-p_3^2=-1$$

求解此方程组，并取其正解，可以定出

$$p_2=\sqrt{2}=1.41421$$

$$p_3=\sqrt{1+2p_2}=\sqrt{1+(2\times 1.41421)}=\sqrt{3.82842}=1.95664$$

$$p_1=p_2p_3-1=\sqrt{2}\cdot\sqrt{1+2\sqrt{2}}-1=(1.41421\times 1.95664)-1=1.76710$$

从而，定出给定问题的代数黎卡提方程的解阵为

$$\boldsymbol{P}=\begin{bmatrix}p_1 & p_2\\ p_2 & p_3\end{bmatrix}=\begin{bmatrix}1.76710 & 1.41421\\ 1.41421 & 1.95664\end{bmatrix}$$

并且，考虑到其各阶首主子式满足

$$\Delta_1=1.76710>0, \quad \Delta_2=(1.76710\times 1.95664)-(1.41421\times 1.41421)>0$$

可知解阵 $\boldsymbol{P}$ 为正定。

其次，确定最优状态反馈阵 $\boldsymbol{k}^*$ 和最优性能值 J^*。对此，基于上述导出的代数黎卡提方程的解阵 $\boldsymbol{P}$，并运用最优状态反馈阵和最优性能值的算式，即可定出

$$\boldsymbol{k}^*=R^{-1}\boldsymbol{B}^{\mathrm{T}}\boldsymbol{P}=(1)^{-1}\begin{bmatrix}0 & 1\end{bmatrix}\begin{bmatrix}1.76710 & 1.41421\\ 1.41421 & 1.95664\end{bmatrix}=\begin{bmatrix}1.41421 & 1.95664\end{bmatrix}$$

$$J^*=\boldsymbol{x}^{\mathrm{T}}(0)\boldsymbol{Px}(0)=\begin{bmatrix}1 & 2\end{bmatrix}\begin{bmatrix}1.76710 & 1.41421\\ 1.41421 & 1.95664\end{bmatrix}\begin{bmatrix}1\\ 2\end{bmatrix}=15.25050$$

题 6.17 给定连续时间线性时不变受控系统

$$\dot{\boldsymbol{x}}=\begin{bmatrix}1&0\\0&2\end{bmatrix}\boldsymbol{x}+\begin{bmatrix}1\\1\end{bmatrix}u,\quad \boldsymbol{x}(0)=\begin{bmatrix}2\\1\end{bmatrix}$$

$$y=\begin{bmatrix}1&2\end{bmatrix}\boldsymbol{x}$$

和性能指标

$$J=\int_0^\infty (y^2+2u^2)\mathrm{d}t$$

试确定最优状态反馈阵 $\boldsymbol{k}^*$ 和最优性能值 J^*。

解 本题属于运用线性二次型最优控制算式确定最优状态反馈阵和最优性能的基本题。

首先，组成和求解给定问题的代数黎卡提方程。表性能指标式为

$$J=\int_0^\infty\left\{\begin{bmatrix}x_1&x_2\end{bmatrix}\begin{bmatrix}1&2\\2&4\end{bmatrix}\begin{bmatrix}x_1\\x_2\end{bmatrix}+2u^2\right\}\mathrm{d}t$$

定出加权矩阵

$$R=2>0\text{ 即正定，}\boldsymbol{Q}=\begin{bmatrix}1&2\\2&4\end{bmatrix}\geqslant 0\text{ 即正半定，}(\boldsymbol{A},\boldsymbol{c})\text{ 完全能观测}$$

组成给定问题的代数黎卡提方程为

$$\boldsymbol{0}=\boldsymbol{PA}+\boldsymbol{A}^{\mathrm{T}}\boldsymbol{P}+\boldsymbol{Q}-\boldsymbol{PB}R^{-1}\boldsymbol{B}^{\mathrm{T}}\boldsymbol{P}$$

$$=\begin{bmatrix}p_1&p_2\\p_2&p_3\end{bmatrix}\begin{bmatrix}1&0\\0&2\end{bmatrix}+\begin{bmatrix}1&0\\0&2\end{bmatrix}\begin{bmatrix}p_1&p_2\\p_2&p_3\end{bmatrix}+\begin{bmatrix}1&2\\2&4\end{bmatrix}-\begin{bmatrix}p_1&p_2\\p_2&p_3\end{bmatrix}\begin{bmatrix}1\\1\end{bmatrix}[1/2]\begin{bmatrix}1&1\end{bmatrix}\begin{bmatrix}p_1&p_2\\p_2&p_3\end{bmatrix}$$

通常，采用手工运算求解上述代数黎卡提方程将面临困难。有兴趣的读者，可以采用 MATLAB 进行求解，导出正定解阵 $\boldsymbol{P}$。

进而，确定最优状态反馈阵和最优性能。基于代数黎卡提方程的正定解阵 $\boldsymbol{P}$，就可定出

$$\text{最优状态反馈阵 }\boldsymbol{k}^*=R^{-1}\boldsymbol{B}^{\mathrm{T}}\boldsymbol{P}=\frac{1}{2}\begin{bmatrix}1&1\end{bmatrix}\boldsymbol{P}$$

$$\text{最优性能 }J^*=\boldsymbol{x}^{\mathrm{T}}(0)\boldsymbol{Px}(0)=\begin{bmatrix}2&1\end{bmatrix}\boldsymbol{P}\begin{bmatrix}2\\1\end{bmatrix}$$

题 6.18 给定连续时间线性时不变系统：

$$\dot{\boldsymbol{x}}=\begin{bmatrix}0&1\\0&0\end{bmatrix}\boldsymbol{x}+\begin{bmatrix}0\\1\end{bmatrix}u$$

$$y=\begin{bmatrix}1&0\end{bmatrix}\boldsymbol{x}$$

试用两种方法确定其全维状态观测器，且指定观测器的特征值为 $\lambda_1=-2$ 和 $\lambda_2=-4$。

解 本题属于按配置期望特征值要求综合全维状态观测器的基本题。

对给定线性时不变系统，系统维数 $n=2$，有

$$\mathrm{rank}\begin{bmatrix} \boldsymbol{c} \\ \boldsymbol{cA} \end{bmatrix} = \mathrm{rank}\begin{bmatrix} 1 & 0 \\ 0 & 1 \end{bmatrix} = 2 = n$$

按能观测性秩判据知，（ $\boldsymbol{A}, \boldsymbol{c}$ ）完全能观测。从而，可构造任意配置特征值的全维状态观测器。

方法一：归结为配置状态观测器矩阵 $(\boldsymbol{A}-\boldsymbol{Lc})$ 的特征值 $\lambda_1=-2$ 和 $\lambda_2=-4$ 综合 2×1 矩阵 $\boldsymbol{L}$ 。对此，先行定出

待定矩阵 $\boldsymbol{L}=\begin{bmatrix} l_1 \\ l_2 \end{bmatrix}$

观测器特征多项式 $\alpha_{\mathrm{L}}(s)=\det(s\boldsymbol{I}-\boldsymbol{A}+\boldsymbol{Lc})=\det\left\{\begin{bmatrix} s & -1 \\ 0 & s \end{bmatrix}+\begin{bmatrix} l_1 \\ l_2 \end{bmatrix}\begin{bmatrix} 1 & 0 \end{bmatrix}\right\}$

$$=\det\begin{bmatrix} s+l_1 & -1 \\ l_2 & s \end{bmatrix}=s^2+l_1s+l_2$$

观测器期望特征多项式 $\alpha^*(s)=(s+2)(s+4)=s^2+6s+8$

据此，得到

$$s^2+6s+8=\alpha^*(s)=\alpha_{\mathrm{L}}(s)=s^2+l_1s+l_2$$

$$\boldsymbol{L}=\begin{bmatrix} l_1 \\ l_2 \end{bmatrix}=\begin{bmatrix} 6 \\ 8 \end{bmatrix},\quad \boldsymbol{A}-\boldsymbol{Lc}=\begin{bmatrix} -l_1 & 1 \\ -l_2 & 0 \end{bmatrix}=\begin{bmatrix} -6 & 1 \\ -8 & 0 \end{bmatrix}$$

从而，就可定出

全维状态观测器 $\dot{\hat{\boldsymbol{x}}}=(\boldsymbol{A}-\boldsymbol{Lc})\hat{\boldsymbol{x}}+\boldsymbol{L}y+\boldsymbol{b}u=\begin{bmatrix} -6 & 1 \\ -8 & 0 \end{bmatrix}\hat{\boldsymbol{x}}+\begin{bmatrix} 6 \\ 8 \end{bmatrix}y+\begin{bmatrix} 1 \\ 0 \end{bmatrix}u$

被观测系统状态 $\boldsymbol{x}$ 的重构状态为 $\hat{\boldsymbol{x}}$

方法二：归结为按配置特征值 $\lambda_1=-2$ 和 $\lambda_2=-4$ 综合 $\dot{\boldsymbol{z}}=\boldsymbol{Fz}+\boldsymbol{G}y+\boldsymbol{H}u$ 。对此，先行定出

观测器期望特征多项式 $\alpha^*(s)=(s+2)(s+4)=s^2+6s+8=s^2+\alpha_1^*s+\alpha_0^*$

矩阵 $\boldsymbol{A}$ 特征多项式 $\alpha(s)=\det(s\boldsymbol{I}-\boldsymbol{A})=\det\begin{bmatrix} s & -1 \\ 0 & s \end{bmatrix}=s^2$

$$\boldsymbol{F}=\begin{bmatrix} 0 & 1 \\ -\alpha_0^* & -\alpha_1^* \end{bmatrix}=\begin{bmatrix} 0 & 1 \\ -8 & -6 \end{bmatrix},\quad \lambda_i(\boldsymbol{F})\neq\lambda_j(\boldsymbol{A}),\ \forall i,j=1,2$$

进而

取 $\boldsymbol{G}=\begin{bmatrix} 0 \\ 1 \end{bmatrix}$，使“ $\mathrm{rank}[\boldsymbol{G}\quad \boldsymbol{FG}]=\mathrm{rank}\begin{bmatrix} 0 & 1 \\ 1 & -6 \end{bmatrix}=2=n$ ”即 $\{\boldsymbol{F},\boldsymbol{G}\}$ 完全能控

再之，组成矩阵方程 $\boldsymbol{TA}-\boldsymbol{FT}=\boldsymbol{Gc}$ ，有

$$\begin{bmatrix} t_{11} & t_{12} \\ t_{21} & t_{22} \end{bmatrix}\begin{bmatrix} 0 & 1 \\ 0 & 0 \end{bmatrix}-\begin{bmatrix} 0 & 1 \\ -8 & -6 \end{bmatrix}\begin{bmatrix} t_{11} & t_{12} \\ t_{21} & t_{22} \end{bmatrix}=\begin{bmatrix} 0 \\ 1 \end{bmatrix}\begin{bmatrix} 1 & 0 \end{bmatrix}=\begin{bmatrix} 0 & 0 \\ 1 & 0 \end{bmatrix}$$

由此，导出

$$-t_{21}=0\,,\quad t_{11}-t_{22}=0\,,\quad 8t_{11}+6t_{21}=1\,,\quad t_{21}+8t_{12}+6t_{22}=0$$

$$t_{21}=0\,,\quad t_{11}=\frac{1}{8},\quad t_{22}=\frac{1}{8},\quad t_{12}=-\frac{3}{32}$$

得到

$$\boldsymbol{T}=\begin{bmatrix} \frac{1}{8} & -\frac{3}{32} \\ 0 & \frac{1}{8} \end{bmatrix},\quad \boldsymbol{T}^{-1}=\begin{bmatrix} 8 & 6 \\ 0 & 8 \end{bmatrix},\quad \boldsymbol{H}=\boldsymbol{Tb}=\begin{bmatrix} \frac{1}{8} & -\frac{3}{32} \\ 0 & \frac{1}{8} \end{bmatrix}\begin{bmatrix} 0 \\ 1 \end{bmatrix}=\begin{bmatrix} -\frac{3}{32} \\ \frac{1}{8} \end{bmatrix}$$

从而，就可定出

全维状态观测器　$\dot{\boldsymbol{z}}=\boldsymbol{Fz}+\boldsymbol{G}y+\boldsymbol{H}u=\begin{bmatrix} 0 & 1 \\ -8 & -6 \end{bmatrix}\boldsymbol{z}+\begin{bmatrix} 0 \\ 1 \end{bmatrix}y+\begin{bmatrix} -3/32 \\ 1/8 \end{bmatrix}u$

被观测系统状态 $\boldsymbol{x}$ 的重构状态　$\hat{\boldsymbol{x}}=\boldsymbol{T}^{-1}\boldsymbol{z}=\begin{bmatrix} 8 & 6 \\ 0 & 8 \end{bmatrix}\boldsymbol{z}$

题 6.19　给定连续时间线性时不变系统：

$$\dot{\boldsymbol{x}}=\begin{bmatrix} 1 & 3 \\ 2 & 1 \end{bmatrix}\boldsymbol{x}+\begin{bmatrix} 1 \\ 2 \end{bmatrix}u$$

$$y=\begin{bmatrix} 0 & 1 \end{bmatrix}\boldsymbol{x}$$

试用两种方法确定其降维状态观测器，且指定观测器的特征值为 $\lambda_1=-3$。

解　本题属于按配置期望特征值要求综合降维状态观测器的基本题。

对给定线性时不变系统，系统维数 $n=2$，$\gamma=\operatorname{rank}\boldsymbol{c}=\operatorname{rank}[0\quad 1]=1$，定出降维状态观测器的维数 $m=n-\gamma=2-1=1$。再由

$$\operatorname{rank}\begin{bmatrix} \boldsymbol{c} \\ \boldsymbol{cA} \end{bmatrix}=\operatorname{rank}\begin{bmatrix} 0 & 1 \\ 2 & 1 \end{bmatrix}=2=n$$

按能观测性秩判据知，（$\boldsymbol{A},\boldsymbol{c}$）完全能观测。从而，可构造任意配置特征值的降维状态观测器。

方法一：归结为对降维被观测系统构造配置特征值 $\lambda_1=-3$ 的全维状态观测器。对此，先行定出

非奇异变换阵　$\boldsymbol{P}=\begin{bmatrix} \boldsymbol{c} \\ \boldsymbol{R} \end{bmatrix}=\begin{bmatrix} 0 & 1 \\ 1 & 0 \end{bmatrix}$，$\boldsymbol{P}^{-1}=\begin{bmatrix} 0 & 1 \\ 1 & 0 \end{bmatrix}=[\boldsymbol{Q}_1\quad \boldsymbol{Q}_2]$

变换后系数矩阵　$\bar{\boldsymbol{A}}=\boldsymbol{PAP}^{-1}=\begin{bmatrix} 0 & 1 \\ 1 & 0 \end{bmatrix}\begin{bmatrix} 1 & 3 \\ 2 & 1 \end{bmatrix}\begin{bmatrix} 0 & 1 \\ 1 & 0 \end{bmatrix}=\begin{bmatrix} 1 & 2 \\ 3 & 1 \end{bmatrix}=\begin{bmatrix} \bar{A}_{11} & \bar{A}_{12} \\ \bar{A}_{21} & \bar{A}_{22} \end{bmatrix}$

$$\bar{\boldsymbol{B}} = \boldsymbol{PB} = \begin{bmatrix} 0 & 1 \\ 1 & 0 \end{bmatrix}\begin{bmatrix} 1 \\ 2 \end{bmatrix} = \begin{bmatrix} 2 \\ 1 \end{bmatrix} = \begin{bmatrix} \bar{B}_1 \\ \bar{B}_2 \end{bmatrix}$$

变换后导出的降维被观测系统维数为 1

进而，由降维被观测系统为 1 维，按配置期望特征值 $\lambda_1 = -3$ 要求，定出

$$-3 = \lambda_1 = (\bar{A}_{22} - \bar{L}\,\bar{A}_{12}) = (1 - 2\bar{L}), \quad \bar{L} = 2$$

基此，得到

$$\bar{A}_{22} - \bar{L}\,\bar{A}_{12} = 1 - 2\times 2 = -3$$
$$\bar{A}_{21} - \bar{L}\,\bar{A}_{11} = 3 - 2\times 1 = 1$$
$$(\bar{A}_{22} - \bar{L}\,\bar{A}_{12})\bar{L} + (\bar{A}_{21} - \bar{L}\,\bar{A}_{11}) = (-3\times 2) + 1 = -5$$
$$\bar{B}_2 - \bar{L}\,\bar{B}_1 = 1 - 2\times 2 = -3$$

从而，就可定出降维状态观测器

$$\begin{aligned} \dot{z} &= (\bar{A}_{22} - \bar{L}\,\bar{A}_{12})z + [(\bar{A}_{22} - \bar{L}\,\bar{A}_{12})\bar{L} + (\bar{A}_{21} - \bar{L}\,\bar{A}_{11})]y + (\bar{B}_2 - \bar{L}\,\bar{B}_1)u \\ &= -3z - 5y - 3u \end{aligned}$$

被观测系统状态 $\boldsymbol{x}$ 的重构状态

$$\hat{\boldsymbol{x}} = \boldsymbol{Q}_1 y + \boldsymbol{Q}_2(z + \bar{L}y) = \begin{bmatrix} 0 \\ 1 \end{bmatrix} y + \begin{bmatrix} 1 \\ 0 \end{bmatrix}(z + 2y) = \begin{bmatrix} z + 2y \\ y \end{bmatrix}$$

方法二：归结为按配置特征值 $\lambda_1 = -3$ 综合 $\dot{z} = Fz + Gy + Hu$。对此，按配置 $\lambda_1 = -3$ 先行定出 $F = -3$，再基于 $\{F, G\}$ 完全能控选取 $G = 1$。进而，组成矩阵方程 $\boldsymbol{TA} - F\boldsymbol{T} = G\boldsymbol{c}$，$\boldsymbol{T} = [t_1 \quad t_2]$，有

$$[t_1 \quad t_2]\begin{bmatrix} 1 & 3 \\ 2 & 1 \end{bmatrix} - (-3)[t_1 \quad t_2] = 1\times[0 \quad 1] = [0 \quad 1]$$

由此，导出

$$4t_1 + 2t_2 = 0, \quad 3t_1 + 4t_2 = 1$$

$$\begin{bmatrix} 4 & 2 \\ 3 & 4 \end{bmatrix}\begin{bmatrix} t_1 \\ t_2 \end{bmatrix} = \begin{bmatrix} 0 \\ 1 \end{bmatrix}, \quad \begin{bmatrix} t_1 \\ t_2 \end{bmatrix} = \begin{bmatrix} 2/5 & -1/5 \\ -3/10 & 2/5 \end{bmatrix}\begin{bmatrix} 0 \\ 1 \end{bmatrix} = \begin{bmatrix} -1/5 \\ 2/5 \end{bmatrix}$$

$$\boldsymbol{T} = [t_1 \quad t_2] = [-1/5 \quad 2/5], \quad H = \boldsymbol{Tb} = [-1/5 \quad 2/5]\begin{bmatrix} 1 \\ 2 \end{bmatrix} = \frac{3}{5}$$

$$\boldsymbol{P} = \begin{bmatrix} \boldsymbol{c} \\ \boldsymbol{T} \end{bmatrix} = \begin{bmatrix} 0 & 1 \\ -1/5 & 2/5 \end{bmatrix}, \quad \boldsymbol{P}^{-1} = \begin{bmatrix} 2 & -5 \\ 1 & 0 \end{bmatrix}$$

从而，就可定出

一维降维状态观测器 $\dot{z} = Fz + Gy + Hu = -3z + y + \dfrac{3}{5}u$

被观测系统状态 $\boldsymbol{x}$ 的重构状态 $\hat{\boldsymbol{x}} = \boldsymbol{P}^{-1}\begin{bmatrix} y \\ z \end{bmatrix} = \begin{bmatrix} 2 & -5 \\ 1 & 0 \end{bmatrix}\begin{bmatrix} y \\ z \end{bmatrix} = \begin{bmatrix} 2y - 5z \\ y \end{bmatrix}$

题 6.20 给定连续时间线性时不变系统：

$$\dot{\boldsymbol{x}}=\begin{bmatrix}-1 & -2 & -2\\ 0 & -1 & 1\\ 1 & 0 & -1\end{bmatrix}\boldsymbol{x}+\begin{bmatrix}2\\ 0\\ 1\end{bmatrix}u$$

$$y=\begin{bmatrix}1 & 1 & 0\end{bmatrix}\boldsymbol{x}$$

试：（i）确定特征值为 –3，–3 和 –4 的一个三维状态观测器；（ii）确定特征值为 –3 和 –4 的一个二维状态观测器。

解 本题属于按配置期望特征值综合全维状态观测器和降维状态观测器的基本题。

（i）构造“特征值为 –3，–3 和 –4 ”的三维状态观测器。对给定被观测系统，系统维数为 3，则由

$$\text{rank}\begin{bmatrix}\boldsymbol{c}\\ \boldsymbol{cA}\\ \boldsymbol{cA}^2\end{bmatrix}=\text{rank}\begin{bmatrix}1 & 1 & 0\\ -1 & -3 & -1\\ 0 & 5 & 0\end{bmatrix}=3=n$$

并据能观测性秩判据，可知 $(\boldsymbol{A},\boldsymbol{c})$ 完全能观测。从而，可构造“特征值为 –3，–3 和 –4 ”的全维状态观测器。进而，基于状态反馈极点配置算法，导出

$$\bar{\boldsymbol{A}}=\boldsymbol{A}^{\mathrm{T}}=\begin{bmatrix}-1 & 0 & 1\\ -2 & -1 & 0\\ -2 & 1 & -1\end{bmatrix},\quad \bar{\boldsymbol{b}}=\boldsymbol{c}^{\mathrm{T}}=\begin{bmatrix}1\\ 1\\ 0\end{bmatrix},\quad (\bar{\boldsymbol{A}},\bar{\boldsymbol{b}})\text{ 完全能控}$$

$$\alpha(s)=\det(s\boldsymbol{I}-\bar{\boldsymbol{A}})=\det\begin{bmatrix}s+1 & 0 & -1\\ 2 & s+1 & 0\\ 2 & -1 & s+1\end{bmatrix}=s^3+3s^2+5s+5$$

$$=s^3+\alpha_2 s^2+\alpha_1 s+\alpha_0$$

$$\alpha^*(s)=(s+3)(s+3)(s+4)=s^3+10s^2+33s+36=s^3+\alpha_2^* s^2+\alpha_1^* s+\alpha_0^*$$

$$\boldsymbol{P}=\begin{bmatrix}\bar{\boldsymbol{A}}^2\bar{\boldsymbol{b}} & \bar{\boldsymbol{A}}\bar{\boldsymbol{b}} & \bar{\boldsymbol{b}}\end{bmatrix}\begin{bmatrix}1 & 0 & 0\\ \alpha_2 & 1 & 0\\ \alpha_1 & \alpha_2 & 1\end{bmatrix}=\begin{bmatrix}0 & -1 & 1\\ 5 & -3 & 1\\ 0 & -1 & 0\end{bmatrix}\begin{bmatrix}1 & 0 & 0\\ 3 & 1 & 0\\ 5 & 3 & 1\end{bmatrix}=\begin{bmatrix}2 & 2 & 1\\ 1 & 0 & 1\\ -3 & -1 & 0\end{bmatrix}$$

$$\boldsymbol{P}^{-1}=\frac{1}{5}\begin{bmatrix}-1 & 1 & -2\\ 3 & -3 & 1\\ 1 & 4 & 2\end{bmatrix}$$

$$\tilde{\boldsymbol{k}}=[\alpha_0^*-\alpha_0 \quad \alpha_1^*-\alpha_1 \quad \alpha_2^*-\alpha_2]=[36-5 \quad 33-5 \quad 10-3]=[31 \quad 28 \quad 7]$$

$$\boldsymbol{k}=\tilde{\boldsymbol{k}}\boldsymbol{P}^{-1}=\begin{bmatrix}31 & 28 & 7\end{bmatrix}\begin{bmatrix}-1 & 1 & -2\\ 3 & -3 & 1\\ 1 & 4 & 2\end{bmatrix}\times\frac{1}{5}=[12 \quad -5 \quad -4]$$

基此，得到

$$L = k^{\mathrm{T}} = \begin{bmatrix} 12 \\ -5 \\ -4 \end{bmatrix}, \quad A - Lc = \begin{bmatrix} -1 & -2 & -2 \\ 0 & -1 & 1 \\ 1 & 0 & -1 \end{bmatrix} - \begin{bmatrix} 12 \\ -5 \\ -4 \end{bmatrix} \begin{bmatrix} 1 & 1 & 0 \end{bmatrix} = \begin{bmatrix} -13 & -14 & -2 \\ 5 & 4 & 1 \\ 5 & 4 & -1 \end{bmatrix}$$

从而，就可定出三维状态观测器

$$\begin{aligned} \dot{\hat{x}} &= (A - Lc)\hat{x} + Ly + bu \\ &= \begin{bmatrix} -13 & -14 & -2 \\ 5 & 4 & 1 \\ 5 & 4 & -1 \end{bmatrix} \hat{x} + \begin{bmatrix} 12 \\ -5 \\ -4 \end{bmatrix} y + \begin{bmatrix} 2 \\ 0 \\ 1 \end{bmatrix} u \end{aligned}$$

被观测系统状态 x 的重构状态为 $\hat{x}$。

（ii）构造“特征值为 -3 和 -4 ”的二维状态观测器。对给定被观测系统，系统维数为 3，$\gamma = \mathrm{rank}\, c = \mathrm{rank}[1 \quad 1 \quad 0] = 1$，可知能构造维数“ $m = n - \gamma = 3 - 1 = 2$ ”的降维状态观测器。而由前知，(A, c) 完全能观测，可配置降维观测器特征值为 -3 和 -4。进而，导出

$$\text{非奇异变换阵} \quad P = \begin{bmatrix} c \\ R \end{bmatrix} = \begin{bmatrix} 1 & 1 & 0 \\ 0 & 1 & 0 \\ 0 & 0 & 1 \end{bmatrix}, \quad P^{-1} = \begin{bmatrix} 1 & -1 & 0 \\ 0 & 1 & 0 \\ 0 & 0 & 1 \end{bmatrix}$$

$$\begin{aligned} \text{变换后系数矩阵} \quad \bar{A} = PAP^{-1} &= \begin{bmatrix} 1 & 1 & 0 \\ 0 & 1 & 0 \\ 0 & 0 & 1 \end{bmatrix} \begin{bmatrix} -1 & -2 & -2 \\ 0 & -1 & 1 \\ 1 & 0 & -1 \end{bmatrix} \begin{bmatrix} 1 & -1 & 0 \\ 0 & 1 & 0 \\ 0 & 0 & 1 \end{bmatrix} \\ &= \left[\begin{array}{c:cc} -1 & -2 & -1 \\ \hdashline 0 & -1 & 1 \\ 1 & -1 & -1 \end{array}\right] = \begin{bmatrix} \bar{A}_{11} & \bar{A}_{12} \\ \bar{A}_{21} & \bar{A}_{22} \end{bmatrix} \end{aligned}$$

$$\bar{b} = Pb = \begin{bmatrix} 1 & 1 & 0 \\ 0 & 1 & 0 \\ 0 & 0 & 1 \end{bmatrix} \begin{bmatrix} 2 \\ 0 \\ 1 \end{bmatrix} = \left[\begin{array}{c} 2 \\ \hdashline 0 \\ 1 \end{array}\right] = \begin{bmatrix} \bar{B}_1 \\ \bar{B}_2 \end{bmatrix}$$

变换后导出的降维被观测系统维数为 2

再按“配置 $(\bar{A}_{22} - \bar{L}\bar{A}_{12})$ 特征值为 -3 和 -4 ”确定矩阵 $\bar{L} = [l_1 \quad l_2]^{\mathrm{T}}$。为此，基于状态反馈极点配置算法，导出

$$\tilde{A} = \bar{A}_{22}^{\mathrm{T}} = \begin{bmatrix} -1 & -1 \\ 1 & -1 \end{bmatrix}, \quad \tilde{B} = \bar{A}_{12}^{\mathrm{T}} = \begin{bmatrix} -2 \\ -1 \end{bmatrix}, \quad (\tilde{A}, \tilde{B}) \text{完全能控}$$

$$\alpha(s) = \det(sI - \tilde{A}) = \det \begin{bmatrix} s+1 & 1 \\ -1 & s+1 \end{bmatrix} = s^2 + 2s + 2 = s^2 + \alpha_1 s + \alpha_0$$

$$\alpha^*(s)=(s+3)(s+4)=s^2+7s+12=s^2+\alpha_1^*s+\alpha_0^*$$

$$\boldsymbol{T}=[\tilde{\boldsymbol{A}}\tilde{\boldsymbol{B}}\quad \tilde{\boldsymbol{B}}]\begin{bmatrix}1 & 0\\ \alpha_1 & 1\end{bmatrix}=\begin{bmatrix}3 & -2\\ -1 & -1\end{bmatrix}\begin{bmatrix}1 & 0\\ 2 & 1\end{bmatrix}=\begin{bmatrix}-1 & -2\\ -3 & -1\end{bmatrix},\quad \boldsymbol{T}^{-1}=\frac{1}{5}\begin{bmatrix}1 & -2\\ -3 & 1\end{bmatrix}$$

$$\tilde{\boldsymbol{k}}=[\alpha_0^*-\alpha_0\quad \alpha_1^*-\alpha_1]=[12-2\quad 7-2]=[10\quad 5]$$

$$\boldsymbol{k}=\tilde{\boldsymbol{k}}\boldsymbol{T}^{-1}=[10\quad 5]\begin{bmatrix}1 & -2\\ -3 & 1\end{bmatrix}\times\frac{1}{5}=[-1\quad -3]$$

基此，得到

$$\bar{\boldsymbol{L}}=\boldsymbol{k}^{\mathrm{T}}=\begin{bmatrix}-1\\ -3\end{bmatrix}$$

$$\bar{\boldsymbol{A}}_{22}-\bar{\boldsymbol{L}}\bar{\boldsymbol{A}}_{12}=\begin{bmatrix}-1 & 1\\ -1 & -1\end{bmatrix}-\begin{bmatrix}-1\\ -3\end{bmatrix}[-2\quad -1]=\begin{bmatrix}-3 & 0\\ -7 & -4\end{bmatrix}$$

$$(\bar{\boldsymbol{A}}_{22}-\bar{\boldsymbol{L}}\bar{\boldsymbol{A}}_{12})\bar{\boldsymbol{L}}=\begin{bmatrix}-3 & 0\\ -7 & -4\end{bmatrix}\begin{bmatrix}-1\\ -3\end{bmatrix}=\begin{bmatrix}3\\ 19\end{bmatrix}$$

$$\bar{\boldsymbol{A}}_{21}-\bar{\boldsymbol{L}}\bar{\boldsymbol{A}}_{11}=\begin{bmatrix}0\\ 1\end{bmatrix}-\begin{bmatrix}-1\\ -3\end{bmatrix}[-1]=\begin{bmatrix}-1\\ -2\end{bmatrix}$$

$$[(\bar{\boldsymbol{A}}_{22}-\bar{\boldsymbol{L}}\bar{\boldsymbol{A}}_{12})\bar{\boldsymbol{L}}+(\bar{\boldsymbol{A}}_{21}-\bar{\boldsymbol{L}}\bar{\boldsymbol{A}}_{11})]=\begin{bmatrix}3\\ 19\end{bmatrix}+\begin{bmatrix}-1\\ -2\end{bmatrix}=\begin{bmatrix}2\\ 17\end{bmatrix}$$

$$\bar{\boldsymbol{B}}_2-\bar{\boldsymbol{L}}\bar{\boldsymbol{B}}_1=\begin{bmatrix}0\\ 1\end{bmatrix}-\begin{bmatrix}-1\\ -3\end{bmatrix}[2]=\begin{bmatrix}2\\ 7\end{bmatrix}$$

从而，就可定出二维状态观测器

$$\begin{aligned}\dot{\boldsymbol{z}}&=(\bar{\boldsymbol{A}}_{22}-\bar{\boldsymbol{L}}\bar{\boldsymbol{A}}_{12})\boldsymbol{z}+[(\bar{\boldsymbol{A}}_{22}-\bar{\boldsymbol{L}}\bar{\boldsymbol{A}}_{12})\bar{\boldsymbol{L}}+(\bar{\boldsymbol{A}}_{21}-\bar{\boldsymbol{L}}\bar{\boldsymbol{A}}_{11})]y\\ &\quad+(\bar{\boldsymbol{B}}_2-\bar{\boldsymbol{L}}\bar{\boldsymbol{B}}_1)u=\begin{bmatrix}-3 & 0\\ -7 & -4\end{bmatrix}\boldsymbol{z}+\begin{bmatrix}2\\ 17\end{bmatrix}y+\begin{bmatrix}2\\ 7\end{bmatrix}u\end{aligned}$$

系统状态 $\boldsymbol{x}$ 的重构状态为

$$\hat{\boldsymbol{x}}=\boldsymbol{P}^{-1}\begin{bmatrix}y\\ \boldsymbol{z}+\bar{\boldsymbol{L}}y\end{bmatrix}=\begin{bmatrix}1 & -1 & 0\\ 0 & 1 & 0\\ 0 & 0 & 1\end{bmatrix}\begin{bmatrix}y\\ z_1-y\\ z_2-3y\end{bmatrix}$$

$$=\begin{bmatrix}2\\ -1\\ -3\end{bmatrix}y+\begin{bmatrix}-1 & 0\\ 1 & 0\\ 0 & 1\end{bmatrix}\boldsymbol{z}$$

题 6.21 给定单输入单输出连续时间线性时不变受控系统的传递函数：

$$g_0(s)=\frac{1}{s(s+1)(s+2)}$$

试：(i) 确定一个状态反馈阵 $\boldsymbol{k}$，使闭环系统极点为

$$\lambda_1^* = -3,\quad \lambda_{2,3}^* = -\frac{1}{2} \pm \mathrm{j}\frac{\sqrt{3}}{2}$$

（ii）确定特征值均为 -5 的一个降维状态观测器；

（iii）按综合结果画出整个闭环控制系统的结构图；

（iv）确定闭环控制系统的传递函数 $g(s)$。

解 本题属于按配置期望特征值综合状态反馈矩阵和降维状态观测器的基本题。

首先，导出给定受控系统传递函数

$$g_0(s) = \frac{1}{s(s+1)(s+2)} = \frac{1}{s^3+3s^2+2s}$$

的一个状态空间描述：

$$\boldsymbol{A} = \left[\begin{array}{c:cc} 0 & 1 & 0 \\ \hdashline 0 & 0 & 1 \\ 0 & -2 & -3 \end{array}\right] = \begin{bmatrix} \bar{\boldsymbol{A}}_{11} & \bar{\boldsymbol{A}}_{12} \\ \bar{\boldsymbol{A}}_{21} & \bar{\boldsymbol{A}}_{22} \end{bmatrix},\quad \boldsymbol{B} = \left[\begin{array}{c} 0 \\ \hdashline 0 \\ 1 \end{array}\right] = \begin{bmatrix} \bar{\boldsymbol{B}}_1 \\ \bar{\boldsymbol{B}}_2 \end{bmatrix},\quad \boldsymbol{C} = [\,1 \;\vdots\; 0 \quad 0\,]$$

（i）按配置期望特征值确定状态反馈阵 $\boldsymbol{k}$。$(\boldsymbol{A},\boldsymbol{B})$ 完全能控，从而受控系统可配置期望闭环特征值。进而，导出

系统特征多项式 $\alpha(s) = \det(s\boldsymbol{I}-\boldsymbol{A}) = s^3+3s^2+2s = s^3+\alpha_2 s^2+\alpha_1 s$

期望特征多项式 $\alpha^*(s) = (s+3)\left(s+\frac{1}{2}-\mathrm{j}\frac{\sqrt{3}}{2}\right)\left(s+\frac{1}{2}+\mathrm{j}\frac{\sqrt{3}}{2}\right) = (s+3)(s^2+s+1)$

$$= s^3+4s^2+4s+3 = s^3+\alpha_2^* s^2+\alpha_1^* s+\alpha_0^*$$

考虑到 $(\boldsymbol{A},\boldsymbol{B})$ 为能控规范形，就可定出

状态反馈阵 $\boldsymbol{k} = [\alpha_0^*-\alpha_0 \quad \alpha_1^*-\alpha_1 \quad \alpha_2^*-\alpha_2] = [3-0 \quad 4-2 \quad 4-3] = [3 \quad 2 \quad 1]$

（ii）按配置特征值均为 -5 确定降维状态观测器。$(\boldsymbol{A},\boldsymbol{C})$ 完全能观测，从而可构造特征值均为 -5 的“$m = n-\operatorname{rank}\boldsymbol{C} = 3-1 = 2$”维降维状态观测器。进而，考虑到 $(\boldsymbol{A},\boldsymbol{B},\boldsymbol{C})$ 已为综合降维观测器所要求的标准形，即变换阵 $\boldsymbol{P} = \boldsymbol{I}$，基于状态反馈极点配置算法，导出

$$\tilde{\boldsymbol{A}} = \bar{\boldsymbol{A}}_{22}^{\mathrm{T}} = \begin{bmatrix} 0 & -2 \\ 1 & -3 \end{bmatrix},\quad \tilde{\boldsymbol{B}} = \bar{\boldsymbol{A}}_{12}^{\mathrm{T}} = \begin{bmatrix} 1 \\ 0 \end{bmatrix},\quad (\tilde{\boldsymbol{A}},\tilde{\boldsymbol{B}})\text{ 完全能控}$$

$$\tilde{\alpha}(s) = \det(s\boldsymbol{I}-\tilde{\boldsymbol{A}}) = \det\begin{bmatrix} s & 2 \\ -1 & s+3 \end{bmatrix} = s^2+3s+2 = s^2+\tilde{\alpha}_1 s+\tilde{\alpha}_0$$

$$\tilde{\alpha}^*(s) = (s+5)(s+5) = s^2+10s+25 = s^2+\tilde{\alpha}_1^* s+\tilde{\alpha}_0^*$$

$$\boldsymbol{T} = [\tilde{\boldsymbol{A}}\tilde{\boldsymbol{B}} \quad \tilde{\boldsymbol{B}}]\begin{bmatrix} 1 & 0 \\ \tilde{\alpha}_1 & 1 \end{bmatrix} = \begin{bmatrix} 0 & 1 \\ 1 & 0 \end{bmatrix}\begin{bmatrix} 1 & 0 \\ 3 & 1 \end{bmatrix} = \begin{bmatrix} 3 & 1 \\ 1 & 0 \end{bmatrix},\quad \boldsymbol{T}^{-1} = \begin{bmatrix} 0 & 1 \\ 1 & -3 \end{bmatrix}$$

$$\tilde{\boldsymbol{k}} = [\tilde{\alpha}_0^*-\tilde{\alpha}_0 \quad \tilde{\alpha}_1^*-\tilde{\alpha}_1] = [25-2 \quad 10-3] = [23 \quad 7]$$

$$\bar{\boldsymbol{k}}=\tilde{\boldsymbol{k}}\boldsymbol{T}^{-1}=[23\quad 7]\begin{bmatrix}0 & 1\\1 & -3\end{bmatrix}=[7\quad 2]$$

基此，得到

$$\bar{\boldsymbol{L}}=\bar{\boldsymbol{k}}^{\mathrm{T}}=\begin{bmatrix}7\\2\end{bmatrix}$$

$$\bar{\boldsymbol{A}}_{22}-\bar{\boldsymbol{L}}\bar{\boldsymbol{A}}_{12}=\begin{bmatrix}0 & 1\\-2 & -3\end{bmatrix}-\begin{bmatrix}7\\2\end{bmatrix}[1\quad 0]=\begin{bmatrix}-7 & 1\\-4 & -3\end{bmatrix}$$

$$(\bar{\boldsymbol{A}}_{22}-\bar{\boldsymbol{L}}\bar{\boldsymbol{A}}_{12})\bar{\boldsymbol{L}}=\begin{bmatrix}-7 & 1\\-4 & -3\end{bmatrix}\begin{bmatrix}7\\2\end{bmatrix}=\begin{bmatrix}-47\\-34\end{bmatrix}$$

$$\bar{\boldsymbol{A}}_{21}-\bar{\boldsymbol{L}}\bar{\boldsymbol{A}}_{11}=\begin{bmatrix}0\\0\end{bmatrix}-\begin{bmatrix}7\\2\end{bmatrix}[0]=\begin{bmatrix}0\\0\end{bmatrix}$$

$$[(\bar{\boldsymbol{A}}_{22}-\bar{\boldsymbol{L}}\bar{\boldsymbol{A}}_{12})\bar{\boldsymbol{L}}+(\bar{\boldsymbol{A}}_{21}-\bar{\boldsymbol{L}}\bar{\boldsymbol{A}}_{11})]=\begin{bmatrix}-47\\-34\end{bmatrix}+\begin{bmatrix}0\\0\end{bmatrix}=\begin{bmatrix}-47\\-34\end{bmatrix}$$

$$\bar{\boldsymbol{B}}_2-\bar{\boldsymbol{L}}\bar{\boldsymbol{B}}_1=\begin{bmatrix}0\\1\end{bmatrix}-\begin{bmatrix}7\\2\end{bmatrix}[0]=\begin{bmatrix}0\\1\end{bmatrix}$$

从而，就可定出

降维状态观测器 $\dot{\boldsymbol{z}}=(\bar{\boldsymbol{A}}_{22}-\bar{\boldsymbol{L}}\bar{\boldsymbol{A}}_{12})\boldsymbol{z}+[(\bar{\boldsymbol{A}}_{22}-\bar{\boldsymbol{L}}\bar{\boldsymbol{A}}_{12})\bar{\boldsymbol{L}}+(\bar{\boldsymbol{A}}_{21}-\bar{\boldsymbol{L}}\bar{\boldsymbol{A}}_{11})]y+(\bar{\boldsymbol{B}}_2-\bar{\boldsymbol{L}}\bar{\boldsymbol{B}}_1)u$

$$=\begin{bmatrix}-7 & 1\\-4 & -3\end{bmatrix}\boldsymbol{z}+\begin{bmatrix}-47\\-34\end{bmatrix}y+\begin{bmatrix}0\\1\end{bmatrix}u$$

系统状态 $\boldsymbol{x}$ 的重构状态 $\hat{\boldsymbol{x}}=\begin{bmatrix}y\\\boldsymbol{z}+\bar{\boldsymbol{L}}y\end{bmatrix}=\begin{bmatrix}y\\z_1+7y\\z_2+2y\end{bmatrix}=\begin{bmatrix}1\\7\\2\end{bmatrix}y+\begin{bmatrix}0 & 0\\1 & 0\\0 & 1\end{bmatrix}\boldsymbol{z}$

（iii）画出闭环控制系统结构图。基于上述结果，可画出图 P6.21 所示的闭环控制系统结构图，状态反馈是基于降维状态观测器得到的重构状态 $\hat{\boldsymbol{x}}$ 所构成的，因而避免了系统状态 $\boldsymbol{x}$ 不能量测的困难。图中，各个参数矩阵为

$$\boldsymbol{F}=\begin{bmatrix}-7 & 1\\-4 & -3\end{bmatrix},\ \boldsymbol{G}=\begin{bmatrix}-47\\-34\end{bmatrix},\ \boldsymbol{H}=\begin{bmatrix}0\\1\end{bmatrix},\ \boldsymbol{Q}_1=\begin{bmatrix}1\\7\\2\end{bmatrix},\ \boldsymbol{Q}_2=\begin{bmatrix}0 & 0\\1 & 0\\0 & 1\end{bmatrix}$$

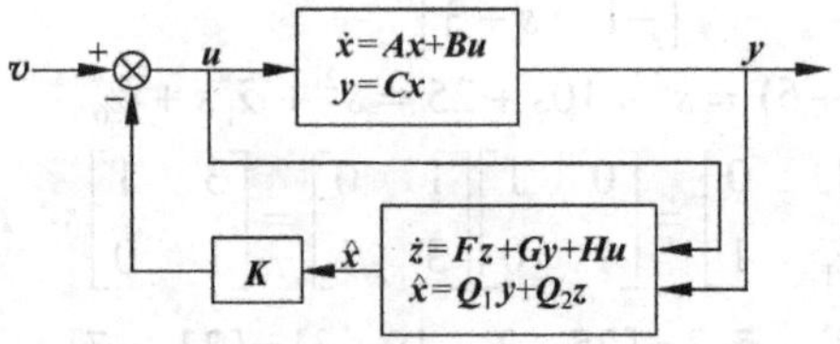

图　P6.21

(iv) 确定闭环传递函数 $g(s)$。观测器的引入不改变状态反馈系统的传递函数。基此，由

$$A - BK = \begin{bmatrix} 0 & 1 & 0 \\ 0 & 0 & 1 \\ -3 & -4 & -4 \end{bmatrix}, \quad B = \begin{bmatrix} 0 \\ 0 \\ 1 \end{bmatrix}, \quad C = [1 \quad 0 \quad 0]$$

就可定出

$$g(s) = C(sI - A + BK)^{-1}B = \frac{1}{s^3 + 4s^2 + 4s + 3}$$

题 6.22 根据上题计算结果，对极点配置等价的具有串联补偿器和并联补偿器的输出反馈系统，确定串联补偿器和并联补偿器的传递函数，并画出输出反馈控制系统的结构图。

解 本题属于由“具有观测器状态反馈系统”导出等价的“具有串联补偿器和并联补偿器的输出反馈系统”的基本题。

对上题中定出的图 P6.21 所示的具有观测器状态反馈系统，前已得到状态反馈阵和状态观测器参数矩阵为

$$k = [3 \quad 2 \quad 1], \quad F = \begin{bmatrix} -7 & 1 \\ -4 & -3 \end{bmatrix}, \quad G = \begin{bmatrix} -47 \\ -34 \end{bmatrix}, \quad H = \begin{bmatrix} 0 \\ 1 \end{bmatrix}$$

$$Q_1 = \begin{bmatrix} 1 \\ 7 \\ 2 \end{bmatrix}, \quad Q_2 = \begin{bmatrix} 0 & 0 \\ 1 & 0 \\ 0 & 1 \end{bmatrix}$$

基此，先行定出

$$(sI - F)^{-1} = \begin{bmatrix} s+7 & -1 \\ 4 & s+3 \end{bmatrix}^{-1} = \begin{bmatrix} \dfrac{s+3}{(s+5)^2} & \dfrac{1}{(s+5)^2} \\ \dfrac{-4}{(s+5)^2} & \dfrac{s+7}{(s+5)^2} \end{bmatrix}$$

$$(sI - F)^{-1}H = \begin{bmatrix} \dfrac{s+3}{(s+5)^2} & \dfrac{1}{(s+5)^2} \\ \dfrac{-4}{(s+5)^2} & \dfrac{s+7}{(s+5)^2} \end{bmatrix} \begin{bmatrix} 0 \\ 1 \end{bmatrix} = \begin{bmatrix} \dfrac{1}{(s+5)^2} \\ \dfrac{s+7}{(s+5)^2} \end{bmatrix}$$

$$(sI - F)^{-1}G = \begin{bmatrix} \dfrac{s+3}{(s+5)^2} & \dfrac{1}{(s+5)^2} \\ \dfrac{-4}{(s+5)^2} & \dfrac{s+7}{(s+5)^2} \end{bmatrix} \begin{bmatrix} -47 \\ -34 \end{bmatrix} = \begin{bmatrix} \dfrac{-(47s+175)}{(s+5)^2} \\ \dfrac{-(34s+50)}{(s+5)^2} \end{bmatrix}$$

$$\boldsymbol{kQ}_1=\begin{bmatrix}3 & 2 & 1\end{bmatrix}\begin{bmatrix}1\\7\\2\end{bmatrix}=[19]，\quad \boldsymbol{kQ}_2=\begin{bmatrix}3 & 2 & 1\end{bmatrix}\begin{bmatrix}0 & 0\\1 & 0\\0 & 1\end{bmatrix}=\begin{bmatrix}2 & 1\end{bmatrix}$$

$$\boldsymbol{G}_1(s)=\boldsymbol{kQ}_2\ (s\boldsymbol{I}-\boldsymbol{F})^{-1}\boldsymbol{H}=\begin{bmatrix}2 & 1\end{bmatrix}\begin{bmatrix}\dfrac{1}{(s+5)^2}\\ \dfrac{s+7}{(s+5)^2}\end{bmatrix}=\frac{s+9}{(s+5)^2}=\frac{s+9}{s^2+10s+25}$$

$$\boldsymbol{kQ}_2\ (s\boldsymbol{I}-\boldsymbol{F})^{-1}\boldsymbol{G}=\begin{bmatrix}2 & 1\end{bmatrix}\begin{bmatrix}\dfrac{-(47s+175)}{(s+5)^2}\\ \dfrac{-(34s+50)}{(s+5)^2}\end{bmatrix}=\begin{bmatrix}\dfrac{-(128s+400)}{(s+5)^2}\end{bmatrix}$$

$$\boldsymbol{G}_2(s)=\boldsymbol{kQ}_2\ (s\boldsymbol{I}-\boldsymbol{F})^{-1}\boldsymbol{G}+\boldsymbol{kQ}_1=19+\frac{-(128s+400)}{(s+5)^2}=\frac{19s^2+62s+75}{s^2+10s+25}$$

从而，就可定出

具有串联补偿器和并联补偿器的输出反馈系统结构图如图 P6.22 所示

并联补偿器 $\boldsymbol{G}_{\mathrm{P}}(s)=\boldsymbol{G}_2(s)=\dfrac{19s^2+62s+75}{s^2+10s+25}$

串联补偿器 $\boldsymbol{G}_{\mathrm{T}}(s)=[1+\boldsymbol{G}_1(s)]^{-1}=\left[1+\dfrac{s+9}{s^2+10s+25}\right]^{-1}=\dfrac{s^2+10s+25}{s^2+11s+34}$

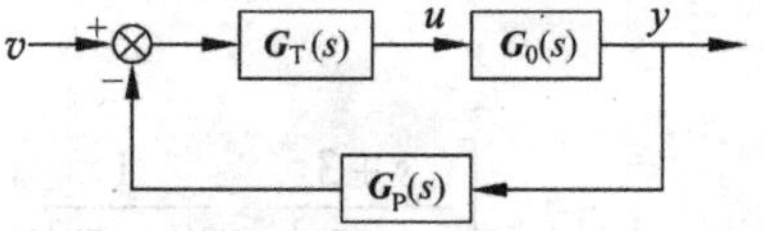

图 P6.22

题 6.23 给定单输入单输出连续时间线性时不变受控系统：

$$\dot{\boldsymbol{x}}=\begin{bmatrix}0 & 1 & 0 & 0\\0 & 0 & -1 & 0\\0 & 0 & 0 & 1\\0 & 0 & 5 & 0\end{bmatrix}\boldsymbol{x}+\begin{bmatrix}0\\1\\0\\-2\end{bmatrix}u$$

$$y=\begin{bmatrix}1 & 0 & 0 & 0\end{bmatrix}\boldsymbol{x}$$

再指定，系统期望闭环特征值为 $\lambda_1^*=-1$，$\lambda_{2,3}^*=-1\pm\mathrm{j}$，$\lambda_4^*=-2$，状态观测器特征值为 $s_1=-3$，$s_{2,3}=-3\pm\mathrm{j}2$，试对具有观测器的状态反馈控制系统综合状态反馈阵和状态观测器，并画出整个控制系统的组成结构图。

解 本题属于按配置期望特征值综合状态反馈矩阵和降维状态观测器的基本题。

（i）按配置期望闭环特征值确定状态反馈矩阵。对给定受控系统，系统维数为 4，由

$$\text{rank}[\boldsymbol{B} \quad \boldsymbol{AB} \quad \boldsymbol{A}^2\boldsymbol{B} \quad \boldsymbol{A}^3\boldsymbol{B}] = \text{rank}\begin{bmatrix} 0 & 1 & 0 & 2 \\ 1 & 0 & 2 & 0 \\ 0 & -2 & 0 & -10 \\ -2 & 0 & -10 & 0 \end{bmatrix} = 4 = n$$

并据能控性秩判据，可知 $(\boldsymbol{A}, \boldsymbol{B})$ 完全能控。从而，可配置任意全部期望闭环特征值。进而，先行导出

$$\alpha(s) = \det(s\boldsymbol{I} - \boldsymbol{A}) = \det\begin{bmatrix} s & -1 & 0 & 0 \\ 0 & s & 1 & 0 \\ 0 & 0 & s & -1 \\ 0 & 0 & -5 & s \end{bmatrix} = s^4 - 5s^2 = s^4 + \alpha_2 s$$

$$\begin{aligned} \alpha^*(s) &= (s+1)(s+2)(s+1-\text{j})(s+1+\text{j}) = (s^2+3s+2)(s^2+2s+2) \\ &= s^4 + 5s^3 + 10s^2 + 10s + 4 = s^4 + \alpha_3^* s^3 + \alpha_2^* s^2 + \alpha_1^* s + \alpha_0^* \end{aligned}$$

$$\boldsymbol{P} = [\boldsymbol{A}^3\boldsymbol{B} \quad \boldsymbol{A}^2\boldsymbol{B} \quad \boldsymbol{AB} \quad \boldsymbol{B}]\begin{bmatrix} 1 & 0 & 0 & 0 \\ \alpha_3 & 1 & 0 & 0 \\ \alpha_2 & \alpha_3 & 1 & 0 \\ \alpha_1 & \alpha_2 & \alpha_3 & 1 \end{bmatrix}$$

$$= \begin{bmatrix} 2 & 0 & 1 & 0 \\ 0 & 2 & 0 & 1 \\ -10 & 0 & -2 & 0 \\ 0 & -10 & 0 & -2 \end{bmatrix}\begin{bmatrix} 1 & 0 & 0 & 0 \\ 0 & 1 & 0 & 0 \\ -5 & 0 & 1 & 0 \\ 0 & -5 & 0 & 1 \end{bmatrix} = \begin{bmatrix} -3 & 0 & 1 & 0 \\ 0 & -3 & 0 & 1 \\ 0 & 0 & -2 & 0 \\ 0 & 0 & 0 & -2 \end{bmatrix}$$

$$\boldsymbol{P}^{-1} = \begin{bmatrix} -1/3 & 0 & -1/6 & 0 \\ 0 & -1/3 & 0 & -1/6 \\ 0 & 0 & -1/2 & 0 \\ 0 & 0 & 0 & -1/2 \end{bmatrix}$$

$$\begin{aligned} \tilde{\boldsymbol{K}} &= [\alpha_0^* - \alpha_0 \quad \alpha_1^* - \alpha_1 \quad \alpha_2^* - \alpha_2 \quad \alpha_3^* - \alpha_3] \\ &= [4-0 \quad 10-0 \quad 10+5 \quad 5-0] = [4 \quad 10 \quad 15 \quad 5] \end{aligned}$$

从而，就可定出状态反馈矩阵

$$\boldsymbol{K} = \tilde{\boldsymbol{K}}\boldsymbol{P}^{-1} = [4 \quad 10 \quad 15 \quad 5]\begin{bmatrix} -1/3 & 0 & -1/6 & 0 \\ 0 & -1/3 & 0 & -1/6 \\ 0 & 0 & -1/2 & 0 \\ 0 & 0 & 0 & -1/2 \end{bmatrix}$$

$$=[-4/3 \quad -10/3 \quad -49/6 \quad -25/6]$$

（ii）确定配置期望特征值的降维状态观测器。对给定被观测系统，系统维数为4，可构造维数“$m=n-\operatorname{rank}\boldsymbol{C}=4-1=3$”的降维状态观测器。再据能观测性判据知，$(\boldsymbol{A},\boldsymbol{C})$完全能观测，可任意配置降维观测器的全部特征值。进而，考虑到

$$\boldsymbol{A}=\left[\begin{array}{c:ccc}0 & 1 & 0 & 0\\ \hdashline 0 & 0 & -1 & 0\\ 0 & 0 & 0 & 1\\ 0 & 0 & 5 & 0\end{array}\right]=\begin{bmatrix}\bar{\boldsymbol{A}}_{11} & \bar{\boldsymbol{A}}_{12}\\ \bar{\boldsymbol{A}}_{21} & \bar{\boldsymbol{A}}_{22}\end{bmatrix},\quad \boldsymbol{B}=\left[\begin{array}{c}0\\ \hdashline 1\\ 0\\ -2\end{array}\right]=\begin{bmatrix}\bar{\boldsymbol{B}}_1\\ \bar{\boldsymbol{B}}_2\end{bmatrix},\quad \boldsymbol{C}=[1 \;\vdots\; 0 \quad 0 \quad 0]$$

已为综合降维观测器所要求的标准形，即变换阵$\boldsymbol{P}=\boldsymbol{I}$，基于状态反馈极点配置算法，导出

$$\tilde{\boldsymbol{A}}=\bar{\boldsymbol{A}}_{22}^{\mathrm{T}}=\begin{bmatrix}0 & 0 & 0\\ -1 & 0 & 5\\ 0 & 1 & 0\end{bmatrix},\quad \tilde{\boldsymbol{B}}=\bar{\boldsymbol{A}}_{12}^{\mathrm{T}}=\begin{bmatrix}1\\ 0\\ 0\end{bmatrix},\quad (\tilde{\boldsymbol{A}},\tilde{\boldsymbol{B}})\text{完全能控}$$

$$\tilde{\alpha}(s)=\det(s\boldsymbol{I}-\tilde{\boldsymbol{A}})=\det\begin{bmatrix}s & 0 & 0\\ 1 & s & -5\\ 0 & -1 & s\end{bmatrix}=s^3-5s=s^3+\bar{\alpha}_1 s$$

$$\begin{aligned}\tilde{\alpha}^*(s)&=(s+3)(s+3-2\mathrm{j})(s+3+2\mathrm{j})=s^3+9s^2+31s+39\\ &=s^3+\bar{\alpha}_2^* s^2+\bar{\alpha}_1^* s+\bar{\alpha}_0^*\end{aligned}$$

$$\boldsymbol{T}=[\tilde{\boldsymbol{A}}^2\tilde{\boldsymbol{B}} \quad \tilde{\boldsymbol{A}}\tilde{\boldsymbol{B}} \quad \tilde{\boldsymbol{B}}]\begin{bmatrix}1 & 0 & 0\\ \bar{\alpha}_2 & 1 & 0\\ \bar{\alpha}_1 & \bar{\alpha}_2 & 1\end{bmatrix}=\begin{bmatrix}0 & 0 & 1\\ 0 & -1 & 0\\ -1 & 0 & 0\end{bmatrix}\begin{bmatrix}1 & 0 & 0\\ 0 & 1 & 0\\ -5 & 0 & 1\end{bmatrix}$$

$$=\begin{bmatrix}-5 & 0 & 1\\ 0 & -1 & 0\\ -1 & 0 & 0\end{bmatrix},\quad \boldsymbol{T}^{-1}=\begin{bmatrix}0 & 0 & -1\\ 0 & -1 & 0\\ 1 & 0 & -5\end{bmatrix}$$

$$\tilde{\boldsymbol{K}}=[\bar{\alpha}_0^*-\bar{\alpha}_0 \quad \bar{\alpha}_1^*-\bar{\alpha}_1 \quad \bar{\alpha}_2^*-\bar{\alpha}_2]=[39-0 \quad 31+5 \quad 9-0]=[39 \quad 36 \quad 9]$$

$$\bar{\boldsymbol{K}}=\tilde{\boldsymbol{K}}\boldsymbol{T}^{-1}=[39 \quad 36 \quad 9]\begin{bmatrix}0 & 0 & -1\\ 0 & -1 & 0\\ 1 & 0 & -5\end{bmatrix}=[9 \quad -36 \quad -84]$$

基此，得到

$$\bar{\boldsymbol{L}}=\bar{\boldsymbol{K}}^{\mathrm{T}}=\begin{bmatrix}9\\ -36\\ -84\end{bmatrix}$$

$$\bar{A}_{22}-\bar{L}\bar{A}_{12}=\begin{bmatrix}0&-1&0\\0&0&1\\0&5&0\end{bmatrix}-\begin{bmatrix}9\\-36\\-84\end{bmatrix}\begin{bmatrix}1&0&0\end{bmatrix}=\begin{bmatrix}-9&-1&0\\36&0&1\\84&5&0\end{bmatrix}$$

$$(\bar{A}_{22}-\bar{L}\bar{A}_{12})\bar{L}=\begin{bmatrix}-9&-1&0\\36&0&1\\84&5&0\end{bmatrix}\begin{bmatrix}9\\-36\\-84\end{bmatrix}=\begin{bmatrix}-45\\240\\576\end{bmatrix}$$

$$\bar{A}_{21}-\bar{L}\bar{A}_{11}=\begin{bmatrix}0\\0\\0\end{bmatrix}-\begin{bmatrix}9\\-36\\-84\end{bmatrix}[0]=\begin{bmatrix}0\\0\\0\end{bmatrix}$$

$$[(\bar{A}_{22}-\bar{L}\bar{A}_{12})\bar{L}+(\bar{A}_{21}-\bar{L}\bar{A}_{11})]=\begin{bmatrix}-45\\240\\576\end{bmatrix}+\begin{bmatrix}0\\0\\0\end{bmatrix}=\begin{bmatrix}-45\\240\\576\end{bmatrix}$$

$$\bar{B}_2-\bar{L}\bar{B}_1=\begin{bmatrix}1\\0\\-2\end{bmatrix}-\begin{bmatrix}9\\-36\\-84\end{bmatrix}[0]=\begin{bmatrix}1\\0\\-2\end{bmatrix}$$

从而，就可定出

降维状态观测器 $\dot{z}=(\bar{A}_{22}-\bar{L}\bar{A}_{12})z+[(\bar{A}_{22}-\bar{L}\bar{A}_{12})\bar{L}+(\bar{A}_{21}-\bar{L}\bar{A}_{11})]y$

$$+(\bar{B}_2-\bar{L}\bar{B}_1)u=\begin{bmatrix}-9&-1&0\\36&0&1\\84&5&0\end{bmatrix}z+\begin{bmatrix}-45\\240\\576\end{bmatrix}y+\begin{bmatrix}1\\0\\-2\end{bmatrix}u$$

系统状态 x 的重构状态 $\hat{x}=\begin{bmatrix}y\\z+\bar{L}y\end{bmatrix}=\begin{bmatrix}1&\mathbf{0}\\\bar{L}&I\end{bmatrix}\begin{bmatrix}y\\z\end{bmatrix}=\begin{bmatrix}1&0&0&0\\9&1&0&0\\-36&0&1&0\\-84&0&0&1\end{bmatrix}\begin{bmatrix}y\\z_1\\z_2\\z_3\end{bmatrix}$

（iii）画出闭环控制系统结构图。基于上述结果，可画出图 P6.21 所示的闭环控制系统结构图，状态反馈是基于降维状态观测器得到的重构状态 $\hat{x}$ 所构成的，因而避免了系统状态 x 不能量测的困难。图中，各个参数矩阵为

$$F=\begin{bmatrix}-9&-1&0\\36&0&1\\84&5&0\end{bmatrix},\quad G=\begin{bmatrix}-45\\240\\576\end{bmatrix},\quad H=\begin{bmatrix}1\\0\\-2\end{bmatrix},\quad Q_1=\begin{bmatrix}1\\9\\-36\\-84\end{bmatrix},\quad Q_2=\begin{bmatrix}0&0&0\\1&0&0\\0&1&0\\0&0&1\end{bmatrix}$$

题 6.24 考虑连续时间线性时不变系统：

$$\dot{x}=Ax+Bu$$
$$y=Cx$$

已知它的一个全维状态观测器为

$$\dot{\hat{x}} = (A - LC)\hat{x} + Ly + Bu$$

试论证：上述观测器必是全维状态观测器

$$\dot{z} = Fz + Gy + Hu$$

$$\hat{x} = T^{-1}z$$

的一类特殊情况，即也满足条件：（i）$TA - FT = GC$；（ii）$H = TB$；（iii）F 特征值均具有负实部。

解　本题属于对全维状态观测器属性的证明题，意在训练运用已有结果导出待证结论的演绎推证能力。

由比较"$\dot{\hat{x}} = (A - LC)\hat{x} + Ly + Bu$"和"$\dot{z} = Fz + Gy + Hu$，$\hat{x} = T^{-1}z$"可以看出，对给定全维状态观测器，有

$$F = A - LC,\quad G = L,\quad H = B,\quad \hat{x} = z,\quad T = I$$

基此，并由全维状态观测器定义要求$(A - LC)$特征值均具有负实部，可以验证满足条件：

（i）$GC = LC = A - (A - LC) = IA - (A - LC)I = TA - FT$

（ii）$H = B = IB = TB$

（iii）"$(A - LC)$特征值均具有负实部"　$\Rightarrow$　"F 特征值均具有负实部"

也即，证得"$\dot{\hat{x}} = (A - LC)\hat{x} + Ly + Bu$"是"$\dot{z} = Fz + Gy + Hu$，$\hat{x} = T^{-1}z$"的一类特殊情况。证明完成。

题 6.25　设连续时间线性时不变系统 $\dot{x} = Ax + Bu$，$y = Cx$ 可用输入变换和状态反馈实现静态解耦，试证明：（i）系统的任一代数等价系统也必可用输入变换和状态反馈静态解耦；（ii）系统的任意状态反馈系统也必可用输入变换和状态反馈静态解耦。

解　本题属于对基于输入变换和状态反馈的静态解耦系统属性的证明题，意在训练运用已有结果导出待证结论的演绎推证能力。

对 p 维输入 p 维输出的 n 维线性时不变受控系统"$\dot{x} = Ax + Bu$，$y = Cx$"，其可由输入变换和状态反馈实现静态解耦的充分必要条件为

① 受控系统可由状态反馈镇定；

② $\operatorname{rank}\begin{bmatrix} A & B \\ C & 0 \end{bmatrix} = n + p$。

（i）证明代数等价系统也可用输入变换和状态反馈静态解耦。表受控系统(A, B, C)的任一代数等价系统为$(\tilde{A} = TAT^{-1},\ \tilde{B} = TB,\ \tilde{C} = CT^{-1})$，$T$ 为 $n \times n$ 任意非奇异变换阵。

① 对系统(A, B, C)按能控性分解，导出

$$PAP^{-1} = \begin{bmatrix} \bar{A}_c & \bar{A}_{12} \\ 0 & \bar{A}_{\bar{c}} \end{bmatrix},\quad PB = \begin{bmatrix} \bar{B}_c \\ 0 \end{bmatrix}$$

基此，取变换阵 $S = PT^{-1}$，并考虑到 $\tilde{A} = TAT^{-1}$ 和 $\tilde{B} = TB$，又可导出

$$S\tilde{A}S^{-1}=PT^{-1}(TAT^{-1})(PT^{-1})^{-1}=PT^{-1}TAT^{-1}TP^{-1}=PAP^{-1}=\begin{bmatrix}\bar{A}_c & \bar{A}_{12}\\ 0 & \bar{A}_{\bar{c}}\end{bmatrix}$$

$$S\tilde{B}=PT^{-1}TB=PB=\begin{bmatrix}\bar{B}_c\\ 0\end{bmatrix}$$

这表明，受控系统(A,B,C)和代数等价系统$(\tilde{A},\ \tilde{B},\ \tilde{C})$具有等同的不能控结构。也即证得，若“受控系统可由状态反馈镇定”，则“任一代数等价系统也必可由状态反馈镇定”。

② 由代数等价系统$(\tilde{A}=TAT^{-1},\ \tilde{B}=TB,\ \tilde{C}=CT^{-1})$，并据对矩阵的线性非奇异变换不改变秩的属性，可以导出

$$\begin{aligned}\operatorname{rank}\begin{bmatrix}\tilde{A} & \tilde{B}\\ \tilde{C} & 0\end{bmatrix}&=\operatorname{rank}\begin{bmatrix}TAT^{-1} & TB\\ CT^{-1} & 0\end{bmatrix}\\&=\operatorname{rank}\begin{bmatrix}T & 0\\ 0 & I\end{bmatrix}\begin{bmatrix}A & B\\ C & 0\end{bmatrix}\begin{bmatrix}T^{-1} & 0\\ 0 & I\end{bmatrix}=\operatorname{rank}\begin{bmatrix}A & B\\ C & 0\end{bmatrix}=n+p\end{aligned}$$

这就证得，若“受控系统满足静态解耦的秩条件”，则“任一代数等价系统也必满足静态解耦的秩条件”。

综上证得，若线性时不变受控系统可用输入变换和状态反馈静态解耦，则其任一代数等价系统也必可用输入变换和状态反馈静态解耦。证明完成。

（ii）证明状态反馈系统也可用输入变换和状态反馈静态解耦。表受控系统(A,B,C)的任一状态反馈系统为$(\hat{A}=A-BK,\ B,\ C)$，K为$p\times n$任一状态反馈阵。

① 对系统(A,B,C)按能控性分解，导出

$$PAP^{-1}=\begin{bmatrix}\bar{A}_c & \bar{A}_{12}\\ 0 & \bar{A}_{\bar{c}}\end{bmatrix},\quad PB=\begin{bmatrix}\bar{B}_c\\ 0\end{bmatrix}$$

基此，并考虑到$\hat{A}=A-BK$，又可导出

$$\begin{aligned}P\hat{A}P&=P(A-BK)P^{-1}=PAP^{-1}-PBKP^{-1}=\begin{bmatrix}\bar{A}_c & \bar{A}_{12}\\ 0 & \bar{A}_{\bar{c}}\end{bmatrix}-\begin{bmatrix}\bar{B}_c\\ 0\end{bmatrix}\begin{bmatrix}\bar{K}_1 & \bar{K}_2\end{bmatrix}\\&=\begin{bmatrix}\bar{A}_c-\bar{B}_c\bar{K}_1 & \bar{A}_{12}-\bar{B}_c\bar{K}_2\\ 0 & \bar{A}_{\bar{c}}\end{bmatrix}\end{aligned}$$

$$PB=\begin{bmatrix}\bar{B}_c\\ 0\end{bmatrix}$$

这表明，受控系统(A,B,C)和状态反馈系统$(\hat{A},\ B,\ C)$具有等同的不能控结构。也即证得，若“受控系统可由状态反馈镇定”，则“任一状态反馈系统也必可由状态反馈镇定”。

② 由状态反馈系统$(\hat{A}=A-BK,\ B,\ C)$，并据对矩阵的线性非奇异变换不改变秩的属性，可以导出

$$\operatorname{rank}\begin{bmatrix}\hat{A} & B\\ C & 0\end{bmatrix}=\operatorname{rank}\begin{bmatrix}A-BK & B\\ C & 0\end{bmatrix}$$

$$=\operatorname{rank}\begin{bmatrix}A & B\\ C & 0\end{bmatrix}\begin{bmatrix}I & 0\\ -K & I\end{bmatrix}=\operatorname{rank}\begin{bmatrix}A & B\\ C & 0\end{bmatrix}=n+p$$

这就证得，若"受控系统满足静态解耦的秩条件"，则"任一状态反馈系统也必满足静态解耦的秩条件"。

综上证得，若线性时不变受控系统可用输入变换和状态反馈静态解耦，则其任一状态反馈系统也必可用输入变换和状态反馈静态解耦。证明完成。

题 6.26 给定 LQ 调节问题：

$$\dot{x}=Ax+Bu,\quad x(0)=x_0$$

$$J=\int_0^{\infty}(x^{\mathrm{T}}Qx+u^{\mathrm{T}}Ru)\mathrm{d}t$$

已知其最优控制和最优性能值为

$$u^*=-K^*x,\quad K^*=R^{-1}B^{\mathrm{T}}P$$

$$J^*=x_0^{\mathrm{T}}Px_0$$

其中，P 为如下黎卡提代数方程的正定对称解阵：

$$PA+A^{\mathrm{T}}P+Q-PBR^{-1}B^{\mathrm{T}}P=0$$

现改取性能指标加权阵为$\alpha Q>0$和$\alpha R>0$，$\alpha>0$，试据此定出相应于此种情况的最优控制和最优性能值。

解 本题属于对修改性能指标加权阵下线性二次型（LQ）最优控制问题解的推证题，意在训练运用已有结果导出待证结论的演绎推证能力。

对给定 LQ 问题，组成相对于修改后性能指标加权阵$\alpha Q>0$和$\alpha R>0$的扩展矩阵黎卡提代数方程：

$$PA+A^{\mathrm{T}}P+\alpha Q-PB(\alpha R)^{-1}B^{\mathrm{T}}P=0$$

将上述方程两端乘以α^{-1}并改写为

$$(\alpha^{-1}P)A+A^{\mathrm{T}}(\alpha^{-1}P)+Q-(\alpha^{-1}P)BR^{-1}B^{\mathrm{T}}(\alpha^{-1}P)=0$$

基此，并据$PA+A^{\mathrm{T}}P+Q-PBR^{-1}B^{\mathrm{T}}P=0$的正定对称解阵为$P$，可导出扩展矩阵黎卡提代数方程的正定对称解阵为$(\alpha^{-1}P)$。由此，并基于 LQ 问题的最优控制和最优性能的基本算式，就可定出相应于加权阵为$\alpha Q>0$和$\alpha R>0$的最优控制和最优性能值如下：

最优控制 $u^*=-K_{\alpha}^*x^*$，$K_{\alpha}^*=\dfrac{1}{\alpha}R^{-1}B^{\mathrm{T}}P$

最优性能值 $J_{\alpha}^{*}=\dfrac{1}{\alpha}\boldsymbol{x}(0)\boldsymbol{P}\boldsymbol{x}(0)$

题 6.27 试证：对任一维数相容的输出反馈矩阵 $\boldsymbol{F}$，输出反馈系统 $(\boldsymbol{A}-\boldsymbol{BFC},\boldsymbol{B},\boldsymbol{C})$ 和受控系统 $(\boldsymbol{A},\boldsymbol{B},\boldsymbol{C})$ 具有相同能控性指数和相同能观测性指数。

解 本题属于对输出反馈系统的能控性指数和能观测性指数属性的证明题，意在训练运用已有结果导出待证结论的演绎推证能力。

已经证明，对连续时间线性时不变受控系统，输出反馈可保持能控性。在此前提下，可来讨论输出反馈对能控性指数的可保持性。对此，考虑到

$$[(\boldsymbol{A}-\boldsymbol{BFC})\boldsymbol{B}\quad \boldsymbol{B}]=[\boldsymbol{AB}\quad \boldsymbol{B}]\begin{bmatrix}\boldsymbol{I} & \boldsymbol{0}\\ -\boldsymbol{FCB} & \boldsymbol{I}\end{bmatrix}$$

$$[(\boldsymbol{A}-\boldsymbol{BFC})^2\boldsymbol{B}\quad (\boldsymbol{A}-\boldsymbol{BFC})\boldsymbol{B}\quad \boldsymbol{B}]$$

$$=[\boldsymbol{A}^2\boldsymbol{B}\quad \boldsymbol{AB}\quad \boldsymbol{B}]\begin{bmatrix}\boldsymbol{I} & \boldsymbol{0} & \boldsymbol{0}\\ -\boldsymbol{FCB} & \boldsymbol{I} & \boldsymbol{0}\\ -\boldsymbol{FC}(\boldsymbol{A}-\boldsymbol{BFC})\boldsymbol{B} & -\boldsymbol{FCB} & \boldsymbol{I}\end{bmatrix}$$

……

$$[(\boldsymbol{A}-\boldsymbol{BFC})^{k-1}\boldsymbol{B}\quad \cdots\quad (\boldsymbol{A}-\boldsymbol{BFC})\boldsymbol{B}\quad \boldsymbol{B}]$$

$$=[\boldsymbol{A}^{k-1}\boldsymbol{B}\quad \cdots\quad \boldsymbol{AB}\quad \boldsymbol{B}]\begin{bmatrix}\boldsymbol{I} & \boldsymbol{0} & \cdots & \boldsymbol{0}\\ * & \ddots & \ddots & \vdots\\ \vdots & \ddots & \boldsymbol{I} & \boldsymbol{0}\\ * & \cdots & * & \boldsymbol{I}\end{bmatrix}$$

可以导出

$$\mathrm{rank}[(\boldsymbol{A}-\boldsymbol{BFC})^{k-1}\boldsymbol{B}\quad \cdots\quad (\boldsymbol{A}-\boldsymbol{BFC})\boldsymbol{B}\quad \boldsymbol{B}]=\mathrm{rank}[\boldsymbol{A}^{k-1}\boldsymbol{B}\quad \cdots\quad \boldsymbol{AB}\quad \boldsymbol{B}]$$

进而，对受控系统 $(\boldsymbol{A},\boldsymbol{B},\boldsymbol{C})$，设系统维数为 n，能控性指数为 μ，则据能控性指数定义有

$$\mathrm{rank}[\boldsymbol{B}\quad \boldsymbol{AB}\quad \cdots\quad \boldsymbol{A}^{k-1}\boldsymbol{B}]<n,\quad k=1,2,\cdots,\mu-1$$

$$\mathrm{rank}[\boldsymbol{B}\quad \boldsymbol{AB}\quad \cdots\quad \boldsymbol{A}^{\mu-1}\boldsymbol{B}]=n$$

基此，并据上述导出的 $(\boldsymbol{A}-\boldsymbol{BFC},\boldsymbol{B},\boldsymbol{C})$ 和 $(\boldsymbol{A},\boldsymbol{B},\boldsymbol{C})$ 间的秩关系式，对输出反馈系统得到

$$\begin{aligned}&\mathrm{rank}[\boldsymbol{B}\quad (\boldsymbol{A}-\boldsymbol{BFC})\boldsymbol{B}\quad \cdots\quad (\boldsymbol{A}-\boldsymbol{BFC})^{k-1}\boldsymbol{B}]\\&=\mathrm{rank}[(\boldsymbol{A}-\boldsymbol{BFC})^{k-1}\boldsymbol{B}\quad \cdots\quad (\boldsymbol{A}-\boldsymbol{BFC})\boldsymbol{B}\quad \boldsymbol{B}]=\mathrm{rank}[\boldsymbol{A}^{k-1}\boldsymbol{B}\quad \cdots\quad \boldsymbol{AB}\quad \boldsymbol{B}]\\&=\mathrm{rank}[\boldsymbol{B}\quad \boldsymbol{AB}\quad \cdots\quad \boldsymbol{A}^{k-1}\boldsymbol{B}]<n,\quad k=1,2,\cdots,\mu-1\end{aligned}$$

$$\begin{aligned}&\mathrm{rank}[\boldsymbol{B}\quad (\boldsymbol{A}-\boldsymbol{BFC})\boldsymbol{B}\quad \cdots\quad (\boldsymbol{A}-\boldsymbol{BFC})^{\mu-1}\boldsymbol{B}]\\&=\mathrm{rank}[(\boldsymbol{A}-\boldsymbol{BFC})^{\mu-1}\boldsymbol{B}\quad \cdots\quad (\boldsymbol{A}-\boldsymbol{BFC})\boldsymbol{B}\quad \boldsymbol{B}]=\mathrm{rank}[\boldsymbol{A}^{\mu-1}\boldsymbol{B}\quad \cdots\quad \boldsymbol{AB}\quad \boldsymbol{B}]\\&=\mathrm{rank}[\boldsymbol{B}\quad \boldsymbol{AB}\quad \cdots\quad \boldsymbol{A}^{\mu-1}\boldsymbol{B}]=n\end{aligned}$$

由此，据能控性指数定义知，输出反馈系统$(\boldsymbol{A}-\boldsymbol{BFC},\boldsymbol{B},\boldsymbol{C})$的能控性指数也为$\mu$。从而证得，输出反馈系统$(\boldsymbol{A}-\boldsymbol{BFC},\boldsymbol{B},\boldsymbol{C})$和受控系统$(\boldsymbol{A},\boldsymbol{B},\boldsymbol{C})$具有相同的能控性指数。

也已证明，对连续时间线性时不变受控系统，输出反馈可保持能观测性。在此前提下，采用如上类同的推导思路，也可证得输出反馈系统$(\boldsymbol{A}-\boldsymbol{BFC},\boldsymbol{B},\boldsymbol{C})$和受控系统$(\boldsymbol{A},\boldsymbol{B},\boldsymbol{C})$具有相同的能观测性指数。

第二部分

线性系统的复频率域理论

第 7 章

数学基础：多项式矩阵理论

7.1 本章的主要知识点

多项式矩阵理论是线性时不变系统的复频率域理论的数学基础。多项式矩阵理论的核心问题涉及到多项式矩阵的特性、计算、变换和标准形。下面指出本章的主要知识点。

（1）多项式矩阵及其基本属性

多项式矩阵

多项式矩阵是以多项式为元组成的矩阵。实数矩阵的诸多概念和运算规则，诸如矩阵和、矩阵乘、矩阵逆等，都可原封不动地扩展用于多项式矩阵。

奇异和非奇异

对于方多项式矩阵 $\boldsymbol{Q}(s)$，$\boldsymbol{Q}(s)$ 奇异当且仅当“$\det \boldsymbol{Q}(s)=0$，$\forall$ 所有 $s \in C$”；$\boldsymbol{Q}(s)$ 非奇异当且仅当“$\det \boldsymbol{Q}(s)=0$，$\forall$ 有限几个 $s \in C$”。

线性相关和线性无关

多项式向量组$\{\boldsymbol{q}_1(s), \boldsymbol{q}_2(s), \cdots, \boldsymbol{q}_m(s)\}$线性相关，如果存在一组不全为零的多项式$\{\alpha_1(s), \alpha_2(s), \cdots, \alpha_m(s)\}$使成立$\alpha_1(s)\boldsymbol{q}_1(s)+\alpha_2(s)\boldsymbol{q}_2(s)+\cdots+\alpha_m(s)\boldsymbol{q}_m(s)=\boldsymbol{0}$。

多项式向量组$\{\boldsymbol{q}_1(s), \boldsymbol{q}_2(s), \cdots, \boldsymbol{q}_m(s)\}$线性无关，如果使关系式成立的$\alpha_1(s)=0$，$\alpha_2(s)=0$，$\cdots$，$\alpha_m(s)=0$。

多项式矩阵的秩

$m \times n$ 多项式矩阵 $\boldsymbol{Q}(s)$ 的秩 $\operatorname{rank} \boldsymbol{Q}(s)=r$，如果其至少存在一个 $r \times r$ 子式不恒等于零，而所有等于和大于 $(r+1)\times(r+1)$ 的子式均恒等于零。对非零 $m \times n$ 多项式矩阵 $\boldsymbol{Q}(s)$，

任取非奇异 $m\times m$ 阵 $\boldsymbol{P}(s)$ 和 $n\times n$ 阵 $\boldsymbol{R}(s)$，成立

$$\operatorname{rank}\boldsymbol{Q}(s)=\operatorname{rank}\boldsymbol{P}(s)\boldsymbol{Q}(s)=\operatorname{rank}\boldsymbol{Q}(s)\boldsymbol{R}(s)$$

令 $\boldsymbol{Q}(s)$ 和 $\boldsymbol{R}(s)$ 为任意非零 $m\times n$ 和 $n\times p$ 多项式矩阵阵，则有

$$\operatorname{rank}\boldsymbol{Q}(s)\boldsymbol{R}(s)\leqslant\min(\operatorname{rank}\boldsymbol{Q}(s),\ \operatorname{rank}\boldsymbol{R}(s))$$

（2）单模变换和初等变换

单模矩阵

方多项式矩阵 $\boldsymbol{Q}(s)$ 为单模阵当且仅当 $\det\boldsymbol{Q}(s)=c$ 即为独立于 s 的非零常数。单模阵 $\boldsymbol{Q}(s)$ 的逆 $\boldsymbol{Q}^{-1}(s)$ 为多项式矩阵，且 $\boldsymbol{Q}^{-1}(s)$ 也为单模阵。同维单模阵的乘积阵为单模阵。

初等变换

$m\times n$ 多项式矩阵 $\boldsymbol{Q}(s)$ 的初等变换有三种类型。

① 交换 $\boldsymbol{Q}(s)$ 的两行或两列。生成 $m\times m$ 行初等矩阵 $\boldsymbol{E}_{1r}$ 和 $n\times n$ 列初等矩阵 $\boldsymbol{E}_{1c}$：

$\boldsymbol{E}_{1r}$ = 对应“$\boldsymbol{Q}(s)$ 交换行 i 和行 j”为“交换 $\boldsymbol{I}_m$ 列 i 和列 j 导出的常阵”

$\boldsymbol{E}_{1c}$ = 对应“$\boldsymbol{Q}(s)$ 交换列 i 和列 j”为“交换 $\boldsymbol{I}_n$ 行 i 和行 j 导出的常阵”

则

$\boldsymbol{Q}(s)$ 在行 i 和行 j 交换后得到矩阵 $\bar{\boldsymbol{Q}}_{1r}(s)=\boldsymbol{E}_{1r}\boldsymbol{Q}(s)$

$\boldsymbol{Q}(s)$ 在列 i 和列 j 交换后得到矩阵 $\bar{\boldsymbol{Q}}_{1c}(s)=\boldsymbol{Q}(s)\boldsymbol{E}_{1c}$

② 用非零常数 $c\in R$ 乘于 $\boldsymbol{Q}(s)$ 某行或某列。生成 $m\times m$ 行初等矩阵 $\boldsymbol{E}_{2r}$ 和 $n\times n$ 列初等矩阵 $\boldsymbol{E}_{2c}$：

$\boldsymbol{E}_{2r}$ = 对应“c 乘于 $\boldsymbol{Q}(s)$ 行 i”为“c 乘于 $\boldsymbol{I}_m$ 列 i 导出的矩阵”

$\boldsymbol{E}_{2c}$ = 对应“c 乘于 $\boldsymbol{Q}(s)$ 列 j”为“c 乘于 $\boldsymbol{I}_n$ 行 j 导出的矩阵”

则

$\boldsymbol{Q}(s)$ 在 c 乘于行 i 后得到矩阵 $\bar{\boldsymbol{Q}}_{2r}(s)=\boldsymbol{E}_{2r}\boldsymbol{Q}(s)$

$\boldsymbol{Q}(s)$ 在 c 乘于列 j 后得到矩阵 $\bar{\boldsymbol{Q}}_{2c}(s)=\boldsymbol{Q}(s)\boldsymbol{E}_{2c}$

③ 用非零多项式 $d(s)\in R(s)$ 乘于 $\boldsymbol{Q}(s)$ 的某行/某列所得结果加于另某行/另某列。生成 $m\times m$ 行初等矩阵 $\boldsymbol{E}_{3r}$ 和 $n\times n$ 列初等矩阵 $\boldsymbol{E}_{3c}$：

$\boldsymbol{E}_{3r}$ = 对应“$d(s)$ 乘以 $\boldsymbol{Q}(s)$ 行 i 加于行 j”为“$d(s)$ 置于 $\boldsymbol{I}_m$ 列 i 和行 j 交点导出矩阵”

$\boldsymbol{E}_{3c}$ = 对应“$d(s)$ 乘以 $\boldsymbol{Q}(s)$ 列 i 加于列 j”为“$d(s)$ 置于 $\boldsymbol{I}_n$ 行 i 和列 j 交点导出矩阵”

则

$\boldsymbol{Q}(s)$ 在“$d(s)$ 乘以 $\boldsymbol{Q}(s)$ 行 i 加于行 j”后得到矩阵 $\bar{\boldsymbol{Q}}_{3r}(s)=\boldsymbol{E}_{3r}\boldsymbol{Q}(s)$

$\boldsymbol{Q}(s)$ 在“$d(s)$ 乘以 $\boldsymbol{Q}(s)$ 列 i 加于列 j”后得到矩阵 $\bar{\boldsymbol{Q}}_{3c}(s)=\boldsymbol{Q}(s)\boldsymbol{E}_{3c}$

单模变换

对 $m\times n$ 多项式矩阵 $\boldsymbol{Q}(s)$，引入 $m\times m$ 单模阵 $\boldsymbol{R}(s)$ 和 $n\times n$ 单模阵 $\boldsymbol{T}(s)$，则 $\boldsymbol{R}(s)\boldsymbol{Q}(s)$，$\boldsymbol{Q}(s)\boldsymbol{T}(s)$ 和 $\boldsymbol{R}(s)\boldsymbol{Q}(s)\boldsymbol{T}(s)$ 为 $\boldsymbol{Q}(s)$ 的单模变换。单模变换在线性时不变系统复频率域理论

中具有重要作用。

初等变换和单模变换

矩阵 $\boldsymbol{Q}(s)$ 的单模变换和初等变换具有对应关系：

$$\boldsymbol{R}(s)\boldsymbol{Q}(s) \quad \Leftrightarrow \quad \text{对 } \boldsymbol{Q}(s) \text{ 作等价一系列行初等变换}$$

$$\boldsymbol{Q}(s)\boldsymbol{T}(s) \quad \Leftrightarrow \quad \text{对 } \boldsymbol{Q}(s) \text{ 作等价一系列列初等变换}$$

$$\boldsymbol{R}(s)\boldsymbol{Q}(s)\boldsymbol{T}(s) \quad \Leftrightarrow \quad \text{对 } \boldsymbol{Q}(s) \text{ 作等价一系列行和等价一系列列初等变换}$$

（3）多项式矩阵对的最大公因子

最大右公因子

$p\times p$ 多项式矩阵 $\boldsymbol{R}(s)$ 为列数相同多项式矩阵对“$\boldsymbol{D}(s)\in R^{p\times p}(s)$，$\boldsymbol{N}(s)\in R^{q\times p}(s)$”的一个右公因子即 crd，若存在多项式矩阵 $\bar{\boldsymbol{D}}(s)\in R^{p\times p}(s)$ 和 $\bar{\boldsymbol{N}}(s)\in R^{q\times p}(s)$，使成立 $\boldsymbol{D}(s)=\bar{\boldsymbol{D}}(s)\boldsymbol{R}(s)$，$\boldsymbol{N}(s)=\bar{\boldsymbol{N}}(s)\boldsymbol{R}(s)$。

$p\times p$ 多项式矩阵 $\boldsymbol{R}(s)$ 为“$\boldsymbol{D}(s)\in R^{p\times p}(s)$，$\boldsymbol{N}(s)\in R^{q\times p}(s)$”的一个最大右公因子即 gcrd，如果① $\boldsymbol{R}(s)$ 是$\{\boldsymbol{D}(s),\boldsymbol{N}(s)\}$的一个 crd；②对$\{\boldsymbol{D}(s),\boldsymbol{N}(s)\}$任一其他 crd $\tilde{\boldsymbol{R}}(s)$，均存在一个 $p\times p$ 多项式矩阵 $\boldsymbol{W}(s)$ 使成立 $\boldsymbol{R}(s)=\boldsymbol{W}(s)\tilde{\boldsymbol{R}}(s)$。

最大左公因子

$q\times q$ 多项式矩阵 $\boldsymbol{R}_{\mathrm{L}}(s)$ 为行数相同多项式矩阵对“$\boldsymbol{D}_{\mathrm{L}}(s)\in R^{q\times q}(s)$，$\boldsymbol{N}_{\mathrm{L}}(s)\in R^{q\times p}(s)$”的一个左公因子即 cld，若存在多项式矩阵 $\bar{\boldsymbol{D}}_{\mathrm{L}}(s)\in R^{q\times q}(s)$ 和 $\bar{\boldsymbol{N}}_{\mathrm{L}}(s)\in R^{q\times p}(s)$ 使成立 $\boldsymbol{D}_{\mathrm{L}}(s)=\boldsymbol{R}_{\mathrm{L}}(s)\bar{\boldsymbol{D}}_{\mathrm{L}}(s)$，$\boldsymbol{N}_{\mathrm{L}}(s)=\boldsymbol{R}_{\mathrm{L}}(s)\bar{\boldsymbol{N}}_{\mathrm{L}}(s)$。

$q\times q$ 多项式矩阵 $\boldsymbol{R}_{\mathrm{L}}(s)$ 为“$\boldsymbol{D}_{\mathrm{L}}(s)\in R^{q\times q}(s)$，$\boldsymbol{N}_{\mathrm{L}}(s)\in R^{q\times p}(s)$”的一个最大左公因子即 gcld，如果① $\boldsymbol{R}_{\mathrm{L}}(s)$ 是$\{\boldsymbol{D}_{\mathrm{L}}(s)，\boldsymbol{N}_{\mathrm{L}}(s)\}$的一个 cld；②对$\{\boldsymbol{D}_{\mathrm{L}}(s)，\boldsymbol{N}_{\mathrm{L}}(s)\}$的任一其他 cld $\tilde{\boldsymbol{R}}_{\mathrm{L}}(s)$，均存在一个 $q\times q$ 多项式矩阵 $\boldsymbol{W}_{\mathrm{L}}(s)$ 使成立 $\boldsymbol{R}_{\mathrm{L}}(s)=\tilde{\boldsymbol{R}}_{\mathrm{L}}(s)\boldsymbol{W}_{\mathrm{L}}(s)$。

最大公因子构造定理

对列数相同多项式矩阵对“$\boldsymbol{D}(s)\in R^{p\times p}(s)$，$\boldsymbol{N}(s)\in R^{q\times p}(s)$”，若可找到 $(q+p)\times(q+p)$ 的一个单模阵 $\boldsymbol{U}(s)$，使成立：

$$\boldsymbol{U}(s)\begin{bmatrix}\boldsymbol{D}(s)\\ \boldsymbol{N}(s)\end{bmatrix}=\begin{bmatrix}\boldsymbol{U}_{11}(s) & \boldsymbol{U}_{12}(s)\\ \boldsymbol{U}_{21}(s) & \boldsymbol{U}_{22}(s)\end{bmatrix}\begin{bmatrix}\boldsymbol{D}(s)\\ \boldsymbol{N}(s)\end{bmatrix}=\begin{bmatrix}\boldsymbol{R}(s)\\ \boldsymbol{0}\end{bmatrix}$$

则 $p\times p$ 多项式矩阵 $\boldsymbol{R}(s)$ 为$\{\boldsymbol{D}(s)，\boldsymbol{N}(s)\}$的一个 gcrd。

对行数相同多项式矩阵对“$\boldsymbol{D}_{\mathrm{L}}(s)\in R^{q\times q}(s)$，$\boldsymbol{N}_{\mathrm{L}}(s)\in R^{q\times p}(s)$”，若可找到 $(q+p)\times(q+p)$ 的一个单模阵 $\bar{\boldsymbol{U}}(s)$，使成立：

$$[\boldsymbol{D}_{\mathrm{L}}(s) \quad \boldsymbol{N}_{\mathrm{L}}(s)]\bar{\boldsymbol{U}}(s)=[\boldsymbol{D}_{\mathrm{L}}(s) \quad \boldsymbol{N}_{\mathrm{L}}(s)]\begin{bmatrix}\bar{\boldsymbol{U}}_{11}(s) & \bar{\boldsymbol{U}}_{12}(s)\\ \bar{\boldsymbol{U}}_{21}(s) & \bar{\boldsymbol{U}}_{22}(s)\end{bmatrix}=[\boldsymbol{R}_{\mathrm{L}}(s) \quad \boldsymbol{0}]$$

则 $q\times q$ 多项式矩阵 $\boldsymbol{R}_{\mathrm{L}}(s)$ 为$\{\boldsymbol{D}_{\mathrm{L}}(s)，\boldsymbol{N}_{\mathrm{L}}(s)\}$的一个 gcld。

（4）多项式矩阵对的互质性

右互质和左互质

列数相同多项式矩阵对“$D(s)\in R^{p\times p}(s)$，$N(s)\in R^{q\times p}(s)$”为右互质，如果其 gcrd 为单模阵。行数相同多项式矩阵对“$\bar{D}_{\mathrm{L}}(s)\in R^{q\times q}(s)$，$\bar{N}_{\mathrm{L}}(s)\in R^{q\times p}(s)$”为左互质，如果其 gcld 为单模阵。

贝佐特等式判据

列数相同 $p\times p$ 和 $q\times p$ 多项式矩阵 $\boldsymbol{D}(s)$ 和 $\boldsymbol{N}(s)$ 为右互质，当且仅当存在 $p\times p$ 和 $p\times q$ 多项式矩阵 $\boldsymbol{X}(s)$ 和 $\boldsymbol{Y}(s)$，使贝佐特等式 $\boldsymbol{X}(s)\boldsymbol{D}(s)+\boldsymbol{Y}(s)\boldsymbol{N}(s)=\boldsymbol{I}_p$ 成立。

行数相同 $q\times q$ 和 $q\times p$ 多项式矩阵 $\boldsymbol{D}_{\mathrm{L}}(s)$ 和 $\boldsymbol{N}_{\mathrm{L}}(s)$ 为左互质，当且仅当存在 $q\times q$ 和 $p\times q$ 多项式矩阵 $\bar{\boldsymbol{X}}(s)$ 和 $\bar{\boldsymbol{Y}}(s)$，使贝佐特等式 $\boldsymbol{D}_{\mathrm{L}}(s)\bar{\boldsymbol{X}}(s)+\boldsymbol{N}_{\mathrm{L}}(s)\bar{\boldsymbol{Y}}(s)=\boldsymbol{I}_q$ 成立。

秩判据

列数相同 $p\times p$ 和 $q\times p$ 多项式矩阵 $\boldsymbol{D}(s)$ 和 $\boldsymbol{N}(s)$，$\boldsymbol{D}(s)$ 非奇异，有

$$\boldsymbol{D}(s)\text{ 和 }\boldsymbol{N}(s)\text{ 右互质} \quad \Leftrightarrow \quad \mathrm{rank}\begin{bmatrix}\boldsymbol{D}(s)\\ \boldsymbol{N}(s)\end{bmatrix}=p，\quad \forall s\in C$$

行数相同 $q\times q$ 和 $q\times p$ 多项式矩阵 $\boldsymbol{D}_{\mathrm{L}}(s)$ 和 $\boldsymbol{N}_{\mathrm{L}}(s)$，$\boldsymbol{D}_{\mathrm{L}}(s)$ 非奇异，有

$$\boldsymbol{D}_{\mathrm{L}}(s)\text{ 和 }\boldsymbol{N}_{\mathrm{L}}(s)\text{ 左互质} \quad \Leftrightarrow \quad \mathrm{rank}[\boldsymbol{D}_{\mathrm{L}}(s)\quad \boldsymbol{N}_{\mathrm{L}}(s)]=q，\quad \forall s\in C$$

（5）多项式矩阵的列/行次数和列/行次表达式

多项式向量次数

对列多项式向量 $\boldsymbol{\alpha}(s)=\begin{bmatrix}\alpha_1(s)\\ \vdots\\ \alpha_q(s)\end{bmatrix}$ 和行多项式向量 $\bar{\boldsymbol{\alpha}}'(s)=[\bar{\alpha}_1(s)\quad\cdots\quad\bar{\alpha}_p(s)]$，有

$$\boldsymbol{\alpha}(s)\text{ 的次数 }\delta\boldsymbol{\alpha}(s)=\max\{\deg\alpha_i(s),\ i=1,2,\cdots,q\}$$

$$\bar{\boldsymbol{\alpha}}'(s)\text{ 的次数 }\delta\bar{\boldsymbol{\alpha}}'(s)=\max\{\deg\bar{\alpha}_j(s),\ j=1,2,\cdots,p\}$$

多项式矩阵列次数和行次数

对 $q\times p$ 多项式矩阵 $\boldsymbol{M}(s)=\begin{bmatrix}\bar{\boldsymbol{m}}_1'(s)\\ \vdots\\ \bar{\boldsymbol{m}}_q'(s)\end{bmatrix}=[\boldsymbol{m}_1(s)\quad\cdots\quad\boldsymbol{m}_p(s)]$，有

$$\boldsymbol{M}(s)\text{ 列次数 }\delta_{cj}\boldsymbol{M}(s)=\delta\boldsymbol{m}_j(s)=k_{cj}，\quad j=1,2,\cdots,p$$

$$\boldsymbol{M}(s)\text{ 行次数 }\delta_{ri}\boldsymbol{M}(s)=\delta\bar{\boldsymbol{m}}_i'(s)=k_{ri}，\quad i=1,2,\cdots,q$$

多项式矩阵列次和行次表达式

对 $q\times p$ 多项式矩阵 $\boldsymbol{M}(s)$，表

列次数 $\delta_{cj}\boldsymbol{M}(s)=k_{cj}$，$j=1,2,\cdots,p$，$\sum_{j=1}^{p}k_{cj}=n$

行次数 $\delta_{ri}\boldsymbol{M}(s)=k_{ri}$， $i=1,2,\cdots,q$， $\sum_{i=1}^{q}k_{ri}=\bar{n}$

列次阵 $\underset{p\times p}{\boldsymbol{S}_{c}(s)}=\begin{bmatrix} s^{k_{c1}} & & \\ & \ddots & \\ & & s^{k_{cp}} \end{bmatrix}$， 低列次阵 $\underset{n\times p}{\boldsymbol{\varPsi}_{c}(s)}=\begin{bmatrix} s^{k_{c1}-1} & & \\ \vdots & & \\ s & & \\ 1 & & \\ & \ddots & \\ & & s^{k_{cp}-1} \\ & & \vdots \\ & & s \\ & & 1 \end{bmatrix}$

行次阵 $\underset{q\times q}{\boldsymbol{S}_{r}(s)}=\begin{bmatrix} s^{k_{r1}} & & \\ & \ddots & \\ & & s^{k_{rq}} \end{bmatrix}$

低行次阵 $\underset{q\times \bar{n}}{\boldsymbol{\varPsi}_{r}(s)}=\begin{bmatrix} s^{k_{r1}-1} & \cdots & s & 1 & & & & \\ & & & & \ddots & & & \\ & & & & s^{k_{rq}-1} & \cdots & s & 1 \end{bmatrix}$

则

$\boldsymbol{M}(s)$ 列次表达式 $\boldsymbol{M}(s)=\boldsymbol{M}_{hc}\boldsymbol{S}_{c}(s)+\boldsymbol{M}_{cL}(s)$

$\boldsymbol{M}_{cL}(s)=\boldsymbol{M}_{Lc}\boldsymbol{\varPsi}_{c}(s)$， $\boldsymbol{M}_{hc}$ 为列次系数矩阵

$\boldsymbol{M}(s)$ 行次表达式 $\boldsymbol{M}(s)=\boldsymbol{S}_{r}(s)\boldsymbol{M}_{hr}+\boldsymbol{M}_{rL}(s)$

$\boldsymbol{M}_{rL}(s)=\boldsymbol{\varPsi}_{r}(s)\boldsymbol{M}_{Lr}$， $\boldsymbol{M}_{hr}$ 为行次系数矩阵

（6）多项式矩阵的既约性

方多项式阵的既约性

对 $p\times p$ 方非奇异多项式矩阵 $\boldsymbol{M}(s)$， $\delta_{cj}\boldsymbol{M}(s)$ 为列次数和 $\delta_{ri}\boldsymbol{M}(s)$ 为行次数，则

$$\boldsymbol{M}(s)\text{ 列既约} \quad \Leftrightarrow \quad \deg\det\boldsymbol{M}(s)=\sum_{j=1}^{p}\delta_{cj}\boldsymbol{M}(s)$$

$$\boldsymbol{M}(s)\text{ 行既约} \quad \Leftrightarrow \quad \deg\det\boldsymbol{M}(s)=\sum_{i=1}^{p}\delta_{ri}\boldsymbol{M}(s)$$

非方多项式矩阵的既约性

对 $q\times p$ 非方满秩多项式矩阵 $\boldsymbol{M}(s)$

$\boldsymbol{M}(s)$ 列既约 $\Leftrightarrow$

$q\geqslant p$ 且 $\boldsymbol{M}(s)$ 至少包含一个 $p\times p$ 矩阵满足“行列式次数 $=\sum_{j=1}^{p}\delta_{cj}\boldsymbol{M}(s)$”

$M(s)$ 行既约 $\Leftrightarrow$

$$p \geqslant q \text{ 且 } M(s) \text{ 至少包含一个 } q \times q \text{ 矩阵满足“行列式次数} = \sum_{i=1}^{q} \delta_{ri} M(s) \text{”}$$

多项式矩阵的既约性判据

对多项式阵 $M(s)$，M_{hc} 为列次系数矩阵，M_{hr} 为行次系数矩阵，“k_{cj}，$j=1,2,\cdots,p$”为列次数，“k_{ri}，$i=1,2,\cdots,q$”为行次数，则有

① 若 $M(s)$ 为 $p \times p$ 方非奇异多项式矩阵

$$M(s) \text{ 列既约} \Leftrightarrow \text{ 列次系数矩阵 } M_{hc} \text{ 非奇异}$$
$$M(s) \text{ 行既约} \Leftrightarrow \text{ 行次系数矩阵 } M_{hr} \text{ 非奇异}$$

② 若 $M(s)$ 为 $q \times p$ 非方满秩多项式矩阵

$$M(s) \text{ 列既约} \Leftrightarrow q \geqslant p \text{ 且 } \text{rank} M_{hc} = p$$
$$M(s) \text{ 行既约} \Leftrightarrow p \geqslant q \text{ 且 } \text{rank} M_{hr} = q$$

非既约矩阵的既约化

对非既约 $p \times p$ 方非奇异多项式矩阵 $M(s)$，通过引入适当 $p \times p$ 单模阵对 $U(s)$ 和 $V(s)$，必可使 $M(s)U(s)$ 和 $V(s)M(s)$ 为列既约或行既约。

（7）多项式矩阵的标准形

埃尔米特形

① 行埃尔米特形。“$m \times n$ 多项式矩阵 $Q(s)$，$\text{rank}\, Q(s) = r \leqslant \min\{m, n\}$”通过单模变换导出的“行埃尔米特形”$Q_{Hr}(s)$ 具有形式

$$Q_{Hr}(s) = \begin{bmatrix} 0 & \cdots & 0 & a_{1,k_1}(s) & \cdots & a_{1,k_2}(s) & \cdots & a_{1,k_3}(s) & \cdots & a_{1,k_r}(s) & \cdots \\ \vdots & & \vdots & & & a_{2,k_2}(s) & \cdots & a_{2,k_3}(s) & \cdots & a_{2,k_r}(s) & \cdots \\ \vdots & & \vdots & & & & & a_{3,k_3}(s) & \cdots & a_{3,k_r}(s) & \cdots \\ \vdots & & \vdots & & & & & & & \vdots & \\ 0 & \cdots & 0 & & & & & & & a_{r,k_r}(s) & \cdots \\ 0 & & & & \cdots & \cdots & \cdots & & & & 0 \\ \vdots & & & & & & & & & & \vdots \\ 0 & & & & \cdots & \cdots & \cdots & & & & 0 \end{bmatrix}$$

其中：（i）后 $(m-r)$ 行为零行。（ii）每一非零行中，位于最左非零元 $\alpha_{i,k_i}(s)$ $(i=1,2,\cdots,r)$ 为首 1 多项式。（iii）最左非零元的列位置指数满足 $k_1 < k_2 < \cdots < k_r$。（iv）最左非零元 $\alpha_{i,k_i}(s)$ $(i=1,2,\cdots,r)$ 在所处列中次数为最高。若 $\alpha_{i,k_i}(s)=1$，则 $\alpha_{j,k_i}(s)=0$，$i=2,3,\cdots,r$，$j=1,2,\cdots,i-1$。

② 列埃尔米特形。“$m \times n$ 多项式矩阵 $Q(s)$，$\text{rank}\, Q(s) = r \leqslant \min\{m, n\}$”通过单模变换导出的“列埃尔米特形”$Q_{Hc}(s) = Q_{Hr}^{T}(s)$。

史密斯形

“$q\times p$ 多项式矩阵 $\boldsymbol{Q}(s)$，$\mathrm{rank}\boldsymbol{Q}(s)=r$，$0\leqslant r\leqslant \min(q,p)$” 通过相应维数的适当单模矩阵对 $\{\boldsymbol{U}(s),\boldsymbol{V}(s)\}$ 可变换为其史密斯形

$$\boldsymbol{U}(s)\boldsymbol{Q}(s)\boldsymbol{V}(s)=\boldsymbol{\Lambda}(s)=\left[\begin{array}{ccc|c}\lambda_1(s) & & & \boldsymbol{0}\\ & \ddots & & \vdots\\ & & \lambda_r(s) & \boldsymbol{0}\\ \hline \boldsymbol{0} & \cdots & \boldsymbol{0} & \boldsymbol{0}\end{array}\right]$$

其中，$\{\lambda_i(s),\ i=1,2,\cdots,r\}$ 为首 1 多项式并满足整除性 $\lambda_i(s)\,|\,\lambda_{i+1}(s),\quad i=1,2,\cdots,r-1$。

波波夫形

$p\times p$ 方非奇异多项式矩阵 $\boldsymbol{D}(s)$ 通过适当的单模变换可化为其波波夫形

$$\boldsymbol{D}_E(s)=\begin{bmatrix} d_{11}(s) & \cdots & d_{1p}(s)\\ \vdots & & \vdots\\ d_{p1}(s) & \cdots & d_{pp}(s)\end{bmatrix}$$

其中：(i) $\boldsymbol{D}_E(s)$ 列既约，且列次数满足 $k_{c1}\leqslant k_{c2}\leqslant\cdots\leqslant k_{cp}$。(ii) 对列 j，$j=1,2,\cdots,p$，存在主指数 $m_j\in[1,2,\cdots,p]$，使主元 $d_{m_j j}(s)$ 满足：① $\deg[d_{m_j j}(s)]=k_{cj}$；② $d_{m_j j}(s)$ 为首 1 多项式；③列 j 中位于 $d_{m_j j}(s)$ 以下所有元多项式的次数均小于列次数；④对列 i 和列 j，若 $i<j$ 而 $k_{ci}=k_{cj}$，则 $m_i<m_j$；⑤ $d_{m_j j}(s)$ 在所在行中为次数最高。

（8）矩阵束及其克罗内克尔形

矩阵束

$\boldsymbol{E}$ 和 $\boldsymbol{A}$ 为 $m\times n$ 实常阵，$s\in C$，则“矩阵束＝$(s\boldsymbol{E}-\boldsymbol{A})$”。$m\times n$ 矩阵束 $(s\boldsymbol{E}-\boldsymbol{A})$ 为正则，当且仅当满足“$m=n$ 和 $\det(s\boldsymbol{E}-\boldsymbol{A})\neq 0$”。矩阵束 $(s\boldsymbol{E}-\boldsymbol{A})$ 为奇异，当且仅当它不为正则。

克罗内克尔形

通过 $m\times m$ 和 $n\times n$ 的适当非奇异变换阵 $\boldsymbol{U}$ 和 $\boldsymbol{V}$，可将 $m\times n$ 矩阵束 $(s\boldsymbol{E}-\boldsymbol{A})$ 化为其克罗内克尔形

$$\boldsymbol{K}(s)=\boldsymbol{U}(s\boldsymbol{E}-\boldsymbol{A})\boldsymbol{V}=\begin{bmatrix}\boldsymbol{L}_{\mu_1} & & & & & & & \\ & \ddots & & & & & & \\ & & \boldsymbol{L}_{\mu_\alpha} & & & & & \\ & & & \tilde{\boldsymbol{L}}_{\nu_1} & & & & \\ & & & & \ddots & & & \\ & & & & & \tilde{\boldsymbol{L}}_{\nu_\beta} & & \\ & & & & & & s\boldsymbol{J}-\boldsymbol{I} & \\ & & & & & & & s\boldsymbol{I}-\boldsymbol{F}\end{bmatrix}$$

其中：（i）$(sI-F)$ 对应矩阵束 $(sE-A)$ 在有限 s 处的特征结构。F 为约当形，如

$$F=\left[\begin{array}{cccc|cc} a & 1 & & & & \\ & a & 1 & & & \\ & & a & & & \\ & & & a & & \\ \hline & & & & b & 1 \\ & & & & & b \end{array}\right]$$

（ii）$(sJ-I)$ 反映常阵 E 的奇异性，对应矩阵束 $(sE-A)$ 在 $s=\infty$ 处特征结构。J 为零特征值约当形，如

$$J=\left[\begin{array}{ccc|cc} 0 & 1 & & & \\ & 0 & 1 & & \\ & & 0 & & \\ \hline & & & 0 & 1 \\ & & & & 0 \end{array}\right]$$

（iii）$\mu_i\times(\mu_i+1)$ 矩阵 $\{L_{\mu_i}, i=1,2,\cdots,\alpha\}$ 对应矩阵束 $(sE-A)$ 的右奇异性，且称 $\{\mu_1,\mu_2,\cdots,\mu_\alpha\}$ 为右克罗内克尔指数。L_{μ_i} 具有形式

$$L_{\mu_i}=\begin{bmatrix} s & -1 & & \\ & \ddots & \ddots & \\ & & \ddots & \ddots \\ & & s & -1 \end{bmatrix}$$

（iv）$(\nu_j+1)\times\nu_j$ 矩阵 $\{\tilde{L}_{\nu_j}, j=1,2,\cdots,\beta\}$ 对应矩阵束 $(sE-A)$ 的左奇异性，且称 $\{\nu_1,\nu_2,\cdots,\nu_\beta\}$ 为左克罗内克尔指数。$\tilde{L}_{\nu_j}$ 具有形式

$$\tilde{L}_{\nu_j}=\begin{bmatrix} s & & \\ -1 & \ddots & \\ & \ddots & \ddots \\ & & \ddots & s \\ & & & -1 \end{bmatrix}$$

7.2 习题与解答

本章的习题安排围绕作为线性时不变系统复频率域理论基础的多项式矩阵的变换运算、属性分析和规范形。基本题部分包括判断多项式矩阵的非奇异性和单模性，对多项式矩阵对计算最大公因子和判断互质性，对多项式矩阵确定列/行次数和判断既约性，

化多项式矩阵为埃尔米特形、史密斯形和波波夫形等。证明题部分涉及最大左公因子的构造定理和相关属性，多项式矩阵对左互质性的贝佐特等式判据和史密斯形判据，矩阵束的严格等价属性等。

题 7.1 判断下列各多项式矩阵是否为非奇异：

（i）$Q_1(s)=\begin{bmatrix} s^2+3s+4 & s+1 \\ s+2 & 1 \end{bmatrix}$

（ii）$Q_2(s)=\begin{bmatrix} s+2 & s+3 \\ s^2+3s+2 & s^2+4s+3 \end{bmatrix}$

（iii）$Q_3(s)=\begin{bmatrix} s+3 & s+4 & 1 \\ 1 & s+1 & s+2 \\ 0 & s^2+s & s \end{bmatrix}$

解 本题属于根据相关定义或特性判断方多项式矩阵非奇异性的基本题。

题中方多项式矩阵维数均不大于 3，较为简单方法是判断其行列式是否为有理分式域上零元。若是则为奇异，若否则为非奇异。

（i）由 $Q_1(s)$ 的行列式计算结果

$$\det Q_1(s)=\det\begin{bmatrix} s^2+3s+4 & s+1 \\ s+2 & 1 \end{bmatrix}=(s^2+3s+4)-(s^2+3s+2)=2\neq 0$$

即 $Q_1(s)$ 行列式不为有理分式域上零元，可知 $Q_1(s)$ 为非奇异。

（ii）由 $Q_2(s)$ 的行列式计算结果

$$\det Q_2(s)=\det\begin{bmatrix} s+2 & s+3 \\ s^2+3s+2 & s^2+4s+3 \end{bmatrix}$$
$$=(s^3+6s^2+11s+6)-(s^3+6s^2+11s+6)=0$$

即 $Q_2(s)$ 行列式为有理分式域上零元，可知 $Q_2(s)$ 为奇异。

（iii）由 $Q_3(s)$ 的行列式计算结果

$$\det Q_3(s)=\det\begin{bmatrix} s+3 & s+4 & 1 \\ 1 & s+1 & s+2 \\ 0 & s^2+s & s \end{bmatrix}$$
$$=[(s^3+4s^2+3s)+(s^2+s)]-[(s^4+6s^3+11s^2+6s)+(s^2+4s)]$$
$$=-s^4-5s^3-7s^2-6s\neq 0$$

即 $Q_3(s)$ 行列式不为有理分式域上零元，可知 $Q_3(s)$ 为非奇异。

题 7.2 判断下列各多项式向量组是否为线性无关：

（i）$\begin{bmatrix} s^2+7s+12 \\ s+3 \end{bmatrix}$，$\begin{bmatrix} s^2+5s+4 \\ s+1 \end{bmatrix}$

（ii） $\begin{bmatrix} 0 \\ s+3 \\ s+1 \end{bmatrix}$, $\begin{bmatrix} 4 \\ s+2 \\ s^2+s \end{bmatrix}$, $\begin{bmatrix} s+1 \\ s \\ 3 \end{bmatrix}$

解 本题属于根据相关定义或特性判断多项式向量组的线性无关性的基本题。

题中“多项式向量组”均可组成方多项式矩阵且维数不大于 3，较为简单方法是判断其方多项式矩阵的奇异或非奇异。若非奇异则“多项式向量组”线性无关，若奇异则“多项式向量组”线性相关。

（i）由“$\begin{bmatrix} s^2+7s+12 \\ s+3 \end{bmatrix}$, $\begin{bmatrix} s^2+5s+4 \\ s+1 \end{bmatrix}$”组成的方多项式矩阵的行列式计算结果

$$\det \boldsymbol{Q}_1(s) = \det \begin{bmatrix} s^2+7s+12 & s^2+5s+4 \\ s+3 & s+1 \end{bmatrix}$$

$$= (s^3+8s^2+19s+12) - (s^3+8s^2+19s+12) = 0$$

可知 $\boldsymbol{Q}_1(s)$ 为奇异，从而给定多项式向量组线性相关。

（ii）由“$\begin{bmatrix} 0 \\ s+3 \\ s+1 \end{bmatrix}$, $\begin{bmatrix} 4 \\ s+2 \\ s^2+s \end{bmatrix}$, $\begin{bmatrix} s+1 \\ s \\ 3 \end{bmatrix}$”组成的方多项式矩阵的行列式计算结果

$$\det \boldsymbol{Q}_2(s) = \det \begin{bmatrix} 0 & 4 & s+1 \\ s+3 & s+2 & s \\ s+1 & s^2+s & 3 \end{bmatrix}$$

$$= (s^4+5s^3+11s^2+7s) - (s^3+4s^2+17s+38)$$

$$= s^4+4s^3+7s^2-10s-38 \neq 0$$

可知 $\boldsymbol{Q}_2(s)$ 为非奇异，从而给定多项式向量组线性无关。

对题 7.2 的解题过程加以引申，可以得到如下一般性结论。

推论 7.2A 对 n 个 n 维多项式列向量 $\boldsymbol{q}_1(s), \boldsymbol{q}_2(s), \cdots, \boldsymbol{q}_n(s)$，表其 $n \times n$ 方多项式矩阵为 $\boldsymbol{Q}(s) = [\boldsymbol{q}_1(s) \ \ \boldsymbol{q}_2(s) \ \ \cdots \ \ \boldsymbol{q}_n(s)]$，则 $\boldsymbol{q}_1(s), \boldsymbol{q}_2(s), \cdots, \boldsymbol{q}_n(s)$ 线性无关的充分必要条件为 $\det \boldsymbol{Q}(s) \neq 0$，即 $\boldsymbol{Q}(s)$ 为非奇异。

推论 7.2B 对 m 个 n 维多项式列向量 $\boldsymbol{q}_1(s), \boldsymbol{q}_2(s), \cdots, \boldsymbol{q}_m(s)$，$m < n$，表其 $n \times m$ 多项式矩阵为 $\boldsymbol{Q}(s) = [\boldsymbol{q}_1(s) \ \ \boldsymbol{q}_2(s) \ \ \cdots \ \ \boldsymbol{q}_m(s)]$，则 $\boldsymbol{q}_1(s), \boldsymbol{q}_2(s), \cdots, \boldsymbol{q}_m(s)$ 线性无关的充分必要条件为至少存在一个 $m \times m$ 子式不恒等于零，即 $\operatorname{rank} \boldsymbol{Q}(s) = m$。

题 7.3 判断下列各多项式矩阵是否为单模矩阵：

（i） $\boldsymbol{Q}_1(s) = \begin{bmatrix} s+3 & s+2 \\ s^2+2s-1 & s^2+s \end{bmatrix}$

（ii）$\boldsymbol{Q}_2(s)=\begin{bmatrix} s+4 & 1 \\ s^2+2s+1 & s+2 \end{bmatrix}$

（iii）$\boldsymbol{Q}_3(s)=\begin{bmatrix} s+1 & 1 & s+1 \\ 0 & s+2 & 3 \\ s+3 & 1 & s+3 \end{bmatrix}$

解 本题属于根据相关定义或特性判断方多项式矩阵单模性的基本题。

题中方多项式矩阵维数均不大于 3，较为简单方法是判断其行列式是否为非零常数。若是则为单模阵，否则为非单模阵。

（i）由 $\boldsymbol{Q}_1(s)$ 的行列式的计算结果

$$\det\boldsymbol{Q}_1(s)=\det\begin{bmatrix} s+3 & s+2 \\ s^2+2s-1 & s^2+s \end{bmatrix}=(s^3+4s^2+3s)-(s^3+4s^2+3s-2)=2\neq 0$$

可知 $\det\boldsymbol{Q}_1(s)=2$ 为非零常数，从而 $\boldsymbol{Q}_1(s)$ 为单模阵。

（ii）由 $\boldsymbol{Q}_2(s)$ 的行列式的计算结果

$$\det\boldsymbol{Q}_2(s)=\det\begin{bmatrix} s+4 & 1 \\ s^2+2s+1 & s+2 \end{bmatrix}=(s^2+6s+8)-(s^2+2s+1)=4s+7$$

可知 $\det\boldsymbol{Q}_2(s)=4s+7$ 不为非零常数，从而 $\boldsymbol{Q}_2(s)$ 不为单模阵。

（iii）由 $\boldsymbol{Q}_3(s)$ 的行列式的计算结果

$$\det\boldsymbol{Q}_3(s)=\det\begin{bmatrix} s+1 & 1 & s+1 \\ 0 & s+2 & 3 \\ s+3 & 1 & s+3 \end{bmatrix}$$

$$=[(s^3+6s^2+11s+6)+(3s+9)]-[(s^3+6s^2+11s+6)+(3s+3)]=6\neq 0$$

可知 $\det\boldsymbol{Q}_3(s)=6$ 为非零常数，从而 $\boldsymbol{Q}_3(s)$ 为单模阵。

题 7.4 表下列单模阵为初等矩阵的乘积：

$$\boldsymbol{Q}(s)=\begin{bmatrix} s^2+2s+1 & s+4 & 1 \\ 1 & -1 & 0 \\ -(s^2+4) & s^2 & 0 \end{bmatrix}$$

解 本题属于化单模矩阵为有限个初等矩阵乘积的基本题。

一种较为简单的求解方法是，将给定 3 维单模阵 $\boldsymbol{Q}(s)$ 通过一系列的列初等变换化为单位阵 $\boldsymbol{I}_3$，且表列初等矩阵序列为 $\{\boldsymbol{U}_1(s), \boldsymbol{U}_2(s), \cdots, \boldsymbol{U}_\alpha(s)\}$。基此，有

$$\boldsymbol{Q}(s)[\boldsymbol{U}_1(s)\ \boldsymbol{U}_2(s)\cdots\boldsymbol{U}_\alpha(s)]=\boldsymbol{I}_3$$

由此并考虑到“列初等矩阵逆为列初等矩阵”，就可导出

$$\boldsymbol{Q}(s)=\boldsymbol{U}_\alpha^{-1}(s)\cdots\boldsymbol{U}_2^{-1}(s)\ \boldsymbol{U}_1^{-1}(s)=\text{初等矩阵的乘积}$$

下面，基于化 $\boldsymbol{Q}(s)$ 为单位阵 $\boldsymbol{I}_3$ 的目标，对给定 3 维单模阵 $\boldsymbol{Q}(s)$ 作列初等变换：

$$Q(s)=\begin{bmatrix} s^2+2s+1 & s+4 & 1 \\ 1 & -1 & 0 \\ -(s^2+4) & s^2 & 0 \end{bmatrix} \text{“列 2”}\times 1 \text{ 加于“列 1”}, \quad U_1(s) \rightarrow$$

$$\begin{bmatrix} s^2+3s+5 & s+4 & 1 \\ 0 & -1 & 0 \\ -4 & s^2 & 0 \end{bmatrix} \text{“列 3”}\times[-(s+4)] \text{ 加于“列 2”}, \quad U_2(s) \rightarrow$$

$$\begin{bmatrix} s^2+3s+5 & 0 & 1 \\ 0 & -1 & 0 \\ -4 & s^2 & 0 \end{bmatrix} \text{“列 3”}\times[-(s^2+3s+5)] \text{ 加于“列 1”}, \quad U_3(s) \rightarrow$$

$$\begin{bmatrix} 0 & 0 & 1 \\ 0 & -1 & 0 \\ -4 & s^2 & 0 \end{bmatrix} \text{“列 1”}\times\left(\frac{1}{4}s^2\right) \text{ 加于“列 2”}, \quad U_4(s) \rightarrow$$

$$\begin{bmatrix} 0 & 0 & 1 \\ 0 & -1 & 0 \\ -4 & 0 & 0 \end{bmatrix} \text{“列 1”}\times\left(-\frac{1}{4}\right), \quad U_5(s) \rightarrow$$

$$\begin{bmatrix} 0 & 0 & 1 \\ 0 & -1 & 0 \\ 1 & 0 & 0 \end{bmatrix} \text{“列 2”}\times(-1), \quad U_6(s) \rightarrow$$

$$\begin{bmatrix} 0 & 0 & 1 \\ 0 & 1 & 0 \\ 1 & 0 & 0 \end{bmatrix} \text{“列 1”与“列 3”交换}, \quad U_7(s) \rightarrow \begin{bmatrix} 1 & 0 & 0 \\ 0 & 1 & 0 \\ 0 & 0 & 1 \end{bmatrix}$$

再据各类列初等矩阵构造方法，定出化$Q(s)$为I_3过程中引入的各个初等矩阵及其逆为

$$U_1(s)=\begin{bmatrix} 1 & 0 & 0 \\ 1 & 1 & 0 \\ 0 & 0 & 1 \end{bmatrix}, \quad U_1^{-1}(s)=\begin{bmatrix} 1 & 0 & 0 \\ -1 & 1 & 0 \\ 0 & 0 & 1 \end{bmatrix}$$

$$U_2(s)=\begin{bmatrix} 1 & 0 & 0 \\ 0 & 1 & 0 \\ 0 & -(s^2+4) & 1 \end{bmatrix}, \quad U_2^{-1}(s)=\begin{bmatrix} 1 & 0 & 0 \\ 0 & 1 & 0 \\ 0 & (s^2+4) & 1 \end{bmatrix}$$

$$U_3(s)=\begin{bmatrix} 1 & 0 & 0 \\ 0 & 1 & 0 \\ -(s^2+3s+5) & 0 & 1 \end{bmatrix}, \quad U_3^{-1}(s)=\begin{bmatrix} 1 & 0 & 0 \\ 0 & 1 & 0 \\ (s^2+3s+5) & 0 & 1 \end{bmatrix}$$

$$U_4(s)=\begin{bmatrix}1 & \frac{1}{4}s & 0\\0 & 1 & 0\\0 & 0 & 1\end{bmatrix},\quad U_4^{-1}(s)=\begin{bmatrix}1 & -\frac{1}{4}s & 0\\0 & 1 & 0\\0 & 0 & 1\end{bmatrix}$$

$$U_5(s)=\begin{bmatrix}-\frac{1}{4} & 0 & 0\\0 & 1 & 0\\0 & 0 & 1\end{bmatrix},\quad U_5^{-1}(s)=\begin{bmatrix}-4 & 0 & 0\\0 & 1 & 0\\0 & 0 & 1\end{bmatrix}$$

$$U_6(s)=\begin{bmatrix}1 & 0 & 0\\0 & -1 & 0\\0 & 0 & 1\end{bmatrix},\quad U_6^{-1}(s)=\begin{bmatrix}1 & 0 & 0\\0 & -1 & 0\\0 & 0 & 1\end{bmatrix}$$

$$U_7(s)=\begin{bmatrix}0 & 0 & 1\\0 & 1 & 0\\1 & 0 & 0\end{bmatrix},\quad U_7^{-1}(s)=\begin{bmatrix}0 & 0 & 1\\0 & 1 & 0\\1 & 0 & 0\end{bmatrix}$$

从而，定出给定单模阵 $Q(s)$ 的初等矩阵乘积表达式为

$$Q(s)=U_7^{-1}(s)U_6^{-1}(s)U_5^{-1}(s)U_4^{-1}(s)U_3^{-1}(s)U_2^{-1}(s)U_1^{-1}(s)$$

对题 7.4 的解题过程加以引申，可以得到如下一般性结论。

推论 7.4A 对给定单模阵 $Q(s)$，设“使 $Q(s)$ 按列初等变换化为单位阵 I ”的各初等矩阵顺次为 $U_1(s), U_2(s), \cdots, U_\alpha(s)$，表其逆为 $U_1^{-1}(s), U_2^{-1}(s), \cdots, U_\alpha^{-1}(s)$，则单模阵 $Q(s)$ 的初等矩阵乘积表达式为

$$Q(s)=U_\alpha^{-1}(s), U_{\alpha-1}^{-1}(s), \cdots, U_1^{-1}(s)$$

推论 7.4B 对给定单模阵 $Q(s)$，设“使 $Q(s)$ 按行初等变换化为单位阵 I ”的各初等矩阵顺次为 $V_1(s), V_2(s), \cdots, V_\sigma(s)$，表其逆为 $V_1^{-1}(s), V_2^{-1}(s), \cdots, V_\sigma^{-1}(s)$，则单模阵 $Q(s)$ 的初等矩阵乘积表达式为

$$Q(s)=V_1^{-1}(s), V_2^{-1}(s), \cdots, V_\sigma^{-1}(s)$$

推论 7.4C 对给定单模阵 $Q(s)$，不管是“使 $Q(s)$ 按列初等变换化为单位阵 I ”还是“使 $Q(s)$ 按行初等变换化为单位阵 I ”，其初等矩阵乘积表达式为不惟一。

题 7.5 设 P 和 $Q(s)$ 分别为 $n\times n$ 常量阵和 $n\times n$ 多项式矩阵，若 $Q(s)$ 为单模矩阵，试问能否断言 $PQ(s)$ 也为单模矩阵，并说明理由。

解 本题属于运用“单模矩阵行列式为非零常数”属性推证简单结论的基本题。

由单模矩阵属性知，“ $PQ(s)$ 为单模矩阵”当且仅当“ $\det PQ(s)=$ 非零常数”。现知 $Q(s)$ 为单模矩阵即“ $\det Q(s)=$ 非零常数”，则由 $\det PQ(s)=\det P\det Q(s)$ 可知，“ $\det PQ(s)=$ 非零常数”当且仅当“ $\det P=$ 非零常数”即 P 非奇异。基此，推证得到

$PQ(s)$ 为单模矩阵当且仅当 "P 非奇异"

$PQ(s)$ 为非单模矩阵当且仅当 "P 奇异"

对题 7.5 的解题过程加以引申，可以得到如下一般性结论。

推论 7.5A 对一个 $n \times n$ 矩阵 P，既可将其看成为是常量阵，也可将其看成为是"列次数和行次数均为 0"多项式矩阵。若"$\det P = $ 非零常数"，则据相应的定义，从常量阵角度称 P 为非奇异，而从 0 次多项式矩阵角度称 P 为单模阵。

推论 7.5B 对"$n \times n$ 的 0 次多项式矩阵 P"和"$n \times n$ 的一般单模矩阵 $Q(s)$"，由"两个同维多项式矩阵乘积阵为单模阵当且仅当它们均为单模阵"的一般结论知，$PQ(s)$ 为单模矩阵当且仅当"P 非奇异"，$PQ(s)$ 为非单模矩阵当且仅当"P 奇异"。

题 7.6 将下列多项式矩阵变换为行埃尔米特形：

$$Q(s) = \begin{bmatrix} 0 & 0 & (s+1)^2 & -s^2+s+1 \\ 0 & 0 & -(s+1) & s-1 \\ s+1 & s^2 & s^2+s+1 & s \end{bmatrix}$$

解 本题属于通过行初等运算化给定多项式矩阵为其行埃尔米特形的基本题。

采用行初等变换方法。对给定多项式矩阵 $Q(s)$ 作行初等运算直到导出行埃尔米特形：

$$Q(s) = \begin{bmatrix} 0 & 0 & (s+1)^2 & -s^2+s+1 \\ 0 & 0 & -(s+1) & s-1 \\ s+1 & s^2 & s^2+s+1 & s \end{bmatrix} \text{ "行 1" 与 "行 3" 交换，} V_1(s) \rightarrow$$

$$\begin{bmatrix} s+1 & s^2 & s^2+s+1 & s \\ 0 & 0 & -(s+1) & s-1 \\ 0 & 0 & (s+1)^2 & -s^2+s+1 \end{bmatrix} \text{ "行 2" }\times(s+1) \text{ 加于 "行 3"，} V_2(s) \rightarrow$$

$$\begin{bmatrix} s+1 & s^2 & s^2+s+1 & s \\ 0 & 0 & -(s+1) & s-1 \\ 0 & 0 & 0 & s \end{bmatrix} \text{ "行 2" }\times s \text{ 加于 "行 1"，} V_3(s) \rightarrow$$

$$\begin{bmatrix} s+1 & s^2 & 1 & s^2 \\ 0 & 0 & -(s+1) & s-1 \\ 0 & 0 & 0 & s \end{bmatrix} \text{ "行 2" }\times(-1)\text{，} V_4(s) \rightarrow$$

$$\begin{bmatrix} s+1 & s^2 & 1 & s^2 \\ 0 & 0 & (s+1) & -s+1 \\ 0 & 0 & 0 & s \end{bmatrix} \text{ "行 3" }\times(-s) \text{ 加于 "行 1"，} V_5(s) \rightarrow$$

$$\begin{bmatrix} s+1 & s^2 & 1 & 0 \\ 0 & 0 & (s+1) & -s+1 \\ 0 & 0 & 0 & s \end{bmatrix} \text{“行 3” 加于 “行 2”}, \boldsymbol{V}_6(s) \rightarrow$$

$$\begin{bmatrix} s+1 & s^2 & 1 & 0 \\ 0 & 0 & s+1 & 1 \\ 0 & 0 & 0 & s \end{bmatrix} = \boldsymbol{Q}_{\text{H}}(s)$$

容易检验，$\boldsymbol{Q}_{\text{H}}(s)$ 满足行埃尔米特形一切属性，即为给定 $\boldsymbol{Q}(s)$ 的行埃尔米特形。并且，依据行初等变换中初等矩阵构成规则，可以定出各个行初等矩阵为

$$\boldsymbol{V}_1(s) = \begin{bmatrix} 0 & 0 & 1 \\ 0 & 1 & 0 \\ 1 & 0 & 0 \end{bmatrix}, \quad \boldsymbol{V}_2(s) = \begin{bmatrix} 1 & 0 & 0 \\ 0 & 1 & 0 \\ 0 & s+1 & 1 \end{bmatrix}, \quad \boldsymbol{V}_3(s) = \begin{bmatrix} 1 & s & 0 \\ 0 & 1 & 0 \\ 0 & 0 & 1 \end{bmatrix}$$

$$\boldsymbol{V}_4(s) = \begin{bmatrix} 1 & 0 & 0 \\ 0 & -1 & 0 \\ 0 & 0 & 1 \end{bmatrix}, \quad \boldsymbol{V}_5(s) = \begin{bmatrix} 1 & 0 & -s \\ 0 & 1 & 0 \\ 0 & 0 & 1 \end{bmatrix}, \quad \boldsymbol{V}_6(s) = \begin{bmatrix} 1 & 0 & 0 \\ 0 & 1 & 1 \\ 0 & 0 & 1 \end{bmatrix}$$

基此，导出化给定 $\boldsymbol{Q}(s)$ 为行埃尔米特形 $\boldsymbol{Q}_{\text{H}}(s)$ 的单模变换阵 $\boldsymbol{V}(s)$ 为

$$\boldsymbol{V}(s) = \boldsymbol{V}_6(s)\boldsymbol{V}_5(s)\boldsymbol{V}_4(s)\boldsymbol{V}_3(s)\boldsymbol{V}_2(s)\boldsymbol{V}_1(s) = \begin{bmatrix} 1 & 0 & 0 \\ 0 & 1 & 1 \\ 0 & 0 & 1 \end{bmatrix} \begin{bmatrix} 1 & 0 & -s \\ 0 & 1 & 0 \\ 0 & 0 & 1 \end{bmatrix}$$

$$\times \begin{bmatrix} 1 & 0 & 0 \\ 0 & -1 & 0 \\ 0 & 0 & 1 \end{bmatrix} \begin{bmatrix} 1 & s & 0 \\ 0 & 1 & 0 \\ 0 & 0 & 1 \end{bmatrix} \begin{bmatrix} 1 & 0 & 0 \\ 0 & 1 & 0 \\ 0 & s+1 & 1 \end{bmatrix} \begin{bmatrix} 0 & 0 & 1 \\ 0 & 1 & 0 \\ 1 & 0 & 0 \end{bmatrix} = \begin{bmatrix} -s & -s^2 & 1 \\ 1 & s & 0 \\ 1 & s+1 & 0 \end{bmatrix}$$

并可验算

$$\boldsymbol{Q}_{\text{H}}(s) = \boldsymbol{V}(s)\,\boldsymbol{Q}(s)$$

$$= \begin{bmatrix} -s & -s^2 & 1 \\ 1 & s & 0 \\ 1 & s+1 & 0 \end{bmatrix} \begin{bmatrix} 0 & 0 & (s+1)^2 & -s^2+s+1 \\ 0 & 0 & -(s+1) & s-1 \\ s+1 & s^2 & s^2+s+1 & s \end{bmatrix} = \begin{bmatrix} s+1 & s^2 & 1 & 0 \\ 0 & 0 & s+1 & 1 \\ 0 & 0 & 0 & s \end{bmatrix}$$

题 7.7 求出下列多项式矩阵 $\boldsymbol{D}(s)$ 和 $\boldsymbol{N}(s)$ 的两个不同的 gcrd：

$$\boldsymbol{D}(s) = \begin{bmatrix} s^2+2s & s+3 \\ 2s^2+s & 3s-2 \end{bmatrix}, \quad \boldsymbol{N}(s) = \begin{bmatrix} s & 1 \end{bmatrix}$$

解 本题属于计算多项式矩阵对的 gcrd 即最大右公因子的基本题。

采用行初等变换方法。将给定多项式矩阵对$\{\boldsymbol{D}(s), \boldsymbol{N}(s)\}$组成“列分块阵”，对其作行初等运算直到导出最大右公因子即 gcrd：

$$\begin{bmatrix} \boldsymbol{D}(s) \\ \boldsymbol{N}(s) \end{bmatrix} = \begin{bmatrix} s^2+2s & s+3 \\ 2s^2+s & 3s-2 \\ s & 1 \end{bmatrix} \text{“行 1”} \times (-2) \text{ 加于“行 2”，} \boldsymbol{V}_1(s) \to$$

$$\begin{bmatrix} s^2+2s & s+3 \\ -3s & s-8 \\ s & 1 \end{bmatrix} \text{“行 3”} \times (-s) \text{ 加于“行 1”，} \boldsymbol{V}_2(s) \to$$

$$\begin{bmatrix} 2s & 3 \\ -3s & s-8 \\ s & 1 \end{bmatrix} \text{“行 3”} \times (-2) \text{ 加于“行 1”，} \boldsymbol{V}_3(s) \to$$

$$\begin{bmatrix} 0 & 1 \\ -3s & s-8 \\ s & 1 \end{bmatrix} \text{“行 3”} \times 3 \text{ 加于“行 2”，} \boldsymbol{V}_4(s) \to$$

$$\begin{bmatrix} 0 & 1 \\ 0 & s-5 \\ s & 1 \end{bmatrix} \text{“行 1”} \times [-(s-5)] \text{ 加于“行 2”，} \boldsymbol{V}_5(s) \to$$

$$\begin{bmatrix} 0 & 1 \\ 0 & 0 \\ s & 1 \end{bmatrix} \text{“行 2”和“行 3”交换，} \boldsymbol{V}_6(s) \to \begin{bmatrix} 0 & 1 \\ s & 1 \\ 0 & 0 \end{bmatrix} = \begin{bmatrix} \boldsymbol{R}(s) \\ \hdashline 0 \quad 0 \end{bmatrix}$$

基此，导出给定$\{\boldsymbol{D}(s), \boldsymbol{N}(s)\}$的一个 gcrd 为$\boldsymbol{R}(s) = \begin{bmatrix} 0 & 1 \\ s & 1 \end{bmatrix}$。

再利用 gcrd 不惟一性属性知，任取与$\boldsymbol{R}(s)$同维的一个单模阵

$$\boldsymbol{W}(s) = \begin{bmatrix} s+1 & s+2 \\ s+3 & s+4 \end{bmatrix}$$

则导出给定$\{\boldsymbol{D}(s), \boldsymbol{N}(s)\}$的另一个 gcrd 为

$$\bar{\boldsymbol{R}}(s) = \boldsymbol{W}(s)\boldsymbol{R}(s) = \begin{bmatrix} s+1 & s+2 \\ s+3 & s+4 \end{bmatrix} \begin{bmatrix} 0 & 1 \\ s & 1 \end{bmatrix} = \begin{bmatrix} s^2+2s & 2s+3 \\ s^2+4s & 2s+7 \end{bmatrix}$$

对题 7.7 的解题过程加以引申，可以得到如下一般性结论。

推论 7.7A 对多项式矩阵对$\{p \times p\ \boldsymbol{D}(s),\ q \times p\ \boldsymbol{N}(s)\}$的 gcrd 的构造定理

$$\boldsymbol{U}(s) \begin{bmatrix} \boldsymbol{D}(s) \\ \boldsymbol{N}(s) \end{bmatrix} = \begin{bmatrix} \boldsymbol{R}(s) \\ \boldsymbol{0} \end{bmatrix}$$

基于行初等变换方法构造单模变换阵$\boldsymbol{U}(s)$的步骤为

$$\text{对}\begin{bmatrix} \boldsymbol{D}(s) \\ \boldsymbol{N}(s) \end{bmatrix}\text{顺次地作行初等运算直到导出}\begin{bmatrix} \overset{p\times p}{\boldsymbol{R}(s)} \\ \underset{q\times p}{\boldsymbol{0}} \end{bmatrix}$$

表各行初等运算的初等矩阵为 $\boldsymbol{V}_1(s), \boldsymbol{V}_2(s), \cdots, \boldsymbol{V}_\alpha(s)$

则单模变换阵 $\boldsymbol{U}(s)$ 为

$$\boldsymbol{U}(s) = \boldsymbol{V}_\alpha(s)\boldsymbol{V}_{\alpha-1}(s)\cdots\boldsymbol{V}_1(s)$$

推论 7.7B 对多项式矩阵对 $\{\boldsymbol{D}(s), \boldsymbol{N}(s)\}$ 的 gcrd 的构造定理

$$\boldsymbol{U}(s)\begin{bmatrix} \boldsymbol{D}(s) \\ \boldsymbol{N}(s) \end{bmatrix} = \begin{bmatrix} \boldsymbol{R}(s) \\ \boldsymbol{0} \end{bmatrix}$$

基于行初等变换方法构造出的单模变换阵 $\boldsymbol{U}(s)$ 为不惟一。

题 7.8 证明 gcld 构造定理：对行数相同的 $q\times q$ 和 $q\times p$ 多项式矩阵 $\boldsymbol{A}(s)$ 和 $\boldsymbol{B}(s)$，若可找到一个 $(q+p)\times(q+p)$ 单模阵 $\boldsymbol{V}(s)$，使成立

$$\begin{bmatrix} \boldsymbol{A}(s) & \boldsymbol{B}(s) \end{bmatrix}\boldsymbol{V}(s) = \begin{bmatrix} \boldsymbol{A}(s) & \boldsymbol{B}(s) \end{bmatrix}\begin{bmatrix} \boldsymbol{V}_{11}(s) & \boldsymbol{V}_{12}(s) \\ \boldsymbol{V}_{21}(s) & \boldsymbol{V}_{22}(s) \end{bmatrix} = \begin{bmatrix} \boldsymbol{L}(s) & \boldsymbol{0} \end{bmatrix}$$

则 $q\times q$ 多项式矩阵 $\boldsymbol{L}(s)$ 为 $\boldsymbol{A}(s)$ 和 $\boldsymbol{B}(s)$ 的一个 gcld。

解 本题属于 gcld 构造定理的证明题，意在训练由已知条件导出结论的演绎推理能力。

先证 $\boldsymbol{L}(s)$ 为 $\boldsymbol{A}(s)$ 和 $\boldsymbol{B}(s)$ 的一个 cld 即左公因子。由 $\boldsymbol{V}(s)$ 为单模阵，导出其逆 $\boldsymbol{V}^{-1}(s)$ 为多项式矩阵，并作分块化：

$$\boldsymbol{V}^{-1}(s) = \begin{bmatrix} \overset{q\times q}{\boldsymbol{U}_{11}(s)} & \overset{q\times p}{\boldsymbol{U}_{12}(s)} \\ \underset{p\times q}{\boldsymbol{U}_{21}(s)} & \underset{p\times p}{\boldsymbol{U}_{22}(s)} \end{bmatrix}\text{，各分块阵为多项式矩阵}$$

基此，由 gcld 构造定理关系式，导出

$$\begin{aligned}\begin{bmatrix} \boldsymbol{A}(s) & \boldsymbol{B}(s) \end{bmatrix} &= \begin{bmatrix} \boldsymbol{L}(s) & \boldsymbol{0} \end{bmatrix}\boldsymbol{V}^{-1}(s) \\ &= \begin{bmatrix} \boldsymbol{L}(s) & \boldsymbol{0} \end{bmatrix}\begin{bmatrix} \boldsymbol{U}_{11}(s) & \boldsymbol{U}_{12}(s) \\ \boldsymbol{U}_{21}(s) & \boldsymbol{U}_{22}(s) \end{bmatrix} = [\boldsymbol{L}(s)\boldsymbol{U}_{11}(s) \quad \boldsymbol{L}(s)\boldsymbol{U}_{12}(s)]\end{aligned}$$

即有“$\boldsymbol{A}(s) = \boldsymbol{L}(s)\boldsymbol{U}_{11}(s)$，$\boldsymbol{B}(s) = \boldsymbol{L}(s)\boldsymbol{U}_{12}(s)$”，$\boldsymbol{U}_{11}(s)$ 和 $\boldsymbol{U}_{12}(s)$ 为多项式矩阵。从而，证得 $\boldsymbol{L}(s)$ 为 $\boldsymbol{A}(s)$ 和 $\boldsymbol{B}(s)$ 的一个 cld。

再证 $\boldsymbol{A}(s)$ 和 $\boldsymbol{B}(s)$ 任一其他 cld 可表为 $\boldsymbol{L}(s)$ 的左乘因子。设 $\bar{\boldsymbol{L}}(s)$ 为 $\boldsymbol{A}(s)$ 和 $\boldsymbol{B}(s)$ 任一其他 cld，则有“$\boldsymbol{A}(s) = \bar{\boldsymbol{L}}(s)\bar{\boldsymbol{A}}(s)$，$\boldsymbol{B}(s) = \bar{\boldsymbol{L}}(s)\bar{\boldsymbol{B}}(s)$”，$\bar{\boldsymbol{A}}(s)$ 和 $\bar{\boldsymbol{B}}(s)$ 为多项式矩阵。再由 gcld 构造定理关系式，导出

$$\boldsymbol{L}(s) = \boldsymbol{A}(s)\boldsymbol{V}_{11}(s) + \boldsymbol{B}(s)\boldsymbol{V}_{21}(s)$$

将上述 $\boldsymbol{A}(s)$ 和 $\boldsymbol{B}(s)$ 关系式代入上式，导出

$$\boldsymbol{L}(s)=\bar{\boldsymbol{L}}(s)[\bar{\boldsymbol{A}}(s)\boldsymbol{V}_{11}(s)+\bar{\boldsymbol{B}}(s)\boldsymbol{V}_{21}(s)]=\bar{\boldsymbol{L}}(s)\boldsymbol{W}(s)$$

其中$\boldsymbol{W}(s)=[\bar{\boldsymbol{A}}(s)\boldsymbol{V}_{11}(s)+\bar{\boldsymbol{B}}(s)\boldsymbol{V}_{21}(s)]$为多项式矩阵。从而，$\boldsymbol{A}(s)$和$\boldsymbol{B}(s)$任一其他 cld $\bar{\boldsymbol{L}}(s)$可表为$\boldsymbol{L}(s)$的左乘因子。

综上并据 gcld 的定义，证得$\boldsymbol{L}(s)$为多项式矩阵对$\boldsymbol{A}(s)$和$\boldsymbol{B}(s)$的一个 gcld。证明完成。

题 7.9 证明：设$\boldsymbol{L}(s)$为行数相同的$q\times q$和$q\times p$多项式矩阵$\boldsymbol{A}(s)$和$\boldsymbol{B}(s)$的一个 gcld，则$\boldsymbol{L}(s)$必可表为

$$\boldsymbol{L}(s)=\boldsymbol{A}(s)\boldsymbol{X}(s)+\boldsymbol{B}(s)\boldsymbol{Y}(s)$$

其中$\boldsymbol{X}(s)$和$\boldsymbol{Y}(s)$为$q\times q$和$p\times q$多项式矩阵。

解 本题属于 gcld 属性的证明题，意在训练由已知条件导出结论的演绎推理能力。

对多项式矩阵对$\boldsymbol{A}(s)$和$\boldsymbol{B}(s)$，由 gcld 的构造定理，有

$$\begin{bmatrix}\boldsymbol{A}(s) & \boldsymbol{B}(s)\end{bmatrix}\begin{bmatrix}\boldsymbol{V}_{11}(s) & \boldsymbol{V}_{12}(s)\\ \boldsymbol{V}_{21}(s) & \boldsymbol{V}_{22}(s)\end{bmatrix}=\begin{bmatrix}\boldsymbol{L}(s) & \boldsymbol{0}\end{bmatrix}$$

基此，并取$\boldsymbol{X}(s)=\boldsymbol{V}_{11}(s)$和$\boldsymbol{Y}(s)=\boldsymbol{V}_{21}(s)$为$q\times q$和$p\times q$多项式矩阵，即可证得

$$\boldsymbol{L}(s)=\boldsymbol{A}(s)\boldsymbol{V}_{11}(s)+\boldsymbol{B}(s)\boldsymbol{V}_{21}(s)=\boldsymbol{A}(s)\boldsymbol{X}(s)+\boldsymbol{B}(s)\boldsymbol{Y}(s)$$

题 7.10 判断下列各矩阵对是否为右互质：

（i）$\boldsymbol{D}(s)=\begin{bmatrix}s+1 & 0\\ s^2+s-2 & s-1\end{bmatrix}$，$\boldsymbol{N}(s)=\begin{bmatrix}s+2 & s+1\end{bmatrix}$

（ii）$\boldsymbol{D}(s)=\begin{bmatrix}s-1 & 0\\ s^2+s-2 & s+1\end{bmatrix}$，$\boldsymbol{N}(s)=\begin{bmatrix}s-2 & s+1\end{bmatrix}$

（iii）$\boldsymbol{D}(s)=\begin{bmatrix}0 & -(s+1)^2(s+2)\\ (s+2)^2 & (s+2)\end{bmatrix}$，$\boldsymbol{N}(s)=\begin{bmatrix}s & 0\\ -s & s^2\end{bmatrix}$

解 本题属于判断多项式矩阵对右互质性的基本题。

采用右互质秩判据进行判断。

（i）由题中给定$\boldsymbol{D}(s)$和$\boldsymbol{N}(s)$组成判别阵

$$\begin{bmatrix}\boldsymbol{D}(s)\\ \boldsymbol{N}(s)\end{bmatrix}=\begin{bmatrix}s+1 & 0\\ s^2+s-2 & s-1\\ s+2 & s+1\end{bmatrix}$$

那么

$$\boldsymbol{D}(s)\text{和}\boldsymbol{N}(s)\text{右互质}\Leftrightarrow\text{对所有}s\text{值，rank}\begin{bmatrix}s+1 & 0\\ s^2+s-2 & s-1\\ s+2 & s+1\end{bmatrix}=2$$

$\Leftrightarrow$“判别阵中全部 2×2 多项式矩阵”不存在同时降秩s值

基此，并考虑到“使方多项式矩阵降秩 s 值”即为方阵行列式方程的根，先行定出

$$\det\begin{bmatrix} s+1 & 0 \\ s^2+s-2 & s-1 \end{bmatrix} = (s+1)(s-1) = 0 \text{ 的根为 } s_1=-1,\ s_2=1$$

$$\det\begin{bmatrix} s^2+s-2 & s-1 \\ s+2 & s+1 \end{bmatrix} = s(s-1)(s+2) = 0 \text{ 的根为 } s_1=0,\ s_2=1,\ s_3=-2$$

$$\det\begin{bmatrix} s+1 & 0 \\ s+2 & s+1 \end{bmatrix} = (s+1)^2 = 0 \text{ 的根为 } s_1=-1,\ s_2=-1$$

可知，不存在使“判别阵全部三个 2×2 多项式矩阵”同时降秩 s 值，从而给定多项式矩阵对 $\boldsymbol{D}(s)$ 和 $\boldsymbol{N}(s)$ 为右互质。

（ii）由题中给定 $\boldsymbol{D}(s)$ 和 $\boldsymbol{N}(s)$ 组成判别阵

$$\begin{bmatrix} \boldsymbol{D}(s) \\ \boldsymbol{N}(s) \end{bmatrix} = \begin{bmatrix} s-1 & 0 \\ s^2+s-2 & s+1 \\ s-2 & s+1 \end{bmatrix}$$

那么

$$\boldsymbol{D}(s) \text{ 和 } \boldsymbol{N}(s) \text{ 右互质 } \Leftrightarrow \text{ 对所有 } s \text{ 值，} \operatorname{rank}\begin{bmatrix} s-1 & 0 \\ s^2+s-2 & s+1 \\ s-2 & s+1 \end{bmatrix} = 2$$

$\Leftrightarrow$ “判别阵中全部 2×2 多项式矩阵”不存在同时降秩 s 值

基此，并考虑到“使方多项式矩阵降秩 s 值”即为方阵行列式方程的根，先行定出

$$\det\begin{bmatrix} s-1 & 0 \\ s^2+s-2 & s+1 \end{bmatrix} = (s+1)(s-1) = 0 \text{ 的根为 } s_1=-1,\ s_2=1$$

$$\det\begin{bmatrix} s^2+s-2 & s+1 \\ s-2 & s+1 \end{bmatrix} = s^2(s+1) = 0 \text{ 的根为 } s_1=0,\ s_2=-1$$

$$\det\begin{bmatrix} s-1 & 0 \\ s-2 & s+1 \end{bmatrix} = (s+1)(s-1) = 0 \text{ 的根为 } s_1=-1,\ s_2=1$$

可知，存在 $s=-1$ 使“判别阵全部三个 2×2 多项式矩阵”同时降秩，从而给定多项式矩阵对 $\boldsymbol{D}(s)$ 和 $\boldsymbol{N}(s)$ 为非右互质。

（iii）由题中给定 $\boldsymbol{D}(s)$ 和 $\boldsymbol{N}(s)$ 组成判别阵

$$\begin{bmatrix} \boldsymbol{D}(s) \\ \boldsymbol{N}(s) \end{bmatrix} = \begin{bmatrix} 0 & -(s+1)^2(s+2) \\ (s+2)^2 & (s+2) \\ s & 0 \\ -s & s^2 \end{bmatrix}$$

那么

$$\boldsymbol{D}(s)\text{ 和 }\boldsymbol{N}(s)\text{ 右互质} \Leftrightarrow \text{对所有 } s \text{ 值，rank}\begin{bmatrix} 0 & -(s+1)^2(s+2) \\ (s+2)^2 & (s+2) \\ s & 0 \\ -s & s^2 \end{bmatrix} = 2$$

$\Leftrightarrow$ “判别阵中全部 2×2 多项式矩阵”不存在同时降秩 s 值

基此，并考虑到“使方多项式矩阵降秩 s 值”即为方阵行列式方程的根，先行定出

$$\det\begin{bmatrix} 0 & -(s+1)^2(s+2) \\ (s+2)^2 & (s+2) \end{bmatrix} = (s+1)^2(s+2)^3 = 0 \text{ 的根为 } s_1 = -1, \ s_2 = -2$$

$$\det\begin{bmatrix} s & 0 \\ -s & s^2 \end{bmatrix} = s^3 = 0 \text{ 的根为 } s_1 = 0$$

可知，仅就这两个 2×2 多项式矩阵就已不存在同时降秩 s 值。无需进一步计算就可断言，不存在使“判别阵全部 2×2 多项式矩阵”同时降秩 s 值。从而，给定多项式矩阵对 $\boldsymbol{D}(s)$ 和 $\boldsymbol{N}(s)$ 为右互质。

对题 7.10 的解题过程加以引申，可以得到如下一般性结论。

推论 7.10A 对列数相同 $p\times p$ 和 $q\times p$ 多项式矩阵对 $\boldsymbol{D}(s)$ 和 $\boldsymbol{N}(s)$

$\boldsymbol{D}(s)$ 和 $\boldsymbol{N}(s)$ 右互质 $\Leftrightarrow$

“判别阵 $\begin{bmatrix} \boldsymbol{D}(s) \\ \boldsymbol{N}(s) \end{bmatrix}$ 中全部 $p\times p$ 多项式矩阵”不存在同时降秩 s 值

推论 7.10B 对行数相同 $q\times q$ 和 $q\times p$ 多项式矩阵阵对 $\boldsymbol{A}(s)$ 和 $\boldsymbol{B}(s)$

$\boldsymbol{A}(s)$ 和 $\boldsymbol{B}(s)$ 左互质 $\Leftrightarrow$

“判别阵 $[\boldsymbol{A}(s) \quad \boldsymbol{B}(s)]$ 中全部 $q\times q$ 多项式矩阵”不存在同时降秩 s 值

题 7.11 证明左互质贝佐特等式判据．行数相同的 $q\times q$ 和 $q\times p$ 多项式矩阵 $\boldsymbol{A}(s)$ 和 $\boldsymbol{B}(s)$ 为左互质，当且仅当存在 $q\times q$ 和 $p\times q$ 多项式矩阵 $\tilde{\boldsymbol{X}}(s)$ 和 $\tilde{\boldsymbol{Y}}(s)$，使成立：

$$\boldsymbol{A}(s)\ \tilde{\boldsymbol{X}}(s) + \boldsymbol{B}(s)\ \tilde{\boldsymbol{Y}}(s) = \boldsymbol{I}$$

解 本题属于左互质贝佐特等式判据证明题，意在训练由已知条件导出结论的演绎推理能力。

证必要性：已知 $\boldsymbol{A}(s)$ 和 $\boldsymbol{B}(s)$ 左互质，欲证贝佐特等式成立。据 gcld 构造定理知，存在一个 $(q+p)\times(q+p)$ 单模阵 $\boldsymbol{V}(s)$，使成立

$$[\boldsymbol{A}(s) \quad \boldsymbol{B}(s)]\ \boldsymbol{V}(s) = [\boldsymbol{A}(s) \quad \boldsymbol{B}(s)]\begin{bmatrix} \boldsymbol{V}_{11}(s) & \boldsymbol{V}_{12}(s) \\ \boldsymbol{V}_{21}(s) & \boldsymbol{V}_{22}(s) \end{bmatrix} = [\boldsymbol{L}(s) \quad \boldsymbol{0}]$$

$q\times q$ 多项式矩阵 $\boldsymbol{L}(s)$ 为 $\boldsymbol{A}(s)$ 和 $\boldsymbol{B}(s)$ 的一个 gcld。基此，导出

$$\boldsymbol{A}(s)\boldsymbol{V}_{11}(s) + \boldsymbol{B}(s)\boldsymbol{V}_{21}(s) = \boldsymbol{L}(s)$$

再由“$\boldsymbol{A}(s)$ 和 $\boldsymbol{B}(s)$ 左互质”并据左互质性定义，可知 $\boldsymbol{L}(s)$ 为单模阵，即 $\boldsymbol{L}^{-1}(s)$ 为多项式

矩阵。于是，将上式右乘多项式矩阵 $\boldsymbol{L}^{-1}(s)$，并表 $\tilde{\boldsymbol{X}}(s)=\boldsymbol{V}_{11}(s)\boldsymbol{L}^{-1}(s)$ 和 $\tilde{\boldsymbol{Y}}(s)=\boldsymbol{V}_{21}(s)\boldsymbol{L}^{-1}(s)$ 且知均为多项式矩阵，证得“贝佐特等式成立”。

证充分性：已知贝佐特等式成立，欲证 $\boldsymbol{A}(s)$ 和 $\boldsymbol{B}(s)$ 左互质。令多项式矩阵 $\boldsymbol{L}(s)$ 为 $\boldsymbol{A}(s)$ 和 $\boldsymbol{B}(s)$ 的一个 gcld，有

$$\boldsymbol{A}(s)=\boldsymbol{L}(s)\bar{\boldsymbol{A}}(s),\quad \boldsymbol{B}(s)=\boldsymbol{L}(s)\bar{\boldsymbol{B}}(s)$$

$\bar{\boldsymbol{A}}(s)$ 和 $\bar{\boldsymbol{B}}(s)$ 均为多项式矩阵。进而，将上式代入贝佐特等式，导出

$$\boldsymbol{I}=\boldsymbol{A}(s)\,\tilde{\boldsymbol{X}}(s)+\boldsymbol{B}(s)\,\tilde{\boldsymbol{Y}}(s)=\boldsymbol{L}(s)\,[\,\bar{\boldsymbol{A}}(s)\,\tilde{\boldsymbol{X}}(s)+\bar{\boldsymbol{B}}(s)\,\tilde{\boldsymbol{Y}}(s)\,]$$

再将上式左乘 $\boldsymbol{L}(s)$ 的逆 $\boldsymbol{L}^{-1}(s)$，导出

$$\boldsymbol{L}^{-1}(s)=\bar{\boldsymbol{A}}(s)\,\tilde{\boldsymbol{X}}(s)+\bar{\boldsymbol{B}}(s)\,\tilde{\boldsymbol{Y}}(s)=\text{多项式矩阵}$$

据单模阵属性知 $\boldsymbol{L}(s)$ 为单模阵。从而，基此并据左互质性定义，证得 $\boldsymbol{A}(s)$ 和 $\boldsymbol{B}(s)$ 左互质。

题 7.12 定出下列多项式矩阵的列次数和行次数：

$$\boldsymbol{M}(s)=\begin{bmatrix} 0 & s+3 \\ s^3+2s^2+s & s^2+2s+3 \\ s^2+2s+1 & 7 \end{bmatrix}$$

解 本题属于确定多项式矩阵的列次数和行次数的基本题。

据列次数和行次数的定义有

$\boldsymbol{M}(s)$ 的列次数 $k_{ci}=\boldsymbol{M}(s)$ 中第 i 列诸元多项式的最大次数

$\boldsymbol{M}(s)$ 的行次数 $k_{rj}=\boldsymbol{M}(s)$ 中第 j 行诸元多项式的最大次数

据此，对给定多项式矩阵 $\boldsymbol{M}(s)$，可直观定出

$\boldsymbol{M}(s)$ 列次数 $k_{c1}=3$，$k_{c2}=2$；$\boldsymbol{M}(s)$ 行次数 $k_{r1}=1$，$k_{r2}=3$，$k_{r3}=2$

题 7.13 定出上题中多项式矩阵 $\boldsymbol{M}(s)$ 的列次表示式和行次表示式。

解 本题属于确定多项式矩阵的列次表示式和行次表示式的基本题。

先确定 $\boldsymbol{M}(s)$ 的列次表示式。上题中已经导出，给定 $\boldsymbol{M}(s)$ 的列次数 $k_{c1}=3$ 和 $k_{c2}=2$，由此先行定出

$$\boldsymbol{M}(s)\text{ 列次阵 }\ \boldsymbol{S}_c(s)=\begin{bmatrix} s^3 & 0 \\ 0 & s^2 \end{bmatrix},\quad \boldsymbol{M}(s)\text{ 低次阵 }\ \boldsymbol{\Psi}_c(s)=\begin{bmatrix} s^2 & 0 \\ s & 0 \\ 1 & 0 \\ 0 & s \\ 0 & 1 \end{bmatrix}$$

于是，按列次表示式一般形式“$\boldsymbol{M}(s)=\boldsymbol{M}_{hc}\,\boldsymbol{S}_c(s)+\boldsymbol{M}_{Lc}\,\boldsymbol{\Psi}_c(s)$”，并基于其等式两边“对应元多项式”系数相等原则确定系数阵 $\boldsymbol{M}_{hc}$ 和 $\boldsymbol{M}_{Lc}$，可以定出 $\boldsymbol{M}(s)$ 的列次表示式为

$$M(s)=\begin{bmatrix}0 & s+3\\ s^3+2s^2+s & s^2+2s+3\\ s^2+2s+1 & 7\end{bmatrix}=\begin{bmatrix}0 & 0\\ 1 & 1\\ 0 & 0\end{bmatrix}\begin{bmatrix}s^3 & 0\\ 0 & s^2\end{bmatrix}+\begin{bmatrix}0 & 0 & 0 & 1 & 3\\ 2 & 1 & 0 & 2 & 3\\ 1 & 2 & 1 & 0 & 7\end{bmatrix}\begin{bmatrix}s^2 & 0\\ s & 0\\ 1 & 0\\ 0 & s\\ 0 & 1\end{bmatrix}$$

再确定 $M(s)$ 的行次表示式。上题中已经导出，给定 $M(s)$ 的行次数 $k_{r1}=1$，$k_{r2}=3$ 和 $k_{r3}=2$，由此先行定出

$$M(s)\text{ 行次阵 } S_r(s)=\begin{bmatrix}s & 0 & 0\\ 0 & s^3 & 0\\ 0 & 0 & s^2\end{bmatrix},\quad M(s)\text{ 低次阵 } \Psi_r(s)=\begin{bmatrix}1 & 0 & 0 & 0 & 0 & 0\\ 0 & s^2 & s & 1 & 0 & 0\\ 0 & 0 & 0 & 0 & s & 1\end{bmatrix}$$

于是，按行次表示式一般形式“$M(s)=S_r(s)\,M_{hr}+\Psi_r(s)\,M_{Lr}$”，并基于其等式两边“对应元多项式”系数相等原则确定系数阵 M_{hr} 和 M_{Lr}，可以定出 $M(s)$ 的行次表示式为

$$M(s)=\begin{bmatrix}0 & s+3\\ s^3+2s^2+s & s^2+2s+3\\ s^2+2s+1 & 7\end{bmatrix}$$

$$=\begin{bmatrix}s & 0 & 0\\ 0 & s^3 & 0\\ 0 & 0 & s^2\end{bmatrix}\begin{bmatrix}0 & 1\\ 1 & 0\\ 1 & 0\end{bmatrix}+\begin{bmatrix}1 & 0 & 0 & 0 & 0 & 0\\ 0 & s^2 & s & 1 & 0 & 0\\ 0 & 0 & 0 & 0 & s & 1\end{bmatrix}\begin{bmatrix}0 & 3\\ 2 & 1\\ 1 & 2\\ 0 & 3\\ 2 & 0\\ 1 & 7\end{bmatrix}$$

题 7.14 判断下列多项式矩阵是否为列既约和是否为行既约：

$$M(s)=\begin{bmatrix}s^3+s^2+1 & 2s+1 & 2s^2+s+1\\ 2s^3+s-1 & 0 & 2s^2+s\\ 1 & s-1 & s^2-s\end{bmatrix}$$

解 本题属于判断多项式矩阵的列既约性和行既约性的基本题。

采用两种常用方法进行判断。

方法 1：对给定 $M(s)$，定出其列次数“$k_{c1}=3$，$k_{c2}=1$，$k_{c3}=2$”和行次数“$k_{r1}=3$，$k_{r2}=3$，$k_{r3}=2$”，再定出“$M(s)$ 行列式”的次数为

$$\deg\det M(s)=\deg\det\begin{bmatrix}s^3+s^2+1 & 2s+1 & 2s^2+s+1\\ 2s^3+s-1 & 0 & 2s^2+s\\ 1 & s-1 & s^2-s\end{bmatrix}=6$$

基此，得到

$$6=\deg\det \boldsymbol{M}(s)=(k_{c1}+k_{c2}+k_{c3})=(3+1+2)=6$$

$$6=\deg\det \boldsymbol{M}(s)<(k_{r1}+k_{r2}+k_{r3})=(3+3+2)=8$$

从而，可知“给定 $\boldsymbol{M}(s)$ 列既约”和“给定 $\boldsymbol{M}(s)$ 非行既约”。

方法 2：对给定 $\boldsymbol{M}(s)$，定出其列次数“$k_{c1}=3$，$k_{c2}=1$，$k_{c3}=2$”和行次数“$k_{r1}=3$，$k_{r2}=3$，$k_{r3}=2$”，再定出 $\boldsymbol{M}(s)$ 的“列次系数阵 $\boldsymbol{M}_{hc}$”和“行次系数阵 $\boldsymbol{M}_{hr}$”行列式为

$$\det \boldsymbol{M}_{hc}=\det\begin{bmatrix}1&2&2\\2&0&2\\0&1&1\end{bmatrix}=-2\ \text{即}\ \boldsymbol{M}_{hc}\ \text{非奇异，}\ \det \boldsymbol{M}_{hr}=\det\begin{bmatrix}1&0&0\\2&0&0\\0&0&1\end{bmatrix}=0\ \text{即}\ \boldsymbol{M}_{hr}\ \text{奇异}$$

从而，可知“给定 $\boldsymbol{M}(s)$ 列既约”和“给定 $\boldsymbol{M}(s)$ 非行既约”。

对题 7.14 的解题过程加以引申，可以得到如下一般性结论。

推论 7.14A 对 $q\times p$ 满秩多项式矩阵 $\boldsymbol{M}(s)$，$q\geqslant p$，其列次数为 k_{c1}，k_{c2}，…，k_{cp}，则

$$\boldsymbol{M}(s)\ \text{列既约}\quad\Leftrightarrow\quad \boldsymbol{M}(s)\ \text{的所有}\ p\times p\ \text{子矩阵中至少有一个}\ \boldsymbol{M}_{pi}(s)$$
$$\text{满足}\ \deg\det \boldsymbol{M}_{pi}(s)=(k_{c1}+k_{c2}+\cdots+k_{cp})$$

推论 7.14B 对 $q\times p$ 满秩多项式矩阵 $\boldsymbol{M}(s)$，$p\geqslant q$，其行次数为 k_{r1}，k_{r2}，…，k_{rq}，则

$$\boldsymbol{M}(s)\ \text{行既约}\quad\Leftrightarrow\quad \boldsymbol{M}(s)\ \text{的所有}\ q\times q\ \text{子矩阵中至少有一个}\ \boldsymbol{M}_{qj}(s)$$
$$\text{满足}\ \deg\det \boldsymbol{M}_{qj}(s)=(k_{r1}+k_{r2}+\cdots+k_{rq})$$

题7.15 对下列多项式矩阵 $\boldsymbol{M}(s)$ 寻找单模阵 $\boldsymbol{U}(s)$ 和 $\boldsymbol{V}(s)$，使 $\boldsymbol{M}(s)\boldsymbol{U}(s)$ 和 $\boldsymbol{V}(s)\boldsymbol{M}(s)$ 为列既约：

(i) $\boldsymbol{M}(s)=\begin{bmatrix}s^2+2s & s^2+s+1\\ s & s+2\end{bmatrix}$

(ii) $\boldsymbol{M}(s)=\begin{bmatrix}3s^3+s^2+1 & s+1 & 4s^2+s+3\\ 2s^3+s-1 & 0 & 2s^2+s\\ 1 & s-1 & s^2-4\end{bmatrix}$

解 本题属于化非列既约多项式矩阵为列既约的基本题。

对多项式矩阵 $\boldsymbol{M}(s)$ 寻找单模阵 $\boldsymbol{U}(s)$ 使 $\boldsymbol{M}(s)\boldsymbol{U}(s)$ 列既约，等同于通过列初等变换使 $\boldsymbol{M}(s)\boldsymbol{U}(s)$ 列既约；对多项式矩阵 $\boldsymbol{M}(s)$ 寻找单模阵 $\boldsymbol{V}(s)$ 使 $\boldsymbol{V}(s)\boldsymbol{M}(s)$ 列既约，等同于通过行初等变换使 $\boldsymbol{V}(s)\boldsymbol{M}(s)$ 列既约。

(i) 先对给定多项式矩阵 $\boldsymbol{M}(s)$ 引入列初等变换，有

$$\boldsymbol{M}(s)=\begin{bmatrix} s^2+2s & s^2+s+1 \\ s & s+2 \end{bmatrix} \text{“列 1”} \times (-1) \text{ 加于“列 2”，} \boldsymbol{U}_1(s) \to$$

$$\begin{bmatrix} s^2+2s & -s+1 \\ s & 2 \end{bmatrix} \text{“列 2”} \times s \text{ 加于“列 1”，} \boldsymbol{U}_2(s) \to \begin{bmatrix} 3s & -s+1 \\ 3s & 2 \end{bmatrix}=\boldsymbol{M}(s)\boldsymbol{U}(s)$$

容易判断，上述 $\boldsymbol{M}(s)\boldsymbol{U}(s)$ 为列既约，使 $\boldsymbol{M}(s)\boldsymbol{U}(s)$ 列既约的单模阵 $\boldsymbol{U}(s)$ 为

$$\boldsymbol{U}(s)=\boldsymbol{U}_1(s)\boldsymbol{U}_2(s)=\begin{bmatrix} 1 & -1 \\ 0 & 1 \end{bmatrix}\begin{bmatrix} 1 & 0 \\ s & 1 \end{bmatrix}=\begin{bmatrix} -s+1 & -1 \\ s & 1 \end{bmatrix}$$

再对给定多项式矩阵 $\boldsymbol{M}(s)$ 引入行初等变换，有

$$\boldsymbol{M}(s)=\begin{bmatrix} s^2+2s & s^2+s+1 \\ s & s+2 \end{bmatrix} \text{“行 2”} \times (-s) \text{ 加于“行 1”，} \boldsymbol{V}_1(s) \to$$

$$\begin{bmatrix} 2s & -s+1 \\ s & s+2 \end{bmatrix}=\boldsymbol{V}(s)\boldsymbol{M}(s)$$

容易判断，上述 $\boldsymbol{V}(s)\boldsymbol{M}(s)$ 为列既约，使 $\boldsymbol{V}(s)\boldsymbol{M}(s)$ 列既约的单模阵 $\boldsymbol{V}(s)$ 为

$$\boldsymbol{V}(s)=\boldsymbol{V}_1(s)=\begin{bmatrix} 1 & -s \\ 0 & 1 \end{bmatrix}$$

（ii）先对给定多项式矩阵 $\boldsymbol{M}(s)$ 引入列初等变换，有

$$\boldsymbol{M}(s)=\begin{bmatrix} 3s^3+s^2+1 & s+1 & 4s^2+s+3 \\ 2s^3+s-1 & 0 & 2s^2+s \\ 1 & s-1 & s^2-4 \end{bmatrix} \text{“列 2”} \times (-s) \text{加于“列 3”，} \boldsymbol{U}_1(s) \to$$

$$\begin{bmatrix} 3s^3+s^2+1 & s+1 & 3s^2+3 \\ 2s^3+s-1 & 0 & 2s^2+s \\ 1 & s-1 & s-4 \end{bmatrix} \text{“列 3”} \times (-s) \text{ 加于“列 1”，} \boldsymbol{U}_2(s) \to$$

$$\begin{bmatrix} s^2-3s+1 & s+1 & 3s^2+3 \\ -s^2+s-1 & 0 & 2s^2+s \\ -s^2+4s+1 & s-1 & s-4 \end{bmatrix}=\boldsymbol{M}(s)\boldsymbol{U}(s)$$

对上述 $\boldsymbol{M}(s)\boldsymbol{U}(s)$，有“$5=\deg\det\boldsymbol{M}(s)\boldsymbol{U}(s)=(k_{c1}+k_{c2}+k_{c3})=(2+1+2)=5$”。从而，$\boldsymbol{M}(s)\boldsymbol{U}(s)$ 为列既约，使 $\boldsymbol{M}(s)\boldsymbol{U}(s)$ 列既约的单模阵 $\boldsymbol{U}(s)$ 为

$$\boldsymbol{U}(s)=\boldsymbol{U}_1(s)\boldsymbol{U}_2(s)=\begin{bmatrix} 1 & 0 & 0 \\ 0 & 1 & -s \\ 0 & 0 & 1 \end{bmatrix}\begin{bmatrix} 1 & 0 & 0 \\ 0 & 1 & 0 \\ -s & 0 & 1 \end{bmatrix}=\begin{bmatrix} 1 & 0 & 0 \\ s^2 & 1 & -s \\ -s & 0 & 1 \end{bmatrix}$$

再对给定多项式矩阵 $\boldsymbol{M}(s)$ 引入行初等变换，有

$$\boldsymbol{M}(s)=\begin{bmatrix}3s^3+s^2+1 & s+1 & 4s^2+s+3\\ 2s^3+s-1 & 0 & 2s^2+s\\ 1 & s-1 & s^2-4\end{bmatrix}\text{“行 1”}\times(-2),\ \boldsymbol{V}_1(s)\rightarrow$$

$$\begin{bmatrix}-6s^3-2s^2-2 & -2s-2 & -8s^2-2s-6\\ 2s^3+s-1 & 0 & 2s^2+s\\ 1 & s-1 & s^2-4\end{bmatrix}\text{“行 2”}\times 3\text{ 加于“行 1”},\ \boldsymbol{V}_2(s)\rightarrow$$

$$\begin{bmatrix}-2s^2+3s-5 & -2s-2 & -2s^2+s-6\\ 2s^3+s-1 & 0 & 2s^2+s\\ 1 & s-1 & s^2-4\end{bmatrix}\text{“行 3”}\times 2\text{ 加于“行 1”},\ \boldsymbol{V}_3(s)\rightarrow$$

$$\begin{bmatrix}-2s^2+3s-3 & -4 & s-14\\ 2s^3+s-1 & 0 & 2s^2+s\\ 1 & s-1 & s^2-4\end{bmatrix}\text{“行 1”}\times s\text{ 加于“行 2”},\ \boldsymbol{V}_4(s)\rightarrow$$

$$\begin{bmatrix}-2s^2+3s-3 & -4 & s-14\\ 3s^2-2s-1 & -4s & 3s^2-13s\\ 1 & s-1 & s^2-4\end{bmatrix}=\boldsymbol{V}(s)\boldsymbol{M}(s)$$

对上述$\boldsymbol{V}(s)\boldsymbol{M}(s)$，有“5=deg det$\boldsymbol{V}(s)\boldsymbol{M}(s)=(k_{c1}+k_{c2}+k_{c3})=(2+1+2)=5$”。从而，$\boldsymbol{V}(s)\boldsymbol{M}(s)$为列既约，使$\boldsymbol{V}(s)\boldsymbol{M}(s)$列既约的单模阵$\boldsymbol{V}(s)$为

$$\boldsymbol{V}(s)=\boldsymbol{V}_4(s)\,\boldsymbol{V}_3(s)\,\boldsymbol{V}_2(s)\,\boldsymbol{V}_1(s)$$

$$=\begin{bmatrix}1&0&0\\ s&1&0\\ 0&0&1\end{bmatrix}\begin{bmatrix}1&0&2\\ 0&1&0\\ 0&0&1\end{bmatrix}\begin{bmatrix}1&3&0\\ 0&1&0\\ 0&0&1\end{bmatrix}\begin{bmatrix}-2&0&0\\ 0&1&0\\ 0&0&1\end{bmatrix}=\begin{bmatrix}-2&3&2\\ -2s&3s+1&2s\\ 0&0&1\end{bmatrix}$$

题 7.16 化下列多项式矩阵为史密斯形：

$$\boldsymbol{Q}(s)=\begin{bmatrix}s^2+7s+2 & 0\\ 3 & s^2+s\\ s+1 & s+3\end{bmatrix}$$

解 本题属于化多项式矩阵为史密斯形的基本题。

方法 1：对给定多项式矩阵$\boldsymbol{Q}(s)$通过列初等变换和行初等变换导出其史密斯形。

$$\boldsymbol{Q}(s)=\begin{bmatrix}s^2+7s+2 & 0\\ 3 & s^2+s\\ s+1 & s+3\end{bmatrix}\text{“行 3”}\times(-s)\text{加于“行 1”}\rightarrow$$

$$\begin{bmatrix} 6s+2 & -s^2-3s \\ 3 & s^2+s \\ s+1 & s+3 \end{bmatrix}$$ “行 2”×1 加于“行 1”→

$$\begin{bmatrix} 6s+5 & -2s \\ 3 & s^2+s \\ s+1 & s+3 \end{bmatrix}$$ “行 3”×(−6)加于“行 1”→

$$\begin{bmatrix} -1 & -8s-18 \\ 3 & s^2+s \\ s+1 & s+3 \end{bmatrix}$$ “列 1”×(−1) 加于“列 2”→

$$\begin{bmatrix} -1 & -8s-17 \\ 3 & s^2+s-3 \\ s+1 & 2 \end{bmatrix}$$ “行 2”×8→

$$\begin{bmatrix} -1 & -8s-17 \\ 24 & 8s^2+8s-24 \\ s+1 & 2 \end{bmatrix}$$ “行 1”×s 加于“行 2”→

$$\begin{bmatrix} -1 & -8s-17 \\ -s+24 & -9s-24 \\ s+1 & 2 \end{bmatrix}$$ “行 3”×1 加于“行 2”→

$$\begin{bmatrix} -1 & -8s-17 \\ 25 & -9s-22 \\ s+1 & 2 \end{bmatrix}$$ “行 1”×(−1 / 8) →

$$\begin{bmatrix} 1/8 & s+17/8 \\ 25 & -9s-22 \\ s+1 & 2 \end{bmatrix}$$ “行 2”×(1 / 9) →

$$\begin{bmatrix} 1/8 & s+17/8 \\ 25/9 & -s-22/9 \\ s+1 & 2 \end{bmatrix}$$ “行 1”×1 加于“行 2”→

$$\begin{bmatrix} 1/8 & s+17/8 \\ 209/72 & -23/72 \\ s+1 & 2 \end{bmatrix}$$ “行 2”×(72 / 209) →

$$\begin{bmatrix} 1/8 & s+17/8 \\ 1 & -23/209 \\ s+1 & 2 \end{bmatrix}$$ “行 2”×[−(s+1)] 加于“行 3”→

$$\begin{bmatrix} 1/8 & s+17/8 \\ 1 & -23/209 \\ 0 & (23/209)s+441/209 \end{bmatrix} \text{“行 3”}\times(209/23) \to$$

$$\begin{bmatrix} 1/8 & s+17/8 \\ 1 & -23/209 \\ 0 & s+441/23 \end{bmatrix} \text{“行 3”}\times(-1)\ \text{加于“行 1”} \to$$

$$\begin{bmatrix} 1/8 & -3137/184 \\ 1 & -23/209 \\ 0 & s+441/23 \end{bmatrix} \text{“行 2”}\times(-1/8)\ \text{加于“行 1”} \to$$

$$\begin{bmatrix} 0 & -81888/4807 \\ 1 & -23/209 \\ 0 & s+441/23 \end{bmatrix} \text{“行 1”}\times(-4807/81888) \to$$

$$\begin{bmatrix} 0 & 1 \\ 1 & -23/209 \\ 0 & s+441/23 \end{bmatrix} \text{“行 1”}\times(-s)\ \text{加于“行 3”} \to$$

$$\begin{bmatrix} 0 & 1 \\ 1 & -23/209 \\ 0 & 441/23 \end{bmatrix} \text{“行 3”}\times(23/441) \to$$

$$\begin{bmatrix} 0 & 1 \\ 1 & -23/209 \\ 0 & 1 \end{bmatrix} \text{“行 1”}\times(23/209)\ \text{加于“行 2”} \to$$

$$\begin{bmatrix} 0 & 1 \\ 1 & 0 \\ 0 & 1 \end{bmatrix} \text{“行 1”}\times(-1)\ \text{加于“行 3”} \to$$

$$\begin{bmatrix} 0 & 1 \\ 1 & 0 \\ 0 & 0 \end{bmatrix} \text{“行 1”与“行 2”交换} \to \begin{bmatrix} 1 & 0 \\ 0 & 1 \\ 0 & 0 \end{bmatrix} = \boldsymbol{\Lambda}(s)\ \text{（史密斯形）}$$

方法 2：对给定多项式矩阵 $\boldsymbol{Q}(s)$ 通过定出各阶子式最大公因子即 gcd 构成其史密斯形。注意到 rank $\boldsymbol{Q}(s)$=2，定出给定 $\boldsymbol{Q}(s)$ 的 0、1 和 2 阶子式 gcd 为

$\Delta_0(s)=1$

$\Delta_1(s)=\gcd\{\boldsymbol{Q}(s)\text{所有}1\times1\text{子式}\}=\gcd\{s^2+7s+2,\ 0,\ 3,\ s^2+s,\ s+1,\ s+3\}=1$

$\Delta_2(s)=\gcd\{\boldsymbol{Q}(s)\text{所有}2\times2\text{子式}\}$

$=\gcd\{(s^2+7s+2)(s^2+s),\ (s^2+7s+2)(s+3),\ [3(s+3)-s(s+1)^2]\}=1$

基此，定出不变多项式为

$$\lambda_1(s)=\Delta_1(s)/\Delta_0(s)=1/1=1$$
$$\lambda_2(s)=\Delta_2(s)/\Delta_1(s)=1/1=1$$

于是，即可定出$\boldsymbol{Q}(s)$的史密斯形为

$$\boldsymbol{\Lambda}(s)=\begin{bmatrix}\lambda_1(s) & 0\\ 0 & \lambda_2(s)\\ 0 & 0\end{bmatrix}=\begin{bmatrix}1 & 0\\ 0 & 1\\ 0 & 0\end{bmatrix}$$

题 7.17 证明：单模矩阵的史密斯形为$\boldsymbol{\Lambda}(s)=\boldsymbol{I}$。

解 本题为推证史密斯形的证明题，意在训练由已知条件导出结论的演绎推理能力。

对$q\times q$单模阵$\boldsymbol{M}(s)$，由$\text{rank}\boldsymbol{M}(s)=q$知，存在同维单模阵$\boldsymbol{U}(s)$和$\boldsymbol{V}(s)$，导出其史密斯形的一般形式为

$$\boldsymbol{\Lambda}(s)=\boldsymbol{U}(s)\ \boldsymbol{M}(s)\ \boldsymbol{V}(s)=\begin{bmatrix}\lambda_1(s) & & \boldsymbol{0}\\ & \ddots & \\ \boldsymbol{0} & & \lambda_q(s)\end{bmatrix}$$

再由乘积阵$\boldsymbol{U}(s)\ \boldsymbol{M}(s)\ \boldsymbol{V}(s)$为单模阵，并利用“单模阵的行列式为常数”的属性，定出

$$\det\boldsymbol{U}(s)\ \boldsymbol{M}(s)\ \boldsymbol{V}(s)=\lambda_1(s)\cdots\lambda_q(s)=\text{常数}$$

从而，可知$\lambda_1(s)=\cdots=\lambda_q(s)$=常数。而由$\lambda_1(s),\cdots,\lambda_q(s)$首一多项式属性，进而定出

$$\lambda_1(s)=\cdots=\lambda_q(s)=1$$

于是，证得

$$\boldsymbol{\Lambda}(s)=\begin{bmatrix}\lambda_1(s) & & \boldsymbol{0}\\ & \ddots & \\ \boldsymbol{0} & & \lambda_q(s)\end{bmatrix}=\begin{bmatrix}1 & & \\ & \ddots & \\ & & 1\end{bmatrix}=\boldsymbol{I}$$

题 7.18 证明：行数相同的$q\times q$和$q\times p$多项式矩阵$\boldsymbol{A}(s)$和$\boldsymbol{B}(s)$为左互质，当且仅当$[\boldsymbol{A}(s)\quad \boldsymbol{B}(s)]$的史密斯形为$\boldsymbol{\Lambda}(s)=[\boldsymbol{I}\quad \boldsymbol{0}]$。

解 本题为推证史密斯形的证明题，意在训练由已知条件导出结论的演绎推理能力。

对$q\times q$和$q\times p$多项式矩阵$\boldsymbol{A}(s)$和$\boldsymbol{B}(s)$，由多项式矩阵对的 gcld 构造定理知，存在$(q+p)\times(q+p)$单模阵$\boldsymbol{V}(s)$，使有

$$[\boldsymbol{A}(s)\quad \boldsymbol{B}(s)]\boldsymbol{V}(s)=[\boldsymbol{L}(s)\quad \boldsymbol{0}],\qquad \boldsymbol{L}(s)\text{ 为}\{\boldsymbol{A}(s),\boldsymbol{B}(s)\}\text{一个 gcld}$$

先证必要性。已知$\boldsymbol{A}(s)$和$\boldsymbol{B}(s)$左互质，欲证史密斯形$\boldsymbol{\Lambda}(s)=[\boldsymbol{I}\quad \boldsymbol{0}]$。$\boldsymbol{A}(s)$和$\boldsymbol{B}(s)$左互质意味着其 gcld $\boldsymbol{L}(s)$为单模阵，而由单模阵特性知 $\boldsymbol{L}^{-1}(s)$也为单模阵。进而，表

$L^{-1}(s)=U(s)$，并对上述构造定理关系式左乘$U(s)$，得到

$$U(s)[A(s)\quad B(s)]V(s)=L^{-1}(s)[L(s)\quad 0]=[I\quad 0]$$

上述单模变换结果满足“首一性”和“整除性”故为史密斯形$\Lambda(s)$。证得$\Lambda(s)=[I\quad 0]$。

再证充分性。已知史密斯形$\Lambda(s)=[I\quad 0]$，欲证$A(s)$和$B(s)$左互质。史密斯形为$\Lambda(s)=[I\quad 0]$意味着，存在相容维数单模阵$U(s)$和$V(s)$，使有

$$U(s)[A(s)\quad B(s)]V(s)=[I\quad 0]$$

进而，将上式左乘$U^{-1}(s)$，得到

$$[A(s)\quad B(s)]V(s)=[U^{-1}(s)\quad 0]=[L(s)\quad 0]$$

由单模阵$U(s)$的逆$U^{-1}(s)$也为单模阵，并利用 gcld 构造定理关系式，可知$L(s)=U^{-1}(s)$为$A(s)$和$B(s)$的一个 gcld 且为单模阵。再基于“$A(s)$和$B(s)$左互质当且仅当其 gcld 为单模阵”的定义，证得$A(s)$和$B(s)$左互质。

题 7.19 判断下列各多项式矩阵是否为波波夫形或准波波夫形：

（i）$D(s)=\begin{bmatrix} s+3 & s^3+2s+1 \\ 7 & s+4 \end{bmatrix}$

（ii）$D(s)=\begin{bmatrix} 4s^2+1 & 3s^3+2s^2+1 & s^4+s^3+2 \\ s+2 & s^3+3s^2+3 & s^2+2s+3 \\ s^2+s+1 & s+1 & s+7 \end{bmatrix}$

解 本题属于判断多项式矩阵为波波夫形或准波波夫形的基本题。

（i）给定$D(s)=\begin{bmatrix} s+3 & s^3+2s+1 \\ 7 & s+4 \end{bmatrix}$，按波波夫形或准波波夫形特征属性进行检验。由

$$D(s)\text{ 列次数 } k_{c1}=1,\ k_{c2}=3;\ \deg\det D(s)=3$$

$$3=\deg\det D(s)\neq(k_{c1}+k_{c2})=(1+3)=4$$

表明$D(s)$不满足“列既约性”特征属性。从而，给定$D(s)$不是波波夫形或准波波夫形。

（ii）给定$D(s)=\begin{bmatrix} 4s^2+1 & 3s^3+2s^2+1 & s^4+s^3+2 \\ s+2 & s^3+3s^2+3 & s^2+2s+3 \\ s^2+s+1 & s+1 & s+7 \end{bmatrix}$，按波波夫形或准波波夫形特征属性进行检验。

（1）检验列既约性和列次非降性。$D(s)$列次数为$k_{c1}=2$, $k_{c2}=3$, $k_{c3}=4$。$D(s)$行列式次数为$\deg\det D(s)=9$。基此可知$(k_{c1}+k_{c2}+k_{c3})=\deg\det D(s)=9$ 和 $k_{c1}<k_{c2}<k_{c3}$，表明满足列既约性和列次非降性。

（2）检验各列主元应满足的条件。按“首一”和“次数等于列次数”定出$D(s)$的三个列的主元为 $d_{31}(s)=s^2+s+1$，$d_{22}(s)=s^3+3s^2+3$，$d_{13}(s)=s^4+s^3+2$。

① 满足"主元多项式次数 = 列次数"的条件：

$$\deg d_{31}(s)=k_{c1}=2,\quad \deg d_{22}(s)=k_{c2}=3,\quad \deg d_{13}(s)=k_{c3}=4$$

② 满足"主元为首一多项式"的条件：

$$d_{31}(s),\ d_{22}(s),\ d_{13}(s)\text{ 均为首一多项式}$$

③ 由给定 $\boldsymbol{D}(s)$ 表达式确认，满足"主元以下元多项式的次数小于列次数"的条件。

④ 由 $k_{c1}\neq k_{c2}\neq k_{c3}$ 知，不存在"两个列的列次数相等"的情形。

⑤ 由给定 $\boldsymbol{D}(s)$ 表达式确认 $d_{31}(s)$，$d_{22}(s)$，$d_{13}(s)$ 为所在行中次数最高，满足"主元为所在行中次数最高"的条件。

从而，基于上述检验结果并据定义，可知给定多项式矩阵 $\boldsymbol{D}(s)$ 为波波夫形。

题 7.20 导出下列多项式矩阵的波波夫形：

$$\boldsymbol{D}(s)=\begin{bmatrix} 4s^2+s+1 & s+2 & 0 \\ 7s & 3s^2+4s+1 & 2s^2+3s+1 \\ 4 & 2s^2+s & 4s^2 \end{bmatrix}$$

解 本题属于化多项式矩阵为波波夫形的基本题。

（1）判断列既约性和列次非降性。$\boldsymbol{D}(s)$ 列次数为 $k_{c1}=2$，$k_{c2}=2$，$k_{c3}=2$。$\boldsymbol{D}(s)$ 行列式的次数为 $\deg\det\boldsymbol{D}(s)=6$。由 $(k_{c1}+k_{c2}+k_{c3})=\deg\det\boldsymbol{D}(s)=6$ 表明满足列既约性，由 $k_{c1}=k_{c2}=k_{c3}$ 表明满足列次非降性。

（2）确定 $\boldsymbol{D}(s)$ 的 3 个首相关列。由 $L=\max\{k_{c1},\ k_{c2},\ k_{c3}\}=\max\{2,2,2\}=2$，组成

$$\mathscr{B}(s)=\left[\boldsymbol{D}(s)\quad s\boldsymbol{D}(s)\quad s^2\boldsymbol{D}(s)\ \middle|\ -\boldsymbol{I}\quad -s\boldsymbol{I}\quad -s^2\boldsymbol{I}\right]$$

$$=\left[\begin{array}{ccc|ccc} 4s^2+s+1 & s+2 & 0 & 4s^3+s^2+s & s^2+2s & 0 \\ 7s & 3s^2+4s+1 & 2s^2+3s+1 & 7s^2 & 3s^3+4s^2+s & 2s^3+3s^2+s \\ 4 & 2s^2+s & 4s^2 & 4s & 2s^3+s^2 & 4s^3 \\ \boldsymbol{b}_1(s) & \boldsymbol{b}_2(s) & \boldsymbol{b}_3(s) & \boldsymbol{b}_4(s) & \boldsymbol{b}_5(s) & \boldsymbol{b}_6(s) \end{array}\right.$$

$$\left.\begin{array}{ccc|ccc} 4s^4+s^3+s^2 & s^3+2s^2 & 0 & -1 & 0 & 0 \\ 7s^3 & 3s^4+4s^3+s^2 & 2s^4+3s^3+s^2 & 0 & -1 & 0 \\ 4s^2 & 2s^4+s^3 & 4s^4 & 0 & 0 & -1 \\ \boldsymbol{b}_7(s) & \boldsymbol{b}_8(s) & \boldsymbol{b}_9(s) & \boldsymbol{b}_{10}(s) & \boldsymbol{b}_{11}(s) & \boldsymbol{b}_{12}(s) \end{array}\right.$$

$$\left.\begin{array}{ccc|ccc} -s & 0 & 0 & -s^2 & 0 & 0 \\ 0 & -s & 0 & 0 & -s^2 & 0 \\ 0 & 0 & -s & 0 & 0 & -s^2 \\ \boldsymbol{b}_{13}(s) & \boldsymbol{b}_{14}(s) & \boldsymbol{b}_{15}(s) & \boldsymbol{b}_{16}(s) & \boldsymbol{b}_{17}(s) & \boldsymbol{b}_{18}(s) \end{array}\right]$$

基此，在 $[\boldsymbol{b}_{10}(s), \boldsymbol{b}_{11}(s), \cdots, \boldsymbol{b}_{18}(s)]$中通过验算来找出 3 个相关列，有

$$\boldsymbol{b}_{16}(s)=-\frac{1}{4}\boldsymbol{b}_1(s)-\frac{1}{4}\boldsymbol{b}_{10}(s)-\boldsymbol{b}_{12}(s)-\frac{1}{4}\boldsymbol{b}_{13}(s)-\frac{7}{4}\boldsymbol{b}_{14}(s)$$

$$\boldsymbol{b}_{17}(s)=-\frac{1}{2}\boldsymbol{b}_2(s)+\frac{1}{4}\boldsymbol{b}_3(s)-\boldsymbol{b}_{10}(s)-\frac{1}{4}\boldsymbol{b}_{11}(s)-\frac{1}{2}\boldsymbol{b}_{13}(s)-\frac{5}{4}\boldsymbol{b}_{14}(s)-\frac{1}{2}\boldsymbol{b}_{15}(s)$$

$$\boldsymbol{b}_{18}(s)=-\frac{1}{4}\boldsymbol{b}_3(s)-\frac{1}{4}\boldsymbol{b}_{11}(s)-\frac{3}{4}\boldsymbol{b}_{14}(s)-\frac{1}{2}\boldsymbol{b}_{17}(s)$$

注意到上述 3 个相关列的位置指数为强意义下不相等，据定义知$\boldsymbol{b}_{16}(s)$，$\boldsymbol{b}_{17}(s)$，$\boldsymbol{b}_{18}(s)$就为 3 个首相关列。

（3）导出准波波夫形。先行表首相关列关系式为常系数线性组合方程组，有

$$\frac{1}{4}\boldsymbol{b}_1(s)+\frac{1}{4}\boldsymbol{b}_{10}(s)+\boldsymbol{b}_{12}(s)+\frac{1}{4}\boldsymbol{b}_{13}(s)+\frac{7}{4}\boldsymbol{b}_{14}(s)+\boldsymbol{b}_{16}(s)=\boldsymbol{0}$$

$$\frac{1}{2}\boldsymbol{b}_2(s)-\frac{1}{4}\boldsymbol{b}_3(s)+\boldsymbol{b}_{10}(s)+\frac{1}{4}\boldsymbol{b}_{11}(s)+\frac{1}{2}\boldsymbol{b}_{13}(s)+\frac{5}{4}\boldsymbol{b}_{14}(s)+\frac{1}{2}\boldsymbol{b}_{15}(s)+\boldsymbol{b}_{17}(s)=\boldsymbol{0}$$

$$\frac{1}{4}\boldsymbol{b}_3(s)+\frac{1}{4}\boldsymbol{b}_{11}(s)+\frac{3}{4}\boldsymbol{b}_{14}(s)+\frac{1}{2}\boldsymbol{b}_{17}(s)+\boldsymbol{b}_{18}(s)=\boldsymbol{0}$$

上述线性组合方程组可进而表为

$$\boldsymbol{0}=[\boldsymbol{b}_1(s)\ \boldsymbol{b}_2(s)\ \boldsymbol{b}_3(s)\ \boldsymbol{b}_4(s)\ \boldsymbol{b}_5(s)\ \boldsymbol{b}_6(s)\ \boldsymbol{b}_7(s)\ \boldsymbol{b}_8(s)\ \boldsymbol{b}_9(s)\ \boldsymbol{b}_{10}(s)$$

$$\boldsymbol{b}_{11}(s)\ \boldsymbol{b}_{12}(s)\ \boldsymbol{b}_{13}(s)\ \boldsymbol{b}_{14}(s)\ \boldsymbol{b}_{15}(s)\ \boldsymbol{b}_{16}(s)\ \boldsymbol{b}_{17}(s)\ \boldsymbol{b}_{18}(s)]\begin{bmatrix}\boldsymbol{U}_0\\ \boldsymbol{U}_1\\ \boldsymbol{U}_2\\ \boldsymbol{E}_0\\ \boldsymbol{E}_1\\ \boldsymbol{E}_2\end{bmatrix}$$

其中

$$\boldsymbol{U}_0=\begin{bmatrix}1/4 & 0 & 0\\ 0 & 1/2 & 0\\ 0 & -1/4 & 1/4\end{bmatrix},\quad \boldsymbol{U}_1=\begin{bmatrix}0&0&0\\0&0&0\\0&0&0\end{bmatrix},\quad \boldsymbol{U}_2=\begin{bmatrix}0&0&0\\0&0&0\\0&0&0\end{bmatrix}$$

$$\boldsymbol{E}_0=\begin{bmatrix}1/4 & 1 & 0\\ 0 & 1/4 & 1/4\\ 1 & 0 & 0\end{bmatrix},\quad \boldsymbol{E}_1=\begin{bmatrix}1/4 & 1/2 & 0\\ 7/4 & 5/4 & 3/4\\ 0 & 1/2 & 0\end{bmatrix},\quad \boldsymbol{E}_2=\begin{bmatrix}1&0&0\\0&1&1/2\\0&0&1\end{bmatrix}$$

基于上述结果，构成$\boldsymbol{E}(s)$为

$$\boldsymbol{E}(s)=\boldsymbol{E}_2 s^2+\boldsymbol{E}_1 s+\boldsymbol{E}_0$$

$$
=\begin{bmatrix}1&0&0\\0&1&1/2\\0&0&1\end{bmatrix}s^2+\begin{bmatrix}1/4&1/2&0\\7/4&5/4&3/4\\0&1/2&0\end{bmatrix}s+\begin{bmatrix}1/4&1&0\\0&1/4&1/4\\1&0&0\end{bmatrix}
$$

$$
=\begin{bmatrix}s^2+\frac{1}{4}s+\frac{1}{4} & \frac{1}{2}s+1 & 0\\ \frac{7}{4}s & s^2+\frac{5}{4}s+\frac{1}{4} & \frac{1}{2}s^2+\frac{3}{4}s+\frac{1}{4}\\ 1 & \frac{1}{2}s & s^2\end{bmatrix}
$$

$\boldsymbol{E}(s)$ 的主元 $\bar{e}_{11}(s),\bar{e}_{22}(s),\bar{e}_{33}(s)$ 不满足"主元为所在行中次数最高"的条件，但满足波波夫形的其他条件，因此 $\boldsymbol{E}(s)$ 为所求准波波夫形。

（4）导出波波夫形。构造常数矩阵 $\mathcal{A}'$ 并对其作行初等变换，有

$$
\mathcal{A}'=[\boldsymbol{U}_0'\quad \boldsymbol{U}_1'\quad \boldsymbol{U}_2'\quad \boldsymbol{E}_0'\quad \boldsymbol{E}_1'\quad \boldsymbol{E}_2']
$$

$$
=\left[\begin{array}{ccc|ccc|ccc|ccc|ccc|ccc}1/4&0&0&0&0&0&0&0&0&1/4&0&1&1/4&7/4&0&1&0&0\\0&1/2&-1/4&0&0&0&0&0&0&1&1/4&0&1/2&5/4&1/2&0&1&0\\0&0&1/4&0&0&0&0&0&0&0&1/4&0&0&3/4&0&0&1/2&1\end{array}\right]
$$

"行 2"×（−1/2）加于"行 3" →

$$
\left[\begin{array}{ccc|ccc|ccc|ccc|ccc|ccc}1/4&0&0&0&0&0&0&0&0&1/4&0&1&1/4&7/4&0&1&0&0\\0&1/2&-1/4&0&0&0&0&0&0&1&1/4&0&1/2&5/4&1/2&0&1&0\\0&-1/4&3/8&0&0&0&0&0&0&-1/2&1/8&0&-1/4&1/8&-1/4&0&0&1\end{array}\right]
$$

$$
\bar{\boldsymbol{U}}_0'\qquad \bar{\boldsymbol{U}}_1'\qquad \bar{\boldsymbol{U}}_2'\qquad \bar{\boldsymbol{E}}_0'\qquad \bar{\boldsymbol{E}}_1'\qquad \bar{\boldsymbol{E}}_2'
$$

基此，得到

$$
\bar{\boldsymbol{E}}(s)=\bar{\boldsymbol{E}}_2\,s^2+\bar{\boldsymbol{E}}_1\,s+\bar{\boldsymbol{E}}_0
$$

$$
=\begin{bmatrix}s^2&0&0\\0&s^2&0\\0&0&s^2\end{bmatrix}+\begin{bmatrix}s/4&s/2&-s/4\\7s/4&5s/4&s/8\\0&s/2&-s/4\end{bmatrix}+\begin{bmatrix}1/4&1&-1/2\\0&1/4&1/8\\1&0&0\end{bmatrix}
$$

$$
=\begin{bmatrix}s^2+\frac{1}{4}s+\frac{1}{4} & \frac{1}{2}s+1 & -\frac{1}{4}s-\frac{1}{2}\\ \frac{7}{4}s & s^2+\frac{5}{4}s+\frac{1}{4} & \frac{1}{8}s+\frac{1}{8}\\ 1 & \frac{1}{2}s & s^2-\frac{1}{4}s\end{bmatrix}
$$

$\bar{\boldsymbol{E}}(s)$ 的主元 $\bar{e}_{11}(s),\bar{e}_{22}(s),\bar{e}_{33}(s)$ 满足"主元为所在行中次数最高"的条件，并满足波波夫形的其他条件，因此 $\bar{\boldsymbol{E}}(s)$ 为所求波波夫形。

题 7.21 判断下列各矩阵对$\{\boldsymbol{E},\boldsymbol{A}\}$组成的矩阵束$(s\boldsymbol{E}-\boldsymbol{A})$是否为正则：

(i) $\boldsymbol{E}=\begin{bmatrix}4 & 1\\ 0 & 0\end{bmatrix}$， $\boldsymbol{A}=\begin{bmatrix}4 & 1\\ 4 & 1\end{bmatrix}$

(ii) $\boldsymbol{E}=\begin{bmatrix}2 & 0 & 0\\ 0 & 3 & 0\\ 1 & 0 & 0\end{bmatrix}$， $\boldsymbol{A}=\begin{bmatrix}1 & 0 & 2\\ 2 & 1 & 0\\ 3 & 1 & 1\end{bmatrix}$

解 本题属于判断矩阵束的正则性的基本题。

(i) 对给定$m\times n$矩阵束，有

$$m=n=2,\ \det(s\boldsymbol{E}-\boldsymbol{A})=\det\begin{bmatrix}4s-4 & s-1\\ -4 & -1\end{bmatrix}\equiv 0$$

基此，并据"$m\times n$矩阵束$(s\boldsymbol{E}-\boldsymbol{A})$正则当且仅当$m=n$和$\det(s\boldsymbol{E}-\boldsymbol{A})\neq 0$"可知，给定矩阵束$(s\boldsymbol{E}-\boldsymbol{A})$为非正则。

(ii) 对给定$m\times n$矩阵束，有

$$m=n=3,\ \det(s\boldsymbol{E}-\boldsymbol{A})=\det\begin{bmatrix}2s-1 & 0 & -2\\ -2 & 3s-1 & 0\\ s-3 & -1 & -1\end{bmatrix}=-15s+1\neq 0$$

基此，并据"$m\times n$矩阵束$(s\boldsymbol{E}-\boldsymbol{A})$正则当且仅当$m=n$和$\det(s\boldsymbol{E}-\boldsymbol{A})\neq 0$"可知，给定矩阵束$(s\boldsymbol{E}-\boldsymbol{A})$为正则。

题 7.22 对上题中给出的矩阵束$(s\boldsymbol{E}-\boldsymbol{A})$，导出它们的克罗内克尔规范形。

解 本题属于化矩阵束为克罗内克尔规范形的基本题。

$m\times n$矩阵束$(s\boldsymbol{E}-\boldsymbol{A})$的克罗内克尔规范形，可通过非奇异常阵变换$\boldsymbol{U}(s\boldsymbol{E}-\boldsymbol{A})\boldsymbol{V}$来导出，或等价地通过对$(s\boldsymbol{E}-\boldsymbol{A})$进行"常数矩阵型"列初等变换和行初等变换来导出。

(i) 对给定矩阵束，引入列初等变换和行初等变换，有

$$(s\boldsymbol{E}-\boldsymbol{A})=\begin{bmatrix}4s-4 & s-1\\ -4 & -1\end{bmatrix}\text{“列 1”}\times(1/4)\rightarrow$$

$$\begin{bmatrix}s-1 & s-1\\ -1 & -1\end{bmatrix}\text{“列 1”}\times(-1)\text{ 加于“列 2”}\rightarrow$$

$$\begin{bmatrix}s-1 & 0\\ -1 & 0\end{bmatrix}\text{“行 2”}\times(-1)\text{ 加于“行 1”}\rightarrow\begin{bmatrix}s & 0\\ -1 & 0\end{bmatrix}=\boldsymbol{K}(s)$$

$\boldsymbol{K}(s)$为给定矩阵束$(s\boldsymbol{E}-\boldsymbol{A})$的克罗内克尔规范形。

(ii) 给定矩阵束$(s\boldsymbol{E}-\boldsymbol{A})$为正则但$\boldsymbol{E}$奇异，因此其克罗内克尔规范形具有形式：

$$\boldsymbol{K}(s)=\boldsymbol{U}(s\boldsymbol{E}-\boldsymbol{A})\boldsymbol{V}=\begin{bmatrix}s\boldsymbol{J}-\boldsymbol{I} & \\ & s\boldsymbol{I}-\boldsymbol{F}\end{bmatrix}$$

基此，对给定矩阵束引入列初等变换和行初等变换，有

$$(s\boldsymbol{E}-\boldsymbol{A})=\begin{bmatrix}2s-1 & 0 & -2\\ -2 & 3s-1 & 0\\ s-3 & -1 & -1\end{bmatrix}$$ “列 3”×(−1)加于“列 2”→

$$\begin{bmatrix}2s-1 & 2 & -2\\ -2 & 3s-1 & 0\\ s-3 & 0 & -1\end{bmatrix}$$ “行 3”×(−1)加于“行 1”→

$$\begin{bmatrix}s+2 & 2 & -1\\ -2 & 3s-1 & 0\\ s-3 & 0 & -1\end{bmatrix}$$ “行 1”×(−1)加于“行 3”→

$$\begin{bmatrix}s+2 & 2 & -1\\ -2 & 3s-1 & 0\\ -5 & -2 & 0\end{bmatrix}$$ “列 3”×(2)加于“列 1”→

$$\begin{bmatrix}s & 2 & -1\\ -2 & 3s-1 & 0\\ -5 & -2 & 0\end{bmatrix}$$ “列 3”与“列 1”交换→

$$\begin{bmatrix}-1 & 0 & s\\ 0 & 3s-1 & -2\\ 0 & -2 & -5\end{bmatrix}$$ “行 3”×(−2/5)→

$$\begin{bmatrix}-1 & 0 & s\\ 0 & 3s-1 & -2\\ 0 & 4/5 & 2\end{bmatrix}$$ “行 3”×1 加于“行 2”→

$$\begin{bmatrix}-1 & 0 & s\\ 0 & 3s-1/5 & 0\\ 0 & 4/5 & 2\end{bmatrix}$$ “列 2”与“列 3”交换→

$$\begin{bmatrix}-1 & s & 0\\ 0 & 0 & 3s-1/5\\ 0 & 2 & 4/5\end{bmatrix}$$ “行 3”×(−1/2)→

$$\begin{bmatrix}-1 & s & 0\\ 0 & 0 & 3s-1/5\\ 0 & -1 & -2/5\end{bmatrix}$$ “行 2”与“行 3”交换→

$$\begin{bmatrix}-1 & s & 0\\ 0 & -1 & -2/5\\ 0 & 0 & 3s-1/5\end{bmatrix}$$ “列 2”×(−2/5)加于“列 3”→

$$\begin{bmatrix} -1 & s & (-2/5)s \\ 0 & -1 & 0 \\ 0 & 0 & 3s-1/5 \end{bmatrix} \text{“行 3”} \times (2/15) \text{ 加于“行 1”} \rightarrow$$

$$\begin{bmatrix} -1 & s & -2/75 \\ 0 & -1 & 0 \\ 0 & 0 & 3s-1/5 \end{bmatrix} \text{“行 3”} \times (1/3) \rightarrow$$

$$\begin{bmatrix} -1 & s & -2/75 \\ 0 & -1 & 0 \\ 0 & 0 & s-1/15 \end{bmatrix} \text{“列 1”} \times (-2/75) \text{加于“列 3”} \rightarrow \begin{bmatrix} -1 & s & 0 \\ 0 & -1 & 0 \\ 0 & 0 & s-1/15 \end{bmatrix} = \boldsymbol{K}(s)$$

给定矩阵束$(s\boldsymbol{E}-\boldsymbol{A})$的克罗内克尔规范形$\boldsymbol{K}(s)$为

$$\boldsymbol{K}(s) = \begin{bmatrix} s\boldsymbol{J}-\boldsymbol{I} & \\ & s\boldsymbol{I}-\boldsymbol{F} \end{bmatrix} = \begin{bmatrix} -1 & s & 0 \\ 0 & -1 & 0 \\ 0 & 0 & s-1/15 \end{bmatrix}$$

题 7.23 设$(s\boldsymbol{E}-\boldsymbol{A})$和$(s\boldsymbol{E}-\boldsymbol{B})$为两个同维矩阵束，且知它们具有相同克罗内克尔规范形$\boldsymbol{K}(s)$，试论证$(s\boldsymbol{E}-\boldsymbol{A})$和$(s\boldsymbol{E}-\boldsymbol{B})$是否为严格等价。

解 本题为矩阵束严格等价性的论证题，意在训练由已知条件导出结论的演绎推理能力。

$m\times n$ 矩阵束$(s\boldsymbol{E}-\boldsymbol{A})$和$(s\boldsymbol{E}-\boldsymbol{B})$严格等价，当且仅当存在$m\times m$和$n\times n$非奇异常阵$\boldsymbol{U}$和$\boldsymbol{V}$使成立$(s\boldsymbol{E}-\boldsymbol{A})=\boldsymbol{U}(s\boldsymbol{E}-\boldsymbol{B})\boldsymbol{V}$。现知$(s\boldsymbol{E}-\boldsymbol{A})$和$(s\boldsymbol{E}-\boldsymbol{B})$具有相同克罗内克尔规范形$\boldsymbol{K}(s)$，即有

$$\boldsymbol{K}(s)=\bar{\boldsymbol{U}}(s\boldsymbol{E}-\boldsymbol{A})\bar{\boldsymbol{V}}=\tilde{\boldsymbol{U}}(s\boldsymbol{E}-\boldsymbol{B})\tilde{\boldsymbol{V}}$$

其中“$\bar{\boldsymbol{U}}$和$\bar{\boldsymbol{V}}$”及“$\tilde{\boldsymbol{U}}$和$\tilde{\boldsymbol{V}}$”为相应维数“非奇异常阵对”。进而，将上式等式两边左乘$\bar{\boldsymbol{U}}^{-1}$和右乘$\bar{\boldsymbol{V}}^{-1}$，并表$\boldsymbol{U}=\bar{\boldsymbol{U}}^{-1}\tilde{\boldsymbol{U}}$和$\boldsymbol{V}=\tilde{\boldsymbol{V}}\bar{\boldsymbol{V}}^{-1}$且均为非奇异常阵，证得

$$(s\boldsymbol{E}-\boldsymbol{A})=\bar{\boldsymbol{U}}^{-1}\tilde{\boldsymbol{U}}(s\boldsymbol{E}-\boldsymbol{B})\tilde{\boldsymbol{V}}\bar{\boldsymbol{V}}^{-1}=\boldsymbol{U}(s\boldsymbol{E}-\boldsymbol{B})\boldsymbol{V}$$

基此并据严格等价性定义，可知矩阵束$(s\boldsymbol{E}-\boldsymbol{A})$和$(s\boldsymbol{E}-\boldsymbol{B})$严格等价。

第 8 章 传递函数矩阵的矩阵分式描述

8.1 本章的主要知识点

传递函数矩阵的矩阵分式描述即 MFD 是连续时间线性时不变系统的基本频域描述。MFD 是复频率域理论中分析和综合线性时不变系统的基础。MFD 的角色和重要性类同于时间域理论中的状态空间描述。下面指出本章的主要知识点。

（1）传递函数矩阵的矩阵分式描述

右 MFD 和左 MFD

对连续时间线性时不变系统的 $q\times p$ 传递函数矩阵 $\boldsymbol{G}(s)$，必存在 $q\times p$ 和 $p\times p$ 多项式矩阵 $\boldsymbol{N}(s)$ 和 $\boldsymbol{D}(s)$，$q\times p$ 和 $q\times q$ 多项式矩阵 $\boldsymbol{N}_{\mathrm{L}}(s)$ 和 $\boldsymbol{D}_{\mathrm{L}}(s)$，导出 $\boldsymbol{G}(s)=\boldsymbol{N}(s)\,\boldsymbol{D}^{-1}(s)$（右 MFD）$=\boldsymbol{D}_{\mathrm{L}}^{-1}(s)\,\boldsymbol{N}_{\mathrm{L}}(s)$（左 MFD）。$\boldsymbol{G}(s)$ 的右 MFD 和左 MFD 为不惟一。

构造 MFD 的方法

以 2×3 传递函数矩阵 $\boldsymbol{G}(s)$ 为例，$\bar{d}_i(s)$ 和 $\tilde{d}_j(s)$ 为其第 i 行和第 j 列最小公分母，可有

$$\boldsymbol{G}(s)=\begin{bmatrix}\dfrac{n_{11}(s)}{d_{11}(s)} & \dfrac{n_{12}(s)}{d_{12}(s)} & \dfrac{n_{13}(s)}{d_{13}(s)}\\ \dfrac{n_{21}(s)}{d_{21}(s)} & \dfrac{n_{22}(s)}{d_{22}(s)} & \dfrac{n_{23}(s)}{d_{23}(s)}\end{bmatrix}=\begin{bmatrix}\dfrac{\bar{n}_{11}(s)}{\bar{d}_1(s)} & \dfrac{\bar{n}_{12}(s)}{\bar{d}_1(s)} & \dfrac{\bar{n}_{13}(s)}{\bar{d}_1(s)}\\ \dfrac{\bar{n}_{21}(s)}{\bar{d}_2(s)} & \dfrac{\bar{n}_{22}(s)}{\bar{d}_2(s)} & \dfrac{\bar{n}_{23}(s)}{\bar{d}_2(s)}\end{bmatrix}$$

$$= \begin{bmatrix} \dfrac{\tilde{n}_{11}(s)}{\tilde{d}_1(s)} & \dfrac{\tilde{n}_{12}(s)}{\tilde{d}_2(s)} & \dfrac{\tilde{n}_{13}(s)}{\tilde{d}_3(s)} \\ \dfrac{\tilde{n}_{21}(s)}{\tilde{d}_1(s)} & \dfrac{\tilde{n}_{22}(s)}{\tilde{d}_2(s)} & \dfrac{\tilde{n}_{23}(s)}{\tilde{d}_3(s)} \end{bmatrix}$$

则

$$\boldsymbol{G}(s)\text{左 MFD} = \boldsymbol{D}_{\mathrm{L}}^{-1}(s)\ \boldsymbol{N}_{\mathrm{L}}(s) = \begin{bmatrix} \bar{d}_1(s) & \\ & \bar{d}_2(s) \end{bmatrix}^{-1} \begin{bmatrix} \bar{n}_{11}(s) & \bar{n}_{12}(s) & \bar{n}_{13}(s) \\ \bar{n}_{21}(s) & \bar{n}_{22}(s) & \bar{n}_{23}(s) \end{bmatrix}$$

$$\boldsymbol{G}(s)\text{右 MFD} = \boldsymbol{N}(s)\ \boldsymbol{D}^{-1}(s) = \begin{bmatrix} \tilde{n}_{11}(s) & \tilde{n}_{12}(s) & \tilde{n}_{13}(s) \\ \tilde{n}_{21}(s) & \tilde{n}_{22}(s) & \tilde{n}_{23}(s) \end{bmatrix} \begin{bmatrix} \tilde{d}_1(s) & & \\ & \tilde{d}_2(s) & \\ & & \tilde{d}_3(s) \end{bmatrix}^{-1}$$

（2）传递函数矩阵和矩阵分式描述的真性严真性

真性和严真性的物理含义

传递函数矩阵和 MFD 的真性和严真性是其所代表系统的物理可实现性的表征。

传递函数矩阵真性和严真性判据

$$\boldsymbol{G}(s)\text{为真} \quad \Leftrightarrow \quad \lim_{s\to\infty}\boldsymbol{G}(s) = \boldsymbol{G}_0 \text{（非零常阵）}$$

$$\boldsymbol{G}(s)\text{为严真} \quad \Leftrightarrow \quad \lim_{s\to\infty}\boldsymbol{G}(s) = \boldsymbol{0}$$

MFD 真性和严真性判据

① 右 MFD 真性和严真性判据。给定 $q\times p$ 右 MFD $\boldsymbol{N}(s)\ \boldsymbol{D}^{-1}(s)$，$\boldsymbol{D}(s)$ 为 $p\times p$ 阵，δ_{cj} 为所示矩阵的列次数，有

判据 1 [$\boldsymbol{D}(s)$ 列既约] 对 $j=1,2,\cdots,p$

$$\boldsymbol{N}(s)\ \boldsymbol{D}^{-1}(s)\text{严真} \quad \Leftrightarrow \quad \delta_{cj}\ \boldsymbol{N}(s) < \delta_{cj}\ \boldsymbol{D}(s)$$

$$\boldsymbol{N}(s)\ \boldsymbol{D}^{-1}(s)\text{真} \quad \Leftrightarrow \quad \delta_{cj}\ \boldsymbol{N}(s) \leqslant \delta_{cj}\ \boldsymbol{D}(s)$$

判据 2 [$\boldsymbol{D}(s)$ 非列既约] 先行引入 $p\times p$ 单模阵 $\boldsymbol{V}(s)$ 使 $\bar{\boldsymbol{D}}(s)=\boldsymbol{D}(s)\boldsymbol{V}(s)$ 列既约，并表 $\bar{\boldsymbol{N}}(s)=\boldsymbol{N}(s)\boldsymbol{V}(s)$。对 $j=1,2,\cdots,p$

$$\boldsymbol{N}(s)\ \boldsymbol{D}^{-1}(s)\text{严真} \quad \Leftrightarrow \quad \delta_{cj}\ \bar{\boldsymbol{N}}(s) < \delta_{cj}\ \bar{\boldsymbol{D}}(s)$$

$$\boldsymbol{N}(s)\ \boldsymbol{D}^{-1}(s)\text{真} \quad \Leftrightarrow \quad \delta_{cj}\ \bar{\boldsymbol{N}}(s) \leqslant \delta_{cj}\ \bar{\boldsymbol{D}}(s)$$

② 左 MFD 真性和严真性判据。给定 $q\times p$ 左 MFD $\boldsymbol{D}_{\mathrm{L}}^{-1}(s)\ \boldsymbol{N}_{\mathrm{L}}(s)$，$\boldsymbol{D}_{\mathrm{L}}(s)$ 为 $q\times q$ 阵，δ_{ri} 为所示矩阵的行次数，有

判据 1 [$\boldsymbol{D}_{\mathrm{L}}(s)$ 行既约] 对 $i=1,2,\cdots,q$

$$\boldsymbol{D}_{\mathrm{L}}^{-1}(s)\ \boldsymbol{N}_{\mathrm{L}}(s)\text{严真} \quad \Leftrightarrow \quad \delta_{ri}\ \boldsymbol{N}_{\mathrm{L}}(s) < \delta_{ri}\ \boldsymbol{D}_{\mathrm{L}}(s)$$

$$\boldsymbol{D}_{\mathrm{L}}^{-1}(s)\ \boldsymbol{N}_{\mathrm{L}}(s)\text{真} \quad \Leftrightarrow \quad \delta_{ri}\ \boldsymbol{N}_{\mathrm{L}}(s) \leqslant \delta_{ri}\ \boldsymbol{D}_{\mathrm{L}}(s)$$

判据 2 [$\boldsymbol{D}_{\mathrm{L}}(s)$非行既约] 先行引入$q\times q$单模阵$\boldsymbol{V}_{\mathrm{L}}(s)$使$\bar{\boldsymbol{D}}_{\mathrm{L}}(s)=\boldsymbol{V}_{\mathrm{L}}(s)\boldsymbol{D}_{\mathrm{L}}(s)$行既约，并表$\bar{\boldsymbol{N}}_{\mathrm{L}}(s)=\boldsymbol{V}_{\mathrm{L}}(s)\boldsymbol{N}_{\mathrm{L}}(s)$。对$i=1,2,\cdots,q$

$$\boldsymbol{D}_{\mathrm{L}}^{-1}(s)\,\boldsymbol{N}_{\mathrm{L}}(s)\text{严真}\quad\Leftrightarrow\quad\delta_{ri}\,\bar{\boldsymbol{N}}_{\mathrm{L}}(s)<\delta_{ri}\,\bar{\boldsymbol{D}}_{\mathrm{L}}(s)$$

$$\boldsymbol{D}_{\mathrm{L}}^{-1}(s)\,\boldsymbol{N}_{\mathrm{L}}(s)\text{真}\quad\Leftrightarrow\quad\delta_{ri}\,\bar{\boldsymbol{N}}_{\mathrm{L}}(s)\leqslant\delta_{ri}\,\bar{\boldsymbol{D}}_{\mathrm{L}}(s)$$

（3）由非严真MFD确定其严真MFD的方法

由非严真右MFD确定其严真右MFD

给定非严真右MFD $\boldsymbol{N}(s)\,\boldsymbol{D}^{-1}(s)$。计算

$\boldsymbol{N}(s)\,\boldsymbol{D}^{-1}(s)$的有理分式矩阵$\boldsymbol{G}(s)$

$\boldsymbol{G}(s)$的元作多项式除法导出$g_{ij}(s)=q_{ij}(s)$（商）$+\ g_{ij}^{\mathrm{sp}}(s)$（严真有理分式）

且对应严真$g_{ij}(s)$有$q_{ij}(s)=0$，组成$\boldsymbol{G}_{\mathrm{sp}}(s)=\left(g_{ij}^{\mathrm{sp}}(s)\right)$

$\boldsymbol{R}(s)=\boldsymbol{G}_{\mathrm{sp}}(s)\,\boldsymbol{D}(s)$

则得到的严真右MFD为$\boldsymbol{R}(s)\,\boldsymbol{D}^{-1}(s)$。

由非严真左MFD确定其严真左MFD

给定非严真$\boldsymbol{D}_{\mathrm{L}}^{-1}(s)\,\boldsymbol{N}_{\mathrm{L}}(s)$。计算

$\boldsymbol{D}_{\mathrm{L}}^{-1}(s)\,\boldsymbol{N}_{\mathrm{L}}(s)$的有理分式矩阵$\boldsymbol{G}(s)$

$\boldsymbol{G}(s)$的元作多项式除法导出$g_{ij}(s)=q_{ij}(s)$（商）$+\ g_{ij}^{\mathrm{sp}}(s)$（严真有理分式）

且对应严真$g_{ij}(s)$有$q_{ij}(s)=0$，组成$\boldsymbol{G}_{\mathrm{sp}}(s)=\left(g_{ij}^{\mathrm{sp}}(s)\right)$

$\boldsymbol{R}_{\mathrm{L}}(s)=\boldsymbol{D}_{\mathrm{L}}(s)\,\boldsymbol{G}_{\mathrm{sp}}(s)$

则得到的严真左MFD为 $\boldsymbol{D}_{\mathrm{L}}^{-1}(s)\,\boldsymbol{R}_{\mathrm{L}}(s)$。

（4）不可简约矩阵分式描述

不可简约MFD

右 MFD $\boldsymbol{N}(s)\,\boldsymbol{D}^{-1}(s)$为不可简约，如果$\{\boldsymbol{D}(s),\boldsymbol{N}(s)\}$为右互质。左 MFD $\boldsymbol{D}_{\mathrm{L}}^{-1}(s)\,\boldsymbol{N}_{\mathrm{L}}(s)$为不可简约，如果$\{\boldsymbol{D}_{\mathrm{L}}(s),\boldsymbol{N}_{\mathrm{L}}(s)\}$为左互质。

两个不可简约MFD的关系

对两个$q\times p$不可简约右 MFD $\boldsymbol{N}_1(s)\,\boldsymbol{D}_1^{-1}(s)=\boldsymbol{N}_2(s)\,\boldsymbol{D}_2^{-1}(s)$，必存在$p\times p$单模阵$\boldsymbol{U}(s)$使$\boldsymbol{D}_1(s)=\boldsymbol{D}_2(s)\boldsymbol{U}(s)$和$\boldsymbol{N}_1(s)=\boldsymbol{N}_2(s)\boldsymbol{U}(s)$。对两个$q\times p$不可简约左 MFD $\boldsymbol{D}_{\mathrm{L1}}^{-1}(s)\,\boldsymbol{N}_{\mathrm{L1}}(s)=\boldsymbol{D}_{\mathrm{L2}}^{-1}(s)\,\boldsymbol{N}_{\mathrm{L2}}(s)$，必存在$q\times q$单模阵$\boldsymbol{V}(s)$使$\boldsymbol{D}_{\mathrm{L1}}(s)=\boldsymbol{V}(s)\boldsymbol{D}_{\mathrm{L2}}(s)$和$\boldsymbol{N}_{\mathrm{L1}}(s)=\boldsymbol{V}(s)\boldsymbol{N}_{\mathrm{L2}}(s)$。

不可简约MFD和可简约MFD的关系

对两个$q\times p$右 MFD“$\boldsymbol{N}(s)\,\boldsymbol{D}^{-1}(s)$（不可简约）$=\tilde{\boldsymbol{N}}(s)\,\tilde{\boldsymbol{D}}^{-1}(s)$（可简约）”，必存在$p\times p$非奇异多项式矩阵$\boldsymbol{T}(s)$使$\tilde{\boldsymbol{D}}(s)=\boldsymbol{D}(s)\boldsymbol{T}(s)$和$\tilde{\boldsymbol{N}}(s)=\boldsymbol{N}(s)\boldsymbol{T}(s)$。对两个$q\times p$左 MFD“$\boldsymbol{D}_{\mathrm{L}}^{-1}(s)\,\boldsymbol{N}_{\mathrm{L}}(s)$（不可简约）$=\tilde{\boldsymbol{D}}_{\mathrm{L}}^{-1}(s)\,\tilde{\boldsymbol{N}}_{\mathrm{L}}(s)$（可简约）”，必存在$q\times q$非奇异多项

式矩阵 $\boldsymbol{T}_{\mathrm{L}}(s)$ 使 $\tilde{\boldsymbol{D}}_{\mathrm{L}}(s)=\boldsymbol{T}_{\mathrm{L}}(s)\boldsymbol{D}_{\mathrm{L}}(s)$ 和 $\tilde{\boldsymbol{N}}_{\mathrm{L}}(s)=\boldsymbol{T}_{\mathrm{L}}(s)\boldsymbol{N}_{\mathrm{L}}(s)$。

不可简约 MFD 的最小阶属性

对两个 $q\times p$ MFD"$\boldsymbol{N}(s)\ \boldsymbol{D}^{-1}(s)=\boldsymbol{D}_{\mathrm{L}}^{-1}(s)\ \boldsymbol{N}_{\mathrm{L}}(s)$",定义其阶次为 $\deg\det\boldsymbol{D}(s)=n_{\mathrm{r}}$ 和 $\deg\det\boldsymbol{D}_{\mathrm{L}}(s)=n_{\mathrm{L}}$，则

$$\boldsymbol{N}(s)\ \boldsymbol{D}^{-1}(s)\text{ 为最小阶}\quad\Leftrightarrow\quad\boldsymbol{N}(s)\ \boldsymbol{D}^{-1}(s)\text{ 右不可简约}$$

$$\boldsymbol{D}_{\mathrm{L}}^{-1}(s)\ \boldsymbol{N}_{\mathrm{L}}(s)\text{ 为最小阶}\quad\Leftrightarrow\quad\boldsymbol{D}_{\mathrm{L}}^{-1}(s)\ \boldsymbol{N}_{\mathrm{L}}(s)\text{ 左不可简约}$$

（5）由可简约 MFD 导出不可简约 MFD 的方法

由可简约右 MFD 导出不可简约右 MFD

给定 $q\times p$ 可简约右 MFD $\tilde{\boldsymbol{N}}(s)\ \tilde{\boldsymbol{D}}^{-1}(s)$。

按行初等变换定出 $\{\tilde{\boldsymbol{D}}(s),\ \tilde{\boldsymbol{N}}(s)\}$ 的一个最大右公因子 $p\times p$ 阵 $\boldsymbol{R}(s)$

计算 $\boldsymbol{R}^{-1}(s)$，$\boldsymbol{D}(s)=\tilde{\boldsymbol{D}}(s)\boldsymbol{R}^{-1}(s)$，$\boldsymbol{N}(s)=\tilde{\boldsymbol{N}}(s)\boldsymbol{R}^{-1}(s)$

则得到的一个不可简约右 MFD 为 $\boldsymbol{N}(s)\ \boldsymbol{D}^{-1}(s)$。

由可简约左 MFD 导出不可简约左 MFD

给定 $q\times p$ 可简约左 MFD $\tilde{\boldsymbol{D}}_{\mathrm{L}}^{-1}(s)\ \tilde{\boldsymbol{N}}_{\mathrm{L}}(s)$。

按列初等变换定出 $\{\tilde{\boldsymbol{D}}_{\mathrm{L}}(s),\ \tilde{\boldsymbol{N}}_{\mathrm{L}}(s)\}$ 的一个最大左公因子 $q\times q$ 阵 $\boldsymbol{R}_{\mathrm{L}}(s)$

计算 $\boldsymbol{R}_{\mathrm{L}}^{-1}(s)$，$\boldsymbol{D}_{\mathrm{L}}(s)=\boldsymbol{R}_{\mathrm{L}}^{-1}(s)\tilde{\boldsymbol{D}}_{\mathrm{L}}(s)$，$\boldsymbol{N}_{\mathrm{L}}(s)=\boldsymbol{R}_{\mathrm{L}}^{-1}(s)\tilde{\boldsymbol{N}}_{\mathrm{L}}(s)$

则得到的一个不可简约左 MFD 为 $\boldsymbol{D}_{\mathrm{L}}^{-1}(s)\ \boldsymbol{N}_{\mathrm{L}}(s)$。

由可简约右 MFD 导出不可简约左 MFD

给定 $q\times p$ 可简约右 MFD $\tilde{\boldsymbol{N}}(s)\ \tilde{\boldsymbol{D}}^{-1}(s)$。

按行初等变换定出 $\{\tilde{\boldsymbol{D}}(s),\ \tilde{\boldsymbol{N}}(s)\}$ 的一个最大右公因子 $p\times p$ 阵 $\boldsymbol{R}(s)$

由行初等变换中各初等矩阵导出使"$\boldsymbol{U}(s)\begin{bmatrix}\tilde{\boldsymbol{D}}(s)\\\tilde{\boldsymbol{N}}(s)\end{bmatrix}=\begin{bmatrix}\boldsymbol{R}(s)\\\boldsymbol{0}\end{bmatrix}$"的单模阵 $\boldsymbol{U}(s)$

并按 $(p+q)\times(p+q)$ 分块化 $\boldsymbol{U}(s)=\begin{bmatrix}\boldsymbol{U}_{11}(s) & \boldsymbol{U}_{12}(s)\\\boldsymbol{U}_{21}(s) & \boldsymbol{U}_{22}(s)\end{bmatrix}$

则得到的一个不可简约左 MFD 为 $-\boldsymbol{U}_{22}^{-1}(s)\boldsymbol{U}_{21}(s)$。

8.2 习题与解答

本章的习题安排围绕线性系统复频率域理论中线性时不变系统的矩阵分式描述即 MFD 及其有关属性。基本题部分包括由传递函数矩阵导出 MFD，由左（右）MFD 导出右（左）MFD，判断传递函数矩阵和 MFD 的真性和严真性，判断 MFD 的不可简约性，由传递函数矩阵、状态空间描述和可简约 MFD 导出不可简约 MFD 等。证明题部分涉及

不可简约左 MFD 的属性，由可简约左 MFD 导出不可简约左 MFD 的算式，基于 gcld 构造定理导出不可简约左 MFD 的算式等。

题 8.1 确定下列传递函数矩阵 $\boldsymbol{G}(s)$ 的一个右 MFD 和一个左 MFD：

$$\boldsymbol{G}(s)=\begin{bmatrix}\dfrac{2s+1}{s^2-1} & \dfrac{s}{s^2+5s+4}\\ \dfrac{1}{s+3} & \dfrac{2s+5}{s^2+7s+12}\end{bmatrix}$$

解 本题属于由线性时不变系统的传递函数矩阵确定 MFD 的基本题。

由传递函数矩阵 $\boldsymbol{G}(s)$ 确定其右 MFD 和左 MFD 的方法和结果均为不惟一。

采用“最小公分母法”。表 $\boldsymbol{G}(s)$ 为

$$\boldsymbol{G}(s)=\begin{bmatrix}\dfrac{2s+1}{s^2-1} & \dfrac{s}{s^2+5s+4}\\ \dfrac{1}{s+3} & \dfrac{2s+5}{s^2+7s+12}\end{bmatrix}=\begin{bmatrix}\dfrac{(2s+1)}{(s+1)(s-1)} & \dfrac{s}{(s+1)(s+4)}\\ \dfrac{1}{(s+3)} & \dfrac{(2s+5)}{(s+3)(s+4)}\end{bmatrix}$$

并先行定出

列最小公分母 $d_1(s)=(s-1)(s+1)(s+3)$， $d_2(s)=(s+1)(s+3)(s+4)$

行最小公分母 $d_{r1}(s)=(s-1)(s+1)(s+4)$， $d_{r2}(s)=(s+3)(s+4)$

表 $\boldsymbol{G}(s)$ 的“各列元传递函数分母”为“列最小公分母”，即可导出 $\boldsymbol{G}(s)$ 的一个右 MFD 为

$$\boldsymbol{G}(s)=\begin{bmatrix}\dfrac{(2s+1)(s+3)}{(s-1)(s+1)(s+3)} & \dfrac{s(s+3)}{(s+1)(s+3)(s+4)}\\ \dfrac{(s-1)(s+1)}{(s-1)(s+1)(s+3)} & \dfrac{(2s+5)(s+1)}{(s+1)(s+3)(s+4)}\end{bmatrix}$$

$$=\begin{bmatrix}(2s+1)(s+3) & s(s+3)\\ (s-1)(s+1) & (2s+5)(s+1)\end{bmatrix}\begin{bmatrix}(s-1)(s+1)(s+3) & 0\\ 0 & (s+1)(s+3)(s+4)\end{bmatrix}^{-1}$$

表 $\boldsymbol{G}(s)$ 的“各行元传递函数分母”为“行最小公分母”，即可导出 $\boldsymbol{G}(s)$ 的一个左 MFD 为

$$\boldsymbol{G}(s)=\begin{bmatrix}\dfrac{(2s+1)(s+4)}{(s-1)(s+1)(s+4)} & \dfrac{s(s-1)}{(s-1)(s+1)(s+4)}\\ \dfrac{(s+4)}{(s+3)(s+4)} & \dfrac{(2s+5)}{(s+3)(s+4)}\end{bmatrix}$$

$$=\begin{bmatrix}(s-1)(s+1)(s+4) & 0\\ 0 & (s+3)(s+4)\end{bmatrix}^{-1}\begin{bmatrix}(2s+1)(s+4) & s(s-1)\\ (s+4) & (2s+5)\end{bmatrix}$$

题 8.2 确定下列传递函数矩阵 $\boldsymbol{G}(s)$ 的三个阶次不等的左 MFD：

$$G(s)=\begin{bmatrix}\dfrac{s+1}{s^2} & 0 & \dfrac{1}{s}\\ 0 & \dfrac{s}{s+2} & \dfrac{s+1}{s+2}\end{bmatrix}$$

解 本题属于由传递函数矩阵确定不同阶次 MFD 的基本题。

MFD 的阶次定义为其分母矩阵行列式的次数。

① 对给定 $G(s)$，采用"行最小公分母法"，可得到 $G(s)$ 的一个"阶次=3"的左 MFD

$$G(s)=\begin{bmatrix}\dfrac{s+1}{s^2} & 0 & \dfrac{1}{s}\\ 0 & \dfrac{s}{s+2} & \dfrac{s+1}{s+2}\end{bmatrix}=\begin{bmatrix}\dfrac{s+1}{s^2} & 0 & \dfrac{s}{s^2}\\ 0 & \dfrac{s}{s+2} & \dfrac{s+1}{s+2}\end{bmatrix}$$

$$=\begin{bmatrix}s^2 & 0\\ 0 & s+2\end{bmatrix}^{-1}\begin{bmatrix}s+1 & 0 & s\\ 0 & s & s+1\end{bmatrix},\quad \text{MFD 的阶次=3}$$

② 对给定 $G(s)$，基于上述"阶次=3"的左 MFD，选取和引入一个维数相容非奇异多项式矩阵 $W(s)$，导出另一组分母矩阵和分子矩阵为

$$D_{L1}(s)=W(s)\begin{bmatrix}s^2 & 0\\ 0 & s+2\end{bmatrix}=\begin{bmatrix}s & 0\\ 0 & 1\end{bmatrix}\begin{bmatrix}s^2 & 0\\ 0 & s+2\end{bmatrix}=\begin{bmatrix}s^3 & 0\\ 0 & s+2\end{bmatrix}$$

$$N_{L1}(s)=W(s)\begin{bmatrix}s+1 & 0 & s\\ 0 & s & s+1\end{bmatrix}=\begin{bmatrix}s & 0\\ 0 & 1\end{bmatrix}\begin{bmatrix}s+1 & 0 & s\\ 0 & s & s+1\end{bmatrix}=\begin{bmatrix}s^2+s & 0 & s^2\\ 0 & s & s+1\end{bmatrix}$$

可得到给定 $G(s)$ 的一个"阶次=4"的左 MFD

$$G(s)=D_{L1}^{-1}(s)\ N_{L1}(s)=\begin{bmatrix}s^3 & 0\\ 0 & s+2\end{bmatrix}^{-1}\begin{bmatrix}s^2+s & 0 & s^2\\ 0 & s & s+1\end{bmatrix},\quad \text{MFD 的阶次=4}$$

③ 对给定 $G(s)$，基于上述"阶次=3"的左 MFD，选取和引入另一个维数相容非奇异多项式矩阵 $\overline{W}(s)$，导出又一组分母矩阵和分子矩阵为

$$D_{L2}(s)=\overline{W}(s)\begin{bmatrix}s^2 & 0\\ 0 & s+2\end{bmatrix}=\begin{bmatrix}s & 0\\ 0 & s\end{bmatrix}\begin{bmatrix}s^2 & 0\\ 0 & s+2\end{bmatrix}=\begin{bmatrix}s^3 & 0\\ 0 & s^2+2s\end{bmatrix}$$

$$N_{L2}(s)=\overline{W}(s)\begin{bmatrix}s+1 & 0 & s\\ 0 & s & s+1\end{bmatrix}=\begin{bmatrix}s & 0\\ 0 & s\end{bmatrix}\begin{bmatrix}s+1 & 0 & s\\ 0 & s & s+1\end{bmatrix}=\begin{bmatrix}s^2+s & 0 & s^2\\ 0 & s^2 & s^2+s\end{bmatrix}$$

可得到给定 $G(s)$ 的一个"阶次=5"的左 MFD

$$G(s)=D_{L2}^{-1}(s)\ N_{L2}(s)=\begin{bmatrix}s^3 & 0\\ 0 & s^2+2s\end{bmatrix}^{-1}\begin{bmatrix}s^2+s & 0 & s^2\\ 0 & s^2 & s^2+s\end{bmatrix},\quad \text{MFD 阶次=5}$$

题 8.3 给定传递函数矩阵 $G(s)$ 的一个左 MFD:

$$\boldsymbol{G}(s)=\begin{bmatrix} s^2 & 0 \\ 1 & -s+1 \end{bmatrix}^{-1}\begin{bmatrix} s+1 & 0 \\ 1 & 1 \end{bmatrix}$$

试：(i) 确定 MFD 是否为最小阶。(ii) 如是，求出另一个最小阶 MFD；如否，求出其最小阶 MFD。

解 本题属于判断和确定传递函数矩阵的最小阶 MFD 的基本题。

(i) 判断 MFD 是否为最小阶。对传递函数矩阵 $\boldsymbol{G}(s)$，$\boldsymbol{D}_{\rm r}^{-1}(s)\boldsymbol{N}_{\rm r}(s)$ 为最小阶左 MFD 当且仅当 $\{\boldsymbol{D}_{\rm r}(s),\boldsymbol{N}_{\rm r}(s)\}$ 左互质。对左 MFD $\boldsymbol{D}_{\rm r}^{-1}(s)\boldsymbol{N}_{\rm r}(s)$，$\{\boldsymbol{D}_{\rm r}(s),\boldsymbol{N}_{\rm r}(s)\}$ 左互质当且仅当 $[\boldsymbol{D}_{\rm r}(s)\ \ \boldsymbol{N}_{\rm r}(s)]$ 的所有 2×2 非奇异矩阵的行列式方程没有共同的根。

对题中给定左 MFD $\boldsymbol{D}_{\rm r}^{-1}(s)\boldsymbol{N}_{\rm r}(s)$，组成

$$[\boldsymbol{D}_{\rm r}(s)\ \ \boldsymbol{N}_{\rm r}(s)]=\begin{bmatrix} s^2 & 0 & s+1 & 0 \\ 1 & -s+1 & 1 & 1 \end{bmatrix}$$

并定出所有 2×2 非奇异矩阵的行列式方程及其根，有

$$\det\begin{bmatrix} s^2 & 0 \\ 1 & -s+1 \end{bmatrix}=0,\ s=0,\ s=1;\quad \det\begin{bmatrix} s^2 & s+1 \\ 1 & 1 \end{bmatrix}=0,\ s=(1+\sqrt{5})/2,\ s=(1-\sqrt{5})/2$$

$$\det\begin{bmatrix} s^2 & 0 \\ 1 & 1 \end{bmatrix}=0,\ s=0;\quad \det\begin{bmatrix} 0 & s+1 \\ -s+1 & 1 \end{bmatrix}=0,\ s=-1,\ s=1$$

$$\det\begin{bmatrix} s+1 & 0 \\ 1 & 1 \end{bmatrix}=0,\ s=-1$$

由所有 2×2 非奇异矩阵的行列式方程没有共同根，可知 $\{\boldsymbol{D}_{\rm r}(s),\boldsymbol{N}_{\rm r}(s)\}$ 左互质，从而传递函数矩阵 $\boldsymbol{G}(s)$ 的给定 $\boldsymbol{D}_{\rm r}^{-1}(s)\boldsymbol{N}_{\rm r}(s)$ 为最小阶左 MFD。

(ii) 确定另一最小阶 MFD。对 $\boldsymbol{G}(s)$ 的给定最小阶左 MFD $\boldsymbol{D}_{\rm r}^{-1}(s)\boldsymbol{N}_{\rm r}(s)$，任取

$$2\times2\text{ 单模阵}\quad \boldsymbol{M}(s)=\begin{bmatrix} s & 1 \\ 1 & 0 \end{bmatrix}$$

定出

$$\bar{\boldsymbol{D}}_{\rm r}(s)=\boldsymbol{M}(s)\ \boldsymbol{D}_{\rm r}(s)=\begin{bmatrix} s & 1 \\ 1 & 0 \end{bmatrix}\begin{bmatrix} s^2 & 0 \\ 1 & -s+1 \end{bmatrix}=\begin{bmatrix} s^3+1 & -s+1 \\ s^2 & 0 \end{bmatrix}$$

$$\bar{\boldsymbol{N}}_{\rm r}(s)=\boldsymbol{M}(s)\ \boldsymbol{N}_{\rm r}(s)=\begin{bmatrix} s & 1 \\ 1 & 0 \end{bmatrix}\begin{bmatrix} s+1 & 0 \\ 1 & 1 \end{bmatrix}=\begin{bmatrix} s^2+s+1 & 1 \\ s+1 & 0 \end{bmatrix}$$

则给定 $\boldsymbol{G}(s)$ 另一最小阶左 MFD 为

$$\boldsymbol{G}(s)=\bar{\boldsymbol{D}}_{\rm r}^{-1}(s)\bar{\boldsymbol{N}}_{\rm r}(s)=\begin{bmatrix} s^3+1 & -s+1 \\ s^2 & 0 \end{bmatrix}^{-1}\begin{bmatrix} s^2+s+1 & 1 \\ s+1 & 0 \end{bmatrix},\ \text{MFD 阶次=3}$$

题 8.4 确定下列传递函数矩阵 $\boldsymbol{G}(s)$ 的左 MFD 的一个右 MFD：

$$\boldsymbol{G}(s)=\begin{bmatrix} s^2-4 & 0 \\ 0 & s^2-4 \end{bmatrix}^{-1}\begin{bmatrix} s+2 & s-2 & s-2 \\ s^2 & 2s-4 & s+2 \end{bmatrix}$$

解 本题属于由传递函数矩阵的左 MFD 确定其右 MFD 的基本题。

由左 MFD 确定其右 MFD 的方法和结果均为不惟一。

采用“归原-导出法”。将给定 $\boldsymbol{G}(s)$ 的左 MFD“归原”为有理分式表达式：

$$\boldsymbol{G}(s)=\begin{bmatrix} s^2-4 & 0 \\ 0 & s^2-4 \end{bmatrix}^{-1}\begin{bmatrix} s+2 & s-2 & s-2 \\ s^2 & 2s-4 & s+2 \end{bmatrix}=\begin{bmatrix} \dfrac{s+2}{s^2-4} & \dfrac{s-2}{s^2-4} & \dfrac{s-2}{s^2-4} \\ \dfrac{s^2}{s^2-4} & \dfrac{2s-4}{s^2-4} & \dfrac{s+2}{s^2-4} \end{bmatrix}$$

再基于“列最小公分母法”导出 $\boldsymbol{G}(s)$ 的一个右 MFD：

$$\boldsymbol{G}(s)=\begin{bmatrix} s+2 & s-2 & s-2 \\ s^2 & 2s-4 & s+2 \end{bmatrix}\begin{bmatrix} s^2-4 & 0 & 0 \\ 0 & s^2-4 & 0 \\ 0 & 0 & s^2-4 \end{bmatrix}^{-1}$$

题 8.5 判断下列各传递函数矩阵 $\boldsymbol{G}(s)$ 为非真、真或严真：

（i） $\boldsymbol{G}(s)=\begin{bmatrix} \dfrac{s+3}{s^2+2s+1} & 0 & \dfrac{3}{s+2} \end{bmatrix}$

（ii） $\boldsymbol{G}(s)=\begin{bmatrix} \dfrac{s+3}{s^2+2s+1} & \dfrac{6}{3s+1} \\ 3 & \dfrac{s^2+2s+1}{s^3+2s^2+s} \end{bmatrix}$

（iii） $\boldsymbol{G}(s)=\begin{bmatrix} \dfrac{s^2}{s+1} & 3 \\ 0 & \dfrac{s+1}{s(s+2)} \end{bmatrix}$

解 本题属于判断传递函数矩阵的真性和严真性的基本题。

判断传递函数矩阵的真性和严真性的方法不惟一但结果为惟一。

一种方法是“元有理分式判断法”。“$\boldsymbol{G}(s)$ 为严真”当且仅当“$\boldsymbol{G}(s)$ 元有理分式均为严真”，“$\boldsymbol{G}(s)$ 为真”当且仅当“$\boldsymbol{G}(s)$ 元有理分式均为真和严真”，“$\boldsymbol{G}(s)$ 为非真”当且仅当“$\boldsymbol{G}(s)$ 元有理分式至少一个为非真”。

（i）由 $\boldsymbol{G}(s)=\begin{bmatrix} \dfrac{s+3}{s^2+2s+1} & 0 & \dfrac{3}{s+2} \end{bmatrix}$ 的元有理分式均为严真，所以传递函数矩阵 $\boldsymbol{G}(s)$ 为严真。

（ii）由 $G(s)=\begin{bmatrix}\dfrac{s+3}{s^2+2s+1} & \dfrac{6}{3s+1}\\ 3 & \dfrac{s^2+2s+1}{s^3+2s^2+s}\end{bmatrix}$ 的元有理分式中“$g_{21}(s)=3$ 为真”而“其余均为严真”，所以传递函数矩阵 $G(s)$ 为真。

（iii）由 $G(s)=\begin{bmatrix}\dfrac{s^2}{s+1} & 3\\ 0 & \dfrac{s+1}{s(s+2)}\end{bmatrix}$ 的元有理分式中“$g_{11}(s)=s^2/(s+1)$ 为非真”，所以传递函数矩阵 $G(s)$ 为非真。

另一种方法是“$G(\infty)$ 矩阵判断法”。“$G(s)$ 为严真”当且仅当“$\lim\limits_{s\to\infty}G(s)=G(\infty)=0$”，“$G(s)$ 为真”当且仅当“$\lim\limits_{s\to\infty}G(s)=G(\infty)=C$（非零常阵）”，“$G(s)$ 为非真”当且仅当“$\lim\limits_{s\to\infty}G(s)=G(\infty)$ 中至少包含一个 ∞ 元”。

（i）由 $\lim\limits_{s\to\infty}G(s)=\lim\limits_{s\to\infty}\begin{bmatrix}\dfrac{s+3}{s^2+2s+1} & 0 & \dfrac{3}{s+2}\end{bmatrix}=\begin{bmatrix}0 & 0 & 0\end{bmatrix}$，所以传递函数矩阵 $G(s)$ 为严真。

（ii）由 $\lim\limits_{s\to\infty}G(s)=\lim\limits_{s\to\infty}\begin{bmatrix}\dfrac{s+3}{s^2+2s+1} & \dfrac{6}{3s+1}\\ 3 & \dfrac{s^2+2s+1}{s^3+2s^2+s}\end{bmatrix}=\begin{bmatrix}0 & 0\\ 3 & 0\end{bmatrix}$，所以传递函数矩阵 $G(s)$ 为真。

（iii）由 $\lim\limits_{s\to\infty}G(s)=\lim\limits_{s\to\infty}\begin{bmatrix}\dfrac{s^2}{s+1} & 3\\ 0 & \dfrac{s+1}{s(s+2)}\end{bmatrix}=\begin{bmatrix}\infty & 3\\ 0 & 0\end{bmatrix}$，所以传递函数矩阵 $G(s)$ 为非真。

题 8.6 判断下列各 MFD 为非真、真或严真：

（i）$\begin{bmatrix}s^3+s^2+s+1 & s^2+s\\ s^2+1 & 2s\end{bmatrix}\begin{bmatrix}s^4+s^2 & s^3\\ s^2+1 & -s^2+2s\end{bmatrix}^{-1}$

（ii）$\begin{bmatrix}s^2-1 & s+1\\ 3 & s^2-1\end{bmatrix}^{-1}\begin{bmatrix}s-1 & s+1\\ s^2 & 2s+2\end{bmatrix}$

解 本题属于判断 MFD 的真性和严真性的基本题。

（i）对“右 MFD $N(s)\,D^{-1}(s)$，$D(s)$ 列既约”，$N(s)\,D^{-1}(s)$ 为真（严真）当且仅当对所有列的列次数满足 $\delta_{cj}\,N(s)<(\leqslant)\ \delta_{cj}\,D(s)$。对“右 MFD $N(s)\,D^{-1}(s)$，$D(s)$ 非列

既约”，先行导出 $\bar{\boldsymbol{N}}(s)\ \bar{\boldsymbol{D}}^{-1}(s)=\boldsymbol{N}(s)\ \boldsymbol{D}^{-1}(s)$ 且 $\bar{\boldsymbol{D}}(s)$ 列既约，$\boldsymbol{N}(s)\ \boldsymbol{D}^{-1}(s)$ 为真（严真）当且仅当对所有列的列次数满足 $\delta_{cj}\ \bar{\boldsymbol{N}}(s)<(\leqslant)\ \delta_{cj}\ \bar{\boldsymbol{D}}(s)$。

对给定右 MFD

$$\boldsymbol{N}(s)\ \boldsymbol{D}^{-1}(s)=\begin{bmatrix} s^3+s^2+s+1 & s^2+s \\ s^2+1 & 2s \end{bmatrix}\begin{bmatrix} s^4+s^2 & s^3 \\ s^2+1 & -s^2+2s \end{bmatrix}^{-1}$$

可以定出

$$\delta_{c1}\ \boldsymbol{D}(s)=4,\quad \delta_{c2}\ \boldsymbol{D}(s)=3,\quad \deg\det\boldsymbol{D}(s)=6$$

$$\text{“}7=(4+3)=(\delta_{c1}\ \boldsymbol{D}(s)+\delta_{c2}\ \boldsymbol{D}(s))\text{”}\ >\text{“}\deg\det\boldsymbol{D}(s)=6\text{”}$$

$$\boldsymbol{D}(s)\ \text{非列既约}$$

基此

$$\text{引入单模阵}\quad \boldsymbol{W}(s)=\begin{bmatrix} 1 & 0 \\ -s & 1 \end{bmatrix}$$

$$\bar{\boldsymbol{D}}(s)=\boldsymbol{D}(s)\ \boldsymbol{W}(s)=\begin{bmatrix} s^4+s^2 & s^3 \\ s^2+1 & -s^2+2s \end{bmatrix}\begin{bmatrix} 1 & 0 \\ -s & 1 \end{bmatrix}=\begin{bmatrix} s^2 & s^3 \\ s^3-s^2+1 & -s^2+2s \end{bmatrix}$$

$$\bar{\boldsymbol{N}}(s)=\boldsymbol{N}(s)\ \boldsymbol{W}(s)=\begin{bmatrix} s^3+s^2+s+1 & s^2+s \\ s^2+1 & 2s \end{bmatrix}\begin{bmatrix} 1 & 0 \\ -s & 1 \end{bmatrix}=\begin{bmatrix} s+1 & s^2+s \\ -s^2+1 & 2s \end{bmatrix}$$

由“$6=(3+3)=[\delta_{c1}\ \bar{\boldsymbol{D}}(s)+\delta_{c2}\ \bar{\boldsymbol{D}}(s)]=\deg\det\bar{\boldsymbol{D}}(s)=6$”知 $\bar{\boldsymbol{D}}(s)$ 列既约

由此，可以导出

$$2=\delta_{c1}\ \bar{\boldsymbol{N}}(s)<\delta_{c1}\ \bar{\boldsymbol{D}}(s)=3,\quad 2=\delta_{c2}\ \bar{\boldsymbol{N}}(s)<\delta_{c2}\ \bar{\boldsymbol{D}}(s)=3$$

从而，给定右 MFD $\boldsymbol{N}(s)\ \boldsymbol{D}^{-1}(s)$ 为严真。

（ii）对“左 MFD $\boldsymbol{D}_L^{-1}(s)\ \boldsymbol{N}_L(s)$，$\boldsymbol{D}_L(s)$ 行既约”，$\boldsymbol{D}_L^{-1}(s)\ \boldsymbol{N}_L(s)$ 为真（严真）当且仅当对所有行的行次数满足 $\delta_{ri}\ \boldsymbol{N}_L(s)<(\leqslant)\ \delta_{ri}\ \boldsymbol{D}_L(s)$。对“左 MFD $\boldsymbol{D}_L^{-1}(s)\ \boldsymbol{N}_L(s)$，$\boldsymbol{D}_L(s)$ 非行既约”，先行导出 $\bar{\boldsymbol{D}}_L^{-1}(s)\ \bar{\boldsymbol{N}}_L(s)=\boldsymbol{D}_L^{-1}(s)\ \boldsymbol{N}_L(s)$ 且 $\bar{\boldsymbol{D}}_L(s)$ 行既约，$\boldsymbol{D}_L^{-1}(s)\ \boldsymbol{N}_L(s)$ 为真（严真）当且仅当对所有行的行次数满足 $\delta_{ri}\ \bar{\boldsymbol{N}}_L(s)<(\leqslant)\ \delta_{ri}\ \bar{\boldsymbol{D}}_L(s)$。

对给定左 MFD

$$\boldsymbol{D}_L^{-1}(s)\ \boldsymbol{N}_L(s)=\begin{bmatrix} s^2-1 & s+1 \\ 3 & s^2-1 \end{bmatrix}^{-1}\begin{bmatrix} s-1 & s+1 \\ s^2 & 2s+2 \end{bmatrix}$$

可以定出

$$\delta_{r1}\ \boldsymbol{D}_L(s)=2,\quad \delta_{r2}\ \boldsymbol{D}_L(s)=2,\quad \deg\det\boldsymbol{D}_L(s)=4$$

由“$4=(2+2)=(\delta_{r1}\ \boldsymbol{D}_L(s)+\delta_{r2}\ \boldsymbol{D}_L(s))=\deg\det\boldsymbol{D}(s)=4$”知 $\boldsymbol{D}_L(s)$ 行既约

基此，直接导出

$$1=\delta_{r1}\ N_L(s)<\delta_{r1}\ D_L(s)=2,\ 2=\delta_{r2}\ N_L(s)=\delta_{r2}\ D_L(s)=2$$

从而，给定左 MFD $D_L^{-1}(s)\ N_L(s)$ 为真。

题 8.7 判断下列各 MFD 是否为不可简约：

（i）$\begin{bmatrix} s+2 & s+1 \end{bmatrix}\begin{bmatrix} s+1 & 0 \\ (s-1)(s+2) & s-1 \end{bmatrix}^{-1}$

（ii）$\begin{bmatrix} s^2 & 0 \\ 1 & -s+1 \end{bmatrix}^{-1}\begin{bmatrix} s+1 & 0 \\ 1 & 1 \end{bmatrix}$

（iii）$\begin{bmatrix} s^2+s & 0 \\ 2s+1 & 1 \end{bmatrix}\begin{bmatrix} s^3 & 0 \\ -s^2+s+1 & -s+1 \end{bmatrix}^{-1}$

解 本题属于判断 MFD 的不可简约性的基本题。

右 MFD$N(s)D^{-1}(s)$为不可简约当且仅当$\{D(s),N(s)\}$右互质。左 MFD $D_L^{-1}(s)\ N_L(s)$ 为不可简约当且仅当$\{D_L(s),N_L(s)\}$左互质。

（i）对右 MFD $N(s)\ D^{-1}(s)=\begin{bmatrix} s+2 & s+1 \end{bmatrix}\begin{bmatrix} s+1 & 0 \\ (s-1)(s+2) & s-1 \end{bmatrix}^{-1}$，组成列分块阵

$$\begin{bmatrix} D(s) \\ N(s) \end{bmatrix}=\begin{bmatrix} s+1 & 0 \\ (s-1)(s+2) & s-1 \\ s+2 & s+1 \end{bmatrix}$$

并导出所有 2×2 矩阵的行列式方程及其根：

$$\det\begin{bmatrix} s+1 & 0 \\ (s-1)(s+2) & s-1 \end{bmatrix}=(s+1)(s-1)=0,\ s=-1,\ s=1$$

$$\det\begin{bmatrix} s+1 & 0 \\ s+2 & s+1 \end{bmatrix}=(s+1)^2=0,\ s=-1$$

$$\det\begin{bmatrix} (s-1)(s+2) & s-1 \\ s+2 & s+1 \end{bmatrix}=s(s-1)(s+2)=0,\ s=0,\ s=1,\ s=-2$$

表明所有 2×2 子式方程没有共同根，即$\{D(s),N(s)\}$右互质，从而给定 MFD $N(s)\ D^{-1}(s)$ 为不可简约。

（ii）对左 MFD $D_L^{-1}(s)\ N_L(s)=\begin{bmatrix} s^2 & 0 \\ 1 & -s+1 \end{bmatrix}^{-1}\begin{bmatrix} s+1 & 0 \\ 1 & 1 \end{bmatrix}$，组成行分块阵

$$\begin{bmatrix} D_L(s) & N_L(s) \end{bmatrix}=\begin{bmatrix} s^2 & 0 & s+1 & 0 \\ 1 & -s+1 & 1 & 1 \end{bmatrix}$$

并导出所有非奇异 2×2 矩阵的行列式方程及其根：

$$\det\begin{bmatrix} s^2 & 0 \\ 1 & -s+1 \end{bmatrix} = s^2(s-1)=0，\ s=0，\ s=1$$

$$\det\begin{bmatrix} s^2 & s+1 \\ 1 & 1 \end{bmatrix} = s^2-s-1=0，\ s=\frac{1\pm\sqrt{5}}{2}$$

$$\det\begin{bmatrix} s^2 & 0 \\ 1 & 1 \end{bmatrix} = s^2=0，\ s=0$$

$$\det\begin{bmatrix} 0 & s+1 \\ -s+1 & 1 \end{bmatrix} = (s-1)(s+1)=0，\ s=1，\ s=-1$$

$$\det\begin{bmatrix} s+1 & 0 \\ 1 & 1 \end{bmatrix} = (s+1)=0，\ s=-1$$

表明所有非奇异 2×2 矩阵的行列式方程没有共同根，即$\{\boldsymbol{D}_{\mathrm{L}}(s)，\ \boldsymbol{N}_{\mathrm{L}}(s)\}$左互质，从而给定左 MFD $\boldsymbol{D}_{\mathrm{L}}^{-1}(s)\ \boldsymbol{N}_{\mathrm{L}}(s)$为不可简约。

（iii）对右 MFD $\boldsymbol{N}(s)\ \boldsymbol{D}^{-1}(s)=\begin{bmatrix} s^2+s & 0 \\ 2s+1 & 1 \end{bmatrix}\begin{bmatrix} s^3 & 0 \\ -s^2+s+1 & -s+1 \end{bmatrix}^{-1}$，组成列分块阵

$$\begin{bmatrix} \boldsymbol{D}(s) \\ \boldsymbol{N}(s) \end{bmatrix} = \begin{bmatrix} s^3 & 0 \\ -s^2+s+1 & -s+1 \\ s^2+s & 0 \\ 2s+1 & 1 \end{bmatrix}$$

并导出所有非奇异 2×2 矩阵的行列式方程及其根：

$$\det\begin{bmatrix} s^3 & 0 \\ -s^2+s+1 & -s+1 \end{bmatrix} = s^3(s-1)=0，\ s=0，\ s=1$$

$$\det\begin{bmatrix} s^3 & 0 \\ 2s+1 & 1 \end{bmatrix} = s^3=0，\ s=0$$

$$\det\begin{bmatrix} -s^2+s+1 & -s+1 \\ s^2+s & 0 \end{bmatrix} = s(s+1)(s-1)=0，\ s=0，\ s=-1，\ s=1$$

$$\det\begin{bmatrix} -s^2+s+1 & -s+1 \\ 2s+1 & 1 \end{bmatrix} = s^2=0，\ s=0$$

$$\det\begin{bmatrix} s^2+s & 0 \\ 2s+1 & 1 \end{bmatrix} = s(s+1)=0，\ s=0，\ s=-1$$

表明所有非奇异 2×2 矩阵的行列式方程具有共同根 $s=0$，即$\{\boldsymbol{D}(s)，\ \boldsymbol{N}(s)\}$为非右互质，从而右 MFD $\boldsymbol{N}(s)\ \boldsymbol{D}^{-1}(s)$为可简约。

题 8.8　确定下列传递函数矩阵 $\boldsymbol{G}(s)$ 的两个不可简约右 MFD：

$$
G(s)=\begin{bmatrix} \dfrac{1}{s} & \dfrac{s+1}{s^2} & 0 \\ \dfrac{s+1}{s+2} & 0 & \dfrac{s}{s+2} \end{bmatrix}
$$

解 本题属于由传递函数矩阵确定其不可简约 MFD 的基本题。

首先，导出给定 $G(s)$ 的一个可简约右 MFD。采用“列最小公分母法”，有

$$
G(s)=\begin{bmatrix} \dfrac{1}{s} & \dfrac{s+1}{s^2} & 0 \\ \dfrac{s+1}{s+2} & 0 & \dfrac{s}{s+2} \end{bmatrix}=\begin{bmatrix} \dfrac{s+2}{s(s+2)} & \dfrac{s+1}{s^2} & 0 \\ \dfrac{s(s+1)}{s(s+2)} & 0 & \dfrac{s}{s+2} \end{bmatrix}
$$

$$
=\begin{bmatrix} s+2 & s+1 & 0 \\ s(s+1) & 0 & s \end{bmatrix}\begin{bmatrix} s(s+2) & 0 & 0 \\ 0 & s^2 & 0 \\ 0 & 0 & s+2 \end{bmatrix}^{-1}=N(s)\ D^{-1}(s)
$$

易知，$N(s)\ D^{-1}(s)$ 为给定传递函数矩阵 $G(s)$ 的一个可简约右 MFD。

进而，由可简约右 MFD $N(s)\ D^{-1}(s)$ 导出一个不可简约右 MFD $\bar{N}(s)\ \bar{D}^{-1}(s)$。采用行初等变换先行找出 $\{D(s), N(s)\}$ 的一个 gcrd，有

$$
\begin{bmatrix} D(s) \\ N(s) \end{bmatrix}=\begin{bmatrix} s(s+2) & 0 & 0 \\ 0 & s^2 & 0 \\ 0 & 0 & s+2 \\ s+2 & s+1 & 0 \\ s(s+1) & 0 & s \end{bmatrix} \text{“行 4”}\times(-s)\text{加于“行 1”}\rightarrow
$$

$$
\begin{bmatrix} 0 & -s(s+1) & 0 \\ 0 & s^2 & 0 \\ 0 & 0 & s+2 \\ s+2 & s+1 & 0 \\ s(s+1) & 0 & s \end{bmatrix} \text{“行 4”}\times(-s)\text{加于“行 5”}\rightarrow
$$

$$
\begin{bmatrix} 0 & -s(s+1) & 0 \\ 0 & s^2 & 0 \\ 0 & 0 & s+2 \\ s+2 & s+1 & 0 \\ -s & -s(s+1) & s \end{bmatrix} \text{“行 1”}\times(-1)\text{加于“行 5”}\rightarrow
$$

$$\begin{bmatrix} 0 & -s(s+1) & 0 \\ 0 & s^2 & 0 \\ 0 & 0 & s+2 \\ s+2 & s+1 & 0 \\ -s & 0 & s \end{bmatrix} \text{“行 5”加于“行 4”} \rightarrow$$

$$\begin{bmatrix} 0 & -s(s+1) & 0 \\ 0 & s^2 & 0 \\ 0 & 0 & s+2 \\ 2 & s+1 & s \\ -s & 0 & s \end{bmatrix} \text{“行 5”} \times 2 \rightarrow$$

$$\begin{bmatrix} 0 & -s(s+1) & 0 \\ 0 & s^2 & 0 \\ 0 & 0 & s+2 \\ 2 & s+1 & s \\ -2s & 0 & 2s \end{bmatrix} \text{“行 4”} \times s \text{ 加于“行 5”} \rightarrow$$

$$\begin{bmatrix} 0 & -s(s+1) & 0 \\ 0 & s^2 & 0 \\ 0 & 0 & s+2 \\ 2 & s+1 & s \\ 0 & s(s+1) & s^2+2s \end{bmatrix} \text{交换“行 1”与“行 4”} \rightarrow$$

$$\begin{bmatrix} 2 & (s+1) & s \\ 0 & s^2 & 0 \\ 0 & 0 & s+2 \\ 0 & -s(s+1) & 0 \\ 0 & s(s+1) & s^2+2s \end{bmatrix} \text{“行 4”加于“行 5”} \rightarrow$$

$$\begin{bmatrix} 2 & (s+1) & s \\ 0 & s^2 & 0 \\ 0 & 0 & s+2 \\ 0 & -s(s+1) & 0 \\ 0 & 0 & s^2+2s \end{bmatrix} \text{“行 4”加于“行 2”} \rightarrow$$

$$\begin{bmatrix} 2 & (s+1) & s \\ 0 & -s & 0 \\ 0 & 0 & s+2 \\ 0 & -s(s+1) & 0 \\ 0 & 0 & s^2+2s \end{bmatrix} \text{“行 2”} \times[-(s+1)] \text{ 加于“行 4”} \rightarrow$$

$$\begin{bmatrix} 2 & (s+1) & s \\ 0 & -s & 0 \\ 0 & 0 & s+2 \\ 0 & 0 & 0 \\ 0 & 0 & s^2+2s \end{bmatrix} \text{“行 3”} \times(-s) \text{ 加于“行 5”} \rightarrow \begin{bmatrix} 2 & (s+1) & s \\ 0 & -s & 0 \\ 0 & 0 & s+2 \\ 0 & 0 & 0 \\ 0 & 0 & 0 \end{bmatrix} = \begin{bmatrix} \boldsymbol{R}(s) \\ \boldsymbol{0} \end{bmatrix}$$

基此，可以导出$\{\boldsymbol{D}(s), \boldsymbol{N}(s)\}$的一个 gcrd $\boldsymbol{R}(s)$ 及其逆 $\boldsymbol{R}^{-1}(s)$ 为

$$\boldsymbol{R}(s) = \begin{bmatrix} 2 & s+1 & s \\ 0 & -s & 0 \\ 0 & 0 & s+2 \end{bmatrix}, \quad \boldsymbol{R}^{-1}(s) = \begin{bmatrix} \frac{1}{2} & \frac{s+1}{2s} & -\frac{s}{2(s+2)} \\ 0 & -\frac{1}{s} & 0 \\ 0 & 0 & \frac{1}{s+2} \end{bmatrix}$$

于是，得到由可简约右 MFD $\boldsymbol{N}(s)\ \boldsymbol{D}^{-1}(s)$ 导出的一个不可简约右 MFD 为 $\bar{\boldsymbol{N}}(s)\ \bar{\boldsymbol{D}}^{-1}(s)$，即给定传递函数矩阵 $\boldsymbol{G}(s)$ 的一个不可简约右 MFD 为 $\bar{\boldsymbol{N}}(s)\ \bar{\boldsymbol{D}}^{-1}(s)$，其中分母矩阵 $\bar{\boldsymbol{D}}(s)$ 和分子矩阵 $\bar{\boldsymbol{N}}(s)$ 分别为

$$\bar{\boldsymbol{D}}(s) = \boldsymbol{D}(s)\ \boldsymbol{R}^{-1}(s) = \begin{bmatrix} s(s+2) & 0 & 0 \\ 0 & s^2 & 0 \\ 0 & 0 & s+2 \end{bmatrix} \begin{bmatrix} \frac{1}{2} & \frac{s+1}{2s} & -\frac{s}{2(s+2)} \\ 0 & -\frac{1}{s} & 0 \\ 0 & 0 & \frac{1}{s+2} \end{bmatrix}$$

$$= \begin{bmatrix} \frac{1}{2}s(s+2) & \frac{1}{2}(s+1)(s+2) & -\frac{1}{2}s^2 \\ 0 & -s & 0 \\ 0 & 0 & 1 \end{bmatrix}$$

$$\bar{\boldsymbol{N}}(s)=\boldsymbol{N}(s)\ \boldsymbol{R}^{-1}(s)=\begin{bmatrix} s+2 & s+1 & 0 \\ s(s+1) & 0 & s \end{bmatrix}\begin{bmatrix} \dfrac{1}{2} & \dfrac{s+1}{2s} & -\dfrac{s}{2(s+2)} \\ 0 & -\dfrac{1}{s} & 0 \\ 0 & 0 & \dfrac{1}{s+2} \end{bmatrix}$$

$$=\begin{bmatrix} \dfrac{1}{2}(s+2) & \dfrac{1}{2}(s+1) & -\dfrac{1}{2}s \\ \dfrac{1}{2}s(s+1) & \dfrac{1}{2}(s+1)^2 & -\dfrac{1}{2}s(s-1) \end{bmatrix}$$

再次，由不可简约右 MFD $\bar{\boldsymbol{N}}(s)\ \bar{\boldsymbol{D}}^{-1}(s)$ 导出另一个不可简约右 MFD $\tilde{\boldsymbol{N}}(s)\ \tilde{\boldsymbol{D}}^{-1}(s)$。由 $\dim\bar{\boldsymbol{D}}(s)=3$，任取一个 3×3 的单模阵

$$\boldsymbol{W}(s)=\begin{bmatrix} 2 & 0 & 0 \\ 2 & -2 & 0 \\ 2 & 2s & 2 \end{bmatrix}$$

再计算定出

$$\tilde{\boldsymbol{D}}(s)=\bar{\boldsymbol{D}}(s)\ \boldsymbol{W}(s)=\begin{bmatrix} \dfrac{1}{2}s(s+2) & \dfrac{1}{2}(s+1)(s+2) & -\dfrac{1}{2}s^2 \\ 0 & -s & 0 \\ 0 & 0 & 1 \end{bmatrix}\begin{bmatrix} 2 & 0 & 0 \\ 2 & -2 & 0 \\ 2 & 2s & 2 \end{bmatrix}$$

$$=\begin{bmatrix} s^2+5s+2 & -s^3-s^2-3s-2 & -s^2 \\ -2s & 2s & 0 \\ 2 & 2s & 2 \end{bmatrix}$$

$$\tilde{\boldsymbol{N}}(s)=\bar{\boldsymbol{N}}(s)\ \boldsymbol{W}(s)=\begin{bmatrix} \dfrac{1}{2}(s+2) & \dfrac{1}{2}(s+1) & -\dfrac{1}{2}s \\ \dfrac{1}{2}s(s+1) & \dfrac{1}{2}(s+1)^2 & -\dfrac{1}{2}s(s-1) \end{bmatrix}\begin{bmatrix} 2 & 0 & 0 \\ 2 & -2 & 0 \\ 2 & 2s & 2 \end{bmatrix}$$

$$=\begin{bmatrix} s+3 & -s^2-s-1 & -s \\ s^2+4s+1 & -s^3-2s-1 & -s^2+s \end{bmatrix}$$

于是，得到由不可简约右 MFD $\bar{\boldsymbol{N}}(s)\ \bar{\boldsymbol{D}}^{-1}(s)$ 导出的另一个不可简约右 MFD $\tilde{\boldsymbol{N}}(s)\ \tilde{\boldsymbol{D}}^{-1}(s)$，即给定传递函数矩阵 $\boldsymbol{G}(s)$ 的另一个不可简约右 MFD $\tilde{\boldsymbol{N}}(s)\ \tilde{\boldsymbol{D}}^{-1}(s)$ 为

$\tilde{\boldsymbol{N}}(s)\ \tilde{\boldsymbol{D}}^{-1}(s)=$

$$\begin{bmatrix} s+3 & -s^2-s-1 & -s \\ s^2+4s+1 & -s^3-2s-1 & -s^2+s \end{bmatrix} \begin{bmatrix} s^2+5s+2 & -s^3-s^2-3s-2 & -s^2 \\ -2s & 2s & 0 \\ 2 & 2s & 2 \end{bmatrix}^{-1}$$

对题 8.8 的解题过程加以引申，可以得到如下一般性结论。

推论 8.8A 在由可简约右 MFD $\boldsymbol{N}(s)\ \boldsymbol{D}^{-1}(s)$ 导出不可简约右 MFD $\bar{\boldsymbol{N}}(s)\ \bar{\boldsymbol{D}}^{-1}(s)$ 的一些方法中，面临确定$\{\boldsymbol{D}(s),\boldsymbol{N}(s)\}$的 gcrd 的问题。通常，可采用行初等变换来确定，有

$$\begin{bmatrix} \boldsymbol{D}(s) \\ \boldsymbol{N}(s) \end{bmatrix} \text{引入一系列行初等运算} \rightarrow \begin{bmatrix} \boldsymbol{R}(s) \\ \boldsymbol{0} \end{bmatrix}$$

其中，$\boldsymbol{R}(s)$ 为$\{\boldsymbol{D}(s),\boldsymbol{N}(s)\}$的一个 gcrd，当且仅当

$$\bar{\boldsymbol{N}}(s)=\boldsymbol{N}(s)\ \boldsymbol{R}^{-1}(s)=\text{多项式矩阵},\quad \bar{\boldsymbol{D}}(s)=\boldsymbol{D}(s)\ \boldsymbol{R}^{-1}(s)=\text{多项式矩阵}$$

推论 8.8B 在由可简约左 MFD $\boldsymbol{D}_{\mathrm{L}}^{-1}(s)\ \boldsymbol{N}_{\mathrm{L}}(s)$ 导出不可简约左 MFD $\bar{\boldsymbol{D}}_{\mathrm{L}}^{-1}(s)\ \bar{\boldsymbol{N}}_{\mathrm{L}}(s)$ 的一些方法中，面临确定$\{\boldsymbol{D}_{\mathrm{L}}(s),\boldsymbol{N}_{\mathrm{L}}(s)\}$的 gcld 的问题。通常，可采用列初等变换来确定，有

$$[\boldsymbol{D}_{\mathrm{L}}(s)\quad \boldsymbol{N}_{\mathrm{L}}(s)] \text{引入一系列列初等运算} \rightarrow [\boldsymbol{L}(s)\quad \boldsymbol{0}]$$

其中，$\boldsymbol{L}(s)$ 为$\{\boldsymbol{D}_{\mathrm{L}}(s),\boldsymbol{N}_{\mathrm{L}}(s)\}$的一个 gcld，当且仅当

$$\bar{\boldsymbol{N}}_{\mathrm{L}}(s)=\boldsymbol{L}^{-1}(s)\ \boldsymbol{N}_{\mathrm{L}}(s)=\text{多项式矩阵},\quad \bar{\boldsymbol{D}}_{\mathrm{L}}(s)=\boldsymbol{L}^{-1}(s)\ \boldsymbol{D}_{\mathrm{L}}(s)=\text{多项式矩阵}$$

题 8.9 设 $\boldsymbol{A}^{-1}(s)\ \boldsymbol{B}(s)=\bar{\boldsymbol{A}}^{-1}(s)\ \bar{\boldsymbol{B}}(s)$ 均为不可简约左 MFD，试证明 $\boldsymbol{V}(s)=\boldsymbol{A}(s)\ \bar{\boldsymbol{A}}^{-1}(s)$ 为单模阵。

解 本题属于对不可简约左 MFD 属性的证明题，意在训练运用已有结果导出待证结论的演绎推证能力。

由 $\boldsymbol{A}^{-1}(s)\ \boldsymbol{B}(s)=\bar{\boldsymbol{A}}^{-1}(s)\ \bar{\boldsymbol{B}}(s)$，并利用 $\boldsymbol{V}(s)=\boldsymbol{A}(s)\ \bar{\boldsymbol{A}}^{-1}(s)$，导出

$$\boldsymbol{B}(s)=\boldsymbol{A}(s)\ \bar{\boldsymbol{A}}^{-1}(s)\ \bar{\boldsymbol{B}}(s)=\boldsymbol{V}(s)\ \bar{\boldsymbol{B}}(s)$$

$$\boldsymbol{A}(s)=\boldsymbol{A}(s)\ \bar{\boldsymbol{A}}^{-1}(s)\ \bar{\boldsymbol{A}}(s)=\boldsymbol{V}(s)\ \bar{\boldsymbol{A}}(s)$$

进而，由 $\bar{\boldsymbol{A}}^{-1}(s)\ \bar{\boldsymbol{B}}(s)$ 为不可简约左 MFD，可知$\{\bar{\boldsymbol{A}}(s),\ \bar{\boldsymbol{B}}(s)\}$左互质。基此，由左互质性的贝佐特等式判据知，存在多项式矩阵 $\bar{\boldsymbol{X}}_{\mathrm{L}}(s)$ 和 $\bar{\boldsymbol{Y}}_{\mathrm{L}}(s)$ 使成立

$$\bar{\boldsymbol{A}}(s)\ \bar{\boldsymbol{X}}_{\mathrm{L}}(s)+\bar{\boldsymbol{B}}(s)\ \bar{\boldsymbol{Y}}_{\mathrm{L}}(s)=\boldsymbol{I}$$

考虑到 $\boldsymbol{V}(s)$ 非奇异，有 $\bar{\boldsymbol{A}}(s)=\boldsymbol{V}^{-1}(s)\ \boldsymbol{A}(s)$ 和 $\bar{\boldsymbol{B}}(s)=\boldsymbol{V}^{-1}(s)\ \boldsymbol{B}(s)$，将其代入上述贝佐特等式得到

$$\boldsymbol{V}^{-1}(s)\,[\boldsymbol{A}(s)\ \bar{\boldsymbol{X}}_{\mathrm{L}}(s)+\boldsymbol{B}(s)\ \bar{\boldsymbol{Y}}_{\mathrm{L}}(s)]=\boldsymbol{I}$$

对上式左乘 $\boldsymbol{V}(s)$，可以导出

$$\boldsymbol{V}(s)=\boldsymbol{A}(s)\ \bar{\boldsymbol{X}}_{\mathrm{L}}(s)+\boldsymbol{B}(s)\ \bar{\boldsymbol{Y}}_{\mathrm{L}}(s)=\text{多项式矩阵}$$

再由 $\boldsymbol{A}^{-1}(s)\ \boldsymbol{B}(s)$ 为不可简约左 MFD，可知$\{\boldsymbol{A}(s),\ \boldsymbol{B}(s)\}$左互质。基此，由左互质性的贝佐特等式判据知，存在多项式矩阵 $\boldsymbol{X}_{\mathrm{L}}(s)$ 和 $\boldsymbol{Y}_{\mathrm{L}}(s)$ 使成立

$$A(s)\ X_{\mathrm{L}}(s)+B(s)\ Y_{\mathrm{L}}(s)\ =I$$

考虑到$A(s)=V(s)\ \bar{A}(s)$和$B(s)=V(s)\ \bar{B}(s)$，将其代入上述贝佐特等式得到

$$V(s)\left[\bar{A}(s)\ X_{\mathrm{L}}(s)+\bar{B}(s)\ Y_{\mathrm{L}}(s)\right]=I$$

对上式左乘$V^{-1}(s)$，又可导出

$$V^{-1}(s)=\bar{A}(s)\ X_{\mathrm{L}}(s)+\bar{B}(s)\ Y_{\mathrm{L}}(s)\ =\text{多项式矩阵}$$

综上表明，$V(s)$及其$V^{-1}(s)$均为多项式矩阵，据单模矩阵属性知$V(s)$为单模阵。从而，证得$V(s)=A(s)\ \bar{A}^{-1}(s)$为单模阵。证明完成。

题 8.10 设$G(s)=\bar{A}^{-1}(s)\ \bar{B}(s)$为任一可简约左 MFD，$L(s)=\text{gcld}\{\bar{A}(s),\ \bar{B}(s)\}$，现取$A(s)=L^{-1}(s)\ \bar{A}(s)$和$B(s)=L^{-1}(s)\ \bar{B}(s)$，试证明$A^{-1}(s)\ B(s)$为$G(s)$的一个不可简约左 MFD。

解 本题属于不可简约左 MFD 算式的证明题，意在训练运用已有结果导出待证结论的演绎推证能力。

由给定$A(s)=L^{-1}(s)\ \bar{A}(s)$和$B(s)=L^{-1}(s)\ \bar{B}(s)$，导出

$$\begin{aligned}A^{-1}(s)\ B(s)&=\left[L^{-1}(s)\ \bar{A}(s)\right]^{-1}L^{-1}(s)\ \bar{B}(s)\\&=\bar{A}^{-1}(s)\ L(s)\ L^{-1}(s)\ \bar{B}(s)=\bar{A}^{-1}(s)\ \bar{B}(s)=G(s)\end{aligned}$$

表明$A^{-1}(s)\ B(s)$为$G(s)$的一个左 MFD。进而，由$L(s)=\text{gcld}\{\bar{A}(s),\ \bar{B}(s)\}$，并基于 gcld 的构造定理知，存在相应维数单模阵$V(s)$，有

$$\left[\bar{A}(s)\quad \bar{B}(s)\right]V(s)=\left[L(s)\quad 0\right]=L(s)\left[I\quad 0\right]$$

将上式左乘$L^{-1}(s)$，并注意到$A(s)=L^{-1}(s)\ \bar{A}(s)$和$B(s)=L^{-1}(s)\ \bar{B}(s)$均为多项式矩阵，可以导出

$$\left[A(s)\quad B(s)\right]V(s)=\left[L^{-1}(s)\ \bar{A}(s)\quad L^{-1}(s)\ \bar{B}(s)\right]V(s)=\left[I\quad 0\right]$$

据 gcld 的构造定理，上式意味着$\text{gcld}\{A(s),B(s)\}=I=$单模阵，表明$\{A(s),B(s)\}$左互质。综上，$A^{-1}(s)\ B(s)$为$G(s)$的一个左 MFD 且$\{A(s),B(s)\}$左互质，这就证得$A^{-1}(s)\ B(s)$为$G(s)$的一个不可简约左 MFD。

题 8.11 定出下列可简约右 MFD 的一个不可简约左 MFD：

$$G(s)=\begin{bmatrix}s^3+s^2+s+1 & s^2+s\\ s^2+1 & 2s\end{bmatrix}\begin{bmatrix}s^4+s^2 & s^3\\ s^2+1 & -s^2+2s\end{bmatrix}^{-1}$$

解 本题属于由可简约右 MFD 导出其不可简约左 MFD 的基本题。

首先，由给定可简约右 MFD 导出传递函数矩阵$G(s)$的有理分式矩阵表达式。为此，计算定出给定可简约 MFD 的分母矩阵的逆为

$$\begin{bmatrix}s^4+s^2 & s^3\\ s^2+1 & -s^2+2s\end{bmatrix}^{-1}=\frac{-1}{s^3(s-1)(s^2+1)}\begin{bmatrix}-s(s-2) & -s^3\\ -(s^2+1) & s^2(s^2+1)\end{bmatrix}$$

$$=\begin{bmatrix}\dfrac{(s-2)}{s^2(s-1)(s^2+1)} & \dfrac{1}{(s-1)(s^2+1)}\\ \dfrac{1}{s^3(s-1)} & \dfrac{-1}{s(s-1)}\end{bmatrix}$$

基此，可以计算得到传递函数矩阵 $\boldsymbol{G}(s)$ 的有理分式矩阵表达式，并化为行最小公分母，有

$$\boldsymbol{G}(s)=\begin{bmatrix}s^3+s^2+s+1 & s^2+s\\ s^2+1 & 2s\end{bmatrix}\begin{bmatrix}s^4+s^2 & s^3\\ s^2+1 & -s^2+2s\end{bmatrix}^{-1}$$

$$=\begin{bmatrix}(s+1)(s^2+1) & s(s+1)\\ (s^2+1) & 2s\end{bmatrix}\begin{bmatrix}\dfrac{(s-2)}{s^2(s-1)(s^2+1)} & \dfrac{1}{(s-1)(s^2+1)}\\ \dfrac{1}{s^3(s-1)} & \dfrac{-1}{s(s-1)}\end{bmatrix}$$

$$=\begin{bmatrix}\dfrac{(s+1)}{s^2} & 0\\ \dfrac{1}{s(s-1)} & \dfrac{-s}{s(s-1)}\end{bmatrix}$$

进而，由 $\boldsymbol{G}(s)$ 的上述有理分式矩阵表达式导出一个可简约左 MFD。对此，由上式可直接得到

$$\boldsymbol{G}(s)=\boldsymbol{D}_{\mathrm{L}}^{-1}(s)\ \boldsymbol{N}_{\mathrm{L}}(s)=\begin{bmatrix}s^2 & 0\\ 0 & s(s-1)\end{bmatrix}^{-1}\begin{bmatrix}s+1 & 0\\ 1 & -s\end{bmatrix}$$

且由

$$\operatorname{rank}[\boldsymbol{D}_{\mathrm{L}}(s)\quad \boldsymbol{N}_{\mathrm{L}}(s)]_{s=0}=\operatorname{rank}\begin{bmatrix}s^2 & 0 & s+1 & 0\\ 0 & s(s-1) & 1 & -s\end{bmatrix}_{s=0}$$

$$=\operatorname{rank}\begin{bmatrix}0 & 0 & 1 & 0\\ 0 & 0 & 1 & 0\end{bmatrix}=1<2$$

可知 $\boldsymbol{D}_{\mathrm{L}}^{-1}(s)\ \boldsymbol{N}_{\mathrm{L}}(s)$ 为可简约左 MFD。

再次，由可简约左 MFD $\boldsymbol{D}_{\mathrm{L}}^{-1}(s)\ \boldsymbol{N}_{\mathrm{L}}(s)$ 导出其一个不可简约左 MFD。为此，采用列初等变换法先来导出 $\{\boldsymbol{D}_{\mathrm{L}}(s),\ \boldsymbol{N}_{\mathrm{L}}(s)\}$ 的 gcld，有

$$[\boldsymbol{D}_{\mathrm{L}}(s)\quad \boldsymbol{N}_{\mathrm{L}}(s)]=\begin{bmatrix}s^2 & 0 & s+1 & 0\\ 0 & s(s-1) & 1 & -s\end{bmatrix}$$ “列 4” $\times s$ 加于 “列 2” →

$$\begin{bmatrix}s^2 & 0 & s+1 & 0\\ 0 & -s & 1 & -s\end{bmatrix}$$ “列 2” $\times(-1)$ 加于 “列 4” →

$$\begin{bmatrix} s^2 & 0 & s+1 & 0 \\ 0 & -s & 1 & 0 \end{bmatrix} \text{“列 3”} \times(-s) \text{ 加于“列 1”} \rightarrow$$

$$\begin{bmatrix} -s & 0 & s+1 & 0 \\ -s & -s & 1 & 0 \end{bmatrix} \text{“列 2”} \times(-1) \text{加于“列 1”} \rightarrow$$

$$\begin{bmatrix} -s & 0 & s+1 & 0 \\ 0 & -s & 1 & 0 \end{bmatrix} \text{“列 1”加于“列 3”} \rightarrow$$

$$\begin{bmatrix} -s & 0 & 1 & 0 \\ 0 & -s & 1 & 0 \end{bmatrix} \text{“列 2”加于“列 1”} \rightarrow$$

$$\begin{bmatrix} -s & 0 & 1 & 0 \\ -s & -s & 1 & 0 \end{bmatrix} \text{“列 3”} \times s \text{ 加于“列 1”} \rightarrow$$

$$\begin{bmatrix} 0 & 0 & 1 & 0 \\ 0 & -s & 1 & 0 \end{bmatrix} \text{“列 2”与“列 1”交换} \rightarrow$$

$$\begin{bmatrix} 0 & 0 & 1 & 0 \\ -s & 0 & 1 & 0 \end{bmatrix} \text{“列 3”与“列 2”交换} \rightarrow \begin{bmatrix} 0 & 1 & 0 & 0 \\ -s & 1 & 0 & 0 \end{bmatrix} = [\,\boldsymbol{L}(s) \quad \boldsymbol{0}\,]$$

基此，得到 $\boldsymbol{L}(s)$ 并可导出其逆 $\boldsymbol{L}^{-1}(s)$ 为

$$\boldsymbol{L}(s) = \begin{bmatrix} 0 & 1 \\ -s & 1 \end{bmatrix}, \quad \boldsymbol{L}^{-1}(s) = \begin{bmatrix} 1/s & -1/s \\ 1 & 0 \end{bmatrix}$$

且有

$$\bar{\boldsymbol{D}}_{\mathrm{L}}(s) = \boldsymbol{L}^{-1}(s)\, \boldsymbol{D}_{\mathrm{L}}(s) = \begin{bmatrix} 1/s & -1/s \\ 1 & 0 \end{bmatrix} \begin{bmatrix} s^2 & 0 \\ 0 & s(s-1) \end{bmatrix} = \begin{bmatrix} s & -(s-1) \\ s^2 & 0 \end{bmatrix}$$

$$\bar{\boldsymbol{N}}_{\mathrm{L}}(s) = \boldsymbol{L}^{-1}(s)\, \boldsymbol{N}_{\mathrm{L}}(s) = \begin{bmatrix} 1/s & -1/s \\ 1 & 0 \end{bmatrix} \begin{bmatrix} s+1 & 0 \\ 1 & -s \end{bmatrix} = \begin{bmatrix} 1 & 1 \\ s+1 & 0 \end{bmatrix}$$

表明 $\boldsymbol{L}(s)$ 为 $\{\boldsymbol{D}_{\mathrm{L}}(s),\ \boldsymbol{N}_{\mathrm{L}}(s)\}$ 的一个 gcld。于是，据不可简约左 MFD 的算法，得到由可简约左 MFD $\boldsymbol{D}_{\mathrm{L}}^{-1}(s)\, \boldsymbol{N}_{\mathrm{L}}(s)$ 导出的一个不可简约左 MFD，即给定右 MFD 的一个不可简约左 MFD 为

$$\bar{\boldsymbol{D}}_{\mathrm{L}}^{-1}(s)\, \bar{\boldsymbol{N}}_{\mathrm{L}}(s) = \begin{bmatrix} s & -(s-1) \\ s^2 & 0 \end{bmatrix}^{-1} \begin{bmatrix} 1 & 1 \\ s+1 & 0 \end{bmatrix}$$

题 8.12 设 $\bar{\boldsymbol{A}}^{-1}(s)\, \bar{\boldsymbol{B}}(s)$ 为一个可简约左 MFD，$\boldsymbol{V}(s)$ 为使

$$[\,\bar{\boldsymbol{A}}(s) \quad \bar{\boldsymbol{B}}(s)\,]\boldsymbol{V}(s) = [\,\boldsymbol{L}(s) \quad \boldsymbol{0}\,]$$

的一个单模阵，$\boldsymbol{L}(s)$ 为 $\bar{\boldsymbol{A}}(s)$ 和 $\bar{\boldsymbol{B}}(s)$ 的一个 gcld。再表

$$\boldsymbol{V}^{-1}(s) = \boldsymbol{U}(s) = \begin{bmatrix} \boldsymbol{U}_{11}(s) & \boldsymbol{U}_{12}(s) \\ \boldsymbol{U}_{21}(s) & \boldsymbol{U}_{22}(s) \end{bmatrix} \begin{matrix} \}q \\ \}p \end{matrix}$$

$$\qquad\qquad\qquad\qquad \underbrace{\qquad}_{q} \quad \underbrace{\qquad}_{p}$$

试证明：$U_{11}^{-1}(s)\,U_{12}(s)$为$\bar{A}^{-1}(s)\,\bar{B}(s)$的一个不可简约左 MFD。

解 本题属于不可简约左 MFD 算式的证明题，意在训练运用已有结果导出待证结论的演绎推证能力。

已知$G(s)=\bar{A}^{-1}(s)\,\bar{B}(s)$为可简约左 MFD，$L(s)=\mathrm{gcld}\{\bar{A}(s),\ \bar{B}(s)\}$。据可简约左 MFD 的属性知，若取

$$A(s)=L^{-1}(s)\,\bar{A}(s) \quad 和 \quad B(s)=L^{-1}(s)\,\bar{B}(s)$$

则$A^{-1}(s)\,B(s)$为可简约$\bar{A}^{-1}(s)\,\bar{B}(s)$的一个不可简约左 MFD。基此，并运用题中给出的关系式，有

$$\begin{aligned}[\,A(s)\quad B(s)\,]&=[\,L^{-1}(s)\,\bar{A}(s)\quad L^{-1}(s)\,\bar{B}(s)\,]=L^{-1}(s)[\,L(s)\quad \mathbf{0}\,]V^{-1}(s)\\&=[\,I\quad \mathbf{0}\,]V^{-1}(s)=[\,I\quad \mathbf{0}\,]\begin{bmatrix}U_{11}(s) & U_{12}(s)\\ U_{21}(s) & U_{22}(s)\end{bmatrix}=[\,U_{11}(s)\quad U_{12}(s)\,]\end{aligned}$$

表明$A(s)=U_{11}(s)$和$B(s)=U_{12}(s)$，即$U_{11}^{-1}(s)\,U_{12}(s)=A^{-1}(s)\,B(s)$。前已证明$A^{-1}(s)\,B(s)$为$\bar{A}^{-1}(s)\,\bar{B}(s)$的不可简约左 MFD，从而证得$U_{11}^{-1}(s)\,U_{12}(s)$为$\bar{A}^{-1}(s)\,\bar{B}(s)$的一个不可简约左 MFD。

题 8.13 对下列连续时间线性时不变系统的状态空间描述，试定出系统传递函数矩阵$G(s)$的一个右不可简约 MFD：

$$\dot{x}=\begin{bmatrix}1 & 2 & 1\\ 0 & 1 & 0\\ 0 & 3 & 2\end{bmatrix}x+\begin{bmatrix}0 & 1\\ 1 & 0\\ 1 & 1\end{bmatrix}u$$

$$y=\begin{bmatrix}1 & 0 & 1\\ 1 & 1 & 1\end{bmatrix}x$$

解 本题属于由状态空间描述确定不可简约 MFD 的基本题。

首先，由状态空间描述导出传递函数矩阵$G(s)$。先行定出特征矩阵的逆，有

$$(sI-A)^{-1}=\begin{bmatrix}s-1 & -2 & -1\\ 0 & s-1 & 0\\ 0 & -3 & s-2\end{bmatrix}^{-1}=\begin{bmatrix}\dfrac{1}{(s-1)} & \dfrac{(2s-1)}{(s-1)^2(s-2)} & \dfrac{1}{(s-1)(s-2)}\\ 0 & \dfrac{1}{(s-1)} & 0\\ 0 & \dfrac{3}{(s-1)(s-2)} & \dfrac{1}{(s-2)}\end{bmatrix}$$

基此，就可计算得到传递函数矩阵$G(s)$为

$$G(s)=C(sI-A)^{-1}B$$

$$=\begin{bmatrix}1&0&1\\1&1&1\end{bmatrix}\begin{bmatrix}\dfrac{1}{(s-1)}&\dfrac{(2s-1)}{(s-1)^2(s-2)}&\dfrac{1}{(s-1)(s-2)}\\0&\dfrac{1}{(s-1)}&0\\0&\dfrac{3}{(s-1)(s-2)}&\dfrac{1}{(s-2)}\end{bmatrix}\begin{bmatrix}0&1\\1&0\\1&1\end{bmatrix}$$

$$=\begin{bmatrix}\dfrac{s^2+4s-4}{(s-1)^2(s-2)}&\dfrac{2}{(s-2)}\\\dfrac{2s^2+s-2}{(s-1)^2(s-2)}&\dfrac{2}{(s-2)}\end{bmatrix}$$

进而，导出传递函数矩阵 $\boldsymbol{G}(s)$ 的一个可简约右 MFD。考虑到上述 $\boldsymbol{G}(s)$ 的有理分式矩阵表达式已为“列最小公分母”形式，可以直接导出

$$\boldsymbol{G}(s)=\boldsymbol{N}(s)\ \boldsymbol{D}^{-1}(s)=\begin{bmatrix}s^2+4s-4&2\\2s^2+s-2&2\end{bmatrix}\begin{bmatrix}(s-1)^2(s-2)&0\\0&(s-2)\end{bmatrix}^{-1}$$

且由

$$\operatorname{rank}\begin{bmatrix}\boldsymbol{D}(s)\\\boldsymbol{N}(s)\end{bmatrix}_{s=2}=\operatorname{rank}\begin{bmatrix}(s-1)^2(s-2)&0\\0&(s-2)\\s^2+4s-4&2\\2s^2+s-2&2\end{bmatrix}_{s=2}=\operatorname{rank}\begin{bmatrix}0&0\\0&0\\8&2\\8&2\end{bmatrix}=1<2$$

可知 $\boldsymbol{N}(s)\ \boldsymbol{D}^{-1}(s)$ 为可简约右 MFD。

再次，由可简约右 MFD $\boldsymbol{N}(s)\ \boldsymbol{D}^{-1}(s)$ 导出其一个不可简约右 MFD $\bar{\boldsymbol{N}}(s)\ \bar{\boldsymbol{D}}^{-1}(s)$。对此，先行对 $\{\boldsymbol{D}(s),\ \boldsymbol{N}(s)\}$ 引入行初等变换以定出其一个 gcrd，有

$$\begin{bmatrix}\boldsymbol{D}(s)\\\boldsymbol{N}(s)\end{bmatrix}=\begin{bmatrix}(s-1)^2(s-2)&0\\0&(s-2)\\s^2+4s-4&2\\2s^2+s-2&2\end{bmatrix}\ \text{“行 3”}\times(-1)\text{加于“行 4”}\rightarrow$$

$$\begin{bmatrix}s^3-4s^2+5s-2&0\\0&(s-2)\\s^2+4s-4&2\\s^2-3s+2&0\end{bmatrix}\ \text{“行 4”}\times(-s)\text{加于“行 1”}\rightarrow$$

$$\begin{bmatrix} -s^2+3s-2 & 0 \\ 0 & (s-2) \\ s^2+4s-4 & 2 \\ s^2-3s+2 & 0 \end{bmatrix}$$ “行 4” 加于 “行 1” →

$$\begin{bmatrix} 0 & 0 \\ 0 & (s-2) \\ s^2+4s-4 & 2 \\ s^2-3s+2 & 0 \end{bmatrix}$$ “行 4” ×(−1)加于 “行 3” →

$$\begin{bmatrix} 0 & 0 \\ 0 & (s-2) \\ 7s-6 & 2 \\ s^2-3s+2 & 0 \end{bmatrix}$$ “行 4” ×7 →

$$\begin{bmatrix} 0 & 0 \\ 0 & (s-2) \\ 7s-6 & 2 \\ 7s^2-21s+14 & 0 \end{bmatrix}$$ “行 3” ×(− s)加于 “行 4” →

$$\begin{bmatrix} 0 & 0 \\ 0 & s-2 \\ 7s-6 & 2 \\ -15s+14 & -2s \end{bmatrix}$$ “行 3” × 2 加于 “行 4” →

$$\begin{bmatrix} 0 & 0 \\ 0 & s-2 \\ 7s-6 & 2 \\ -s+2 & -2s+4 \end{bmatrix}$$ “行 2” ×(2)加于 “行 4” →

$$\begin{bmatrix} 0 & 0 \\ 0 & s-2 \\ 7s-6 & 2 \\ -s+2 & 0 \end{bmatrix}$$ “行 4” ×7 加于 “行 3” →

$$\begin{bmatrix} 0 & 0 \\ 0 & s-2 \\ 8 & 2 \\ -s+2 & 0 \end{bmatrix}$$ “行 3” × (1)加于 “行 2” →

$$\begin{bmatrix} 0 & 0 \\ 8 & s \\ 8 & 2 \\ -s+2 & 0 \end{bmatrix} \text{“行 3”} \times (1/2) \to$$

$$\begin{bmatrix} 0 & 0 \\ 8 & s \\ 4 & 1 \\ -s+2 & 0 \end{bmatrix} \text{“行 3”} \times (-s) \text{加于“行 2”} \to$$

$$\begin{bmatrix} 0 & 0 \\ -4s+8 & 0 \\ 4 & 1 \\ -s+2 & 0 \end{bmatrix} \text{“行 4”} \times (-4) \text{ 加于“行 2”，“行 4”} \times (-1) \to$$

$$\begin{bmatrix} 0 & 0 \\ 0 & 0 \\ 4 & 1 \\ s-2 & 0 \end{bmatrix} \text{“行 3”与“行 2”交换} \to$$

$$\begin{bmatrix} 0 & 0 \\ 4 & 1 \\ 0 & 0 \\ s-2 & 0 \end{bmatrix} \text{“行 4”与“行 1”交换} \to \begin{bmatrix} s-2 & 0 \\ 4 & 1 \\ 0 & 0 \\ 0 & 0 \end{bmatrix} = \begin{bmatrix} \boldsymbol{R}(s) \\ \boldsymbol{0} \end{bmatrix}$$

由此，导出

$$\boldsymbol{R}(s) = \begin{bmatrix} s-2 & 0 \\ 4 & 1 \end{bmatrix}, \quad \boldsymbol{R}^{-1}(s) = \begin{bmatrix} 1/(s-2) & 0 \\ -4/(s-2) & 1 \end{bmatrix}$$

并可定出

$$\bar{\boldsymbol{D}}(s) = \boldsymbol{D}(s)\ \boldsymbol{R}^{-1}(s)$$

$$= \begin{bmatrix} (s-1)^2(s-2) & 0 \\ 0 & (s-2) \end{bmatrix} \begin{bmatrix} 1/(s-2) & 0 \\ -4/(s-2) & 1 \end{bmatrix} = \begin{bmatrix} (s-1)^2 & 0 \\ -4 & (s-2) \end{bmatrix}$$

$$\bar{\boldsymbol{N}}(s) = \boldsymbol{N}(s)\ \boldsymbol{R}^{-1}(s)$$

$$= \begin{bmatrix} s^2+4s-4 & 2 \\ 2s^2+s-2 & 2 \end{bmatrix} \begin{bmatrix} 1/(s-2) & 0 \\ -4/(s-2) & 1 \end{bmatrix} = \begin{bmatrix} s+6 & 2 \\ 2s+5 & 2 \end{bmatrix}$$

表明 $\boldsymbol{R}(s)$ 为 $\{\boldsymbol{D}(s), \boldsymbol{N}(s)\}$ 的一个 gcrd。于是，据不可简约右 MFD 的算法，得到由可简约右 MFD $\boldsymbol{N}(s)\ \boldsymbol{D}^{-1}(s)$ 导出的一个不可简约左 MFD，即给定状态空间描述的一个不可简约左 MFD 为

$$G(s)=\bar{N}(s)\ \bar{D}^{-1}(s)=\begin{bmatrix} s+6 & 2 \\ 2s+5 & 2 \end{bmatrix}\begin{bmatrix} (s-1)^2 & 0 \\ -4 & (s-2) \end{bmatrix}^{-1}$$

题 8.14 给定一个右 MFD $N(s)\ D^{-1}(s)$，其中

$$D(s)=\begin{bmatrix} s^2+2s & 1 \\ 3s^3+4s^2-4s+3 & 3s-2 \end{bmatrix}$$

试论证：对任意 2×2 多项式矩阵 $N(s)$，$N(s)\ D^{-1}(s)$ 必为不可简约。

解 本题属于不可简约 MFD 属性的证明题，意在训练运用已有结果导出待证结论的演绎推证能力。

由"$\det D(s)=(3s^3+4s^2-4s)-(3s^3+4s^2-4s+3)=-3$"可知，$D(s)$ 为单模阵，即对所有 s 值有 $\text{rank}\,D(s)=2$。基此，对任意 2×2 多项式矩阵 $N(s)$，即可导出

$$\text{rank}\,D(s)=2,\ \forall\ \text{所有}\ s \quad \Rightarrow \quad \text{rank}\begin{bmatrix} D(s) \\ N(s) \end{bmatrix}=2,\ \forall\ \text{所有}\ s$$

$$\Rightarrow \quad \{D(s), N(s)\}\text{右互质} \quad \Rightarrow \quad N(s)\ D^{-1}(s)\ \text{不可简约}$$

第 9 章 传递函数矩阵的结构特性

9.1 本章的主要知识点

对连续时间线性时不变系统的传递函数矩阵的结构特性的研究，既是线性时不变系统复频率域理论的一个基本课题，也是复频率域方法中分析和综合系统的控制特性的基础。下面指出本章的主要知识点。

（1）传递函数矩阵的结构特性

连续时间线性时不变系统的传递函数矩阵结构特性由“极点零点分布属性”和“极点零点不平衡属性”表征。前一属性决定系统的稳定特性和运动行为，后一属性反映系统的奇异特性和奇异程度。

（2）史密斯-麦克米伦形

***G*(s) 的史密斯-麦克米伦形**

秩为 r 的 $q\times p$ 传递函数矩阵 $\boldsymbol{G}(s)$，可通过引入 $q\times q$ 和 $p\times p$ 的单模阵 $\boldsymbol{U}(s)$ 和 $\boldsymbol{V}(s)$，而化为其史密斯-麦克米伦形 $\boldsymbol{M}(s)$：

$$\boldsymbol{U}(s)\boldsymbol{G}(s)\boldsymbol{V}(s) = \boldsymbol{M}(s) = \left[\begin{array}{ccc|c} \dfrac{\varepsilon_1(s)}{\psi_1(s)} & & & \\ & \ddots & & \boldsymbol{0} \\ & & \dfrac{\varepsilon_r(s)}{\psi_r(s)} & \\ \hline & \boldsymbol{0} & & \boldsymbol{0} \end{array}\right]$$

其中:（i）$\{\varepsilon_i(s), \psi_i(s)\}$ 互质，$i=1,2,\cdots,r$；（ii）$\{\varepsilon_i(s), \psi_i(s)\}$ 满足整除性 $\psi_{i+1}(s) \mid \psi_i(s)$ 和 $\varepsilon_i(s) \mid \varepsilon_{i+1}(s)$，$i=1,2,\cdots,r-1$。

***G*(*s*) 的基于 *M*(*s*) 的不可简约 MFD**

对秩为 r 的 $q\times p$ 传递函数矩阵 $\boldsymbol{G}(s)$，基于其史密斯–麦克米伦形 $\boldsymbol{M}(s)$，可生成如下的矩阵对

$$\boldsymbol{E}(s)=\left[\begin{array}{ccc|c} \varepsilon_1(s) & & & \\ & \ddots & & \boldsymbol{0} \\ & & \varepsilon_r(s) & \\ \hline & \boldsymbol{0} & & \boldsymbol{0}_{(q-r)\times(p-r)} \end{array}\right],\quad \boldsymbol{\varPsi}(s)=\left[\begin{array}{ccc|c} \psi_1(s) & & & \\ & \ddots & & \boldsymbol{0} \\ & & \psi_r(s) & \\ \hline & \boldsymbol{0} & & \boldsymbol{I}_{p-r} \end{array}\right]$$

则

取 $\boldsymbol{N}(s)=\boldsymbol{U}^{-1}(s)\boldsymbol{E}(s)$，$\boldsymbol{D}(s)=\boldsymbol{V}(s)\boldsymbol{\varPsi}(s)$，

可导出 $\boldsymbol{G}(s)$ 的一个不可简约右 MFD $\boldsymbol{N}(s)\boldsymbol{D}^{-1}(s)$

取 $\boldsymbol{N}_{\mathrm{L}}(s)=\boldsymbol{E}(s)\boldsymbol{V}^{-1}(s)$ 和 $\boldsymbol{D}_{\mathrm{L}}(s)=\boldsymbol{\varPsi}(s)\boldsymbol{U}(s)$，

可导出 $\boldsymbol{G}(s)$ 的一个不可简约左 MFD 为 $\boldsymbol{D}_{\mathrm{L}}^{-1}(s)\boldsymbol{N}_{\mathrm{L}}(s)$

（3）传递函数矩阵的有限极点和零点

***G*(*s*) 有限极点零点的定义**

基于秩为 r 的 $q\times p$ 传递函数矩阵 $\boldsymbol{G}(s)$ 的史密斯-麦克米伦形 $\boldsymbol{M}(s)$，有

$\boldsymbol{G}(s)$ 有限极点 = $\boldsymbol{M}(s)$ 中“$\psi_i(s)=0$ 的根”，　$i=1,2,\cdots,r$

$\boldsymbol{G}(s)$ 有限零点 = $\boldsymbol{M}(s)$ 中“$\varepsilon_i(s)=0$ 的根”，　$i=1,2,\cdots,r$

***G*(*s*) 有限极零点基于不可简约 MFD 的算式**

由秩为 r 的 $q\times p$ 传递函数矩阵 $\boldsymbol{G}(s)$ 导出的“不可简约右 MFD $\boldsymbol{N}(s)\boldsymbol{D}^{-1}(s)$”和“不可简约左 MFD $\boldsymbol{D}_{\mathrm{L}}^{-1}(s)\boldsymbol{N}_{\mathrm{L}}(s)$”，有

$\boldsymbol{G}(s)$ 有限极点 = “$\det \boldsymbol{D}(s)=0$ 的根”或“$\det \boldsymbol{D}_{\mathrm{L}}(s)=0$ 的根”

$\boldsymbol{G}(s)$ 有限零点 = “使 $\mathrm{rank}\boldsymbol{N}(s)<r$ 的 s 值”或“使 $\mathrm{rank}\boldsymbol{N}_{\mathrm{L}}(s)<r$ 的 s 值”

***G*(*s*) 有限极零点基于能控能观测状态空间描述的算式**

由秩为 r 的 $q\times p$ 严真传递函数矩阵 $\boldsymbol{G}(s)$ 导出的完全能控和完全能观测状态空间描述 $\{\boldsymbol{A}\in R^{n\times n}, \boldsymbol{B}\in R^{n\times p}, \boldsymbol{C}\in R^{q\times n}\}$，有

$\boldsymbol{G}(s)$ 有限极点 = “$\det(s\boldsymbol{I}-\boldsymbol{A})=0$ 的根”

$\boldsymbol{G}(s)$ 有限零点 = 使 $\begin{bmatrix} s\boldsymbol{I}-\boldsymbol{A} & \boldsymbol{B} \\ -\boldsymbol{C} & \boldsymbol{0} \end{bmatrix}$ 降秩 s 值

（4）传递函数矩阵的 $s=\infty$ 处极点和零点

***G*(*s*) 在 *s* = ∞ 处极点零点**

将“秩为 r 的 $q\times p$ 传递函数矩阵 $\boldsymbol{G}(s)$”基于自变量变换 $s=1/\lambda$ 化为“秩为 r 的 $q\times p$

有理分式矩阵 $\boldsymbol{H}(\lambda)$ ”，并引入 $q\times q$ 和 $p\times p$ 单模阵 $\tilde{\boldsymbol{U}}(\lambda)$ 和 $\tilde{\boldsymbol{V}}(\lambda)$ 来导出 $\boldsymbol{H}(\lambda)$ 的史密斯-麦克米伦形 $\tilde{\boldsymbol{M}}(\lambda)$：

$$\tilde{\boldsymbol{U}}(\lambda)\ \boldsymbol{G}(s)\ \tilde{\boldsymbol{V}}(\lambda) = \tilde{\boldsymbol{M}}(\lambda) = \left[\begin{array}{ccc|c} \dfrac{\tilde{\varepsilon}_1(\lambda)}{\tilde{\psi}_1(\lambda)} & & & \\ & \ddots & & \boldsymbol{0} \\ & & \dfrac{\tilde{\varepsilon}_r(\lambda)}{\tilde{\psi}_r(\lambda)} & \\ \hline & \boldsymbol{0} & & \boldsymbol{0} \end{array}\right]$$

则

“ $\boldsymbol{G}(s)$ 在 $s=\infty$ 处极点重数” $=\tilde{\boldsymbol{M}}(\lambda)$ 中“ $\tilde{\psi}_i(\lambda)=0$ 的 $\lambda=0$ 根重数”，$i=1,2,\cdots,r$

“ $\boldsymbol{G}(s)$ 在 $s=\infty$ 处零点重数” $=\tilde{\boldsymbol{M}}(\lambda)$ 中“ $\tilde{\varepsilon}_i(\lambda)=0$ 的 $\lambda=0$ 根重数”，$i=1,2,\cdots,r$

（5）传递函数矩阵的结构指数

$\boldsymbol{G}(s)$ 在有限平面处的结构指数

S_{pz} 为“秩为 r 的 $q\times p$ 传递函数矩阵 $\boldsymbol{G}(s)$ ”的有限极点零点集合，并在 $\boldsymbol{G}(s)$ 的史密斯-麦克米伦形 $\boldsymbol{M}(s)$ 的 $r\times r$ 非零对角阵中导出相对于任一 $\xi_k\in S_{\mathrm{pz}}$ 的 $r\times r$ 对角矩阵

$$\boldsymbol{M}_{\xi_k}(s)=\begin{bmatrix}(s-\xi_k)^{\sigma_1(\xi_k)} & & \\ & \ddots & \\ & & (s-\xi_k)^{\sigma_r(\xi_k)}\end{bmatrix}$$

则称 $\{\sigma_1(\xi_k),\cdots,\sigma_r(\xi_k)\}$ 为 $\boldsymbol{G}(s)$ 在 $s=\xi_k$ 的一组结构指数，且有

$\sigma_i(\xi_k)=$ 正整数 $\Leftrightarrow$ $\boldsymbol{G}(s)$ 在 $s=\xi_k$ 有 $\sigma_i(\xi_k)$ 个零点

$\sigma_i(\xi_k)=$ 负整数 $\Leftrightarrow$ $\boldsymbol{G}(s)$ 在 $s=\xi_k$ 有 $|\sigma_i(\xi_k)|$ 个极点

$\sigma_i(\xi_k)=$ 零 $\Leftrightarrow$ $\boldsymbol{G}(s)$ 在 $s=\xi_k$ 无极点零点

$\boldsymbol{G}(s)$ 的有限极点零点重数的结构指数表征

定出秩为 r 的 $q\times p$ 传递函数矩阵 $\boldsymbol{G}(s)$ 在 $s=\xi_k$ 的结构指数组 $\{\sigma_1(\xi_k),\cdots,\sigma_r(\xi_k)\}$，则

“ $\boldsymbol{G}(s)$ 在 $s=\xi_k$ 极点重数” $=\{\sigma_1(\xi_k),\cdots,\sigma_r(\xi_k)\}$ 中负指数之和绝对值

“ $\boldsymbol{G}(s)$ 在 $s=\xi_k$ 零点重数” $=\{\sigma_1(\xi_k),\cdots,\sigma_r(\xi_k)\}$ 中正指数之和

$\boldsymbol{G}(s)$ 在 $s=\infty$ 处结构指数

将“秩为 r 的 $q\times p$ 传递函数矩阵 $\boldsymbol{G}(s)$ ”基于自变量变换 $s=1/\lambda$ 化为“秩为 r 的 $q\times p$ 有理分式矩阵 $\boldsymbol{H}(\lambda)$ ”，并在 $\boldsymbol{H}(\lambda)$ 的史密斯-麦克米伦形 $\tilde{\boldsymbol{M}}(\lambda)$ 的非零对角阵中导出相对于 $\lambda=0$ 的 $r\times r$ 对角矩阵

$$\tilde{\boldsymbol{M}}_0(\lambda)=\begin{bmatrix}\lambda^{\tilde{\sigma}_1(0)} & & \\ & \ddots & \\ & & \lambda^{\tilde{\sigma}_r(0)}\end{bmatrix}$$

则

$$\text{“}\boldsymbol{G}(s)\text{在}s=\infty\text{处结构指数”}\{\sigma_1(\infty),\cdots,\sigma_r(\infty)\}=$$
$$\text{“}\boldsymbol{H}(\lambda)\text{在}\lambda=0\text{处结构指数”}\{\tilde{\sigma}_1(0),\cdots,\tilde{\sigma}_r(0)\}$$

$\boldsymbol{G}(s)$ 在 $s=\infty$ 处极点零点重数的结构指数表征

将“秩为 r 的 $q\times p$ 传递函数矩阵 $\boldsymbol{G}(s)$”基于自变量变换 $s=1/\lambda$ 化为“秩为 r 的 $q\times p$ 有理分式矩阵 $\boldsymbol{H}(\lambda)$”，且知 $\boldsymbol{H}(\lambda)$ 在 $\lambda=0$ 处结构指数为 $\{\tilde{\sigma}_1(0),\cdots,\tilde{\sigma}_r(0)\}$，则

“$\boldsymbol{G}(s)$ 在 $s=\infty$ 处极点重数” $=\{\tilde{\sigma}_1(0),\cdots,\tilde{\sigma}_r(0)\}$ 中负指数之和绝对值

“$\boldsymbol{G}(s)$ 在 $s=\infty$ 处零点重数” $=\{\tilde{\sigma}_1(0),\cdots,\tilde{\sigma}_r(0)\}$ 中正指数之和

（6）传递函数矩阵的评价值

传递函数在有限平面处的评价值

① 标量传递函数 $g(s)$ 在极点零点处的评价值。若 $g(s)=\bar{n}(s)/\bar{d}(s)$ 可表为

$$g(s)=(s-\xi_k)^{\nu_{\xi_k}}\frac{n(s)}{d(s)},\quad d(s)\text{和}n(s)\text{均不能为}(s-\xi_k)\text{所整除}$$

则

$$\text{“}g(s)\text{在}s=\xi_k\text{上评价值”}=\nu_{\xi_k}(g)=\begin{cases}\nu_{\xi_k}, & g(s)\neq 0\\ \infty, & g(s)\equiv 0\end{cases}$$

② 传递函数矩阵 $\boldsymbol{G}(s)$ 在极点零点处的评价值。对秩为 r 的 $q\times p$ 传递函数矩阵 $\boldsymbol{G}(s)$，表 $|\boldsymbol{G}|^i$ 为 $\boldsymbol{G}(s)$ 的 $i\times i$ 子式，则

$$\text{“}\boldsymbol{G}(s)\text{在}s=\xi_k\text{处第}i\text{阶评价值”}=\nu_{\xi_k}^{(i)}(\boldsymbol{G})=\min\{\nu_{\xi_k}(|\boldsymbol{G}|^i)\},\quad i=1,2,\cdots,r$$

③ 传递函数矩阵 $\boldsymbol{G}(s)$ 在非极点零点处的评价值。秩为 r 的 $q\times p$ 传递函数矩阵 $\boldsymbol{G}(s)$ 在有限复平面上非极点零点 α 处的评价值必为零，即 $\nu_{\alpha}^{(i)}(\boldsymbol{G})=0$，$i=1,2,\cdots,r$。

基于评价值计算 $\boldsymbol{G}(s)$ 的有限极点零点结构指数

S_{pz} 是“秩为 r 的 $q\times p$ 传递函数矩阵 $\boldsymbol{G}(s)$”的有限极点零点集合，且知 $\boldsymbol{G}(s)$ 在 $\xi\in S_{\text{pz}}$ 处的评价值为 $\{\nu_{\xi}^{(1)},\cdots,\nu_{\xi}^{(r)}\}$，则计算 $\boldsymbol{G}(s)$ 的有限极点零点结构指数的算式为

$$\sigma_1(\xi)=\nu_{\xi}^{(1)}(\boldsymbol{G}),\quad \sigma_2(\xi)=\nu_{\xi}^{(2)}(\boldsymbol{G})-\nu_{\xi}^{(1)}(\boldsymbol{G}),\quad\cdots,\quad \sigma_r(\xi)=\nu_{\xi}^{(r)}(\boldsymbol{G})-\nu_{\xi}^{(r-1)}(\boldsymbol{G})$$

传递函数在 $s=\infty$ 处评价值

① 标量传递函数 $g(s)$ 在 $s=\infty$ 处的评价值。表 $g(s)=n(s)/d(s)$，有

$$\text{“}g(s)\text{在}s=\infty\text{处评价值”}=\nu_{\infty}(g)=\text{“}d(s)\text{次数}-n(s)\text{次数”}$$

② 传递函数矩阵 $\boldsymbol{G}(s)$ 在 $s=\infty$ 处的评价值。对秩为 r 的 $q\times p$ 传递函数矩阵 $\boldsymbol{G}(s)$，表 $|\boldsymbol{G}|^i$ 为 $\boldsymbol{G}(s)$ 的 $i\times i$ 子式，则

$$\text{“}\boldsymbol{G}(s)\text{在}s=\infty\text{处第}i\text{阶评价值”}=\nu_{\infty}^{(i)}(\boldsymbol{G})=\min\{\nu_{\infty}(|\boldsymbol{G}|^i)\},\quad i=1,2,\cdots,r$$

基于评价值计算 $\boldsymbol{G}(s)$ 在 $s=\infty$ 处的结构指数

已知"秩为 r 的 $q\times p$ 传递函数矩阵 $\boldsymbol{G}(s)$"在 $s=\infty$ 处的评价值为$\{\nu_{\infty}^{(1)}(\boldsymbol{G})$，…，$\nu_{\infty}^{(r)}(\boldsymbol{G})\}$，则计算 $\boldsymbol{G}(s)$ 在 $s=\infty$ 处的结构指数的算式为

$$\sigma_1(\infty)=\nu_{\infty}^{(1)}(\boldsymbol{G}),\ \sigma_2(\infty)=\nu_{\infty}^{(2)}(\boldsymbol{G})-\nu_{\infty}^{(1)}(\boldsymbol{G}),\ \cdots,\ \sigma_r(\infty)=\nu_{\infty}^{(r)}(\boldsymbol{G})-\nu_{\infty}^{(r-1)}(\boldsymbol{G})$$

（7）传递函数矩阵奇异性的零空间表征

$\boldsymbol{G}(s)$ 奇异性的含义

传递函数矩阵 $\boldsymbol{G}(s)$ 的奇异性是反映其非方性或非满秩性的一个结构特性。零空间的引入有助于对传递函数矩阵 $\boldsymbol{G}(s)$ 奇异性进行更为深刻的描述和分析。

$\boldsymbol{G}(s)$ 的零空间

对秩为 r 的 $q\times p$ 传递函数矩阵 $\boldsymbol{G}(s)$，$\boldsymbol{G}(s)$ 的右零空间 $\boldsymbol{\Omega}_{\mathrm{r}}$ 为使"$\boldsymbol{G}(s)\boldsymbol{f}(s)=\boldsymbol{0}$"的 $p\times 1$ 非零有理分式向量或多项式向量 $\boldsymbol{f}(s)$ 的集合，$\dim\boldsymbol{\Omega}_{\mathrm{r}}=p-r=\alpha$，$\boldsymbol{G}(s)$ 的左零空间 $\boldsymbol{\Omega}_{\mathrm{L}}$ 为使"$\boldsymbol{h}(s)\boldsymbol{G}(s)=\boldsymbol{0}$"的 $1\times q$ 非零有理分式向量或多项式向量 $\boldsymbol{h}(s)$ 的集合，$\dim\boldsymbol{\Omega}_{\mathrm{L}}=q-r=\beta$。

$\boldsymbol{G}(s)$ 的零空间的最小多项式基

右零空间 $\boldsymbol{\Omega}_{\mathrm{r}}$ 的最小多项式基，可对 $i=1,2,\cdots,\alpha$，依次搜索方程"$\boldsymbol{G}(s)\boldsymbol{f}_i(s)=\boldsymbol{0}$"的 $p\times 1$ 多项式向量解 $\boldsymbol{f}_i(s)$ 而来定出，且要求满足"$\boldsymbol{f}_1(s)$，…，$\boldsymbol{f}_{i-1}(s)$，$\boldsymbol{f}_i(s)$ 线性无关"和"$\boldsymbol{f}_i(s)$ 次数最小"。设

$\boldsymbol{\Omega}_{\mathrm{r}}$ 的一个多项式基为$\{\boldsymbol{f}_1(s)$，…，$\boldsymbol{f}_{\alpha-1}(s)$，$\boldsymbol{f}_\alpha(s)\}$，$\mu_i=\deg\boldsymbol{f}_i(s)\geqslant 0$

$$\boldsymbol{F}(s)=\begin{bmatrix}\boldsymbol{f}_1(s) & \cdots & \boldsymbol{f}_{\alpha-1}(s) & \boldsymbol{f}_\alpha(s)\end{bmatrix}$$

则

$\{\boldsymbol{f}_1(s)$，…，$\boldsymbol{f}_{\alpha-1}(s)$，$\boldsymbol{f}_\alpha(s)\}$为最小多项式基 $\Leftrightarrow$ $\boldsymbol{F}(s)$ 为列既约和不可简约

$\{\mu_1,\cdots,\mu_{\alpha-1},\mu_\alpha\}$为 $\boldsymbol{\Omega}_{\mathrm{r}}$ 的右最小指数

右最小指数满足非降性 $\mu_1\leqslant\cdots\leqslant\mu_{\alpha-1}\leqslant\mu_\alpha$

左零空间 $\boldsymbol{\Omega}_{\mathrm{L}}$ 的最小多项式基，可对 $j=1,2,\cdots,\beta$，依次搜索方程"$\boldsymbol{h}_j(s)\boldsymbol{G}(s)=\boldsymbol{0}$"的 $1\times q$ 多项式向量解 $\boldsymbol{h}_j(s)$ 而来定出，且要求满足"$\boldsymbol{h}_1(s)$，…，$\boldsymbol{h}_{j-1}(s)$，$\boldsymbol{h}_j(s)$ 线性无关"和"$\boldsymbol{h}_j(s)$ 次数最小"。设

$\boldsymbol{\Omega}_{\mathrm{L}}$ 的一个多项式基为$\{\boldsymbol{h}_1(s)$，…，$\boldsymbol{h}_{\beta-1}(s)$，$\boldsymbol{h}_\beta(s)\}$，$\nu_i=\deg\boldsymbol{h}_i(s)\geqslant 0$

$$\boldsymbol{H}(s)=\begin{bmatrix}\boldsymbol{h}_1(s)\\ \vdots\\ \boldsymbol{h}_{\beta-1}(s)\\ \boldsymbol{h}_\beta(s)\end{bmatrix}$$

则

$\{\boldsymbol{h}_1(s)$，…，$\boldsymbol{h}_{\beta-1}(s)$，$\boldsymbol{h}_\beta(s)\}$为最小多项式基 $\Leftrightarrow$ $\boldsymbol{H}(s)$ 为行既约和不可简约

$\{\nu_1,\cdots,\nu_{\beta-1},\nu_\beta\}$为 $\boldsymbol{\Omega}_{\mathrm{L}}$ 的左最小指数

$$\text{左最小指数满足非降性}\ \nu_1 \leqslant \cdots \leqslant \nu_{\beta-1} \leqslant \nu_\beta$$

最小指数和奇异性

对 $q \times p$ 传递函数矩阵 $\boldsymbol{G}(s)$，其零空间的最小指数表征 $\boldsymbol{G}(s)$ 的奇异性程度。零空间的最小指数的和值愈大，$\boldsymbol{G}(s)$ 的奇异性程度愈大。零空间的最小指数的和值愈小，$\boldsymbol{G}(s)$ 的奇异性程度愈小。

（8）传递函数矩阵奇异性的亏数表征

$\boldsymbol{G}(s)$ 的亏数的含义

传递函数矩阵 $\boldsymbol{G}(s)$ 的亏数是对 $\boldsymbol{G}(s)$ 的极点零点个数不平衡性的表征。$\boldsymbol{G}(s)$ 的极点零点个数的不平衡性源于 $\boldsymbol{G}(s)$ 的奇异性。亏数的引入有助于沟通传递函数矩阵 $\boldsymbol{G}(s)$ 两类特性即极点零点和奇异性间的关系。

$\boldsymbol{G}(s)$ 的亏数算式

表“秩为 r 的 $q \times p$ 传递函数矩阵 $\boldsymbol{G}(s)$”的亏数为 $\operatorname{def}\boldsymbol{G}(s)$，则

$$\operatorname{def}\boldsymbol{G}(s) = -\sum(\boldsymbol{G}(s)\ \text{在有限极点零点和无穷远极点零点处第}\ r\ \text{阶评价值})$$

$\boldsymbol{G}(s)$ 亏数和极点零点个数不平衡性关系

$$\begin{aligned}\operatorname{def}\boldsymbol{G}(s) = &\text{“}\boldsymbol{G}(s)\ \text{在有限处和无穷远处极点总数”}\\ &-\text{“}\boldsymbol{G}(s)\ \text{在有限处和无穷远处零点总数”}\end{aligned}$$

$\boldsymbol{G}(s)$ 亏数和 $\boldsymbol{G}(s)$ 零空间最小指数关系

$\operatorname{def}\boldsymbol{G}(s) =$ “$\boldsymbol{G}(s)$ 零空间的右最小指数之和” + “$\boldsymbol{G}(s)$ 零空间的左最小指数之和”

$\boldsymbol{G}(s)$ 不平衡性和 $\boldsymbol{G}(s)$ 奇异性关系

$\boldsymbol{G}(s)$ 极点零点个数不平衡性愈大，$\operatorname{def}\boldsymbol{G}(s)$ 愈大，$\boldsymbol{G}(s)$ 奇异性程度愈大；$\boldsymbol{G}(s)$ 极点零点个数不平衡性愈小，$\operatorname{def}\boldsymbol{G}(s)$ 愈小，$\boldsymbol{G}(s)$ 的奇异性程度愈小。$\boldsymbol{G}(s)$ 极点零点个数为平衡，$\operatorname{def}\boldsymbol{G}(s)$ 为零，$\boldsymbol{G}(s)$ 为非奇异。

9.2 习题与解答

本章的习题安排围绕线性时不变系统的复频率域结构特性，即传递函数矩阵的极点零点和奇异性。基本题部分包括化传递函数矩阵为史密斯-麦克米伦形，由系统传递函数矩阵、矩阵分式描述即 MFD 和状态空间描述计算有限极点和有限零点，对指定强制输出响应和指定零输入响应确定系统初始状态，计算系统传递函数矩阵的评价值，由评价值确定系统有限和无穷远处极点零点，确定传递函数矩阵零空间的最小多项式基和亏数等。证明题部分涉及传递函数矩阵极点的条件，强制输出响应和极点的关系，不可简约 MFD 的零点集的属性等。

题 9.1 定出下列传递函数矩阵 $\boldsymbol{G}(s)$ 的史密斯-麦克米伦形 $\boldsymbol{M}(s)$：

$$G(s)=\begin{bmatrix}\dfrac{s^2}{(s+1)(s+2)^2} & \dfrac{s+1}{(s+2)^2}\\ \dfrac{-s}{(s+2)^2} & \dfrac{1}{s+2}\end{bmatrix}$$

解 本题属于化传递函数矩阵为史密斯-麦克米伦形的基本题。

定出给定 $\boldsymbol{G}(s)$ 诸元有理分式的最小公分母 $d(s)$ 并表 $\boldsymbol{G}(s)$ 为

$$\boldsymbol{G}(s)=\frac{1}{d(s)}\boldsymbol{N}(s)=\frac{1}{(s+1)(s+2)^2}\begin{bmatrix}s^2 & (s+1)^2\\ -s(s+1) & (s+1)(s+2)\end{bmatrix}$$

对 $\boldsymbol{N}(s)$ 引入单模变换 $\boldsymbol{U}(s)\ \boldsymbol{N}(s)\ \boldsymbol{V}(s)$，即对 $\boldsymbol{N}(s)$ 引入行和列初等变换，导出史密斯形：

$$\boldsymbol{N}(s)=\begin{bmatrix}s^2 & (s+1)^2\\ -s(s+1) & (s+1)(s+2)\end{bmatrix}\text{“行 2”加于“行 1”}\rightarrow$$

$$\begin{bmatrix}-s & (s+1)(2s+3)\\ -s(s+1) & (s+1)(s+2)\end{bmatrix}\text{“列 1”}\times(2s+5)\text{加于“列 2”}\rightarrow$$

$$\begin{bmatrix}-s & 3\\ -s(s+1) & -2(s+1)(s^2+2s-1)\end{bmatrix}\text{交换“列 1”与“列 2”}\rightarrow$$

$$\begin{bmatrix}3 & -s\\ -2(s+1)(s^2+2s-1) & -s(s+1)\end{bmatrix}\text{“列 2”}\times 3\rightarrow$$

$$\begin{bmatrix}3 & -3s\\ -2(s+1)(s^2+2s-1) & -3s(s+1)\end{bmatrix}\text{“列 1”}\times s\text{ 加于“列 2”}\rightarrow$$

$$\begin{bmatrix}3 & 0\\ -2(s+1)(s^2+2s-1) & -s(s+1)(2s^2+4s+1)\end{bmatrix}\text{“行 1”}\times(1/3)\rightarrow$$

$$\begin{bmatrix}1 & 0\\ -2(s+1)(s^2+2s-1) & -s(s+1)(2s^2+4s+1)\end{bmatrix}$$

$$\text{“行 1”}\times[2(s+1)(s^2+2s-1)]\text{加于“行 2”}\rightarrow\begin{bmatrix}1 & 0\\ 0 & -s(s+1)(2s^2+4s+1)\end{bmatrix}$$

$$\text{“行 2”}\times(-1/2)\rightarrow\begin{bmatrix}1 & 0\\ 0 & s(s+1)(s^2+2s+1/2)\end{bmatrix}=\boldsymbol{\Lambda}(s)=\boldsymbol{N}(s)\text{ 的史密斯形}$$

基于得到的 $\boldsymbol{\Lambda}(s)$，再行导出

$$\boldsymbol{M}(s)=\frac{1}{d(s)}\boldsymbol{\Lambda}(s)=\frac{1}{(s+1)(s+2)^2}\begin{bmatrix}1 & 0\\ 0 & s(s+1)(s^2+2s+1/2)\end{bmatrix}$$

$$=\begin{bmatrix} \dfrac{1}{(s+1)(s+2)^2} & 0 \\ 0 & \dfrac{s(s^2+2s+1/2)}{(s+2)^2} \end{bmatrix}$$

且可看出，$\boldsymbol{M}(s)$对角元满足史密斯-麦克米伦形有关“互质性”和“整除性”的属性。从而，上述$\boldsymbol{M}(s)$就为给定传递函数矩阵$\boldsymbol{G}(s)$的史密斯-麦克米伦形。

题 9.2 确定下列各传递函数矩阵$\boldsymbol{G}(s)$的 MFD 的有限极点和有限零点：

（i）$\begin{bmatrix} s-1 & 0 \\ 0 & s^2-1 \end{bmatrix}^{-1}\begin{bmatrix} 1 & s-1 & s-1 \\ 0 & s+1 & s+1 \end{bmatrix}$

（ii）$\begin{bmatrix} s^2-1 & 0 \\ 0 & s+1 \end{bmatrix}^{-1}\begin{bmatrix} s^2 & s-1 \\ 2 & 1 \end{bmatrix}$

（iii）$\begin{bmatrix} 0 & s-2 \\ s+3 & 0 \\ s-2 & s+1 \end{bmatrix}\begin{bmatrix} s^3 & 0 \\ -s^2+s+1 & -s+1 \end{bmatrix}^{-1}$

解 本题属于由 MFD 确定传递函数矩阵的有限极点和有限零点的基本题。

对$\boldsymbol{G}(s)$的不可简约左 MFD $\boldsymbol{D}_{\rm L}^{-1}(s)\ \boldsymbol{N}_{\rm L}(s)$，“$\boldsymbol{G}(s)$有限极点为$\det\boldsymbol{D}_{\rm L}(s)=0$根，$\boldsymbol{G}(s)$有限零点为使$\boldsymbol{N}_{\rm L}(s)$降秩$s$值”。对$\boldsymbol{G}(s)$的不可简约右 MFD $\boldsymbol{N}(s)\ \boldsymbol{D}^{-1}(s)$，“$\boldsymbol{G}(s)$有限极点为$\det\boldsymbol{D}(s)=0$根，$\boldsymbol{G}(s)$有限零点为使$\boldsymbol{N}(s)$降秩$s$值”。

（i）对给定$\boldsymbol{G}(s)$左 MFD $\boldsymbol{D}_{\rm L}^{-1}(s)\ \boldsymbol{N}_{\rm L}(s)=\begin{bmatrix} s-1 & 0 \\ 0 & s^2-1 \end{bmatrix}^{-1}\begin{bmatrix} 1 & s-1 & s-1 \\ 0 & s+1 & s+1 \end{bmatrix}$，由

$$\operatorname{rank}[\,\boldsymbol{D}_{\rm L}(s)\quad \boldsymbol{N}_{\rm L}(s)\,]_{s=-1}=\operatorname{rank}\begin{bmatrix} -2 & 0 & 1 & -2 & -2 \\ 0 & 0 & 0 & 0 & 0 \end{bmatrix}=1<2$$

可知$\boldsymbol{D}_{\rm L}^{-1}(s)\ \boldsymbol{N}_{\rm L}(s)$为可简约。基此，引入确定$\{\boldsymbol{D}_{\rm L}(s),\boldsymbol{N}_{\rm L}(s)\}$的 gcld 的列初等变换，有

$$[\,\boldsymbol{D}_{\rm L}(s)\ \boldsymbol{N}_{\rm L}(s)\,]=\begin{bmatrix} s-1 & 0 & 1 & s-1 & s-1 \\ 0 & s^2-1 & 0 & s+1 & s+1 \end{bmatrix}$$ “列 1”×(–1)加于“列 5”→

$$\begin{bmatrix} s-1 & 0 & 1 & s-1 & 0 \\ 0 & s^2-1 & 0 & s+1 & s+1 \end{bmatrix}$$ “列 1”×(–1) 加于“列 4”→

$$\begin{bmatrix} s-1 & 0 & 1 & 0 & 0 \\ 0 & s^2-1 & 0 & s+1 & s+1 \end{bmatrix}$$ “列 5”×(–1) 加于“列 4”→

$$\begin{bmatrix} s-1 & 0 & 1 & 0 & 0 \\ 0 & s^2-1 & 0 & 0 & s+1 \end{bmatrix}$$ “列 5”×[–(s–1)] 加于“列 2”→

$$\begin{bmatrix} s-1 & 0 & 1 & 0 & 0 \\ 0 & 0 & 0 & 0 & s+1 \end{bmatrix}$$ “列 3”×[–(s–1)] 加于“列 1”→

$$\begin{bmatrix} 0 & 0 & 1 & 0 & 0 \\ 0 & 0 & 0 & 0 & s+1 \end{bmatrix}$$ 交换“列 1”与“列 3”，交换“列 2”与“列 5”→

$$\begin{bmatrix} 1 & 0 & 0 & 0 & 0 \\ 0 & s+1 & 0 & 0 & 0 \end{bmatrix} = [\boldsymbol{L}(s) \quad \boldsymbol{0}],\quad \boldsymbol{L}(s) = \begin{bmatrix} 1 & 0 \\ 0 & s+1 \end{bmatrix},\quad \boldsymbol{L}^{-1}(s) = \begin{bmatrix} 1 & 0 \\ 0 & 1/(s+1) \end{bmatrix}$$

并可导出

$$\bar{\boldsymbol{D}}_{\mathrm{L}}(s) = \boldsymbol{L}^{-1}(s)\,\boldsymbol{D}_{\mathrm{L}}(s) = \begin{bmatrix} 1 & 0 \\ 0 & 1/(s+1) \end{bmatrix}\begin{bmatrix} s-1 & 0 \\ 0 & s^2-1 \end{bmatrix} = \begin{bmatrix} s-1 & 0 \\ 0 & s-1 \end{bmatrix}$$

$$\bar{\boldsymbol{N}}_{\mathrm{L}}(s) = \boldsymbol{L}^{-1}(s)\,\boldsymbol{N}_{\mathrm{L}}(s) = \begin{bmatrix} 1 & 0 \\ 0 & 1/(s+1) \end{bmatrix}\begin{bmatrix} 1 & s-1 & s-1 \\ 0 & s+1 & s+1 \end{bmatrix} = \begin{bmatrix} 1 & s-1 & s-1 \\ 0 & 1 & 1 \end{bmatrix}$$

且 $\bar{\boldsymbol{D}}_{\mathrm{L}}^{-1}(s)\,\bar{\boldsymbol{N}}_{\mathrm{L}}(s) = \boldsymbol{D}_{\mathrm{L}}^{-1}(s)\,\boldsymbol{N}_{\mathrm{L}}(s)$，而 $\bar{\boldsymbol{D}}_{\mathrm{L}}^{-1}(s)\,\bar{\boldsymbol{N}}_{\mathrm{L}}(s)$ 为不可简约。从而，定出

$\boldsymbol{G}(s)$ 有限极点=“$\det \bar{\boldsymbol{D}}_{\mathrm{L}}(s)=0$ 根”=“$\det\begin{bmatrix} s-1 & 0 \\ 0 & s-1 \end{bmatrix}=0$ 根”= 1（二重）

$\boldsymbol{G}(s)$ 有限零点=“使 $\bar{\boldsymbol{N}}_{\mathrm{L}}(s)$ 降秩 s 值”=“使 $\begin{bmatrix} 1 & s-1 & s-1 \\ 0 & 1 & 1 \end{bmatrix}$ 降秩 s 值”= 无

（ii）对给定 $\boldsymbol{G}(s)$ 左 MFD $\boldsymbol{D}_{\mathrm{L}}^{-1}(s)\,\boldsymbol{N}_{\mathrm{L}}(s) = \begin{bmatrix} s^2-1 & 0 \\ 0 & s+1 \end{bmatrix}^{-1}\begin{bmatrix} s^2 & s-1 \\ 2 & 1 \end{bmatrix}$，由

对所有 s 值，$\mathrm{rank}[\boldsymbol{D}_{\mathrm{L}}(s)\ \ \boldsymbol{N}_{\mathrm{L}}(s)] = \mathrm{rank}\begin{bmatrix} s^2-1 & 0 & s^2 & s-1 \\ 0 & s+1 & 2 & 1 \end{bmatrix} = 2$

可知 $\boldsymbol{D}_{\mathrm{L}}^{-1}(s)\,\boldsymbol{N}_{\mathrm{L}}(s)$ 为不可简约。从而，定出

$\boldsymbol{G}(s)$ 有限极点=“$\det \boldsymbol{D}_{\mathrm{L}}(s)=0$ 根”=“$\det\begin{bmatrix} s^2-1 & 0 \\ 0 & s+1 \end{bmatrix}=0$ 根”$=-1,-1,1$

$\boldsymbol{G}(s)$ 有限零点=“使 $\boldsymbol{N}_{\mathrm{L}}(s)$ 降秩 s 值”=“$\det\begin{bmatrix} s^2 & s-1 \\ 2 & 1 \end{bmatrix}=0$ 根”$=1+\mathrm{j}, 1-\mathrm{j}$

（iii）对给定 $\boldsymbol{G}(s)$ 右 MFD $\boldsymbol{N}(s)\,\boldsymbol{D}^{-1}(s) = \begin{bmatrix} 0 & s-2 \\ s+3 & 0 \\ s-2 & s+1 \end{bmatrix}\begin{bmatrix} s^3 & 0 \\ -s^2+s+1 & -s+1 \end{bmatrix}^{-1}$，由

矩阵 $\begin{bmatrix} \boldsymbol{D}(s) \\ \boldsymbol{N}(s) \end{bmatrix}$ 中，$\det\begin{bmatrix} 0 & s-2 \\ s+3 & 0 \end{bmatrix}=0$ 根为 $s=2,\quad s=-3$

$$\det\begin{bmatrix} s^3 & 0 \\ -s^2+s+1 & -s+1 \end{bmatrix}=0 \text{ 根为 } s=0,\quad s=1$$

可知其 2×2 子矩阵的行列式方程必没有共同根，即 $\boldsymbol{N}(s)\,\boldsymbol{D}^{-1}(s)$ 为不可简约。从而，定出

$$G(s)\text{有限极点}=\text{“}\det D(s)=0\text{根”}=\text{“}\det\begin{bmatrix} s^3 & 0 \\ -s^2+s+1 & -s+1 \end{bmatrix}=0\text{根”}=0,0,0,1$$

$$G(s)\text{有限零点}=\text{“使}N(s)\text{降秩}s\text{值”}=\text{“使}\begin{bmatrix} 0 & s-2 \\ s+3 & 0 \\ s-2 & s+1 \end{bmatrix}\text{降秩}s\text{值”}=\text{无}$$

题 9.3 确定下列各传递函数矩阵 $G(s)$ 的有限极点和有限零点：

（i）$G(s)=\begin{bmatrix} \dfrac{2s+1}{s^2-1} & \dfrac{s}{s^2+5s+4} \\ \dfrac{1}{s+3} & \dfrac{2s+5}{s^2+7s+12} \end{bmatrix}$

（ii）$G(s)=\begin{bmatrix} \dfrac{s+2}{(s+1)(s+3)} & \dfrac{s+1}{(s+3)^2(s+2)} \end{bmatrix}$

解 本题属于确定传递函数矩阵的有限极点和有限零点的基本题。

较为常用的方法是采用史密斯-麦克米伦形方法。

（i）将给定 $G(s)$ 通过定出最小公分母 $d(s)$ 后表为

$$G(s)=\begin{bmatrix} \dfrac{2s+1}{s^2-1} & \dfrac{s}{s^2+5s+4} \\ \dfrac{1}{s+3} & \dfrac{2s+5}{s^2+7s+12} \end{bmatrix}=\begin{bmatrix} \dfrac{2s+1}{(s-1)(s+1)} & \dfrac{s}{(s+1)(s+4)} \\ \dfrac{1}{(s+3)} & \dfrac{2s+5}{(s+3)(s+4)} \end{bmatrix}$$

$$=\frac{1}{(s-1)(s+1)(s+3)(s+4)}\begin{bmatrix} (2s+1)(s+3)(s+4) & s(s-1)(s+3) \\ (s-1)(s+1)(s+4) & (2s+5)(s-1)(s+1) \end{bmatrix}$$

$$=\frac{1}{d(s)}N(s),\quad d(s)=(s-1)(s+1)(s+3)(s+4)$$

再通过导出

$$N(s)=\begin{bmatrix} (2s+1)(s+3)(s+4) & s(s-1)(s+3) \\ (s-1)(s+1)(s+4) & (2s+5)(s-1)(s+1) \end{bmatrix}$$

的各阶子式最大公因子：

$$\Delta_0=1,\quad \Delta_1=1,\quad \Delta_2=(s-1)(s+1)(s+3)(s+4)(3s^2+13s+5)$$

并基此定出不变多项式：

$$\lambda_1(s)=\Delta_1/\Delta_0=1,\quad \lambda_1(s)=\Delta_2/\Delta_1=(s-1)(s+1)(s+3)(s+4)(3s^2+13s+5)$$

可进而导出 $N(s)$ 的史密斯形为

$$\Lambda(s)=\begin{bmatrix} \lambda_1(s) & 0 \\ 0 & \lambda_2(s) \end{bmatrix}=\begin{bmatrix} 1 & 0 \\ 0 & (s-1)(s+1)(s+3)(s+4)(3s^2+13s+5) \end{bmatrix}$$

于是，得到

$$M(s)=\frac{1}{d(s)}\Lambda(s)=\frac{1}{d(s)}\begin{bmatrix}\lambda_1(s) & 0\\ 0 & \lambda_2(s)\end{bmatrix}$$
$$=\begin{bmatrix}1/(s-1)(s+1)(s+3)(s+4) & 0\\ 0 & (3s^2+13s+5)/1\end{bmatrix}$$

且可看出，$M(s)$ 对角元满足史密斯-麦克米伦形有关“互质性”和“整除性”的属性。从而，上述 $M(s)$ 就为给定 $G(s)$ 的史密斯-麦克米伦形。于是，基于 $M(s)$ 就可定出

$G(s)$ 有限极点=“$(s-1)(s+1)(s+3)(s+4)=0$ 根”$=1,-1,-3,-4$

$G(s)$ 有限零点=“$(3s^2+13s+5)=0$ 根”$=(-13+\sqrt{109})/6,\quad(-13-\sqrt{109})/6$

（ii）将给定 $G(s)$ 通过定出最小公分母 $d(s)$ 后表为

$$G(s)=\begin{bmatrix}\frac{s+2}{(s+1)(s+3)} & \frac{s+1}{(s+3)^2(s+2)}\end{bmatrix}=\frac{1}{(s+1)(s+2)(s+3)^2}$$
$$\times[(s+2)^2(s+3)\quad (s+1)^2]=\frac{1}{d(s)}N(s),\quad d(s)=(s+1)(s+2)(s+3)^2$$

再通过导出 $N(s)=[(s+2)^2(s+3)\quad (s+1)^2]$ 的各阶子式最大公因子“$\Delta_0=1$，$\Delta_1=1$”，并基此定出不变多项式 $\lambda_1(s)=\Delta_1/\Delta_0=1$，可进而导出 $N(s)$ 的史密斯形为

$$\Lambda(s)=[\lambda_1(s)\quad 0]=[1\quad 0]$$

于是，得到

$$M(s)=\frac{1}{d(s)}\Lambda(s)=\frac{1}{d(s)}[\lambda_1(s)\quad 0]=\begin{bmatrix}\frac{1}{(s+1)(s+2)(s+3)^2} & 0\end{bmatrix}$$

且可看出，$\lambda_1(s)=1/(s+1)(s+2)(s+3)^2$ 满足史密斯-麦克米伦形要求“互质性”的属性。从而，上述 $M(s)$ 就为给定 $G(s)$ 的史密斯-麦克米伦形。于是，基于 $M(s)$ 就可定出

$G(s)$ 有限极点=“$(s+1)(s+2)(s+3)^2=0$ 根”$=-1,-2,-3,-3$

$G(s)$ 有限零点= 无

题 9.4 确定下列各线性时不变系统的有限极点和有限零点：

（i）$\dot{x}=\begin{bmatrix}0 & 1 & 0\\ 0 & 0 & 1\\ -2 & -4 & -3\end{bmatrix}x+\begin{bmatrix}1 & 0\\ 0 & 1\\ -1 & 1\end{bmatrix}u,\quad y=\begin{bmatrix}1 & 1 & 0\\ 0 & 1 & 0\end{bmatrix}x$

（ii）$\dot{x}=\begin{bmatrix}1 & 0 & 1\\ 0 & 1 & 0\\ 1 & 1 & 0\end{bmatrix}x+\begin{bmatrix}1 & 0\\ 0 & 1\\ 1 & 0\end{bmatrix}u,\quad y=[1\quad 4\quad 1]\,x$

解 本题属于由状态空间描述确定多输入多输出系统的有限极点和有限零点的基本题。

（i）对给定状态空间描述 (A, B, C)，由

$$\text{rank}[\boldsymbol{B}\ \ \boldsymbol{AB}\ \ \boldsymbol{A}^2\boldsymbol{B}]=\text{rank}\begin{bmatrix}1 & 0 & 0 & * & * & * \\ 0 & 1 & -1 & * & * & * \\ -1 & 1 & 1 & * & * & *\end{bmatrix}=3$$

$$\text{rank}\begin{bmatrix}\boldsymbol{C} \\ \boldsymbol{CA} \\ \boldsymbol{CA}^2\end{bmatrix}=\text{rank}\begin{bmatrix}1 & 1 & 0 \\ 0 & 1 & 0 \\ 0 & 1 & 1 \\ * & * & * \\ * & * & * \\ * & * & *\end{bmatrix}=3,\quad *\text{元为判断不需要而无需计算}$$

可知给定$(\boldsymbol{A},\boldsymbol{B},\boldsymbol{C})$完全能控和完全能观测。于是，基于$(\boldsymbol{A},\boldsymbol{B},\boldsymbol{C})$就可定出

系统有限极点= “$\det(s\boldsymbol{I}-\boldsymbol{A})=0$ 根” = “$s^3+3s^2+4s+2=0$ 根” $=-1, -1+\text{j}, -1-\text{j}$

系统有限零点= “使$\begin{bmatrix}s\boldsymbol{I}-\boldsymbol{A} & \boldsymbol{B} \\ -\boldsymbol{C} & \boldsymbol{0}\end{bmatrix}$降秩 s 值”

$$=\text{“惟一使 rank}\begin{bmatrix}s & -1 & 0 & 1 & 0 \\ 0 & s & -1 & 0 & 1 \\ 2 & 4 & s+3 & -1 & 1 \\ -1 & -1 & 0 & 0 & 0 \\ 0 & -1 & 0 & 0 & 0\end{bmatrix}_{s=-4} <5 \text{ 的 } s=-4\text{”}=-4$$

（ii）对给定状态空间描述$(\boldsymbol{A},\boldsymbol{B},\boldsymbol{C})$，由

$$\text{rank}[\boldsymbol{B}\ \ \boldsymbol{AB}\ \ \boldsymbol{A}^2\boldsymbol{B}]=\text{rank}\begin{bmatrix}1 & 0 & 2 & * & * & * \\ 0 & 1 & 0 & * & * & * \\ 1 & 0 & 1 & * & * & *\end{bmatrix}=3$$

$$\text{rank}\begin{bmatrix}\boldsymbol{C} \\ \boldsymbol{CA} \\ \boldsymbol{CA}^2\end{bmatrix}=\text{rank}\begin{bmatrix}1 & 4 & 1 \\ 2 & 5 & 1 \\ 3 & 6 & 2\end{bmatrix}=3,\quad *\text{元为判断不需要而无需计算}$$

可知给定$(\boldsymbol{A},\boldsymbol{B},\boldsymbol{C})$完全能控和完全能观测。于是，基于$(\boldsymbol{A},\boldsymbol{B},\boldsymbol{C})$就可定出

$$\text{系统有限极点= “}\det(s\boldsymbol{I}-\boldsymbol{A})=0\text{ 根” = “}\det\begin{bmatrix}s-1 & 0 & -1 \\ 0 & s-1 & 0 \\ -1 & -1 & s\end{bmatrix}=0\text{ 根”}$$

$$=\text{“}s^3-2s^2+1=(s-1)(s^2-s-1)=0\text{ 根”}=1,\ \frac{1}{2}\pm\frac{\sqrt{5}}{2}$$

而为确定系统零点，先行引入如下行和列初等变换，有

$$\begin{bmatrix} sI-A & B \\ -C & 0 \end{bmatrix}=\begin{bmatrix} s-1 & 0 & -1 & 1 & 0 \\ 0 & s-1 & 0 & 0 & 1 \\ -1 & -1 & s & 1 & 0 \\ -1 & -4 & -1 & 0 & 0 \end{bmatrix}$$ “列 4” ×[−(s−1)]加于“列 1”,

“列 4” 加于“列 3” →

$$\begin{bmatrix} 0 & 0 & 0 & 1 & 0 \\ 0 & s-1 & 0 & 0 & 1 \\ -s & -1 & s+1 & 1 & 0 \\ -1 & -4 & -1 & 0 & 0 \end{bmatrix}$$ “列 5” ×[−(s−1)]加于“列 2” →

$$\begin{bmatrix} 0 & 0 & 0 & 1 & 0 \\ 0 & 0 & 0 & 0 & 1 \\ -s & -1 & s+1 & 1 & 0 \\ -1 & -4 & -1 & 0 & 0 \end{bmatrix}$$ “行 4” ×(s+1)加于“行 3” →

$$\begin{bmatrix} 0 & 0 & 0 & 1 & 0 \\ 0 & 0 & 0 & 0 & 1 \\ -2s-1 & -4s-5 & 0 & 1 & 0 \\ -1 & -4 & -1 & 0 & 0 \end{bmatrix}$$ “列 1” ×(−2)加于“列 2” →

$$\begin{bmatrix} 0 & 0 & 0 & 1 & 0 \\ 0 & 0 & 0 & 0 & 1 \\ -2s-1 & -3 & 0 & 1 & 0 \\ -1 & -2 & -1 & 0 & 0 \end{bmatrix}$$ “列 3” ×(− 2)加于“列 2”，“列 3” ×(−1)加于“列 1” →

$$\begin{bmatrix} 0 & 0 & 0 & 1 & 0 \\ 0 & 0 & 0 & 0 & 1 \\ -2s-1 & -3 & 0 & 1 & 0 \\ 0 & 0 & -1 & 0 & 0 \end{bmatrix}$$ “列 2” ×(1/3)，“列 2” 加于“列 4” → $$\begin{bmatrix} 0 & 0 & 0 & 1 & 0 \\ 0 & 0 & 0 & 0 & 1 \\ -2s-1 & -1 & 0 & 0 & 0 \\ 0 & 0 & -1 & 0 & 0 \end{bmatrix}$$

从而，考虑到列和行初等变换不改变被变换矩阵的秩，由

$$\operatorname{rank}\begin{bmatrix} sI-A & B \\ -C & 0 \end{bmatrix}=\operatorname{rank}\begin{bmatrix} 0 & 0 & 0 & 1 & 0 \\ 0 & 0 & 0 & 0 & 1 \\ -2s-1 & -1 & 0 & 0 & 0 \\ 0 & 0 & -1 & 0 & 0 \end{bmatrix}=4，\ \forall\text{ 所有 } s \text{ 值}$$

定出

$$\text{系统有限零点}=\text{“使}\begin{bmatrix} sI-A & B \\ -C & 0 \end{bmatrix}\text{降秩的 } s \text{ 值”}=\text{无}$$

题 9.5　对上题的两个线性时不变系统，分别确定一个初始状态 $\boldsymbol{x}_0$ 和一个输入函数

$\boldsymbol{u}(t)$，使系统强制输出 $\boldsymbol{y}(t)\equiv 0$。

解 本题属于运用零点属性确定使系统为零强制输出的初始状态和输入的基本题。

（i）对题 9.4（i）的线性时不变系统，前已定出其零点 $z_0=-4$。先按

$$\boldsymbol{C}\boldsymbol{x}_0=\boldsymbol{0} \quad \text{即} \quad \begin{bmatrix}1 & 1 & 0\\ 0 & 1 & 0\end{bmatrix}\begin{bmatrix}x_{01}\\ x_{02}\\ x_{03}\end{bmatrix}=\begin{bmatrix}0\\ 0\end{bmatrix}$$

定出一个初始状态 $\boldsymbol{x}_0$ 为

$$\boldsymbol{x}_0=\begin{bmatrix}0\\ 0\\ x_{03}\end{bmatrix}, \quad x_{03}=\text{任意常值}$$

再按

$$(z_0\boldsymbol{I}-\boldsymbol{A})\boldsymbol{x}_0=-\boldsymbol{B}\boldsymbol{u}_0 \quad \text{即} \quad \begin{bmatrix}-4 & -1 & 0\\ 0 & -4 & -1\\ 2 & 4 & -1\end{bmatrix}\begin{bmatrix}0\\ 0\\ x_{03}\end{bmatrix}=\begin{bmatrix}-1 & 0\\ 0 & -1\\ 1 & -1\end{bmatrix}\begin{bmatrix}u_{01}\\ u_{02}\end{bmatrix}$$

定出一个 $\boldsymbol{u}_0$ 为

$$\boldsymbol{u}_0=\begin{bmatrix}0\\ x_{03}\end{bmatrix}, \quad x_{03}=\text{任意常值}$$

则据零点阻塞属性知，使系统为零强制输出的一个初始状态 $\boldsymbol{x}_0$ 和一个输入函数 $\boldsymbol{u}(t)$ 为

$$\boldsymbol{x}_0=\begin{bmatrix}0\\ 0\\ x_{03}\end{bmatrix}, \quad \boldsymbol{u}(t)=\boldsymbol{u}_0\,\mathrm{e}^{z_0 t}=\begin{bmatrix}0\\ x_{03}\end{bmatrix}\mathrm{e}^{-4t}=\begin{bmatrix}0\\ x_{03}\,\mathrm{e}^{-4t}\end{bmatrix}, \quad x_{03}=\text{任意常值}$$

（ii）对题 9.4（ii）的线性时不变系统，前已定出其没有零点，从而使系统为零强制输出的初始状态 $\boldsymbol{x}_0=\boldsymbol{0}$ 和输入函数 $\boldsymbol{u}(t)=\boldsymbol{0}$。

题 9.6 给定线性时不变系统为

$$\dot{\boldsymbol{x}}=\begin{bmatrix}0 & 1\\ -2 & -3\end{bmatrix}\boldsymbol{x}+\begin{bmatrix}0\\ 1\end{bmatrix}u$$
$$y=\begin{bmatrix}2 & 1\end{bmatrix}\boldsymbol{x}$$

试：（i）确定两个初始状态 $\boldsymbol{x}_0$，使系统输出的零输入响应对所有 $t\geqslant 0$ 为 $y(t)=5\,\mathrm{e}^{-t}$。

（ii）确定两个初始状态 $\boldsymbol{x}_0$，使系统相应于此初始状态和 $u(t)=\mathrm{e}^{3t}$ 的强制输出响应对所有 $t\geqslant 0$ 为

$$y(t)=\frac{1}{4}\,\mathrm{e}^{3t}$$

解 本题属于运用极点零点属性确定使系统具有“指定零输入输出响应”和“指定强制输出响应”时的初始状态的基本题。

（i）对给定系统状态空间描述引入拉普拉斯变换，表 $\hat{y}(s)$ 为 $y(t)$ 的拉普拉斯变换，导出由“初始状态 $\boldsymbol{x}_0$”到“零输入输出响应 y”的传递关系为

$$\hat{y}(s)=\boldsymbol{c}(s\boldsymbol{I}-\boldsymbol{A})^{-1}\boldsymbol{x}_0=\begin{bmatrix}2 & 1\end{bmatrix}\begin{bmatrix}s & -1\\ 2 & s+3\end{bmatrix}^{-1}\boldsymbol{x}_0$$

$$=\begin{bmatrix}2 & 1\end{bmatrix}\begin{bmatrix}\dfrac{(s+3)}{(s+1)(s+2)} & \dfrac{1}{(s+1)(s+2)}\\ \dfrac{-2}{(s+1)(s+2)} & \dfrac{s}{(s+1)(s+2)}\end{bmatrix}\boldsymbol{x}_0=\begin{bmatrix}\dfrac{2}{s+1} & \dfrac{1}{s+1}\end{bmatrix}\begin{bmatrix}x_{01}\\ x_{02}\end{bmatrix}$$

$$=(2x_{01}+x_{02})\,\frac{1}{s+1}$$

对上式求拉普拉斯反变换，有

$$y(t)=(2x_{01}+x_{02})\,\mathrm{e}^{-t}$$

基此，按使系统的零输入输出响应为“$y(t)=5\,\mathrm{e}^{-t}$，$t\geqslant 0$”，由

$$(2x_{01}+x_{02})=5 \quad 即 \quad x_{02}=5-2x_{01}$$

就可定出，所求初始状态 $\boldsymbol{x}_0$ 为

$$\boldsymbol{x}_0=\begin{bmatrix}x_{01}\\ 5-2x_{01}\end{bmatrix},\quad x_{01}=任意有限常数$$

（ii）对给定系统状态空间描述引入拉普拉斯变换，表 $\hat{y}(s)$ 和 $\hat{u}(s)$ 为 $y(t)$ 和 $u(t)$ 的拉普拉斯变换，导出由“输入 u 和初始状态 $\boldsymbol{x}_0$”到“强制输出响应 y”的传递关系为

$$\hat{y}(s)=\boldsymbol{c}(s\boldsymbol{I}-\boldsymbol{A})^{-1}\boldsymbol{b}\,\hat{u}(s)+\boldsymbol{c}(s\boldsymbol{I}-\boldsymbol{A})^{-1}\boldsymbol{x}_0$$

$$=\begin{bmatrix}2 & 1\end{bmatrix}\begin{bmatrix}s & -1\\ 2 & s+3\end{bmatrix}^{-1}\begin{bmatrix}0\\ 1\end{bmatrix}\hat{u}(s)+\begin{bmatrix}2 & 1\end{bmatrix}\begin{bmatrix}s & -1\\ 2 & s+3\end{bmatrix}^{-1}\boldsymbol{x}_0$$

$$=\begin{bmatrix}2 & 1\end{bmatrix}\begin{bmatrix}\dfrac{(s+3)}{(s+1)(s+2)} & \dfrac{1}{(s+1)(s+2)}\\ \dfrac{-2}{(s+1)(s+2)} & \dfrac{s}{(s+1)(s+2)}\end{bmatrix}\begin{bmatrix}0\\ 1\end{bmatrix}\hat{u}(s)$$

$$+\begin{bmatrix}2 & 1\end{bmatrix}\begin{bmatrix}\dfrac{(s+3)}{(s+1)(s+2)} & \dfrac{1}{(s+1)(s+2)}\\ \dfrac{-2}{(s+1)(s+2)} & \dfrac{s}{(s+1)(s+2)}\end{bmatrix}\boldsymbol{x}_0$$

$$=\frac{1}{s+1}\,\hat{u}(s)+\begin{bmatrix}\dfrac{2}{s+1} & \dfrac{1}{s+1}\end{bmatrix}\begin{bmatrix}x_{01}\\ x_{02}\end{bmatrix}=\left(\frac{1}{s+1}\right)\frac{1}{s-3}+(2x_{01}+x_{02})\,\frac{1}{s+1}$$

对上式中括号外有理分式求拉普拉斯反变换得到强制输出响应为

$$y(t)=\frac{1}{4}\,\mathrm{e}^{3t}+(2x_{01}+x_{02})\,\mathrm{e}^{-t}$$

基此，按使系统的强制输出响应为“ $y(t)=\mathrm{e}^{3t}/4$， $t\geqslant 0$ ”，由

$$(2x_{01}+x_{02})=0 \quad 即 \quad x_{02}=-2x_{01}$$

就可定出，所求初始状态 $\boldsymbol{x}_0$ 为

$$\boldsymbol{x}_0=\begin{bmatrix} x_{01} \\ -2x_{01} \end{bmatrix}，\quad x_{01}=任意有限常数$$

题 9.7 给定完全能控和完全能观测的线性时不变系统：

$$\dot{\boldsymbol{x}}=\boldsymbol{A}\boldsymbol{x}+\boldsymbol{B}\boldsymbol{u}$$
$$\boldsymbol{y}=\boldsymbol{C}\boldsymbol{x}+\boldsymbol{E}\boldsymbol{u}$$

表其传递函数矩阵为 $\boldsymbol{G}(s)$，试证明：λ 为 $\boldsymbol{G}(s)$ 的极点的充分必要条件是，存在一个初始状态 $\boldsymbol{x}_0$，使系统输出的零输入响应为 $\boldsymbol{y}(t)=\boldsymbol{\beta}\mathrm{e}^{\lambda t}$，其中 $\boldsymbol{\beta}$ 为非零向量。

解 本题属于系统极点属性的证明题，意在训练运用已知极点零点特性导出待证结论的演绎推证能力。

对系统状态空间描述引入拉普拉斯变换，表 $\hat{\boldsymbol{y}}(s)$ 为 $\boldsymbol{y}(t)$的拉普拉斯变换，导出由“初始状态 $\boldsymbol{x}_0$ ”到“零输入输出响应 $\boldsymbol{y}$ ”的传递关系为

$$\hat{\boldsymbol{y}}(s)=\boldsymbol{C}\,(s\boldsymbol{I}-\boldsymbol{A})^{-1}\,\boldsymbol{x}_0$$

由系统完全能控和完全能观测，可知系统可由传递函数矩阵完全表征，即“ λ 为 $\boldsymbol{G}(s)$ 极点”等同于“ λ 为 $\boldsymbol{A}$ 特征值”。为使推导过程较为直观，设 $\boldsymbol{A}$ 为三维且特征值 $\lambda_1,\lambda,\lambda_3$ 两两相异，如不属这类情况推证思路相同。基此

$$通过线性非奇异变换导出\ \boldsymbol{P}^{-1}\boldsymbol{A}\boldsymbol{P}=\begin{bmatrix} \lambda_1 & 0 & 0 \\ 0 & \lambda & 0 \\ 0 & 0 & \lambda_2 \end{bmatrix}，取\ \boldsymbol{x}_0=\boldsymbol{P}\begin{bmatrix} 0 \\ x_{02} \\ 0 \end{bmatrix}$$

$$表\ \boldsymbol{C}\boldsymbol{P}=[\bar{\boldsymbol{\beta}}_1\ \ \bar{\boldsymbol{\beta}}\ \ \bar{\boldsymbol{\beta}}_3]，表\ \boldsymbol{\beta}=\bar{\boldsymbol{\beta}}x_{02}=非零向量$$

可以导出

$$\hat{\boldsymbol{y}}(s)=\boldsymbol{C}\,(s\boldsymbol{I}-\boldsymbol{A})^{-1}\,\boldsymbol{x}_0=\boldsymbol{C}\boldsymbol{P}\boldsymbol{P}^{-1}\,(s\boldsymbol{I}-\boldsymbol{A})^{-1}\,\boldsymbol{P}\boldsymbol{P}^{-1}\,\boldsymbol{x}_0$$

$$=(\boldsymbol{C}\boldsymbol{P})\begin{bmatrix} \dfrac{1}{(s-\lambda_1)} & 0 & 0 \\ 0 & \dfrac{1}{(s-\lambda)} & 0 \\ 0 & 0 & \dfrac{1}{(s-\lambda_2)} \end{bmatrix}(\boldsymbol{P}^{-1}\boldsymbol{x}_0)$$

$$=[\bar{\beta}_1\ \ \bar{\beta}\ \ \bar{\beta}_3]\begin{bmatrix}\dfrac{1}{(s-\lambda_1)} & 0 & 0\\ 0 & \dfrac{1}{(s-\lambda)} & 0\\ 0 & 0 & \dfrac{1}{(s-\lambda_2)}\end{bmatrix}\begin{bmatrix}0\\ x_{02}\\ 0\end{bmatrix}$$

$$=[\bar{\beta}_1\ \ \bar{\beta}\ \ \bar{\beta}_3]\begin{bmatrix}0\\ \dfrac{x_{02}}{(s-\lambda)}\\ 0\end{bmatrix}=\bar{\beta}\,x_{02}\frac{1}{(s-\lambda)}=\beta\frac{1}{(s-\lambda)}$$

从而证得：λ 为 $G(s)$ 极点，当且仅当

存在初始状态 $x_0=P\begin{bmatrix}0\\ x_{02}\\ 0\end{bmatrix}$，使零输入输出响应 $\hat{y}(s)=\beta\dfrac{1}{(s-\lambda)}$ 即 $y(t)=\beta e^{\lambda t}$

题 9.8　对上题的线性时不变系统，令输入 $u(t)=u_0e^{-\alpha t}$，其中 $-\alpha$ 为实数且不是 $G(s)$ 的极点，u_0 为任意非零常向量，试证明：系统相对于输入 $u(t)$ 和初始状态

$$x(0)=(-A-\alpha I)^{-1}Bu_0$$

的强制输出响应对 $t\geqslant 0$ 为：

$$y(t)=Cx(0)e^{-\alpha t}$$

解　本题属于一类强制输出响应的证明题，意在训练运用系统非极点的属性论证待证结论的演绎推证能力。

由系统传递函数矩阵属性，对给定输入 $u(t)=u_0\ e^{-\alpha t}$，有

$$\hat{y}(s)=G(s)\ \hat{u}(s)=[C(sI-A)^{-1}Bu_0]\frac{1}{s+\alpha}$$

再由 $-\alpha$ 不是 $G(s)$ 极点知，$[C(sI-A)^{-1}Bu_0]_{s=-\alpha}$ 存在且为有限常向量。于是，据强制输出响应定义，对上式方括号外有理分式求拉普拉斯反变换，并运用初始状态关系式 $x(0)=(-A-\alpha I)^{-1}Bu_0$，就可证得强制输出响应为

$$\begin{aligned}y(t)&=[C(sI-A)^{-1}Bu_0]_{s=-\alpha}\ e^{-\alpha t}\\&=C(-\alpha I-A)^{-1}\ (-A-\alpha I)\ x(0)e^{-\alpha t}=Cx(0)e^{-\alpha t},\quad t\geqslant 0\end{aligned}$$

题 9.9　令传递函数矩阵 $G(s)=D_L^{-1}(s)\ N_L(s)=N(s)\ D^{-1}(s)$ 均为不可简约 MFD，试证明：由 $N(s)$ 定义的零点集必等同于由 $N_L(s)$ 所定义的零点集。

解　本题属于不可简约 MFD 的零点集为等同的证明题，意在训练运用系统零点属性论证待证结论的演绎推证能力。

由已知 $D_L^{-1}(s)\ N_L(s)=N(s)\ D^{-1}(s)$，导出 $N(s)=D_L^{-1}(s)\ N_L(s)\ D(s)$。由此，考虑到

$\boldsymbol{D}_{\mathrm{L}}^{-1}(s)$ 和 $\boldsymbol{D}(s)$ 为非奇异，并运用“多项式矩阵左乘和右乘非奇异矩阵不改变秩”的属性，有

$$\operatorname{rank}\boldsymbol{N}(s)=\operatorname{rank}\boldsymbol{D}_{\mathrm{L}}^{-1}(s)\ \boldsymbol{N}_{\mathrm{L}}(s)\ \boldsymbol{D}(s)=\operatorname{rank}\boldsymbol{N}_{\mathrm{L}}(s)$$

表明

$$\boldsymbol{N}(s)\text{降秩}\,s\text{值}=\boldsymbol{N}_{\mathrm{L}}(s)\text{降秩}\,s\text{值},\quad \boldsymbol{N}(s)\text{不降秩}\,s\text{值}=\boldsymbol{N}_{\mathrm{L}}(s)\text{不降秩}\,s\text{值}$$

基此，由 $\boldsymbol{D}_{\mathrm{L}}^{-1}(s)\ \boldsymbol{N}_{\mathrm{L}}(s)=\boldsymbol{N}(s)\ \boldsymbol{D}^{-1}(s)$ 均不可简约，并据系统零点推论性定义，就即证得

$$\boldsymbol{N}(s)\text{零点}=\boldsymbol{N}_{\mathrm{L}}(s)\text{零点},\quad \boldsymbol{N}(s)\text{定义的零点集}=\boldsymbol{N}_{\mathrm{L}}(s)\text{定义的零点集}$$

题 9.10 计算下列传递函数矩阵 $\boldsymbol{G}(s)$ 在 $s=0, -1, -2, -3$ 上的评价值：

$$\boldsymbol{G}(s)=\begin{bmatrix}\dfrac{s^2}{(s+1)(s+2)} & \dfrac{s(s+3)}{(s+1)(s+2)^2}\\ \dfrac{s+2}{(s+1)(s+2)} & \dfrac{s+1}{(s+3)^2(s+2)}\end{bmatrix}$$

解 本题属于计算传递函数矩阵的评价值的基本题。

定出给定传递函数矩阵 $\boldsymbol{G}(s)$ 的所有一阶和二阶子式，有

$$|\boldsymbol{G}|^1=\frac{s^2}{(s+1)(s+2)},\quad \frac{s(s+3)}{(s+1)(s+2)^2},\quad \frac{(s+2)}{(s+1)(s+2)},\quad \frac{(s+1)}{(s+3)^2(s+2)}$$

$$|\boldsymbol{G}|^2=\frac{-s(7s^2+26s+27)}{(s+1)^2(s+2)^2(s+3)^2}=\frac{-7s\left(s+\dfrac{13}{7}-\mathrm{j}\dfrac{\sqrt{20}}{7}\right)\left(s+\dfrac{13}{7}+\mathrm{j}\dfrac{\sqrt{20}}{7}\right)}{(s+1)^2(s+2)^2(s+3)^2}$$

基此，并据评价值的定义，就可定出 $\boldsymbol{G}(s)$ 在 $s=0, -1, -2, -3$ 上的一阶和二阶评价值为

$$\upsilon_0^{(1)}(\boldsymbol{G})=\min\{2, 1, 0, 0\}=0,\qquad \upsilon_0^{(2)}(\boldsymbol{G})=1$$
$$\upsilon_{-1}^{(1)}(\boldsymbol{G})=\min\{-1, -1, -1, 1\}=-1,\qquad \upsilon_{-1}^{(2)}(\boldsymbol{G})=-2$$
$$\upsilon_{-2}^{(1)}(\boldsymbol{G})=\min\{-1, -2, 0, -1\}=-2,\qquad \upsilon_{-2}^{(2)}(\boldsymbol{G})=-2$$
$$\upsilon_{-3}^{(1)}(\boldsymbol{G})=\min\{0, 1, 0, -2\}=-2,\qquad \upsilon_{-3}^{(2)}(\boldsymbol{G})=-2$$

题 9.11 对上题的传递函数矩阵 $\boldsymbol{G}(s)$，利用评价值定出其在有限复平面的史密斯-麦克米伦形，并据此定出 $\boldsymbol{G}(s)$ 的有限极点和有限零点及它们的重数。

解 本题属于由传递函数矩阵评价值确定有限复平面史密斯-麦克米伦形的基本题。

首先，确定给定 $\boldsymbol{G}(s)$ 的评价值。$\boldsymbol{G}(s)$ 在 $s=0, -1, -2, -3$ 上的一阶和二阶评价值已在上题解答中定出为

$$\upsilon_0^{(1)}(\boldsymbol{G})=\min\{2, 1, 0, 0\}=0,\qquad \upsilon_0^{(2)}(\boldsymbol{G})=1$$
$$\upsilon_{-1}^{(1)}(\boldsymbol{G})=\min\{-1, -1, -1, 1\}=-1,\qquad \upsilon_{-1}^{(2)}(\boldsymbol{G})=-2$$
$$\upsilon_{-2}^{(1)}(\boldsymbol{G})=\min\{-1, -2, 0, -1\}=-2,\qquad \upsilon_{-2}^{(2)}(\boldsymbol{G})=-2$$
$$\upsilon_{-3}^{(1)}(\boldsymbol{G})=\min\{0, 1, 0, -2\}=-2,\qquad \upsilon_{-3}^{(2)}(\boldsymbol{G})=-2$$

再据上题解答中导出的一阶子式$|G|^1$和二阶子式$|G|^2$，还可定出$G(s)$在

$$s=\alpha_1=-\frac{13}{7}+\mathrm{j}\frac{\sqrt{20}}{7}\quad 和\quad s=\alpha_2=-\frac{13}{7}-\mathrm{j}\frac{\sqrt{20}}{7}$$

上的一阶和二阶评价值为

$$\upsilon_{\alpha_1}^{(1)}(G)=\min\{0,0,0,0\}=0,\quad \upsilon_{\alpha_1}^{(2)}(G)=1$$
$$\upsilon_{\alpha_2}^{(1)}(G)=\min\{0,0,0,0\}=0,\quad \upsilon_{\alpha_2}^{(2)}(G)=1$$

并且

$G(s)$在此外所有s值上的一阶和二阶评价值均为 0

其次，导出给定$G(s)$的史密斯-麦克米伦形。基于上述得到的$G(s)$的评价值，并据相应计算关系式，先行定出上述各个s值上的结构指数组为

$$\sigma_1(0)=\upsilon_0^{(1)}(G)=0,\qquad \sigma_2(0)=\upsilon_0^{(2)}(G)-\upsilon_0^{(1)}(G)=1$$
$$\sigma_1(-1)=\upsilon_{-1}^{(1)}(G)=-1,\qquad \sigma_2(-1)=\upsilon_{-1}^{(2)}(G)-\upsilon_{-1}^{(1)}(G)=-1$$
$$\sigma_1(-2)=\upsilon_{-2}^{(1)}(G)=-2,\qquad \sigma_2(-2)=\upsilon_{-2}^{(2)}(G)-\upsilon_{-2}^{(1)}(G)=0$$
$$\sigma_1(-3)=\upsilon_{-3}^{(1)}(G)=-2,\qquad \sigma_2(-3)=\upsilon_{-3}^{(2)}(G)-\upsilon_{-3}^{(1)}(G)=0$$
$$\sigma_1(\alpha_1)=\upsilon_{\alpha_1}^{(1)}(G)=0,\qquad \sigma_2(\alpha_1)=\upsilon_{\alpha_1}^{(2)}(G)-\upsilon_{\alpha_1}^{(1)}(G)=1$$
$$\sigma_1(\alpha_2)=\upsilon_{\alpha_2}^{(1)}(G)=0,\qquad \sigma_2(\alpha_2)=\upsilon_{\alpha_2}^{(2)}(G)-\upsilon_{\alpha_2}^{(1)}(G)=1$$

基此，按史密斯-麦克米伦形$M(s)$的结构指数表示式，就可导出给定$G(s)$的$M(s)$为

$$M(s)=\begin{bmatrix} s^0 & 0\\ 0 & s^1\end{bmatrix}\begin{bmatrix} (s+1)^{-1} & 0\\ 0 & (s+1)^{-1}\end{bmatrix}\begin{bmatrix} (s+2)^{-2} & 0\\ 0 & (s+2)^{0}\end{bmatrix}\begin{bmatrix} (s+3)^{-2} & 0\\ 0 & (s+3)^{0}\end{bmatrix}$$
$$\times\begin{bmatrix} \left(s+\frac{13}{7}-\mathrm{j}\frac{\sqrt{20}}{7}\right)^0 & 0\\ 0 & \left(s+\frac{13}{7}-\mathrm{j}\frac{\sqrt{20}}{7}\right)^1\end{bmatrix}\begin{bmatrix} \left(s+\frac{13}{7}+\mathrm{j}\frac{\sqrt{20}}{7}\right)^0 & 0\\ 0 & \left(s+\frac{13}{7}+\mathrm{j}\frac{\sqrt{20}}{7}\right)^1\end{bmatrix}$$
$$=\begin{bmatrix} \dfrac{1}{(s+1)(s+2)^2(s+3)^2} & 0\\ 0 & \dfrac{s\left(s^2+\frac{26}{7}s+\frac{27}{7}\right)}{(s+1)}\end{bmatrix}$$

最后，确定给定$G(s)$的有限极点和有限零点。基于所导出的$M(s)$，并运用有限极点和有限零点基于史密斯-麦克米伦形的定义，就可定出

$G(s)$的有限极点：-1（二重），-2（二重），-3（二重）

$G(s)$的有限零点：0，$-(13/7)+\mathrm{j}(\sqrt{20}/7)$，$-(13/7)-\mathrm{j}(\sqrt{20}/7)$

题 9.12 对于题 9.10 的传递函数矩阵$\boldsymbol{G}(s)$，利用评价值定出其在无穷远处的史密斯-麦克米伦形。

解 本题属于由传递函数矩阵在无穷远处评价值确定其在无穷远处的史密斯-麦克米伦形的基本题。

在题 9.10 解答中，已对给定传递函数矩阵$\boldsymbol{G}(s)$定出一阶和二阶子式为

$$\left|\boldsymbol{G}\right|^1 = \frac{s^2}{(s+1)(s+2)}，\ \frac{s(s+3)}{(s+1)(s+2)^2}，\ \frac{(s+2)}{(s+1)(s+2)}，\ \frac{(s+1)}{(s+3)^2(s+2)}$$

$$\left|\boldsymbol{G}\right|^2 = \frac{-s(7s^2+26s+27)}{(s+1)^2(s+2)^2(s+3)^2}$$

由此，并据“子式在无穷远处评价值为分母次数减去分子次数”的定义，可导出给定$\boldsymbol{G}(s)$在无穷远处的评价值为

$$\upsilon_\infty^{(1)}(\boldsymbol{G})=\min\{0,1,1,2\}=0,\quad \upsilon_\infty^{(2)}(\boldsymbol{G})=3$$

基于得到的评价值，并据相应计算关系式，再行定出$\boldsymbol{G}(s)$在无穷远处的结构指数为

$$\sigma_1(\infty)=\upsilon_\infty^{(1)}(\boldsymbol{G})=0,\qquad \sigma_2(\infty)=\upsilon_\infty^{(2)}(\boldsymbol{G})-\upsilon_\infty^{(1)}(\boldsymbol{G})=3$$

于是，就可导出给定传递函数矩阵$\boldsymbol{G}(s)$在无穷远处的史密斯-麦克米伦形为

$$\tilde{\boldsymbol{M}}_0(s)=\begin{bmatrix}\lambda^0 & 0\\ 0 & \lambda^3\end{bmatrix}=\begin{bmatrix}1 & 0\\ 0 & \lambda^3\end{bmatrix}$$

题 9.13 确定下列各传递函数矩阵$\boldsymbol{G}(s)$的右零空间$\boldsymbol{\Omega}_{\mathrm{r}}$和左零空间$\boldsymbol{\Omega}_{\mathrm{L}}$的维数：

（i）$\boldsymbol{G}(s)=\begin{bmatrix}\dfrac{2}{s-1} & \dfrac{s+10}{2(s-1)^3}\\ \dfrac{4(s+1)}{s+10} & \dfrac{s+1}{(s-1)^2}\end{bmatrix}$

（ii）$\boldsymbol{G}(s)=\begin{bmatrix}0 & s^2-1\\ s-1 & 0\end{bmatrix}^{-1}\begin{bmatrix}s-1 & 1 & s-1\\ s+1 & 0 & s+1\end{bmatrix}$

解 本题属于确定传递函数矩阵的零空间维数的基本题。

对传递函数矩阵$\boldsymbol{G}(s)$，其右零空间$\boldsymbol{\Omega}_{\mathrm{r}}$的维数=“$\boldsymbol{G}(s)$的列数$-\boldsymbol{G}(s)$的秩”，其左零空间$\boldsymbol{\Omega}_{\mathrm{L}}$的维数=“$\boldsymbol{G}(s)$的行数$-\boldsymbol{G}(s)$的秩”

（i）对$\boldsymbol{G}(s)=\begin{bmatrix}\dfrac{2}{s-1} & \dfrac{s+10}{2(s-1)^3}\\ \dfrac{4(s+1)}{s+10} & \dfrac{s+1}{(s-1)^2}\end{bmatrix}$，有：$\boldsymbol{G}(s)$的列数为 2，$\boldsymbol{G}(s)$的行数为 2，

$$\text{由“}\det \boldsymbol{G}(s)=\det\begin{bmatrix}\dfrac{2}{s-1} & \dfrac{s+10}{2(s-1)^3}\\ \dfrac{4(s+1)}{s+10} & \dfrac{s+1}{(s-1)^2}\end{bmatrix}=0\text{”知 } \operatorname{rank}\boldsymbol{G}(s)=1$$

从而，可以定出

$$\boldsymbol{G}(s)\text{ 右零空间}\boldsymbol{\Omega}_{\mathrm{r}}\text{ 维数 }\dim(\boldsymbol{\Omega}_{\mathrm{r}})=2-1=1$$

$$\boldsymbol{G}(s)\text{ 左零空间}\boldsymbol{\Omega}_{\mathrm{L}}\text{ 维数 }\dim(\boldsymbol{\Omega}_{\mathrm{L}})=2-1=1$$

（ii）对 $\boldsymbol{G}(s)=\begin{bmatrix}0 & s^2-1\\ s-1 & 0\end{bmatrix}^{-1}\begin{bmatrix}s-1 & 1 & s-1\\ s+1 & 0 & s+1\end{bmatrix}$，有：$\boldsymbol{G}(s)$ 的列数为 3，$\boldsymbol{G}(s)$ 的行数为 2，

$$\operatorname{rank}\boldsymbol{G}(s)=\operatorname{rank}\begin{bmatrix}0 & s^2-1\\ s-1 & 0\end{bmatrix}^{-1}\begin{bmatrix}s-1 & 1 & s-1\\ s+1 & 0 & s+1\end{bmatrix}=\operatorname{rank}\begin{bmatrix}s-1 & 1 & s-1\\ s+1 & 0 & s+1\end{bmatrix}=2$$

从而，可以定出

$$\boldsymbol{G}(s)\text{ 右零空间}\boldsymbol{\Omega}_{\mathrm{r}}\text{ 的维数 }\dim(\boldsymbol{\Omega}_{\mathrm{r}})=3-2=1$$

$$\boldsymbol{G}(s)\text{ 左零空间}\boldsymbol{\Omega}_{\mathrm{L}}\text{ 的维数 }\dim(\boldsymbol{\Omega}_{\mathrm{L}})=2-2=0\text{，即}\boldsymbol{\Omega}_{\mathrm{L}}\text{ 为空}$$

题 9.14 给定传递函数矩阵 $\boldsymbol{G}(s)$ 为

$$\boldsymbol{G}(s)=\begin{bmatrix}\dfrac{s}{(s+1)(s+2)^2} & \dfrac{1}{(s+2)} & \dfrac{s(s+3)}{(s+1)(s+2)^2}\\ \dfrac{1}{(s+2)^3} & \dfrac{s+1}{s(s+2)^2} & \dfrac{(s+3)}{(s+2)^3}\end{bmatrix}$$

试：（i）确定其右零空间的一组有理分式基；（ii）确定其右零空间的一组最小多项式基；（iii）确定其右零空间的最小阶数。

解 本题属于确定传递函数矩阵零空间的有理分式基和最小多项式基的基本题。对给定 $\boldsymbol{G}(s)$，容易判断其全部三个“2×2 子矩阵”的行列式均为零，可知

$$\operatorname{rank}\boldsymbol{G}(s)=\operatorname{rank}\begin{bmatrix}\dfrac{s}{(s+1)(s+2)^2} & \dfrac{1}{(s+2)} & \dfrac{s(s+3)}{(s+1)(s+2)^2}\\ \dfrac{1}{(s+2)^3} & \dfrac{s+1}{s(s+2)^2} & \dfrac{(s+3)}{(s+2)^3}\end{bmatrix}=1$$

基此

$$\boldsymbol{G}(s)\text{ 右零空间}\boldsymbol{\Omega}_{\mathrm{r}}\text{ 维数=“}\boldsymbol{G}(s)\text{ 的列数}-\boldsymbol{G}(s)\text{ 的秩”}=3-1=2$$

$\boldsymbol{\Omega}_{\mathrm{r}}$ 基为满足“$\boldsymbol{G}(s)\ \boldsymbol{f}_1(s)=\boldsymbol{0}$，$\boldsymbol{G}(s)\ \boldsymbol{f}_2(s)=\boldsymbol{0}$”线性无关向量组$\{\boldsymbol{f}_1(s),\ \boldsymbol{f}_2(s)\}$

（i）确定右零空间 $\boldsymbol{\Omega}_{\mathrm{r}}$ 的有理分式基。基于

$$G(s)\ f(s)=\begin{bmatrix}\frac{s}{(s+1)(s+2)^2} & \frac{1}{(s+2)} & \frac{s(s+3)}{(s+1)(s+2)^2}\\ \frac{1}{(s+2)^3} & \frac{s+1}{s(s+2)^2} & \frac{(s+3)}{(s+2)^3}\end{bmatrix}f(s)=\mathbf{0}$$

$f(s)$=有理分式向量

即可定出

$$\Omega_r \text{ 的有理分式基：}\ f_1(s)=\begin{bmatrix}\frac{(s+1)(s+2)}{(s^2+2s+2)}\\ \frac{-s}{(s^2+2s+2)}\\ 0\end{bmatrix},\quad f_2(s)=\begin{bmatrix}\frac{-(s+3)}{(s^2+5s+1)}\\ 0\\ \frac{1}{(s^2+5s+1)}\end{bmatrix}$$

（ii）确定右零空间Ω_r的最小多项式基。基于

$$G(s)\ f(s)=\begin{bmatrix}\frac{s}{(s+1)(s+2)^2} & \frac{1}{(s+2)} & \frac{s(s+3)}{(s+1)(s+2)^2}\\ \frac{1}{(s+2)^3} & \frac{s+1}{s(s+2)^2} & \frac{(s+3)}{(s+2)^3}\end{bmatrix}f(s)=\mathbf{0}$$

$f(s)$=多项式向量

先行定出右零空间Ω_r的一个多项式基为

$$f_1(s)=\begin{bmatrix}s+3\\0\\-1\end{bmatrix},\quad f_2(s)=\begin{bmatrix}s+1\\s\\-(s+1)\end{bmatrix}$$

组成多项式矩阵

$$F(s)=[\,f_1(s),f_2(s)\,]=\begin{bmatrix}s+3 & s+1\\ 0 & s\\ -1 & -(s+1)\end{bmatrix}$$

并进行判断

由不存在使$F(s)$降秩的s值，$F(s)$不可简约

由列次表达式 $F(s)=\begin{bmatrix}1&1\\0&1\\0&-1\end{bmatrix}\begin{bmatrix}s&0\\0&s\end{bmatrix}+\cdots$ 中列次系数阵F_{hc}满秩，$F(s)$列既约

从而，据最小多项式基判据知，上述得到的多项式基$\{f_1(s),f_2(s)\}$为右零空间Ω_r的最小多项式基，右最小指数为$\{1,1\}$。

（iii）确定右零空间Ω_r的最小阶数。据最小阶算式，定出

$G(s)$ 右零空间Ω_r 的最小阶数= “$G(s)$ 右最小指数之和” =1+1=2

题 9.15 计算题 9.10 的传递函数矩阵 $G(s)$ 的亏数。

解 本题属于确定传递函数矩阵的亏数的基本题。

对题 9.10 的 $G(s)=\begin{bmatrix} \dfrac{s^2}{(s+1)(s+2)} & \dfrac{s(s+3)}{(s+1)(s+2)^2} \\ \dfrac{s+2}{(s+1)(s+2)} & \dfrac{s+1}{(s+3)^2(s+2)} \end{bmatrix}$，有 $\operatorname{rank} G(s)=2$。

在题 9.11 的解答中已经定出，$G(s)$ 的有限极点零点为

$$0，-1，-2，-3，\alpha_1=\frac{13}{7}+\mathrm{j}\frac{\sqrt{20}}{7}，\alpha_2=-\frac{13}{7}-\mathrm{j}\frac{\sqrt{20}}{7}$$

$G(s)$ 在有限极点零点处的二阶评价值为

$$\upsilon_0^{(2)}(G)=1，\upsilon_{-1}^{(2)}(G)=-2，\upsilon_{-2}^{(2)}(G)=-2，$$
$$\upsilon_{-3}^{(2)}(G)=-2，\upsilon_{\alpha_1}^{(2)}(G)=1，\upsilon_{\alpha_2}^{(2)}(G)=1$$

而在题 9.12 的解答中，也已定出 $G(s)$ 在无穷远极点零点处二阶评价值为

$$\upsilon_\infty^{(2)}(G)=3$$

于是，基于上述结果并据定义，即可定出给定 $G(s)$ 的亏数为

$$\begin{aligned}\operatorname{def} G(s)&=-\{G(s)\text{ 在有限极点零点和无穷远极点零点处第 } r=2 \text{ 阶评价值之和}\}\\ &=-\{\upsilon_0^{(2)}(G)+\upsilon_{-1}^{(2)}(G)+\upsilon_{-2}^{(2)}(G)+\upsilon_{-3}^{(2)}(G)+\upsilon_{\alpha_1}^{(2)}(G)+\upsilon_{\alpha_2}^{(2)}(G)+\upsilon_\infty^{(2)}(G)\}\\ &=\{1-2-2-2+1+1+3\}=0\end{aligned}$$

题 9.16 计算题 9.14 的传递函数矩阵 $G(s)$ 的亏数。

解 本题属于确定传递函数矩阵的亏数的基本题。

对题 9.14 的 $G(s)=\begin{bmatrix} \dfrac{s}{(s+1)(s+2)^2} & \dfrac{1}{(s+2)} & \dfrac{s(s+3)}{(s+1)(s+2)^2} \\ \dfrac{1}{(s+2)^3} & \dfrac{s+1}{s(s+2)^2} & \dfrac{(s+3)}{(s+2)^3} \end{bmatrix}$，有 $\operatorname{rank} G(s)=1$。

在题 9.14 的解答中已经定出

$G(s)$ 的右最小指数=$\{1, 1\}$， $G(s)$ 的右最小指数之和=2

而为确定 $G(s)$ 的左最小指数，按 “$h_1(s)\,G(s)=0$，$h_1(s)$ 为最小多项式行向量”，先行定出 $G(s)$ 的左零空间Ω_L 的最小多项式基为

$$h_1(s)=[-(s+1)\quad s(s+2)]$$

基此，定出

$G(s)$ 的左最小指数=2， $G(s)$ 的左最小指数之和=2

于是，基于上述结果并据相关算式，即可定出给定 $G(s)$ 的亏数为

$\operatorname{def} G(s)=$ “$G(s)$ 的右最小指数之和” + “$G(s)$ 的左最小指数之和” =2+2=4

题 9.17 试从题 9.15 和题 9.16 的结果中归纳出传递函数矩阵的亏数的规律性结论。

解 本题属于对传递函数矩阵亏数计算结果的归纳题，意在训练由现象归纳出规律性结论的能力。

基于题 9.15 和题 9.16 的解答过程和结果，并加以归纳和一般化，可以导出传递函数矩阵的亏数的如下一些规律性结论。

推论 9.17A 亏数是对传递函数矩阵 $\boldsymbol{G}(s)$ 的奇异性的一种表征，且有

$$\boldsymbol{G}(s)\text{ 非奇异} \Leftrightarrow \boldsymbol{G}(s)\text{ 的亏数为 }0$$

$$\boldsymbol{G}(s)\text{ 奇异} \Leftrightarrow \boldsymbol{G}(s)\text{ 的亏数不为 }0$$

$$\boldsymbol{G}(s)\text{ 奇异程度越大} \Leftrightarrow \boldsymbol{G}(s)\text{ 的亏数越大}$$

推论 9.17B 亏数是对传递函数矩阵 $\boldsymbol{G}(s)$ 的极点零点不平衡性的一种表征，且有

$$\boldsymbol{G}(s)\text{ 的极点零点平衡} \Leftrightarrow \boldsymbol{G}(s)\text{ 的亏数为 }0$$

$$\boldsymbol{G}(s)\text{ 的极点零点不平衡} \Leftrightarrow \boldsymbol{G}(s)\text{ 的亏数不为 }0$$

$$\boldsymbol{G}(s)\text{ 的亏数=“}\boldsymbol{G}(s)\text{ 有限与无穷远极点总数”}-\text{“}\boldsymbol{G}(s)\text{ 有限与无穷远零点总数”}$$

推论 9.17C 亏数是对传递函数矩阵 $\boldsymbol{G}(s)$ 的零空间存在性和阶数的一种表征，且有

$$\boldsymbol{G}(s)\text{ 不存在零空间} \Leftrightarrow \boldsymbol{G}(s)\text{ 的亏数为 }0$$

$$\boldsymbol{G}(s)\text{ 存在零空间} \Leftrightarrow \boldsymbol{G}(s)\text{ 的亏数不为 }0$$

$$\boldsymbol{G}(s)\text{ 零空间的阶数越大} \Leftrightarrow \boldsymbol{G}(s)\text{ 的亏数越大}$$

推论 9.17D 亏数和传递函数矩阵 $\boldsymbol{G}(s)$ 的最小指数的关系，有

$$\boldsymbol{G}(s)\text{ 的最小指数为零} \Leftrightarrow \boldsymbol{G}(s)\text{ 的亏数为 }0$$

$$\boldsymbol{G}(s)\text{ 的最小指数不为零} \Leftrightarrow \boldsymbol{G}(s)\text{ 的亏数不为 }0$$

$$\boldsymbol{G}(s)\text{ 的亏数=“}\boldsymbol{G}(s)\text{ 的右最小指数之和”}+\text{“}\boldsymbol{G}(s)\text{ 的左最小指数之和”}$$

推论 9.17E 对传递函数矩阵 $\boldsymbol{G}(s)$ 奇异性的不同表征如极点零点不平衡性、零空间、最小指数等，$\boldsymbol{G}(s)$ 的亏数提供了统一表征和沟通渠道。

第 10 章 传递函数矩阵的状态空间实现

10.1 本章的主要知识点

对连续时间线性时不变系统的传递函数矩阵的状态空间实现的研究，既有助于揭示线性系统的这两种基本描述在转换上的关系，也有助于沟通线性系统这两种描述在特性上的对应性。下面指出本章的主要知识点。

（1）实现的定义和属性

对连续时间线性时不变系统，状态空间描述“ $\dot{\boldsymbol{x}}=\boldsymbol{A}\boldsymbol{x}+\boldsymbol{B}\boldsymbol{u}$， $\boldsymbol{y}=\boldsymbol{C}\boldsymbol{x}+\boldsymbol{E}\boldsymbol{u}$ ”或简表 $\{\boldsymbol{A},\boldsymbol{B},\boldsymbol{C},\boldsymbol{E}\}$ 为其传递函数矩阵 $\boldsymbol{G}(s)$ 的一个实现，如果成立 $\boldsymbol{C}(s\boldsymbol{I}-\boldsymbol{A})^{-1}\boldsymbol{B}+\boldsymbol{E}=\boldsymbol{G}(s)$。实现的维数规定为系统矩阵 $\boldsymbol{A}$ 的维数。$\boldsymbol{G}(s)$ 的实现具有强不惟一性，实现结果不惟一，且实现维数不惟一。

（2）有理分式矩阵型传递函数矩阵的状态空间实现

有理分式型传递函数的实现

对真标量传递函数 $g(s)$，通过多项式除法导出

$$g(s)=\text{常数}\,e+\text{严真传递函数}\,\frac{\beta_{n-1}s^{n-1}+\cdots+\beta_1 s+\beta_0}{s^n+\alpha_{n-1}s^{n-1}+\cdots+\alpha_1 s+\alpha_0}$$

① $g(s)$ 的能控规范形实现

$$\boldsymbol{A}_c=\begin{bmatrix}0 & 1 & & \\ \vdots & & \ddots & \\ 0 & & & 1 \\ -\alpha_0 & -\alpha_1 & \cdots & -\alpha_{n-1}\end{bmatrix},\quad \boldsymbol{b}_c=\begin{bmatrix}0\\ \vdots\\ 0\\ 1\end{bmatrix},\quad \boldsymbol{c}_c=\begin{bmatrix}\beta_0 & \beta_1 & \cdots & \beta_{n-1}\end{bmatrix},\quad e_c=e$$

② $g(s)$的能观测规范形实现

$$A_o = \begin{bmatrix} 0 & \cdots & 0 & -\alpha_1 \\ 1 & & & -\alpha_2 \\ & \ddots & & \vdots \\ & & 1 & -\alpha_{n-1} \end{bmatrix},\ b_o = \begin{bmatrix} \beta_0 \\ \beta_1 \\ \vdots \\ \beta_{n-1} \end{bmatrix},\ c_o = \begin{bmatrix} 0 & \cdots & 0 & 1 \end{bmatrix},\ e_o = e$$

有理分式矩阵型传递函数矩阵的实现

对真 $q\times p$ 传递函数矩阵 $\boldsymbol{G}(s)$，先行对元传递函数引入多项式除法，导出

$$\boldsymbol{G}(s) = \text{常阵}\ \boldsymbol{E} + \text{严真传递函数矩阵}\ \boldsymbol{G}_{sp}(s)$$

$$\text{严真}\ \boldsymbol{G}_{sp}(s) = \frac{1}{d(s)}[\boldsymbol{P}_{l-1}s^{l-1} + \cdots + \boldsymbol{P}_1 s + \boldsymbol{P}_0]$$

$$\boldsymbol{G}(s)\ \text{诸元最小公分母}\ d(s) = s^l + \alpha_{l-1}s^{l-1} + \cdots + \alpha_1 s + \alpha_0$$

① $\boldsymbol{G}(s)$的能控形实现

$$\underset{lp\times lp}{\bar{\boldsymbol{A}}_c} = \begin{bmatrix} \boldsymbol{0}_p & \boldsymbol{I}_p & & \\ \vdots & & \ddots & \\ \boldsymbol{0}_p & & & \boldsymbol{I}_p \\ -\alpha_0\boldsymbol{I}_p & -\alpha_1\boldsymbol{I}_p & \cdots & -\alpha_{l-1}\boldsymbol{I}_p \end{bmatrix},\quad \underset{lp\times p}{\bar{\boldsymbol{B}}_c} = \begin{bmatrix} \boldsymbol{0}_p \\ \vdots \\ \boldsymbol{0}_p \\ \boldsymbol{I}_p \end{bmatrix},$$

$$\underset{q\times lp}{\bar{\boldsymbol{C}}_c} = [\boldsymbol{P}_0 \quad \boldsymbol{P}_1 \quad \cdots \quad \boldsymbol{P}_{l-1}],\quad \underset{q\times p}{\bar{\boldsymbol{E}}_c} = \boldsymbol{E}$$

② $\boldsymbol{G}(s)$的能观测形实现

$$\underset{lq\times lq}{\bar{\boldsymbol{A}}_o} = \begin{bmatrix} \boldsymbol{0}_q & \cdots & \boldsymbol{0}_q & -\alpha_0\boldsymbol{I}_q \\ \boldsymbol{I}_q & & & -\alpha_1\boldsymbol{I}_q \\ & \ddots & & \vdots \\ & & \boldsymbol{I}_q & -\alpha_{l-1}\boldsymbol{I}_q \end{bmatrix},\quad \underset{lq\times p}{\bar{\boldsymbol{B}}_o} = \begin{bmatrix} \boldsymbol{P}_0 \\ \boldsymbol{P}_1 \\ \vdots \\ \boldsymbol{P}_{l-1} \end{bmatrix}$$

$$\underset{q\times lq}{\bar{\boldsymbol{C}}_o} = [\boldsymbol{0}_q \quad \cdots \quad \boldsymbol{0}_q \quad \boldsymbol{I}_q],\quad \underset{q\times p}{\bar{\boldsymbol{E}}_o} = \boldsymbol{E}$$

（3）右 MFD 的状态空间实现

对真 $q\times p$ 右 MFD $\bar{\boldsymbol{N}}(s)\boldsymbol{D}^{-1}(s)$，先行引入矩阵除法将其严真化，导出

$$\bar{\boldsymbol{N}}(s)\boldsymbol{D}^{-1}(s) = \text{常阵}\ \boldsymbol{E} + \text{严真右 MFD}\quad \boldsymbol{N}(s)\boldsymbol{D}^{-1}(s)$$

控制器形实现

对严真右 MFD $\boldsymbol{N}(s)\boldsymbol{D}^{-1}(s)$，若知

$p\times p$ 分母矩阵 $\boldsymbol{D}(s)$ 列既约

$\boldsymbol{D}(s)$ 列次数为 k_{ci}，$i=1,2,\cdots,p$，$\deg\det\boldsymbol{D}(s) = \sum_{i=1}^{p} k_{ci} = n$

$\boldsymbol{D}(s)$ 列次表达式 $\boldsymbol{D}(s) = \boldsymbol{D}_{hc}\boldsymbol{S}_c(s) + \boldsymbol{D}_{Lc}\boldsymbol{\Psi}_c(s)$

$\boldsymbol{N}(s)$ 列次表达式 $\boldsymbol{N}(s) = \boldsymbol{N}_{Lc}\boldsymbol{\Psi}_c(s)$

$\boldsymbol{\Psi}_{\mathrm{c}}(s)\ \boldsymbol{S}_{\mathrm{c}}^{-1}(s)$ 的实现即核实现（$\boldsymbol{A}_{\mathrm{c}}^{\mathrm{o}},\boldsymbol{B}_{\mathrm{c}}^{\mathrm{o}},\boldsymbol{C}_{\mathrm{c}}^{\mathrm{o}}$）为

$$\boldsymbol{A}_{\mathrm{c}}^{\mathrm{o}}=\begin{bmatrix}\overbrace{\begin{bmatrix}0 & & & \\ 1 & 0 & & \\ & \ddots & \ddots & \\ & & 1 & 0\end{bmatrix}}^{k_{\mathrm{c}1}} & & \\ & \ddots & \\ & & \overbrace{\begin{bmatrix}0 & & & \\ 1 & 0 & & \\ & \ddots & \ddots & \\ & & 1 & 0\end{bmatrix}}^{k_{\mathrm{c}p}}\end{bmatrix}\begin{matrix}\}k_{\mathrm{c}1}\\ \\ \}k_{\mathrm{c}p}\end{matrix}$$

$$\boldsymbol{B}_{\mathrm{c}}^{\mathrm{o}}=\begin{bmatrix}\begin{bmatrix}1\\0\\\vdots\\0\end{bmatrix} & & \\ & \ddots & \\ & & \begin{bmatrix}1\\0\\\vdots\\0\end{bmatrix}\end{bmatrix}\begin{matrix}\}k_{\mathrm{c}1}\\ \\ \}k_{\mathrm{c}p}\end{matrix},\qquad \boldsymbol{C}_{\mathrm{c}}^{\mathrm{o}}=\boldsymbol{I}_n$$

那么，严真右 MFD $\boldsymbol{N}(s)\boldsymbol{D}^{-1}(s)$ 的控制器形实现为

$$\boldsymbol{A}_{\mathrm{c}}=\boldsymbol{A}_{\mathrm{c}}^{\mathrm{o}}-\boldsymbol{B}_{\mathrm{c}}^{\mathrm{o}}\boldsymbol{D}_{\mathrm{hc}}^{-1}\boldsymbol{D}_{\mathrm{Lc}},\quad \boldsymbol{B}_{\mathrm{c}}=\boldsymbol{B}_{\mathrm{c}}^{\mathrm{o}}\boldsymbol{D}_{\mathrm{hc}}^{-1},\quad \boldsymbol{C}_{\mathrm{c}}=\boldsymbol{N}_{\mathrm{Lc}}$$

真右 MFD $\bar{\boldsymbol{N}}(s)\boldsymbol{D}^{-1}(s)$ 的控制器形实现为$\{\boldsymbol{A}_{\mathrm{c}},\boldsymbol{B}_{\mathrm{c}},\boldsymbol{C}_{\mathrm{c}},\boldsymbol{E}\}$。

能控性形实现

对严真右 MFD $\boldsymbol{N}(s)\boldsymbol{D}^{-1}(s)$，若知

$p\times p$ 分母矩阵 $\boldsymbol{D}(s)$ 行既约

$\boldsymbol{D}(s)$ 行次数为 $k_{\mathrm{r}i}$，$i=1,2,\cdots,p$，$\deg\det\boldsymbol{D}(s)=\sum_{i=1}^{p}k_{\mathrm{r}i}=n$

$\boldsymbol{D}(s)$ 行次表达式 $\boldsymbol{D}(s)=\boldsymbol{S}_{\mathrm{r}}(s)\ \boldsymbol{D}_{\mathrm{hr}}+\boldsymbol{\Psi}_{\mathrm{r}}(s)\ \boldsymbol{D}_{\mathrm{Lr}}$

$\boldsymbol{I}_p$ 行次表达式 $\boldsymbol{I}_p=\boldsymbol{\Psi}_{\mathrm{r}}(s)\ \bar{\boldsymbol{N}}_{\mathrm{Lr}}$

$\boldsymbol{S}_{\mathrm{r}}^{-1}(s)\ \boldsymbol{\Psi}_{\mathrm{r}}(s)$ 的实现即核实现（$\boldsymbol{A}_{\mathrm{o}}^{\mathrm{o}},\boldsymbol{B}_{\mathrm{o}}^{\mathrm{o}},\boldsymbol{C}_{\mathrm{o}}^{\mathrm{o}}$）为

$$
\boldsymbol{A}_{\mathrm{o}}^{\mathrm{o}}=\begin{bmatrix}
\begin{array}{cccc|}
0 & 1 & & \\
 & 0 & \ddots & \\
 & & \ddots & 1\\
 & & & 0\\ \hline
\end{array} & & \\
 & \ddots & \\
 & & \begin{array}{|cccc}
\hline
0 & 1 & & \\
 & 0 & \ddots & \\
 & & \ddots & 1\\
 & & & 0
\end{array}
\end{bmatrix}
\begin{array}{l}\left.\vphantom{\begin{array}{c}0\\0\\0\\0\end{array}}\right\}k_{\mathrm{r}1}\\ \\ \left.\vphantom{\begin{array}{c}0\\0\\0\\0\end{array}}\right\}k_{\mathrm{r}p}\end{array}
,\quad \boldsymbol{B}_{\mathrm{o}}^{\mathrm{o}}=\boldsymbol{I}_n
$$

$$
\boldsymbol{C}_{\mathrm{o}}^{\mathrm{o}}=\begin{bmatrix}
\underbrace{\begin{array}{cccc|}1 & 0 & \cdots & 0\\ \hline\end{array}}_{k_{\mathrm{r}1}} & & \\
 & \ddots & \\
 & & \underbrace{\begin{array}{|cccc}\hline 1 & 0 & \cdots & 0\end{array}}_{k_{\mathrm{r}p}}
\end{bmatrix}
$$

$\boldsymbol{D}^{-1}(s)\,\boldsymbol{I}_p$ 的观测器形实现（$\boldsymbol{A}_{\mathrm{o}},\boldsymbol{B}_{\mathrm{o}},\boldsymbol{C}_{\mathrm{o}}$）为

$$
\boldsymbol{A}_{\mathrm{o}}=\boldsymbol{A}_{\mathrm{o}}^{\mathrm{o}}-\boldsymbol{D}_{\mathrm{Lr}}\boldsymbol{D}_{\mathrm{hr}}^{-1}\boldsymbol{C}_{\mathrm{o}}^{\mathrm{o}},\quad \boldsymbol{B}_{\mathrm{o}}=\bar{\boldsymbol{N}}_{\mathrm{Lr}},\quad \boldsymbol{C}_{\mathrm{o}}=\boldsymbol{D}_{\mathrm{hr}}^{-1}\boldsymbol{C}_{\mathrm{o}}^{\mathrm{o}}
$$

那么，严真右 MFD $\boldsymbol{N}(s)\boldsymbol{D}^{-1}(s)$ 的能控性形实现为

$$
\boldsymbol{A}_{\mathrm{co}}=\tilde{\boldsymbol{I}}_n\,\boldsymbol{A}_{\mathrm{o}}\,\tilde{\boldsymbol{I}}_n,\quad \boldsymbol{B}_{\mathrm{co}}=\tilde{\boldsymbol{I}}_n\,\boldsymbol{B}_{\mathrm{o}},\quad \boldsymbol{C}_{\mathrm{co}}=[\boldsymbol{N}(s)\,\boldsymbol{C}_{\mathrm{o}}\,\tilde{\boldsymbol{I}}_n]_{s\to\boldsymbol{A}_{\mathrm{co}}}
$$

真右 MFD $\bar{\boldsymbol{N}}(s)\boldsymbol{D}^{-1}(s)$ 的能控性形实现为$\{\boldsymbol{A}_{\mathrm{co}},\boldsymbol{B}_{\mathrm{co}},\boldsymbol{C}_{\mathrm{co}},\boldsymbol{E}\}$。其中，$\tilde{\boldsymbol{I}}_n$ 为变形单位阵

$$
\tilde{\boldsymbol{I}}_n=\begin{bmatrix}
\underbrace{\begin{array}{ccc|}
 & & 1\\
 & \cdot^{\cdot^{\cdot}} & \\
1 & & \\ \hline
\end{array}}_{k_{\mathrm{r}1}} & & \\
 & \ddots & \\
 & & \underbrace{\begin{array}{|ccc}
\hline
 & & 1\\
 & \cdot^{\cdot^{\cdot}} & \\
1 & &
\end{array}}_{k_{\mathrm{r}p}}
\end{bmatrix}
\begin{array}{l}\left.\vphantom{\begin{array}{c}0\\0\\0\end{array}}\right\}k_{\mathrm{r}1}\\ \\ \left.\vphantom{\begin{array}{c}0\\0\\0\end{array}}\right\}k_{\mathrm{r}p}\end{array}
$$

（4）左 MFD 的状态空间实现

对真 $q\times p$ 左 MFD $\boldsymbol{D}_{\mathrm{L}}^{-1}(s)\bar{\boldsymbol{N}}_{\mathrm{L}}(s)$，先行引入矩阵除法将其严真化，导出

$$
\boldsymbol{D}_{\mathrm{L}}^{-1}(s)\bar{\boldsymbol{N}}_{\mathrm{L}}(s)=\text{常阵}\ \boldsymbol{E}_{\mathrm{L}}+\text{严真左 MFD}\ \boldsymbol{D}_{\mathrm{L}}^{-1}(s)\boldsymbol{N}_{\mathrm{L}}(s)
$$

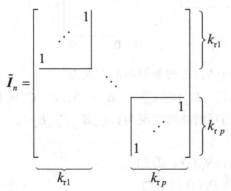

观测器形实现

对严真左 MFD $\boldsymbol{D}_{\mathrm{L}}^{-1}(s)\boldsymbol{N}_{\mathrm{L}}(s)$，若知

$q\times q$ 分母矩阵 $\boldsymbol{D}_{\mathrm{L}}(s)$ 行既约

$\boldsymbol{D}_{\mathrm{L}}(s)$ 行次数为 $k_{\mathrm{r}j}$， $j=1,2,\cdots,q$， $\deg\det\boldsymbol{D}_{\mathrm{L}}(s)=\sum_{j=1}^{q}k_{\mathrm{r}j}=n_{\mathrm{L}}$

$\boldsymbol{D}_{\mathrm{L}}(s)$ 行次表达式 $\boldsymbol{D}_{\mathrm{L}}(s)=\boldsymbol{S}_{\mathrm{r}}(s)\,\boldsymbol{D}_{\mathrm{hr}}+\boldsymbol{\Psi}_{\mathrm{r}}(s)\,\boldsymbol{D}_{\mathrm{Lr}}$

$\boldsymbol{N}_{\mathrm{L}}(s)$ 行次表达式 $\boldsymbol{N}_{\mathrm{L}}(s)=\boldsymbol{\Psi}_{\mathrm{r}}(s)\,\boldsymbol{N}_{\mathrm{Lr}}$

$\boldsymbol{S}_{\mathrm{r}}^{-1}(s)\,\boldsymbol{\Psi}_{\mathrm{r}}(s)$ 的实现即核实现（ $\boldsymbol{A}_{\mathrm{o}}^{\mathrm{o}},\boldsymbol{B}_{\mathrm{o}}^{\mathrm{o}},\boldsymbol{C}_{\mathrm{o}}^{\mathrm{o}}$ ）为

$$\boldsymbol{A}_{\mathrm{o}}^{\mathrm{o}}=\begin{bmatrix}\overbrace{\begin{array}{cccc}0&1&&\\&0&\ddots&\\&&\ddots&1\\&&&0\end{array}}^{k_{\mathrm{r}1}}&&\\&\ddots&\\&&\overbrace{\begin{array}{cccc}0&1&&\\&0&\ddots&\\&&\ddots&1\\&&&0\end{array}}^{k_{\mathrm{r}q}}\end{bmatrix}\begin{array}{l}\}k_{\mathrm{r}1}\\ \\ \}k_{\mathrm{r}q}\end{array},\quad \boldsymbol{B}_{\mathrm{o}}^{\mathrm{o}}=\boldsymbol{I}_{n_{\mathrm{L}}}$$

$$\boldsymbol{C}_{\mathrm{o}}^{\mathrm{o}}=\begin{bmatrix}\overbrace{1\ \ 0\ \cdots\ 0}^{k_{\mathrm{r}1}}&&\\&\ddots&\\&&\overbrace{1\ \ 0\ \cdots\ 0}^{k_{\mathrm{r}q}}\end{bmatrix}$$

那么，严真左 MFD $\boldsymbol{D}_{\mathrm{L}}^{-1}(s)\boldsymbol{N}_{\mathrm{L}}(s)$ 的观测器形实现为

$$\boldsymbol{A}_{\mathrm{o}}=\boldsymbol{A}_{\mathrm{o}}^{\mathrm{o}}-\boldsymbol{D}_{\mathrm{Lr}}\boldsymbol{D}_{\mathrm{hr}}^{-1}\boldsymbol{C}_{\mathrm{o}}^{\mathrm{o}},\quad \boldsymbol{B}_{\mathrm{o}}=\boldsymbol{N}_{\mathrm{Lr}},\quad \boldsymbol{C}_{\mathrm{o}}=\boldsymbol{D}_{\mathrm{hr}}^{-1}\boldsymbol{C}_{\mathrm{o}}^{\mathrm{o}}$$

真左 MFD $\boldsymbol{D}_{\mathrm{L}}^{-1}(s)\bar{\boldsymbol{N}}_{\mathrm{L}}(s)$ 的观测器形实现为 $\{\boldsymbol{A}_{\mathrm{c}},\boldsymbol{B}_{\mathrm{c}},\boldsymbol{C}_{\mathrm{c}},\boldsymbol{E}_{\mathrm{L}}\}$。

能观测性实现

对严真左 MFD $\boldsymbol{D}_{\mathrm{L}}^{-1}(s)\boldsymbol{N}_{\mathrm{L}}(s)$，若知

$q\times q$ 分母矩阵 $\boldsymbol{D}_{\mathrm{L}}(s)$ 列既约

$\boldsymbol{D}_{\mathrm{L}}(s)$ 列次数为 $k_{\mathrm{c}j}$， $j=1,2,\cdots,q$， $\deg\det\boldsymbol{D}_{\mathrm{L}}(s)=\sum_{j=1}^{q}k_{\mathrm{c}j}=n_{\mathrm{L}}$

$\boldsymbol{D}_{\mathrm{L}}(s)$ 列次表达式 $\boldsymbol{D}_{\mathrm{L}}(s)=\boldsymbol{D}_{\mathrm{hc}}\,\boldsymbol{S}_{\mathrm{c}}(s)+\boldsymbol{D}_{\mathrm{Lc}}\,\boldsymbol{\Psi}_{\mathrm{c}}(s)$

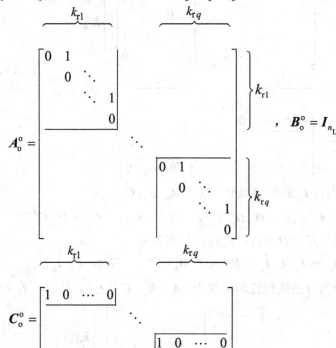

$\boldsymbol{I}_q$ 列次表达式 $\boldsymbol{I}_q = \bar{\boldsymbol{N}}_{\mathrm{Lc}} \boldsymbol{\Psi}_{\mathrm{c}}(s)$

$\boldsymbol{S}_{\mathrm{r}}^{-1}(s)\, \boldsymbol{\Psi}_{\mathrm{r}}(s)$ 的实现即核实现（$\boldsymbol{A}_{\mathrm{c}}^{\mathrm{o}}, \boldsymbol{B}_{\mathrm{c}}^{\mathrm{o}}, \boldsymbol{C}_{\mathrm{c}}^{\mathrm{o}}$）为

$$\boldsymbol{A}_{\mathrm{c}}^{\mathrm{o}} = \begin{bmatrix} \overbrace{\begin{matrix} 0 & & & \\ 1 & 0 & & \\ & \ddots & \ddots & \\ & & 1 & 0 \end{matrix}}^{k_{\mathrm{c}1}} & & \\ & \ddots & \\ & & \overbrace{\begin{matrix} 0 & & & \\ 1 & 0 & & \\ & \ddots & \ddots & \\ & & 1 & 0 \end{matrix}}^{k_{\mathrm{c}q}} \end{bmatrix} \begin{matrix} \}k_{\mathrm{c}1} \\ \\ \}k_{\mathrm{c}q} \end{matrix}, \quad \boldsymbol{B}_{\mathrm{c}}^{\mathrm{o}} = \begin{bmatrix} \begin{matrix} 1 \\ 0 \\ \vdots \\ 0 \end{matrix} & & \\ & \ddots & \\ & & \begin{matrix} 1 \\ 0 \\ \vdots \\ 0 \end{matrix} \end{bmatrix} \begin{matrix} \}k_{\mathrm{c}1} \\ \\ \}k_{\mathrm{c}q} \end{matrix}, \quad \boldsymbol{C}_{\mathrm{c}}^{\mathrm{o}} = \boldsymbol{I}_{n_{\mathrm{L}}}$$

$\boldsymbol{I}_q\ \boldsymbol{D}_{\mathrm{L}}^{-1}(s)$ 的控制器形实现 $\{\boldsymbol{A}_{\mathrm{c}}, \boldsymbol{B}_{\mathrm{c}}, \boldsymbol{C}_{\mathrm{c}}\}$ 为

$$\boldsymbol{A}_{\mathrm{c}} = \boldsymbol{A}_{\mathrm{c}}^{\mathrm{o}} - \boldsymbol{B}_{\mathrm{c}}^{\mathrm{o}} \boldsymbol{D}_{\mathrm{hc}}^{-1} \boldsymbol{D}_{\mathrm{Lc}}, \quad \boldsymbol{B}_{\mathrm{c}} = \boldsymbol{B}_{\mathrm{c}}^{\mathrm{o}} \boldsymbol{D}_{\mathrm{hc}}^{-1}, \quad \boldsymbol{C}_{\mathrm{c}} = \bar{\boldsymbol{N}}_{\mathrm{Lc}}$$

那么，严真左 MFD $\boldsymbol{D}_{\mathrm{L}}^{-1}(s)\boldsymbol{N}_{\mathrm{L}}(s)$ 的能观测性形实现为

$$\boldsymbol{A}_{\mathrm{ob}} = \tilde{\boldsymbol{I}}_{n_{\mathrm{L}}} \boldsymbol{A}_{\mathrm{c}} \tilde{\boldsymbol{I}}_{n_{\mathrm{L}}}, \quad \boldsymbol{B}_{\mathrm{ob}} = [\bar{\boldsymbol{I}}_{n_{\mathrm{L}}} \boldsymbol{B}_{\mathrm{c}} \boldsymbol{N}_{\mathrm{L}}(s)]_{s \to \boldsymbol{A}_{\mathrm{ob}}}, \quad \boldsymbol{C}_{\mathrm{ob}} = \boldsymbol{C}_{\mathrm{c}} \tilde{\boldsymbol{I}}_{n_{\mathrm{L}}}$$

真左 MFD $\boldsymbol{D}_{\mathrm{L}}^{-1}(s)\bar{\boldsymbol{N}}_{\mathrm{L}}(s)$ 的能观测性形实现为 $\{\boldsymbol{A}_{\mathrm{ob}}, \boldsymbol{B}_{\mathrm{ob}}, \boldsymbol{C}_{\mathrm{ob}}, \boldsymbol{E}\}$。其中，$\tilde{\boldsymbol{I}}_{n_{\mathrm{L}}}$ 为变形单位阵

$$\tilde{\boldsymbol{I}}_{n_{\mathrm{L}}} = \begin{bmatrix} \underbrace{\begin{matrix} & & 1 \\ & \cdot^{\cdot^{\cdot}} & \\ 1 & & \end{matrix}}_{k_{\mathrm{r}1}} & & \\ & \ddots & \\ & & \underbrace{\begin{matrix} & & 1 \\ & \cdot^{\cdot^{\cdot}} & \\ 1 & & \end{matrix}}_{k_{\mathrm{r}q}} \end{bmatrix} \begin{matrix} \}k_{\mathrm{r}1} \\ \\ \}k_{\mathrm{r}q} \end{matrix}$$

（5）最小实现及其确定方法

最小实现的含义

最小实现是传递函数矩阵 $\boldsymbol{G}(s)$ 所有实现中维数最小的一类实现。

最小实现的时域判据

对“有理分式矩阵型”或“MFD 型”的真传递函数矩阵 $\boldsymbol{G}(s)$，其实现（$\boldsymbol{A}, \boldsymbol{B}, \boldsymbol{C}, \boldsymbol{E}$）

为最小实现的充分必要条件是（$\boldsymbol{A},\boldsymbol{B}$）完全能控和（$\boldsymbol{A},\boldsymbol{C}$）完全能观测。

最小实现的频域判据

对右 MFD $\boldsymbol{N}(s)\boldsymbol{D}^{-1}(s)$，维数为 $\deg\det\boldsymbol{D}(s)=n$ 的实现（$\boldsymbol{A},\boldsymbol{B},\boldsymbol{C},\boldsymbol{E}$）为最小实现的充分必要条件是 $\boldsymbol{N}(s)\boldsymbol{D}^{-1}(s)$ 不可简约。

对左 MFD $\boldsymbol{D}_{\mathrm{L}}^{-1}(s)\boldsymbol{N}_{\mathrm{L}}(s)$，维数为 $\deg\det\boldsymbol{D}_{\mathrm{L}}(s)=n_{\mathrm{L}}$ 的实现（$\boldsymbol{A},\boldsymbol{B},\boldsymbol{C},\boldsymbol{E}$）为最小实现的充分必要条件是 $\boldsymbol{D}_{\mathrm{L}}^{-1}(s)\boldsymbol{N}_{\mathrm{L}}(s)$ 不可简约

最小实现广义惟一性

（$\boldsymbol{A},\boldsymbol{B},\boldsymbol{C},\boldsymbol{E}$）和（$\bar{\boldsymbol{A}},\bar{\boldsymbol{B}},\bar{\boldsymbol{C}},\bar{\boldsymbol{E}}$）为“有理分式矩阵型”或“MFD 型”的真传递函数矩阵 $\boldsymbol{G}(s)$ 的任意两个最小实现，则必可基此构造出一个非奇异常阵 $\boldsymbol{T}$ 使成立

$$\bar{\boldsymbol{A}}=\boldsymbol{T}^{-1}\boldsymbol{A}\boldsymbol{T},\quad \bar{\boldsymbol{B}}=\boldsymbol{T}^{-1}\boldsymbol{B},\quad \bar{\boldsymbol{C}}=\boldsymbol{C}\boldsymbol{T},\quad \bar{\boldsymbol{E}}=\boldsymbol{E}$$

确定最小实现的方法

① 频域方法。对真可简约 MFD，导出其一个不可简约 MFD，则其“维数等于不可简约 MFD 分母矩阵行列式的次数”的实现即为所求的一个最小实现。

② 时域方法。对真可简约 MFD，导出“能控类形实现”/“能观测类实现”，再将其“按能观测性分解”/“按能控性分解”，则导出的“能控能观测部分”/“能观测能控部分”即为所求的一个最小实现。

10.2 习题与解答

本章的习题安排围线性时不变系统传递函数矩阵和矩阵分式描述即 MFD 的状态空间实现及其有关属性。基本题部分包括由标量传递函数和传递函数矩阵导出能控形实现和能观测形实现，由 MFD 和传递函数矩阵导出控制器形实现、观测器形实现和能控性形实现，判断实现的是否最小实现，由传递函数矩阵导出最小实现等。证明题部分涉及左 MFD 和观测器形实现间的关系，不可简约右 MFD 的控制器形实现和不可简约左 MFD 的观测器形实现的维数等同性和代数等价性，传递函数矩阵的两个最小实现的格拉姆矩阵间的关系，严真右 MFD 的一类能控性形实现的算式等。

题 10.1 定出下列各标量传递函数 $g(s)$ 的能控规范形实现和能观测规范形实现：

（i）$g(s)=\dfrac{4s^2+2s+1}{3s^3+5s^2+2s+3}$

（ii）$g(s)=\dfrac{(s+1)(s+3)}{(s+2)(s+4)(s+6)}$

（iii）$g(s)=\dfrac{5s^3+s^2+4s+1}{2s^3+4s^2+6s+3}$

解 本题属于由标量传递函数确定指定类型状态空间实现的基本题。

本题给出的均为3阶传递函数。对一般形式的“严真”和“分母首一”的3阶传递函数

$$g(s)=\frac{\beta_2 s^2+\beta_1 s+\beta_0}{s^3+\alpha_2 s^2+\alpha_1 s+\alpha_0}$$

可以直接导出

能控规范形实现：$\boldsymbol{A}_c=\begin{bmatrix}0&1&0\\0&0&1\\-\alpha_0&-\alpha_1&-\alpha_2\end{bmatrix}$，$\boldsymbol{b}_c=\begin{bmatrix}0\\0\\1\end{bmatrix}$，$\boldsymbol{c}_c=[\beta_0\quad \beta_1\quad \beta_2]$

能观测规范形实现：$\boldsymbol{A}_o=\begin{bmatrix}0&0&-\alpha_0\\1&0&-\alpha_1\\0&1&-\alpha_2\end{bmatrix}$，$\boldsymbol{b}_o=\begin{bmatrix}\beta_0\\\beta_1\\\beta_2\end{bmatrix}$，$\boldsymbol{c}_o=[0\quad 0\quad 1]$

(i) 对给定“严真”但“分母非首一” $g(s)=\dfrac{4s^2+2s+1}{3s^3+5s^2+2s+3}$，先行将其分母首一化，即分母和分子同除以3，导出

$$g(s)=\frac{\frac{4}{3}s^2+\frac{2}{3}s+\frac{1}{3}}{s^3+\frac{5}{3}s^2+\frac{2}{3}s+1}$$

基此，并据上述3阶传递函数的能控规范形实现和能观测规范形实现一般结果，直接定出

$g(s)$ 能控规范形实现：$\boldsymbol{A}_c=\begin{bmatrix}0&1&0\\0&0&1\\-1&-\frac{2}{3}&-\frac{5}{3}\end{bmatrix}$，$\boldsymbol{b}_c=\begin{bmatrix}0\\0\\1\end{bmatrix}$，$\boldsymbol{c}_c=\begin{bmatrix}\frac{1}{3}&\frac{2}{3}&\frac{4}{3}\end{bmatrix}$

$g(s)$ 的能观测规范形实现：$\boldsymbol{A}_o=\begin{bmatrix}0&0&-1\\1&0&-\frac{2}{3}\\0&1&-\frac{5}{3}\end{bmatrix}$，$\boldsymbol{b}_o=\begin{bmatrix}\frac{1}{3}\\\frac{2}{3}\\\frac{4}{3}\end{bmatrix}$，$\boldsymbol{c}_o=[0\quad 0\quad 1]$

(ii) 对给定“严真”和“分母首一” $g(s)=\dfrac{(s+1)(s+3)}{(s+2)(s+4)(s+6)}$，先行将分子和分母化为显多项式形式，有

$$g(s)=\frac{s^2+4s+3}{s^3+12s^2+44s+48}$$

基此，并据上述 3 阶传递函数的能控规范形实现和能观测规范形实现一般结果，直接定出

$$g(s)\text{ 的能控规范形实现：}\ \boldsymbol{A}_c=\begin{bmatrix}0&1&0\\0&0&1\\-48&-44&-12\end{bmatrix},\ \boldsymbol{b}_c=\begin{bmatrix}0\\0\\1\end{bmatrix},\ \boldsymbol{c}_c=\begin{bmatrix}3&4&1\end{bmatrix}$$

$$g(s)\text{ 的能观测规范形实现：}\ \boldsymbol{A}_o=\begin{bmatrix}0&0&-48\\1&0&-44\\0&1&-12\end{bmatrix},\ \boldsymbol{b}_o=\begin{bmatrix}3\\4\\1\end{bmatrix},\ \boldsymbol{c}_o=\begin{bmatrix}0&0&1\end{bmatrix}$$

（iii）对给定“非严真”和“分母非首一” $g(s)=\dfrac{5s^3+s^2+4s+1}{2s^3+4s^2+6s+3}$，先行将其严真化和分母首一化，即“分母和分子同除以 2”后再“表为 $(5/2)+g_{sp}(s)$”，有

$$g(s)=\frac{\frac{5}{2}s^3+\frac{1}{2}s^2+2s+\frac{1}{2}}{s^3+2s^2+3s+\frac{3}{2}}=\frac{5}{2}+\frac{-\frac{9}{2}s^2-\frac{11}{2}s-\frac{13}{4}}{s^3+2s^2+3s+\frac{3}{2}}=\frac{5}{2}+g_{sp}(s)$$

其中，常数项对应于实现中 $e=5/2$。基此，并据上述 3 阶严真传递函数的能控规范形实现和能观测规范形实现一般结果直接定出 $g_{sp}(s)$ 的实现，得到 $g(s)$ 的能控规范形实现为

$$\boldsymbol{A}_c=\begin{bmatrix}0&1&0\\0&0&1\\-3/2&-3&-2\end{bmatrix},\ \boldsymbol{b}_c=\begin{bmatrix}0\\0\\1\end{bmatrix},\ \boldsymbol{c}_c=\begin{bmatrix}-13/4&-11/2&-9/2\end{bmatrix},\ e_c=5/2$$

$g(s)$ 的能观测规范形实现为

$$\boldsymbol{A}_o=\begin{bmatrix}0&0&-3/2\\1&0&-3\\0&1&-2\end{bmatrix},\ \boldsymbol{b}_o=\begin{bmatrix}-13/4\\-11/2\\-9/2\end{bmatrix},\ \boldsymbol{c}_o=\begin{bmatrix}0&0&1\end{bmatrix},\ e_c=5/2$$

对本题的解答加以引申，可以得到如下一般性结论。

推论 10.1A 设传递函数 $g(s)$属于“分母分子为显多项式”和“分母首一”情形。若 $g(s)$为严真，则按 n 阶严真传递函数的能控规范形实现和能观测规范形实现的表达式，直接定出 $g(s)$的能控规范形实现（$\boldsymbol{A}_c,\boldsymbol{b}_c,\boldsymbol{c}_c$）和能观测规范形实现（$\boldsymbol{A}_o,\boldsymbol{b}_o,\boldsymbol{c}_o$）。若 $g(s)$为真，则需将 $g(s)$化为 $\beta_n+g_{sp}(s)$，再定出严真 $g_{sp}(s)$ 的能控规范形实现（$\boldsymbol{A}_c,\boldsymbol{b}_c,\boldsymbol{c}_c$）和能观测规范形实现（$\boldsymbol{A}_o,\boldsymbol{b}_o,\boldsymbol{c}_o$），而 $g(s)$ 的能控规范形实现为（$\boldsymbol{A}_c,\boldsymbol{b}_c,\boldsymbol{c}_c,e=\beta_n$）和能观测规范形实现为（$\boldsymbol{A}_o,\boldsymbol{b}_o,\boldsymbol{c}_o,e=\beta_n$）。

推论 10.1B 设传递函数 $g(s)$不属于“分母分子为显多项式”和“分母首一”情形。

若分母分子非显多项式，先行导出分母分子为显多项式。若分母非首一，先行分母首一化即将分母和分子用分母首系数同除。此后，若 $g(s)$为严真，则按 n 阶严真传递函数的能控规范形实现和能观测规范形实现的表达式，直接定出 $g(s)$的能控规范形实现（$\boldsymbol{A}_c, \boldsymbol{b}_c, \boldsymbol{c}_c$）和能观测规范形实现（$\boldsymbol{A}_o, \boldsymbol{b}_o, \boldsymbol{c}_o$）；若 $g(s)$ 为真，则需将 $g(s)$化为 $\beta_n + g_{sp}(s)$，再定出严真 $g_{sp}(s)$ 的能控规范形实现（$\boldsymbol{A}_c, \boldsymbol{b}_c, \boldsymbol{c}_c$）和能观测规范形实现（$\boldsymbol{A}_o, \boldsymbol{b}_o, \boldsymbol{c}_o$），而 $g(s)$ 的能控规范形实现为（$\boldsymbol{A}_c, \boldsymbol{b}_c, \boldsymbol{c}_c, e=\beta_n$）和能观测规范形实现为（$\boldsymbol{A}_o, \boldsymbol{b}_o, \boldsymbol{c}_o, e=\beta_n$）。

题 10.2 定出下列各传递函数矩阵 $\boldsymbol{G}(s)$ 的能控形实现和能观测形实现：

（i）$\boldsymbol{G}(s)=\begin{bmatrix}\dfrac{1}{s+1} & \dfrac{1}{s^2+3s+2}\end{bmatrix}$

（ii）$\boldsymbol{G}(s)=\begin{bmatrix}\dfrac{1}{s(s+1)} & \dfrac{2}{(s+2)} \\ \dfrac{2}{(s+1)} & \dfrac{1}{(s+1)}\end{bmatrix}$

解 本题属于由传递函数矩阵确定其指定类型状态空间实现的基本题。

（i）对给定 1×2 “严真” 和 “元分母首一” $\boldsymbol{G}(s)=\begin{bmatrix}\dfrac{1}{s+1} & \dfrac{1}{s^2+3s+2}\end{bmatrix}=\dfrac{1}{d(s)}\boldsymbol{P}(s)$，定出

$$d(s)=s^2+3s+2,\quad \boldsymbol{P}(s)=[1\quad 0]s+[2\quad 1]$$

基此，按严真传递函数矩阵 $\boldsymbol{G}(s)$ 的能控形实现和能观测形实现的表达式，即可定出

$$\boldsymbol{G}(s)\text{的能控形实现：}\ \bar{\boldsymbol{A}}_c=\begin{bmatrix}\boldsymbol{0}_2 & \boldsymbol{I}_2 \\ -\alpha_0\boldsymbol{I}_2 & -\alpha_1\boldsymbol{I}_2\end{bmatrix}=\begin{bmatrix}0&0&1&0\\0&0&0&1\\-2&0&-3&0\\0&-2&0&-3\end{bmatrix}$$

$$\bar{\boldsymbol{B}}_c=\begin{bmatrix}\boldsymbol{0}_2\\ \boldsymbol{I}_2\end{bmatrix}=\begin{bmatrix}0&0\\0&0\\1&0\\0&1\end{bmatrix},\quad \bar{\boldsymbol{C}}_c=[\boldsymbol{P}_0\quad \boldsymbol{P}_1]=[2\quad 1\quad 1\quad 0]$$

$$\boldsymbol{G}(s)\text{的能观测形实现：}\ \bar{\boldsymbol{A}}_o=\begin{bmatrix}0 & -\alpha_0\\ 1 & -\alpha_1\end{bmatrix}=\begin{bmatrix}0&-2\\1&-3\end{bmatrix}$$

$$\bar{\boldsymbol{B}}_o=\begin{bmatrix}\boldsymbol{P}_0\\ \boldsymbol{P}_1\end{bmatrix}=\begin{bmatrix}2&1\\1&0\end{bmatrix},\quad \bar{\boldsymbol{C}}_o=[0\quad 1]$$

（ii）对给定 2×2 “严真”和“元分母首一” $G(s)=\begin{bmatrix}\dfrac{1}{s(s+1)} & \dfrac{2}{(s+2)}\\ \dfrac{2}{(s+1)} & \dfrac{1}{(s+1)}\end{bmatrix}=\dfrac{1}{d(s)}P(s)$，定出

$$d(s)=s(s+1)(s+2)=s^3+3s^2+2s$$

$$P(s)=\begin{bmatrix}s+2 & 2s^2+2s\\ 2s^2+4s & s^2+2s\end{bmatrix}=\begin{bmatrix}0&2\\2&1\end{bmatrix}s^2+\begin{bmatrix}1&2\\4&2\end{bmatrix}s+\begin{bmatrix}2&0\\0&0\end{bmatrix}$$

基此，按严真传递函数矩阵 $G(s)$ 的能控形实现和能观测形实现的表达式，即可对 $G(s)$ 定出

能控形实现 $\bar{A}_c=\begin{bmatrix}\mathbf{0}_2 & I_2 & \mathbf{0}_2\\ \mathbf{0}_2 & \mathbf{0}_2 & I_2\\ -\alpha_0 I_2 & -\alpha_1 I_2 & -\alpha_2 I_2\end{bmatrix}=\begin{bmatrix}0&0&1&0&0&0\\0&0&0&1&0&0\\0&0&0&0&1&0\\0&0&0&0&0&1\\0&0&-2&0&-3&0\\0&0&0&-2&0&-3\end{bmatrix}$

$$\bar{B}_c=\begin{bmatrix}\mathbf{0}_2\\ \mathbf{0}_2\\ I_2\end{bmatrix}=\begin{bmatrix}0&0\\0&0\\0&0\\0&0\\1&0\\0&1\end{bmatrix},\quad \bar{C}_c=\begin{bmatrix}P_0 & P_1 & P_2\end{bmatrix}=\begin{bmatrix}2&0&1&2&0&2\\0&0&4&2&2&1\end{bmatrix}$$

能观测形实现 $\bar{A}_o=\begin{bmatrix}\mathbf{0}_2 & \mathbf{0}_2 & -\alpha_0 I_2\\ I_2 & \mathbf{0}_2 & -\alpha_1 I_2\\ \mathbf{0}_2 & I_2 & -\alpha_2 I_2\end{bmatrix}=\begin{bmatrix}0&0&0&0&0&0\\0&0&0&0&0&0\\1&0&0&0&-2&0\\0&1&0&0&0&-2\\0&0&1&0&-3&0\\0&0&0&1&0&-3\end{bmatrix}$

$$\bar{B}_o=\begin{bmatrix}P_0\\ P_1\\ P_2\end{bmatrix}=\begin{bmatrix}2&0\\0&0\\1&2\\4&2\\0&2\\2&1\end{bmatrix},\quad \bar{C}_o=\begin{bmatrix}\mathbf{0}_2 & \mathbf{0}_2 & I_2\end{bmatrix}=\begin{bmatrix}0&0&0&0&1&0\\0&0&0&0&0&1\end{bmatrix}$$

题 10.3 定出下列传递函数矩阵 $\boldsymbol{G}(s)$ 的任意两个最小实现：

$$\boldsymbol{G}(s)=\begin{bmatrix}\dfrac{2s+1}{s^2-1} & \dfrac{s}{s^2+5s+4}\\ \dfrac{1}{s+3} & \dfrac{2s+5}{s^2+7s+12}\end{bmatrix}$$

解 本题属于由传递函数矩阵确定最小状态空间实现的基本题。

采用频域分解方法确定给定 $\boldsymbol{G}(s)$ 的最小实现。

（i）导出给定 $\boldsymbol{G}(s)$ 的一个不可简约左 MFD。通过行最小公分母化，导出 $\boldsymbol{G}(s)$ 的一个可简约左 MFD：

$$\boldsymbol{G}(s)=\begin{bmatrix}\dfrac{2s+1}{s^2-1} & \dfrac{s}{s^2+5s+4}\\ \dfrac{1}{s+3} & \dfrac{2s+5}{s^2+7s+12}\end{bmatrix}=\begin{bmatrix}\dfrac{(2s+1)(s+4)}{(s-1)(s+1)(s+4)} & \dfrac{s(s-1)}{(s-1)(s+1)(s+4)}\\ \dfrac{(s+4)}{(s+3)(s+4)} & \dfrac{(2s+5)}{(s+3)(s+4)}\end{bmatrix}$$

$$=\begin{bmatrix}(s-1)(s+1)(s+4) & 0\\ 0 & (s+3)(s+4)\end{bmatrix}^{-1}\begin{bmatrix}(2s+1)(s+4) & s(s-1)\\ (s+4) & (2s+5)\end{bmatrix}$$

对上述可简约左 MFD 组成 $[\boldsymbol{D}_{\mathrm{L}}(s)\ \ \boldsymbol{N}_{\mathrm{L}}(s)]$，通过列初等变换定出其一个 gcld，有

$$[\boldsymbol{D}_{\mathrm{L}}(s)\ \ \boldsymbol{N}_{\mathrm{L}}(s)]=\begin{bmatrix}(s-1)(s+1)(s+4) & 0 & (2s+1)(s+4) & s(s-1)\\ 0 & (s+3)(s+4) & (s+4) & (2s+5)\end{bmatrix}$$

“列 3×(−2)” 加于列 4→

$$\begin{bmatrix}(s-1)(s+1)(s+4) & 0 & (2s+1)(s+4) & -3s^2-19s-8\\ 0 & (s+3)(s+4) & (s+4) & -3\end{bmatrix}$$

“列 3×[−(s +3)]” 加于列 2，“列 4×[(s +4)/ 3]” 加于列 3 →

$$\begin{bmatrix}s^3+4s^2-s-4 & -(2s+1)(s+4)(s+3) & -s^3-\dfrac{25}{3}s^2-19s-\dfrac{20}{3} & -3s^2-19s-8\\ 0 & 0 & 0 & -3\end{bmatrix}$$

“列 1×(2)” 加于列 2→

$$\begin{bmatrix}s^3+4s^2-s-4 & -7s^2-33s-20 & -s^3-\dfrac{25}{3}s^2-19s-\dfrac{20}{3} & -3s^2-19s-8\\ 0 & 0 & 0 & -3\end{bmatrix}$$

“列 2×[(1/7)s−(5/49)]” 加于列 1→

$$\begin{bmatrix}-\dfrac{24}{49}s-\dfrac{96}{49} & -7s^2-33s-20 & -s^3-\dfrac{25}{3}s^2-19s-\dfrac{20}{3} & -3s^2-19s-8\\ 0 & 0 & 0 & -3\end{bmatrix}$$

列 1×(−49/24)，“列 1×(7s+5)” 加于列 2，“列 1×[s^2 +(13/3)s+(5/3)]” 加于列 3→

$$\begin{bmatrix} s+4 & 0 & 0 & -3s^2-19s-8 \\ 0 & 0 & 0 & -3 \end{bmatrix} \text{交换列 2 和列 4，“列 1×(3s+7)” 加于列 2} \rightarrow$$

$$\begin{bmatrix} s+4 & 20 & 0 & 0 \\ 0 & -3 & 0 & 0 \end{bmatrix}，\ \text{gcld}\ \boldsymbol{L}(s)=\begin{bmatrix} s+4 & 20 \\ 0 & -3 \end{bmatrix}，\ \boldsymbol{L}^{-1}(s)=\begin{bmatrix} \dfrac{1}{s+4} & \dfrac{20}{3(s+4)} \\ 0 & -\dfrac{1}{3} \end{bmatrix}$$

于是，据由可简约左 MFD 导出不可简约左 MFD 的算法，现取

$$\bar{\boldsymbol{D}}_{\text{L}}(s)=\boldsymbol{L}^{-1}(s)\boldsymbol{D}_{\text{L}}(s)=\begin{bmatrix} \dfrac{1}{s+4} & \dfrac{20}{3(s+4)} \\ 0 & -\dfrac{1}{3} \end{bmatrix}\begin{bmatrix} (s-1)(s+1)(s+4) & 0 \\ 0 & (s+3)(s+4) \end{bmatrix}$$

$$=\begin{bmatrix} (s-1)(s+1) & \dfrac{20}{3}(s+3) \\ 0 & -\dfrac{1}{3}(s+3)(s+4) \end{bmatrix}=\begin{bmatrix} s^2-1 & \dfrac{20}{3}s+20 \\ 0 & -\dfrac{1}{3}s^2-\dfrac{7}{3}s-4 \end{bmatrix}$$

$$\bar{\boldsymbol{N}}_{\text{L}}(s)=\boldsymbol{L}^{-1}(s)\boldsymbol{N}_{\text{L}}(s)=\begin{bmatrix} \dfrac{1}{s+4} & \dfrac{20}{3(s+4)} \\ 0 & -\dfrac{1}{3} \end{bmatrix}\begin{bmatrix} (2s+1)(s+4) & s(s-1) \\ (s+4) & (2s+5) \end{bmatrix}$$

$$=\begin{bmatrix} 2s+\dfrac{23}{3} & s+\dfrac{25}{3} \\ -\dfrac{1}{3}s-\dfrac{4}{3} & -\dfrac{2}{3}s-\dfrac{5}{3} \end{bmatrix}$$

则 $\bar{\boldsymbol{D}}_{\text{L}}^{-1}(s)\bar{\boldsymbol{N}}_{\text{L}}(s)$ 为给定严真 $\boldsymbol{G}(s)$ 的一个不可简约左 MFD，且 $\bar{\boldsymbol{D}}_{\text{L}}(s)$ 为行既约。

（ii）定出给定严真 $\boldsymbol{G}(s)$ 的一个最小实现。由左 MFD $\bar{\boldsymbol{D}}_{\text{L}}^{-1}(s)\bar{\boldsymbol{N}}_{\text{L}}(s)$ 为不可简约，“$\bar{\boldsymbol{D}}_{\text{L}}^{-1}(s)\bar{\boldsymbol{N}}_{\text{L}}(s)$，$\bar{\boldsymbol{D}}_{\text{L}}(s)$ 行既约”的观测器形实现必为 $\boldsymbol{G}(s)$ 的最小实现。先行导出

$$\bar{\boldsymbol{D}}_{\text{L}}(s)\text{行次表达式}\quad \bar{\boldsymbol{D}}_{\text{L}}(s)=\begin{bmatrix} s^2 & 0 \\ 0 & s^2 \end{bmatrix}\begin{bmatrix} 1 & 0 \\ 0 & -1/3 \end{bmatrix}+\begin{bmatrix} s & 1 & 0 & 0 \\ 0 & 0 & s & 1 \end{bmatrix}\begin{bmatrix} 0 & 20/3 \\ -1 & 20 \\ 0 & -7/3 \\ 0 & -4 \end{bmatrix}$$

$$\bar{\boldsymbol{N}}_{\text{L}}(s)\text{行次表达式}\quad \bar{\boldsymbol{N}}_{\text{L}}(s)=\begin{bmatrix} s & 1 & 0 & 0 \\ 0 & 0 & s & 1 \end{bmatrix}\begin{bmatrix} 2 & 1 \\ 23/3 & 25/3 \\ -1/3 & -2/3 \\ -4/3 & -5/3 \end{bmatrix}$$

基此，得到各个系数矩阵为

$$\bar{D}_{hr}=\begin{bmatrix}1 & 0\\ 0 & -1/3\end{bmatrix},\quad \bar{D}_{Lr}=\begin{bmatrix}0 & 20/3\\ -1 & 20\\ 0 & -7/3\\ 0 & -4\end{bmatrix},\quad \bar{N}_{Lr}=\begin{bmatrix}2 & 1\\ 23/3 & 25/3\\ -1/3 & -2/3\\ -4/3 & -5/3\end{bmatrix}$$

$$\bar{D}_{hr}^{-1}=\begin{bmatrix}1 & 0\\ 0 & -3\end{bmatrix},\quad \bar{D}_{Lr}\bar{D}_{hr}^{-1}=\begin{bmatrix}0 & -20\\ -1 & -60\\ 0 & 7\\ 0 & 12\end{bmatrix}$$

从而，运用观测器形实现和行次表达式在系数矩阵间对应关系，并注意到输出维数 q=2，行次数 $k_{r1}=2$ 和 $k_{r2}=2$，可直接导出不可简约左 MFD $\bar{D}_L^{-1}(s)\bar{N}_L(s)$ 的观测器形实现，即给定 $G(s)$ 的一个最小实现为

$$\bar{A}_o=\begin{bmatrix}* & 1 & * & 0\\ * & 0 & * & 0\\ * & 0 & * & 1\\ * & 0 & * & 0\end{bmatrix}\begin{matrix}\}k_{r1}=2\\ \\ \}k_{r2}=2\end{matrix}\quad (\bar{A}_o\text{ 第 } j \text{ 个} * \text{列} = -\bar{D}_{Lr}\bar{D}_{hr}^{-1}\text{ 第 } j \text{ 列}) = \begin{bmatrix}0 & 1 & 20 & 0\\ 1 & 0 & 60 & 0\\ 0 & 0 & -7 & 1\\ 0 & 0 & -12 & 0\end{bmatrix}$$

$$\underbrace{\quad}_{k_{r1}=2}\ \underbrace{\quad}_{k_{r2}=2}$$

$$\bar{B}_o=\bar{N}_{Lr}=\begin{bmatrix}2 & 1\\ 23/3 & 25/3\\ -1/3 & -2/3\\ -4/3 & -5/3\end{bmatrix}$$

$$\bar{C}_o=\begin{bmatrix}* & 0 & * & 0\\ * & 0 & * & 0\end{bmatrix}\}q=2\quad (\bar{C}_o\text{ 第 } j \text{ 个} * \text{列} = \bar{D}_{hr}^{-1}\text{ 第 } j \text{ 列}) = \begin{bmatrix}1 & 0 & 0 & 0\\ 0 & 0 & -3 & 0\end{bmatrix}$$

$$\underbrace{\quad}_{k_{r1}=2}\ \underbrace{\quad}_{k_{r2}=2}$$

（iii）定出给定严真 $G(s)$ 的另一个最小实现。考虑到最小实现的线性非奇异变换也为最小实现，任取非奇异变换阵

$$T=\begin{bmatrix}1 & 0 & 0 & 1\\ 0 & 1 & 0 & 0\\ 0 & 0 & 1 & 0\\ 0 & 0 & 0 & 1\end{bmatrix},\quad T^{-1}=\begin{bmatrix}1 & 0 & 0 & -1\\ 0 & 1 & 0 & 0\\ 0 & 0 & 1 & 0\\ 0 & 0 & 0 & 1\end{bmatrix}$$

则给定严真 $G(s)$ 的另一个最小实现为

$$\bar{A}=T\bar{A}_{\mathrm{o}}T^{-1}=\begin{bmatrix}1&0&0&1\\0&1&0&0\\0&0&1&0\\0&0&0&1\end{bmatrix}\begin{bmatrix}0&1&20&0\\1&0&60&0\\0&0&-7&1\\0&0&-12&0\end{bmatrix}\begin{bmatrix}1&0&0&-1\\0&1&0&0\\0&0&1&0\\0&0&0&1\end{bmatrix}=\begin{bmatrix}0&1&8&0\\1&0&60&-1\\0&0&-7&1\\0&0&-12&0\end{bmatrix}$$

$$\bar{B}=T\bar{B}_{\mathrm{o}}=\begin{bmatrix}1&0&0&1\\0&1&0&0\\0&0&1&0\\0&0&0&1\end{bmatrix}\begin{bmatrix}2&1\\23/3&25/3\\-1/3&-2/3\\-4/3&-5/3\end{bmatrix}=\begin{bmatrix}2/3&-2/3\\23/3&25/3\\-1/3&-2/3\\-4/3&-5/3\end{bmatrix}$$

$$\bar{C}=\bar{C}_{\mathrm{o}}T^{-1}=\begin{bmatrix}1&0&0&0\\0&0&-3&0\end{bmatrix}\begin{bmatrix}1&0&0&-1\\0&1&0&0\\0&0&1&0\\0&0&0&1\end{bmatrix}=\begin{bmatrix}1&0&0&-1\\0&0&-3&0\end{bmatrix}$$

题 10.4 给定状态空间描述为

$$\dot{x}=\begin{bmatrix}1&2&1\\0&1&0\\0&3&2\end{bmatrix}x+\begin{bmatrix}0&1\\1&0\\1&1\end{bmatrix}u,\quad y=\begin{bmatrix}1&0&1\\1&1&1\end{bmatrix}x$$

试判断它是否为下列传递函数矩阵的一个实现或最小实现：

$$G(s)=\begin{bmatrix}1&0\\1&-2(s-1)\end{bmatrix}\begin{bmatrix}0&-2(s-1)^2\\\frac{1}{2}(s-2)&s^2+4s-4\end{bmatrix}^{-1}$$

解 本题属于判断传递函数矩阵的实现和最小实现的属性的基本题。

(i) 判断给定状态空间描述是否为给定 $G(s)$ 的实现

状态空间描述(A,B,C) 为严真 $G(s)$ 的实现，当且仅当满足 $C(sI-A)^{-1}B=G(s)$。由此，基于(A,B,C)和 $N(s)D^{-1}(s)$，分别计算定出：

$$(sI-A)=\begin{bmatrix}s-1&-2&-1\\0&s-1&0\\0&-3&s-2\end{bmatrix}$$

$$(sI-A)^{-1}=\begin{bmatrix}\frac{1}{(s-1)}&\frac{2s-1}{(s-1)^2(s-2)}&\frac{1}{(s-1)(s-2)}\\0&\frac{1}{(s-1)}&0\\0&\frac{3}{(s-1)(s-2)}&\frac{1}{(s-2)}\end{bmatrix}$$

$$C(sI-A)^{-1}=\begin{bmatrix}\dfrac{1}{(s-1)} & \dfrac{5s-4}{(s-1)^2(s-2)} & \dfrac{s}{(s-1)(s-2)}\\ \dfrac{1}{(s-1)} & \dfrac{s^2+2s-2}{(s-1)^2(s-2)} & \dfrac{s}{(s-1)(s-2)}\end{bmatrix}$$

$$C(sI-A)^{-1}B=\begin{bmatrix}\dfrac{s^2+4s-4}{(s-1)^2(s-2)} & \dfrac{2}{(s-2)}\\ \dfrac{2s^2+s-2}{(s-1)^2(s-2)} & \dfrac{2}{(s-2)}\end{bmatrix}$$

和

$$D^{-1}(s)=\begin{bmatrix}0 & -2(s-1)^2\\ \dfrac{1}{2}(s-2) & s^2+4s-4\end{bmatrix}^{-1}=\begin{bmatrix}\dfrac{s^2+4s-4}{(s-1)^2(s-2)} & \dfrac{2}{(s-2)}\\ -\dfrac{1}{2(s-1)^2} & 0\end{bmatrix}$$

$$G(s)=N(s)\,D^{-1}(s)=\begin{bmatrix}1 & 0\\ 1 & -2(s-1)\end{bmatrix}\begin{bmatrix}\dfrac{s^2+4s-4}{(s-1)^2(s-2)} & \dfrac{2}{(s-2)}\\ -\dfrac{1}{2(s-1)^2} & 0\end{bmatrix}$$

$$=\begin{bmatrix}\dfrac{s^2+4s-4}{(s-1)^2(s-2)} & \dfrac{2}{(s-2)}\\ \dfrac{2s^2+s-2}{(s-1)^2(s-2)} & \dfrac{2}{(s-2)}\end{bmatrix}$$

由结果满足$C(sI-A)^{-1}B=G(s)$，可知给定状态空间描述为给定$G(s)$的一个实现。

（ii）判断给定状态空间描述是否为给定$G(s)$的最小实现

一种方法是“基于最小实现的能控和能观测属性”的时域判断方法。对给定(A,B,C)，先行判断：

$$\text{rank}[B\ AB\ A^2B]=\text{rank}\begin{bmatrix}0&1&3&*&*&*\\1&0&1&*&*&*\\1&1&5&*&*&*\end{bmatrix}=3,\ \text{rank}\begin{bmatrix}C\\CA\\CA^2\end{bmatrix}=\text{rank}\begin{bmatrix}1&0&1\\1&1&1\\1&5&3\\*&*&*\\*&*&*\\*&*&*\end{bmatrix}=3$$

其中，以$*$表示的元无需计算就可确定秩结果。结果表明(A,B,C)为能控和能观测，可知给定状态空间描述为给定$G(s)$的最小实现。

另一种方法是“基于不可简约$N(s)\,D^{-1}(s)$的最小实现维数为$\deg\det D(s)$属性”的复频率域方法。对给定右 MFD $\boldsymbol{N}(s)\boldsymbol{D}^{-1}(s)$，先行判断

$$\operatorname{rank}[\boldsymbol{D}(s)\ \boldsymbol{N}(s)]=\operatorname{rank}\begin{bmatrix} 0 & -2(s-1)^2 & 1 & 0 \\ \frac{1}{2}(s-2) & s^2+4s-4 & 1 & -2(s-1) \end{bmatrix}=2,\quad \forall s\in C$$

表明 $\boldsymbol{N}(s)\boldsymbol{D}^{-1}(s)$ 为不可简约。由给定 $(\boldsymbol{A},\boldsymbol{B},\boldsymbol{C})$ 为维数 "$\deg\det\boldsymbol{D}(s)=3$" 的实现，可知给定状态空间描述为给定 $\boldsymbol{G}(s)$ 的一个最小实现。

题 10.5 定出下列各右 MFD 的控制器形实现：

（i）$[s^2-1\quad s+1]\begin{bmatrix} s^3 & s^2-1 \\ s+1 & s^3+s^2+1 \end{bmatrix}^{-1}$

（ii）$\begin{bmatrix} 2s & 0 \\ -s & s^2 \end{bmatrix}\begin{bmatrix} 0 & s^3+4s^2+5s+2 \\ (s+2)^2 & s+2 \end{bmatrix}^{-1}$

解 本题属于由 MFD 确定指定类型状态空间实现的基本题。

（i）对给定 $\boldsymbol{N}(s)\boldsymbol{D}^{-1}(s)=[s^2-1\quad s+1]\begin{bmatrix} s^3 & s^2-1 \\ s+1 & s^3+s^2+1 \end{bmatrix}^{-1}$，易知 $\boldsymbol{D}(s)$ 列既约和 $\boldsymbol{N}(s)\boldsymbol{D}^{-1}(s)$ 严真。先行导出 $\boldsymbol{D}(s)$ 和 $\boldsymbol{N}(s)$ 的列次表达式：

$$\boldsymbol{D}(s)=\begin{bmatrix} 1 & 0 \\ 0 & 1 \end{bmatrix}\begin{bmatrix} s^3 & 0 \\ 0 & s^3 \end{bmatrix}+\begin{bmatrix} 0 & 0 & 0 & 1 & 0 & -1 \\ 0 & 1 & 1 & 1 & 0 & 1 \end{bmatrix}\begin{bmatrix} s^2 & 0 \\ s & 0 \\ 1 & 0 \\ 0 & s^2 \\ 0 & s \\ 0 & 1 \end{bmatrix}$$

$$\boldsymbol{N}(s)=[1\quad 0\quad -1\quad 0\quad 1\quad 1]\begin{bmatrix} s^2 & 0 \\ s & 0 \\ 1 & 0 \\ 0 & s^2 \\ 0 & s \\ 0 & 1 \end{bmatrix}$$

基此，定出各个系数矩阵为

$$\boldsymbol{D}_{hc}=\begin{bmatrix} 1 & 0 \\ 0 & 1 \end{bmatrix},\quad \boldsymbol{D}_{hc}^{-1}=\begin{bmatrix} 1 & 0 \\ 0 & 1 \end{bmatrix},\quad \boldsymbol{D}_{Lc}=\begin{bmatrix} 0 & 0 & 0 & 1 & 0 & -1 \\ 0 & 1 & 1 & 1 & 0 & 1 \end{bmatrix}$$

$$\boldsymbol{N}_{Lc}=[1\quad 0\quad -1\quad 0\quad 1\quad 1],\quad \boldsymbol{D}_{hc}^{-1}\boldsymbol{D}_{Lc}=\begin{bmatrix} 0 & 0 & 0 & 1 & 0 & -1 \\ 0 & 1 & 1 & 1 & 0 & 1 \end{bmatrix}$$

从而，利用控制器形实现和列次表达式在系数矩阵间的对应关系，并注意到输入维数 p=2 和列次数 $k_{c1}=k_{c2}=3$，就可得到给定右 MFD $\boldsymbol{N}(s)\ \boldsymbol{D}^{-1}(s)$ 的控制器形实现为

$$\boldsymbol{A}_c=\begin{bmatrix} * & * & * & * & * & * \\ 1 & 0 & 0 & 0 & 0 & 0 \\ 0 & 1 & 0 & 0 & 0 & 0 \\ * & * & * & * & * & * \\ 0 & 0 & 0 & 1 & 0 & 0 \\ 0 & 0 & 0 & 0 & 1 & 0 \end{bmatrix}\begin{matrix} \left.\right\} k_{c1}=3 \\ \left.\right\} k_{c2}=3 \end{matrix} \quad (\boldsymbol{A}_c \text{ 第 } i* \text{行}=-\boldsymbol{D}_{hc}^{-1}\boldsymbol{D}_{Lc} \text{ 第 } i \text{ 行})$$

$$\underbrace{\qquad}_{k_{c1}=3}\qquad\underbrace{\qquad}_{k_{c2}=3}$$

$$=\begin{bmatrix} 0 & 0 & 0 & -1 & 0 & 1 \\ 1 & 0 & 0 & 0 & 0 & 0 \\ 0 & 1 & 0 & 0 & 0 & 0 \\ 0 & -1 & -1 & -1 & 0 & -1 \\ 0 & 0 & 0 & 1 & 0 & 0 \\ 0 & 0 & 0 & 0 & 1 & 0 \end{bmatrix}$$

$$\boldsymbol{B}_c=\underbrace{\begin{bmatrix} * & * \\ 0 & 0 \\ 0 & 0 \\ * & * \\ 0 & 0 \\ 0 & 0 \end{bmatrix}}_{p=2}\begin{matrix} \left.\right\} k_{c1}=3 \\ \left.\right\} k_{c2}=3 \end{matrix} \quad (\boldsymbol{B}_c \text{ 第 } i* \text{行}=\boldsymbol{D}_{hc}^{-1} \text{ 第 } i \text{ 行})=\begin{bmatrix} 1 & 0 \\ 0 & 0 \\ 0 & 0 \\ 0 & 1 \\ 0 & 0 \\ 0 & 0 \end{bmatrix}$$

$$\boldsymbol{C}_c=\boldsymbol{N}_{Lc}=[1 \quad 0 \quad -1 \quad 0 \quad 1 \quad 1]$$

（ii）对给定 $\boldsymbol{N}(s)\ \boldsymbol{D}^{-1}(s)=\begin{bmatrix} 2s & 0 \\ -s & s^2 \end{bmatrix}\begin{bmatrix} 0 & s^3+4s^2+5s+2 \\ (s+2)^2 & s+2 \end{bmatrix}^{-1}$，易知 $\boldsymbol{D}(s)$ 列既约和 $\boldsymbol{N}(s)\ \boldsymbol{D}^{-1}(s)$ 严真。先行导出 $\boldsymbol{D}(s)$ 和 $\boldsymbol{N}(s)$ 的列次表达式：

$$\boldsymbol{D}(s)=\begin{bmatrix} 0 & 1 \\ 1 & 0 \end{bmatrix}\begin{bmatrix} s^2 & 0 \\ 0 & s^3 \end{bmatrix}+\begin{bmatrix} 0 & 0 & 4 & 5 & 2 \\ 4 & 4 & 0 & 1 & 2 \end{bmatrix}\begin{bmatrix} s & 0 \\ 1 & 0 \\ 0 & s^2 \\ 0 & s \\ 0 & 1 \end{bmatrix}$$

$$N(s)=\begin{bmatrix}2&0&0&0&0\\-1&0&1&0&0\end{bmatrix}\begin{bmatrix}s&0\\1&0\\0&s^2\\0&s\\0&1\end{bmatrix}$$

基此，定出各个系数矩阵为

$$\boldsymbol{D}_{\text{hc}}=\begin{bmatrix}0&1\\1&0\end{bmatrix},\quad \boldsymbol{D}_{\text{hc}}^{-1}=\begin{bmatrix}0&1\\1&0\end{bmatrix},\quad \boldsymbol{D}_{\text{Lc}}=\begin{bmatrix}0&0&4&5&2\\4&4&0&1&2\end{bmatrix}$$

$$\boldsymbol{N}_{\text{Lc}}=\begin{bmatrix}2&0&0&0&0\\-1&0&1&0&0\end{bmatrix},\quad \boldsymbol{D}_{\text{hc}}^{-1}\boldsymbol{D}_{\text{Lc}}=\begin{bmatrix}4&4&0&1&2\\0&0&4&5&2\end{bmatrix}$$

从而，利用控制器形实现和列次表达式在系数矩阵间的对应关系，并注意到输入维数 p=2 和列次数 $k_{c1}=2$，$k_{c2}=3$，就可得到给定右 MFD $\boldsymbol{N}(s)\,\boldsymbol{D}^{-1}(s)$ 的控制器形实现为

$$\boldsymbol{A}_{\text{c}}=\begin{bmatrix}*&*&*&*&*\\1&0&0&0&0\\ *&*&*&*&*\\0&0&1&0&0\\0&0&0&1&0\end{bmatrix}\begin{matrix}\left.\vphantom{\begin{matrix}1\\1\end{matrix}}\right\}k_{c1}=2\\ \left.\vphantom{\begin{matrix}1\\1\\1\end{matrix}}\right\}k_{c2}=3\end{matrix}\quad (\boldsymbol{A}_{\text{c}}\text{ 第 } i*\text{行}=-\boldsymbol{D}_{\text{hc}}^{-1}\boldsymbol{D}_{\text{Lc}}\text{ 第 } i \text{ 行})$$

$$\underbrace{\quad}_{k_{c1}=2}\quad\underbrace{\quad}_{k_{c2}=3}$$

$$=\begin{bmatrix}-4&-4&0&-1&-2\\1&0&0&0&0\\0&0&-4&-5&-2\\0&0&1&0&0\\0&0&0&1&0\end{bmatrix}$$

$$\boldsymbol{B}_{\text{c}}=\underbrace{\begin{bmatrix}*&*\\0&0\\ *&*\\0&0\\0&0\end{bmatrix}}_{p=2}\begin{matrix}\left.\vphantom{\begin{matrix}1\\1\end{matrix}}\right\}k_{c1}=2\\ \left.\vphantom{\begin{matrix}1\\1\\1\end{matrix}}\right\}k_{c2}=3\end{matrix}\quad (\boldsymbol{B}_{\text{c}}\text{ 第 } i*\text{行}=\boldsymbol{D}_{\text{hc}}^{-1}\text{ 第 } i \text{ 行})=\begin{bmatrix}0&1\\0&0\\1&0\\0&0\\0&0\end{bmatrix}$$

$$\boldsymbol{C}_{\text{c}}=\boldsymbol{N}_{\text{Lc}}=\begin{bmatrix}2&0&0&0&0\\-1&0&1&0&0\end{bmatrix}$$

题 10.6 定出下列各传递函数矩阵 $\boldsymbol{G}(s)$ 的任意两个维数不同的控制器形实现：

（i）$\boldsymbol{G}(s)=\begin{bmatrix}\dfrac{1}{s^2-1} & \dfrac{s+1}{s^2+5s+4}\\ \dfrac{1}{s+3} & \dfrac{s+4}{s^2+7s+12}\end{bmatrix}$

（ii）$\boldsymbol{G}(s)=\begin{bmatrix}\dfrac{2s^2+2s+1}{s^2-3} & \dfrac{s^2+4s+6}{s^2+s+1}\\ \dfrac{4s+5}{s+2} & \dfrac{3s^2+4s+1}{s^2+7s+12}\end{bmatrix}$

解 本题属于由传递函数矩阵确定指定类型状态空间实现的基本题。

(i) 对严真 $\boldsymbol{G}(s)$ 导出其“分母阵行列式次数”不同的两个右 MFD，即可对应导出两个维数不同的控制器形实现。

首先，导出给定严真 $\boldsymbol{G}(s)$ 的一个右 MFD 为

$$\boldsymbol{G}(s)=\begin{bmatrix}\dfrac{1}{s^2-1} & \dfrac{s+1}{s^2+5s+4}\\ \dfrac{1}{s+3} & \dfrac{s+4}{s^2+7s+12}\end{bmatrix}=\begin{bmatrix}\dfrac{1}{s^2-1} & \dfrac{1}{s+4}\\ \dfrac{1}{s+3} & \dfrac{1}{s+3}\end{bmatrix}$$

$$=\begin{bmatrix}s+3 & s+3\\ s^2-1 & s+4\end{bmatrix}\begin{bmatrix}(s^2-1)(s+3) & 0\\ 0 & (s+3)(s+4)\end{bmatrix}^{-1}=\boldsymbol{N}(s)\,\boldsymbol{D}^{-1}(s)$$

易知，$\boldsymbol{D}(s)$ 列既约，$\deg\det\boldsymbol{D}(s)=5$。再由 $\boldsymbol{D}(s)$ 和 $\boldsymbol{N}(s)$ 的列次表达式：

$$\boldsymbol{D}(s)=\begin{bmatrix}1 & 0\\ 0 & 1\end{bmatrix}\begin{bmatrix}s^3 & 0\\ 0 & s^2\end{bmatrix}+\begin{bmatrix}3 & -1 & -3 & 0 & 0\\ 0 & 0 & 0 & 7 & 12\end{bmatrix}\begin{bmatrix}s^2 & 0\\ s & 0\\ 1 & 0\\ 0 & s\\ 0 & 1\end{bmatrix}$$

$$\boldsymbol{N}(s)=\begin{bmatrix}0 & 1 & 3 & 1 & 3\\ 1 & 0 & -1 & 1 & 4\end{bmatrix}\begin{bmatrix}s^2 & 0\\ s & 0\\ 1 & 0\\ 0 & s\\ 0 & 1\end{bmatrix}$$

定出各个系数矩阵为

$$\boldsymbol{D}_{\mathrm{hc}}=\begin{bmatrix}1 & 0\\ 0 & 1\end{bmatrix},\quad \boldsymbol{D}_{\mathrm{hc}}^{-1}=\begin{bmatrix}1 & 0\\ 0 & 1\end{bmatrix},\quad \boldsymbol{D}_{\mathrm{Lc}}=\begin{bmatrix}3 & -1 & -3 & 0 & 0\\ 0 & 0 & 0 & 7 & 12\end{bmatrix}$$

$$N_{Lc}=\begin{bmatrix}0&1&3&1&3\\1&0&-1&1&4\end{bmatrix},\quad D_{hc}^{-1}D_{Lc}=\begin{bmatrix}3&-1&-3&0&0\\0&0&0&7&12\end{bmatrix}$$

从而，利用控制器形实现和列次表达式在系数矩阵间的对应关系，并注意到输入维数 p=2 和列次数为 $k_{c1}=3, k_{c2}=2$，得到此右 MFD 即给定 $G(s)$ 的“维数为 5”的控制器形实现为

$$A_c=\underbrace{\begin{bmatrix}*&*&*&*&*\\1&0&0&0&0\\0&1&0&0&0\\ *&*&*&*&*\\0&0&0&1&0\end{bmatrix}}_{k_{c1}=3,\ k_{c2}=2}\begin{matrix}\}k_{c1}=3\\ \\ \}k_{c2}=2\end{matrix}\qquad (A_c\text{ 第 } i*\text{行}=-D_{hc}^{-1}D_{Lc}\text{ 第 } i \text{ 行})$$

$$=\begin{bmatrix}-3&1&3&0&0\\1&0&0&0&0\\0&1&0&0&0\\0&0&0&-7&-12\\0&0&0&1&0\end{bmatrix}$$

$$B_c=\underbrace{\begin{bmatrix}*&*\\0&0\\0&0\\ *&*\\0&0\end{bmatrix}}_{p=2}\begin{matrix}\}k_{c1}=3\\ \\ \}k_{c2}=2\end{matrix}\qquad (B_c\text{ 第 } i*\text{行}=D_{hc}^{-1}\text{ 第 } i \text{ 行})=\begin{bmatrix}1&0\\0&0\\0&0\\0&1\\0&0\end{bmatrix}$$

$$C_c=N_{Lc}=\begin{bmatrix}0&1&3&1&3\\1&0&-1&1&4\end{bmatrix}$$

进而，导出给定严真 $G(s)$ 的另一个右 MFD 为

$$G(s)=\begin{bmatrix}\dfrac{1}{s^2-1}&\dfrac{s+1}{s^2+5s+4}\\ \dfrac{1}{s+3}&\dfrac{s+4}{s^2+7s+12}\end{bmatrix}=\begin{bmatrix}s+3&(s+1)(s+3)\\s^2-1&(s+1)(s+4)\end{bmatrix}$$

$$\times\begin{bmatrix}(s^2-1)(s+3)&0\\0&(s+1)(s+3)(s+4)\end{bmatrix}^{-1}=\bar{N}(s)\,\bar{D}^{-1}(s)$$

易知，$\bar{D}(s)$ 列既约，$\deg\det\bar{D}(s)=6$。再由 $\bar{D}(s)$ 和 $\bar{N}(s)$ 的列次表达式：

$$\bar{D}(s)=\begin{bmatrix}1&0\\0&1\end{bmatrix}\begin{bmatrix}s^3&0\\0&s^3\end{bmatrix}+\begin{bmatrix}3&-1&-3&0&0&0\\0&0&0&8&19&12\end{bmatrix}\begin{bmatrix}s^2&0\\s&0\\1&0\\0&s^2\\0&s\\0&1\end{bmatrix}$$

$$\bar{N}(s)=\begin{bmatrix}0&1&3&1&4&3\\1&0&-1&1&5&4\end{bmatrix}\begin{bmatrix}s^2&0\\s&0\\1&0\\0&s^2\\0&s\\0&1\end{bmatrix}$$

定出各个系数矩阵为

$$\bar{D}_{hc}=\begin{bmatrix}1&0\\0&1\end{bmatrix},\quad \bar{D}_{hc}^{-1}=\begin{bmatrix}1&0\\0&1\end{bmatrix},\quad \bar{D}_{Lc}=\begin{bmatrix}3&-1&-3&0&0&0\\0&0&0&8&19&12\end{bmatrix}$$

$$\bar{N}_{Lc}=\begin{bmatrix}0&1&3&1&4&3\\1&0&-1&1&5&4\end{bmatrix},\quad \bar{D}_{hc}^{-1}\bar{D}_{Lc}=\begin{bmatrix}3&-1&-3&0&0&0\\0&0&0&8&19&12\end{bmatrix}$$

从而，利用控制器形实现和列次表达式在系数矩阵间的对应关系，并注意到输入维数 p=2 和列次数为 $\bar{k}_{c1}=3, \bar{k}_{c2}=3$，得到此右 MFD 即给定 $\boldsymbol{G}(s)$ 的“维数为 6”的控制器形实现为

$$\bar{A}_c=\begin{bmatrix}*&*&*&*&*&*\\1&0&0&0&0&0\\0&1&0&0&0&0\\*&*&*&*&*&*\\0&0&0&1&0&0\\0&0&0&0&1&0\end{bmatrix}\begin{matrix}\left.\right\}k_{c1}=3\\ \left.\right\}k_{c2}=3\end{matrix}\qquad (\bar{A}_c\text{ 第 }i*\text{行}=-\bar{D}_{hc}^{-1}\bar{D}_{Lc}\text{ 第 }i\text{ 行})$$

$$\underbrace{\quad}_{k_{c1}=3}\qquad\underbrace{\quad}_{k_{c2}=3}$$

$$=\begin{bmatrix}-3&1&3&0&0&0\\1&0&0&0&0&0\\0&1&0&0&0&0\\0&0&0&-8&-19&-12\\0&0&0&1&0&0\\0&0&0&0&1&0\end{bmatrix}$$

$$\bar{\boldsymbol{B}}_{\mathrm{c}}=\underbrace{\begin{bmatrix} * & * \\ 0 & 0 \\ 0 & 0 \\ * & * \\ 0 & 0 \\ 0 & 0 \end{bmatrix}}_{p=2}\begin{matrix} \left.\begin{matrix} \\ \\ \\ \end{matrix}\right\} k_{\mathrm{c}1}=3 \\ \left.\begin{matrix} \\ \\ \\ \end{matrix}\right\} k_{\mathrm{c}2}=3 \end{matrix} \quad (\bar{\boldsymbol{B}}_{\mathrm{c}}\text{第 }i*\text{行}=\bar{\boldsymbol{D}}_{\mathrm{hc}}^{-1}\text{第 }i\text{ 行}) \quad =\begin{bmatrix} 1 & 0 \\ 0 & 0 \\ 0 & 0 \\ 0 & 1 \\ 0 & 0 \\ 0 & 0 \end{bmatrix}$$

$$\bar{\boldsymbol{C}}_{\mathrm{c}}=\bar{\boldsymbol{N}}_{\mathrm{Lc}}=\begin{bmatrix} 0 & 1 & 3 & 1 & 4 & 3 \\ 1 & 0 & -1 & 1 & 5 & 4 \end{bmatrix}$$

（ii）对给定真 $\boldsymbol{G}(s)$，通过对元作除法进行严真化，导出

$$\boldsymbol{G}(s)=\begin{bmatrix} \dfrac{2s^2+2s+1}{s^2-3} & \dfrac{s^2+4s+6}{s^2+s+1} \\ \dfrac{4s+5}{s+2} & \dfrac{3s^2+4s+1}{s^2+7s+12} \end{bmatrix}=\begin{bmatrix} 2 & 1 \\ 4 & 3 \end{bmatrix}+\begin{bmatrix} \dfrac{2s+7}{s^2-3} & \dfrac{3s+5}{s^2+s+1} \\ \dfrac{-3}{s+2} & \dfrac{-17s-35}{s^2+7s+12} \end{bmatrix}=\boldsymbol{E}+\boldsymbol{G}_0(s)$$

再对严真 $\boldsymbol{G}_0(s)$ 定出“分母阵行列式次数”不同的两个右 MFD，即可对应导出两个维数不同的控制器形实现。

首先，导出严真 $\boldsymbol{G}_0(s)$ 的一个右 MFD 为

$$\boldsymbol{G}_0(s)=\begin{bmatrix} \dfrac{2s+7}{s^2-3} & \dfrac{3s+5}{s^2+s+1} \\ \dfrac{-3}{s+2} & \dfrac{-17s-35}{s^2+7s+12} \end{bmatrix}=\begin{bmatrix} (2s+7)(s+2) & (3s+5)(s^2+7s+12) \\ -3(s^2-3) & -(17s+35)(s^2+s+1) \end{bmatrix}\times$$

$$\begin{bmatrix} (s^2-3)(s+2) & 0 \\ 0 & (s^2+s+1)(s^2+7s+12) \end{bmatrix}^{-1}=\boldsymbol{N}(s)\,\boldsymbol{D}^{-1}(s)$$

易知，$\boldsymbol{D}(s)$ 列既约，$\deg\det\boldsymbol{D}(s)=7$。再由 $\boldsymbol{D}(s)$ 和 $\boldsymbol{N}(s)$ 的列次表达式：

$$\boldsymbol{D}(s)=\begin{bmatrix} 1 & 0 \\ 0 & 1 \end{bmatrix}\begin{bmatrix} s^3 & 0 \\ 0 & s^4 \end{bmatrix}+\begin{bmatrix} 2 & -3 & -6 & 0 & 0 & 0 & 0 \\ 0 & 0 & 0 & 8 & 20 & 19 & 12 \end{bmatrix}\boldsymbol{\Psi}(s)$$

$$\boldsymbol{N}(s)=\begin{bmatrix} 2 & 11 & 14 & 3 & 26 & 71 & 60 \\ -3 & 0 & 9 & -17 & -52 & -52 & -35 \end{bmatrix}\boldsymbol{\Psi}(s),\quad \boldsymbol{\Psi}(s)=\begin{bmatrix} s^2 & 0 \\ s & 0 \\ 1 & 0 \\ 0 & s^3 \\ 0 & s^2 \\ 0 & s \\ 0 & 1 \end{bmatrix}$$

定出各个系数矩阵为

$$\boldsymbol{D}_{\rm hc}=\begin{bmatrix}1&0\\0&1\end{bmatrix},\quad \boldsymbol{D}_{\rm Lc}=\begin{bmatrix}2&-3&-6&0&0&0&0\\0&0&0&8&20&19&12\end{bmatrix}$$

$$\boldsymbol{N}_{\rm Lc}=\begin{bmatrix}2&11&14&3&26&71&60\\-3&0&9&-17&-52&-52&-35\end{bmatrix}$$

$$\boldsymbol{D}_{\rm hc}^{-1}=\begin{bmatrix}1&0\\0&1\end{bmatrix},\quad \boldsymbol{D}_{\rm hc}^{-1}\boldsymbol{D}_{\rm Lc}=\begin{bmatrix}2&-3&-6&0&0&0&0\\0&0&0&8&20&19&12\end{bmatrix}$$

从而，利用控制器形实现和列次表达式在系数矩阵间的对应关系，并注意到输入维数 p=2 和列次数为 $k_{\rm c1}=3, k_{\rm c2}=4$，就可得到给定真的 $\boldsymbol{G}(s)$ 的"维数为 7"的控制器形实现为

$$\boldsymbol{A}_{\rm c}=\begin{bmatrix}*&*&*&*&*&*&*\\1&0&0&0&0&0&0\\0&1&0&0&0&0&0\\ *&*&*&*&*&*&*\\0&0&0&1&0&0&0\\0&0&0&0&1&0&0\\0&0&0&0&0&1&0\end{bmatrix}\begin{matrix}\left.\begin{matrix}\\ \\ \\ \end{matrix}\right\}k_{\rm c1}=3\\ \left.\begin{matrix}\\ \\ \\ \\ \end{matrix}\right\}k_{\rm c2}=4\end{matrix}\quad (\boldsymbol{A}_{\rm c}\text{ 第 } i*\text{ 行}=-\boldsymbol{D}_{\rm hc}^{-1}\boldsymbol{D}_{\rm Lc}\text{ 第 } i \text{ 行})$$

$$\underbrace{\qquad\qquad}_{k_{\rm c1}=3}\qquad\underbrace{\qquad\qquad\qquad}_{k_{\rm c2}=4}$$

$$=\begin{bmatrix}-2&3&6&0&0&0&0\\1&0&0&0&0&0&0\\0&1&0&0&0&0&0\\0&0&0&-8&-20&-19&-12\\0&0&0&1&0&0&0\\0&0&0&0&1&0&0\\0&0&0&0&0&1&0\end{bmatrix}$$

$$\boldsymbol{B}_{\rm c}=\underbrace{\begin{bmatrix}*&*\\0&0\\0&0\\ *&*\\0&0\\0&0\\0&0\end{bmatrix}}_{p=2}\begin{matrix}\left.\begin{matrix}\\ \\ \\ \end{matrix}\right\}k_{\rm c1}=3\\ \left.\begin{matrix}\\ \\ \\ \\ \end{matrix}\right\}k_{\rm c2}=4\end{matrix}\quad (\boldsymbol{B}_{\rm c}\text{ 第 } i*\text{ 行}=\boldsymbol{D}_{\rm hc}^{-1}\text{ 第 } i \text{ 行})=\begin{bmatrix}1&0\\0&0\\0&0\\0&1\\0&0\\0&0\\0&0\end{bmatrix}$$

$$C_c = N_{Lc} = \begin{bmatrix} 2 & 11 & 14 & 3 & 26 & 71 & 60 \\ -3 & 0 & 9 & -17 & -52 & -52 & -35 \end{bmatrix}, \quad E = \begin{bmatrix} 2 & 1 \\ 4 & 3 \end{bmatrix}$$

进而，导出严真$G_0(s)$的另一个右 MFD 为

$$G_0(s) = \begin{bmatrix} \dfrac{2s+7}{s^2-3} & \dfrac{3s+5}{s^2+s+1} \\ \dfrac{-3}{s+2} & \dfrac{-17s-35}{s^2+7s+12} \end{bmatrix}$$

$$= \begin{bmatrix} (2s+7)(s+2)(s+1) & (3s+5)(s^2+7s+12) \\ -3(s^2-3)(s+1) & -(17s+35)(s^2+s+1) \end{bmatrix}$$

$$\times \begin{bmatrix} (s^2-3)(s+2)(s+1) & 0 \\ 0 & (s^2+s+1)(s^2+7s+12) \end{bmatrix}^{-1} = \bar{N}(s)\ \bar{D}^{-1}(s)$$

易知，$\bar{D}(s)$列既约，$\deg\det\bar{D}(s)=8$。再由$\bar{D}(s)$和$\bar{N}(s)$的列次表达式：

$$\bar{D}(s) = \begin{bmatrix} 1 & 0 \\ 0 & 1 \end{bmatrix} \begin{bmatrix} s^4 & 0 \\ 0 & s^4 \end{bmatrix} + \begin{bmatrix} 3 & -1 & -9 & -6 & 0 & 0 & 0 & 0 \\ 0 & 0 & 0 & 0 & 8 & 20 & 19 & 12 \end{bmatrix} \bar{\Psi}(s)$$

$$\bar{N}(s) = \begin{bmatrix} 2 & 13 & 25 & 14 & 3 & 26 & 71 & 60 \\ -3 & -3 & 9 & 9 & -17 & -52 & -52 & -35 \end{bmatrix} \bar{\Psi}(s), \quad \bar{\Psi}(s) = \begin{bmatrix} s^3 & 0 \\ s^2 & 0 \\ s & 0 \\ 1 & 0 \\ 0 & s^3 \\ 0 & s^2 \\ 0 & s \\ 0 & 1 \end{bmatrix}$$

定出各个系数矩阵为

$$\bar{D}_{hc} = \begin{bmatrix} 1 & 0 \\ 0 & 1 \end{bmatrix}, \quad \bar{D}_{Lc} = \begin{bmatrix} 3 & -1 & -9 & -6 & 0 & 0 & 0 & 0 \\ 0 & 0 & 0 & 0 & 8 & 20 & 19 & 12 \end{bmatrix}$$

$$\bar{N}_{Lc} = \begin{bmatrix} 2 & 13 & 25 & 14 & 3 & 26 & 71 & 60 \\ -3 & -3 & 9 & 9 & -17 & -52 & -52 & -35 \end{bmatrix},$$

$$\bar{D}_{hc}^{-1} = \begin{bmatrix} 1 & 0 \\ 0 & 1 \end{bmatrix}$$

$$\bar{D}_{hc}^{-1}\bar{D}_{Lc} = \begin{bmatrix} 3 & -1 & -9 & -6 & 0 & 0 & 0 & 0 \\ 0 & 0 & 0 & 0 & 8 & 20 & 19 & 12 \end{bmatrix}$$

从而，利用控制器形实现和列次表达式在系数矩阵间的对应关系，并注意到输入维数p=2和列次数为$\bar{k}_{c1}=4, \bar{k}_{c2}=4$，就可得到给定真的$G(s)$ “维数为 8” 的控制器形实现为

$$\bar{A}_c = \left[\begin{array}{cccccccc} * & * & * & * & * & * & * & * \\ 1 & 0 & 0 & 0 & 0 & 0 & 0 & 0 \\ 0 & 1 & 0 & 0 & 0 & 0 & 0 & 0 \\ 0 & 0 & 1 & 0 & 0 & 0 & 0 & 0 \\ * & * & * & * & * & * & * & * \\ 0 & 0 & 0 & 0 & 1 & 0 & 0 & 0 \\ 0 & 0 & 0 & 0 & 0 & 1 & 0 & 0 \\ 0 & 0 & 0 & 0 & 0 & 0 & 1 & 0 \end{array}\right] \begin{array}{l} \left.\right\} k_{c1}=4 \\ \left.\right\} k_{c2}=4 \end{array} \quad (\bar{A}_c \text{ 第 } i* \text{ 行}= -\bar{D}_{hc}^{-1}\bar{D}_{Lc} \text{ 第 } i \text{ 行})$$

$$\underbrace{\quad\quad}_{k_{c1}=4}\quad \underbrace{\quad\quad}_{k_{c2}=4}$$

$$= \begin{bmatrix} -3 & 1 & 9 & 6 & 0 & 0 & 0 & 0 \\ 1 & 0 & 0 & 0 & 0 & 0 & 0 & 0 \\ 0 & 1 & 0 & 0 & 0 & 0 & 0 & 0 \\ 0 & 0 & 1 & 0 & 0 & 0 & 0 & 0 \\ 0 & 0 & 0 & 0 & -8 & -20 & -19 & -12 \\ 0 & 0 & 0 & 0 & 1 & 0 & 0 & 0 \\ 0 & 0 & 0 & 0 & 0 & 1 & 0 & 0 \\ 0 & 0 & 0 & 0 & 0 & 0 & 1 & 0 \end{bmatrix}$$

$$\bar{B}_c = \left[\begin{array}{cc} * & * \\ 0 & 0 \\ 0 & 0 \\ 0 & 0 \\ * & * \\ 0 & 0 \\ 0 & 0 \\ 0 & 0 \end{array}\right] \begin{array}{l} \left.\right\} k_{c1}=4 \\ \left.\right\} k_{c2}=4 \end{array} \quad (\bar{B}_c \text{ 第 } i* \text{ 行}=\bar{D}_{hc}^{-1} \text{ 第 } i \text{ 行}) = \begin{bmatrix} 1 & 0 \\ 0 & 0 \\ 0 & 0 \\ 0 & 0 \\ 0 & 1 \\ 0 & 0 \\ 0 & 0 \\ 0 & 0 \end{bmatrix}$$

$$\underbrace{\quad\quad}_{p=2}$$

$$\bar{C}_c = \bar{N}_{Lc} = \begin{bmatrix} 2 & 13 & 25 & 14 & 3 & 26 & 71 & 60 \\ -3 & -3 & 9 & 9 & -17 & -52 & -52 & -35 \end{bmatrix}, \quad E = \begin{bmatrix} 2 & 1 \\ 4 & 3 \end{bmatrix}$$

题 10.7 定出下列各左 MFD 的观测器形实现：

(i) $\begin{bmatrix} s^2-1 & 0 \\ 0 & s-1 \end{bmatrix}^{-1} \begin{bmatrix} 1 & s-1 \\ 2 & s \end{bmatrix}$

（ii）$\begin{bmatrix} 0 & s^2-1 \\ s-1 & 0 \end{bmatrix}^{-1} \begin{bmatrix} s-1 & 1 & s-1 \\ s+1 & 0 & s+1 \end{bmatrix}$

解 本题属于由 MFD 确定指定类型状态空间实现的基本题。

（i）先将给定真左 MFD 严真化，有

$$\begin{bmatrix} s^2-1 & 0 \\ 0 & s-1 \end{bmatrix}^{-1} \begin{bmatrix} 1 & s-1 \\ 2 & s \end{bmatrix} = \begin{bmatrix} \dfrac{1}{s^2-1} & 0 \\ 0 & \dfrac{1}{s-1} \end{bmatrix} \left\{ \begin{bmatrix} 0 & 0 \\ 0 & s-1 \end{bmatrix} + \begin{bmatrix} 1 & s-1 \\ 2 & 1 \end{bmatrix} \right\}$$

$$= \begin{bmatrix} 0 & 0 \\ 0 & 1 \end{bmatrix} + \begin{bmatrix} s^2-1 & 0 \\ 0 & s-1 \end{bmatrix}^{-1} \begin{bmatrix} 1 & s-1 \\ 2 & 1 \end{bmatrix} = \boldsymbol{E} + \boldsymbol{D}_{\mathrm{L}}^{-1}(s)\ \boldsymbol{N}_{\mathrm{L}}(s)$$

再对导出的严真左 MFD $\boldsymbol{D}_{\mathrm{L}}^{-1}(s)\ \boldsymbol{N}_{\mathrm{L}}(s)$，由 $\boldsymbol{D}_{\mathrm{L}}(s)$ 和 $\boldsymbol{N}_{\mathrm{L}}(s)$ 的行次表达式：

$$\boldsymbol{D}_{\mathrm{L}}(s) = \begin{bmatrix} s^2 & 0 \\ 0 & s \end{bmatrix} \begin{bmatrix} 1 & 0 \\ 0 & 1 \end{bmatrix} + \begin{bmatrix} s & 1 & 0 \\ 0 & 0 & 1 \end{bmatrix} \begin{bmatrix} 0 & 0 \\ -1 & 0 \\ 0 & -1 \end{bmatrix}$$

$$\boldsymbol{N}_{\mathrm{L}}(s) = \begin{bmatrix} s & 1 & 0 \\ 0 & 0 & 1 \end{bmatrix} \begin{bmatrix} 0 & 1 \\ 1 & -1 \\ 2 & 1 \end{bmatrix}$$

定出各个系数矩阵为

$$\boldsymbol{D}_{\mathrm{hr}} = \begin{bmatrix} 1 & 0 \\ 0 & 1 \end{bmatrix},\quad \boldsymbol{D}_{\mathrm{hr}}^{-1} = \begin{bmatrix} 1 & 0 \\ 0 & 1 \end{bmatrix}$$

$$\boldsymbol{D}_{\mathrm{Lr}} = \begin{bmatrix} 0 & 0 \\ -1 & 0 \\ 0 & -1 \end{bmatrix},\quad \boldsymbol{N}_{\mathrm{Lr}} = \begin{bmatrix} 0 & 1 \\ 1 & -1 \\ 2 & 1 \end{bmatrix},\quad \boldsymbol{D}_{\mathrm{Lr}}\boldsymbol{D}_{\mathrm{hr}}^{-1} = \begin{bmatrix} 0 & 0 \\ -1 & 0 \\ 0 & -1 \end{bmatrix}$$

从而，利用“观测器形实现和行次表达式在系数阵间的对应关系”，并考虑到给定 MFD 输出维数为 2 和分母矩阵行次数 $k_{r1}=2$，$k_{r2}=1$，就可得到给定真左 MFD 的观测器形实现为

$$\boldsymbol{A}_{\mathrm{o}} = \underbrace{\begin{bmatrix} * & 1 & * \\ * & 0 & * \\ * & 0 & * \end{bmatrix}}_{k_{r1}=2,\ k_{r2}=1} \begin{matrix} \}k_{r1}=2 \\ \}k_{r2}=1 \end{matrix} \quad (\boldsymbol{A}_{\mathrm{o}}\text{ 第 }j\text{ 个}*\text{列}=-\boldsymbol{D}_{\mathrm{Lr}}\boldsymbol{D}_{\mathrm{hr}}^{-1}\text{ 第 }j\text{ 列}) = \begin{bmatrix} 0 & 1 & 0 \\ 1 & 0 & 0 \\ 0 & 0 & 1 \end{bmatrix}$$

$$\boldsymbol{C}_{\mathrm{o}} = \underbrace{\begin{bmatrix} * & 0 & * \\ * & 0 & * \end{bmatrix}}_{k_{r1}=2,\ k_{r2}=1} \}q=2 \quad (\boldsymbol{C}_{\mathrm{o}}\text{ 第 }j\text{ 个}*\text{列}=\boldsymbol{D}_{\mathrm{hr}}^{-1}\text{ 第 }j\text{ 列}) = \begin{bmatrix} 1 & 0 & 0 \\ 0 & 0 & 1 \end{bmatrix}$$

$$B_o = N_{Lr} = \begin{bmatrix} 0 & 1 \\ 1 & -1 \\ 2 & 1 \end{bmatrix}, \quad E = \begin{bmatrix} 0 & 0 \\ 0 & 1 \end{bmatrix}$$

（ii）先将给定真左 MFD 严真化，有

$$\begin{bmatrix} 0 & s^2-1 \\ s-1 & 0 \end{bmatrix}^{-1} \begin{bmatrix} s-1 & 1 & s-1 \\ s+1 & 0 & s+1 \end{bmatrix} = \begin{bmatrix} 0 & \dfrac{1}{s-1} \\ \dfrac{1}{s^2-1} & 0 \end{bmatrix} \begin{bmatrix} s-1 & 1 & s-1 \\ s+1 & 0 & s+1 \end{bmatrix}$$

$$= \begin{bmatrix} 0 & \dfrac{1}{s-1} \\ \dfrac{1}{s^2-1} & 0 \end{bmatrix} \left\{ \begin{bmatrix} 0 & 0 & 0 \\ s-1 & 0 & s-1 \end{bmatrix} + \begin{bmatrix} s-1 & 1 & s-1 \\ 2 & 0 & 2 \end{bmatrix} \right\}$$

$$= \begin{bmatrix} 1 & 0 & 1 \\ 0 & 0 & 0 \end{bmatrix} + \begin{bmatrix} 0 & s^2-1 \\ s-1 & 0 \end{bmatrix}^{-1} \begin{bmatrix} s-1 & 1 & s-1 \\ 2 & 0 & 2 \end{bmatrix} = E + D_L^{-1}(s) N_L(s)$$

再对导出的严真左 MFD $D_L^{-1}(s) N_L(s)$，由 $D_L(s)$ 和 $N_L(s)$ 的行次表达式：

$$D_L(s) = \begin{bmatrix} s^2 & 0 \\ 0 & s \end{bmatrix} \begin{bmatrix} 0 & 1 \\ 1 & 0 \end{bmatrix} + \begin{bmatrix} s & 1 & 0 \\ 0 & 0 & 1 \end{bmatrix} \begin{bmatrix} 0 & 0 \\ 0 & -1 \\ -1 & 0 \end{bmatrix}, \quad N_L(s) = \begin{bmatrix} s & 1 & 0 \\ 0 & 0 & 1 \end{bmatrix} \begin{bmatrix} 1 & 0 & 1 \\ -1 & 1 & -1 \\ 2 & 0 & 2 \end{bmatrix}$$

定出各个系数矩阵为

$$D_{hr} = \begin{bmatrix} 0 & 1 \\ 1 & 0 \end{bmatrix}, \quad D_{hr}^{-1} = \begin{bmatrix} 0 & 1 \\ 1 & 0 \end{bmatrix}$$

$$D_{Lr} = \begin{bmatrix} 0 & 0 \\ 0 & -1 \\ -1 & 0 \end{bmatrix}, \quad N_{Lr} = \begin{bmatrix} 1 & 0 & 1 \\ -1 & 1 & -1 \\ 2 & 0 & 2 \end{bmatrix}, \quad D_{Lr} D_{hr}^{-1} = \begin{bmatrix} 0 & 0 \\ -1 & 0 \\ 0 & -1 \end{bmatrix}$$

从而，利用"观测器形实现和行次表达式在系数阵间的对应关系"，并考虑到给定 MFD 输出维数为 2 和分母矩阵行次数 $k_{r1}=2$，$k_{r2}=1$，就可得到给定真左 MFD 的观测器形实现为

$$A_o = \begin{bmatrix} * & 1 & * \\ * & 0 & * \\ * & 0 & * \end{bmatrix} \begin{matrix} \}k_{r1}=2 \\ \\ \}k_{r2}=1 \end{matrix} \quad (A_o \text{ 第 } j \text{ 个 } * \text{ 列} = -D_{Lr}D_{hr}^{-1} \text{ 第 } j \text{ 个 } * \text{ 列}) = \begin{bmatrix} 0 & 1 & 0 \\ 1 & 0 & 0 \\ 0 & 0 & 1 \end{bmatrix}$$

$$\underbrace{\phantom{k_{r1}=2}}_{k_{r1}=2} \underbrace{\phantom{k_{r2}=1}}_{k_{r2}=1}$$

$$C_o = \begin{bmatrix} * & 0 & * \\ * & 0 & * \end{bmatrix} \}q=2 \quad (\bar{C}_o \text{ 第 } j \text{ 个 } * \text{ 列} = D_{hr}^{-1} \text{ 第 } j \text{ 个 } * \text{ 列}) = \begin{bmatrix} 0 & 0 & 1 \\ 1 & 0 & 0 \end{bmatrix},$$

$$\underbrace{\phantom{k_{r1}=2}}_{k_{r1}=2} \underbrace{\phantom{k_{r2}=1}}_{k_{r2}=1}$$

$$B_o = N_{Lr} = \begin{bmatrix} 1 & 0 & 1 \\ -1 & 1 & -1 \\ 2 & 0 & 2 \end{bmatrix}, \quad E = \begin{bmatrix} 1 & 0 & 1 \\ 0 & 0 & 0 \end{bmatrix}$$

题 10.8　给定传递函数矩阵 $G(s)$ 为：

$$G(s) = \begin{bmatrix} \dfrac{1}{s+1} & \dfrac{2}{s+1} \\ \dfrac{1}{(s+1)(s+2)} & \dfrac{1}{s+2} \end{bmatrix}$$

试：（i）定出它的一个观测器形实现；（ii）定出它的一个能控性形实现。

解　本题属于由传递函数矩阵确定指定类型状态空间实现的基本题。

（i）确定严真 $G(s)$ 的观测器形实现。先行导出给定严真 $G(s)$ 的一个左 MFD 为

$$G(s) = \begin{bmatrix} \dfrac{1}{s+1} & \dfrac{2}{s+1} \\ \dfrac{1}{(s+1)(s+2)} & \dfrac{1}{s+2} \end{bmatrix} = \begin{bmatrix} (s+1) & 0 \\ 0 & (s+1)(s+2) \end{bmatrix}^{-1} \begin{bmatrix} 1 & 2 \\ 1 & s+1 \end{bmatrix} = D_L^{-1}(s)\ N_L(s)$$

再由 $D_L(s)$ 和 $N_L(s)$ 的行次表达式：

$$D_L(s) = \begin{bmatrix} s & 0 \\ 0 & s^2 \end{bmatrix} \begin{bmatrix} 1 & 0 \\ 0 & 1 \end{bmatrix} + \begin{bmatrix} 1 & 0 & 0 \\ 0 & s & 1 \end{bmatrix} \begin{bmatrix} 1 & 0 \\ 0 & 3 \\ 0 & 2 \end{bmatrix}, \quad N_L(s) = \begin{bmatrix} 1 & 0 & 0 \\ 0 & s & 1 \end{bmatrix} \begin{bmatrix} 1 & 2 \\ 0 & 1 \\ 1 & 1 \end{bmatrix}$$

定出各个系数矩阵为

$$D_{hr} = \begin{bmatrix} 1 & 0 \\ 0 & 1 \end{bmatrix}, \quad D_{hr}^{-1} = \begin{bmatrix} 1 & 0 \\ 0 & 1 \end{bmatrix}, \quad D_{Lr} = \begin{bmatrix} 1 & 0 \\ 0 & 3 \\ 0 & 2 \end{bmatrix}, \quad N_{Lr} = \begin{bmatrix} 1 & 2 \\ 0 & 1 \\ 1 & 1 \end{bmatrix}, \quad D_{Lr}\ D_{hr}^{-1} = \begin{bmatrix} 1 & 0 \\ 0 & 3 \\ 0 & 2 \end{bmatrix}$$

从而，利用"观测器形实现和行次表达式在系数阵间的对应关系"，并考虑到左 MFD 输出维数为 2 和分母矩阵行次数 $k_{r1} = 1, k_{r2} = 2$，就可得到左 MFD 即给定 $G(s)$ 的观测器形实现为

$$A_o = \underbrace{\begin{bmatrix} * & * & 0 \\ * & * & 1 \\ * & * & 0 \end{bmatrix}}_{k_{r1}=1,\ k_{r2}=2} \begin{matrix} \}k_{r1}=1 \\ \}k_{r2}=2 \end{matrix} \quad (A_o \text{ 第 } j \text{ 个} * \text{列} = -\,D_{Lr}D_{hr}^{-1} \text{ 第 } j \text{ 列}) = \begin{bmatrix} -1 & 0 & 0 \\ 0 & -3 & 1 \\ 0 & -2 & 0 \end{bmatrix}$$

$$B_o = N_{Lr} = \begin{bmatrix} 1 & 2 \\ 0 & 1 \\ 1 & 1 \end{bmatrix}$$

$$C_{\text{o}} = \underbrace{\begin{bmatrix} * & * & 0 \\ * & * & 0 \end{bmatrix}}_{k_{\text{r1}}=1 \quad k_{\text{r2}}=2} \Big\} q=2 \quad （C_{\text{o}}\text{ 第 }j\text{ 个}*\text{列}= D_{\text{hr}}^{-1}\text{ 第 }j\text{ 列}）= \begin{bmatrix} 1 & 0 & 0 \\ 0 & 1 & 0 \end{bmatrix}$$

（ii）确定严真 $G(s)$ 的能控性形实现。先行导出给定严真 $G(s)$ 的一个右 MFD，有

$$G(s) = \begin{bmatrix} \dfrac{1}{s+1} & \dfrac{2}{s+1} \\ \dfrac{1}{(s+1)(s+2)} & \dfrac{1}{s+2} \end{bmatrix}$$

$$= \begin{bmatrix} (s+2) & 2(s+2) \\ 1 & (s+1) \end{bmatrix} \begin{bmatrix} (s+1)(s+2) & 0 \\ 0 & (s+1)(s+2) \end{bmatrix}^{-1} = N(s)\, D^{-1}(s)$$

易知，$D(s)$ 行既约。再表 $D(s)$ 为行次表达式，并定出有关系数矩阵：

$$D(s) = \begin{bmatrix} s^2 & 0 \\ 0 & s^2 \end{bmatrix} \begin{bmatrix} 1 & 0 \\ 0 & 1 \end{bmatrix} + \begin{bmatrix} s & 1 & 0 & 0 \\ 0 & 0 & s & 1 \end{bmatrix} \begin{bmatrix} 3 & 0 \\ 2 & 0 \\ 0 & 3 \\ 0 & 2 \end{bmatrix}$$

$$D_{\text{hr}} = \begin{bmatrix} 1 & 0 \\ 0 & 1 \end{bmatrix}, \quad D_{\text{hr}}^{-1} = \begin{bmatrix} 1 & 0 \\ 0 & 1 \end{bmatrix}, \quad D_{\text{Lr}} = \begin{bmatrix} 3 & 0 \\ 2 & 0 \\ 0 & 3 \\ 0 & 2 \end{bmatrix}, \quad D_{\text{Lr}}\, D_{\text{hr}}^{-1} = \begin{bmatrix} 3 & 0 \\ 2 & 0 \\ 0 & 3 \\ 0 & 2 \end{bmatrix} = \begin{bmatrix} \beta_1^{(11)} & \beta_1^{(12)} \\ \beta_{k_{\text{r1}}}^{(11)} & \beta_{k_{\text{r1}}}^{(12)} \\ \beta_1^{(21)} & \beta_1^{(22)} \\ \beta_{k_{\text{r2}}}^{(21)} & \beta_{k_{\text{r2}}}^{(22)} \end{bmatrix}$$

于是，利用"能控性形实现和系数矩阵间对应关系"，并考虑到导出的右 MFD 输入维数和输出维数均为 2，分母矩阵的行次数为 $k_{\text{r1}}=2$，$k_{\text{r2}}=2$，就可定出 $G(s)$ 的能控性形实现中的矩阵对 $\{A_{\text{co}}，B_{\text{co}}\}$ 为

$$A_{\text{co}} = \underbrace{\begin{bmatrix} 0 & *_{k_{\text{r1}}}^{(11)} & 0 & *_{k_{\text{r1}}}^{(12)} \\ 1 & *_1^{(11)} & 0 & *_1^{(12)} \\ 0 & *_{k_{\text{r2}}}^{(21)} & 0 & *_{k_{\text{r2}}}^{(22)} \\ 0 & *_1^{(21)} & 1 & *_1^{(22)} \end{bmatrix}}_{k_{\text{r1}}=2 \qquad k_{\text{r2}}=2} \begin{matrix} \Big\} k_{\text{r1}}=2 \\ \Big\} k_{\text{r2}}=2 \end{matrix} \quad ([\,*_{k_{\text{r}i}}^{(ij)} \;\cdots\; *_1^{(ij)}\,] = [\,-\beta_{k_{\text{r}i}}^{(ij)} \cdots -\beta_1^{(ij)}\,])$$

$$= \begin{bmatrix} 0 & -2 & 0 & 0 \\ 1 & -3 & 0 & 0 \\ 0 & 0 & 0 & -2 \\ 0 & 0 & 1 & -3 \end{bmatrix}$$

$$
\boldsymbol{B}_{\mathrm{co}}=\underbrace{\begin{bmatrix}1&0\\0&0\\0&1\\0&0\end{bmatrix}}_{p=2}\begin{matrix}\left.\right\}k_{\mathrm{r1}}=2\\ \left.\right\}k_{\mathrm{r2}}=2\end{matrix}=\begin{bmatrix}1&0\\0&0\\0&1\\0&0\end{bmatrix}
$$

而 $\boldsymbol{G}(s)$ 能控性形实现中的矩阵 $\boldsymbol{C}_{\mathrm{co}}$，则通过如下的顺序计算来定出：

$$
\boldsymbol{D}_{\mathrm{hr}}^{-1}=\begin{bmatrix}1&0\\0&1\end{bmatrix}
$$

$$
\boldsymbol{C}_{\mathrm{o}}=\begin{bmatrix}\underbrace{\begin{matrix}*&0\\*&0\end{matrix}}_{k_{\mathrm{r1}}=2}&\underbrace{\begin{matrix}*&0\\*&0\end{matrix}}_{k_{\mathrm{r2}}=2}\end{bmatrix}\Big\}q=2\text{（}\boldsymbol{C}_{\mathrm{o}}\text{ 第 }j\text{ 个}*\text{列}=\boldsymbol{D}_{\mathrm{hr}}^{-1}\text{ 第 }j\text{ 列）}=\begin{bmatrix}1&0&0&0\\0&0&1&0\end{bmatrix}
$$

$$
\boldsymbol{C}_{\mathrm{o}}\tilde{\boldsymbol{I}}=\begin{bmatrix}1&0&0&0\\0&0&1&0\end{bmatrix}\begin{bmatrix}0&1&0&0\\1&0&0&0\\0&0&0&1\\0&0&1&0\end{bmatrix}=\begin{bmatrix}0&1&0&0\\0&0&0&1\end{bmatrix}
$$

$$
\boldsymbol{N}(s)\,\boldsymbol{C}_{\mathrm{o}}\tilde{\boldsymbol{I}}=\begin{bmatrix}(s+2)&2(s+2)\\1&(s+1)\end{bmatrix}\begin{bmatrix}0&1&0&0\\0&0&0&1\end{bmatrix}=\begin{bmatrix}0&(s+2)&0&2(s+2)\\0&1&0&(s+1)\end{bmatrix}
$$

$$
=\begin{bmatrix}0&1&0&2\\0&0&0&1\end{bmatrix}s+\begin{bmatrix}0&2&0&4\\0&1&0&1\end{bmatrix}
$$

$$
\boldsymbol{C}_{\mathrm{co}}=[\boldsymbol{N}(s)\,\boldsymbol{C}_{\mathrm{o}}\tilde{\boldsymbol{I}}]_{s\to\boldsymbol{A}_{\mathrm{co}}}=\begin{bmatrix}0&1&0&2\\0&0&0&1\end{bmatrix}\begin{bmatrix}0&-2&0&0\\1&-3&0&0\\0&0&0&-2\\0&0&1&-3\end{bmatrix}+\begin{bmatrix}0&2&0&4\\0&1&0&1\end{bmatrix}
$$

$$
=\begin{bmatrix}1&-3&2&-6\\0&0&1&-3\end{bmatrix}+\begin{bmatrix}0&2&0&4\\0&1&0&1\end{bmatrix}=\begin{bmatrix}1&-1&2&-2\\0&1&1&-2\end{bmatrix}
$$

题 10.9 证明：左 MFD $\boldsymbol{D}_{\mathrm{L}}^{-1}(s)\ \boldsymbol{N}_{\mathrm{L}}(s)$ 和其观测器形实现 $(\boldsymbol{A}_{\mathrm{o}},\boldsymbol{B}_{\mathrm{o}},\boldsymbol{C}_{\mathrm{o}})$ 之间成立关系式：

$$
\begin{bmatrix}s\boldsymbol{I}-\boldsymbol{A}_{\mathrm{o}}&\boldsymbol{B}_{\mathrm{o}}\\-\boldsymbol{C}_{\mathrm{o}}&\boldsymbol{0}\end{bmatrix}\overset{S}{\sim}\begin{bmatrix}\boldsymbol{I}_n&\boldsymbol{0}\\\boldsymbol{0}&\boldsymbol{N}_{\mathrm{L}}(s)\end{bmatrix}
$$

解 本题属于左 MFD 和其观测器形实现间史密斯意义下等价关系的证明题，意在训练运用已有结果导出待证结论的演绎推证能力。

对严真左 MFD $\boldsymbol{D}_{\mathrm{L}}^{-1}(s)\ \boldsymbol{N}_{\mathrm{L}}(s)$ 及其观测器形实现 $(\boldsymbol{A}_{\mathrm{o}},\boldsymbol{B}_{\mathrm{o}},\boldsymbol{C}_{\mathrm{o}})$，由 $\{s\boldsymbol{I}-\boldsymbol{A}_{\mathrm{o}},\boldsymbol{C}_{\mathrm{o}}\}$ 右互质和 $\{\boldsymbol{\Psi}_{\mathrm{L}}(s),\boldsymbol{D}_{\mathrm{L}}(s)\}$ 左互质，并运用互质性的贝佐特等式判据，可知存在维数相容多项式矩

阵对 $\{X(s),Y(s)\}$ 和 $\{\bar{X}(s),\bar{Y}(s)\}$，使成立

$$X(s)(sI-A_o)+Y(s)C_o=I \tag{*1}$$

$$\Psi_L(s)\bar{X}(s)+D_L(s)\bar{Y}(s)=I \tag{*2}$$

而由 $C_o(sI-A_o)^{-1}N_{Lr}=C_o(sI-A_o)^{-1}B_o=D_L^{-1}(s)\ N_L(s)=D_L^{-1}(s)\ \Psi_L(s)N_{Lr}$，并考虑到 N_{Lr} 任意性，得到

$$\Psi_L(s)\ (sI-A_o)=D_L(s)\ C_o \tag{*3}$$

此外，再定义多项式矩阵

$$Q_L(s)=X(s)\bar{X}(s)-Y(s)\bar{Y}(s) \tag{*4}$$

于是，由上述方程（*1）–（*4），导出

$$\begin{bmatrix} X(s) & -Y(s) \\ \Psi_L(s) & D_L(s) \end{bmatrix}\begin{bmatrix} sI-A_o & \bar{X}(s) \\ -C_o & \bar{Y}(s) \end{bmatrix}=\begin{bmatrix} I & Q_L(s) \\ 0 & I \end{bmatrix}$$

进而，将上式右乘$\begin{bmatrix} I & -Q_L(s) \\ 0 & I \end{bmatrix}$，得到

$$\begin{bmatrix} X(s) & -Y(s) \\ \Psi_L(s) & D_L(s) \end{bmatrix}\begin{bmatrix} sI-A_o & \tilde{X}(s) \\ -C_o & \tilde{Y}(s) \end{bmatrix}=\begin{bmatrix} I & 0 \\ 0 & I \end{bmatrix}$$

其中，$\tilde{X}(s)=-(sI-A_o)Q_L(s)+\bar{X}(s)$ 和 $\tilde{Y}(s)=C_oQ_L(s)+\bar{Y}(s)$ 为多项式矩阵。这表明，上式等式左边两个分块阵均为单模矩阵。再引入如下单模变换，并利用上式结果，有

$$\begin{bmatrix} X(s) & -Y(s) \\ \Psi_L(s) & D_L(s) \end{bmatrix}\begin{bmatrix} sI-A_o & B_o \\ -C_o & 0 \end{bmatrix}=\begin{bmatrix} I & X(s)B_o \\ 0 & \Psi_L(s)B_o \end{bmatrix}=\begin{bmatrix} I & X(s)B_o \\ 0 & \Psi_L(s)N_{Lr} \end{bmatrix}=\begin{bmatrix} I & X(s)B_o \\ 0 & N_L(s) \end{bmatrix}$$

据定义知，上式意味着成立如下史密斯意义等价：

$$\begin{bmatrix} sI-A_o & B_o \\ -C_o & 0 \end{bmatrix}\overset{S}{\sim}\begin{bmatrix} I & X(s)B_o \\ 0 & N_L(s) \end{bmatrix}$$

对上式右边多项式分块矩阵作列初等运算“块列 $1\times(-X(s)B_o)$加于块 2”，史密斯意义下等价关系保持不变，从而证得

$$\begin{bmatrix} sI-A_o & B_o \\ -C_o & 0 \end{bmatrix}\overset{S}{\sim}\begin{bmatrix} I_n & 0 \\ 0 & N_L(s) \end{bmatrix}$$

题 10.10 试判断给定 $N(s)\ D^{-1}(s)$ 的控制器形实现是否为最小实现，并定出控制器形实现的维数，其中

$$N(s)=[s+2 \quad s+1],\quad D(s)=\begin{bmatrix} s^2+1 & 0 \\ s^2+s-2 & s-1 \end{bmatrix}$$

解 本题属于基于 MFD 属性判断相关实现是否最小实现并确定最小实现维数的基本题。

对给定的右 MFD，容易判定 $D(s)$ 列既约，$N(s)\ D^{-1}(s)$ 为真。再由

$$\operatorname{rank}\begin{bmatrix} s^2+1 & 0 \\ s^2+s-2 & s-1 \\ s+2 & s+1 \end{bmatrix}_{s=-1} = \operatorname{rank}\begin{bmatrix} s^2+1 & 0 \\ (s+2)(s-1) & s-1 \\ s+2 & s+1 \end{bmatrix}_{s=-1} = \operatorname{rank}\begin{bmatrix} 2 & 0 \\ -2 & -2 \\ 1 & 0 \end{bmatrix} = 2$$

$$\operatorname{rank}\begin{bmatrix} s^2+1 & 0 \\ s^2+s-2 & s-1 \\ s+2 & s+1 \end{bmatrix}_{s=-2} = \operatorname{rank}\begin{bmatrix} s^2+1 & 0 \\ (s+2)(s-1) & s-1 \\ s+2 & s+1 \end{bmatrix}_{s=-2} = \operatorname{rank}\begin{bmatrix} 5 & 0 \\ 0 & -3 \\ 0 & -1 \end{bmatrix} = 2$$

$$\operatorname{rank}\begin{bmatrix} s^2+1 & 0 \\ s^2+s-2 & s-1 \\ s+2 & s+1 \end{bmatrix}_{s=1} = \operatorname{rank}\begin{bmatrix} s^2+1 & 0 \\ (s+2)(s-1) & s-1 \\ s+2 & s+1 \end{bmatrix}_{s=1} = \operatorname{rank}\begin{bmatrix} 2 & 0 \\ 0 & 0 \\ 3 & 2 \end{bmatrix} = 2$$

$$\operatorname{rank}\begin{bmatrix} s^2+1 & 0 \\ s^2+s-2 & s-1 \\ s+2 & s+1 \end{bmatrix}_{s=0} = \operatorname{rank}\begin{bmatrix} s^2+1 & 0 \\ (s+2)(s-1) & s-1 \\ s+2 & s+1 \end{bmatrix}_{s=0} = \operatorname{rank}\begin{bmatrix} 1 & 0 \\ -2 & -1 \\ 2 & 1 \end{bmatrix} = 2$$

可知

$$\operatorname{rank} \boldsymbol{D}(s) = \operatorname{rank}\begin{bmatrix} s^2+1 & 0 \\ s^2+s-2 & s-1 \\ s+2 & s+1 \end{bmatrix} = 2，\ \forall s \in C$$

即给定 $\boldsymbol{N}(s)\,\boldsymbol{D}^{-1}(s)$ 为不可简约。从而，由“不可简约 MFD 的控制器形实现必为最小实现”知，给定 $\boldsymbol{N}(s)\,\boldsymbol{D}^{-1}(s)$ 的控制器形实现为最小实现，且可定出其控制器形实现的维数为

$$\dim(\boldsymbol{A}_c) = \deg\det \boldsymbol{D}(s) = \deg\det\begin{bmatrix} s^2+1 & 0 \\ s^2+s-2 & s-1 \end{bmatrix} = 3$$

题 10.11 设 $q \times p$ 的 $\boldsymbol{G}(s) = \boldsymbol{N}(s)\,\boldsymbol{D}^{-1}(s) = \boldsymbol{D}_L^{-1}(s)\,\boldsymbol{N}_L(s)$ 均为不可简约 MFD，试论证：

（i）$\boldsymbol{N}(s)\,\boldsymbol{D}^{-1}(s)$ 的控制器形实现和 $\boldsymbol{D}_L^{-1}(s)\,\boldsymbol{N}_L(s)$ 的观测器形实现在维数上是否相同。

（ii）两个实现之间是否为代数等价。

（iii）若 $\boldsymbol{N}(s)\,\boldsymbol{D}^{-1}(s)$ 或 $\boldsymbol{D}_L^{-1}(s)\,\boldsymbol{N}_L(s)$ 为可简约，则对上述问题的回答是否仍然正确，如不正确应作何更改。

解 本题属于传递函数矩阵的“基于不可简约右 MFD 的控制器形实现”和“基于不可简约左 MFD 的观测器形实现”的等价特性证明题，意在训练运用已有结果导出待证结论的演绎推证能力。

（i）不失一般性设 $\boldsymbol{G}(s)$ 为严真，并有 $\boldsymbol{G}(s)$ = 不可简约 $\boldsymbol{N}(s)\,\boldsymbol{D}^{-1}(s)$ = 不可简约 $\boldsymbol{D}_L^{-1}(s)\,\boldsymbol{N}_L(s)$，$\boldsymbol{D}(s)$ 列既约和 $\boldsymbol{D}_L(s)$ 行既约。基此，据不可简约 MFD 的最小实现属性：

$$\boldsymbol{N}(s)\,\boldsymbol{D}^{-1}(s) \text{ 的控制器形实现为最小实现} \;\Leftrightarrow\; \boldsymbol{N}(s)\,\boldsymbol{D}^{-1}(s) \text{ 不可简约}$$

$$\boldsymbol{D}_{\mathrm{L}}^{-1}(s)\ \boldsymbol{N}_{\mathrm{L}}(s)\text{的观测器形实现为最小实现} \Leftrightarrow \boldsymbol{D}_{\mathrm{L}}^{-1}(s)\ \boldsymbol{N}_{\mathrm{L}}(s)\text{不可简约}$$

并考虑到$\boldsymbol{G}(s)$的最小实现维数的惟一性，就即证得：$\boldsymbol{G}(s)$的“不可简约$\boldsymbol{N}(s)\ \boldsymbol{D}^{-1}(s)$的控制器形实现维数”必等同于“不可简约$\boldsymbol{D}_{\mathrm{L}}^{-1}(s)\ \boldsymbol{N}_{\mathrm{L}}(s)$的观测器形实现维数”。

（ii）由传递函数矩阵$\boldsymbol{G}(s)$的“不可简约$\boldsymbol{N}(s)\ \boldsymbol{D}^{-1}(s)$的控制器形实现”和“不可简约$\boldsymbol{D}_{\mathrm{L}}^{-1}(s)\ \boldsymbol{N}_{\mathrm{L}}(s)$的观测器形实现”均为最小实现，并据$\boldsymbol{G}(s)$的最小实现间的代数等价属性，就即证得：上述这两个实现必为代数等价。

（iii）若严真传递函数矩阵$\boldsymbol{G}(s)$的右 MFD $\boldsymbol{N}(s)\ \boldsymbol{D}^{-1}(s)$或左 MFD $\boldsymbol{D}_{\mathrm{L}}^{-1}(s)\ \boldsymbol{N}_{\mathrm{L}}(s)$为可简约，则上述两个论断就不再为正确。对此情形，$\boldsymbol{G}(s)$的“不可简约$\boldsymbol{N}(s)\ \boldsymbol{D}^{-1}(s)$的控制器形实现维数”必小于“可简约$\boldsymbol{D}_{\mathrm{L}}^{-1}(s)\ \boldsymbol{N}_{\mathrm{L}}(s)$的观测器形实现维数”，$\boldsymbol{G}(s)$的“可简约$\boldsymbol{N}(s)\ \boldsymbol{D}^{-1}(s)$的控制器形实现维数”必大于“不可简约$\boldsymbol{D}_{\mathrm{L}}^{-1}(s)\ \boldsymbol{N}_{\mathrm{L}}(s)$的观测器形实现维数”，并且两种实现之间不存在代数等价关系。

题 10.12 设$(\boldsymbol{A},\boldsymbol{B},\boldsymbol{C})$和$(\bar{\boldsymbol{A}},\bar{\boldsymbol{B}},\bar{\boldsymbol{C}})$为传递函数矩阵$\boldsymbol{G}(s)$的任意两个最小实现，试对这两个实现分别推导能控性格拉姆矩阵$\boldsymbol{W}_{\mathrm{c}}[0,t_\alpha]$和$\bar{\boldsymbol{W}}_{\mathrm{c}}[0,t_\alpha]$及能观测性格拉姆矩阵$\boldsymbol{W}_{\mathrm{o}}[0,t_\alpha]$和$\bar{\boldsymbol{W}}_{\mathrm{o}}[0,t_\alpha]$间的关系式。

解 本题属于传递函数矩阵任意两个最小实现在能控性格拉姆矩阵和能观测性格拉姆矩阵上的关系的推证题，意在训练运用已有结果导出待证结论的演绎推证能力。

对传递函数矩阵$\boldsymbol{G}(s)$，$\boldsymbol{Q}_{\mathrm{c}}$和$\boldsymbol{Q}_{\mathrm{o}}$为其最小实现$(\boldsymbol{A},\boldsymbol{B},\boldsymbol{C})$的能控性判别阵和能观测性判别阵，$\bar{\boldsymbol{Q}}_{\mathrm{c}}$和$\bar{\boldsymbol{Q}}_{\mathrm{o}}$为其另一最小实现$(\bar{\boldsymbol{A}},\bar{\boldsymbol{B}},\bar{\boldsymbol{C}})$的能控性判别阵和能观测性判别阵，且由最小实现属性知它们均为满秩。再由最小实现的广义惟一性知，对$\boldsymbol{G}(s)$的任意两个最小实现$(\boldsymbol{A},\boldsymbol{B},\boldsymbol{C})$和$(\bar{\boldsymbol{A}},\bar{\boldsymbol{B}},\bar{\boldsymbol{C}})$，可构造如下变换阵并导出其逆：

$$\boldsymbol{T}=\boldsymbol{Q}_{\mathrm{c}}\bar{\boldsymbol{Q}}_{\mathrm{c}}^{\mathrm{T}}(\bar{\boldsymbol{Q}}_{\mathrm{c}}\bar{\boldsymbol{Q}}_{\mathrm{c}}^{\mathrm{T}})^{-1},\quad \boldsymbol{T}^{-1}=(\bar{\boldsymbol{Q}}_{\mathrm{o}}^{\mathrm{T}}\bar{\boldsymbol{Q}}_{\mathrm{o}})^{-1}\bar{\boldsymbol{Q}}_{\mathrm{o}}^{\mathrm{T}}\boldsymbol{Q}_{\mathrm{o}}$$

使$(\bar{\boldsymbol{A}},\bar{\boldsymbol{B}},\bar{\boldsymbol{C}})$和$(\boldsymbol{A},\boldsymbol{B},\boldsymbol{C})$间成立

$$\bar{\boldsymbol{A}}=\boldsymbol{T}^{-1}\boldsymbol{A}\boldsymbol{T},\quad \bar{\boldsymbol{B}}=\boldsymbol{T}^{-1}\boldsymbol{B},\quad \bar{\boldsymbol{C}}=\boldsymbol{C}\boldsymbol{T}$$

且可导出

$$\mathrm{e}^{-\bar{\boldsymbol{A}}t}=\boldsymbol{T}^{-1}\mathrm{e}^{-\boldsymbol{A}t}\boldsymbol{T},\quad \mathrm{e}^{\bar{\boldsymbol{A}}t}=\boldsymbol{T}^{-1}\mathrm{e}^{\boldsymbol{A}t}\boldsymbol{T}$$
$$\mathrm{e}^{-\bar{\boldsymbol{A}}^{\mathrm{T}}t}=\boldsymbol{T}^{\mathrm{T}}\mathrm{e}^{-\boldsymbol{A}^{\mathrm{T}}t}\boldsymbol{T}^{-\mathrm{T}},\quad \mathrm{e}^{\bar{\boldsymbol{A}}^{\mathrm{T}}t}=\boldsymbol{T}^{\mathrm{T}}\mathrm{e}^{\boldsymbol{A}^{\mathrm{T}}t}\boldsymbol{T}^{-\mathrm{T}}$$

基此，可对$\boldsymbol{G}(s)$的最小实现$(\boldsymbol{A},\boldsymbol{B},\boldsymbol{C})$和$(\bar{\boldsymbol{A}},\bar{\boldsymbol{B}},\bar{\boldsymbol{C}})$，进而导出

$$\begin{aligned}\int_0^{t_\alpha}\mathrm{e}^{-\bar{\boldsymbol{A}}t}\bar{\boldsymbol{B}}\bar{\boldsymbol{B}}^{\mathrm{T}}\mathrm{e}^{-\bar{\boldsymbol{A}}^{\mathrm{T}}t}\mathrm{d}t&=\int_0^{t_\alpha}\boldsymbol{T}^{-1}\mathrm{e}^{-\boldsymbol{A}t}\boldsymbol{T}\boldsymbol{T}^{-1}\boldsymbol{B}\boldsymbol{B}^{\mathrm{T}}\boldsymbol{T}^{-\mathrm{T}}\boldsymbol{T}^{\mathrm{T}}\mathrm{e}^{-\boldsymbol{A}^{\mathrm{T}}t}\boldsymbol{T}^{-\mathrm{T}}\mathrm{d}t\\&=\boldsymbol{T}^{-1}\int_0^{t_\alpha}\mathrm{e}^{-\boldsymbol{A}t}\boldsymbol{B}\boldsymbol{B}^{\mathrm{T}}\mathrm{e}^{-\boldsymbol{A}^{\mathrm{T}}t}\mathrm{d}t\ \boldsymbol{T}^{-\mathrm{T}}\end{aligned}$$

$$\begin{aligned}\int_0^{t_\alpha}\mathrm{e}^{\bar{\boldsymbol{A}}^{\mathrm{T}}t}\bar{\boldsymbol{C}}^{\mathrm{T}}\bar{\boldsymbol{C}}\mathrm{e}^{\bar{\boldsymbol{A}}t}\mathrm{d}t&=\int_0^{t_\alpha}\boldsymbol{T}^{\mathrm{T}}\mathrm{e}^{\boldsymbol{A}^{\mathrm{T}}t}\boldsymbol{T}^{-\mathrm{T}}\boldsymbol{T}^{\mathrm{T}}\boldsymbol{C}^{\mathrm{T}}\boldsymbol{C}\boldsymbol{T}\boldsymbol{T}^{-1}\mathrm{e}^{\boldsymbol{A}t}\boldsymbol{T}\mathrm{d}t\\&=\boldsymbol{T}^{\mathrm{T}}\int_0^{t_\alpha}\mathrm{e}^{\boldsymbol{A}^{\mathrm{T}}t}\boldsymbol{C}^{\mathrm{T}}\boldsymbol{C}\mathrm{e}^{\boldsymbol{A}t}\mathrm{d}t\ \boldsymbol{T}\end{aligned}$$

于是，由此并据能控性和能观测性的格拉姆矩阵定义式，就可分别导出$\boldsymbol{G}(s)$的任意两个最小实现$(\boldsymbol{A},\boldsymbol{B},\boldsymbol{C})$和$(\bar{\boldsymbol{A}},\bar{\boldsymbol{B}},\bar{\boldsymbol{C}})$的“能控性格拉姆矩阵$\boldsymbol{W}_{\mathrm{c}}[0,t_\alpha]$和$\bar{\boldsymbol{W}}_{\mathrm{c}}[0,t_\alpha]$”以及“能观测性格拉姆矩阵$\boldsymbol{W}_{\mathrm{o}}[0,t_\alpha]$和$\bar{\boldsymbol{W}}_{\mathrm{o}}[0,t_\alpha]$”间的关系式为

$$\bar{\boldsymbol{W}}_{\mathrm{c}}[0,t_\alpha]=\boldsymbol{T}^{-1}\boldsymbol{W}_{\mathrm{c}}[0,t_\alpha]\boldsymbol{T}^{-\mathrm{T}},\quad \bar{\boldsymbol{W}}_{\mathrm{o}}[0,t_\alpha]=\boldsymbol{T}^{\mathrm{T}}\boldsymbol{W}_{\mathrm{o}}[0,t_\alpha]\boldsymbol{T}$$

题 10.13 设$\boldsymbol{N}(s)\boldsymbol{D}^{-1}(s)$为$q\times p$严格真右MFD，且有

$$\boldsymbol{D}(s)=\boldsymbol{D}_0+\boldsymbol{D}_1 s+\cdots+\boldsymbol{D}_\mu s^\mu$$

$$\boldsymbol{N}(s)=\boldsymbol{N}_0+\boldsymbol{N}_1 s+\cdots+\boldsymbol{N}_{\mu-1}s^{\mu-1}$$

其中$\boldsymbol{D}_\mu$为非奇异，现表：

$$\bar{\boldsymbol{D}}_0=\boldsymbol{D}_\mu^{-1}\boldsymbol{D}_0,\quad \bar{\boldsymbol{D}}_1=\boldsymbol{D}_\mu^{-1}\boldsymbol{D}_1,\quad\cdots,\quad \bar{\boldsymbol{D}}_{\mu-1}=\boldsymbol{D}_\mu^{-1}\boldsymbol{D}_{\mu-1}$$

试证明下述状态空间描述为$\boldsymbol{N}(s)\boldsymbol{D}^{-1}(s)$的一个能控形实现：

$$\dot{\boldsymbol{x}}=\begin{bmatrix}\boldsymbol{0} & \boldsymbol{I} & & \\ \vdots & & \ddots & \\ \boldsymbol{0} & & & \boldsymbol{I}\\ -\bar{\boldsymbol{D}}_0 & -\bar{\boldsymbol{D}}_1 & \cdots & -\bar{\boldsymbol{D}}_{\mu-1}\end{bmatrix}\boldsymbol{x}+\begin{bmatrix}\boldsymbol{0}\\ \vdots\\ \boldsymbol{0}\\ \boldsymbol{D}_\mu^{-1}\end{bmatrix}\boldsymbol{u}$$

$$\boldsymbol{y}=[\boldsymbol{N}_0\quad \boldsymbol{N}_1\quad\cdots\quad \boldsymbol{N}_{\mu-1}]\,\boldsymbol{x}$$

解 本题属于对右MFD的一种能控形实现的证明题，意在训练运用已有结果导出待证结论的演绎推证能力。

(i) 证明给定状态空间描述为$\boldsymbol{N}(s)\boldsymbol{D}^{-1}(s)$的实现。按实现定义，归结为对给定状态空间描述$(\boldsymbol{A},\boldsymbol{B},\boldsymbol{C})$证明其传递函数矩阵的MFD为$\boldsymbol{N}(s)\boldsymbol{D}^{-1}(s)$。对此，表

$$(s\boldsymbol{I}-\boldsymbol{A})^{-1}\boldsymbol{B}=\boldsymbol{V}(s)=\begin{bmatrix}\boldsymbol{V}_1(s)\\ \vdots\\ \boldsymbol{V}_\mu(s)\end{bmatrix}$$

将上式左乘$(s\boldsymbol{I}-\boldsymbol{A})$，得到

$$\boldsymbol{B}=(s\boldsymbol{I}-\boldsymbol{A})\boldsymbol{V}(s)=s\boldsymbol{V}(s)-\boldsymbol{A}\boldsymbol{V}(s)$$

$$s\boldsymbol{V}(s)=\begin{bmatrix}s\boldsymbol{V}_1(s)\\ \vdots\\ s\boldsymbol{V}_\mu(s)\end{bmatrix}=\boldsymbol{A}\boldsymbol{V}(s)+\boldsymbol{B}$$

基此，并由给定状态空间描述中$(\boldsymbol{A},\boldsymbol{B})$的表达式，进而导出

$$s\boldsymbol{V}_1(s)=\boldsymbol{V}_2(s),\quad\cdots,\quad s\boldsymbol{V}_{\mu-1}(s)=\boldsymbol{V}_\mu(s)$$

$$s\boldsymbol{V}_\mu(s)=-\bar{\boldsymbol{D}}_0\boldsymbol{V}_1(s)-\bar{\boldsymbol{D}}_1\boldsymbol{V}_2(s)-\cdots-\bar{\boldsymbol{D}}_{\mu-1}\boldsymbol{V}_\mu(s)+\boldsymbol{D}_\mu^{-1}$$

将上式中前$\mu-1$个关系式依次迭代，得到

$$V_2(s)=sV_1(s)\ ,\quad V_3(s)=s^2V_1(s)\ ,\quad \cdots,\quad V_\mu(s)=s^{\mu-1}V_1(s)$$

而将此代入前式中第 μ 个关系式，又有

$$s^\mu V_1(s)=[-\bar{D}_0V_1(s)-s\bar{D}_1V_1(s)-\cdots-s^{\mu-1}\bar{D}_{\mu-1}V_1(s)]+D_\mu^{-1}$$

再在上式中代入给定 $\bar{D}_i\ (i=1,2,\cdots,\mu-1)$ 的关系式：

$$s^\mu V_1(s)=-D_\mu^{-1}[D_0V_1(s)+sD_1V_1(s)+\cdots+s^{\mu-1}D_{\mu-1}V_1(s)]+D_\mu^{-1}$$

并左乘 D_μ 和作移项处理，导出

$$[D_0+D_1s+\cdots+D_\mu s^\mu]\,V_1(s)=I$$

基此，由给定 $D(s)$ 表达式，并利用前已导出 $V_{i+1}(s)=sV_i(s)\ (i=1,2,\cdots,\mu-1)$，有

$$V_1(s)=[D_0+D_1s+\cdots+D_\mu s^\mu]^{-1}=D^{-1}(s)$$

$$V_2(s)=sD^{-1}(s)\ ,\quad \cdots,\quad V_\mu(s)=s^{\mu-1}D^{-1}(s)$$

$$V(s)=\begin{bmatrix}V_1(s)\\V_2(s)\\\vdots\\V_\mu(s)\end{bmatrix}=\begin{bmatrix}I\\sI\\\vdots\\s^{\mu-1}I\end{bmatrix}D^{-1}(s)$$

于是，由此并利用 $(sI-A)^{-1}B=V(s)$ 以及给出的 C 和 $N(s)$ 表达式，就可导出

$$C(sI-A)^{-1}B=CV(s)=[N_0\quad N_1\quad\cdots\quad N_{\mu-1}]\begin{bmatrix}I\\sI\\\vdots\\s^{\mu-1}I\end{bmatrix}D^{-1}(s)$$

$$=[N_0+N_1s+\cdots+N_{\mu-1}s^{\mu-1}]\,D^{-1}(s)=N(s)\,D^{-1}(s)$$

从而，证得给定状态空间描述 (A,B,C) 为 MFD $N(s)\,D^{-1}(s)$ 的实现。

（ii）证明给定状态空间描述为 $N(s)\,D^{-1}(s)$ 的能控形实现。对此，由给定状态空间描述中 (A,B) 的表达式，容易定出

$$\operatorname{rank}[B\ AB\cdots A^{\mu-1}B]=\operatorname{rank}\begin{bmatrix}0&\cdots&0&D_\mu^{-1}\\\vdots&\begin{smallmatrix}&\cdot\\\cdot&\end{smallmatrix}&\begin{smallmatrix}&\cdot\\\cdot&\end{smallmatrix}&*\\0&D_\mu^{-1}&\begin{smallmatrix}&\cdot\\\cdot&\end{smallmatrix}&\vdots\\D_\mu^{-1}&*&\cdots&*\end{bmatrix}=\mu p$$

*表示判断中无需用到的块阵

表明 (A,B) 完全能控。从而，又证得给定状态空间描述 (A,B,C) 为右 MFD $N(s)\,D^{-1}(s)$ 的能控形实现。

题 10.14 设离散时间线性时不变系统的脉冲传递函数矩阵为：

$$G(z)=\begin{bmatrix}\dfrac{z+2}{z+1} & \dfrac{1}{z+3}\\ \dfrac{z}{z+1} & \dfrac{z+1}{z+2}\end{bmatrix}$$

试：（i）定出它的一个实现；（ii）定出它的一个最小实现。

解　本题属于由脉冲传递函数矩阵确定实现和最小实现的基本题。

对离散时间线性时不变系统，基于状态空间描述 (G,H,C,E) 的脉冲传递函数矩阵表达式为 $G(z)=H(sI-G)^{-1}C+E$。

对给定脉冲传递函数矩阵 $G(z)$，类同于连续时间线性时不变系统，先行导出 $G(z)$ 的一个右 MFD 为

$$G(z)=\begin{bmatrix}\dfrac{z+2}{z+1} & \dfrac{1}{z+3}\\ \dfrac{z}{z+1} & \dfrac{z+1}{z+2}\end{bmatrix}=\begin{bmatrix}1 & 0\\ 1 & 1\end{bmatrix}+\begin{bmatrix}\dfrac{1}{z+1} & \dfrac{1}{z+3}\\ \dfrac{-1}{z+1} & \dfrac{-1}{z+2}\end{bmatrix}$$

$$=\begin{bmatrix}1 & 0\\ 1 & 1\end{bmatrix}+\begin{bmatrix}1 & z+2\\ -1 & -(z+3)\end{bmatrix}\begin{bmatrix}(z+1) & 0\\ 0 & (z+2)(z+3)\end{bmatrix}^{-1}=\begin{bmatrix}1 & 0\\ 1 & 1\end{bmatrix}+N(z)\ D^{-1}(z)$$

对所导出的 $N(z)\ D^{-1}(z)$，易知 $D(z)$ 列既约。再由 $D(z)$ 和 $N(z)$ 列次表达式：

$$D(z)=\begin{bmatrix}1 & 0\\ 0 & 1\end{bmatrix}\begin{bmatrix}z & 0\\ 0 & z^2\end{bmatrix}+\begin{bmatrix}1 & 0 & 0\\ 0 & 5 & 6\end{bmatrix}\begin{bmatrix}1 & 0\\ 0 & z\\ 0 & 1\end{bmatrix}$$

$$N(z)=\begin{bmatrix}1 & 1 & 2\\ -1 & -1 & -3\end{bmatrix}\begin{bmatrix}1 & 0\\ 0 & z\\ 0 & 1\end{bmatrix}$$

定出各个系数矩阵为

$$D_{hc}=\begin{bmatrix}1 & 0\\ 0 & 1\end{bmatrix},\ D_{hc}^{-1}=\begin{bmatrix}1 & 0\\ 0 & 1\end{bmatrix},\ D_{Lc}=\begin{bmatrix}1 & 0 & 0\\ 0 & 5 & 6\end{bmatrix}$$

$$N_{Lc}=\begin{bmatrix}1 & 1 & 2\\ -1 & -1 & -3\end{bmatrix},\ D_{hc}^{-1}\ D_{Lc}=\begin{bmatrix}1 & 0 & 0\\ 0 & 5 & 6\end{bmatrix}$$

于是，考虑到 $N(z)\ D^{-1}(z)$ 输出维数为 2，$D(z)$ 的列次数为 $k_{c1}=1$ 和 $k_{c2}=2$，并利用控制器实现和列次表达式在系数阵间的对应关系，就可导出 $N(z)\ D^{-1}(z)$ 的控制器实现为

$$G_c=\begin{bmatrix}-1 & 0 & 0\\ 0 & -5 & -6\\ 0 & 1 & 0\end{bmatrix},\ H_c=\begin{bmatrix}1 & 0\\ 0 & 1\\ 0 & 0\end{bmatrix},\ C_c=N_{Lc}=\begin{bmatrix}1 & 1 & 2\\ -1 & -1 & -3\end{bmatrix}$$

且由

$$N(z)\ D^{-1}(z)=\begin{bmatrix}1 & z+2\\ -1 & -(z+3)\end{bmatrix}\begin{bmatrix}(z+1) & 0\\ 0 & (z+2)(z+3)\end{bmatrix}^{-1}$$

为不可简约可知，上述得到的（G_c,H_c,C_c）也为$N(z)\ D^{-1}(z)$的最小实现。

归纳上述结果导出，对给定离散时间线性时不变系统的脉冲传递函数矩阵$G(z)$，它的一个实现同时也是最小实现为

$$G_c=\begin{bmatrix}-1 & 0 & 0\\ 0 & -5 & -6\\ 0 & 1 & 0\end{bmatrix},\ H_c=\begin{bmatrix}1 & 0\\ 0 & 1\\ 0 & 0\end{bmatrix},\ C_c=\begin{bmatrix}1 & 1 & 2\\ -1 & -1 & -3\end{bmatrix},\ E=\begin{bmatrix}1 & 0\\ 1 & 1\end{bmatrix}$$

第 11 章

线性时不变系统的多项式矩阵描述

11.1 本章的主要知识点

对连续时间线性时不变系统引入多项式矩阵描述即 PMD，既是研究系统的时间域特性和复频率域特性间关系的需要，也是复频率域理论中分析和综合线性系统的控制特性的有效手段。下面给出本章的主要知识点。

（1）连续时间线性时不变系统的多项式矩阵描述

多项式矩阵描述

对 $q\times p$ 连续时间线性时不变系统，通过定义：

$$\text{输入}\,\boldsymbol{u}=\begin{bmatrix}u_1\\ \vdots\\ u_p\end{bmatrix}，\text{广义状态}\boldsymbol{\zeta}=\begin{bmatrix}\zeta_1\\ \vdots\\ \zeta_m\end{bmatrix}，\text{输出}\,\boldsymbol{y}=\begin{bmatrix}y_1\\ \vdots\\ y_q\end{bmatrix}$$

可导出其多项式矩阵描述即 PMD 为

$$\boldsymbol{P}(s)\hat{\boldsymbol{\zeta}}(s)=\boldsymbol{Q}(s)\,\hat{\boldsymbol{u}}(s)，\quad \hat{\boldsymbol{y}}(s)=\boldsymbol{R}(s)\hat{\boldsymbol{\zeta}}(s)+\boldsymbol{W}(s)\,\hat{\boldsymbol{u}}(s)$$

简表为 $\{\boldsymbol{P}(s),\boldsymbol{Q}(s),\boldsymbol{R}(s),\boldsymbol{W}(s)\}$。其中，$\boldsymbol{P}(s)$ 为 $m\times m$ 可逆多项式矩阵，$\boldsymbol{Q}(s)$、$\boldsymbol{R}(s)$ 和 $\boldsymbol{W}(s)$ 为 $m\times p$、$q\times m$ 和 $q\times p$ 多项式矩阵。

不可简约 PMD

$$\text{PMD}\{\boldsymbol{P}(s),\ \boldsymbol{Q}(s),\ \boldsymbol{R}(s),\ \boldsymbol{W}(s)\}\text{不可简约}\Leftrightarrow$$
$$\{\boldsymbol{P}(s),\ \boldsymbol{Q}(s)\}\text{左互质},\{\boldsymbol{P}(s),\ \boldsymbol{R}(s)\}\text{右互质}$$

(2) PMD 的状态空间实现

PMD 的实现

状态空间描述$\{A, B, C, E(p)\}$为线性时不变系统 PMD $\{P(s), Q(s), R(s), W(s)\}$的一个实现，如果成立"$C(sI-A)^{-1}B+E(s)=R(s)P^{-1}(s)Q(s)+W(s)$"，其中$p=\mathrm{d}/\mathrm{d}t$为微分算子。

内核为观测器形实现的 PMD 的实现

对"PMD $\{P(s)\in R^{m\times m}(s),\ Q(s)\in R^{m\times p}(s),\ R(s)\in R^{q\times m}(s),\ W(s)\in R^{q\times p}(s)\}$，$P(s)$行既约"。

按矩阵除法导出"$Q(s)=P(s)Y(s)+\bar{Q}(s)$"，使

$$\text{非真 } P^{-1}(s)Q(s)=\text{严真左 MFD } P^{-1}(s)\bar{Q}(s)+\text{多项式矩阵 } Y(s)$$

对"严真$P^{-1}(s)\bar{Q}(s)$，$P(s)$行既约"，按左 MFD 观测器形实现算法，定出

$$\text{观测器形实现}(A_o, B_o, C_o),\ \dim A_o=\deg\det P(s)=n$$

按矩阵除法导出"$R(s)C_o=X(s)(sI-A_o)+[R(s)C_o]_{s\to\infty}$"

计算$E(s)=[X(s)B_o+P(s)Y(s)+W(s)]$

则 PMD 的内核为观测器形实现的实现为

$$\{A=A_o, B=B_o,\ C=[R(s)C_o]_{s\to\infty},\ E(p)=E(s)_{s\to p}\}$$

PMD 的最小实现

$\{A, B, C, E(p)\}$为 PMD $\{P(s), Q(s), R(s), W(s)\}$的一个实现，且其维数等于"$n=\dim A=\deg\det P(s)$"，有

$$\{A, B, C, E(p)\}\text{为最小实现} \Leftrightarrow \{P(s), Q(s), R(s), W(s)\}\text{不可简约}$$

(3) 左右互质性和能控性能观测性

PMD 互质性和状态空间描述能控性能观测性

$\{A, B, C, E(p)\}$为$q\times p$的 PMD $\{P(s), Q(s), R(s), W(s)\}$的状态空间实现，有

$$\{P(s), Q(s)\}\text{左互质} \Leftrightarrow \{A, B\}\text{完全能控}$$

$$\{P(s), R(s)\}\text{右互质} \Leftrightarrow \{A, C\}\text{完全能观测}$$

MFD 互质性和状态空间描述能控性能观测性

$$q\times p\text{ 真右 MFD } \bar{N}(s)D^{-1}(s)=\text{常阵 } E+\text{严真右 MFD } N(s)D^{-1}(s)$$

$$\text{“}\{A^c, B^c, C^c\},\ \dim A^c=\deg\det D(s)\text{” 为严真 } N(s)D^{-1}(s)\text{ 能控类实现}$$

$$q\times p\text{ 真左 MFD } D_L^{-1}(s)\bar{N}_L(s)=\text{常阵 } E_L+\text{严真左 MFD } D_L^{-1}(s)N_L(s)$$

$$\text{“}\{A^o, B^o, C^o\},\ \dim A^o=\deg\det D_L(s)\text{” 为严真 } D_L^{-1}(s)N_L(s)\text{ 能观测类实现}$$

则

$$\bar{N}(s)D^{-1}(s)\text{ 即 } N(s)D^{-1}(s)\text{ 右互质} \Leftrightarrow \{A^c, C^c\}\text{完全能观测}$$

$$D_L^{-1}(s)\bar{N}_L(s)\text{ 即 } D_L^{-1}(s)N_L(s)\text{ 左互质} \Leftrightarrow \{A^o, B^o\}\text{完全能控}$$

（4）多项式矩阵描述的极点和零点

PMD 的极点和传输零点

$q\times p$ 的 PMD $\{P(s),Q(s),R(s),W(s)\}$不可简约，则

$$\text{PMD 的极点} = \text{“}\det P(s)=0\text{ 的根”}$$

$$\text{PMD 的传输极点} = \text{使}\begin{bmatrix} P(s) & Q(s) \\ -R(s) & W(s) \end{bmatrix}\text{降秩 } s \text{ 值}$$

PMD 解耦零点

$q\times p$ 的 PMD $\{P(s),Q(s),R(s),W(s)\}$可简约，则

① 若只$\{P(s),Q(s)\}$非左互质

$$\text{PMD 的输入解耦零点} = \text{使}[P(s)\quad Q(s)]\text{降秩 } s \text{ 值}$$

② 若只$\{P(s),R(s)\}$非右互质

$$\text{PMD 的输出解耦零点} = \text{使}\begin{bmatrix} P(s) \\ R(s) \end{bmatrix}\text{降秩 } s \text{ 值}$$

③ 若$\{P(s),Q(s)\}$和$\{P(s),R(s)\}$均非互质，先行导出$\{P(s),Q(s)\}$的任一最大左公因子$H(s)$并表$\bar{P}(s)=H^{-1}(s)P(s)$

$$\text{PMD 的输入解耦零点} = \text{使}[P(s)\quad Q(s)]\text{降秩 } s \text{ 值}$$

$$\text{PMD 的输出解耦零点} = \text{使}\begin{bmatrix} \bar{P}(s) \\ R(s) \end{bmatrix}\text{降秩 } s \text{ 值}$$

（5）系统矩阵和严格系统等价

PMD 的系统矩阵表示

对$q\times p$ 的 PMD $\{P(s),Q(s),R(s),W(s)\}$

$$\text{系统矩阵}\quad \underset{(m+q)\times(m+p)}{S(s)} = \begin{bmatrix} P(s) & Q(s) \\ -R(s) & W(s) \end{bmatrix}$$

严格系统等价

$(m+q)\times(m+p)$的系统矩阵$S_1(s)$和$S_2(s)$为严格系统等价，简记$S_1(s)\sim S_2(s)$，如果存在$m\times m$单模阵$U(s)$和$V(s)$，$q\times m$和$m\times p$多项式矩阵$X(s)$和$Y(s)$，使成立

$$\begin{bmatrix} U(s) & 0 \\ X(s) & I_q \end{bmatrix}\begin{bmatrix} P_1(s) & Q_1(s) \\ -R_1(s) & W_1(s) \end{bmatrix}\begin{bmatrix} V(s) & Y(s) \\ 0 & I_p \end{bmatrix} = \begin{bmatrix} P_2(s) & Q_2(s) \\ -R_2(s) & W_2(s) \end{bmatrix}$$

（6）严格系统等价变换的属性

分母矩阵不变多项式等同

若$S_1(s)\sim S_2(s)$，则其分母矩阵$P_1(s)$和$P_2(s)$满足$\det P_2(s)=\beta_0\det P_1(s)$，$\beta_0$为非零常数。

互质性等同

若$S_1(s)\sim S_2(s)$，则

$$\{\boldsymbol{P}_2(s),\ \boldsymbol{Q}_2(s)\}\text{左互质} \Leftrightarrow \{\boldsymbol{P}_1(s),\ \boldsymbol{Q}_1(s)\}\text{左互质}$$

$$\{\boldsymbol{P}_2(s),\ \boldsymbol{R}_2(s)\}\text{右互质} \Leftrightarrow \{\boldsymbol{P}_1(s),\ \boldsymbol{R}_1(s)\}\text{右互质}$$

能控性能观测性等同

$\{\boldsymbol{A}_1,\ \boldsymbol{B}_1,\ \boldsymbol{C}_1,\ \boldsymbol{E}_1\}$和$\{\boldsymbol{A}_2,\ \boldsymbol{B}_2,\ \boldsymbol{C}_2,\ \boldsymbol{E}_2\}$为 PMD $\boldsymbol{S}_1(s)$ 和 PMD $\boldsymbol{S}_2(s)$ 的能控类或能观测类实现，若 $\boldsymbol{S}_1(s) \sim \boldsymbol{S}_2(s)$，则

$$\{\boldsymbol{A}_2,\boldsymbol{B}_2\}\text{完全能控} \Leftrightarrow \{\boldsymbol{A}_1,\boldsymbol{B}_1\}\text{完全能控}$$

$$\{\boldsymbol{A}_2,\boldsymbol{C}_2\}\text{完全能观测} \Leftrightarrow \{\boldsymbol{A}_1,\boldsymbol{C}_1\}\text{完全能观测}$$

所有类型不可简约描述严格等价

对 $q\times p$ 连续时间线性时不变系统，由其传递函数矩阵 $\boldsymbol{G}(s)$ 导出的所有不可简约状态空间描述、不可简约 MFD、不可简约 PMD 间为严格系统等价。

11.2 习题与解答

本章的习题安排围绕线性时不变系统的多项式矩阵描述即 PMD 及其有关属性。基本题部分包括判断 PMD 的是否不可简约，由可简约/不可简约 PMD 导出不可简约 PMD，由 MFD 和传递函数矩阵导出不可简约 PMD，由 PMD 导出传递函数矩阵和最小实现，计算 PMD 的极点、传输零点和解耦零点，判断两个 PMD 的严格等价性等。证明题部分涉及状态空间描述导出的 PMD 为不可简约的条件，不可简约 PMD 的史密斯形判据，基于 PMD 的传递函数矩阵为可逆的判据，基于 PMD 的传递函数矩阵及其逆在不可简约性上的等同性，以 PMD 表征的受控系统对输出反馈保持不可简约性等。

题 11.1 判断下列各线性时不变系统的 PMD 是否为不可简约：

(i) $$\begin{bmatrix} s^2-1 & 0 \\ 0 & s+1 \end{bmatrix}\hat{\boldsymbol{\zeta}}(s) = \begin{bmatrix} s+1 \\ s-1 \end{bmatrix}\hat{u}(s)$$

$$\hat{\boldsymbol{y}}(s) = \begin{bmatrix} s(s+1) & 2 \\ s & 1 \end{bmatrix}\hat{\boldsymbol{\zeta}}(s) + \begin{bmatrix} s+1 \\ 2 \end{bmatrix}\hat{u}(s)$$

(ii) $$\begin{bmatrix} s^2-1 & 1 \\ 0 & s+1 \end{bmatrix}\hat{\boldsymbol{\zeta}}(s) = \begin{bmatrix} s+2 & 2 \\ s & 0 \end{bmatrix}\hat{\boldsymbol{u}}(s)$$

$$\hat{y}(s) = [2 \quad s-1]\,\hat{\boldsymbol{\zeta}}(s) + [s+1 \quad 4]\,\hat{\boldsymbol{u}}(s)$$

解 本题属于判断 PMD 的不可简约性的基本题。

对线性时不变系统的 PMD，$\{\boldsymbol{P}(s),\ \boldsymbol{Q}(s),\ \boldsymbol{R}(s),\ \boldsymbol{W}(s)\}$不可简约，当且仅当“$\{\boldsymbol{P}(s),\ \boldsymbol{Q}(s)\}$左互质，$\{\boldsymbol{P}(s),\ \boldsymbol{R}(s)\}$右互质”。

(i) 对给定 PMD$\{\boldsymbol{P}(s),\ \boldsymbol{Q}(s),\ \boldsymbol{R}(s),\ \boldsymbol{W}(s)\}$，由

$$\boldsymbol{P}(s)=\begin{bmatrix} s^2-1 & 0 \\ 0 & s+1 \end{bmatrix},\ \boldsymbol{Q}(s)=\begin{bmatrix} s+1 \\ s-1 \end{bmatrix},\ \boldsymbol{R}(s)=\begin{bmatrix} s(s+1) & 2 \\ s & 1 \end{bmatrix},\ \dim \boldsymbol{P}(s)=2$$

$$\operatorname{rank}\begin{bmatrix} \boldsymbol{P}(s) \\ \boldsymbol{R}(s) \end{bmatrix}=\operatorname{rank}\begin{bmatrix} s^2-1 & 0 \\ 0 & s+1 \\ s(s+1) & 2 \\ s & 1 \end{bmatrix}=2,\ \forall s=-1,0,1$$

$$\operatorname{rank}[\boldsymbol{P}(s)\ \ \boldsymbol{Q}(s)]_{s=-1}=\operatorname{rank}\begin{bmatrix} s^2-1 & 0 & s+1 \\ 0 & s+1 & s-1 \end{bmatrix}_{s=-1}=\operatorname{rank}\begin{bmatrix} 0 & 0 & 0 \\ 0 & 0 & -2 \end{bmatrix}=1<2$$

可知

$$\operatorname{rank}\begin{bmatrix} \boldsymbol{P}(s) \\ \boldsymbol{R}(s) \end{bmatrix}=\operatorname{rank}\begin{bmatrix} s^2-1 & 0 \\ 0 & s+1 \\ s(s+1) & 2 \\ s & 1 \end{bmatrix}=2,\ \forall s\in C,\ \text{即}\{\boldsymbol{P}(s),\ \boldsymbol{R}(s)\}\text{右互质}$$

$$\operatorname{rank}[\boldsymbol{P}(s)\ \ \boldsymbol{Q}(s)]=\operatorname{rank}\begin{bmatrix} s^2-1 & 0 & s+1 \\ 0 & s+1 & s-1 \end{bmatrix}<2,\ \forall s=-1,\ \text{即}\{\boldsymbol{P}(s),\ \boldsymbol{Q}(s)\}\text{非左互质}$$

从而，给定 PMD$\{\boldsymbol{P}(s),\ \boldsymbol{Q}(s),\ \boldsymbol{R}(s),\ \boldsymbol{W}(s)\}$为非不可简约。

（ii）对给定 PMD$\{\boldsymbol{P}(s),\ \boldsymbol{Q}(s),\ \boldsymbol{R}(s),\ \boldsymbol{W}(s)\}$，由

$$\boldsymbol{P}(s)=\begin{bmatrix} s^2-1 & 1 \\ 0 & s+1 \end{bmatrix},\ \boldsymbol{Q}(s)=\begin{bmatrix} s+2 & 2 \\ s & 0 \end{bmatrix}$$

$$\boldsymbol{R}(s)=[2\ \ s-1],\ \boldsymbol{W}(s)=[s+1\ \ 4],\ \dim \boldsymbol{P}(s)=2$$

$$\operatorname{rank}[\boldsymbol{P}(s)\ \ \boldsymbol{Q}(s)]=\operatorname{rank}\begin{bmatrix} s^2-1 & 1 & s+2 & 2 \\ 0 & s+1 & s & 0 \end{bmatrix}=2,\ \forall s=-1,-2,0,1,-1\pm \mathrm{j}$$

$$\operatorname{rank}\begin{bmatrix} \boldsymbol{P}(s) \\ \boldsymbol{R}(s) \end{bmatrix}=\operatorname{rank}\begin{bmatrix} s^2-1 & 1 \\ 0 & s+1 \\ 2 & s-1 \end{bmatrix}=2,\ \forall s=-1,1$$

可知

$$\operatorname{rank}[\boldsymbol{P}(s)\ \ \boldsymbol{Q}(s)]=\operatorname{rank}\begin{bmatrix} s^2-1 & 1 & s+2 & 2 \\ 0 & s+1 & s & 0 \end{bmatrix}=2,\ \forall s\in C,\ \text{即}\{\boldsymbol{P}(s),\ \boldsymbol{Q}(s)\}\text{左互质}$$

$$\operatorname{rank}\begin{bmatrix} \boldsymbol{P}(s) \\ \boldsymbol{R}(s) \end{bmatrix}=\operatorname{rank}\begin{bmatrix} s^2-1 & 1 \\ 0 & s+1 \\ 2 & s-1 \end{bmatrix}=2,\ \forall s\in C,\ \text{即}\{\boldsymbol{P}(s),\ \boldsymbol{R}(s)\}\text{右互质}$$

从而，给定 PMD $\{\boldsymbol{P}(s),\ \boldsymbol{Q}(s),\ \boldsymbol{R}(s),\ \boldsymbol{W}(s)\}$为不可简约。

题 11.2 对上题中给出的线性时不变系统的 PMD，若为可简约导出一个不可简约 PMD，若为不可简约导出另一个不可简约 PMD。

解 本题属于“由可简约 PMD 导出不可简约 PMD”和“由不可简约 PMD 导出不可简约 PMD”的基本题。

（i）上题解答导出，给定 PMD $\{\boldsymbol{P}(s),\ \boldsymbol{Q}(s),\ \boldsymbol{R}(s),\ \boldsymbol{W}(s)\}$为可简约，$\{\boldsymbol{P}(s),\boldsymbol{R}(s)\}$右互质，$\{\boldsymbol{P}(s),\boldsymbol{Q}(s)\}$非左互质。对此类型可简约 PMD，现引入确定“非左互质$\{\boldsymbol{P}(s),\ \boldsymbol{Q}(s)\}$的 gcld”的列初等运算：

$$[\boldsymbol{P}(s)\ \ \boldsymbol{Q}(s)]=\begin{bmatrix} s^2-1 & 0 & s+1 \\ 0 & s+1 & s-1 \end{bmatrix}\text{“列 2×(–1)” 加于列 3} \rightarrow$$

$$\begin{bmatrix} s^2-1 & 0 & s+1 \\ 0 & s+1 & -2 \end{bmatrix}\text{“列 3×[(s+1)/2]” 加于列 2} \rightarrow$$

$$\begin{bmatrix} s^2-1 & (s+1)^2/2 & s+1 \\ 0 & 0 & -2 \end{bmatrix}\text{“列 1×(–1/2)” 加于列 2} \rightarrow$$

$$\begin{bmatrix} s^2-1 & s+1 & s+1 \\ 0 & 0 & -2 \end{bmatrix}\text{“列 2×[–(s–1)” 加于列 1，交换列 1 和列 3} \rightarrow \begin{bmatrix} s+1 & s+1 & 0 \\ -2 & 0 & 0 \end{bmatrix}$$

由此，定出$\{\boldsymbol{P}(s),\ \boldsymbol{Q}(s)\}$的一个 gcld 及其逆为

$$\boldsymbol{R}_{\rm L}(s)=\begin{bmatrix} s+1 & s+1 \\ -2 & 0 \end{bmatrix},\quad \boldsymbol{R}_{\rm L}^{-1}(s)=\begin{bmatrix} 0 & -1/2 \\ 1/(s+1) & 1/2 \end{bmatrix}$$

进而，再来定出

$$\bar{\boldsymbol{P}}(s)=\boldsymbol{R}_{\rm L}^{-1}(s)\ \boldsymbol{P}(s)=\begin{bmatrix} 0 & -1/2 \\ 1/(s+1) & 1/2 \end{bmatrix}\begin{bmatrix} s^2-1 & 0 \\ 0 & s+1 \end{bmatrix}=\begin{bmatrix} 0 & -(s+1)/2 \\ s-1 & (s+1)/2 \end{bmatrix}$$

$$\bar{\boldsymbol{Q}}(s)=\boldsymbol{R}_{\rm L}^{-1}(s)\ \boldsymbol{Q}(s)=\begin{bmatrix} 0 & -1/2 \\ 1/(s+1) & 1/2 \end{bmatrix}\begin{bmatrix} s+1 \\ s-1 \end{bmatrix}=\begin{bmatrix} -(s-1)/2 \\ (s+1)/2 \end{bmatrix}$$

那么，考虑到$\{\bar{\boldsymbol{P}}(s),\bar{\boldsymbol{Q}}(s)\}$左互质，$\{\bar{\boldsymbol{P}}(s),\boldsymbol{R}(s)\}$仍为右互质，就可得到给定可简约 PMD $\{\boldsymbol{P}(s),\ \boldsymbol{Q}(s),\ \boldsymbol{R}(s),\ \boldsymbol{W}(s)\}$的一个不可简约 PMD 为$\{\bar{\boldsymbol{P}}(s),\ \bar{\boldsymbol{Q}}(s),\ \boldsymbol{R}(s),\ \boldsymbol{W}(s)\}$，即

$$\begin{bmatrix} 0 & -(s+1)/2 \\ s-1 & (s+1)/2 \end{bmatrix}\hat{\boldsymbol{\zeta}}(s)=\begin{bmatrix} -(s-1)/2 \\ (s+1)/2 \end{bmatrix}\hat{u}(s)$$

$$\hat{\boldsymbol{y}}(s)=\begin{bmatrix} s(s+1) & 2 \\ s & 1 \end{bmatrix}\hat{\boldsymbol{\zeta}}(s)+\begin{bmatrix} s+1 \\ 2 \end{bmatrix}\hat{u}(s)$$

（ii）上题解答导出，给定 PMD$\{\boldsymbol{P}(s),\ \boldsymbol{Q}(s),\ \boldsymbol{R}(s),\ \boldsymbol{W}(s)\}$为不可简约，$\{\boldsymbol{P}(s),\ \boldsymbol{Q}(s)\}$左互质，$\{\boldsymbol{P}(s),\ \boldsymbol{R}(s)\}$右互质。现对 $\{\boldsymbol{P}(s),\ \boldsymbol{Q}(s)\}$ 和 $\{\boldsymbol{P}(s),\ \boldsymbol{R}(s)\}$引入和$\boldsymbol{P}(s)$同维任意单模阵$\boldsymbol{U}(s)$和$\boldsymbol{V}(s)$，并据单模变换的属性，有

$$\begin{bmatrix} \boldsymbol{V}(s) & \boldsymbol{0} \\ \boldsymbol{0} & \boldsymbol{I} \end{bmatrix} \text{和} \begin{bmatrix} \boldsymbol{U}(s) & \boldsymbol{0} \\ \boldsymbol{0} & \boldsymbol{I} \end{bmatrix} \text{为单模阵}$$

$$\begin{aligned} \operatorname{rank}[\boldsymbol{P}(s) \quad \boldsymbol{Q}(s)] &= \operatorname{rank}\boldsymbol{U}(s)[\boldsymbol{P}(s) \quad \boldsymbol{Q}(s)]\begin{bmatrix} \boldsymbol{V}(s) & \boldsymbol{0} \\ \boldsymbol{0} & \boldsymbol{I} \end{bmatrix} \\ &= \operatorname{rank}[\boldsymbol{U}(s)\boldsymbol{P}(s)\boldsymbol{V}(s) \quad \boldsymbol{U}(s)\boldsymbol{Q}(s)] \end{aligned}$$

$$\operatorname{rank}\begin{bmatrix} \boldsymbol{P}(s) \\ \boldsymbol{R}(s) \end{bmatrix} = \operatorname{rank}\begin{bmatrix} \boldsymbol{U}(s) & \boldsymbol{0} \\ \boldsymbol{0} & \boldsymbol{I} \end{bmatrix}\begin{bmatrix} \boldsymbol{P}(s) \\ \boldsymbol{R}(s) \end{bmatrix}\boldsymbol{V}(s) = \operatorname{rank}\begin{bmatrix} \boldsymbol{U}(s)\boldsymbol{P}(s)\boldsymbol{V}(s) \\ \boldsymbol{R}(s)\boldsymbol{V}(s) \end{bmatrix}$$

表明

由“$\{\boldsymbol{P}(s),\ \boldsymbol{Q}(s)\}$左互质”可导出“$\{\boldsymbol{U}(s)\ \boldsymbol{P}(s)\ \boldsymbol{V}(s),\ \boldsymbol{U}(s)\ \boldsymbol{Q}(s)\}$左互质”

由“$\{\boldsymbol{P}(s),\ \boldsymbol{R}(s)\}$右互质”可导出“$\{\boldsymbol{U}(s)\ \boldsymbol{P}(s)\ \boldsymbol{V}(s),\ \boldsymbol{R}(s)\ \boldsymbol{V}(s)\}$右互质”

基此，对给定$\{\boldsymbol{P}(s),\ \boldsymbol{Q}(s),\ \boldsymbol{R}(s)\}$，任取单模阵

$$\boldsymbol{U}(s) = \begin{bmatrix} 2 & 0 \\ 0 & 1 \end{bmatrix},\quad \boldsymbol{V}(s) = \begin{bmatrix} 1 & 0 \\ 0 & 3 \end{bmatrix}$$

并计算定出

$$\bar{\boldsymbol{P}}(s) = \boldsymbol{U}(s)\ \boldsymbol{P}(s)\ \boldsymbol{V}(s) = \begin{bmatrix} 2 & 0 \\ 0 & 1 \end{bmatrix}\begin{bmatrix} s^2-1 & 1 \\ 0 & s+1 \end{bmatrix}\begin{bmatrix} 1 & 0 \\ 0 & 3 \end{bmatrix} = \begin{bmatrix} 2(s^2-1) & 6 \\ 0 & 3(s+1) \end{bmatrix}$$

$$\bar{\boldsymbol{Q}}(s) = \boldsymbol{U}(s)\ \boldsymbol{Q}(s) = \begin{bmatrix} 2 & 0 \\ 0 & 1 \end{bmatrix}\begin{bmatrix} s+2 & 2 \\ s & 0 \end{bmatrix} = \begin{bmatrix} 2(s+2) & 4 \\ s & 0 \end{bmatrix}$$

$$\bar{\boldsymbol{R}}(s) = \boldsymbol{R}(s)\ \boldsymbol{V}(s) = [2 \quad s-1]\begin{bmatrix} 1 & 0 \\ 0 & 3 \end{bmatrix} = [2 \quad 3(s-1)]$$

从而，导出给定不可简约 PMD$\{\boldsymbol{P}(s),\ \boldsymbol{Q}(s),\ \boldsymbol{R}(s),\ \boldsymbol{W}(s)\}$的另一个不可简约 PMD 为$\{\bar{\boldsymbol{P}}(s),\ \bar{\boldsymbol{Q}}(s),\ \bar{\boldsymbol{R}}(s),\ \boldsymbol{W}(s)\}$，即

$$\begin{bmatrix} 2(s^2-1) & 6 \\ 0 & 3(s+1) \end{bmatrix}\hat{\zeta}(s) = \begin{bmatrix} 2(s+2) & 4 \\ s & 0 \end{bmatrix}\hat{\boldsymbol{u}}(s)$$

$$\hat{y}(s) = [2 \quad 3(s-1)]\hat{\zeta}(s) + [s+1 \quad 4]\ \hat{\boldsymbol{u}}(s)$$

题 11.3 确定下列各线性时不变系统 MFD 的一个不可简约 PMD：

（i）$[s+2 \quad s+1]\begin{bmatrix} s+1 & 0 \\ (s+1)(s+2) & s^2-1 \end{bmatrix}^{-1}$

（ii）$\begin{bmatrix} s^2-1 & 0 \\ 0 & s-1 \end{bmatrix}^{-1}\begin{bmatrix} 0 & s-1 \\ 2 & s^2 \end{bmatrix}$

解 本题属于由 MFD 确定其不可简约 PMD 的基本题。

（i）对给定右 MFD $\boldsymbol{N}(s)\ \boldsymbol{D}^{-1}(s)$，有

$$D(s)=\begin{bmatrix} s+1 & 0 \\ (s+1)(s+2) & s^2-1 \end{bmatrix},\quad N(s)=\begin{bmatrix} s+2 & s+1 \end{bmatrix},\ \dim D(s)=2$$

且 $D(s)$ 非列既约。

先行判断 $N(s)\,D^{-1}(s)$ 的严真性。对此，选取单模阵 $V(s)$ 使 $D(s)$ 列既约化，有

$$\tilde{D}(s)=D(s)\,V(s)=\begin{bmatrix} s+1 & 0 \\ (s+1)(s+2) & s^2-1 \end{bmatrix}\begin{bmatrix} 1 & 0 \\ -1 & 1 \end{bmatrix}=\begin{bmatrix} s+1 & 0 \\ 3(s+1) & s^2-1 \end{bmatrix}$$

$$\tilde{N}(s)=N(s)\,V(s)=\begin{bmatrix} s+2 & s+1 \end{bmatrix}\begin{bmatrix} 1 & 0 \\ -1 & 1 \end{bmatrix}=\begin{bmatrix} 1 & s+1 \end{bmatrix}$$

其中，$\tilde{D}(s)$ 列既约。再由"$0=\delta_{c1}\tilde{N}(s)<\delta_{c1}\tilde{D}(s)=1$"和"$1=\delta_{c2}\tilde{N}(s)<\delta_{c2}\tilde{D}(s)=2$"，并据非列既约右 MFD 严真性判据，可知给定右 MFD $N(s)\,D^{-1}(s)$ 为严真。

进而判断 $N(s)\,D^{-1}(s)$ 的不可简约性。容易导出

$$\operatorname{rank}\begin{bmatrix} D(s) \\ N(s) \end{bmatrix}_{s=-1}=\operatorname{rank}\begin{bmatrix} s+1 & 0 \\ (s+1)(s+2) & s^2-1 \\ s+2 & s+1 \end{bmatrix}_{s=-1}=\operatorname{rank}\begin{bmatrix} 0 & 0 \\ 0 & 0 \\ 1 & 0 \end{bmatrix}=1<2$$

表明给定 $N(s)\,D^{-1}(s)$ 为"非右互质"即非不可简约。为此，引入确定"$\{D(s),\ N(s)\}$ 的 gcrd"的行初等运算，有

$$\begin{bmatrix} D(s) \\ N(s) \end{bmatrix}=\begin{bmatrix} s+1 & 0 \\ (s+1)(s+2) & s^2-1 \\ s+2 & s+1 \end{bmatrix}\ \text{“行 }1\times[-(s+2)]\text{” 加于行 }2\rightarrow$$

$$\begin{bmatrix} s+1 & 0 \\ 0 & s^2-1 \\ s+2 & s+1 \end{bmatrix}\ \text{“行 }3\times[-(s-1)]\text{” 加于行 }2\rightarrow$$

$$\begin{bmatrix} s+1 & 0 \\ -(s-1)(s+2) & 0 \\ s+2 & s+1 \end{bmatrix}\ \text{“行 }1\times(s)\text{” 加于行 }2\rightarrow$$

$$\begin{bmatrix} s+1 & 0 \\ 2 & 0 \\ s+2 & s+1 \end{bmatrix}\ \text{“行 }2\times[-(s+1)/2]\text{” 加于行 1，交换行 1 和行 }3\rightarrow\begin{bmatrix} s+2 & s+1 \\ 2 & 0 \\ 0 & 0 \end{bmatrix}$$

由此，定出 $\{D(s),\ N(s)\}$ 的一个 gcrd 及其逆为

$$R(s)=\begin{bmatrix} s+2 & s+1 \\ 2 & 0 \end{bmatrix},\quad R^{-1}(s)=\begin{bmatrix} 0 & 1/2 \\ 1/(s+1) & -(s+2)/2(s+1) \end{bmatrix}$$

再来计算定出

$$\bar{\boldsymbol{D}}(s)=\boldsymbol{D}(s)\boldsymbol{R}^{-1}(s)=\begin{bmatrix} s+1 & 0 \\ (s+1)(s+2) & s^2-1 \end{bmatrix}\begin{bmatrix} 0 & 1/2 \\ 1/(s+1) & -(s+2)/2(s+1) \end{bmatrix}$$

$$=\begin{bmatrix} 0 & (s+1)/2 \\ (s-1) & (s+2) \end{bmatrix}$$

$$\bar{\boldsymbol{N}}(s)=\boldsymbol{N}(s)\boldsymbol{R}^{-1}(s)=\begin{bmatrix} s+2 & s+1 \end{bmatrix}\begin{bmatrix} 0 & 1/2 \\ 1/(s+1) & -(s+2)/2(s+1) \end{bmatrix}=\begin{bmatrix} 1 & 0 \end{bmatrix}$$

$\bar{\boldsymbol{N}}(s)\bar{\boldsymbol{D}}^{-1}(s)$ 就为给定非不可简约 $\boldsymbol{N}(s)\boldsymbol{D}^{-1}(s)$ 的一个不可简约右 MFD。

最后导出给定右 MFD 的不可简约 PMD。基于上述结果，并据“MFD 的 PMD 不可简约，当且仅当 MFD 不可简约”准则，即可导出给定 MFD 的一个不可简约 PMD$\{\boldsymbol{P}(s), \boldsymbol{Q}(s), \boldsymbol{R}(s), \boldsymbol{W}(s)\}$为

$$\boldsymbol{P}(s)=\bar{\boldsymbol{D}}(s)=\begin{bmatrix} 0 & (s+1)/2 \\ (s-1) & (s+2) \end{bmatrix},\quad \boldsymbol{Q}(s)=\boldsymbol{I},\quad \boldsymbol{R}(s)=\bar{\boldsymbol{N}}(s)=\begin{bmatrix} 1 & 0 \end{bmatrix},\quad \boldsymbol{W}(s)=\boldsymbol{0}$$

不可简约 PMD 的表达式则为

$$\begin{bmatrix} 0 & (s+1)/2 \\ (s-1) & (s+2) \end{bmatrix}\hat{\boldsymbol{\zeta}}(s)=\begin{bmatrix} 1 & 0 \\ 0 & 1 \end{bmatrix}\hat{\boldsymbol{u}}(s)$$

$$\hat{y}(s)=\begin{bmatrix} 1 & 0 \end{bmatrix}\hat{\boldsymbol{\zeta}}(s)+\begin{bmatrix} 0 & 0 \end{bmatrix}\hat{\boldsymbol{u}}(s)$$

（ii）对给定左 MFD $\boldsymbol{D}_{\mathrm{L}}^{-1}(s)\boldsymbol{N}_{\mathrm{L}}(s)$，有

$$\boldsymbol{D}_{\mathrm{L}}(s)=\begin{bmatrix} s^2-1 & 0 \\ 0 & s-1 \end{bmatrix},\quad \boldsymbol{N}_{\mathrm{L}}(s)=\begin{bmatrix} 0 & s-1 \\ 2 & s^2 \end{bmatrix},\quad \dim \boldsymbol{D}_{\mathrm{L}}(s)=2$$

且知，$\boldsymbol{D}_{\mathrm{L}}(s)$ 行既约，$\boldsymbol{D}_{\mathrm{L}}^{-1}(s)\boldsymbol{N}_{\mathrm{L}}(s)$ 为非真。

先行将非真 $\boldsymbol{N}_{\mathrm{L}}(s)\boldsymbol{D}_{\mathrm{L}}^{-1}(s)$ 严真化。对此，有

$$\boldsymbol{G}(s)=\boldsymbol{D}_{\mathrm{L}}^{-1}(s)\boldsymbol{N}_{\mathrm{L}}(s)=\begin{bmatrix} s^2-1 & 0 \\ 0 & s-1 \end{bmatrix}^{-1}\begin{bmatrix} 0 & s-1 \\ 2 & s^2 \end{bmatrix}$$

$$=\begin{bmatrix} 0 & \dfrac{s-1}{s^2-1} \\ \dfrac{2}{s-1} & \dfrac{s^2}{s-1} \end{bmatrix}=\begin{bmatrix} 0 & 0 \\ 0 & s+1 \end{bmatrix}+\begin{bmatrix} 0 & \dfrac{1}{s+1} \\ \dfrac{2}{s-1} & \dfrac{1}{s-1} \end{bmatrix}$$

$$=\begin{bmatrix} 0 & 0 \\ 0 & s+1 \end{bmatrix}+\begin{bmatrix} s+1 & 0 \\ 0 & s-1 \end{bmatrix}^{-1}\begin{bmatrix} 0 & 1 \\ 2 & 1 \end{bmatrix}=\boldsymbol{W}(s)+\bar{\boldsymbol{D}}_{\mathrm{L}}^{-1}(s)\bar{\boldsymbol{N}}_{\mathrm{L}}(s)$$

并可看出

$$\text{严真左 MFD}\ \bar{\boldsymbol{D}}_{\mathrm{L}}^{-1}(s)\bar{\boldsymbol{N}}_{\mathrm{L}}(s)=\begin{bmatrix} s+1 & 0 \\ 0 & s-1 \end{bmatrix}^{-1}\begin{bmatrix} 0 & 1 \\ 2 & 1 \end{bmatrix}\ \text{为不可简约}$$

进而导出给定左 MFD 的不可简约 PMD。基于上述结果，并据“MFD 的 PMD 不可

简约，当且仅当 MFD 不可简约”准则，即可导出给定 MFD 的一个不可简约 PMD{$\boldsymbol{P}(s)$，$\boldsymbol{Q}(s)$，$\boldsymbol{R}(s)$，$\boldsymbol{W}(s)$}为

$$\boldsymbol{P}(s)=\bar{\boldsymbol{D}}_{\mathrm{L}}(s)=\begin{bmatrix}s+1 & 0\\ 0 & s-1\end{bmatrix},\quad \boldsymbol{Q}(s)=\bar{\boldsymbol{N}}_{\mathrm{L}}(s)=\begin{bmatrix}0 & 1\\ 2 & 1\end{bmatrix},\quad \boldsymbol{R}(s)=\boldsymbol{I},\quad \boldsymbol{W}(s)=\begin{bmatrix}0 & 0\\ 0 & s+1\end{bmatrix}$$

不可简约 PMD 的表达式则为

$$\begin{bmatrix}s+1 & 0\\ 0 & s-1\end{bmatrix}\hat{\boldsymbol{\zeta}}(s)=\begin{bmatrix}0 & 1\\ 2 & 1\end{bmatrix}\hat{\boldsymbol{u}}(s)$$

$$\hat{\boldsymbol{y}}(s)=\begin{bmatrix}1 & 0\\ 0 & 1\end{bmatrix}\hat{\boldsymbol{\zeta}}(s)+\begin{bmatrix}0 & 0\\ 0 & s+1\end{bmatrix}\hat{\boldsymbol{u}}(s)$$

题 11.4 确定下列各线性时不变系统传递函数矩阵 $\boldsymbol{G}(s)$ 的一个不可简约 PMD：

（i）$$\boldsymbol{G}(s)=\begin{bmatrix}\dfrac{2s+1}{s^2+s+1}\\ \dfrac{1}{s+3}\end{bmatrix}$$

（ii）$$\boldsymbol{G}(s)=\begin{bmatrix}\dfrac{s^2+s}{s^2+1} & \dfrac{s+1}{s+2}\\ 0 & \dfrac{(s+2)(s+1)}{s^2+2s+2}\end{bmatrix}$$

解 本题属于由传递函数矩阵确定其不可简约 PMD 的基本题。

（i）表给定严真 $\boldsymbol{G}(s)$ 为右 MFD，有

$$\boldsymbol{G}(s)=\begin{bmatrix}\dfrac{2s+1}{s^2+s+1}\\ \dfrac{1}{s+3}\end{bmatrix}=\begin{bmatrix}(2s+1)(s+3)\\ (s^2+s+1)\end{bmatrix}[(s^2+s+1)(s+3)]^{-1}=\boldsymbol{N}(s)\,D^{-1}(s),\quad \dim D(s)=1$$

容易判断

$$\operatorname{rank}\begin{bmatrix}D(s)\\ \boldsymbol{N}(s)\end{bmatrix}=\operatorname{rank}\begin{bmatrix}(s^2+s+1)(s+3)\\ (2s+1)(s+3)\\ (s^2+s+1)\end{bmatrix}=1,\quad \forall s\in C$$

$$\text{右 MFD } \boldsymbol{N}(s)\,D^{-1}(s) \text{ 为不可简约}$$

基此，并据“MFD 的 PMD 不可简约，当且仅当 MFD 不可简约”准则，导出不可简约严真 $\boldsymbol{N}(s)\,D^{-1}(s)$ 即给定严真 $\boldsymbol{G}(s)$ 的一个不可简约 PMD{$\boldsymbol{P}(s)$，$\boldsymbol{Q}(s)$，$\boldsymbol{R}(s)$，$\boldsymbol{W}(s)$}为

$$\boldsymbol{P}(s)=D(s)=(s^2+s+1)(s+3),\quad \boldsymbol{Q}(s)=1$$

$$\boldsymbol{R}(s)=\boldsymbol{N}(s)=\begin{bmatrix}(2s+1)(s+3)\\ (s^2+s+1)\end{bmatrix},\quad \boldsymbol{W}(s)=\begin{bmatrix}0\\ 0\end{bmatrix}$$

不可简约 PMD 的表达式则为

$$[(s^2+s+1)(s+3)]\hat{\zeta}(s)=[1]\hat{\boldsymbol{u}}(s)$$

$$\hat{\boldsymbol{y}}(s)=\begin{bmatrix}(2s+1)(s+3)\\(s^2+s+1)\end{bmatrix}\hat{\zeta}(s)+\begin{bmatrix}0\\0\end{bmatrix}\hat{\boldsymbol{u}}(s)$$

（ii）将给定真 $\boldsymbol{G}(s)$ 严真化，有

$$\boldsymbol{G}(s)=\begin{bmatrix}\dfrac{s^2+s}{s^2+1} & \dfrac{s+1}{s+2}\\ 0 & \dfrac{(s+2)(s+1)}{s^2+2s+2}\end{bmatrix}=\begin{bmatrix}1&1\\0&1\end{bmatrix}+\begin{bmatrix}\dfrac{s-1}{s^2+1} & -\dfrac{1}{s+2}\\ 0 & \dfrac{s}{s^2+2s+2}\end{bmatrix}=\boldsymbol{W}(s)+\bar{\boldsymbol{G}}(s)$$

再表严真 $\bar{\boldsymbol{G}}(s)$ 为左 MFD，有

$$\bar{\boldsymbol{G}}(s)=\begin{bmatrix}\dfrac{s-1}{s^2+1} & -\dfrac{1}{s+2}\\ 0 & \dfrac{s}{s^2+2s+2}\end{bmatrix}=\begin{bmatrix}(s^2+1)(s+2) & 0\\ 0 & (s^2+2s+2)\end{bmatrix}^{-1}$$

$$\times\begin{bmatrix}(s-1)(s+2) & -(s^2+1)\\ 0 & s\end{bmatrix}=\bar{\boldsymbol{D}}_{\mathrm{L}}^{-1}(s)\ \bar{\boldsymbol{N}}_{\mathrm{L}}(s)$$

考虑到 $\dim\bar{\boldsymbol{D}}_{\mathrm{L}}(s)=2$，且对 $\forall s=-2,0,1,\pm\mathrm{j},-1\pm\mathrm{j}$，经计算有

$$\operatorname{rank}[\bar{\boldsymbol{D}}_{\mathrm{L}}(s)\quad \bar{\boldsymbol{N}}_{\mathrm{L}}(s)]$$
$$=\operatorname{rank}\begin{bmatrix}(s^2+1)(s+2) & 0 & (s-1)(s+2) & -(s^2+1)\\ 0 & (s^2+2s+2) & 0 & s\end{bmatrix}=2$$

即 $\forall s\in C$ 有

$$\operatorname{rank}[\bar{\boldsymbol{D}}_{\mathrm{L}}(s)\quad \bar{\boldsymbol{N}}_{\mathrm{L}}(s)]$$
$$=\operatorname{rank}\begin{bmatrix}(s^2+1)(s+2) & 0 & (s-1)(s+2) & -(s^2+1)\\ 0 & (s^2+2s+2) & 0 & s\end{bmatrix}=2$$

表明 $\bar{\boldsymbol{D}}_{\mathrm{L}}^{-1}(s)\ \bar{\boldsymbol{N}}_{\mathrm{L}}(s)$ 为不可简约。基此，并据“MFD 的 PMD 不可简约，当且仅当 MFD 不可简约”准则，先行导出不可简约严真 $\bar{\boldsymbol{D}}_{\mathrm{L}}^{-1}(s)\ \bar{\boldsymbol{N}}_{\mathrm{L}}(s)$ 的不可简约 PMD $\{\boldsymbol{P}(s),\boldsymbol{Q}(s),\boldsymbol{R}(s)\}$，那么给定真 $\boldsymbol{G}(s)$ 的一个不可简约 PMD$\{\boldsymbol{P}(s),\boldsymbol{Q}(s),\boldsymbol{R}(s),\boldsymbol{W}(s)\}$为

$$\boldsymbol{P}(s)=\bar{\boldsymbol{D}}_{\mathrm{L}}(s)=\begin{bmatrix}(s^2+1)(s+2) & 0\\ 0 & (s^2+2s+2)\end{bmatrix},\quad \boldsymbol{R}(s)=\boldsymbol{I}$$

$$\boldsymbol{Q}(s)=\bar{\boldsymbol{N}}_{\mathrm{L}}(s)=\begin{bmatrix}(s-1)(s+2) & -(s^2+1)\\ 0 & s\end{bmatrix},\quad \boldsymbol{W}(s)=\begin{bmatrix}1&1\\0&1\end{bmatrix}$$

不可简约 PMD 的表达式则为

$$\begin{bmatrix}(s^2+1)(s+2) & 0\\ 0 & (s^2+2s+2)\end{bmatrix}\hat{\boldsymbol{\zeta}}(s)=\begin{bmatrix}(s-1)(s+2) & -(s^2+1)\\ 0 & s\end{bmatrix}\hat{\boldsymbol{u}}(s)$$

$$\hat{\boldsymbol{y}}(s)=\begin{bmatrix}1 & 0\\ 0 & 1\end{bmatrix}\hat{\boldsymbol{\zeta}}(s)+\begin{bmatrix}1 & 1\\ 0 & 1\end{bmatrix}\hat{\boldsymbol{u}}(s)$$

题 11.5 给定线性时不变系统的状态空间描述为

$$\dot{\boldsymbol{x}}=\boldsymbol{A}\boldsymbol{x}+\boldsymbol{B}\boldsymbol{u}$$
$$\boldsymbol{y}=\boldsymbol{C}\boldsymbol{x}+\boldsymbol{E}\boldsymbol{u}$$

且其为完全能控和完全能观测。试证明：若取

$$\boldsymbol{P}(s)=(s\boldsymbol{I}-\boldsymbol{A}),\quad \boldsymbol{Q}(s)=\boldsymbol{B},\quad \boldsymbol{R}(s)=\boldsymbol{C},\quad \boldsymbol{W}(s)=\boldsymbol{E}$$

则所导出的 PMD 为不可简约。

解 本题属于推证“完全能控和完全能观测状态空间描述导出的 PMD 为不可简约”的证明题，意在训练运用已有结果导出待证结论的演绎推证能力。

对给定能控和能观测状态空间描述，设 $\dim \boldsymbol{A}=n$，基于题中给定的 PMD，由能控性 PBH 秩判据，并运用左互质性属性，有

$$\{\boldsymbol{A},\boldsymbol{B}\}\text{完全能控}\Rightarrow \operatorname{rank}[s\boldsymbol{I}-\boldsymbol{A}\ \boldsymbol{B}]=n,\ \forall s\in C$$
$$\Rightarrow \{s\boldsymbol{I}-\boldsymbol{A},\boldsymbol{B}\}\text{左互质}\Rightarrow \{\boldsymbol{P}(s),\boldsymbol{Q}(s)\}\text{左互质}$$

再由能观测性 PBH 秩判据，并运用右互质性属性，有

$$\{\boldsymbol{A},\boldsymbol{C}\}\text{完全能观测}\Rightarrow \operatorname{rank}\begin{bmatrix}s\boldsymbol{I}-\boldsymbol{A}\\ \boldsymbol{C}\end{bmatrix}=n,\quad \forall s\in C$$
$$\Rightarrow \{s\boldsymbol{I}-\boldsymbol{A},\boldsymbol{C}\}\text{右互质}\Rightarrow \{\boldsymbol{P}(s),\boldsymbol{R}(s)\}\text{右互质}$$

综合上述结果可知，对完全能控和完全能观测的状态空间描述$\{\boldsymbol{A},\boldsymbol{B},\boldsymbol{C},\boldsymbol{E}\}$，并基于题中给出的 PMD $\{\boldsymbol{P}(s),\boldsymbol{Q}(s),\boldsymbol{R}(s),\boldsymbol{W}(s)\}$，就即证得

$$\{\boldsymbol{A},\boldsymbol{B}\}\text{完全能控，}\{\boldsymbol{A},\boldsymbol{C}\}\text{完全能观测}$$
$$\Rightarrow \{\boldsymbol{P}(s),\boldsymbol{Q}(s)\}\text{左互质，}\{\boldsymbol{P}(s),\boldsymbol{R}(s)\}\text{右互质}$$
$$\Rightarrow \{\boldsymbol{P}(s),\boldsymbol{Q}(s),\boldsymbol{R}(s),\boldsymbol{W}(s)\}\text{不可简约}$$

题 11.6 给定线性时不变系统的 PMD 为

$$\begin{bmatrix}s^2+2s+1 & 2\\ 0 & s+1\end{bmatrix}\hat{\zeta}(s)=\begin{bmatrix}s+2\\ s+1\end{bmatrix}\hat{u}(s)$$

$$\hat{y}(s)=\begin{bmatrix}s+1 & 2\end{bmatrix}\hat{\zeta}(s)+2\hat{u}(s)$$

试：(i) 计算系统的传递函数 $g(s)$；(ii) 定出系统的一个最小实现。

解 本题属于由 PMD 确定传递函数和最小实现的基本题。

(i) 确定传递函数 $g(s)$。由给定 PMD，并运用 PMD 和传递函数关系式，即可导出

$$g(s)=\boldsymbol{R}(s)\boldsymbol{P}^{-1}(s)\boldsymbol{Q}(s)+\boldsymbol{W}(s)=\begin{bmatrix}s+1 & 2\end{bmatrix}\begin{bmatrix}s^2+2s+1 & 2\\ 0 & s+1\end{bmatrix}^{-1}\begin{bmatrix}s+2\\ s+1\end{bmatrix}+2$$

$$=\begin{bmatrix}s+1 & 2\end{bmatrix}\begin{bmatrix}\dfrac{1}{s^2+2s+1} & \dfrac{-2}{(s+1)(s^2+2s+1)}\\ 0 & \dfrac{1}{s+1}\end{bmatrix}\begin{bmatrix}s+2\\ s+1\end{bmatrix}+2$$

$$=\frac{3s+2}{s+1}+2=\frac{5s+4}{s+1}$$

（ii）确定最小实现。可由 $g(s)$ 导出最小实现，将真 $g(s)$ 先行严真化，有

$$g(s)=\frac{5s+4}{s+1}=5+\frac{-1}{s+1}=e+\frac{b_0}{s+\alpha_0}$$

再导出严真部分“$-1/(s+1)$”的能控形实现（$\boldsymbol{A}=-\alpha_0=-1$，$\boldsymbol{b}=1$，$\boldsymbol{c}=b_0=-1$），就可导出 PMD 的一个实现为

$$(\boldsymbol{A}=-1,\ \boldsymbol{b}=1,\ \boldsymbol{c}=-1,\ e=5)\ \text{即}\ \dot{x}=-x+u,\quad y=-x+2u$$

易知，这同时也是 PMD 的一个最小实现。

题 11.7　给定线性时不变系统的 PMD 为

$$\begin{bmatrix}s^2+2s+1 & 3\\ 0 & s+1\end{bmatrix}\hat{\boldsymbol{\zeta}}(s)=\begin{bmatrix}s+2 & s\\ 0 & s+1\end{bmatrix}\hat{\boldsymbol{u}}(s)$$

$$\hat{\boldsymbol{y}}(s)=\begin{bmatrix}s+1 & 2\\ 0 & s\end{bmatrix}\hat{\boldsymbol{\zeta}}(s)$$

试：（i）计算系统的传递函数矩阵 $\boldsymbol{G}(s)$；（ii）定出 PMD 的一个最小实现。

解　本题属于由 PMD 确定传递函数矩阵和最小实现的基本题。

（i）确定传递函数矩阵 $\boldsymbol{G}(s)$。由给定双输入双输出 PMD 且 $\boldsymbol{W}(s)=\boldsymbol{0}$，并运用 PMD 和传递函数关系式，即可导出 2×2 传递函数矩阵 $\boldsymbol{G}(s)$ 为

$$\boldsymbol{G}(s)=\boldsymbol{R}(s)\boldsymbol{P}^{-1}(s)\boldsymbol{Q}(s)+\boldsymbol{W}(s)=\begin{bmatrix}s+1 & 2\\ 0 & s\end{bmatrix}\begin{bmatrix}s^2+2s+1 & 3\\ 0 & s+1\end{bmatrix}^{-1}\begin{bmatrix}s+2 & s\\ 0 & s+1\end{bmatrix}$$

$$=\begin{bmatrix}s+1 & 2\\ 0 & s\end{bmatrix}\begin{bmatrix}\dfrac{1}{s^2+2s+1} & \dfrac{-3}{(s+1)(s^2+2s+1)}\\ 0 & \dfrac{1}{s+1}\end{bmatrix}\begin{bmatrix}s+2 & s\\ 0 & s+1\end{bmatrix}=\begin{bmatrix}\dfrac{s+2}{s+1} & \dfrac{3s-1}{s+1}\\ 0 & s\end{bmatrix}$$

$$=\begin{bmatrix}1 & 3\\ 0 & s\end{bmatrix}+\begin{bmatrix}\dfrac{1}{s+1} & \dfrac{-4}{s+1}\\ 0 & 0\end{bmatrix}=\boldsymbol{E}(s)+\bar{\boldsymbol{G}}(s),\quad \bar{\boldsymbol{G}}(s)\ \text{为严真}$$

（ii）确定最小实现。对导出的 2×2 非严真 $\boldsymbol{G}(s)=\boldsymbol{E}(s)+\bar{\boldsymbol{G}}(s)$，表 2×2 严真 $\bar{\boldsymbol{G}}(s)$ 为

$$\bar{G}(s)=\begin{bmatrix}\dfrac{1}{s+1} & \dfrac{-4}{s+1}\\ 0 & 0\end{bmatrix}=\begin{bmatrix}\bar{G}_1(s)\\ \bar{G}_2(s)\end{bmatrix},\quad \bar{G}_1(s)=\begin{bmatrix}\dfrac{1}{s+1} & \dfrac{-4}{s+1}\end{bmatrix},\quad \bar{G}_2(s)=[0\quad 0]$$

① 对1×2严真$\bar{G}_1(s)=\begin{bmatrix}\dfrac{1}{s+1} & \dfrac{-4}{s+1}\end{bmatrix}$，导出其左 MFD

$$\bar{G}_1(s)=\bar{D}_1^{-1}(s)\ \bar{N}_1(s)=[s+1]^{-1}[1\quad -4]$$

并由“$\text{rank}[\bar{D}_1(s)\quad \bar{N}_1(s)]=\text{rank}[s+1\quad 1\quad -4]=1$，$\forall$ 所有 s”，可知$\{\bar{D}_1(s),\bar{N}_1(s)\}$左互质，即$\bar{D}_1^{-1}(s)\ \bar{N}_1(s)$不可简约。注意到$\bar{D}_1(s)$只有一个列次数$\bar{k}_{c1}=1$，则由$\bar{D}_1(s)$和$\bar{N}_1(s)$的列次表达式：

$$\bar{D}_1(s)=[s+1]=[1][s]+[1][1],\quad \bar{N}_1(s)=[1\quad -4]=[1\quad -4][1]$$

可定出各个系数矩阵为

$$\bar{D}_{1hc}=[1],\quad \bar{D}_{1hc}^{-1}=[1],\quad \bar{D}_{1Lc}=[1],\quad \bar{N}_{1Lc}=[1\quad -4],\quad \bar{D}_{1Lc}\ \bar{D}_{1hc}^{-1}=[1]\,[1]=[1]$$

于是，由输出维数$q=1$，$\bar{D}_1(s)$列次数$\bar{k}_{c1}=1$，并运用“不可简约严真左 MFD 和观测器形最小实现的系数矩阵间关系”，可以导出$\bar{G}_1(s)=\bar{D}_1^{-1}(s)\ \bar{N}_1(s)$的观测器形最小实现$\{\bar{A}_1,\bar{B}_1,\bar{C}_1\}$为

$\bar{A}_1=\bar{k}_{c1}\times\bar{k}_{c1}$阵[*]（$\bar{A}_1$的*列$=-\bar{D}_{1Lc}\ \bar{D}_{1hc}^{-1}$的列）$=[-1]$

$\bar{B}_1=\bar{N}_{1Lc}=[1\quad -4]$，$\bar{C}_1=q\times\bar{k}_{c1}$阵[*]（$\bar{C}_1$的*列$=\bar{D}_{1hc}^{-1}$的列）$=[1]$

② 对1×2严真$\bar{G}_2(s)=[0\quad 0]$，可以直接导出其最小实现$\{\bar{A}_2,\bar{B}_2,\bar{C}_2\}$为

$$\bar{A}_2=[0],\quad \bar{B}_2=[0\quad 0],\quad \bar{C}_2=[0]$$

③ 对2×2严真$\bar{G}(s)$，由

1×2严真$\bar{G}_1(s)$的最小实现$\{\bar{A}_1,\bar{B}_1,\bar{C}_1\}$

1×2严真$\bar{G}_2(s)$的最小实现$\{\bar{A}_2,\bar{B}_2,\bar{C}_2\}$

$$\bar{G}(s)=\begin{bmatrix}\dfrac{1}{s+1} & \dfrac{-4}{s+1}\\ 0 & 0\end{bmatrix}=\begin{bmatrix}\bar{G}_1(s)\\ \bar{G}_2(s)\end{bmatrix}$$

可以定出其最小实现$\{\bar{A},\bar{B},\bar{C}\}$为

$$\bar{A}=\begin{bmatrix}\bar{A}_1 & 0\\ 0 & \bar{A}_2\end{bmatrix}=\begin{bmatrix}-1 & 0\\ 0 & 0\end{bmatrix},\quad \bar{B}=\begin{bmatrix}\bar{B}_1\\ \bar{B}_2\end{bmatrix}=\begin{bmatrix}1 & -4\\ 0 & 0\end{bmatrix},\quad \bar{C}=\begin{bmatrix}\bar{C}_1 & 0\\ 0 & \bar{C}_2\end{bmatrix}=\begin{bmatrix}1 & 0\\ 0 & 0\end{bmatrix}$$

④ 综合上述结果，就可导出“2×2非严真$G(s)$”即“给定 PMD”的一个最小实现$\{A,B,C,E(p)\}$为

$$A=\bar{A}=\begin{bmatrix}-1 & 0\\ 0 & 0\end{bmatrix},\quad B=\bar{B}=\begin{bmatrix}1 & -4\\ 0 & 0\end{bmatrix},\quad C=\bar{C}=\begin{bmatrix}1 & 0\\ 0 & 0\end{bmatrix},\quad E(p)=\begin{bmatrix}1 & 3\\ 0 & p\end{bmatrix}$$

其中，$p=\mathrm{d}/\mathrm{d}t$ 为微分算子。

题 11.8　给定线性时不变系统的不可简约 PMD 为$\{\boldsymbol{P}(s),\boldsymbol{Q}(s),\boldsymbol{R}(s),\boldsymbol{W}(s)\}$，试证明：

$$\text{矩阵}\begin{bmatrix}\boldsymbol{P}^2(s) & \boldsymbol{P}(s)\boldsymbol{Q}(s)\\ -\boldsymbol{R}(s)\boldsymbol{P}(s) & -\boldsymbol{R}(s)\boldsymbol{Q}(s)\end{bmatrix}\text{的史密斯形为}\begin{bmatrix}\boldsymbol{I} & \boldsymbol{0}\\ \boldsymbol{0} & \boldsymbol{0}\end{bmatrix}$$

解　本题属于对不可简约 PMD 的一个属性的证明题，意在训练运用已有结果导出待证结论的演绎推证能力。

由定义知，$\{\boldsymbol{P}(s),\boldsymbol{Q}(s),\boldsymbol{R}(s),\boldsymbol{W}(s)\}$不可简约意味着，$\{\boldsymbol{P}(s),\boldsymbol{Q}(s)\}$为左互质和$\{\boldsymbol{P}(s),\boldsymbol{R}(s)\}$为右互质。再由左互质$\{\boldsymbol{P}(s),\boldsymbol{Q}(s)\}$的 gcld 和右互质$\{\boldsymbol{P}(s),\boldsymbol{R}(s)\}$的 gcrd 的构造定理，可知存在维数相容的单模阵$\boldsymbol{V}(s)$和$\boldsymbol{U}(s)$使成立

$$[\boldsymbol{P}(s)\ \ \boldsymbol{Q}(s)]\boldsymbol{V}(s)=[\boldsymbol{H}_{\mathrm{L}}(s)\ \ \boldsymbol{0}],\quad \text{gcld}\,\boldsymbol{H}_{\mathrm{L}}(s)\text{ 为单模阵}$$

$$\boldsymbol{U}(s)\begin{bmatrix}\boldsymbol{P}(s)\\ -\boldsymbol{R}(s)\end{bmatrix}=\begin{bmatrix}\boldsymbol{H}(s)\\ \boldsymbol{0}\end{bmatrix},\quad \text{gcrd}\,\boldsymbol{H}(s)\text{ 为单模阵}$$

进而，据单模阵属性知，$\boldsymbol{H}^{-1}(s)$ 和 $\boldsymbol{H}_{\mathrm{L}}^{-1}(s)$ 也为单模阵。基此，构造单模阵

$$\begin{bmatrix}\boldsymbol{H}^{-1}(s) & \boldsymbol{0}\\ \boldsymbol{0} & \boldsymbol{I}\end{bmatrix}\boldsymbol{U}(s)\quad\text{和}\quad \boldsymbol{V}(s)\begin{bmatrix}\boldsymbol{H}_{\mathrm{L}}^{-1}(s) & \boldsymbol{0}\\ \boldsymbol{0} & \boldsymbol{I}\end{bmatrix}$$

分别左乘和右乘给出的$\{\boldsymbol{P}(s),\boldsymbol{Q}(s),\boldsymbol{R}(s),\boldsymbol{W}(s)\}$属性矩阵，就可导出

$$\begin{aligned}&\begin{bmatrix}\boldsymbol{H}^{-1}(s) & \boldsymbol{0}\\ \boldsymbol{0} & \boldsymbol{I}\end{bmatrix}\boldsymbol{U}(s)\begin{bmatrix}\boldsymbol{P}^2(s) & \boldsymbol{P}(s)\boldsymbol{Q}(s)\\ -\boldsymbol{R}(s)\boldsymbol{P}(s) & -\boldsymbol{R}(s)\boldsymbol{Q}(s)\end{bmatrix}\boldsymbol{V}(s)\begin{bmatrix}\boldsymbol{H}_{\mathrm{L}}^{-1}(s) & \boldsymbol{0}\\ \boldsymbol{0} & \boldsymbol{I}\end{bmatrix}\\
&=\begin{bmatrix}\boldsymbol{H}^{-1}(s) & \boldsymbol{0}\\ \boldsymbol{0} & \boldsymbol{I}\end{bmatrix}\boldsymbol{U}(s)\begin{bmatrix}\boldsymbol{P}(s)\\ -\boldsymbol{R}(s)\end{bmatrix}[\boldsymbol{P}(s)\ \ \boldsymbol{Q}(s)]\boldsymbol{V}(s)\begin{bmatrix}\boldsymbol{H}_{\mathrm{L}}^{-1}(s) & \boldsymbol{0}\\ \boldsymbol{0} & \boldsymbol{I}\end{bmatrix}\\
&=\begin{bmatrix}\boldsymbol{H}^{-1}(s) & \boldsymbol{0}\\ \boldsymbol{0} & \boldsymbol{I}\end{bmatrix}\begin{bmatrix}\boldsymbol{H}(s)\\ \boldsymbol{0}\end{bmatrix}[\boldsymbol{H}_{\mathrm{L}}(s)\ \ \boldsymbol{0}]\begin{bmatrix}\boldsymbol{H}_{\mathrm{L}}^{-1}(s) & \boldsymbol{0}\\ \boldsymbol{0} & \boldsymbol{I}\end{bmatrix}\\
&=\begin{bmatrix}\boldsymbol{I}\\ \boldsymbol{0}\end{bmatrix}[\boldsymbol{I}\ \ \boldsymbol{0}]=\begin{bmatrix}\boldsymbol{I} & \boldsymbol{0}\\ \boldsymbol{0} & \boldsymbol{0}\end{bmatrix}\end{aligned}$$

且知，单模变换导出的结果矩阵满足史密斯形要求的“首一性”和“整除性”，从而证得

$$\text{矩阵}\begin{bmatrix}\boldsymbol{P}^2(s) & \boldsymbol{P}(s)\boldsymbol{Q}(s)\\ -\boldsymbol{R}(s)\boldsymbol{P}(s) & -\boldsymbol{R}(s)\boldsymbol{Q}(s)\end{bmatrix}\text{的史密斯形为}\begin{bmatrix}\boldsymbol{I} & \boldsymbol{0}\\ \boldsymbol{0} & \boldsymbol{0}\end{bmatrix}$$

题 11.9　给定基于 PMD 的传递函数矩阵$\boldsymbol{G}(s)=\boldsymbol{R}(s)\boldsymbol{P}^{-1}(s)\boldsymbol{Q}(s)+\boldsymbol{W}(s)$，设其为 $q\times q$ 有理分式矩阵，且 $\det\boldsymbol{W}(s)\neq 0$。试证明：$\boldsymbol{G}(s)$为可逆，当且仅当

$$\det[\boldsymbol{P}(s)+\boldsymbol{Q}(s)\boldsymbol{W}^{-1}(s)\boldsymbol{R}(s)]\neq 0$$

解　本题属于对基于 PMD 的方传递函数矩阵为可逆的条件的证明题，意在训练运用已有结果导出待证结论的演绎推证能力。

表 PMD$\{P(s),Q(s),R(s),W(s)\}$的系统矩阵为

$$S(s)=\begin{bmatrix}P(s) & Q(s)\\ -R(s) & W(s)\end{bmatrix}$$

由已知$P^{-1}(s)$存在和$\det W(s)\neq 0$，可将系统矩阵$S(s)$进而表为

$$S(s)=\begin{bmatrix}P(s) & Q(s)\\ -R(s) & W(s)\end{bmatrix}=\begin{bmatrix}I & 0\\ -R(s)P^{-1}(s) & I\end{bmatrix}\begin{bmatrix}P(s) & Q(s)\\ 0 & R(s)P^{-1}(s)Q(s)+W(s)\end{bmatrix}$$

$$=\begin{bmatrix}I & Q(s)W^{-1}(s)\\ 0 & I\end{bmatrix}\begin{bmatrix}P(s)+Q(s)W^{-1}(s)R(s) & 0\\ -R(s) & W(s)\end{bmatrix}$$

再由$G(s)$为$q\times q$有理分式矩阵知$S(s)$为方阵，并注意到

$$\det\begin{bmatrix}I & 0\\ -R(s)P^{-1}(s) & I\end{bmatrix}=1,\ \det\begin{bmatrix}I & Q(s)W^{-1}(s)\\ 0 & I\end{bmatrix}=1$$

$$G(s)=R(s)\ P^{-1}(s)\ Q(s)+W(s),\quad G(s)\text{可逆}$$

可以导出

$$\det S(s)=\det\begin{bmatrix}P(s) & Q(s)\\ 0 & R(s)P^{-1}(s)Q(s)+W(s)\end{bmatrix}$$

$$=\det P(s)\det[\,R(s)\ P^{-1}(s)\ Q(s)+W(s)\,]=\det P(s)\det G(s)$$

$$\det S(s)=\det\begin{bmatrix}P(s)+Q(s)W^{-1}(s)R(s) & 0\\ -R(s) & W(s)\end{bmatrix}$$

$$=\det[\,P(s)+Q(s)W^{-1}(s)R(s)\,]\det W(s)$$

由上式为相等，还可导出

$$\det G(s)=\{\det W(s)/\det P(s)\}\det[\,P(s)+Q(s)W^{-1}(s)R(s)\,]$$

从而，在“$\det W(s)\neq 0$和$\det P(s)\neq 0$”条件下，证得

$$G(s)\text{可逆}\ \Leftrightarrow\ \det G(s)\neq 0\ \Leftrightarrow\ \det[\,P(s)+Q(s)W^{-1}(s)R(s)\,]\neq 0$$

题 11.10 给定基于 PMD 的传递函数矩阵$G(s)=R(s)\ P^{-1}(s)\ Q(s)+W(s)$，设其为$q\times q$有理分式矩阵，其中$\det W(s)\neq 0$。现知$G(s)$为可逆，且表

$$G^{-1}(s)=\tilde{R}(s)\ \tilde{P}^{-1}(s)\ \tilde{Q}(s)+\tilde{W}(s)$$

其中

$$\tilde{W}(s)=W^{-1}(s),\quad \tilde{Q}(s)=Q(s)\ W^{-1}(s),\quad \tilde{R}(s)=-W^{-1}(s)\ R(s)$$

$$\tilde{P}(s)=P(s)+Q(s)\ W^{-1}(s)\ R(s)$$

试证明：$\{\tilde{P}(s),\ \tilde{Q}(s),\ \tilde{R}(s),\ \tilde{W}(s)\}$为不可简约，当且仅当$\{P(s),\ Q(s),\ R(s),\ W(s)\}$为不可简约。

解 本题属于对基于PMD的传递函数矩阵的逆所导出的PMD为不可简约的条件的证明题，意在训练运用已有结果导出待证结论的演绎推证能力。

题中隐含 $\tilde{W}(s)$ 和 $W(s)$ 均为多项式矩阵。由 $\tilde{W}(s)=W^{-1}(s)$，并据单模阵定义，可知 $W^{-1}(s)$ 为多项式矩阵即 $W^{-1}(s)$ 为单模阵。进而，由给定 $\{\tilde{P}(s),\tilde{Q}(s),\tilde{R}(s),\tilde{W}(s)\}$ 和 $\{P(s),Q(s),R(s),W(s)\}$ 间关系式，可以导出

$$[\tilde{P}(s)\quad \tilde{Q}(s)]=[P(s)+Q(s)W^{-1}(s)R(s)\quad Q(s)W^{-1}(s)]$$

$$=[P(s)\quad Q(s)]\begin{bmatrix} I & 0 \\ W^{-1}(s)R(s) & W^{-1}(s) \end{bmatrix}$$

$$\begin{bmatrix} \tilde{P}(s) \\ \tilde{R}(s) \end{bmatrix}=\begin{bmatrix} P(s)+Q(s)W^{-1}(s)R(s) \\ -W^{-1}(s)R(s) \end{bmatrix}=\begin{bmatrix} I & Q(s)W^{-1}(s) \\ 0 & -W^{-1}(s) \end{bmatrix}\begin{bmatrix} P(s) \\ R(s) \end{bmatrix}$$

其中，由 $W^{-1}(s)$ 为单模阵知

$$\begin{bmatrix} I & 0 \\ W^{-1}(s)R(s) & W^{-1}(s) \end{bmatrix} \text{ 和 } \begin{bmatrix} I & Q(s)W^{-1}(s) \\ 0 & -W^{-1}(s) \end{bmatrix} \text{为单模阵}$$

再据单模变换不改变多项式矩阵的秩的属性，有

$$\text{rank}[\tilde{P}(s)\quad \tilde{Q}(s)]=\text{rank}[P(s)\quad Q(s)],\quad \text{rank}\begin{bmatrix} \tilde{P}(s) \\ \tilde{R}(s) \end{bmatrix}=\text{rank}\begin{bmatrix} P(s) \\ R(s) \end{bmatrix}$$

即

“$\{\tilde{P}(s),\tilde{Q}(s)\}$左互质”当且仅当“$\{P(s),Q(s)\}$左互质”

“$\{\tilde{P}(s),\tilde{R}(s)\}$右互质”当且仅当“$\{P(s),R(s)\}$右互质”

从而证得，“$\{\tilde{P}(s),\tilde{Q}(s),\tilde{R}(s),\tilde{W}(s)\}$不可简约”当且仅当“$\{P(s),Q(s),R(s),W(s)\}$不可简约”。证明完成。

题 11.11 定出下列线性时不变系统 PMD 的极点和传输零点：

$$\begin{bmatrix} s^2+2s+1 & 2 \\ 0 & s+1 \end{bmatrix}\hat{\zeta}(s)=\begin{bmatrix} s+2 & s \\ 1 & s+3 \end{bmatrix}\hat{u}(s)$$

$$\hat{y}(s)=\begin{bmatrix} s+1 & 1 \\ 2 & s \end{bmatrix}\hat{\zeta}(s)$$

解 本题属于计算 PMD 的极点和传输零点的基本题。

对不可简约 $\{P(s),\ Q(s),\ R(s),\ W(s)\}$，据定义知

“PMD 的极点”=“$\det P(s)=0$ 的根”

$$\text{“PMD 的传输零点”}=\text{“使}\begin{bmatrix} P(s) & Q(s) \\ -R(s) & W(s) \end{bmatrix}\text{降秩 } s \text{ 值”}$$

对题中给出的 PMD，$\dim P(s)=2$，容易验证

$$\text{rank}[P(s)\quad Q(s)]=\text{rank}\begin{bmatrix} s^2+2s+1 & 2 & s+2 & s \\ 0 & s+1 & 1 & s+3 \end{bmatrix}=2,\quad \forall s\in C$$

$$\operatorname{rank}\begin{bmatrix} \boldsymbol{P}(s) \\ -\boldsymbol{R}(s) \end{bmatrix} = \operatorname{rank}\begin{bmatrix} s^2+2s+1 & 2 \\ 0 & s+1 \\ -(s+1) & -1 \\ -2 & -s \end{bmatrix} = 2，\quad \forall s \in C$$

据互质性秩判据，$\{\boldsymbol{P}(s), \boldsymbol{Q}(s)\}$左互质，$\{\boldsymbol{P}(s), \boldsymbol{R}(s)\}$右互质，即$\{\boldsymbol{P}(s), \boldsymbol{Q}(s), \boldsymbol{R}(s), \boldsymbol{W}(s)\}$为不可简约。基此，由求解

$$\det \boldsymbol{P}(s) = \det\begin{bmatrix} s^2+2s+1 & 2 \\ 0 & s+1 \end{bmatrix} = (s^2+2s+1)(s+1) = (s+1)^3 = 0$$

可以定出

PMD 的极点$=-1$（三重）

再因 PMD 的系统矩阵为方阵，并注意到$\boldsymbol{W}(s)=\boldsymbol{0}$，$\boldsymbol{R}(s)$和$\boldsymbol{Q}(s)$为方多项式矩阵，则利用求解分块矩阵行列式的公式，由

$$\begin{aligned}
\det\begin{bmatrix} \boldsymbol{P}(s) & \boldsymbol{Q}(s) \\ -\boldsymbol{R}(s) & \boldsymbol{W}(s) \end{bmatrix} &= \det \boldsymbol{P}(s) \det[\boldsymbol{W}(s) + \boldsymbol{R}(s)\boldsymbol{P}^{-1}(s)\boldsymbol{Q}(s)] \\
&= \det \boldsymbol{P}(s) \det \boldsymbol{R}(s)\boldsymbol{P}^{-1}(s)\boldsymbol{Q}(s) = \det \boldsymbol{P}(s) \det \boldsymbol{P}^{-1}(s) \det \boldsymbol{R}(s) \det \boldsymbol{Q}(s) \\
&= \det \boldsymbol{R}(s) \det \boldsymbol{Q}(s) = \det\begin{bmatrix} s+1 & 1 \\ 2 & s \end{bmatrix} \det\begin{bmatrix} s+2 & s \\ 1 & s+3 \end{bmatrix} \\
&= (s^2+s-2)(s^2+4s+6) = (s+2)(s-1)(s^2+4s+6) = 0
\end{aligned}$$

可以定出

PMD 的传输零点$=-2，1，-2 \pm \mathrm{j}\sqrt{2}$

题 11.12 定出下列线性时不变系统 PMD 的输入解耦零点和输出解耦零点：

$$\begin{bmatrix} s^2+2s+1 & 3 \\ 0 & s+1 \end{bmatrix} \hat{\boldsymbol{\zeta}}(s) = \begin{bmatrix} s+2 & s \\ 0 & s+1 \end{bmatrix} \hat{\boldsymbol{u}}(s)$$

$$\hat{\boldsymbol{y}}(s) = \begin{bmatrix} s+1 & 2 \\ 0 & s \end{bmatrix} \hat{\boldsymbol{\zeta}}(s)$$

解 本题属于计算 PMD 的输入解耦零点和输出解耦零点的基本题。

① 判断给定 PMD 的可简约性。考虑到$\dim \boldsymbol{P}(s)=2$，则由

$$\operatorname{rank}[\boldsymbol{P}(s)\ \boldsymbol{Q}(s)]_{s=-1} = \operatorname{rank}\begin{bmatrix} s^2+2s+1 & 3 & s+2 & s \\ 0 & s+1 & 0 & s+1 \end{bmatrix}_{s=-1} = \operatorname{rank}\begin{bmatrix} 0 & 3 & 1 & -1 \\ 0 & 0 & 0 & 0 \end{bmatrix} = 1<2$$

$$\operatorname{rank}\begin{bmatrix} \boldsymbol{P}(s) \\ \boldsymbol{R}(s) \end{bmatrix}_{s=-1} = \operatorname{rank}\begin{bmatrix} s^2+2s+1 & 3 \\ 0 & s+1 \\ s+1 & 2 \\ 0 & s \end{bmatrix}_{s=-1} = \operatorname{rank}\begin{bmatrix} 0 & 3 \\ 0 & 0 \\ 0 & 2 \\ 0 & -1 \end{bmatrix} = 1<2$$

并据互质性秩判据，可知 PMD 可简约，且 $\{\boldsymbol{P}(s),\boldsymbol{Q}(s)\}$ 非左互质，$\{\boldsymbol{P}(s),\boldsymbol{R}(s)\}$ 非右互质。

② 确定给定 PMD 的输入解耦零点。先行引入确定 $\{\boldsymbol{P}(s),\boldsymbol{Q}(s)\}$ 的 gcld 的列初等运算：

$$[\boldsymbol{P}(s)\quad \boldsymbol{Q}(s)]=\begin{bmatrix} s^2+2s+1 & 3 & s+2 & s \\ 0 & s+1 & 0 & s+1 \end{bmatrix}\text{“列 4×(−1)” 加于列 2}\rightarrow$$

$$\begin{bmatrix} s^2+2s+1 & -s+3 & s+2 & s \\ 0 & 0 & 0 & s+1 \end{bmatrix}\text{“列 3×(1)” 加于列 2，列 2×(1/5)}\rightarrow$$

$$\begin{bmatrix} s^2+2s+1 & 1 & s+2 & s \\ 0 & 0 & 0 & s+1 \end{bmatrix}\text{“列 2×[−(s+2)]” 加于列 3，}$$

$$\text{“列 2×[−(}s^2+2s+1\text{)]” 加于列 1}\rightarrow$$

$$\begin{bmatrix} 0 & 1 & 0 & s \\ 0 & 0 & 0 & s+1 \end{bmatrix}\text{“列 2 与列 1 交换，列 4 与列 2 交换}\rightarrow\begin{bmatrix} 1 & s & 0 & 0 \\ 0 & s+1 & 0 & 0 \end{bmatrix}$$

基此，导出 $\{\boldsymbol{P}(s),\boldsymbol{Q}(s)\}$ 的一个 gcld 及其逆为

$$\boldsymbol{H}_{\mathrm{L}}(s)=\begin{bmatrix} 1 & s \\ 0 & s+1 \end{bmatrix},\quad \boldsymbol{H}_{\mathrm{L}}^{-1}(s)=\begin{bmatrix} 1 & -s/(s+1) \\ 0 & 1/(s+1) \end{bmatrix}$$

从而，由此并据输入解耦零点的定义，定出

$$\text{PMD 的输入解耦零点= “}\det \boldsymbol{H}_{\mathrm{L}}(s)=0\text{ 根”}$$

$$=\text{“}\det\begin{bmatrix} 1 & s \\ 0 & s+1 \end{bmatrix}=0\text{ 根”}=\text{“}s+1=0\text{ 根”}=-1$$

③ 确定给定 PMD 的输出解耦零点。先行导出

$$\bar{\boldsymbol{P}}(s)=\boldsymbol{H}_{\mathrm{L}}^{-1}(s)\ \boldsymbol{P}(s)=\begin{bmatrix} 1 & -s/(s+1) \\ 0 & 1/(s+1) \end{bmatrix}\begin{bmatrix} s^2+2s+1 & 3 \\ 0 & s+1 \end{bmatrix}=\begin{bmatrix} s^2+2s+1 & -(s-3) \\ 0 & 1 \end{bmatrix}$$

并引入确定 $\{\bar{\boldsymbol{P}}(s),\boldsymbol{R}(s)\}$ 的 gcrd 的行初等运算：

$$\begin{bmatrix} \bar{\boldsymbol{P}}(s) \\ \boldsymbol{R}(s) \end{bmatrix}=\begin{bmatrix} s^2+2s+1 & -(s-3) \\ 0 & 1 \\ s+1 & 2 \\ 0 & s \end{bmatrix}\text{“行 2×(−2)” 加于行 3，“行 2×[(s−3)]” 加于行 1，}$$

$$\text{“行 2×(−s)” 加于行 4}\rightarrow$$

$$\begin{bmatrix} s^2+2s+1 & 0 \\ 0 & 1 \\ s+1 & 0 \\ 0 & 0 \end{bmatrix}\text{“行 3×[−(s+1)]” 加于行 1}\rightarrow\begin{bmatrix} 0 & 0 \\ 0 & 1 \\ s+1 & 0 \\ 0 & 0 \end{bmatrix}\text{行 3 与行 1 交换}\rightarrow\begin{bmatrix} s+1 & 0 \\ 0 & 1 \\ 0 & 0 \\ 0 & 0 \end{bmatrix}$$

基此，导出 $\{\bar{\boldsymbol{P}}(s),\boldsymbol{R}(s)\}$ 的一个 gcrd 为

$$F(s)=\begin{bmatrix} s+1 & 0 \\ 0 & 1 \end{bmatrix}$$

从而，由此并据输出解耦零点的定义，定出

PMD 的输出解耦零点= “$\det F(s)=0$ 根”

$$= \text{“}\det\begin{bmatrix} s+1 & 0 \\ 0 & 1 \end{bmatrix}=0\ \text{根”} = \text{“}s+1=0\ \text{根”} = -1$$

题 11.13 判断下列两个系统矩阵 $S_1(s)$ 和 $S_2(s)$ 是否为严格系统等价：

$$S_1(s)=\left[\begin{array}{cc|c} s+1 & s^3 & 0 \\ 0 & s+1 & 1 \\ \hline -1 & 0 & 0 \end{array}\right],\ S_2(s)=\left[\begin{array}{cc|c} s+1 & -1 & -3 \\ 0 & s+1 & 1 \\ \hline -1 & 0 & 2-s \end{array}\right]$$

（提示：可通过行和列的初等运算判断。）

解 本题属于判断 PMD 是否为严格系统等价性的基本题。

对 3×3 系统矩阵 $S_1(s)$ 和 $S_2(s)$，“$S_1(s)$ 和 $S_2(s)$ 严格系统等价”当且仅当“$S_1(s)$ 可通过如下类型初等运算化为 $S_2(s)$”：①将 $S_1(s)$ 前 2 行（或列）中任意一行（或列）乘以非零常数；②将 $S_1(s)$ 前 2 行（或列）交换；③将 $S_1(s)$ 前 2 行（或列）中任意一行（或列）乘以多项式后加于整个 3 行（列）中任意一行（或列）。

基于上述原则，对给定 3×3 系统矩阵 $S_1(s)$，引入上述类型的初等变换：

$$S_1(s)=\begin{bmatrix} s+1 & s^3 & 0 \\ 0 & s+1 & 1 \\ -1 & 0 & 0 \end{bmatrix}\ \text{“行}\,2\times[-(s^2-s+1)]\text{”加于行}\,1\rightarrow$$

$$\begin{bmatrix} s+1 & -1 & -(s^2-s+1) \\ 0 & s+1 & 1 \\ -1 & 0 & 0 \end{bmatrix}\ \text{“列}\,1\times(s-2)\text{”加于列}\,3\rightarrow \begin{bmatrix} s+1 & -1 & -3 \\ 0 & s+1 & 1 \\ -1 & 0 & 2-s \end{bmatrix} = S_2(s)$$

从而证得，给定系统矩阵 $S_1(s)$ 和 $S_2(s)$ 为严格系统等价。

题 11.14 给定线性时不变受控系统的 PMD 为

$$P(s)\hat{\zeta}(s)=Q(s)\hat{u}(s)$$
$$\hat{y}(s)=R(s)\hat{\zeta}(s)+W(s)\hat{u}(s)$$

且取 $\hat{u}(s)$ 为反馈控制律 $\hat{u}(s)=\hat{v}(s)-F(s)\hat{y}(s)$ 组成闭环控制系统，$\hat{v}(s)$ 为参考输入。试证明：闭环控制系统的系统矩阵为

$$\left[\begin{array}{ccc|c} P(s) & Q(s) & 0 & 0 \\ -R(s) & W(s) & I & 0 \\ 0 & -I & F(s) & I \\ \hline 0 & 0 & -I & 0 \end{array}\right]$$

解 本题属于输出反馈闭环系统的系统矩阵表达式的证明题，意在训练运用已有结果导出待证结论的演绎推证能力。

由给定的系统 PMD 和输出反馈控制律，导出

$$\boldsymbol{P}(s)\hat{\boldsymbol{\zeta}}(s)-\boldsymbol{Q}(s)\hat{\boldsymbol{u}}(s)=\boldsymbol{0}$$

$$-\boldsymbol{R}(s)\hat{\boldsymbol{\zeta}}(s)-\boldsymbol{W}(s)\hat{\boldsymbol{u}}(s)+\hat{\boldsymbol{y}}(s)=\boldsymbol{0}$$

$$\hat{\boldsymbol{u}}(s)+\boldsymbol{F}(s)\hat{\boldsymbol{y}}(s)=\hat{\boldsymbol{v}}(s)$$

进而，对输出反馈闭环系统，取

$$\text{广义状态向量}\hat{\boldsymbol{\beta}}(s)=\begin{bmatrix}\hat{\boldsymbol{\zeta}}(s)\\-\hat{\boldsymbol{u}}(s)\\\hat{\boldsymbol{y}}(s)\end{bmatrix},\quad\text{输入向量}=\hat{\boldsymbol{v}}(s),\quad\text{输出向量}=\hat{\boldsymbol{y}}(s)$$

由此，并由上述导出的一组关系式，得到输出反馈闭环系统的 PMD 为

$$\begin{bmatrix}\boldsymbol{P}(s)&\boldsymbol{Q}(s)&\boldsymbol{0}\\-\boldsymbol{R}(s)&\boldsymbol{W}(s)&\boldsymbol{I}\\\boldsymbol{0}&-\boldsymbol{I}&\boldsymbol{F}(s)\end{bmatrix}\begin{bmatrix}\hat{\boldsymbol{\zeta}}(s)\\-\hat{\boldsymbol{u}}(s)\\\hat{\boldsymbol{y}}(s)\end{bmatrix}=\begin{bmatrix}\boldsymbol{0}\\\boldsymbol{0}\\\boldsymbol{I}\end{bmatrix}\hat{\boldsymbol{v}}(s)$$

$$\hat{\boldsymbol{y}}(s)=\begin{bmatrix}\boldsymbol{0}&\boldsymbol{0}&\boldsymbol{I}\end{bmatrix}\begin{bmatrix}\hat{\boldsymbol{\zeta}}(s)\\-\hat{\boldsymbol{u}}(s)\\\hat{\boldsymbol{y}}(s)\end{bmatrix}$$

基此，并据系统矩阵基于 PMD 的定义，就可证得输出反馈闭环系统的系统矩阵为

$$\left[\begin{array}{ccc|c}\boldsymbol{P}(s)&\boldsymbol{Q}(s)&\boldsymbol{0}&\boldsymbol{0}\\-\boldsymbol{R}(s)&\boldsymbol{W}(s)&\boldsymbol{I}&\boldsymbol{0}\\\boldsymbol{0}&-\boldsymbol{I}&\boldsymbol{F}(s)&\boldsymbol{I}\\\hline\boldsymbol{0}&\boldsymbol{0}&-\boldsymbol{I}&\boldsymbol{0}\end{array}\right]$$

题 11.15 试对上题中导出的闭环控制系统证明：若 $\{\boldsymbol{P}(s),\ \boldsymbol{Q}(s),\ \boldsymbol{R}(s),\ \boldsymbol{W}(s)\}$ 为不可简约，则闭环控制系统的系统矩阵为不可简约。

解 本题属于"输出反馈保持系统矩阵不可简约性"的证明题，意在训练运用已有结果导出待证结论的演绎推证能力。

上题解答中已经导出，输出反馈闭环控制系统 PMD 的各个系数矩阵为

$$\tilde{\boldsymbol{P}}(s)=\begin{bmatrix}\boldsymbol{P}(s)&\boldsymbol{Q}(s)&\boldsymbol{0}\\-\boldsymbol{R}(s)&\boldsymbol{W}(s)&\boldsymbol{I}\\\boldsymbol{0}&-\boldsymbol{I}&\boldsymbol{F}(s)\end{bmatrix},\quad\tilde{\boldsymbol{Q}}(s)=\begin{bmatrix}\boldsymbol{0}\\\boldsymbol{0}\\\boldsymbol{I}\end{bmatrix},\quad\tilde{\boldsymbol{R}}(s)=\begin{bmatrix}\boldsymbol{0}&\boldsymbol{0}&\boldsymbol{I}\end{bmatrix}$$

再知 $\{\boldsymbol{P}(s),\ \boldsymbol{Q}(s),\ \boldsymbol{R}(s),\ \boldsymbol{W}(s)\}$ 为不可简约，即 $\{\boldsymbol{P}(s),\ \boldsymbol{Q}(s)\}$ 左互质和 $\{\boldsymbol{P}(s),\ \boldsymbol{R}(s)\}$ 右互质。基此，并由 $\{\tilde{\boldsymbol{P}}(s),\ \tilde{\boldsymbol{Q}}(s),\ \tilde{\boldsymbol{R}}(s)\}$ 结果，有

$$\{\boldsymbol{P}(s),\ \boldsymbol{Q}(s)\}\text{左互质} \Rightarrow [\boldsymbol{P}(s)\quad \boldsymbol{Q}(s)]\text{行满秩},\ \forall\text{所有}\ s$$

$$\Rightarrow \begin{bmatrix} \boldsymbol{P}(s) & \boldsymbol{Q}(s) & \boldsymbol{0} & \boldsymbol{0} \\ -\boldsymbol{R}(s) & \boldsymbol{W}(s) & \boldsymbol{I} & \boldsymbol{0} \\ \boldsymbol{0} & -\boldsymbol{I} & \boldsymbol{F}(s) & \boldsymbol{I} \end{bmatrix}\text{行满秩},\ \forall\text{所有}\ s$$

$$\Rightarrow [\tilde{\boldsymbol{P}}(s)\quad \tilde{\boldsymbol{Q}}(s)]\text{行满秩},\ \forall\text{所有}\ s \Rightarrow \{\tilde{\boldsymbol{P}}(s),\ \tilde{\boldsymbol{Q}}(s)\}\text{左互质}$$

$$\{\boldsymbol{P}(s),\ \boldsymbol{R}(s)\}\text{右互质} \Rightarrow \begin{bmatrix} \boldsymbol{P}(s) \\ \boldsymbol{R}(s) \end{bmatrix}\text{列满秩},\ \forall\text{所有}\ s$$

$$\Rightarrow \begin{bmatrix} \boldsymbol{P}(s) & \boldsymbol{Q}(s) & \boldsymbol{0} \\ -\boldsymbol{R}(s) & \boldsymbol{W}(s) & \boldsymbol{I} \\ \boldsymbol{0} & -\boldsymbol{I} & \boldsymbol{F}(s) \\ \boldsymbol{0} & \boldsymbol{0} & \boldsymbol{I} \end{bmatrix}\text{列满秩},\ \forall\text{所有}\ s$$

$$\Rightarrow \begin{bmatrix} \tilde{\boldsymbol{P}}(s) \\ \tilde{\boldsymbol{R}}(s) \end{bmatrix}\text{列满秩},\ \forall\text{所有}\ s \Rightarrow \{\tilde{\boldsymbol{P}}(s),\ \tilde{\boldsymbol{R}}(s)\}\text{右互质}$$

从而，证得题中给出的结论："若$\{\boldsymbol{P}(s),\ \boldsymbol{Q}(s),\ \boldsymbol{R}(s),\ \boldsymbol{W}(s)\}$为不可简约，则闭环控制系统的系统矩阵为不可简约"。

第 12 章 线性时不变控制系统的复频率域分析

12.1 本章的主要知识点

线性时不变控制系统的复频率域分析，是以传递函数矩阵的矩阵分式描述即 MFD 为系统描述，基于多项式矩阵理论和方法分析线性时不变控制系统的能控性、能观测性和稳定性。下面指出本章的主要知识点。

（1）并联系统的能控性和能观测性

并联系统

由传递函数矩阵 $\boldsymbol{G}_1(s)$ 和 $\boldsymbol{G}_2(s)$ 完全表征的两个连续时间线性时不变子系统经并联组成的系统 S_{p}。

并联系统能控性判据

$\boldsymbol{G}_1(s)=$ 不可简约右 MFD $\boldsymbol{N}_1(s)\boldsymbol{D}_1^{-1}(s)$，$\boldsymbol{G}_2(s)=$ 不可简约右 MFD $\boldsymbol{N}_2(s)\boldsymbol{D}_2^{-1}(s)$，则

$$S_{\mathrm{p}}\text{ 完全能控 }\Leftrightarrow\{\boldsymbol{D}_1(s),\ \boldsymbol{D}_2(s)\}\text{左互质}$$

并联系统能观测性判据

$\boldsymbol{G}_1(s)=$ 不可简约左 MFD $\boldsymbol{D}_{\mathrm{L1}}^{-1}(s)\boldsymbol{N}_{\mathrm{L1}}(s)$，$\boldsymbol{G}_2(s)=$ 不可简约左 MFD $\boldsymbol{D}_{\mathrm{L2}}^{-1}(s)\boldsymbol{N}_{\mathrm{L2}}(s)$，则

$$S_{\mathrm{p}}\text{ 完全能观测 }\Leftrightarrow\{\boldsymbol{D}_{\mathrm{L1}}(s),\ \boldsymbol{D}_{\mathrm{L2}}(s)\}\text{右互质}$$

（2）串联系统的能控性和能观测性

串联系统

由传递函数矩阵 $\boldsymbol{G}_1(s)$ 和 $\boldsymbol{G}_2(s)$ 完全表征的两个连续时间线性时不变子系统按"$\boldsymbol{G}_1(s)-\boldsymbol{G}_2(s)$ 顺序"串联组成的系统 S_{T}。

串联系统能控性判据

① $\boldsymbol{G}_1(s)=$ 不可简约右 MFD $\boldsymbol{N}_1(s)\boldsymbol{D}_1^{-1}(s)$，$\boldsymbol{G}_2(s)=$ 不可简约右 MFD $\boldsymbol{N}_2(s)\boldsymbol{D}_2^{-1}(s)$，则

$$S_{\mathrm{T}}\text{ 完全能控} \Leftrightarrow \{\boldsymbol{D}_2(s),\ \boldsymbol{N}_1(s)\}\text{ 左互质}$$

② $\boldsymbol{G}_1(s)=$ 不可简约右 MFD $\boldsymbol{N}_1(s)\boldsymbol{D}_1^{-1}(s)$，$\boldsymbol{G}_2(s)=$ 不可简约左 MFD $\boldsymbol{D}_{\mathrm{L2}}^{-1}(s)\boldsymbol{N}_{\mathrm{L2}}(s)$，则

$$S_{\mathrm{T}}\text{ 完全能控} \Leftrightarrow \{\boldsymbol{D}_{\mathrm{L2}}(s),\ \boldsymbol{N}_{\mathrm{L2}}(s)\,\boldsymbol{N}_1(s)\}\text{左互质}$$

③ $\boldsymbol{G}_1(s)=$ 不可简约左 MFD $\boldsymbol{D}_{\mathrm{L1}}^{-1}(s)\boldsymbol{N}_{\mathrm{L1}}(s)$，$\boldsymbol{G}_2(s)=$ 不可简约右 MFD $\boldsymbol{N}_2(s)\boldsymbol{D}_2^{-1}(s)$，则

$$S_{\mathrm{T}}\text{ 完全能控} \Leftrightarrow \{\boldsymbol{D}_{\mathrm{L1}}(s)\,\boldsymbol{D}_2(s),\ \boldsymbol{N}_{\mathrm{L1}}(s)\}\text{左互质}$$

串联系统能观测性判据

① $\boldsymbol{G}_1(s)=$ 不可简约左MFD $\boldsymbol{D}_{\mathrm{L1}}^{-1}(s)\boldsymbol{N}_{\mathrm{L1}}(s)$，$\boldsymbol{G}_2(s)=$ 不可简约左MFD $\boldsymbol{D}_{\mathrm{L2}}^{-1}(s)\boldsymbol{N}_{\mathrm{L2}}(s)$，则

$$S_{\mathrm{T}}\text{ 完全能观测} \Leftrightarrow \{\boldsymbol{D}_{\mathrm{L1}}(s),\ \boldsymbol{N}_{\mathrm{L2}}(s)\}\text{右互质}$$

② $\boldsymbol{G}_1(s)=$ 不可简约左 MFD $\boldsymbol{D}_{\mathrm{L1}}^{-1}(s)\boldsymbol{N}_{\mathrm{L1}}(s)$，$\boldsymbol{G}_2(s)=$ 不可简约右 MFD $\boldsymbol{N}_2(s)\boldsymbol{D}_2^{-1}(s)$，则

$$S_{\mathrm{T}}\text{ 完全能观测} \Leftrightarrow \{\boldsymbol{D}_{\mathrm{L1}}(s)\,\boldsymbol{D}_2(s),\ \boldsymbol{N}_2(s)\}\text{右互质}$$

③ $\boldsymbol{G}_1(s)=$ 不可简约右 MFD $\boldsymbol{N}_1(s)\boldsymbol{D}_1^{-1}(s)$，$\boldsymbol{G}_2(s)=$ 不可简约左 MFD $\boldsymbol{D}_{\mathrm{L2}}^{-1}(s)\boldsymbol{N}_{\mathrm{L2}}(s)$，则

$$S_{\mathrm{T}}\text{ 完全能观测} \Leftrightarrow \{\boldsymbol{D}_1(s),\ \boldsymbol{N}_{\mathrm{L2}}(s)\,\boldsymbol{N}_1(s)\}\text{右互质}$$

（3）状态反馈系统的能控性和能观测性

状态反馈系统能控性判据

对连续时间线性时不变系统，有

$$\text{状态反馈系统 }\Sigma_K\text{ 完全能控} \Leftrightarrow \text{受控系统 }\Sigma_0\text{ 完全能控}$$

状态反馈系统能观测性判据

对连续时间线性时不变系统，有

"受控系统 Σ_0 完全能观测"不保证"状态反馈系统 Σ_K 完全能观测"

状态反馈系统保持能观测性条件

对连续时间线性时不变系统，若受控系统 Σ_0 的 $\boldsymbol{N}(s)\boldsymbol{D}^{-1}(s)$ 为强能观测即不存在使 $\boldsymbol{N}(s)$ 降秩 s 值，则

$$\text{受控系统 }\Sigma_0\text{ 强能观测} \Rightarrow \text{状态反馈系统 }\Sigma_K\text{ 完全能观测}$$

（4）输出反馈系统的能控性和能观测性

输出反馈系统

一类连续时间线性时不变输出反馈系统 Σ_F。主通道为由传递函数矩阵 $\boldsymbol{G}_1(s)$ 完全表征的 $q\times p$ 子系统，反馈通道为由传递函数矩阵 $\boldsymbol{G}_2(s)$ 完全表征的 $p\times q$ 子系统。其中，表"按 $\boldsymbol{G}_1(s)-\boldsymbol{G}_2(s)$ 顺序 $p\times p$ 串联系统"为 S_{12}，"按 $\boldsymbol{G}_2(s)-\boldsymbol{G}_1(s)$ 顺序 $q\times q$ 串联系统"为 S_{21}。

输出反馈系统能控性判据

输出反馈系统 Σ_F 完全能控 $\Leftrightarrow$ 串联系统 S_{12} 完全能控

输出反馈系统能观测性判据

输出反馈系统 Σ_F 完全能观测 $\Leftrightarrow$ 串联系统 S_{21} 完全能观测

（5）直接输出反馈系统的稳定性

直接输出反馈系统

主通道为由传递函数矩阵 $\boldsymbol{G}_1(s)$ 完全表征的 $q\times p$ 连续时间线性时不变子系统，其输出直接作用于输入端的一类反馈系统 Σ_{DF}。

两类稳定性等价性

对连续时间线性时不变直接输出反馈系统 Σ_{DF}，有

$$\Sigma_{DF}\ \text{BIBO 稳定} \Leftrightarrow \Sigma_{DF}\ \text{渐近稳定}$$

直接输出反馈系统稳定性判据

对连续时间线性时不变直接输出反馈系统 Σ_{DF}，主通道传递函数矩阵为 $\boldsymbol{G}_1(s)$，有

① 若 $\boldsymbol{G}_1(s)$ 以有理分式矩阵表征，$\Delta_1(s)$ 为 $\boldsymbol{G}_1(s)$ 的特征多项式，则

$$\Sigma_{DF}\ \text{渐近稳定和 BIBO 稳定} \Leftrightarrow \text{“}\Delta_1(s)\det[\boldsymbol{I}+\boldsymbol{G}_1(s)]=0\text{”根均具有负实部}$$

② 若 $\boldsymbol{G}_1(s)=\boldsymbol{N}_1(s)\boldsymbol{D}_1^{-1}(s)$ 以不可简约右 MFD 表征，则

$$\Sigma_{DF}\ \text{渐近稳定和 BIBO 稳定} \Leftrightarrow \text{“}\det[\boldsymbol{D}_1(s)+\boldsymbol{N}_1(s)]=0\text{”根均具有负实部}$$

③ 若 $\boldsymbol{G}_1(s)=\boldsymbol{D}_{L1}^{-1}(s)\boldsymbol{N}_{L1}(s)$ 以不可简约左 MFD 表征，则

$$\Sigma_{DF}\ \text{渐近稳定和 BIBO 稳定} \Leftrightarrow \text{“}\det[\boldsymbol{D}_{L1}(s)+\boldsymbol{N}_{L1}(s)]=0\text{”根均具有负实部}$$

（6）具有补偿器的输出反馈系统的稳定性

含补偿器输出反馈系统

主通道为由传递函数矩阵 $\boldsymbol{G}_1(s)$ 完全表征的 $q\times p$ 连续时间线性时不变子系统，反馈通道为由传递函数矩阵 $\boldsymbol{G}_2(s)$ 完全表征的 $p\times q$ 补偿器的一类输出反馈系统 Σ_{CF}。其中，表"按 $\boldsymbol{G}_1(s)-\boldsymbol{G}_2(s)$ 顺序 $p\times p$ 串联系统"为 S_{12}，"按 $\boldsymbol{G}_2(s)-\boldsymbol{G}_1(s)$ 顺序 $q\times q$ 串联系统"为 S_{21}。

两类稳定性等价性

① 若条件“S_{12}完全能控，S_{21}完全能观测”满足，则

$$\Sigma_{CF}\text{ 渐近稳定 } \Leftrightarrow \Sigma_{CF}\text{ BIBO 稳定}$$

② 若条件“S_{12}完全能控，S_{21}完全能观测”不满足，则

$$\Sigma_{CF}\text{ 渐近稳定 } \Rightarrow \Sigma_{CF}\text{ BIBO 稳定}$$

含补偿器输出反馈系统渐近稳定判据

对具有补偿器的线性时不变输出反馈系统Σ_{CF}，有

① 若$\boldsymbol{G}_1(s)$和$\boldsymbol{G}_2(s)$以有理分式矩阵表征，$\Delta_1(s)$为$\boldsymbol{G}_1(s)$的特征多项式，$\Delta_2(s)$为$\boldsymbol{G}_2(s)$的特征多项式，则

$$\Sigma_{CF}\text{ 渐近稳定 } \Leftrightarrow \text{“}\Delta_1(s)\ \Delta_2(s)\ \det[\boldsymbol{I}+\boldsymbol{G}_1(s)\boldsymbol{G}_2(s)]=0\text{”根均具有负实部}$$

② 若$\boldsymbol{G}_1(s)=$“不可简约左 MFD $\boldsymbol{D}_{L1}^{-1}(s)\boldsymbol{N}_{L1}(s)$”，$\boldsymbol{G}_2(s)=$“不可简约右 MFD $\boldsymbol{N}_2(s)\boldsymbol{D}_2^{-1}(s)$”，则

$$\Sigma_{CF}\text{ 渐近稳定 } \Leftrightarrow \text{“}\det[\boldsymbol{D}_{L1}(s)\boldsymbol{D}_2(s)+\boldsymbol{N}_{L1}(s)\boldsymbol{N}_2(s)]=0\text{”根均具有负实部}$$

③ 若$\boldsymbol{G}_1(s)=$“不可简约右 MFD $\boldsymbol{N}_1(s)\boldsymbol{D}_1^{-1}(s)$”，$\boldsymbol{G}_2(s)=$“不可简约左 MFD $\boldsymbol{D}_{L2}^{-1}(s)\boldsymbol{N}_{L2}(s)$”，则

$$\Sigma_{CF}\text{ 渐近稳定 } \Leftrightarrow \text{“}\det[\boldsymbol{D}_{L2}(s)\boldsymbol{D}_1(s)+\boldsymbol{N}_{L2}(s)\boldsymbol{N}_1(s)]=0\text{”根均具有负实部}$$

含补偿器输出反馈系统 BIBO 稳定判据

对具有补偿器的连续时间线性时不变输出反馈系统Σ_{CF}，渐近稳定判据所给出的条件一般只是Σ_{CF}为 BIBO 稳定的充分条件。

12.2 习题与解答

本章的习题安排围绕线性时不变组合系统的结构特性即能控性能观测性和稳定性的复频率分析。基本题部分包括对由传递函数矩阵表征的两个子系统的串联系统判断能控性和能观测性，对由传递函数矩阵表征的具有补偿器输出反馈系统判断能控性和能观测性，对由传递函数矩阵表征的具有补偿器输出反馈系统判断渐近稳定性和 BIBO 稳定性等。

题 12.1 给定按顺序$g_1(s)-g_2(s)$联结的串联系统，其中传递函数$g_1(s)$和$g_2(s)$分别为

$$g_1(s)=\frac{s+3}{s^2+3s+2},\quad g_2(s)=\frac{s+2}{s+4}$$

试判断：(i) 串联系统是否为完全能控；(ii) 串联系统是否为完全能观测；(iii) 串联系统是否可由传递函数$g_2(s)\ g_1(s)$完全表征。

解 本题属于判断单输入单输出串联系统的能控性、能观测性和能表征性的基

本题。

（i）判断串联系统能控性。由给定传递函数

$$g_1(s)=\frac{s+3}{s^2+3s+2}=\frac{s+3}{(s+1)(s+2)},\quad g_2(s)=\frac{s+2}{s+4}$$

的分母和分子不存在“多项式公因子”，即不存在极点和零点对消，可知 $g_1(s)$ 和 $g_2(s)$ 均为不可简约。在此前提下，据单输入单输出“$g_1(s)-g_2(s)$”串联系统的能控性判据，由

“$g_2(s)$ 极点 $s=-4$”不能对消“$g_1(s)$ 零点 $s=-3$”

可知给定“$g_1(s)-g_2(s)$”串联系统为完全能控。

（ii）判断串联系统能观测性。前已导出，给定 $g_1(s)$ 和 $g_2(s)$ 均为不可简约。在此前提下，据单输入单输出“$g_1(s)-g_2(s)$”串联系统的能观测性判据，由

“$g_1(s)$ 极点 $s=-2$”能够对消“$g_2(s)$ 零点 $s=-2$”

可知给定“$g_1(s)-g_2(s)$”串联系统为不完全能观测。

（iii）判断串联系统完全表征性。在给定 $g_1(s)$ 和 $g_2(s)$ 均为不可简约前提下，据“$g_1(s)-g_2(s)$ 串联系统可由 $g_2(s)\,g_1(s)$ 完全表征的充分必要条件为 $g_1(s)$ 和 $g_2(s)$ 没有极点零点对消”，由

“$g_1(s)$ 极点 $s=-2$”能够对消“$g_2(s)$ 零点 $s=-2$”

可知“$g_1(s)-g_2(s)$”串联系统不能由 $g_2(s)\,g_1(s)$ 完全表征。

题 12.2 给定按顺序 $\boldsymbol{G}_1(s)-\boldsymbol{G}_2(s)$ 联结的串联系统，其中传递函数矩阵 $\boldsymbol{G}_1(s)$ 和 $\boldsymbol{G}_2(s)$ 为：

$$\boldsymbol{G}_1(s)=\begin{bmatrix}\dfrac{s+1}{s+2} & 0\\ 0 & \dfrac{s+2}{s+1}\end{bmatrix},\quad \boldsymbol{G}_2(s)=\begin{bmatrix}\dfrac{1}{s-1} & \dfrac{s+2}{s+1}\\ 0 & \dfrac{1}{s+1}\end{bmatrix}$$

试判断：（i）串联系统是否为完全能控；（ii）串联系统是否为完全能观测；（iii）串联系统是否可由传递函数矩阵 $\boldsymbol{G}_2(s)\,\boldsymbol{G}_1(s)$ 完全表征。

解 本题属于判断多输入多输出串联系统的能控性、能观测性和能表征性的基本题。

（i）判断串联系统能控性。分别导出给定 $\boldsymbol{G}_1(s)$ 和 $\boldsymbol{G}_2(s)$ 的右 MFD，有

$$\boldsymbol{G}_1(s)=\begin{bmatrix}\dfrac{s+1}{s+2} & 0\\ 0 & \dfrac{s+2}{s+1}\end{bmatrix}=\begin{bmatrix}s+1 & 0\\ 0 & s+2\end{bmatrix}\begin{bmatrix}s+2 & 0\\ 0 & s+1\end{bmatrix}^{-1}=\boldsymbol{N}_1(s)\,\boldsymbol{D}_1^{-1}(s)$$

$$\boldsymbol{G}_2(s)=\begin{bmatrix}\dfrac{1}{s-1} & \dfrac{s+2}{s+1}\\ 0 & \dfrac{1}{s+1}\end{bmatrix}=\begin{bmatrix}1 & s+2\\ 0 & 1\end{bmatrix}\begin{bmatrix}s-1 & 0\\ 0 & s+1\end{bmatrix}^{-1}=\boldsymbol{N}_2(s)\,\boldsymbol{D}_2^{-1}(s)$$

据不可简约性秩判据容易判断，$N_1(s)\ D_1^{-1}(s)$ 和 $N_2(s)\ D_2^{-1}(s)$ 均为不可简约右 MFD。在此前提下，注意到 $\dim D_2(s)=2$，由

$$\text{rank}[D_2(s)\quad N_1(s)]=\text{rank}\begin{bmatrix} s-1 & 0 & s+1 & 0 \\ 0 & s+1 & 0 & s+2 \end{bmatrix}=2,\quad \forall s=-2,-1,1$$

可知

"$\text{rank}[D_2(s)\quad N_1(s)]=2,\ \forall s\in C$" 即 $\{D_2(s),\ N_1(s)\}$左互质

基此，据相应情形串联系统的能控性判据知，给定 $G_1(s)-G_2(s)$ 顺序串联系统完全能控。

（ii）判断串联系统能观测性。导出给定 $G_1(s)$ 的左 MFD 和 $G_2(s)$ 的右 MFD，有

$$G_1(s)=\begin{bmatrix} \dfrac{s+1}{s+2} & 0 \\ 0 & \dfrac{s+2}{s+1} \end{bmatrix}=\begin{bmatrix} s+2 & 0 \\ 0 & s+1 \end{bmatrix}^{-1}\begin{bmatrix} s+1 & 0 \\ 0 & s+2 \end{bmatrix}=D_{L1}^{-1}(s)\ N_{L1}(s)$$

$$G_2(s)=\begin{bmatrix} \dfrac{1}{s-1} & \dfrac{s+2}{s+1} \\ 0 & \dfrac{1}{s+1} \end{bmatrix}=\begin{bmatrix} 1 & s+2 \\ 0 & 1 \end{bmatrix}\begin{bmatrix} s-1 & 0 \\ 0 & s+1 \end{bmatrix}^{-1}=N_2(s)\ D_2^{-1}(s)$$

据不可简约性秩判据容易判断，$D_{L1}^{-1}(s)\ N_{L1}(s)$ 为不可简约左 MFD，$N_2(s)\ D_2^{-1}(s)$ 为不可简约右 MFD。在此前提下，注意到 $\dim(D_{L1}(s)\ D_2(s))=2$，由

$$D_{L1}(s)\ D_2(s)=\begin{bmatrix} s+2 & 0 \\ 0 & s+1 \end{bmatrix}\begin{bmatrix} s-1 & 0 \\ 0 & s+1 \end{bmatrix}=\begin{bmatrix} (s-1)(s+2) & 0 \\ 0 & (s+1)^2 \end{bmatrix}$$

$$\text{rank}\begin{bmatrix} D_{L1}(s)D_2(s) \\ N_2(s) \end{bmatrix}=\text{rank}\begin{bmatrix} (s-1)(s+2) & 0 \\ 0 & (s+1)^2 \\ 1 & s+2 \\ 0 & 1 \end{bmatrix}=2,\quad \forall s=-2,-1,1$$

可知

"$\text{rank}\begin{bmatrix} D_{L1}(s)D_2(s) \\ N_2(s) \end{bmatrix}=2,\ \forall s\in C$" 即 $\{D_{L1}(s)\ D_2(s),\ N_2(s)\}$右互质

基此，据相应情形串联系统的能观测性判据知，给定 $G_1(s)-G_2(s)$ 顺序串联系统为完全能观测。

（iii）判断串联系统完全表征性。基于上述判断结果，给定 $G_1(s)-G_2(s)$ 顺序串联系统为完全能控和完全能观测，据完全表征性判据知，给定 $G_1(s)-G_2(s)$ 串联系统可由传递函数矩阵 $G_2(s)\ G_1(s)$ 完全表征。

题 12.3 给定图 P12.3 所示具有补偿器的线性时不变输出反馈系统，其中传递函数矩阵为

$$G_1(s)=\begin{bmatrix}\dfrac{1}{s+1} & 1\\ \dfrac{1}{s^2-1} & \dfrac{1}{s-1}\end{bmatrix},\quad G_2(s)=\begin{bmatrix}\dfrac{1}{s+3} & \dfrac{1}{s+1}\\ \dfrac{1}{s+3} & \dfrac{1}{s+2}\end{bmatrix}$$

试判断：（i）输出反馈系统是否为完全能控；（ii）输出反馈系统是否为完全能观测。

解 本题属于判断具有补偿器输出反馈系统的能控性和能观测性的基本题。

“图 P12.3 具有补偿器输出反馈系统”等同为“$G_1(s)-G_2(s)$ 串联系统的直接输出反馈系统”。基此，并据直接输出反馈系统的能控性和能观测性判据，有

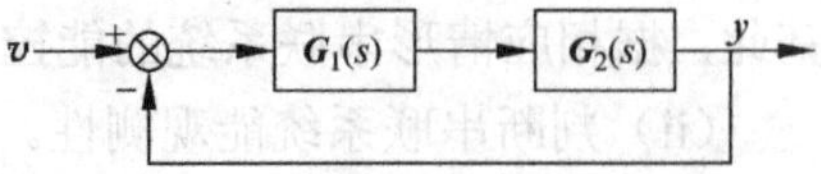

图 P12.3

图 P12.3 具有补偿器输出反馈系统完全能控（完全能观测）

⇔ $G_1(s)-G_2(s)$ 串联系统的直接输出反馈系统完全能控（完全能观测）

⇔ $G_1(s)-G_2(s)$ 串联系统完全能控（完全能观测）

（i）判断图 P12.3 具有补偿器输出反馈系统的能控性。先行导出给定 $G_1(s)$ 的左 MFD 和 $G_2(s)$ 的右 MFD，有

$$G_1(s)=\begin{bmatrix}\dfrac{1}{s+1} & 1\\ \dfrac{1}{s^2-1} & \dfrac{1}{s-1}\end{bmatrix}=\begin{bmatrix}s+1 & 0\\ 0 & (s-1)(s+1)\end{bmatrix}^{-1}\begin{bmatrix}1 & s+1\\ 1 & s+1\end{bmatrix}=D_{L1}^{-1}(s)\,N_{L1}(s)$$

$$G_2(s)=\begin{bmatrix}\dfrac{1}{s+3} & \dfrac{1}{s+1}\\ \dfrac{1}{s+3} & \dfrac{1}{s+2}\end{bmatrix}=\begin{bmatrix}1 & s+2\\ 1 & s+1\end{bmatrix}\begin{bmatrix}s+3 & 0\\ 0 & (s+1)(s+2)\end{bmatrix}^{-1}=N_2(s)\,D_2^{-1}(s)$$

据不可简约性秩判据容易判断，$N_2(s)\,D_2^{-1}(s)$ 为不可简约右 MFD，$D_{L1}^{-1}(s)\,N_{L1}(s)$ 为可简约左 MFD。为此，引入确定 $\{D_{L1}(s),N_{L1}(s)\}$ 的 gcld 的列初等运算：

$$[\,D_{L1}(s)\quad N_{L1}(s)\,]=\begin{bmatrix}s+1 & 0 & 1 & s+1\\ 0 & (s-1)(s+1) & 1 & s+1\end{bmatrix}\text{“列 4}\times[-(s-1)]\text{”加于列 2}\rightarrow$$

$$\begin{bmatrix}s+1 & -(s-1)(s+1) & 1 & s+1\\ 0 & 0 & 1 & s+1\end{bmatrix}\text{“列 1}\times(s-1)\text{”加于列 2}\rightarrow$$

$$\begin{bmatrix}s+1 & 0 & 1 & s+1\\ 0 & 0 & 1 & s+1\end{bmatrix}\text{“列 3}\times[-(s+1)]\text{”加于列 4}\rightarrow$$

$$\begin{bmatrix}s+1 & 0 & 1 & 0\\ 0 & 0 & 1 & 0\end{bmatrix}\text{列 2 与列 3 交换}\rightarrow\begin{bmatrix}s+1 & 1 & 0 & 0\\ 0 & 1 & 0 & 0\end{bmatrix}$$

$$\text{gcld}\ \ \boldsymbol{H}_{L1}(s)=\begin{bmatrix} s+1 & 1 \\ 0 & 1 \end{bmatrix},\quad \boldsymbol{H}_{L1}^{-1}(s)=\begin{bmatrix} \dfrac{1}{s+1} & \dfrac{-1}{s+1} \\ 0 & 1 \end{bmatrix}$$

基此，定出 $\boldsymbol{D}_{L1}^{-1}(s)\ \boldsymbol{N}_{L1}(s)$ 即 $\boldsymbol{G}_1(s)$ 的不可简约左 MFD $\bar{\boldsymbol{D}}_{L1}^{-1}(s)\ \bar{\boldsymbol{N}}_{L1}(s)$，其中

$$\bar{\boldsymbol{D}}_{L1}(s)=\boldsymbol{H}_{L1}^{-1}(s)\ \boldsymbol{D}_{L1}(s)=\begin{bmatrix} \dfrac{1}{s+1} & \dfrac{-1}{s+1} \\ 0 & 1 \end{bmatrix}\begin{bmatrix} s+1 & 0 \\ 0 & (s-1)(s+1) \end{bmatrix}=\begin{bmatrix} 1 & -(s-1) \\ 0 & (s-1)(s+1) \end{bmatrix}$$

$$\bar{\boldsymbol{N}}_{L1}(s)=\boldsymbol{H}_{L1}^{-1}(s)\ \boldsymbol{N}_{L1}(s)=\begin{bmatrix} \dfrac{1}{s+1} & \dfrac{-1}{s+1} \\ 0 & 1 \end{bmatrix}\begin{bmatrix} 1 & s+1 \\ 1 & s+1 \end{bmatrix}=\begin{bmatrix} 0 & 0 \\ 1 & s+1 \end{bmatrix}$$

进而，基于不可简约左 MFD $\bar{\boldsymbol{D}}_{L1}^{-1}(s)\ \bar{\boldsymbol{N}}_{L1}(s)$ 和不可简约右 MFD $\boldsymbol{N}_2(s)\ \boldsymbol{D}_2^{-1}(s)$，计算定出

$$\bar{\boldsymbol{D}}_{L1}(s)\ \boldsymbol{D}_2(s)=\begin{bmatrix} 1 & -(s-1) \\ 0 & (s-1)(s+1) \end{bmatrix}\begin{bmatrix} s+3 & 0 \\ 0 & (s+1)(s+2) \end{bmatrix}$$
$$=\begin{bmatrix} s+3 & -(s-1)(s+1)(s+2) \\ 0 & (s-1)(s+1)^2(s+2) \end{bmatrix}$$

于是，考虑到 $\dim\bar{\boldsymbol{D}}_{L1}(s)\ \boldsymbol{D}_2(s)=2$，由

$$\text{rank}[\bar{\boldsymbol{D}}_{L1}(s)\ \boldsymbol{D}_2(s)\quad \bar{\boldsymbol{N}}_{L1}(s)]=\text{rank}\begin{bmatrix} s+3 & -(s-1)(s+1)(s+2) & 0 & 0 \\ 0 & (s-1)(s+1)^2(s+2) & 1 & s+1 \end{bmatrix}=2$$
$$\forall s=-3,\ -2,\ -1,\ 1$$

导出

"$\text{rank}[\bar{\boldsymbol{D}}_{L1}(s)\ \boldsymbol{D}_2(s)\quad \bar{\boldsymbol{N}}_{L1}(s)]=2,\ \forall s\in C$" 即 $\{\bar{\boldsymbol{D}}_{L1}(s)\ \boldsymbol{D}_2(s),\ \bar{\boldsymbol{N}}_{L1}(s)\}$左互质从而，据相应情形串联系统的能控性判据知，$\boldsymbol{G}_1(s)-\boldsymbol{G}_2(s)$ 串联系统完全能控。再据上述导出的具有补偿器输出反馈系统能控性判据知，给定图 P12.3 具有补偿器输出反馈系统为完全能控。

（ii）判断图 P12.3 具有补偿器输出反馈系统能观测性。基于上述结果，导出给定 $\boldsymbol{G}_1(s)$ 的不可简约左 MFD 和 $\boldsymbol{G}_2(s)$ 的不可简约右 MFD，有

$$\boldsymbol{G}_1(s)=\begin{bmatrix} \dfrac{1}{s+1} & 1 \\ \dfrac{1}{s^2-1} & \dfrac{1}{s-1} \end{bmatrix}=\begin{bmatrix} 1 & -(s-1) \\ 0 & (s-1)(s+1) \end{bmatrix}^{-1}\begin{bmatrix} 0 & 0 \\ 1 & s+1 \end{bmatrix}=\bar{\boldsymbol{D}}_{L1}^{-1}(s)\ \bar{\boldsymbol{N}}_{L1}(s)$$

$$\boldsymbol{G}_2(s)=\begin{bmatrix} \dfrac{1}{s+3} & \dfrac{1}{s+1} \\ \dfrac{1}{s+3} & \dfrac{1}{s+2} \end{bmatrix}=\begin{bmatrix} 1 & s+2 \\ 1 & s+1 \end{bmatrix}\begin{bmatrix} s+3 & 0 \\ 0 & (s+1)(s+2) \end{bmatrix}^{-1}=\boldsymbol{N}_2(s)\ \boldsymbol{D}_2^{-1}(s)$$

再计算定出

$$\bar{D}_{L1}(s)\ D_2(s)=\begin{bmatrix}1 & -(s-1)\\ 0 & (s-1)(s+1)\end{bmatrix}\begin{bmatrix}s+3 & 0\\ 0 & (s+1)(s+2)\end{bmatrix}$$

$$=\begin{bmatrix}s+3 & -(s-1)(s+1)(s+2)\\ 0 & (s-1)(s+1)^2(s+2)\end{bmatrix}$$

基此，考虑到 $\dim \bar{D}_{L1}(s)\ D_2(s)=2$，由

$$\operatorname{rank}\begin{bmatrix}\bar{D}_{L1}(s)D_2(s)\\ N_2(s)\end{bmatrix}=\operatorname{rank}\begin{bmatrix}s+3 & -(s-1)(s+1)(s+2)\\ 0 & (s-1)(s+1)^2(s+2)\\ 1 & s+2\\ 1 & s+1\end{bmatrix}=2,\quad \forall s=-3,\ -2,\ -1,\ 1$$

导出

$$\text{“}\operatorname{rank}\begin{bmatrix}\bar{D}_{L1}(s)D_2(s)\\ N_2(s)\end{bmatrix}=2,\ \forall s\in C\text{”}\quad 即\ \{\bar{D}_{L1}(s)\ D_2(s),\ N_2(s)\}右互质$$

从而，据相应情形串联系统的能观测性判据知，$G_1(s)-G_2(s)$ 串联系统完全能观测。再据上述导出的具有补偿器输出反馈系统能观测性判据知，给定图 P12.3 具有补偿器输出反馈系统为完全能观测。

题 12.4　给定图 P12.4 所示具有补偿器的线性时不变输出反馈系统，其中传递函数矩阵为

$$G_1(s)=\begin{bmatrix}\dfrac{1}{s+1} & 1\\ \dfrac{1}{s^2-1} & \dfrac{1}{s-1}\end{bmatrix},\quad G_2(s)=\begin{bmatrix}\dfrac{1}{s+3} & \dfrac{1}{s+1}\\ \dfrac{1}{s+3} & \dfrac{1}{s+2}\end{bmatrix}$$

试判断：(i) 输出反馈系统是否为完全能控；(ii) 输出反馈系统是否为完全能观测。

解　本题属于判断具有补偿器的输出反馈系统的能控性和能观测性的基本题。

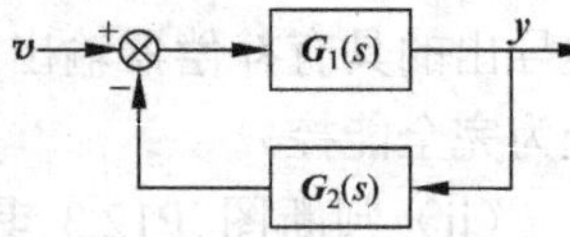

图　P12.4

对给定图 P12.4 具有补偿器输出反馈系统，如上题解答中导出的那样，给定 $G_1(s)$ 的不可简约左 MFD 和 $G_2(s)$ 的不可简约右 MFD 为

$$G_1(s)=\begin{bmatrix}\dfrac{1}{s+1} & 1\\ \dfrac{1}{s^2-1} & \dfrac{1}{s-1}\end{bmatrix}=\begin{bmatrix}1 & -(s-1)\\ 0 & (s-1)(s+1)\end{bmatrix}^{-1}\begin{bmatrix}0 & 0\\ 1 & s+1\end{bmatrix}=\bar{D}_{L1}^{-1}(s)\ \bar{N}_{L1}(s)$$

$$G_2(s)=\begin{bmatrix}\dfrac{1}{s+3} & \dfrac{1}{s+1}\\ \dfrac{1}{s+3} & \dfrac{1}{s+2}\end{bmatrix}=\begin{bmatrix}1 & s+2\\ 1 & s+1\end{bmatrix}\begin{bmatrix}s+3 & 0\\ 0 & (s+1)(s+2)\end{bmatrix}^{-1}=N_2(s)\ D_2^{-1}(s)$$

（i）判断图 P12.4 具有补偿器输出反馈系统能控性。据主要知识点中指出，“具有补偿器输出反馈系统的能控性判据”为

图 P12.4 具有补偿器输出反馈系统完全能控 $\Leftrightarrow$ $\boldsymbol{G}_1(s)-\boldsymbol{G}_2(s)$ 串联系统完全能控

由此，基于不可简约左 MFD $\bar{\boldsymbol{D}}_{L1}^{-1}(s)\ \bar{\boldsymbol{N}}_{L1}(s)$ 和不可简约右 MFD $\boldsymbol{N}_2(s)\ \boldsymbol{D}_2^{-1}(s)$，先行定出

$$\bar{\boldsymbol{D}}_{L1}(s)\ \boldsymbol{D}_2(s)=\begin{bmatrix}1 & -(s-1)\\ 0 & (s-1)(s+1)\end{bmatrix}\begin{bmatrix}s+3 & 0\\ 0 & (s+1)(s+2)\end{bmatrix}$$
$$=\begin{bmatrix}s+3 & -(s-1)(s+1)(s+2)\\ 0 & (s-1)(s+1)^2(s+2)\end{bmatrix}$$

基此，考虑到 $\dim \bar{\boldsymbol{D}}_{L1}(s)\ \boldsymbol{D}_2(s)=2$，由

$$\operatorname{rank}[\bar{\boldsymbol{D}}_{L1}(s)\ \boldsymbol{D}_2(s)\quad \bar{\boldsymbol{N}}_{L1}(s)]=\operatorname{rank}\begin{bmatrix}s+3 & -(s-1)(s+1)(s+2) & 0 & 0\\ 0 & (s-1)(s+1)^2(s+2) & 1 & s+1\end{bmatrix}=2$$
$$\forall s=-3,\ -2,\ -1,\ 1$$

导出

“$\operatorname{rank}[\bar{\boldsymbol{D}}_{L1}(s)\ \boldsymbol{D}_2(s)\quad \bar{\boldsymbol{N}}_{L1}(s)]=2,\ \forall s\in C$” 即 $\{\bar{\boldsymbol{D}}_{L1}(s)\ \boldsymbol{D}_2(s),\ \bar{\boldsymbol{N}}_{L1}(s)\}$左互质

从而，据相应情形串联系统的能控性判据知，$\boldsymbol{G}_1(s)-\boldsymbol{G}_2(s)$ 串联系统完全能控。再据具有补偿器输出反馈系统的能控性判据知，给定图 P12.4 具有补偿器输出反馈系统完全能控。

（ii）判断图 P12.4 具有补偿器输出反馈系统能观测性。据主要知识点中指出，“具有补偿器输出反馈系统的能观测性判据”为

图 P12.4 具有补偿器输出反馈系统完全能观测 $\Leftrightarrow$ $\boldsymbol{G}_2(s)-\boldsymbol{G}_1(s)$ 串联系统完全能观测

由此，基于不可简约左 MFD $\bar{\boldsymbol{D}}_{L1}^{-1}(s)\ \bar{\boldsymbol{N}}_{L1}(s)$ 和不可简约右 MFD $\boldsymbol{N}_2(s)\ \boldsymbol{D}_2^{-1}(s)$，先行定出

$$\bar{\boldsymbol{N}}_{L1}(s)\ \boldsymbol{N}_2(s)=\begin{bmatrix}0 & 0\\ 1 & s+1\end{bmatrix}\begin{bmatrix}1 & s+2\\ 1 & s+1\end{bmatrix}=\begin{bmatrix}0 & 0\\ s+2 & s^2+3s+3\end{bmatrix}$$

基此，考虑到 $\dim \boldsymbol{D}_2(s)=2$，由

$$\operatorname{rank}\begin{bmatrix}\boldsymbol{D}_2(s)\\ \bar{\boldsymbol{N}}_{L1}(s)\boldsymbol{N}_2(s)\end{bmatrix}=\operatorname{rank}\begin{bmatrix}s+3 & 0\\ 0 & (s+1)(s+2)\\ 0 & 0\\ s+2 & s^2+3s+3\end{bmatrix}=2,\quad \forall s=-3,-2,-1,\ \frac{-3\pm \mathrm{j}\sqrt{3}}{2}$$

导出

“$\operatorname{rank}\begin{bmatrix}\boldsymbol{D}_2(s)\\ \bar{\boldsymbol{N}}_{L1}(s)\boldsymbol{N}_2(s)\end{bmatrix}=2,\ \forall s\in C$” 即 $\{\boldsymbol{D}_2(s),\ \bar{\boldsymbol{N}}_{L1}(s)\ \bar{\boldsymbol{N}}_{L1}(s)\}$右互质

从而，据相应情形串联系统的能观测性判据知，$\boldsymbol{G}_2(s)-\boldsymbol{G}_1(s)$ 串联系统完全能观测。再

据具有补偿器输出反馈系统的能观测性判据知，给定图 P12.4 具有补偿器输出反馈系统完全能观测。

题 12.5 对题 12.3 的具有补偿器的线性时不变输出反馈系统，试判断：（i）输出反馈系统是否为 BIBO 稳定；（ii）输出反馈系统是否为渐近稳定。

解 本题属于判断具有补偿器输出反馈系统的 BIBO 稳定性和渐近稳定性的基本题。

题 12.3 解答中已经导出，在图 P12.3 具有补偿器输出反馈系统中，$\boldsymbol{G}_1(s)-\boldsymbol{G}_2(s)$ 串联系统完全能控和完全能观测，即 $\boldsymbol{G}_1(s)-\boldsymbol{G}_2(s)$ 串联系统可由 $\boldsymbol{G}(s)=\boldsymbol{G}_2(s)\ \boldsymbol{G}_1(s)$ 完全表征。并且，“图 P12.3 具有补偿器输出反馈系统”等同于“以 $\boldsymbol{G}(s)$ 为开环传递函数矩阵的直接输出反馈系统”。进而，计算定出

$$\boldsymbol{G}(s)=\boldsymbol{G}_2(s)\ \boldsymbol{G}_1(s)=\begin{bmatrix}\dfrac{1}{s+3} & \dfrac{1}{s+1}\\ \dfrac{1}{s+3} & \dfrac{1}{s+2}\end{bmatrix}\begin{bmatrix}\dfrac{1}{s+1} & 1\\ \dfrac{1}{s^2-1} & \dfrac{1}{s-1}\end{bmatrix}$$

$$=\begin{bmatrix}\dfrac{s^2+s+2}{(s-1)(s+1)^2(s+3)} & \dfrac{s^2+s+2}{(s-1)(s+1)(s+3)}\\ \dfrac{(s+1)}{(s-1)(s+2)(s+3)} & \dfrac{(s+1)^2}{(s-1)(s+2)(s+3)}\end{bmatrix}$$

$$\det[\boldsymbol{I}+\boldsymbol{G}(s)]=\det\begin{bmatrix}\dfrac{(s-1)(s+1)^2(s+3)+(s^2+s+2)}{(s-1)(s+1)^2(s+3)} & \dfrac{s^2+s+2}{(s-1)(s+1)(s+3)}\\ \dfrac{(s+1)}{(s-1)(s+2)(s+3)} & \dfrac{(s-1)(s+2)(s+3)+(s+1)^2}{(s-1)(s+2)(s+3)}\end{bmatrix}$$

$$=\frac{[(s-1)(s+1)^2(s+3)+(s^2+s+2)][(s-1)(s+2)(s+3)+(s+1)^2]}{(s-1)^2(s+1)^2(s+2)(s+3)^2}$$

$$-\frac{(s^2+s+2)(s+1)^2}{(s-1)^2(s+1)^2(s+2)(s+3)^2}$$

$$=\frac{(s-1)(s+1)^2(s+2)(s+3)+(s+1)^4+(s+2)(s^2+s+2)}{(s-1)(s+1)^2(s+2)(s+3)}$$

$$=\frac{s^5+7s^4+15s^3+9s^2-3s-1}{(s-1)(s+1)^2(s+2)(s+3)}$$

$\boldsymbol{G}(s)$ 特征多项式 $\Delta(s)=\boldsymbol{G}(s)$ 所有 1 阶、2 阶子式的最小公分母

$$=\left\{\frac{s^2+s+2}{(s-1)(s+1)^2(s+3)},\ \frac{s^2+s+2}{(s-1)(s+1)(s+3)},\ \frac{s+1}{(s-1)(s+2)(s+3)},\right.$$

$$\left.\frac{(s+1)^2}{(s-1)(s+2)(s+3)},\ \det \boldsymbol{G}(s)\right\}\text{的最小公分母}$$
$$=(s-1)(s+1)^2(s+2)(s+3)$$

基此，可以得到

$$\begin{aligned}\Delta(s)\det[\boldsymbol{I}+\boldsymbol{G}(s)]&=(s-1)(s+1)^2(s+2)(s+3)\times\frac{s^5+7s^4+15s^3+9s^2-3s-1}{(s-1)(s+1)^2(s+2)(s+3)}\\&=s^5+7s^4+15s^3+9s^2-3s-1\end{aligned}$$

（i）判断图 P12.3 具有补偿器输出反馈系统的 BIBO 稳定性。由上述导出的判断方程

$$\Delta(s)\det[\boldsymbol{I}+\boldsymbol{G}(s)]=s^5+7s^4+15s^3+9s^2-3s-1=0$$

中包含负系数项，可知 $\Delta(s)\det[\boldsymbol{I}+\boldsymbol{G}(s)]=0$ 根不全具有负实部。从而，据直接输出反馈系统 BIBO 稳定性判据知，$\boldsymbol{G}(s)$ 为开环传递函数矩阵的直接输出反馈系统为非 BIBO 稳定，即图 P12.3 具有补偿器输出反馈系统为非 BIBO 稳定。

（ii）判断图 P12.3 具有补偿器输出反馈系统的渐近稳定性。由直接输出反馈系统的渐近稳定性等同于其 BIBO 稳定性，且知直接输出反馈系统非 BIBO 稳定，可知以 $\boldsymbol{G}(s)$ 为开环传递函数矩阵的直接输出反馈系统为非渐近稳定，即图 P12.3 具有补偿器输出反馈系统为非渐近稳定。

题 12.6 对题 12.4 的具有补偿器的线性时不变输出反馈系统，试判断：（i）输出反馈系统是否为 BIBO 稳定；（ii）输出反馈系统是否为渐近稳定。

解 本题属于判断具有补偿器输出反馈系统的 BIBO 稳定性和渐近稳定性的基本题。

题 12.4 解答中已经导出，图 P12.4 具有补偿器输出反馈系统中，$\boldsymbol{G}_1(s)-\boldsymbol{G}_2(s)$ 串联系统完全能控，$\boldsymbol{G}_2(s)-\boldsymbol{G}_1(s)$ 串联系统完全能观测，从而图 P12.4 具有补偿器输出反馈系统完全能控和完全能观测。进而，如题 12.4 解答中导出那样，定出给定 $\boldsymbol{G}_1(s)$ 的不可简约左 MFD 和 $\boldsymbol{G}_2(s)$ 的不可简约右 MFD 为

$$\boldsymbol{G}_1(s)=\begin{bmatrix}\dfrac{1}{s+1} & 1\\ \dfrac{1}{s^2-1} & \dfrac{1}{s-1}\end{bmatrix}=\begin{bmatrix}1 & -(s-1)\\ 0 & (s-1)(s+1)\end{bmatrix}^{-1}\begin{bmatrix}0 & 0\\ 1 & s+1\end{bmatrix}=\bar{\boldsymbol{D}}_{L1}^{-1}(s)\ \bar{\boldsymbol{N}}_{L1}(s)$$

$$\boldsymbol{G}_2(s)=\begin{bmatrix}\dfrac{1}{s+3} & \dfrac{1}{s+1}\\ \dfrac{1}{s+3} & \dfrac{1}{s+2}\end{bmatrix}=\begin{bmatrix}1 & s+2\\ 1 & s+1\end{bmatrix}\begin{bmatrix}s+3 & 0\\ 0 & (s+1)(s+2)\end{bmatrix}^{-1}=\boldsymbol{N}_2(s)\ \boldsymbol{D}_2^{-1}(s)$$

（i）判断图 P12.4 具有补偿器输出反馈系统的渐近稳定性。先行定出

$$\bar{\boldsymbol{D}}_{L1}(s)\ \boldsymbol{D}_2(s)=\begin{bmatrix}1 & -(s-1)\\ 0 & (s-1)(s+1)\end{bmatrix}\begin{bmatrix}s+3 & 0\\ 0 & (s+1)(s+2)\end{bmatrix}$$

$$=\begin{bmatrix} s+3 & -(s-1)(s+1)(s+2) \\ 0 & (s-1)(s+1)^2(s+2) \end{bmatrix}$$

$$\bar{\boldsymbol{N}}_{L1}(s)\ \boldsymbol{N}_2(s)=\begin{bmatrix} 0 & 0 \\ 1 & s+1 \end{bmatrix}\begin{bmatrix} 1 & s+2 \\ 1 & s+1 \end{bmatrix}=\begin{bmatrix} 0 & 0 \\ s+2 & s^2+3s+3 \end{bmatrix}$$

$$[\bar{\boldsymbol{D}}_{L1}(s)\ \boldsymbol{D}_2(s)+\bar{\boldsymbol{N}}_{L1}(s)\ \boldsymbol{N}_2(s)]$$

$$=\begin{bmatrix} s+3 & -(s-1)(s+1)(s+2) \\ 0 & (s-1)(s+1)^2(s+2) \end{bmatrix}+\begin{bmatrix} 0 & 0 \\ s+2 & s^2+3s+3 \end{bmatrix}$$

$$=\begin{bmatrix} s+3 & -(s-1)(s+1)(s+2) \\ s+2 & (s-1)(s+1)^2(s+2)+(s^2+3s+3) \end{bmatrix}$$

基此，再行定出相应于此类 MFD 情形下的判断方程：

$$\det[\bar{\boldsymbol{D}}_{L1}(s)\ \boldsymbol{D}_2(s)+\bar{\boldsymbol{N}}_{L1}(s)\ \boldsymbol{N}_2(s)]$$

$$=\det\begin{bmatrix} s+3 & -(s-1)(s+1)(s+2) \\ s+2 & (s-1)(s+1)^2(s+2)+(s^2+3s+3) \end{bmatrix}$$

$$=(s-1)(s+1)^2(s+2)(s+3)+(s^2+3s+3)(s+3)+(s-1)(s+1)(s+2)^2$$

$$=s^5+7s^4+15s^3+9s^2-3s-1=0$$

并由判断方程中包含负系数项知，$\det[\bar{\boldsymbol{D}}_{L1}(s)\ \boldsymbol{D}_2(s)+\bar{\boldsymbol{N}}_{L1}(s)\ \boldsymbol{N}_2(s)]=0$ 根不全具有负实部。从而，据具有补偿器输出反馈系统的渐近稳定性判据知，图 P12.4 具有补偿器输出反馈系统为非渐近稳定。

（ii）判断图 P12.4 具有补偿器输出反馈系统的 BIBO 稳定性。前已导出，在图 P12.4 具有补偿器输出反馈系统中，$\boldsymbol{G}_1(s)-\boldsymbol{G}_2(s)$ 串联系统完全能控，$\boldsymbol{G}_2(s)-\boldsymbol{G}_1(s)$ 串联系统完全能观测，在此条件下有

具有补偿器输出反馈系统渐近稳定 $\Leftrightarrow$ 具有补偿器输出反馈系统 BIBO 稳定

从而，由图 P12.4 具有补偿器输出反馈系统为非渐近稳定可知其也必为非 BIBO 稳定。

第 13 章

线性时不变反馈系统的复频率域综合

13.1 本章的主要知识点

控制系统的综合归结为按期望性能指标设计反馈控制器。线性反馈系统的复频率域综合针对连续时间线性时不变受控系统，基于系统的传递函数矩阵的矩阵分式描述即MFD，主要采用含补偿器的输出反馈的控制分式，目标是综合反馈控制器以使控制系统满足期望性能指标。下面给出本章的主要知识点。

（1）极点配置的状态反馈综合

问题的表述

采用图 13.1 所示的包含输入变换状态反馈系统结构。线性时不变受控系统以 $q\times p$ 不可简约右 MFD $\boldsymbol{N}(s)\boldsymbol{D}^{-1}(s)$ 表征，$\boldsymbol{D}(s)$ 列既约，$\deg\det\boldsymbol{D}(s)=n$。要确定“ $p\times p$ 输入变换阵 $\boldsymbol{H}$ ”和“ $p\times n$ 状态反馈阵 $\boldsymbol{K}$ ”，使闭环系统不可简约右 MFD $\boldsymbol{N}_{\mathrm{HK}}(s)\boldsymbol{D}_{\mathrm{HK}}^{-1}(s)$ 配置 n 个任意期望极点 $\{\lambda_1^*,\lambda_2^*,\cdots,\lambda_n^*\}$，即“ $\det\boldsymbol{D}_{\mathrm{HK}}(s)=0$ 根” $=\lambda_i^*$，$i=1,\cdots,n$。

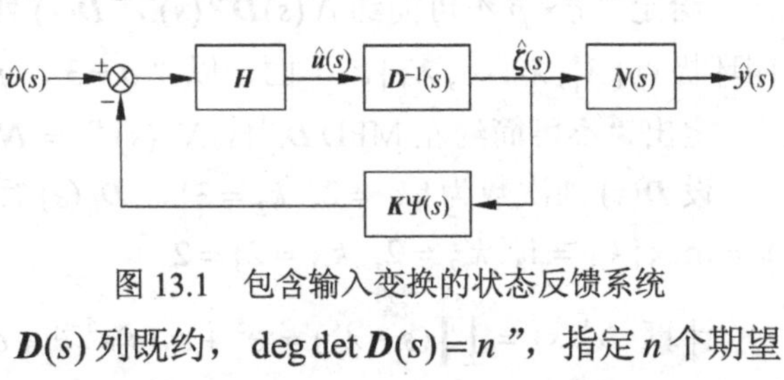

图 13.1　包含输入变换的状态反馈系统

输入变换和状态反馈综合算法

给定“ $q\times p$ 不可简约 $\boldsymbol{N}(s)\boldsymbol{D}^{-1}(s)$，$\boldsymbol{D}(s)$ 列既约，$\deg\det\boldsymbol{D}(s)=n$ ”，指定 n 个期望闭环极点 $\{\lambda_1^*,\lambda_2^*,\cdots,\lambda_n^*\}$。下面，以“ $p=2$，$n=5$ ”为例。

定出 $\boldsymbol{D}(s)$ 列次数，设为“ $k_1=2$，$k_2=3$ ”

定出 $\boldsymbol{D}(s)$ 列次表达式 $\boldsymbol{D}(s)=\boldsymbol{D}_{\mathrm{hc}}\boldsymbol{S}(s)+\boldsymbol{D}_{\mathrm{Lc}}\boldsymbol{\Psi}(s)$

计算 $\boldsymbol{D}_{\mathrm{hc}}^{-1}$， $\boldsymbol{D}_{\mathrm{hc}}^{-1}\boldsymbol{D}_{\mathrm{Lc}} = [\underset{p\times k_1}{\bar{\boldsymbol{D}}_1} \quad \underset{p\times k_2}{\bar{\boldsymbol{D}}_2}] = [\underset{2\times 2}{\bar{\boldsymbol{D}}_1} \quad \underset{2\times 3}{\bar{\boldsymbol{D}}_2}]$

计算 $\prod_{i=1}^{5}(s-\lambda_i^*) = s^5 + \alpha_1(s)s^{5-k_1} + \alpha_2(s)s^{5-(k_1-k_2)} = s^5 + \alpha_1(s)s^3 + \alpha_2(s)$

按比较系数法求解 $\underset{p\times k_1}{\boldsymbol{K}_1} = \underset{2\times 2}{\boldsymbol{K}_1}$ 和 $\underset{p\times k_2}{\boldsymbol{K}_2} = \underset{2\times 3}{\boldsymbol{K}_2}$：

$$\boldsymbol{K}_1\begin{bmatrix} s \\ 1 \end{bmatrix} = \begin{bmatrix} \alpha_1(s) \\ -1 \end{bmatrix} - \bar{\boldsymbol{D}}_1\begin{bmatrix} s \\ 1 \end{bmatrix}, \quad \boldsymbol{K}_2\begin{bmatrix} s^2 \\ s \\ 1 \end{bmatrix} = \begin{bmatrix} \alpha_2(s) \\ 0 \\ 0 \end{bmatrix} - \bar{\boldsymbol{D}}_2\begin{bmatrix} s^2 \\ s \\ 1 \end{bmatrix}$$

则得到输入变换阵 $\boldsymbol{H} = \boldsymbol{D}_{\mathrm{hc}}$，状态反馈阵 $\boldsymbol{K} = [\boldsymbol{K}_1 \quad \boldsymbol{K}_2]$

（2）极点配置的观测器-控制器型补偿器综合

问题的表述

观测器-控制器型反馈系统结构如图 13.2 所示。线性时不变受控系统以 $q\times p$ 不可简约右 MFD $\boldsymbol{N}(s)\boldsymbol{D}^{-1}(s)$ 表征，$\boldsymbol{D}(s)$ 列既约，$\deg\det\boldsymbol{D}(s)=n$。要确定“$p\times p$ 真 $\boldsymbol{T}^{-1}(s)\boldsymbol{N}_u(s)$”和“$p\times q$ 真 $\boldsymbol{T}^{-1}(s)\boldsymbol{N}_y(s)$”，使闭环系统不可简约右 MFD $\boldsymbol{N}_{\mathrm{CF}}(s)\boldsymbol{D}_{\mathrm{CF}}^{-1}(s)$ 配置 n 个任意期望极点 $\{\lambda_1^*, \lambda_2^*, \cdots, \lambda_n^*\}$，即“$\det\boldsymbol{D}_{\mathrm{CF}}(s)=0$ 根” $=\lambda_i^*$，$i=1,\cdots,n$。

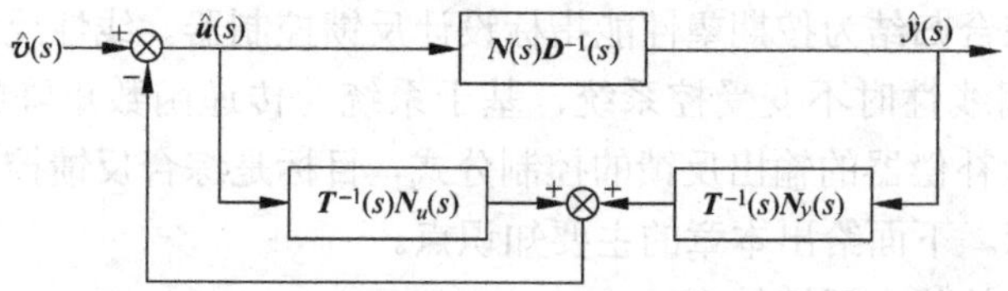

图 13.2 观测器-控制器型反馈系统

观测器-控制器型反馈综合算法

给定“$q\times p$ 不可简约 $\boldsymbol{N}(s)\boldsymbol{D}^{-1}(s)$，$\boldsymbol{D}(s)$ 列既约，$\deg\det\boldsymbol{D}(s)=n$”，指定 n 个期望闭环极点 $\{\lambda_1^*, \lambda_2^*, \cdots, \lambda_n^*\}$。下面，以“$q=3$，$p=2$，$n=5$”为例。

定出“不可简约左 MFD $\boldsymbol{D}_{\mathrm{L}}^{-1}(s)\boldsymbol{N}_{\mathrm{L}}(s)$” $= \boldsymbol{N}(s)\boldsymbol{D}^{-1}(s)$

设 $\boldsymbol{D}(s)$ 列次数为 $\{k_1=2,\ k_2=3\}$，$\boldsymbol{D}_{\mathrm{L}}(s)$ 行次数为 $\{k_{\mathrm{r}1}=1,\ k_{\mathrm{r}2}=2,\ k_{\mathrm{r}3}=2\}$，并表 $\nu=\max\{k_{\mathrm{r}1}=1,\ k_{\mathrm{r}2}=2,\ k_{\mathrm{r}3}=2\}=2$

计算 $\alpha^*(s) = \prod_{i=1}^{5}(s-\lambda_i^*) = s^5 + \alpha_1(s)s^{5-k_1} + \alpha_2(s)s^{5-(k_1-k_2)} = s^5 + \alpha_1(s)s^3 + \alpha_2(s)$

指定“$(\nu-1)p=2$”个补偿器期望极点 $\{s_1^*, s_2^*\}$，并计算

$\alpha_{\mathrm{T}}(s) = (s-s_1^*)(s-s_2^*) = s^2 + \beta_1(s)s^{(\nu-1)(p-1)} + \beta_2(s) = s^2 + \beta_1(s)s + \beta_2(s)$

组成 $D_{CF}^*(s)=\begin{bmatrix} s^{k_1}+\alpha_1(s) & \alpha_2(s) \\ -1 & s^{k_2} \end{bmatrix}=\begin{bmatrix} s^2+\alpha_1(s) & \alpha_2(s) \\ -1 & s^3 \end{bmatrix}$

$$T(s)=\begin{bmatrix} s^{\nu-1}+\beta_1(s) & -1 \\ \beta_2(s) & s^{\nu-1} \end{bmatrix}=\begin{bmatrix} s+\beta_1(s) & -1 \\ \beta_2(s) & s \end{bmatrix}$$

计算 $M(s)=D_{CF}^*(s)-D(s)$

定出使“$X(s)D(s)+Y(s)N(s)=I$”的 $p\times p$ 阵 $X(s)$ 和 $p\times q$ 阵 $Y(s)$

计算 $F(s)=T(s)\ M(s)\ X(s)$，$H(s)=T(s)\ M(s)\ Y(s)$

由“矩阵除法”导出“$H(s)=L(s)\ D_L(s)+N_y(s)$”得到 $N_y(s)$ 和 $L(s)$

计算 $N_u(s)=F(s)+L(s)\ N_L(s)$，$T^{-1}(s)$

则得到补偿器的真左 MFD $T^{-1}(s)N_u(s)$ 和 $T^{-1}(s)N_y(s)$

（3）输出反馈极点配置的补偿器综合

问题的表述

采用图 13.3 所示的具有补偿器输出反馈系统结构。线性时不变受控系统由 $q\times p$ 严真或真传递函数矩阵 $G(s)$ 完全表征，$G(s)$ 特征多项式的次数为 n。要确定补偿器的阶数为 m 的 $p\times q$ 传递函数矩阵 $C(s)$，使闭环系统配置 $n+m$ 个任意期望极点 $\{\lambda_1^*,\lambda_2^*,\cdots,\lambda_{n+m}^*\}$，即“闭环传递函数矩阵 $G_{CF}(s)$ 极点”$=\lambda_i^*$，$i=1,\cdots,n+m$。

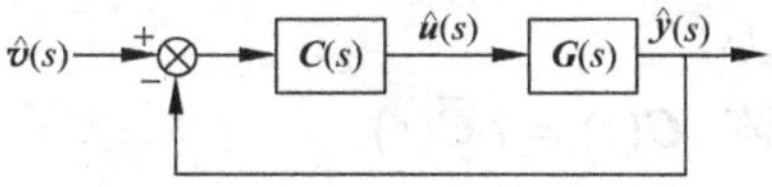

图 13.3 具有补偿器单位输出反馈系统

$G(s)$ 为循环情形补偿器的综合算法

给定受控系统的 $q\times p$ 严真或真传递函数矩阵 $G(s)$，$G(s)$ 为循环，特征多项式 $\Delta[G(s)]$ 的次数为 n，采用图 13.4 所示具有补偿器输出反馈系统组成方案。

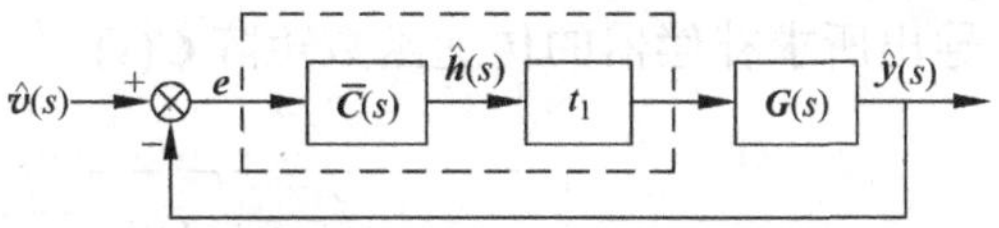

图 13.4 $G(s)$ 为循环情形具有补偿器输出反馈系统组成方案

按满足“$\Delta[G(s)]=k_1\Delta[G(s)t_1]$，$k_1$ 为常数”选取 $p\times 1$ 实向量 t_1

导出 $G(s)t_1=$ 不可简约 $N(s)D^{-1}(s)$，表

标量多项式 $D(s)=D_ns^n+\cdots+D_1s+D_0$

$q\times 1$ 多项式阵 $N(s)=N_ns^n+\cdots+N_1s+N_0$

按使“下列矩阵 S_L 列满秩”确定 L 最小值 L_{min}，并取 $\bar{\nu}=L_{min}-1$

$$
\boldsymbol{S}_{\mathrm{L}} = \left[\begin{array}{cccccccccc}
D_0 & D_1 & \cdots & \cdots & \cdots & D_n & 0 & \cdots & \cdots & 0 \\
\boldsymbol{N}_0 & \boldsymbol{N}_1 & \cdots & \cdots & \cdots & \boldsymbol{N}_n & \boldsymbol{0} & \cdots & \cdots & \boldsymbol{0} \\
\hdashline
0 & D_1 & \cdots & \cdots & \cdots & D_{n-1} & D_n & 0 & \cdots & 0 \\
\boldsymbol{0} & \boldsymbol{N}_1 & \cdots & \cdots & \cdots & \boldsymbol{N}_n & \boldsymbol{N}_n & \boldsymbol{0} & \cdots & \boldsymbol{0} \\
\hdashline
 & & & & & \vdots & & & & \\
\hdashline
0 \cdots 0 & & D_0 & \cdots & D_{n-\mathrm{L}} & \cdots & \cdots & \cdots & & D_n \\
\boldsymbol{0} \cdots \boldsymbol{0} & & \boldsymbol{N}_0 & \cdots & \boldsymbol{N}_{n-\mathrm{L}} & \cdots & \cdots & \cdots & & \boldsymbol{N}_n
\end{array}\right]
$$

若 $\boldsymbol{G}(s)$ 严真，取 $\bar{\boldsymbol{C}}(s)$ 为真，$m=\bar{\nu}-1$；若 $\boldsymbol{G}(s)$ 真，取 $\bar{\boldsymbol{C}}(s)$ 为严真，$m=\bar{\nu}$

指定 $n+m$ 个任意期望闭环极点 $\{\lambda_1^*,\lambda_2^*,\cdots,\lambda_{n+m}^*\}$，并取

$$D_{\mathrm{CF}}^*(s) = k\prod_{i=1}^{n+m}(s-\lambda_i^*) = F_{n+m}s^{n+m}+F_{n+m-1}s^{n+m-1}+\cdots+F_1 s+F_0$$

组成系数矩阵 $\boldsymbol{S}_m$，由方程

$$[D_{\mathrm{c}0}\quad \boldsymbol{N}_{\mathrm{c}0}\quad D_{\mathrm{c}1}\quad \boldsymbol{N}_{\mathrm{c}1}\quad \cdots\quad D_{\mathrm{c}m}\quad \boldsymbol{N}_{\mathrm{c}m}]\,\boldsymbol{S}_m = [F_0\quad F_1\quad \cdots\quad F_{n+m}]$$

导出解 $[D_{\mathrm{c}0}\quad \boldsymbol{N}_{\mathrm{c}0}\quad D_{\mathrm{c}1}\quad \boldsymbol{N}_{\mathrm{c}1}\quad \cdots\quad D_{\mathrm{c}m}\quad \boldsymbol{N}_{\mathrm{c}m}]$

对真 $\bar{\boldsymbol{C}}(s)$，取 $\boldsymbol{N}_{\mathrm{c}m}\neq\boldsymbol{0}$；对严真 $\bar{\boldsymbol{C}}(s)$，取 $\boldsymbol{N}_{\mathrm{c}m}=\boldsymbol{0}$

组成 $D_{\mathrm{c}}(s)=D_{\mathrm{c}m}s^m+\cdots+D_{\mathrm{c}1}s+D_{\mathrm{c}0}$，$\boldsymbol{N}_{\mathrm{c}}(s)=\boldsymbol{N}_{\mathrm{c}m}s^m+\cdots+\boldsymbol{N}_{\mathrm{c}1}s+\boldsymbol{N}_{\mathrm{c}0}$

定出 $\bar{\boldsymbol{C}}(s)=D_{\mathrm{c}}^{-1}(s)\boldsymbol{N}_{\mathrm{c}}(s)$

则得到补偿器的传递函数矩阵 $\boldsymbol{C}(s)=\boldsymbol{t}_1\bar{\boldsymbol{C}}(s)$

$\boldsymbol{G}(s)$ 为非循环情形补偿器的综合算法

给定受控系统 $q\times p$ 严真或真传递函数矩阵 $\boldsymbol{G}(s)$，$\boldsymbol{G}(s)$ 非循环，特征多项式 $\Delta[\boldsymbol{G}(s)]$ 次数为 n，采用图 13.5 所示具有补偿器输出反馈系统组成方案。首先，按使"$\bar{\boldsymbol{G}}(s)=\boldsymbol{G}(s)[\boldsymbol{I}+\boldsymbol{K}\boldsymbol{G}(s)]^{-1}$ 为循环"导出 $p\times q$ 预输出反馈矩阵 $\boldsymbol{K}$。进而，对新受控系统"$q\times p$ 严真或真传递函数矩阵 $\bar{\boldsymbol{G}}(s)$，$\bar{\boldsymbol{G}}(s)$ 循环，特征多项式 $\Delta[\bar{\boldsymbol{G}}(s)]$ 次数为 n"，采用 $\bar{\boldsymbol{G}}(s)$ 为循环情形补偿器的综合算法，导出所求补偿器的传递函数矩阵 $\boldsymbol{C}(s)$。

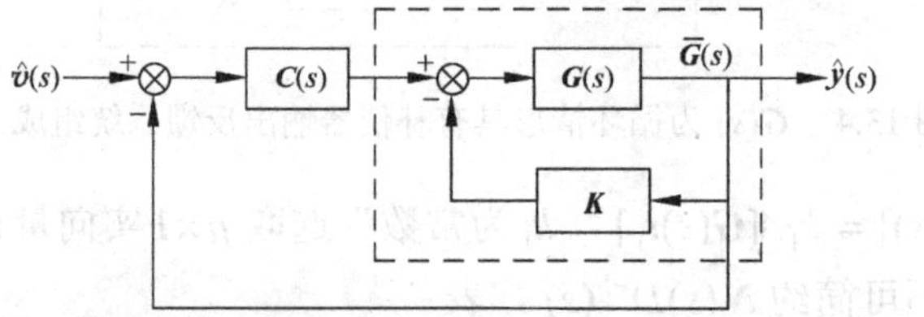

图 13.5 $\boldsymbol{G}(s)$ 为非循环情形具有补偿器输出反馈系统组成方案

（4）输出反馈动态解耦的补偿器综合

问题的表述

采用图 13.3 所示具有补偿器的单位输出反馈系统结构。对由 $p\times p$ 严真或真方传递函数矩阵 $\boldsymbol{G}(s)$ 完全表征的线性时不变受控系统，确定补偿器的 $p\times p$ 真或严真传递函数矩阵 $\boldsymbol{C}(s)$，使闭环系统传递函数矩阵 $\boldsymbol{G}_{\mathrm{CF}}(s)$ 为非奇异对角矩阵。

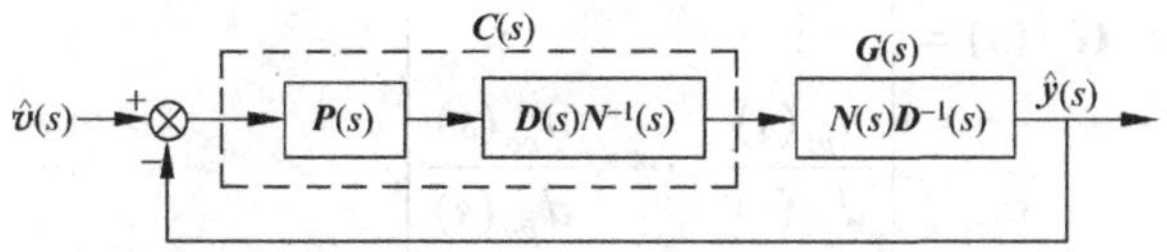

图 13.6 基本动态解耦控制系统组成

基本动态解耦控制系统的补偿器综合算法

基本动态解耦控制系统组成如图 13.6 所示。受控系统 $p\times p$ 方传递函数矩阵 $\boldsymbol{G}(s)$ 为非奇异，取 $\boldsymbol{G}(s)=$ 不可简约 $\boldsymbol{N}(s)\boldsymbol{D}^{-1}(s)$，且 $\boldsymbol{D}(s)$ 和 $\boldsymbol{N}(s)$ 均为稳定。

表 $\boldsymbol{D}(s)\boldsymbol{N}^{-1}(s)=\boldsymbol{G}^{-1}(s)=\begin{bmatrix}\dfrac{n_{11}(s)}{d_{11}(s)} & \cdots & \dfrac{n_{1p}(s)}{d_{1p}(s)}\\ \vdots & & \vdots\\ \dfrac{n_{p1}(s)}{d_{p1}(s)} & \cdots & \dfrac{n_{pp}(s)}{d_{pp}(s)}\end{bmatrix}$

取 $\boldsymbol{P}(s)=\begin{bmatrix}\dfrac{\beta_1(s)}{\alpha_1(s)} & & \\ & \ddots & \\ & & \dfrac{\beta_p(s)}{\alpha_p(s)}\end{bmatrix}$，$\beta_j(s)=$ 任取低次稳定多项式，$j=1,\cdots,p$

取 $\deg\alpha_j(s)=\mu_j$，$j=1,\cdots,p$，满足

若 $\boldsymbol{C}(s)$ 为真，则 $\mu_j\geqslant\deg\beta_j(s)+\max\limits_i[\deg n_{ij}(s)-\deg d_{ij}(s)]$

若 $\boldsymbol{C}(s)$ 为严真，则 $\mu_j>\deg\beta_j(s)+\max\limits_i[\deg n_{ij}(s)-\deg d_{ij}(s)]$

对解耦后第 j 个 SISO 控制系统，指定 μ_j 个期望闭环极点 $\{s_i^{*(j)},i=1,\cdots,\mu_j\}$，并表

$$\eta_j^*(s)=\prod_{i=1}^{\mu_j}(s-s_i^{*(j)})=s^{\mu_j}+\eta_{\mu_j-1}^{(j)}s^{\mu_j-1}+\cdots+\eta_1^{(j)}s+\eta_0^{(j)},\quad j=1,\cdots,p$$

取 $\alpha_j(s)=$ “$\eta_j^*(s)-\beta_j(s)$” 为稳定，$j=1,\cdots,p$

则得到补偿器传递函数矩阵 $\boldsymbol{C}(s)=\boldsymbol{D}(s)\boldsymbol{N}^{-1}(s)\ \boldsymbol{P}(s)$

对基本动态解耦控制系统的推广

① $\boldsymbol{G}(s)$ 为非最小相位情形。采用图 13.6 所示基本解耦控制系统结构。非奇异受控

系统的 $p\times p$ 方传递函数矩阵 $\boldsymbol{G}(s)=$ “不可简约 $\boldsymbol{N}(s)\boldsymbol{D}^{-1}(s)$ ”，$\boldsymbol{D}(s)$ 为稳定，$\boldsymbol{N}(s)$ 为不稳定。

$$\text{表 } \boldsymbol{D}(s)\boldsymbol{N}^{-1}(s)=\boldsymbol{G}^{-1}(s)=\begin{bmatrix}\dfrac{n_{11}(s)}{d_{11}(s)} & \cdots & \dfrac{n_{1p}(s)}{d_{1p}(s)}\\ \vdots & & \vdots\\ \dfrac{n_{p1}(s)}{d_{p1}(s)} & \cdots & \dfrac{n_{pp}(s)}{d_{pp}(s)}\end{bmatrix}$$

表 $b_j(s)=$ “ $\boldsymbol{N}^{-1}(s)$ 第 j 列诸元中对应‘$\det \boldsymbol{N}(s)=0$ 不稳定根’的最小公分母”

取 $\beta_j(s)=b_j(s)\ \bar{\beta}_j(s)$，$\bar{\beta}_j(s)=$ 任取低次稳定多项式，$j=1,\cdots,p$

取 $\deg\alpha_j(s)=\mu_j$，$j=1,\cdots,p$，满足

若 $\boldsymbol{C}(s)$ 为真，则 $\mu_j\geqslant \deg\beta_j(s)+\max\limits_i[\deg n_{ij}(s)-\deg d_{ij}(s)]$

若 $\boldsymbol{C}(s)$ 为严真，则 $\mu_j>\deg\beta_j(s)+\max\limits_i[\deg n_{ij}(s)-\deg d_{ij}(s)]$

对解耦后第 j 个 SISO 控制系统，指定 μ_j 个期望闭环极点 $\{s_i^{*(j)},i=1,\cdots,\mu_j\}$，并表

$$\eta_j^*(s)=\prod_{i=1}^{\mu_j}(s-s_i^{*(j)})=s^{\mu_j}+\eta_{\mu_j-1}^{(j)}s^{\mu_j-1}+\cdots+\eta_1^{(j)}s+\eta_0^{(j)},\quad j=1,\cdots,p$$

取 $\alpha_j(s)=$ “ $\eta_j^*(s)-\beta_j(s)$ ” 为稳定，$j=1,\cdots,p$

$$\text{取 } \boldsymbol{P}(s)=\begin{bmatrix}\dfrac{\beta_1(s)}{\alpha_1(s)} & & \\ & \ddots & \\ & & \dfrac{\beta_p(s)}{\alpha_p(s)}\end{bmatrix}$$

则得到补偿器的传递函数矩阵 $\boldsymbol{C}(s)=\boldsymbol{D}(s)\boldsymbol{N}^{-1}(s)\ \boldsymbol{P}(s)$

② $\boldsymbol{G}(s)$ 为不稳定情形。采用图 13.7 所示不稳定对象解耦控制系统结构。非奇异受控系统 $p\times p$ 方传递函数矩阵 $\boldsymbol{G}(s)=$ “不可简约 $\boldsymbol{N}(s)\boldsymbol{D}^{-1}(s)$ ”，$\boldsymbol{D}(s)$ 为不稳定，$\boldsymbol{N}(s)$ 为稳定。

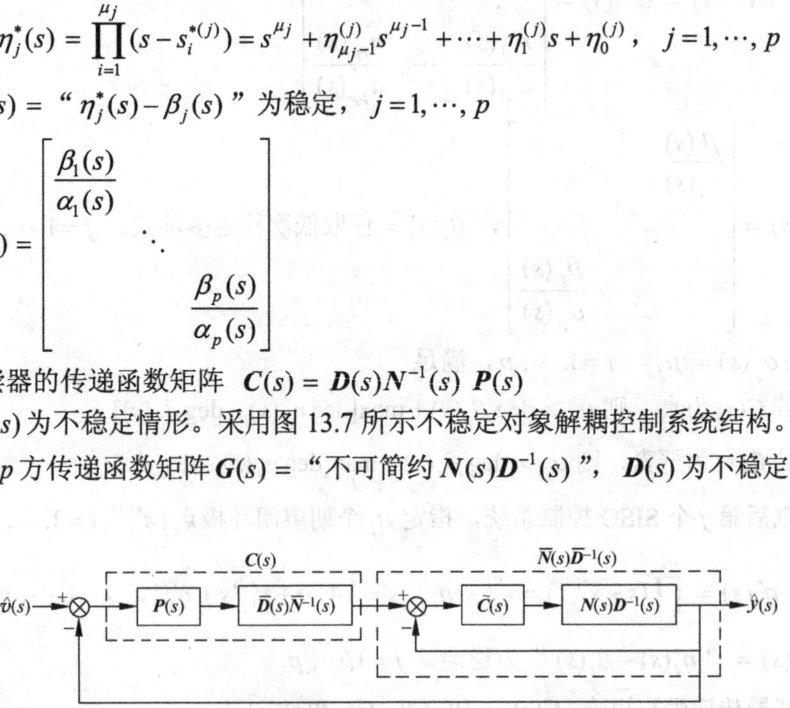

图 13.7 不稳定对象的解耦控制系统结构

按极点配置算法，对 $\boldsymbol{G}(s)$ 综合预 $p\times p$ 补偿器 $\tilde{\boldsymbol{C}}(s)$，使局部闭环传递函数矩阵

$\bar{G}(s) = G(s)\tilde{C}(s)[I + G(s)\tilde{C}(s)]^{-1}$ 为稳定

表 $\bar{G}(s) =$ 不可简约 $\bar{N}(s)\bar{D}^{-1}(s)$，$\bar{D}(s)$ 和 $\bar{N}(s)$ 均为稳定

按基本动态解耦控制系统的补偿器综合算法，对 $\bar{N}(s)\bar{D}^{-1}(s)$ 综合补偿器 $C(s)$

则得到补偿器的传递函数矩阵为 $C(s)$

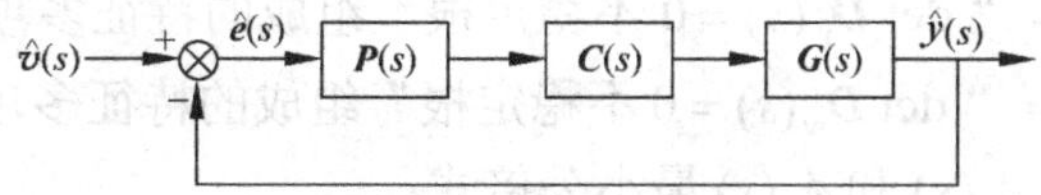

图 13.8 输出反馈静态解耦控制系统结构

（5）输出反馈静态解耦的补偿器综合

可静态解耦条件

输出反馈静态解耦控制系统结构如图 13.8 所示。参考输入限为 $v = d1(t)$，d 为 $q\times 1$ 常向量，$1(t)$ 为单位阶跃函数。受控系统由 $q\times p$ 传递函数矩阵 $G(s) =$ "不可简约 $D_L^{-1}(s)N_L(s)$" 完全表征。此控制系统可静态解耦，即闭环传递函数矩阵 $G_{CF}(s)$ 满足"$G_{CF}(0)$ 为非奇异对角常阵"，充分条件为

$p \geqslant q$； $G(s)$ 在 $s=0$ 无零点； $P(s) = \dfrac{1}{s}I_q$；

$C(s) = N_c(s)D_c^{-1}(s)$ 使 "$\det[sD_L(s)D_c(s) + N_L(s)N_c(s)] = 0$" 根均有负实部

补偿器 $C(s)$ 综合算法

对图 13.8 所示输出反馈控制系统结构，线性时不变受控系统的 $q\times p$ 严真或真传递函数矩阵为 $G(s)$，$p \geqslant q$ 且 $G(s)$ 在 $s=0$ 无零点，取 $P(s) = \dfrac{1}{s}I_q$。

表 $\hat{G}(s) = P(s)G(s) = \dfrac{1}{s}G(s)$

将"图 13.8 的输出反馈控制系统"化为"图 13.3 的具有补偿器单位输出反馈控制系统"，且受控系统为 $\hat{G}(s)$，补偿器为 $C(s)$

对 $\hat{G}(s)$ 配置"负实部期望闭环极点组"，按输出反馈极点配置算法，综合补偿器 $C(s)$

则得到补偿器的传递函数矩阵为 $C(s)$

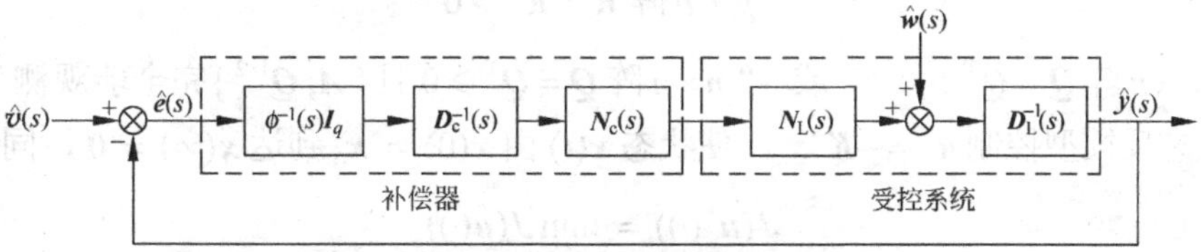

图 13.9 无静差跟踪输出反馈控制系统

（6）输出反馈无静差跟踪控制的补偿器综合

可无静差跟踪条件

无静差跟踪输出反馈控制系统结构如图 13.9 所示。线性时不变受控系统由 $q\times p$ 传递函数矩阵 $\boldsymbol{G}(s)=$ “不可简约 $\boldsymbol{D}_{\mathrm{L}}^{-1}(s)\ \boldsymbol{N}_{\mathrm{L}}(s)$ ” 完全表征。$q\times 1$ 参考输入 $\hat{\boldsymbol{v}}(s)=\boldsymbol{D}_{v}^{-1}(s)\ \boldsymbol{N}_{v}(s)$，$q\times 1$ 扰动 $\hat{\boldsymbol{w}}(s)=\boldsymbol{D}_{w}^{-1}(s)\ \boldsymbol{N}_{w}(s)$，其中 $q\times 1$ 多项式矩阵 $\boldsymbol{N}_{v}(s)$ 和 $\boldsymbol{N}_{w}(s)$ 为任意。表

$\phi_{v}(s)=$ “ $\det\boldsymbol{D}_{v}(s)=0$ 不稳定根” 组成的特征多项式

$\phi_{w}(s)=$ “ $\det\boldsymbol{D}_{w}(s)=0$ 不稳定根” 组成的特征多项式

$\phi(s)=\phi_{v}(s)$ 和 $\phi_{w}(s)$ 最小公倍式

那么，在取补偿器 $p\times q$ 传递函数矩阵 $\boldsymbol{C}(s)=\boldsymbol{N}_{\mathrm{c}}(s)\boldsymbol{D}_{\mathrm{c}}^{-1}(s)\ \phi^{-1}(s)\boldsymbol{I}_{q}$ 前提下，有

$p\geqslant q$ 且 “ $\boldsymbol{D}_{\mathrm{L}}^{-1}(s)\ \boldsymbol{N}_{\mathrm{L}}(s)$ 零点” $\neq$ “ $\phi(s)=0$ 根” $\Rightarrow$（即充分条件）

存在真 $\boldsymbol{N}_{\mathrm{c}}(s)\boldsymbol{D}_{\mathrm{c}}^{-1}(s)$ 使控制系统实现无静差跟踪即 $\lim_{t\to\infty}\boldsymbol{y}(t)=\lim_{t\to\infty}\boldsymbol{v}(t)$

无静差跟踪补偿器综合算法

对图 13.9 所示输出反馈控制系统结构，受控系统的 $q\times p$ 严真或真传递函数矩阵为 “ $\boldsymbol{G}(s)=$ 不可简约 $\boldsymbol{D}_{\mathrm{L}}^{-1}(s)\ \boldsymbol{N}_{\mathrm{L}}(s)$ ”，$\phi(s)=\phi_{v}(s)$ 和 $\phi_{w}(s)$ 最小公倍式，$p\geqslant q$ 且 $\boldsymbol{D}_{\mathrm{L}}^{-1}(s)\ \boldsymbol{N}_{\mathrm{L}}(s)$ 零点 $\neq$ “ $\phi(s)=0$ 根”。

表 $\hat{\boldsymbol{G}}(s)=\phi^{-1}(s)\boldsymbol{D}_{\mathrm{L}}^{-1}(s)\boldsymbol{N}_{\mathrm{L}}(s)=\phi^{-1}(s)\boldsymbol{G}(s)$

将“图 13.9 的输出反馈控制系统”化为“图 13.3 的具有补偿器单位输出反馈控制系统”，且受控系统为 $\hat{\boldsymbol{G}}(s)$，补偿器为 $\boldsymbol{C}_{2}(s)=\boldsymbol{N}_{\mathrm{c}}(s)\boldsymbol{D}_{\mathrm{c}}^{-1}(s)$

对 $\hat{\boldsymbol{G}}(s)$ 配置“负实部的期望闭环极点组”，按输出反馈极点配置算法，综合补偿器 $\boldsymbol{C}_{2}(s)=\boldsymbol{N}_{\mathrm{c}}(s)\boldsymbol{D}_{\mathrm{c}}^{-1}(s)$

则得到补偿器的传递函数矩阵为 $\boldsymbol{C}(s)=\boldsymbol{N}_{\mathrm{c}}(s)\boldsymbol{D}_{\mathrm{c}}^{-1}(s)\ \phi^{-1}(s)\boldsymbol{I}_{q}$

（7）线性二次型最优控制的综合

问题的表述

对 p 维输入的 n 维线性时不变受控系统 “ $\dot{\boldsymbol{x}}=\boldsymbol{A}\boldsymbol{x}+\boldsymbol{B}\boldsymbol{u}$，$\boldsymbol{x}(0)=\boldsymbol{x}_{0}$，$\boldsymbol{x}(\infty)=\boldsymbol{0}$ ”，指定二次型性能指标函数

$$J(\boldsymbol{u}(\cdot))=\int_{0}^{\infty}[\boldsymbol{x}^{\mathrm{T}}(t)\boldsymbol{Q}\boldsymbol{x}(t)+\boldsymbol{u}^{\mathrm{T}}(t)\boldsymbol{R}\boldsymbol{u}(t)]\mathrm{d}t$$

$$p\times p\text{ 阵 }\boldsymbol{R}=\boldsymbol{R}^{\mathrm{T}}>0$$

“ $n\times n$ 阵 $\boldsymbol{Q}=\boldsymbol{Q}^{\mathrm{T}}>0$ ” 或 “ $n\times n$ 阵 $\boldsymbol{Q}=\boldsymbol{Q}^{\mathrm{T}}\geqslant 0$ 且 $\{\boldsymbol{A},\boldsymbol{Q}^{1/2}\}$ 完全能观测”

要确定状态反馈型控制 $\boldsymbol{u}^{*}=-\boldsymbol{K}^{*}\boldsymbol{x}$，使状态 $\boldsymbol{x}(t)$ 由 $\boldsymbol{x}(0)=\boldsymbol{x}_{0}$ 到达 $\boldsymbol{x}(\infty)=\boldsymbol{0}$，同时有

$$J(\boldsymbol{u}^{*}(\cdot))=\min_{\boldsymbol{u}(\cdot)}J(\boldsymbol{u}(\cdot))$$

特征值-特征向量法综合 $\boldsymbol{K}^{*}$

线性二次型最优状态反馈系统结构如图 13.10 所示。受控系统由 $n\times p$ 阵 $(s\boldsymbol{I}-\boldsymbol{A})^{-1}\boldsymbol{B}$

表征，性能指标加权阵为 $p\times p$ 阵 $\boldsymbol{R}$ 和 $n\times n$ 阵 $\boldsymbol{Q}$ 。表 $\boldsymbol{Q}=\boldsymbol{C}^{\mathrm{T}}\boldsymbol{C}$， $\boldsymbol{C}$ 为 $q\times n$ 阵。

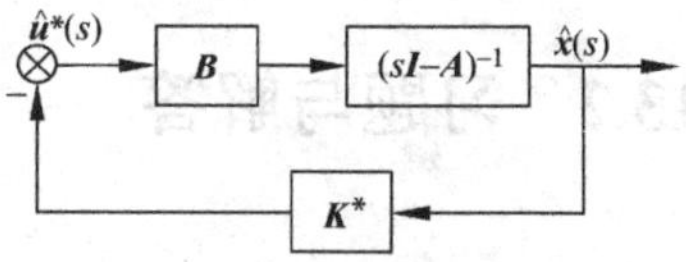

图 13.10 线性二次型最优状态反馈系统

组成 $2n\times 2n$ 阵 $\boldsymbol{M}=\begin{bmatrix}\boldsymbol{A} & \boldsymbol{B}\boldsymbol{R}^{-1}\boldsymbol{B}^{\mathrm{T}}\\ -\boldsymbol{C}^{\mathrm{T}}\boldsymbol{C} & \boldsymbol{A}^{\mathrm{T}}\end{bmatrix}$

定出 $\boldsymbol{M}$ 的位于左半开复平面上的 n 个特征值 μ_i， $i=1,\cdots,n$

定出矩阵 $\boldsymbol{M}$ 的属于 μ_i 的 $2n\times 1$ 特征向量 $\begin{bmatrix}\boldsymbol{X}_i\\ \boldsymbol{\Lambda}_i\end{bmatrix}\begin{matrix}\}n\\ \}n\end{matrix}$， $i=1,\cdots,n$

组成 $[\boldsymbol{\Lambda}_1\ \ \cdots\ \ \boldsymbol{\Lambda}_n]$ 和 $[\boldsymbol{X}_1\ \ \cdots\ \ \boldsymbol{X}_n]$，计算 $\boldsymbol{R}^{-1}$ 和 $[\boldsymbol{X}_1\ \ \cdots\ \ \boldsymbol{X}_n]^{-1}$

则得到状态反馈矩阵 $\boldsymbol{K}^*=\boldsymbol{R}^{-1}\boldsymbol{B}^{\mathrm{T}}[\boldsymbol{\Lambda}_1\ \ \cdots\ \ \boldsymbol{\Lambda}_n][\boldsymbol{X}_1\ \ \cdots\ \ \boldsymbol{X}_n]^{-1}$

复频率域方法综合 $\boldsymbol{K}^*$

对 p 维输入的 n 维受控系统 $\{\boldsymbol{A},\boldsymbol{B}\}$，性能指标加权阵为 $p\times p$ 阵 $\boldsymbol{R}$ 和 $n\times n$ 阵 $\boldsymbol{Q}=\boldsymbol{C}^{\mathrm{T}}\boldsymbol{C}$， $\boldsymbol{C}$ 为 $q\times n$ 阵。

计算 $q\times p$ 传递函数矩阵 $\boldsymbol{G}(s)=\boldsymbol{C}\ (s\boldsymbol{I}-\boldsymbol{A})^{-1}\boldsymbol{B}$

导出 $\boldsymbol{G}(s)=$ 不可简约 $\boldsymbol{N}(s)\boldsymbol{D}^{-1}(s)$， $p\times p$ 分母阵 $\boldsymbol{D}(s)$ 列既约

定出 $\boldsymbol{D}(s)$ 的列次数 $\{k_1,\cdots,k_p\}$，组成 $\boldsymbol{\Psi}(s)=\begin{bmatrix}s^{k_1-1} & & \\ \vdots & & \\ s & & \\ 1 & & \\ & \ddots & \\ & & s^{k_p-1}\\ & & \vdots\\ & & s\\ & & 1\end{bmatrix}$

计算 $\boldsymbol{D}^{\mathrm{T}}(-s)\ \boldsymbol{R}\ \boldsymbol{D}(s)+\boldsymbol{N}^{\mathrm{T}}(-s)\boldsymbol{N}(s)$

定出 $\det[\boldsymbol{D}^{\mathrm{T}}(-s)\ \boldsymbol{R}\ \boldsymbol{D}(s)+\boldsymbol{N}^{\mathrm{T}}(-s)\boldsymbol{N}(s)]=0$ 的 n 个稳定根 $\{\mu_1,\cdots,\mu_n\}$

计算 $[\boldsymbol{D}^{\mathrm{T}}(-\mu_i)\ \boldsymbol{R}\ \boldsymbol{D}(\mu_i)+\boldsymbol{N}^{\mathrm{T}}(-\mu_i)\boldsymbol{N}(\mu_i)]$， $[\boldsymbol{D}^{\mathrm{T}}(-\mu_i)\ \boldsymbol{R}\ \boldsymbol{D}(\mu_i)+\boldsymbol{N}^{\mathrm{T}}(-\mu_i)\boldsymbol{N}(\mu_i)]\boldsymbol{\zeta}(\mu_i)=0$ 的非平凡解 $\boldsymbol{\zeta}(\mu_i)$， $i=1,\cdots,n$

计算 $\boldsymbol{\Psi}(\mu_i)$， $\boldsymbol{D}(\mu_i)\boldsymbol{\zeta}(\mu_i)$， $\boldsymbol{\Psi}(\mu_i)\boldsymbol{\zeta}(\mu_i)$， $i=1,\cdots,n$

组成 $[\boldsymbol{D}(\mu_1)\boldsymbol{\zeta}(\mu_1)\ \ \cdots\ \ \boldsymbol{D}(\mu_n)\boldsymbol{\zeta}(\mu_n)]$， $[\boldsymbol{\Psi}(\mu_1)\boldsymbol{\zeta}(\mu_1)\ \ \cdots\ \ \boldsymbol{\Psi}(\mu_n)\boldsymbol{\zeta}(\mu_n)]$，计算 $[\boldsymbol{\Psi}(\mu_1)\boldsymbol{\zeta}(\mu_1)\ \ \cdots\ \ \boldsymbol{\Psi}(\mu_n)\boldsymbol{\zeta}(\mu_n)]^{-1}$

则得到状态反馈矩阵

$$\boldsymbol{K}^*=-[\boldsymbol{D}(\mu_1)\boldsymbol{\zeta}(\mu_1)\ \ \cdots\ \ \boldsymbol{D}(\mu_n)\boldsymbol{\zeta}(\mu_n)][\boldsymbol{\Psi}(\mu_1)\boldsymbol{\zeta}(\mu_1)\ \ \cdots\ \ \boldsymbol{\Psi}(\mu_n)\boldsymbol{\zeta}(\mu_n)]^{-1}$$

13.2 习题与解答

本章的习题安排围绕由传递函数矩阵表征的线性时不变受控系统基于“具有补偿器输出反馈”和“带观测器状态反馈”的复频率综合。基本题部分包括判断线性时不变系统传递函数矩阵的循环性，按极点配置综合状态反馈阵和“观测器-控制器型”补偿器，按极点配置综合输出反馈系统的补偿器，按动态解耦和静态解耦综合输出反馈系统的补偿器，按无静差跟踪综合输出反馈系统的补偿器，线性二次型最优调节系统的状态反馈阵的复频率域综合等。证明题部分涉及一类具有补偿器输出反馈系统的稳定性。

题 13.1　判断下列各有理分式矩阵是否为循环：

（i）$\boldsymbol{G}_1(s)=\begin{bmatrix}\dfrac{1}{(s-1)^2} & \dfrac{s+1}{s-2}\\ \dfrac{1}{s+3} & \dfrac{1}{s}\end{bmatrix}$

（ii）$\boldsymbol{G}_2(s)=\begin{bmatrix}\dfrac{1}{s-1} & \dfrac{2}{s-1}\\ \dfrac{1}{(s-1)(s+1)} & \dfrac{2s}{(s-1)(s+1)}\end{bmatrix}$

（iii）$\boldsymbol{G}_3(s)=\begin{bmatrix}\dfrac{1}{s+1} & 0 & 0\\ 0 & \dfrac{1}{s+1} & 0\\ 0 & 0 & \dfrac{1}{s+1}\end{bmatrix}$

解　本题属于判断有理分式矩阵循环性的基本题。

有理分式矩阵 $\boldsymbol{G}(s)$ 为循环，当且仅当“$\boldsymbol{G}(s)$ 的特征多项式 $\Delta(s)$”$=k\times$“$\boldsymbol{G}(s)$ 的最小多项式 $\phi(s)$”，其中 $k=$ 非零常数。

（i）对给定有理分式矩阵 $\boldsymbol{G}_1(s)=\begin{bmatrix}\dfrac{1}{(s-1)^2} & \dfrac{s+1}{s-2}\\ \dfrac{1}{s+3} & \dfrac{1}{s}\end{bmatrix}$，定出

$$\boldsymbol{G}_1(s)\text{ 的 1 阶子式}=\left\{\frac{1}{(s-1)^2},\ \frac{s+1}{s-2},\ \frac{1}{s+3},\ \frac{1}{s}\right\}$$

$$\boldsymbol{G}_1(s)\text{ 的 2 阶子式}=\left\{\frac{-(s^4-s^3-2s^2+6)}{s(s-1)^2(s-2)(s+3)}\right\}$$

$\boldsymbol{G}_1(s)$ 的特征多项式 $\Delta_1(s) = \boldsymbol{G}_1(s)$ 的所有 1 阶、2 阶子式的最小公分母

$$= \left\{\frac{1}{(s-1)^2},\ \frac{s+1}{s-2},\ \frac{1}{s+3},\ \frac{1}{s},\ \frac{-(s^4-s^3-2s^2+6)}{s(s-1)^2(s-2)(s+3)}\right\} \text{的最小公分母}$$

$$= s(s-1)^2(s-2)(s+3)$$

$\boldsymbol{G}_1(s)$ 的最小多项式 $\phi_1(s) = \boldsymbol{G}_1(s)$ 的所有 1 阶子式的最小公分母

$$= \left\{\frac{1}{(s-1)^2},\ \frac{s+1}{s-2},\ \frac{1}{s+3},\ \frac{1}{s}\right\} \text{最小公分母} = s(s-1)^2(s-2)(s+3)$$

基此，导出

"$\boldsymbol{G}_1(s)$ 特征多项式 $\Delta_1(s)$" $= s(s-1)^2(s-2)(s+3) = 1\times$ "$\boldsymbol{G}_1(s)$ 最小多项式 $\phi_1(s)$"

据有理分式矩阵循环性的定义，可知给定有理分式矩阵 $\boldsymbol{G}_1(s)$ 为循环。

（ii）对给定有理分式矩阵 $\boldsymbol{G}_2(s) = \begin{bmatrix} \dfrac{1}{s-1} & \dfrac{2}{s-1} \\ \dfrac{1}{(s-1)(s+1)} & \dfrac{2s}{(s-1)(s+1)} \end{bmatrix}$，定出

$\boldsymbol{G}_2(s)$ 的 1 阶子式 $= \left\{\dfrac{1}{s-1},\ \dfrac{2}{s-1},\ \dfrac{1}{(s-1)(s+1)},\ \dfrac{2s}{(s-1)(s+1)}\right\}$

$\boldsymbol{G}_2(s)$ 的 2 阶子式 $= \left\{\dfrac{2}{(s-1)(s+1)}\right\}$

$\boldsymbol{G}_2(s)$ 的特征多项式 $\Delta_2(s) = \boldsymbol{G}_2(s)$ 的所有 1 阶、2 阶子式的最小公分母

$$= \left\{\frac{1}{s-1},\ \frac{2}{s-1},\ \frac{1}{(s-1)(s+1)},\ \frac{2s}{(s-1)(s+1)},\ \frac{2}{(s-1)(s+1)}\right\} \text{最小公分母}$$

$$= (s-1)(s+1)$$

$\boldsymbol{G}_2(s)$ 的最小多项式 $\phi_2(s) = \boldsymbol{G}_2(s)$ 的所有 1 阶子式的最小公分母

$$= \left\{\frac{1}{s-1},\ \frac{2}{s-1},\ \frac{1}{(s-1)(s+1)},\ \frac{2s}{(s-1)(s+1)}\right\} \text{最小公分母}$$

$$= (s-1)(s+1)$$

基此，导出

"$\boldsymbol{G}_2(s)$ 特征多项式 $\Delta_2(s)$" $= (s-1)(s+1) = 1\times$ "$\boldsymbol{G}_2(s)$ 最小多项式 $\phi_2(s)$"

据有理分式矩阵循环性的定义，可知给定有理分式矩阵 $\boldsymbol{G}_2(s)$ 为循环。

（iii）对给定有理分式矩阵 $\boldsymbol{G}_3(s) = \begin{bmatrix} \dfrac{1}{s+1} & 0 & 0 \\ 0 & \dfrac{1}{s+1} & 0 \\ 0 & 0 & \dfrac{1}{s+1} \end{bmatrix}$，定出

$G_3(s)$ 的 1 阶子式 $=\left\{\frac{1}{s+1}, \frac{1}{s+1}, \frac{1}{s+1}\right\}$

$G_3(s)$ 的 2 阶子式 $=\left\{\frac{1}{(s+1)^2}, \frac{1}{(s+1)^2}, \frac{1}{(s+1)^2}\right\}$

$G_3(s)$ 的 3 阶子式 $=\left\{\frac{1}{(s+1)^3}\right\}$

$G_3(s)$ 的特征多项式 $\Delta_3(s)$ = $G_3(s)$ 的所有 1 阶、2 阶、3 阶子式的最小公分母

$$=\left\{\frac{1}{s+1}, \frac{1}{s+1}, \frac{1}{s+1}, \frac{1}{(s+1)^2}, \frac{1}{(s+1)^2}, \frac{1}{(s+1)^2}, \frac{1}{(s+1)^3}\right\}\text{最小公分母}$$

$=(s+1)^3$

$G_3(s)$ 的最小多项式 $\phi_3(s)$ = $G_3(s)$ 的所有 1 阶子式的最小公分母

$$=\left\{\frac{1}{s+1}, \frac{1}{s+1}, \frac{1}{s+1}\right\}\text{最小公分母}=(s+1)$$

基此，导出

"$G_3(s)$ 特征多项式 $\Delta_3(s)$" $=(s+1)^3=(s+1)^2\times$ "$G_3(s)$ 最小多项式 $\phi_3(s)$"

据有理分式矩阵循环性的定义，可知给定有理分式矩阵 $G_3(s)$ 为非循环。

题 13.2 给定一个有理分式矩阵 $C(s)$ 为循环，试证明：对任意同维实常阵 K，有理分式矩阵 $\tilde{C}(s)=C(s)+K$ 也为循环。

解 本题属于对循环有理分式矩阵属性的证明题，意在训练运用已有结果导出待证结论的演绎推证能力。

表有理分式矩阵 $C(s)$ 的最小实现为 $\{A,B,C,E\}$，则知 $\tilde{C}(s)=C(s)+K$ 的最小实现为 $\{A,B,C,\tilde{E}\}$，$\tilde{E}=E+K$。对 $C(s)$ 的最小实现 $\{A,B,C,E\}$，可以导出

$$C(sI-A)^{-1}B=\frac{C\operatorname{adj}(sI-A)^{-1}B}{\det(sI-A)}=\frac{P(s)}{\Delta(s)}=\frac{H(s)}{\phi(s)}$$

其中，"$\Delta(s)=\det(sI-A)$"为 A 的特征多项式，"$P(s)=C\operatorname{adj}(sI-A)^{-1}B$"为多项式矩阵，$A$ 的最小多项式 $\phi(s)$ 可由完全消去 $\{P(s), \Delta(s)\}$ 的公因子得到。基此，由传递函数矩阵循环性定义导出

$$C(sI-A)^{-1}B\text{ 为循环}\quad\Leftrightarrow\quad \Delta(s)=k\,\phi(s)$$

$$C(sI-A)^{-1}B+\tilde{E}\text{ 为循环}\quad\Leftrightarrow\quad C(sI-A)^{-1}B\text{ 为循环}$$

其中，$\tilde{E}$ 为任意维数相容常阵。再由 $\{A,B,C,E\}$ 为最小实现知，有理分式矩阵 $C(s)$ 的特征多项式和最小多项式必为 $\hat{k}\,\Delta(s)$ 和 $\bar{k}\,\phi(s)$，其中 $\hat{k}$ 和 $\bar{k}$ 为非零常数。从而，基于上述结论，并由 $\{A,B,C,\tilde{E}\}$ 为 $\tilde{C}(s)$ 的一个最小实现，证得：

$C(s)$ 为循环 $\Rightarrow$ "$C(s)$ 的特征多项式 $\hat{k}\,\Delta(s)$" $=\tilde{k}\times$ "$C(s)$ 的最小多项式 $\bar{k}\,\phi(s)$"

$\Rightarrow$ "A 特征多项式 $\Delta(s)$" $=k\times$ "A 最小多项式 $\phi(s)$"，$k=(\tilde{k}\,\bar{k})/\hat{k}$

$\Rightarrow C(sI-A)^{-1}B$ 为循环

$\Rightarrow C(sI - A)^{-1}B + \tilde{E}$ 为循环

$\Rightarrow$ 取 $\tilde{E} = E + K$，$\tilde{C}(s) = C(s) + K$ 为循环

题 13.3 给定线性时不变受控系统的传递函数矩阵为：

$$G(s) = \begin{bmatrix} s^2+s+1 & s+1 \\ s^2+2s & 2 \end{bmatrix} \begin{bmatrix} s^3+2s^2+1 & 0 \\ 2s^2+s+1 & 4s^2+2s+1 \end{bmatrix}^{-1}$$

试综合一个状态反馈阵 $\boldsymbol{K}$，使状态反馈控制系统的极点配置为：$\lambda_1^* = -2$，$\lambda_{2,3}^* = -1 \pm \mathrm{j}$，$\lambda_{4,5}^* = -4 \pm \mathrm{j}2$。

解 本题属于按配置指定期望闭环极点组来综合状态反馈阵的基本题。

① 判断受控系统 MFD 属性。据不可简约性秩判据容易判断，给定受控系统的右 MFD $N(s)D^{-1}(s)$ 为不可简约。再可定出，给定分母阵 $D(s)$ 的列次数为 $k_{c1} = 3$ 和 $k_{c2} = 2$，且由"$\deg\det D(s) = k_{c1} + k_{c2} = 5$"知 $D(s)$ 为列既约。

② 导出标准形期望闭环特征多项式。由给定期望闭环极点组 $\lambda_1^* = -2$，$\lambda_{2,3}^* = -1 \pm \mathrm{j}$，$\lambda_{4,5}^* = -4 \pm \mathrm{j}2$，定出期望闭环特征多项式：

$$\begin{aligned} \alpha^*(s) &= \prod_{i=1}^{5}(s - \lambda^*) = (s+2)(s^2+2s+2)(s^2+8s+20) \\ &= s^5 + 12s^4 + 58s^3 + 132s^2 + 152s + 80 \end{aligned}$$

基于 $D(s)$ 的列次数 $k_{c1} = 3$ 和 $k_{c2} = 2$，进而表 $\alpha^*(s)$ 为标准形期望闭环特征多项式：

$$\alpha^*(s) = s^5 + \alpha_1(s)s^{5-k_{c1}} + \alpha_2(s) = s^5 + (12s^2 + 58s + 132)s^2 + (152s + 80)$$

基此，导出

$$\alpha_1(s) = (12s^2 + 58s + 132), \quad \alpha_2(s) = (152s + 80)$$

③ 定出系数矩阵。基于 $D(s)$ 的列次数 $k_{c1} = 3$ 和 $k_{c2} = 2$，由 $D(s)$ 的列次表达式

$$D(s) = \begin{bmatrix} 1 & 0 \\ 0 & 4 \end{bmatrix} \begin{bmatrix} s^3 & 0 \\ 0 & s^2 \end{bmatrix} + \begin{bmatrix} 2 & 0 & 1 & 0 & 0 \\ 2 & 1 & 1 & 2 & 1 \end{bmatrix} \begin{bmatrix} s^2 & 0 \\ s & 0 \\ 1 & 0 \\ 0 & s \\ 0 & 1 \end{bmatrix}$$

定出系数矩阵：

$$D_{hc} = \begin{bmatrix} 1 & 0 \\ 0 & 4 \end{bmatrix}, \quad D_{hc}^{-1} = \begin{bmatrix} 1 & 0 \\ 0 & 1/4 \end{bmatrix}, \quad \Psi_c(s) = \begin{bmatrix} s^2 & 0 \\ s & 0 \\ 1 & 0 \\ 0 & s \\ 0 & 1 \end{bmatrix}, \quad D_{Lc} = \begin{bmatrix} 2 & 0 & 1 & 0 & 0 \\ 2 & 1 & 1 & 2 & 1 \end{bmatrix}$$

$$D_{hc}^{-1} D_{Lc} = \begin{bmatrix} 1 & 0 \\ 0 & 1/4 \end{bmatrix} \begin{bmatrix} 2 & 0 & 1 & 0 & 0 \\ 2 & 1 & 1 & 2 & 1 \end{bmatrix} = \begin{bmatrix} 2 & 0 & 1 & 0 & 0 \\ 1/2 & 1/4 & 1/4 & 1/2 & 1/4 \end{bmatrix}$$

$$=\left[\begin{array}{ccc|cc} 2 & 0 & 1 & 0 & 0 \\ 1/2 & 1/4 & 1/4 & 1/2 & 1/4 \end{array}\right]=[\bar{\boldsymbol{D}}_1 \quad \bar{\boldsymbol{D}}_2]$$

④ 确定状态反馈阵。由低次阵$\boldsymbol{\Psi}_c(s)$为 5×2 阵知，状态反馈阵$\boldsymbol{K}$为 2×5 阵。基此，表

$$\boldsymbol{K}=[\boldsymbol{K}_1 \quad \boldsymbol{K}_2],\quad \boldsymbol{K}_1=\begin{bmatrix} \beta_{11} & \beta_{12} & \beta_{13} \\ \beta_{21} & \beta_{22} & \beta_{23} \end{bmatrix},\quad \boldsymbol{K}_2=\begin{bmatrix} \beta_{14} & \beta_{15} \\ \beta_{24} & \beta_{25} \end{bmatrix}$$

并由

$$\boldsymbol{K}_1\begin{bmatrix} s^2 \\ s \\ 1 \end{bmatrix}=\begin{bmatrix} \alpha_1(s) \\ -1 \end{bmatrix}-\bar{\boldsymbol{D}}_1\begin{bmatrix} s^2 \\ s \\ 1 \end{bmatrix},\quad \boldsymbol{K}_2\begin{bmatrix} s \\ 1 \end{bmatrix}=\begin{bmatrix} \alpha_2(s) \\ 0 \end{bmatrix}-\bar{\boldsymbol{D}}_2\begin{bmatrix} s \\ 1 \end{bmatrix}$$

导出确定状态反馈阵的方程：

$$\begin{bmatrix} \beta_{11} & \beta_{12} & \beta_{13} \\ \beta_{21} & \beta_{22} & \beta_{23} \end{bmatrix}\begin{bmatrix} s^2 \\ s \\ 1 \end{bmatrix}=\begin{bmatrix} 12s^2+58s+132 \\ -1 \end{bmatrix}-\begin{bmatrix} 2 & 0 & 1 \\ 1/2 & 1/4 & 1/4 \end{bmatrix}\begin{bmatrix} s^2 \\ s \\ 1 \end{bmatrix}$$

$$=\begin{bmatrix} 10 & 58 & 131 \\ -1/2 & -1/4 & -5/4 \end{bmatrix}\begin{bmatrix} s^2 \\ s \\ 1 \end{bmatrix}$$

$$\begin{bmatrix} \beta_{14} & \beta_{15} \\ \beta_{24} & \beta_{25} \end{bmatrix}\begin{bmatrix} s \\ 1 \end{bmatrix}=\begin{bmatrix} 152s+80 \\ 0 \end{bmatrix}-\begin{bmatrix} 0 & 0 \\ 1/2 & 1/4 \end{bmatrix}\begin{bmatrix} s \\ 1 \end{bmatrix}=\begin{bmatrix} 152 & 80 \\ -1/2 & -1/4 \end{bmatrix}\begin{bmatrix} s \\ 1 \end{bmatrix}$$

从而，定出

$$\boldsymbol{K}_1=\begin{bmatrix} \beta_{11} & \beta_{12} & \beta_{13} \\ \beta_{21} & \beta_{22} & \beta_{23} \end{bmatrix}=\begin{bmatrix} 10 & 58 & 131 \\ -1/2 & -1/4 & -5/4 \end{bmatrix},\quad \boldsymbol{K}_2=\begin{bmatrix} \beta_{14} & \beta_{15} \\ \beta_{24} & \beta_{25} \end{bmatrix}=\begin{bmatrix} 152 & 80 \\ -1/2 & -1/4 \end{bmatrix}$$

而实现期望极点配置的状态反馈阵为

$$\boldsymbol{K}=[\boldsymbol{K}_1 \quad \boldsymbol{K}_2]=\begin{bmatrix} 10 & 58 & 131 & 152 & 80 \\ -1/2 & -1/4 & -5/4 & -1/2 & -1/4 \end{bmatrix}$$

⑤ 确定输入变换阵。实现期望极点配置还需引入输入变换，且取输入变换阵为

$$\boldsymbol{H}=\boldsymbol{D}_{\text{hc}}=\begin{bmatrix} 1 & 0 \\ 0 & 4 \end{bmatrix}$$

⑥ 定出具有输入变换状态反馈系统的传递函数矩阵。先行定出闭环系统的分母矩阵和分子矩阵，有

$$\boldsymbol{D}_{\text{HK}}(s)=\boldsymbol{S}(s)+(\boldsymbol{D}_{\text{hc}}^{-1}\,\boldsymbol{D}_{\text{Lc}}+\boldsymbol{K})\boldsymbol{\Psi}_c(s)=\boldsymbol{S}(s)+\begin{bmatrix} \alpha_1(s) & \alpha_2(s) \\ -1 & 0 \end{bmatrix}$$

$$=\begin{bmatrix} s^3 & 0 \\ 0 & s^2 \end{bmatrix}+\begin{bmatrix} 12s^2+58s+132 & 152s+80 \\ -1 & 0 \end{bmatrix}$$

$$=\begin{bmatrix} s^3+12s^2+58s+132 & 152s+80 \\ -1 & s^2 \end{bmatrix}$$

$$\boldsymbol{N}(s)=\begin{bmatrix} s^2+s+1 & s+1 \\ s^2+2s & 2 \end{bmatrix}$$

从而，得到具有输入变换状态反馈系统的传递函数矩阵为

$$\boldsymbol{G}_{\mathrm{HK}}(s)=\boldsymbol{N}(s)\,\boldsymbol{D}_{\mathrm{HK}}^{-1}(s)=\begin{bmatrix} s^2+s+1 & s+1 \\ s^2+2s & 2 \end{bmatrix}\begin{bmatrix} s^3+12s^2+58s+132 & 152s+80 \\ -1 & s^2 \end{bmatrix}^{-1}$$

题 13.4 对上题中给出的线性时不变受控系统和期望闭环极点组，试确定实现极点配置的一个“观测器-控制器型”补偿器，并画出闭环控制系统的结构图。

解 本题属于按配置指定期望闭环极点组综合“观测器-控制器型”补偿器的基本题。

① 定出受控系统的不可简约严真右 MFD。给定受控系统传递函数矩阵 $\boldsymbol{G}(s)$ 的严真右 MFD 为

$$\boldsymbol{G}(s)=\boldsymbol{N}(s)\,\boldsymbol{D}^{-1}(s)=\begin{bmatrix} s^2+s+1 & s+1 \\ s^2+2s & 2 \end{bmatrix}\begin{bmatrix} s^3+2s^2+1 & 0 \\ 2s^2+s+1 & 4s^2+2s+1 \end{bmatrix}^{-1}$$

据不可简约性秩判据容易判断，$\boldsymbol{N}(s)\,\boldsymbol{D}^{-1}(s)$ 为 $\boldsymbol{G}(s)$ 的一个不可简约严真右 MFD。并且，$\boldsymbol{D}(s)$ 为列既约，$\boldsymbol{D}(s)$ 列次数为 $k_{c1}=\delta_{c1}\boldsymbol{D}(s)=3$ 和 $k_{c2}=\delta_{c2}\boldsymbol{D}(s)=2$。

② 定出受控系统的不可简约严真左 MFD。对给定受控系统传递函数矩阵 $\boldsymbol{G}(s)$ 的不可简约严真右 MFD，引入确定 $\{\boldsymbol{D}(s),\boldsymbol{N}(s)\}$ 的“gcrd 为单位阵”的行初等运算：

$$\begin{bmatrix} \boldsymbol{D}(s) \\ \boldsymbol{N}(s) \end{bmatrix}=\begin{bmatrix} s^3+2s^2+1 & 0 \\ 2s^2+s+1 & 4s^2+2s+1 \\ s^2+s+1 & s+1 \\ s^2+2s & 2 \end{bmatrix}\ \text{“行 4×（-}s\text{）”加于行 1，}\boldsymbol{E}_1\ \rightarrow$$

$$\begin{bmatrix} 1 & -2s \\ 2s^2+s+1 & 4s^2+2s+1 \\ s^2+s+1 & s+1 \\ s^2+2s & 2 \end{bmatrix}\ \text{“行 3×（-1）”加于行 4，}\boldsymbol{E}_2\ \rightarrow$$

$$\begin{bmatrix} 1 & -2s \\ 2s^2+s+1 & 4s^2+2s+1 \\ s^2+s+1 & s+1 \\ s-1 & -s+1 \end{bmatrix}\ \text{“行 3×（-2）”加于行 2，}\boldsymbol{E}_3\ \rightarrow$$

$$\begin{bmatrix} 1 & -2s \\ -s-1 & 4s^2-1 \\ s^2+s+1 & s+1 \\ s-1 & -s+1 \end{bmatrix}$$ “行 1×（2 s）”加于行 2，$\boldsymbol{E}_4$ →

$$\begin{bmatrix} 1 & -2s \\ s-1 & -1 \\ s^2+s+1 & s+1 \\ s-1 & -s+1 \end{bmatrix}$$ “行 2×（− s）”加于行 3，$\boldsymbol{E}_5$ →

$$\begin{bmatrix} 1 & -2s \\ s-1 & -1 \\ 2s+1 & 2s+1 \\ s-1 & -s+1 \end{bmatrix}$$ “行 4×（−1）”加于行 2，$\boldsymbol{E}_6$；“行 4×（−2）”加于行 3，$\boldsymbol{E}_7$ →

$$\begin{bmatrix} 1 & -2s \\ 0 & s-2 \\ 3 & 4s-1 \\ s-1 & -s+1 \end{bmatrix}$$ “行 2×（−4）”加于行 3，$\boldsymbol{E}_8$；“行 2×（2）”加于行 1，$\boldsymbol{E}_9$；

“行 2×（1）”加于行 4，$\boldsymbol{E}_{10}$ →

$$\begin{bmatrix} 1 & -4 \\ 0 & s-2 \\ 3 & 7 \\ s-1 & -1 \end{bmatrix}$$ “行 1×（−3）”加于行 3，$\boldsymbol{E}_{11}$ →

$$\begin{bmatrix} 1 & -4 \\ 0 & s-2 \\ 0 & 19 \\ s-1 & -1 \end{bmatrix}$$ “行 3×（1 / 19）”，$\boldsymbol{E}_{12}$ →

$$\begin{bmatrix} 1 & -4 \\ 0 & s-2 \\ 0 & 1 \\ s-1 & -1 \end{bmatrix}$$ “行 3×（4）”加于行 1，$\boldsymbol{E}_{13}$；“行 3×[−(s−2)]”加于行 2，$\boldsymbol{E}_{14}$；

“行 3×（1）”加于行 4，$\boldsymbol{E}_{15}$ →

$$\begin{bmatrix} 1 & 0 \\ 0 & 0 \\ 0 & 1 \\ s-1 & 0 \end{bmatrix}$$ “行 1×[−(s−1)]”加于行 4，$\boldsymbol{E}_{16}$；交换行 2 与行 3，$\boldsymbol{E}_{17}$ → $$\begin{bmatrix} 1 & 0 \\ 0 & 1 \\ 0 & 0 \\ 0 & 0 \end{bmatrix}$$

其中，$\{\boldsymbol{E}_{17}, \cdots, \boldsymbol{E}_1\}$为相应行初等运算的初等矩阵，可由相应构成规则生成。并且，上述行初等运算等同于“gcrd 为单位阵”构造定理关系式：

$$\boldsymbol{U}(s)\begin{bmatrix}\boldsymbol{D}(s)\\ \boldsymbol{N}(s)\end{bmatrix}=\begin{bmatrix}\boldsymbol{U}_{11}(s) & \boldsymbol{U}_{12}(s)\\ \boldsymbol{U}_{21}(s) & \boldsymbol{U}_{22}(s)\end{bmatrix}\begin{bmatrix}\boldsymbol{D}(s)\\ \boldsymbol{N}(s)\end{bmatrix}=\begin{bmatrix}\boldsymbol{I}\\ \boldsymbol{0}\end{bmatrix}$$

由此，基于所导出的$\{\boldsymbol{E}_{17}, \cdots, \boldsymbol{E}_1\}$，定出单模变换阵$\boldsymbol{U}(s)$为

$$\boldsymbol{U}(s)=\begin{bmatrix}\boldsymbol{U}_{11}(s) & \boldsymbol{U}_{12}(s)\\ \boldsymbol{U}_{21}(s) & \boldsymbol{U}_{22}(s)\end{bmatrix}=\prod_{i=17}^{1}\boldsymbol{E}_i=$$

$$\frac{1}{19}\times\begin{bmatrix}-(8s^2+4s-7) & -(4s+2) & 8s+14 & 8s^3+4s^2-7s-6\\ -(2s^2+20s+3) & -(s+10) & 2s+13 & 2s^3+20s^2+3s+8\\ 2s^3+16s^2+s-6 & s^2+8s-1 & -(2s^2+9s-7) & -(2s^4+16s^3+s^2+2s+3)\\ 8s^3-6s^2+7s+4 & 4s^2-3s+7 & -(8s^2+4s+11) & -(8s^4-6s^3+7s^2-2s-2)\end{bmatrix}$$

其中

$$\boldsymbol{U}_{11}(s)=\frac{1}{19}\begin{bmatrix}-(8s^2+4s-7) & -(4s+2)\\ -(2s^2+20s+3) & -(s+10)\end{bmatrix}$$

$$\boldsymbol{U}_{12}(s)=\frac{1}{19}\begin{bmatrix}8s+14 & 8s^3+4s^2-7s-6\\ 2s+13 & 2s^3+20s^2+3s+8\end{bmatrix}$$

$$\boldsymbol{U}_{21}(s)=\frac{1}{19}\begin{bmatrix}2s^3+16s^2+s-6 & s^2+8s-1\\ 8s^3-6s^2+7s+4 & 4s^2-3s+7\end{bmatrix}$$

$$\boldsymbol{U}_{22}(s)=\frac{1}{19}\begin{bmatrix}-(2s^2+9s-7) & -(2s^4+16s^3+s^2+2s+3)\\ -(8s^2+4s+11) & -(8s^4-6s^3+7s^2-2s-2)\end{bmatrix}$$

上述结果可通过计算验证成立

$$\boldsymbol{U}_{11}(s)\ \boldsymbol{D}(s)+\boldsymbol{N}(s)\ \boldsymbol{U}_{12}(s)=\boldsymbol{I}$$
$$\boldsymbol{U}_{21}(s)\ \boldsymbol{D}(s)+\boldsymbol{U}_{22}(s)\ \boldsymbol{N}(s)=\boldsymbol{0}$$

进而，由上式中第二个关系式导出，$\boldsymbol{N}(s)\ \boldsymbol{D}^{-1}(s)=-\boldsymbol{U}_{22}^{-1}(s)\ \boldsymbol{U}_{21}(s)$，且其为不可简约，表明给定$\boldsymbol{G}(s)$的一个不可简约严真左 MFD 为

$$\boldsymbol{G}(s)=-\boldsymbol{U}_{22}^{-1}(s)\ \boldsymbol{U}_{21}(s)=\bar{\boldsymbol{D}}_{\mathrm{L}}^{-1}(s)\ \bar{\boldsymbol{N}}_{\mathrm{L}}(s)$$

其中

$$\bar{\boldsymbol{N}}_{\mathrm{L}}(s)=\boldsymbol{U}_{21}(s)=\frac{1}{19}\begin{bmatrix}2s^3+16s^2+s-6 & s^2+8s-1\\ 8s^3-6s^2+7s+4 & 4s^2-3s+7\end{bmatrix}$$

$$\bar{\boldsymbol{D}}_{\mathrm{L}}(s)=-\boldsymbol{U}_{22}(s)=\frac{1}{19}\begin{bmatrix}2s^2+9s-7 & 2s^4+16s^3+s^2+2s+3\\ 8s^2+4s+11 & 8s^4-6s^3+7s^2-2s-2\end{bmatrix}$$

但是，容易看出$\bar{\boldsymbol{D}}_{\mathrm{L}}(s)$为非行既约，为此引入使$\bar{\boldsymbol{D}}_{\mathrm{L}}(s)$行既约化的行初等运算：

$$\bar{\boldsymbol{D}}_{\mathrm{L}}(s)=\frac{1}{19}\begin{bmatrix}2s^2+9s-7 & 2s^4+16s^3+s^2+2s+3\\ 8s^2+4s+11 & 8s^4-6s^3+7s^2-2s-2\end{bmatrix}$$

行 1×（1/2），$\bar{\boldsymbol{E}}_1$；行 2×（1/8），$\bar{\boldsymbol{E}}_2 \rightarrow$

$$\frac{1}{19}\begin{bmatrix}s^2+9s/2-7/2 & s^4+8s^3+s^2/2+s+3/2\\ s^2+4s/8+11/8 & s^4-6s^3/8+7s^2/8-2s/8-2/8\end{bmatrix}$$ “行 1×（-1）”加于行 2，$\bar{\boldsymbol{E}}_3 \rightarrow$

$$\frac{1}{19}\begin{bmatrix}s^2+9s/2-7/2 & s^4+8s^3+s^2/2+s+3/2\\ -4s+39/8 & -70s^3/8+3s^2/8-10s/8-14/8\end{bmatrix}$$ “行 2×（8/70）”，$\bar{\boldsymbol{E}}_4 \rightarrow$

$$\frac{1}{19}\begin{bmatrix}s^2+9s/2-7/2 & s^4+8s^3+s^2/2+s+3/2\\ -32s/70+39/70 & -s^3+3s^2/70-10s/70-14/70\end{bmatrix}$$ “行 2×（s）”加于行 1，$\bar{\boldsymbol{E}}_5 \rightarrow$

$$\frac{1}{19}\begin{bmatrix}38s^2/70+354s/70-245/70 & 563s^3/70+25s^2/70+56s/70+105/70\\ -32s/70+39/70 & -s^3+3s^2/70-10s/70-14/70\end{bmatrix}$$

“行 1×（70/563）”，$\bar{\boldsymbol{E}}_6 \rightarrow$

$$\frac{1}{19}\begin{bmatrix}38s^2/563+354s/563-245/563 & s^3+25s^2/563+56s/563+105/563\\ -32s/70+39/70 & -s^3+3s^2/70-10s/70-14/70\end{bmatrix}$$

“行 2×（1）”加于行 1，$\bar{\boldsymbol{E}}_7 \rightarrow$

$$\frac{1}{19}\begin{bmatrix}(2660/563\times 70)s^2+(6764/563\times 70)s+(4807/563\times 70) & (3439/563\times 70)s^2-(1710/563\times 70)s-(532/563\times 70)\\ -(32/70)s+(39/70) & -s^3+(3/70)s^2-(10/70)s-(14/70)\end{bmatrix}$$

“行 2×（70）”，$\bar{\boldsymbol{E}}_8$；“行 1×（70×563）”，$\bar{\boldsymbol{E}}_9 \rightarrow$

$$\frac{1}{19}\begin{bmatrix}2660s^2+6764s+4807 & 3439s^2-1710s-532\\ -32s+39 & -70s^3+3s^2-10s-14\end{bmatrix}=\boldsymbol{D}_{\mathrm{L}}(s)\text{（行既约）}$$

其中，$\{\bar{\boldsymbol{E}}_9,\cdots,\bar{\boldsymbol{E}}_1\}$为相应行初等运算的初等矩阵，可由相应构成规则生成。并且，上述行初等运算等同于

$$\boldsymbol{W}(s)\,\bar{\boldsymbol{D}}_{\mathrm{L}}(s)=\boldsymbol{D}_{\mathrm{L}}(s)$$

由此，基于所导出的$\{\bar{\boldsymbol{E}}_9,\cdots,\bar{\boldsymbol{E}}_1\}$，定出单模变换阵$\boldsymbol{W}(s)$为

$$\boldsymbol{W}(s)=\prod_{i=9}^{1}\bar{\boldsymbol{E}}_i=\begin{bmatrix}-280s+198 & 70s+563\\ -4 & 1\end{bmatrix}$$

基此，定出

$$\boldsymbol{D}_{\mathrm{L}}(s)=\boldsymbol{W}(s)\bar{\boldsymbol{D}}_{\mathrm{L}}(s)=\begin{bmatrix}-280s+198 & 70s+563\\ -4 & 1\end{bmatrix}$$

$$\times\frac{1}{19}\begin{bmatrix} 2s^2+9s-7 & 2s^4+16s^3+s^2+2s+3 \\ 8s^2+4s+11 & 8s^4-6s^3+7s^2-2s-2 \end{bmatrix}$$

$$=\frac{1}{19}\begin{bmatrix} 2660s^2+6764s+4807 & 3439s^2-1710s-532 \\ -32s+39 & -70s^3+3s^2-10s-14 \end{bmatrix}$$

$$\boldsymbol{N}_{\mathrm{L}}(s)=\boldsymbol{W}(s)\,\bar{\boldsymbol{N}}_{\mathrm{L}}(s)=\begin{bmatrix} -280s+198 & 70s+563 \\ -4 & 1 \end{bmatrix}$$

$$\times\frac{1}{19}\begin{bmatrix} 2s^3+16s^2+s-6 & s^2+8s-1 \\ 8s^3-6s^2+7s+4 & 4s^2-3s+7 \end{bmatrix}$$

$$=\frac{1}{19}\begin{bmatrix} 6099s+1064 & 665s+3743 \\ -70s^2+3s+28 & -35s+11 \end{bmatrix}$$

基于上述结果，就得到给定传递函数矩阵 $\boldsymbol{G}(s)$ 的不可简约严真左 MFD 为

$$\boldsymbol{G}(s)=\boldsymbol{D}_{\mathrm{L}}^{-1}(s)\,\boldsymbol{N}_{\mathrm{L}}(s)=\left\{\frac{1}{19}\begin{bmatrix} 2660s^2+6764s+4807 & 3439s^2-1710s-532 \\ -32s+39 & -70s^3+3s^2-10s-14 \end{bmatrix}\right\}^{-1}$$

$$\times\frac{1}{19}\begin{bmatrix} 6099s+1064 & 665s+3743 \\ -70s^2+3s+28 & -35s+11 \end{bmatrix}$$

且 $\boldsymbol{D}_{\mathrm{L}}(s)$ 为行既约，$\boldsymbol{D}_{\mathrm{L}}(s)$ 的行次数为

$$k_{\mathrm{r1}}=\delta_{\mathrm{r1}}\boldsymbol{D}_{\mathrm{L}}(s)=2,\quad k_{\mathrm{r2}}=\delta_{\mathrm{r2}}\boldsymbol{D}_{\mathrm{L}}(s)=3$$

③ 定出状态反馈矩阵 $\boldsymbol{M}(s)$。由给定的期望闭环极点组 $\lambda_1^*=-2$，$\lambda_{2,3}^*=-1\pm\mathrm{j}$，$\lambda_{4,5}^*=-4\pm\mathrm{j}2$，先行导出期望闭环特征多项式：

$$\alpha^*(s)=\prod_{i=1}^{5}(s-\lambda^*)=(s+2)(s^2+2s+2)(s^2+8s+20)$$

$$=s^5+12s^4+58s^3+132s^2+152s+80$$

考虑到不可简约严真 $\boldsymbol{N}(s)\,\boldsymbol{D}^{-1}(s)$ 的分母矩阵 $\boldsymbol{D}(s)$ 的列次数 $k_{\mathrm{c1}}=3$ 和 $k_{\mathrm{c2}}=2$，表 $\alpha^*(s)$ 为标准形期望闭环特征多项式：

$$\alpha^*(s)=s^5+\alpha_1(s)s^{5-k_{\mathrm{c1}}}+\alpha_2(s)=s^5+(12s^2+58s+132)s^2+(152s+80)$$

$$\alpha_1(s)=(12s^2+58s+132),\quad \alpha_2(s)=(152s+80)$$

基此，组成期望闭环分母矩阵

$$\boldsymbol{D}_{\mathrm{CF}}^*(s)=\begin{bmatrix} s^{k_{\mathrm{c1}}}+\alpha_1(s) & \alpha_2(s) \\ -1 & s^{k_{\mathrm{c2}}} \end{bmatrix}=\begin{bmatrix} s^3+12s^2+58s+132 & 152s+80 \\ -1 & s^2 \end{bmatrix}$$

从而，定出满足期望闭环极点配置的状态反馈矩阵 $\boldsymbol{M}(s)$ 为

$$\boldsymbol{M}(s)=\boldsymbol{D}_{\mathrm{CF}}^*(s)-\boldsymbol{D}(s)$$

$$=\begin{bmatrix} s^3+12s^2+58s+132 & 152s+80 \\ -1 & s^2 \end{bmatrix}-\begin{bmatrix} s^3+2s^2+1 & 0 \\ 2s^2+s+1 & 4s^2+2s+1 \end{bmatrix}$$

$$=\begin{bmatrix}10s^2+58s+131 & 152s+80\\ -(2s^2+s+2) & -(3s^2+2s+1)\end{bmatrix}$$

④ 定出补偿器的 MFD 的分母矩阵 $\boldsymbol{T}(s)$。由不可简约严真左 MFD $\boldsymbol{D}_{\mathrm{L}}^{-1}(s)\ \boldsymbol{N}_{\mathrm{L}}(s)$ 的分母矩阵 $\boldsymbol{D}_{\mathrm{L}}(s)$ 的行次数 $k_{\mathrm{r}1}=\delta_{\mathrm{r}1}\boldsymbol{D}_{\mathrm{L}}(s)=2$ 和 $k_{\mathrm{r}2}=\delta_{\mathrm{r}2}\boldsymbol{D}_{\mathrm{L}}(s)=3$，定出

$$\nu=\max\{k_{\mathrm{r}1},\ k_{\mathrm{r}2}\}=\max\{2,3\}=3$$

基此并由受控系统输入维数 $p=2$，为补偿器指定 $(\nu-1)p=(3-1)\times 2=4$ 个期望极点：

$$s_{1,2}^*=-2\pm \mathrm{j},\quad s_{3,4}^*=-1\pm \mathrm{j}2$$

且可导出对应期望特征多项式：

$$\alpha_{\mathrm{T}}(s)=\prod_{i=1}^{4}(s-s_i^*)=(s^2+4s+5)(s^2+2s+5)=s^4+6s^3+18s^2+30s+25$$

以及 $\alpha_{\mathrm{T}}(s)$ 的标准形式：

$$\alpha_{\mathrm{T}}(s)=s^{(\nu-1)p}+\beta_1(s)s^{(\nu-1)(p-1)}+\beta_2(s)s^{(\nu-1)(p-2)}=s^4+(6s+18)s^2+(30s+25)$$

$$\beta_1(s)=6s+18,\quad \beta_2(s)=30s+25$$

基此，组成补偿器的 MFD 的分母矩阵 $\boldsymbol{T}(s)$ 为

$$\boldsymbol{T}(s)=\begin{bmatrix}s^{\nu-1}+\beta_1(s) & -1\\ \beta_2(s) & s^{\nu-1}\end{bmatrix}=\begin{bmatrix}s^2+6s+18 & -1\\ 30s+25 & s^2\end{bmatrix}$$

⑤ 定出补偿器的 MFD 的分子矩阵 $\boldsymbol{N}_{\boldsymbol{u}}(s)$ 和 $\boldsymbol{N}_{\boldsymbol{y}}(s)$。利用前面确定 $\{\boldsymbol{D}(s),\boldsymbol{N}(s)\}$ 的"gcrd 为单位阵"时导出的结果：

$$\boldsymbol{U}(s)\begin{bmatrix}\boldsymbol{D}(s)\\ \boldsymbol{N}(s)\end{bmatrix}=\begin{bmatrix}\boldsymbol{U}_{11}(s) & \boldsymbol{U}_{12}(s)\\ \boldsymbol{U}_{21}(s) & \boldsymbol{U}_{22}(s)\end{bmatrix}\begin{bmatrix}\boldsymbol{D}(s)\\ \boldsymbol{N}(s)\end{bmatrix}=\begin{bmatrix}\boldsymbol{I}\\ \boldsymbol{0}\end{bmatrix}$$

$$\boldsymbol{U}_{11}(s)\boldsymbol{D}(s)+\boldsymbol{U}_{12}(s)\boldsymbol{N}(s)=\boldsymbol{I}$$

$$\boldsymbol{U}_{11}(s)=\frac{1}{19}\begin{bmatrix}-(8s^2+4s-7) & -(4s+2)\\ -(2s^2+20s+3) & -(s+10)\end{bmatrix}$$

$$\boldsymbol{U}_{12}(s)=\frac{1}{19}\begin{bmatrix}8s+14 & 8s^3+4s^2-7s-6\\ 2s+13 & 2s^3+20s^2+3s+8\end{bmatrix}$$

先行定出使"$\boldsymbol{X}(s)\boldsymbol{D}(s)+\boldsymbol{Y}(s)\boldsymbol{N}(s)=\boldsymbol{I}$"的多项式矩阵 $\boldsymbol{X}(s)$ 和 $\boldsymbol{Y}(s)$：

$$\boldsymbol{X}(s)=\boldsymbol{U}_{11}(s)=\frac{1}{19}\begin{bmatrix}-(8s^2+4s-7) & -(4s+2)\\ -(2s^2+20s+3) & -(s+10)\end{bmatrix}$$

$$\boldsymbol{Y}(s)=\boldsymbol{U}_{12}(s)=\frac{1}{19}\begin{bmatrix}8s+14 & 8s^3+4s^2-7s-6\\ 2s+13 & 2s^3+20s^2+3s+8\end{bmatrix}$$

进而，计算定出

$$\boldsymbol{T}(s)\ \boldsymbol{M}(s)=\begin{bmatrix} s^2+6s+18 & -1 \\ 30s+25 & s^2 \end{bmatrix}\begin{bmatrix} 10s^2+58s+131 & 152s+80 \\ -(2s^2+s+2) & -(3s^2+2s+1) \end{bmatrix}=$$

$$\begin{bmatrix} 10s^4+118s^3+661s^2+1831s+2360 & 152s^3+995s^2+3218s+1441 \\ -2s^4+299s^3+1988s^2+5380s+3275 & -3s^4-2s^3+4559s^2+6200s+2000 \end{bmatrix}$$

$$\boldsymbol{F}(s)=\boldsymbol{T}(s)\ \boldsymbol{M}(s)\ \boldsymbol{X}(s)=$$

$$\begin{bmatrix} 10s^4+118s^3+661s^2+1831s+2360 & 152s^3+995s^2+3218s+1441 \\ -2s^4+299s^3+1988s^2+5380s+3275 & -3s^4-2s^3+4559s^2+6200s+2000 \end{bmatrix}$$

$$\times\frac{1}{19}\begin{bmatrix} -(8s^2+4s-7) & -(4s+2) \\ -(2s^2+20s+3) & -(s+10) \end{bmatrix}$$

$$=\frac{1}{19}\begin{bmatrix} -(80s^6+1288s^5+10720s^4+43258s^3+91804s^2+35097s-12197) & -(40s^5+644s^4+5395s^3+21814s^2+46723s+19130) \\ -(-22s^6+2320s^5+26183s^4+152473s^3+175481s^2+34040s-16925) & -(-11s^5+1160s^4+13089s^3+77286s^2+87860s+26550) \end{bmatrix}$$

$$\boldsymbol{H}(s)=\boldsymbol{T}(s)\ \boldsymbol{M}(s)\ \boldsymbol{Y}(s)=$$

$$\begin{bmatrix} 10s^4+118s^3+661s^2+1831s+2360 & 152s^3+995s^2+3218s+1441 \\ -2s^4+299s^3+1988s^2+5380s+3275 & -3s^4-2s^3+4559s^2+6200s+2000 \end{bmatrix}$$

$$\times\frac{1}{19}\begin{bmatrix} 8s+14 & 8s^3+4s^2-7s-6 \\ 2s+13 & 2s^3+20s^2+3s+8 \end{bmatrix}$$

$$=\frac{1}{19}\begin{bmatrix} 80s^5+1388s^4+10906s^3+43273s^2+89230s+51773 & 80s^7+1288s^6+10720s^5+43198s^4+92312s^3+39091s^2+2561s-2632 \\ -22s^5+2321s^4+29182s^3+142539s^2+186120s+71850 & -22s^7+2320s^6+26183s^5+152461s^4+173671s^3+58584s^2+395s-3650 \end{bmatrix}$$

再由 $\boldsymbol{H}(s)$ 对 $\boldsymbol{D}_{\mathrm{L}}(s)$ 的“矩阵除”关系式：

$$\boldsymbol{H}(s)=\boldsymbol{L}(s)\boldsymbol{D}_{\mathrm{L}}(s)+\boldsymbol{N}_y(s)$$

并基于 $\boldsymbol{H}(s)$ 和 $\boldsymbol{D}_{\mathrm{L}}(s)$ 各对应元多项式的次数关系，令 $\boldsymbol{L}(s)$ 具有形式

$$\boldsymbol{L}(s)=\begin{bmatrix} a_3^{(11)}s^3+a_2^{(11)}s^2+a_1^{(11)}s+a_0^{(11)} & a_4^{(12)}s^4+a_3^{(12)}s^3+a_2^{(12)}s^2+a_1^{(12)}s+a_0^{(12)} \\ a_3^{(21)}s^3+a_2^{(21)}s^2+a_1^{(21)}s+a_0^{(21)} & a_4^{(22)}s^4+a_3^{(22)}s^3+a_2^{(22)}s^2+a_1^{(22)}s+a_0^{(22)} \end{bmatrix}$$

则通过繁杂计算，可定出“矩阵除”关系式中商矩阵 $\boldsymbol{L}(s)$ 和余式矩阵 $\boldsymbol{N}_y(s)$ 为

$$\boldsymbol{L}(s)=\begin{bmatrix} 0.0163265s^3+0.275102s^2+2.003621s+5.6081928 \\ -0.0044897s^3+0.4808163s^2+5.7218372s+17.622443 \end{bmatrix}$$

$$
\begin{matrix}
-(1.1428571s^4+18.448979s^3+152.96817s^2+607.6894s+1227.6537) \\
-(-0.3142857s^4+33.129387s^3+375.72814s^2+2165.7157s+2244.1352)
\end{matrix}\Bigg]
$$

$$
\boldsymbol{N}_y(s)=\frac{1}{19}\begin{bmatrix} 26079.746s+72692.912 & 18841.483s^2-8067.253s-16835.593 \\ 52067.52s+74660.189 & -12164.391s^2-19187.977s-25692.753 \end{bmatrix}
$$

$$
=\begin{bmatrix} 1372.6182s+3825.9427 & 991.657s^2-424.59226s-886.08384 \\ 2740.3957s+3929.4836 & -640.2311s^2-1009.8935s-1352.2501 \end{bmatrix}
$$

再基于前面已经导出的矩阵$\boldsymbol{F}(s)$，$\boldsymbol{N}_{\mathrm{L}}(s)$和$\boldsymbol{L}(s)$，定出

$$
\boldsymbol{F}(s)=\frac{1}{19}\Bigg[\begin{matrix} -(80s^6+1288s^5+10720s^4+43258s^3+91804s^2+35097s-12197) \\ -(-22s^6+2320s^5+26183s^4+152473s^3+175481s^2+34040s-16925) \end{matrix}
$$

$$
\begin{matrix} -(40s^5+644s^4+5395s^3+21814s^2+46723s+19130) \\ -(-11s^5+1160s^4+13089s^3+77286s^2+87860s+26550) \end{matrix}\Bigg]
$$

$$
\boldsymbol{L}(s)\ \boldsymbol{N}_{\mathrm{L}}(s)=\Bigg[\begin{matrix} 0.0163265s^3+0.275102s^2+2.003621s+5.6081928 \\ -0.0044897s^3+0.4808163s^2+5.7218372s+17.622443 \end{matrix}
$$

$$
\begin{matrix} -(1.1428571s^4+18.448979s^3+152.96817s^2+607.6894s+1227.6537) \\ -(-0.3142857s^4+33.129387s^3+375.72814s^2+2165.7157s+2244.1352) \end{matrix}\Bigg]
$$

$$
\times\frac{1}{19}\begin{bmatrix} 6099s+1064 & 665s+3743 \\ -70s^2+3s+28 & -35s+11 \end{bmatrix}=
$$

$$
\frac{1}{19}\Bigg[\begin{matrix} 80s^6+1288s^5+10720s^4+43258s^3+92342.374s^2+15637.955s-28407.186) \\ -22s^6+2320s^5+26183s^4+152473s^3+175481s^2+46194.865s-44085.506) \end{matrix}
$$

$$
\begin{matrix} 40s^5+644s^4+5395s^3+21948.593s^2+47512.297s+7487.257 \\ -11s^5+1160s^4+13089s^3+77271.757s^2+87857.62s+41275.314 \end{matrix}\Bigg]
$$

$$
\boldsymbol{N}_u(s)=\boldsymbol{F}(s)+\boldsymbol{L}(s)\ \boldsymbol{N}_{\mathrm{L}}(s)
$$

$$
=\frac{1}{19}\begin{bmatrix} 538.374s^2-19459.045s-15490.186 & 134.593s^2+789.297s-11642.725 \\ 12154.865s-27160.506 & -14.243s^2-2.38s+14725.314 \end{bmatrix}
$$

$$
=\begin{bmatrix} 28.335473s^2-1024.1602s-815.27294 & 7.0838421s^2+41.541947s-612.775 \\ 639.72973s-1429.5003 & -0.7496315s^2-0.1252631s+775.01625 \end{bmatrix}
$$

从而，由上述计算结果，得到补偿器的 MFD 的分子矩阵$\boldsymbol{N}_u(s)$和$\boldsymbol{N}_y(s)$为

$$
\boldsymbol{N}_u(s)=
$$

$$
\begin{bmatrix} 28.335473s^2-1024.1602s-815.27294 & 7.0838421s^2+41.541947s-612.775 \\ 639.72973s-1429.5003 & -0.7496315s^2-0.1252631s+775.01625 \end{bmatrix}
$$

$$
\boldsymbol{N}_y(s)=\begin{bmatrix} 1372.6182s+3825.9427 & 991.657s^2-424.59226s-886.08384 \\ 2740.3957s+3929.4836 & -640.2311s^2-1009.8935s-1352.2501 \end{bmatrix}
$$

⑥ 定出补偿器的左 MFD。基于上述定出的结果，导出

$$\boldsymbol{T}^{-1}(s)\ \boldsymbol{N}_y(s)=\begin{bmatrix} s^2+6s+18 & -1 \\ 30s+25 & s^2 \end{bmatrix}^{-1}\times$$

$$\begin{bmatrix} 1372.6182s+3825.9427 & 991.657s^2-424.59226s-886.08384 \\ 2740.3957s+3929.4836 & -640.2311s^2-1009.8935s-1352.2501 \end{bmatrix}$$

$$\boldsymbol{T}^{-1}(s)\ \boldsymbol{N}_u(s)=\begin{bmatrix} s^2+6s+18 & -1 \\ 30s+25 & s^2 \end{bmatrix}^{-1}\times$$

$$\begin{bmatrix} 28.335473s^2-1024.1602s-815.27294 & 7.0838421s^2+41.541947s-612.775 \\ 639.72973s-1429.5003 & -0.7496315s^2-0.1252631s+775.01625 \end{bmatrix}$$

⑦ 画出闭环控制系统的结构图。给定受控系统基于“观测器-控制器型”补偿器实现期望极点配置的闭环控制系统的结构图，如图 P13.4 所示。

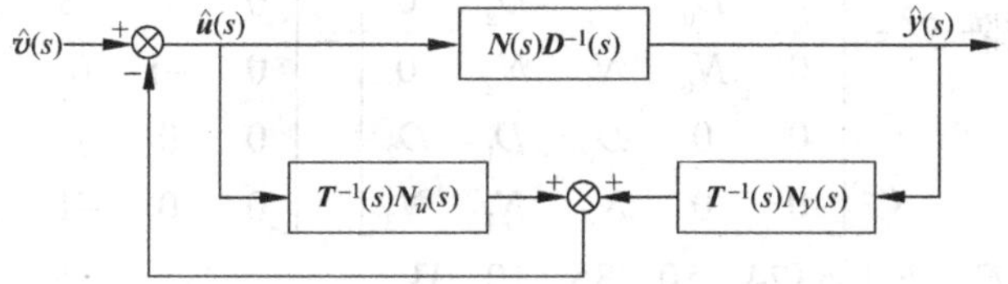

图 P13.4

题 13.5 给定图 P13.5 所示具有补偿器的线性时不变单位输出反馈系统，设受控系统的传递函数为：

$$G(s)=(s^2-1)/(s^2-3s+1)$$

试确定补偿器的一个次数为 2 的严真传递函数 $\boldsymbol{C}(s)$，使所导出的单位输出反馈系统的极点配置为−4，−3，−2，−1。

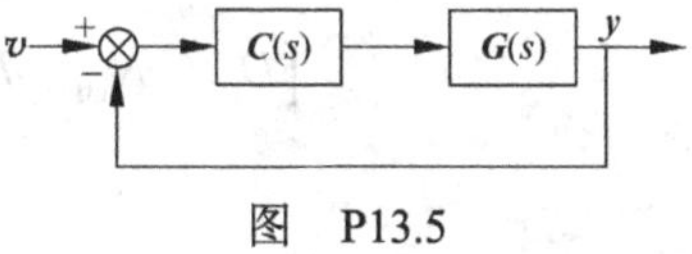

图 P13.5

解 本题属于按配置指定期望闭环极点组来综合单位输出反馈系统中补偿器的基本题。

① 确定补偿器的 $\boldsymbol{C}(s)$ 阶数 m。受控系统传递函数 $\boldsymbol{G}(s)=(s^2-1)/(s^2-3s+1)$ 为不可简约，且知 $\boldsymbol{G}(s)$ 的特征多项式等同于其最小多项式，即 $\boldsymbol{G}(s)$ 为循环。输出维数 q=1，系统阶数 n=2。由 $\boldsymbol{G}(s)=(s^2-1)/(s^2-3s+1)=N(s)D^{-1}(s)$，基于分母多项式 $D(s)=s^2-3s+1$ 和分子多项式 $N(s)=s^2-1$，组成系数矩阵

$$\boldsymbol{S}_{\rm L}=\boldsymbol{S}_1=\begin{bmatrix} D_0 & D_1 & D_2 & 0 \\ N_0 & N_1 & N_2 & 0 \\ 0 & D_0 & D_1 & D_2 \\ 0 & N_0 & N_1 & N_2 \end{bmatrix}=\begin{bmatrix} 1 & -3 & 1 & 0 \\ -1 & 0 & 1 & 0 \\ 0 & 1 & -3 & 1 \\ 0 & -1 & 0 & 1 \end{bmatrix}$$

易知 rank $\boldsymbol{S}_1 = 4$（列满秩），即“使 $\boldsymbol{S}_L$ 列满秩”的指数 $L_{\min}=1$，从而 $\boldsymbol{G}(s)$ 的能观测性指数 $\nu = L_{\min}+1=2$。于是，对应受控系统的 $\boldsymbol{G}(s)$ 为真，取补偿器的 $\boldsymbol{C}(s)$ 为严真，相应取 $\boldsymbol{C}(s)$ 的阶数 $m=\nu=2$。

② 确定补偿器的 $\boldsymbol{C}(s)$。对闭环系统共需指定“$(n+m)=(2+2)=4$”个期望闭环极点，由期望闭环极点组{-4，-3，-2，-1}定出期望闭环特征多项式：

$$\alpha^*(s) = (s+1)(s+2)(s+3)(s+4) = s^4+10s^3+35s^2+50s+24$$

基此，取期望闭环分母多项式为

$$D^*_{\mathrm{CF}}(s) = k\alpha^*(s) = 1\times(s^4+10s^3+35s^2+50s+24) = s^4+10s^3+35s^2+50s+24$$

由此，并考虑到输出维数 q=1，系统阶数 n=2，补偿器阶数 m=2，再行定出

$[(q+1)\times(m+1)]\times(n+m+1)$系数阵 $\boldsymbol{S}_m$ =

$$6\times5\text{ 系数阵 }\boldsymbol{S}_2=\begin{bmatrix} D_0 & D_1 & D_2 & 0 & 0\\ N_0 & N_1 & N_2 & 0 & 0\\ 0 & D_0 & D_1 & D_2 & 0\\ 0 & N_0 & N_1 & N_2 & 0\\ 0 & 0 & D_0 & D_1 & D_2\\ 0 & 0 & N_0 & N_1 & N_2\end{bmatrix}=\begin{bmatrix} 1 & -3 & 1 & 0 & 0\\ -1 & 0 & 1 & 0 & 0\\ 0 & 1 & -3 & 1 & 0\\ 0 & -1 & 0 & 1 & 0\\ 0 & 0 & 1 & -3 & 1\\ 0 & 0 & -1 & 0 & 1\end{bmatrix}$$

$$[F_0\quad F_1\quad F_2\quad F_3\quad F_4] = [24\quad 50\quad 35\quad 10\quad 1]$$

进而，组成方程

$$[D_{c0}\quad N_{c0}\quad D_{c1}\quad N_{c1}\quad D_{c2}\quad N_{c2}]\,\boldsymbol{S}_m = [F_0\quad F_1\quad F_2\quad F_3\quad F_4]$$

将其代入参数矩阵后为

$$[D_{c0}\quad N_{c0}\quad D_{c1}\quad N_{c1}\quad D_{c2}\quad N_{c2}]\begin{bmatrix} 1 & -3 & 1 & 0 & 0\\ -1 & 0 & 1 & 0 & 0\\ 0 & 1 & -3 & 1 & 0\\ 0 & -1 & 0 & 1 & 0\\ 0 & 0 & 1 & -3 & 1\\ 0 & 0 & -1 & 0 & 1\end{bmatrix} = [24\quad 50\quad 35\quad 10\quad 1]$$

上述方程组中，待定变量个数多于方程个数，故解为不惟一。再由要求补偿器 $\boldsymbol{C}(s)$ 为严真知 $N_{c2}=0$，基此并求解方程得到

$$D_{c0}=-61,\quad N_{c0}=-85,\quad D_{c1}=-60,\quad N_{c1}=73,\quad D_{c2}=1,\quad N_{c2}=0$$

基于上述结果，可以组成

$$D_c(s) = D_{c2}s^2+D_{c1}s+D_{c0} = s^2-60s-61$$

$$N_c(s) = N_{c2}s^2+N_{c1}s+N_{c0} = 73s-85$$

由此，定出补偿器的传递函数 $\boldsymbol{C}(s)$ 为

$$C(s) = D_c^{-1}(s)\ N_c(s) = \frac{73s-85}{s^2-60s-61}$$

题 13.6 给定图 P13.5 所示具有补偿器的线性时不变单位输出反馈系统，设受控系统的传递函数矩阵为：

$$G(s) = \begin{bmatrix} \frac{s+2}{s(s-2)} & \frac{1}{s^2-4} \end{bmatrix}$$

试确定补偿器的一个真或严真传递函数矩阵 $C(s)$，使所导出的单位输出反馈系统的极点配置为 $-1\pm j$，$-2\pm j$，-2。

解 本题属于按配置指定期望闭环极点组来综合单位输出反馈系统中补偿器的基本题。

① 判断受控系统 $G(s)$ 的循环性。对给定 1×2 真传递函数矩阵 $G(s)$，由

特征多项式 $\Delta[G(s)] = G(s)$ 所有 1 阶子式最小公分母 = 最小多项式 $\phi(s)$

并据循环性定义，可知 $G(s)$ 为循环。

② 取 2×1 实向量 t_1 使 $\Delta[G(s)\ t_1] = k_1\ \Delta[G(s)]$。基于给定 $G(s)$ 的特征多项式

$\Delta[G(s)] = G(s)$ 所有 1 阶子式最小公分母 $= s(s-2)(s+2) = s(s^2-4)$

取 $t_1 = \begin{bmatrix} 1 \\ -3 \end{bmatrix}$，且知成立

$$\Delta[G(s)\ t_1] = \Delta\left[\begin{bmatrix} \frac{s+2}{s(s-2)} & \frac{1}{s^2-4} \end{bmatrix}\begin{bmatrix} 1 \\ -3 \end{bmatrix}\right] = \Delta\left[\begin{bmatrix} \frac{s^2+s+4}{s(s^2-4)} \end{bmatrix}\right] = s(s^2-4) = \Delta[G(s)]$$

③ 确定对 $G(s)\ t_1$ 的补偿器传递函数 $\bar{C}(s)$ 的阶数 m。考虑到

$$G(s)\ t_1 = \frac{s^2+s+4}{s(s^2-4)} = N(s)D^{-1}(s) = \text{标量传递函数}$$

直接基于 $G(s)\ t_1$ 的分母多项式和分子多项式

$$D(s) = D_3s^3 + D_2s^2 + D_1s + D_0 = s^3 - 4s$$
$$N(s) = N_3s^3 + N_2s^2 + N_1s + N_0 = s^2 + s + 4$$

组成系数矩阵

$$S_L = S_2 = \begin{bmatrix} D_0 & D_1 & D_2 & D_3 & 0 & 0 \\ N_0 & N_1 & N_2 & N_3 & 0 & 0 \\ 0 & D_0 & D_1 & D_2 & D_3 & 0 \\ 0 & N_0 & N_1 & N_2 & N_3 & 0 \\ 0 & 0 & D_0 & D_1 & D_2 & D_3 \\ 0 & 0 & N_0 & N_1 & N_2 & N_3 \end{bmatrix} = \begin{bmatrix} 0 & -4 & 0 & 1 & 0 & 0 \\ 4 & 1 & 1 & 0 & 0 & 0 \\ 0 & 0 & -4 & 0 & 1 & 0 \\ 0 & 4 & 1 & 1 & 0 & 0 \\ 0 & 0 & 0 & -4 & 0 & 1 \\ 0 & 0 & 4 & 1 & 1 & 0 \end{bmatrix}$$

并由对 S_2 的行初等变换，导出

$$S_2 = \begin{bmatrix} 0 & -4 & 0 & 1 & 0 & 0 \\ 4 & 1 & 1 & 0 & 0 & 0 \\ 0 & 0 & -4 & 0 & 1 & 0 \\ 0 & 4 & 1 & 1 & 0 & 0 \\ 0 & 0 & 0 & -4 & 0 & 1 \\ 0 & 0 & 4 & 1 & 1 & 0 \end{bmatrix}$$ “行 6×（−1）”加于行 3，“行 4×（−1）”加于行 1，

“行 4×（1）”加于行 3 $\longrightarrow \begin{bmatrix} 0 & -8 & -1 & 0 & 0 & 0 \\ 4 & 1 & 1 & 0 & 0 & 0 \\ 0 & 4 & -7 & 0 & 0 & 0 \\ 0 & 4 & 1 & 1 & 0 & 0 \\ 0 & 0 & 0 & -4 & 0 & 1 \\ 0 & 0 & 4 & 1 & 1 & 0 \end{bmatrix}$

易知导出的矩阵为列满秩，而初等变换不改变矩阵的秩，从而系数矩阵 $\boldsymbol{S}_2$ 列满秩。由此，“使 $\boldsymbol{S}_{\mathrm{L}}$ 列满秩”的 $L_{\min}=2$，则 $\boldsymbol{G}(s)$ 的能观测性指数为 $\bar{\nu}=L_{\min}+1=3$。于是，由系统的 $\boldsymbol{G}(s)$ 为严真，对应取对 $\boldsymbol{G}(s)\ \boldsymbol{t}_1$ 的补偿器传递函数 $\bar{\boldsymbol{C}}(s)$ 为真，相应取 $\bar{\boldsymbol{C}}(s)$ 阶数 $m=\bar{\nu}-1=2$。

④ 确定对 $\boldsymbol{G}(s)\ \boldsymbol{t}_1$ 的补偿器传递函数 $\bar{\boldsymbol{C}}(s)$。对闭环系统共需指定“$(n+m)=(3+2)=5$”个期望闭环极点，由期望闭环极点组$\{-1\pm \mathrm{j},\ -2\pm \mathrm{j},\ -2\}$定出期望闭环特征多项式：

$$\alpha^*(s)=(s^2+2s+2)(s^2+4s+5)(s+2)=s^5+8s^4+27s^3+48s^2+46s+20$$

基此，取期望闭环分母多项式为

$$D_{\mathrm{CF}}^*(s)=k\alpha^*(s)=1\times(s^5+8s^4+27s^3+48s^2+46s+20)$$
$$=s^5+8s^4+27s^3+48s^2+46s+20$$

由此，并考虑到输出维数 $q=1$，系统阶数 $n=3$，补偿器 $\bar{\boldsymbol{C}}(s)$ 阶数 $m=2$，再行定出

$[(q+1)\times(m+1)]\times(n+m+1)$系数阵 $\boldsymbol{S}_m=6\times6$ 系数阵 $\boldsymbol{S}_2$

$$=\begin{bmatrix} D_0 & D_1 & D_2 & D_3 & 0 & 0 \\ N_0 & N_1 & N_2 & N_3 & 0 & 0 \\ 0 & D_0 & D_1 & D_2 & D_3 & 0 \\ 0 & N_0 & N_1 & N_2 & N_3 & 0 \\ 0 & 0 & D_0 & D_1 & D_2 & D_3 \\ 0 & 0 & N_0 & N_1 & N_2 & N_3 \end{bmatrix}=\begin{bmatrix} 0 & -4 & 0 & 1 & 0 & 0 \\ 4 & 1 & 1 & 0 & 0 & 0 \\ 0 & 0 & -4 & 0 & 1 & 0 \\ 0 & 4 & 1 & 1 & 0 & 0 \\ 0 & 0 & 0 & -4 & 0 & 1 \\ 0 & 0 & 4 & 1 & 1 & 0 \end{bmatrix}$$

由前面知 6×6 系数阵 $\boldsymbol{S}_2$ 为可逆

$$[F_0\ \ F_1\ \ F_2\ \ F_3\ \ F_4\ \ F_5]=[20\ \ 46\ \ 48\ \ 27\ \ 8\ \ 1]$$

进而，组成方程

$$[D_{c0}\ \ N_{c0}\ \ D_{c1}\ \ N_{c1}\ \ D_{c2}\ \ N_{c2}]\,\boldsymbol{S}_2=[F_0\ \ F_1\ \ F_2\ \ F_3\ \ F_4\ \ F_5]$$

即 $[D_{c0} \quad N_{c0} \quad D_{c1} \quad N_{c1} \quad D_{c2} \quad N_{c2}] = [F_0 \quad F_1 \quad F_2 \quad F_3 \quad F_4 \quad F_5]S_2^{-1}$

$$= [20 \quad 46 \quad 48 \quad 27 \quad 8 \quad 1]\begin{bmatrix} 0 & -4 & 0 & 1 & 0 & 0 \\ 4 & 1 & 1 & 0 & 0 & 0 \\ 0 & 0 & -4 & 0 & 1 & 0 \\ 0 & 4 & 1 & 1 & 0 & 0 \\ 0 & 0 & 0 & -4 & 0 & 1 \\ 0 & 0 & 4 & 1 & 1 & 0 \end{bmatrix}^{-1}$$

为确定 S_2^{-1}，引入对 S_2 行初等运算直至导出单位阵，有

$$S_2 = \begin{bmatrix} 0 & -4 & 0 & 1 & 0 & 0 \\ 4 & 1 & 1 & 0 & 0 & 0 \\ 0 & 0 & -4 & 0 & 1 & 0 \\ 0 & 4 & 1 & 1 & 0 & 0 \\ 0 & 0 & 0 & -4 & 0 & 1 \\ 0 & 0 & 4 & 1 & 1 & 0 \end{bmatrix} \text{“行 1×（1）” 加于行 4，} E_1\text{；“行 3×（1）” 加于行 6，} E_2 \rightarrow$$

$$\begin{bmatrix} 0 & -4 & 0 & 1 & 0 & 0 \\ 4 & 1 & 1 & 0 & 0 & 0 \\ 0 & 0 & -4 & 0 & 1 & 0 \\ 0 & 0 & 1 & 2 & 0 & 0 \\ 0 & 0 & 0 & -4 & 0 & 1 \\ 0 & 0 & 0 & 1 & 2 & 0 \end{bmatrix} \text{“行 4×（4）” 加于行 3，} E_3\text{；“行 6×（4）” 加于行 5，} E_4 \rightarrow$$

$$\begin{bmatrix} 0 & -4 & 0 & 1 & 0 & 0 \\ 4 & 1 & 1 & 0 & 0 & 0 \\ 0 & 0 & 0 & 8 & 1 & 0 \\ 0 & 0 & 1 & 2 & 0 & 0 \\ 0 & 0 & 0 & 0 & 8 & 1 \\ 0 & 0 & 0 & 1 & 2 & 0 \end{bmatrix} \text{“行 6×（–8）” 加于行 3，} E_5 \rightarrow$$

$$\begin{bmatrix} 0 & -4 & 0 & 1 & 0 & 0 \\ 4 & 1 & 1 & 0 & 0 & 0 \\ 0 & 0 & 0 & 0 & -15 & 0 \\ 0 & 0 & 1 & 2 & 0 & 0 \\ 0 & 0 & 0 & 0 & 8 & 1 \\ 0 & 0 & 0 & 1 & 2 & 0 \end{bmatrix} \text{“行 3×（–1/15）”，} E_6 \rightarrow$$

$$\begin{bmatrix} 0 & -4 & 0 & 1 & 0 & 0 \\ 4 & 1 & 1 & 0 & 0 & 0 \\ 0 & 0 & 0 & 0 & 1 & 0 \\ 0 & 0 & 1 & 2 & 0 & 0 \\ 0 & 0 & 0 & 0 & 8 & 1 \\ 0 & 0 & 0 & 1 & 2 & 0 \end{bmatrix}$$ “行 3×（–8）” 加于行 5，$\boldsymbol{E}_7$；“行 3×（–2）” 加于行 6，$\boldsymbol{E}_8$ →

$$\begin{bmatrix} 0 & -4 & 0 & 1 & 0 & 0 \\ 4 & 1 & 1 & 0 & 0 & 0 \\ 0 & 0 & 0 & 0 & 1 & 0 \\ 0 & 0 & 1 & 2 & 0 & 0 \\ 0 & 0 & 0 & 0 & 0 & 1 \\ 0 & 0 & 0 & 1 & 0 & 0 \end{bmatrix}$$ “行 6×（–1）” 加于行 1，$\boldsymbol{E}_9$；“行 6×（–2）” 加于行 4，$\boldsymbol{E}_{10}$ →

$$\begin{bmatrix} 0 & -4 & 0 & 0 & 0 & 0 \\ 4 & 1 & 1 & 0 & 0 & 0 \\ 0 & 0 & 0 & 0 & 1 & 0 \\ 0 & 0 & 1 & 0 & 0 & 0 \\ 0 & 0 & 0 & 0 & 0 & 1 \\ 0 & 0 & 0 & 1 & 0 & 0 \end{bmatrix}$$ “行 1×（–1/4）”，$\boldsymbol{E}_{11}$；“行 4×（–1）” 加于行 2，$\boldsymbol{E}_{12}$ →

$$\begin{bmatrix} 0 & 1 & 0 & 0 & 0 & 0 \\ 4 & 1 & 0 & 0 & 0 & 0 \\ 0 & 0 & 0 & 0 & 1 & 0 \\ 0 & 0 & 1 & 0 & 0 & 0 \\ 0 & 0 & 0 & 0 & 0 & 1 \\ 0 & 0 & 0 & 1 & 0 & 0 \end{bmatrix}$$ “行 1×（–1）” 加于行 2，$\boldsymbol{E}_{13}$；“行 2×（1/4）”，$\boldsymbol{E}_{14}$ →

$$\begin{bmatrix} 0 & 1 & 0 & 0 & 0 & 0 \\ 1 & 0 & 0 & 0 & 0 & 0 \\ 0 & 0 & 0 & 0 & 1 & 0 \\ 0 & 0 & 1 & 0 & 0 & 0 \\ 0 & 0 & 0 & 0 & 0 & 1 \\ 0 & 0 & 0 & 1 & 0 & 0 \end{bmatrix}$$ 行 1 交换行 2，$\boldsymbol{E}_{15}$；行 3 交换行 5，$\boldsymbol{E}_{16}$；行 4 交换行 6，$\boldsymbol{E}_{17}$ →

$$\begin{bmatrix}1&0&0&0&0&0\\0&1&0&0&0&0\\0&0&1&0&0&0\\0&0&0&0&1&0\\0&0&0&1&0&0\\0&0&0&0&0&1\end{bmatrix} \text{行 4 交换行 5，} \boldsymbol{E}_{18} \rightarrow \begin{bmatrix}1&0&0&0&0&0\\0&1&0&0&0&0\\0&0&1&0&0&0\\0&0&0&1&0&0\\0&0&0&0&1&0\\0&0&0&0&0&1\end{bmatrix} = \boldsymbol{I}$$

其中，初等矩阵$\{\boldsymbol{E}_1,\boldsymbol{E}_2,\cdots,\boldsymbol{E}_{18}\}$可按对应初等运算的构成规则生成，由其结果而可定出

$$\boldsymbol{S}_2^{-1} = \prod_{j=18}^{1}\boldsymbol{E}_j = \begin{bmatrix}11/240 & 1/4 & 7/240 & -1/60 & 0 & -7/240\\ -7/60 & 0 & 1/60 & 2/15 & 0 & -1/60\\ -1/15 & 0 & -2/15 & -1/15 & 0 & 2/15\\ 8/15 & 0 & 1/15 & 8/15 & 0 & -1/15\\ -4/15 & 0 & 7/15 & -4/15 & 0 & 8/15\\ 32/15 & 0 & 4/15 & 32/15 & 1 & -4/15\end{bmatrix}$$

容易验证

$$\boldsymbol{S}_2^{-1}\,\boldsymbol{S}_2 = \begin{bmatrix}11/240 & 1/4 & 7/240 & -1/60 & 0 & -7/240\\ -7/60 & 0 & 1/60 & 2/15 & 0 & -1/60\\ -1/15 & 0 & -2/15 & -1/15 & 0 & 2/15\\ 8/15 & 0 & 1/15 & 8/15 & 0 & -1/15\\ -4/15 & 0 & 7/15 & -4/15 & 0 & 8/15\\ 32/15 & 0 & 4/15 & 32/15 & 1 & -4/15\end{bmatrix}\begin{bmatrix}0&-4&0&1&0&0\\4&1&1&0&0&0\\0&0&-4&0&1&0\\0&4&1&1&0&0\\0&0&0&-4&0&1\\0&0&4&1&1&0\end{bmatrix}$$

$$= \begin{bmatrix}1&0&0&0&0&0\\0&1&0&0&0&0\\0&0&1&0&0&0\\0&0&0&1&0&0\\0&0&0&0&1&0\\0&0&0&0&0&1\end{bmatrix}$$

基此，就可定出

$$\begin{bmatrix}D_{c0} & N_{c0} & D_{c1} & N_{c1} & D_{c2} & N_{c2}\end{bmatrix} = \begin{bmatrix}F_0 & F_1 & F_2 & F_3 & F_4 & F_5\end{bmatrix}\boldsymbol{S}_2^{-1}$$

$$= \begin{bmatrix}20 & 46 & 48 & 27 & 8 & 1\end{bmatrix}\begin{bmatrix}11/240 & 1/4 & 7/240 & -1/60 & 0 & -7/240\\ -7/60 & 0 & 1/60 & 2/15 & 0 & -1/60\\ -1/15 & 0 & -2/15 & -1/15 & 0 & 2/15\\ 8/15 & 0 & 1/15 & 8/15 & 0 & -1/15\\ -4/15 & 0 & 7/15 & -4/15 & 0 & 8/15\\ 32/15 & 0 & 4/15 & 32/15 & 1 & -4/15\end{bmatrix}$$

$$= \begin{bmatrix} 6.75 & 5 & 0.75 & 17 & 1 & 7.25 \end{bmatrix}$$

基此结果，定出

$$D_c(s) = D_{c2}s^2 + D_{c1}s + D_{c0} = s^2 + 0.75s + 6.75$$
$$N_c(s) = N_{c2}s^2 + N_{c1}s + N_{c0} = 7.25s^2 + 17s + 5$$

从而，导出对 $\boldsymbol{G}(s)\ \boldsymbol{t}_1$ 的补偿器传递函数 $\bar{\boldsymbol{C}}(s)$ 为

$$\bar{\boldsymbol{C}}(s) = D_c^{-1}(s)N_c(s) = \frac{7.25s^2 + 17s + 5}{s^2 + 0.75s + 6.75}$$

⑤ 确定对 $\boldsymbol{G}(s)$ 的补偿器传递函数 $\boldsymbol{C}(s)$。基于上述结果，并考虑到 $\boldsymbol{C}(s) = \boldsymbol{t}_1\ \bar{\boldsymbol{C}}(s)$，就导出对 $\boldsymbol{G}(s)$ 的补偿器传递函数 $\boldsymbol{C}(s)$ 为

$$\boldsymbol{C}(s) = \boldsymbol{t}_1\ \bar{\boldsymbol{C}}(s) = \begin{bmatrix} 1 \\ -3 \end{bmatrix} \frac{7.25s^2 + 17s + 5}{s^2 + 0.75s + 6.75} = \begin{bmatrix} \dfrac{7.25s^2 + 17s + 5}{s^2 + 0.75s + 6.75} \\ \dfrac{-3(7.25s^2 + 17s + 5)}{s^2 + 0.75s + 6.75} \end{bmatrix}$$

题 13.7 给定图 P13.5 所示具有补偿器的线性时不变单位输出反馈系统，设受控系统的传递函数矩阵为：

$$\boldsymbol{G}(s) = \begin{bmatrix} s & 0 \\ 0 & s^2 \end{bmatrix}^{-1} \begin{bmatrix} s & 1 & 0 \\ 0 & 0 & 1 \end{bmatrix}$$

试确定补偿器的一个真或严真传递函数矩阵 $\boldsymbol{C}(s)$，使所导出的单位输出反馈系统的分母矩阵配置为：

$$\boldsymbol{D}_f^*(s) = \begin{bmatrix} (s+1)^2 & 0 \\ 0 & (s+1)^3 \end{bmatrix}$$

解 本题属于按配置期望闭环分母矩阵综合单位输出反馈系统中补偿器的基本题。解题思路是，先按配置期望闭环极点组综合补偿器，再论证此补偿器可配置期望闭环分母矩阵。

① 判断 $\boldsymbol{G}(s)$ 循环性。由给定受控系统传递函数矩阵

$$\boldsymbol{G}(s) = \begin{bmatrix} s & 0 \\ 0 & s^2 \end{bmatrix}^{-1} \begin{bmatrix} s & 1 & 0 \\ 0 & 0 & 1 \end{bmatrix} = \begin{bmatrix} 1 & \dfrac{1}{s} & 0 \\ 0 & 0 & \dfrac{1}{s^2} \end{bmatrix}$$

导出

$\boldsymbol{G}(s)$ 特征多项式 = $\Delta(s)$ = $\boldsymbol{G}(s)$ 所有 1 阶、2 阶子式最小公分母 = s^3

$\boldsymbol{G}(s)$ 最小多项式 = $\phi(s)$ = $\boldsymbol{G}(s)$ 所有 1 阶子式最小公分母 = s^2

由 $\Delta(s) = s\phi(s)$ 并据循环性定义可知，给定传递函数矩阵 $\boldsymbol{G}(s)$ 为非循环。

② 采用非循环情形极点配置输出反馈系统结构。由给定$\boldsymbol{G}(s)$非循环，需要采用图P13.7的具有“预输出反馈$\boldsymbol{K}$”和“补偿器$\boldsymbol{C}(s)$”的单位输出反馈系统结构。引入预输出反馈$\boldsymbol{K}$的目的是，使所导出的局部输出反馈系统传递函数矩阵

$$\bar{\boldsymbol{G}}(s)=[\boldsymbol{I}+\boldsymbol{G}(s)\boldsymbol{K}]^{-1}\boldsymbol{G}(s)$$

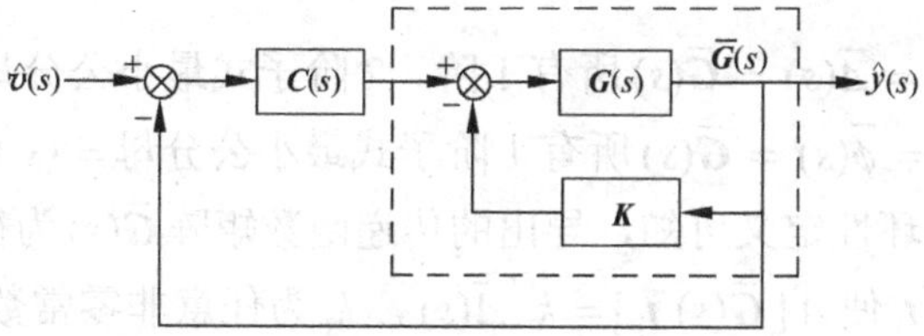

图 P13.7

为循环。再基于循环$\bar{\boldsymbol{G}}(s)$，按配置期望闭环极点组综合单位输出反馈系统中补偿器$\boldsymbol{C}(s)$。

③ 导出循环$\bar{\boldsymbol{G}}(s)$。表给定2×3非循环$\boldsymbol{G}(s)$为

$$\boldsymbol{G}(s)=\begin{bmatrix} s & 0\\ 0 & s^2\end{bmatrix}^{-1}\begin{bmatrix} s & 1 & 0\\ 0 & 0 & 1\end{bmatrix}=\boldsymbol{D}_{\mathrm{L}}^{-1}(s)\boldsymbol{N}_{\mathrm{L}}(s)$$

为使

$$\bar{\boldsymbol{G}}(s)=[\boldsymbol{I}+\boldsymbol{G}(s)\boldsymbol{K}]^{-1}\boldsymbol{G}(s)=[\boldsymbol{D}_{\mathrm{L}}(s)+\boldsymbol{N}_{\mathrm{L}}(s)\boldsymbol{K}]^{-1}\boldsymbol{N}_{\mathrm{L}}(s)$$

为循环，选取并计算：

$$\boldsymbol{K}=\begin{bmatrix} 0 & 0\\ 1 & 1\\ 0 & -1\end{bmatrix}$$

$$\boldsymbol{D}_{\mathrm{L}}(s)+\boldsymbol{N}_{\mathrm{L}}(s)\boldsymbol{K}=\begin{bmatrix} s & 0\\ 0 & s^2\end{bmatrix}+\begin{bmatrix} s & 1 & 0\\ 0 & 0 & 1\end{bmatrix}\begin{bmatrix} 0 & 0\\ 1 & 1\\ 0 & -1\end{bmatrix}=\begin{bmatrix} s+1 & 1\\ 0 & s^2-1\end{bmatrix}$$

$$[\boldsymbol{D}_{\mathrm{L}}(s)+\boldsymbol{N}_{\mathrm{L}}(s)\boldsymbol{K}]^{-1}=\begin{bmatrix} \dfrac{1}{s+1} & -\dfrac{1}{(s+1)(s^2-1)}\\ 0 & \dfrac{1}{s^2-1}\end{bmatrix}$$

$$\bar{\boldsymbol{G}}(s)=[\boldsymbol{D}_{\mathrm{L}}(s)+\boldsymbol{N}_{\mathrm{L}}(s)\boldsymbol{K}]^{-1}\boldsymbol{N}_{\mathrm{L}}(s)=\begin{bmatrix} \dfrac{1}{s+1} & -\dfrac{1}{(s+1)(s^2-1)}\\ 0 & \dfrac{1}{s^2-1}\end{bmatrix}\begin{bmatrix} s & 1 & 0\\ 0 & 0 & 1\end{bmatrix}$$

$$=\begin{bmatrix} \dfrac{s}{s+1} & \dfrac{1}{s+1} & -\dfrac{1}{(s+1)(s^2-1)} \\ 0 & 0 & \dfrac{1}{s^2-1} \end{bmatrix}$$

基此，导出

$\bar{\boldsymbol{G}}(s)$ 特征多项式 $=\bar{\Delta}(s)=\bar{\boldsymbol{G}}(s)$ 所有 1 阶、2 阶子式最小公分母 $=(s+1)(s^2-1)$

$\bar{\boldsymbol{G}}(s)$ 最小多项式 $=\bar{\phi}(s)=\bar{\boldsymbol{G}}(s)$ 所有 1 阶子式最小公分母 $=(s+1)(s^2-1)$

由 $\bar{\Delta}(s)=\bar{\phi}(s)$ 并据循环性定义可知，导出的传递函数矩阵 $\bar{\boldsymbol{G}}(s)$ 为循环。

④ 取 3×1 实向量 $\boldsymbol{t}_1$ 使 $\Delta[\bar{\boldsymbol{G}}(s)\,\boldsymbol{t}_1]=k_1\,\bar{\Delta}(s)$，$k_1$ 为任意非零常数。对此

$$\text{取 } \boldsymbol{t}_1=\begin{bmatrix}1\\0\\1\end{bmatrix}$$

$$\text{满足 } \Delta[\bar{\boldsymbol{G}}(s)\,\boldsymbol{t}_1]=\Delta\left[\begin{bmatrix} \dfrac{s}{s+1} & \dfrac{1}{s+1} & -\dfrac{1}{(s+1)(s^2-1)} \\ 0 & 0 & \dfrac{1}{s^2-1} \end{bmatrix}\begin{bmatrix}1\\0\\1\end{bmatrix}\right]$$

$$=\Delta\left[\begin{bmatrix} \dfrac{s(s^2-1)-1}{(s+1)(s^2-1)} \\ \dfrac{1}{s^2-1} \end{bmatrix}\right]=(s+1)(s^2-1)=\bar{\Delta}(s)$$

⑤ 确定对 2×1 的 $\bar{\boldsymbol{G}}(s)\,\boldsymbol{t}_1$ 的 1×2 补偿器 $\bar{\boldsymbol{C}}(s)$ 的阶数 m。先行导出

$$\bar{\boldsymbol{G}}(s)\,\boldsymbol{t}_1=\begin{bmatrix} \dfrac{s(s^2-1)-1}{(s+1)(s^2-1)} \\ \dfrac{1}{s^2-1} \end{bmatrix}=\begin{bmatrix} s^3-s-1 \\ s+1 \end{bmatrix}[s^3+s^2-s-1]^{-1}=\bar{\boldsymbol{N}}(s)\bar{D}^{-1}(s)$$

易知 $\bar{\boldsymbol{N}}(s)\bar{D}^{-1}(s)$ 不可简约，且有

$$\bar{D}(s)=D_3s^3+D_2s^2+D_1s+D_0=s^3+s^2-s-1$$

$$\bar{\boldsymbol{N}}(s)=\boldsymbol{N}_3s^3+\boldsymbol{N}_2s^2+\boldsymbol{N}_1s+\boldsymbol{N}_0=\begin{bmatrix}1\\0\end{bmatrix}s^3+\begin{bmatrix}-1\\1\end{bmatrix}s+\begin{bmatrix}-1\\1\end{bmatrix}$$

由此组成系数矩阵

$$
\boldsymbol{S}_{\mathrm{L}}=\boldsymbol{S}_{1}=\begin{bmatrix} D_0 & D_1 & D_2 & D_3 & 0 \\ \boldsymbol{N}_0 & \boldsymbol{N}_1 & \boldsymbol{N}_2 & \boldsymbol{N}_3 & \boldsymbol{0} \\ 0 & D_0 & D_1 & D_2 & D_3 \\ \boldsymbol{0} & \boldsymbol{N}_0 & \boldsymbol{N}_1 & \boldsymbol{N}_2 & \boldsymbol{N}_3 \end{bmatrix}=\begin{bmatrix} -1 & -1 & 1 & 1 & 0 \\ -1 & -1 & 0 & 1 & 0 \\ 1 & 1 & 0 & 0 & 0 \\ 0 & -1 & -1 & 1 & 1 \\ 0 & -1 & -1 & 0 & 1 \\ 0 & 1 & 1 & 0 & 0 \end{bmatrix}
$$

并由对 $\boldsymbol{S}_1$ 的行初等变换，导出

$$
\boldsymbol{S}_{1}=\begin{bmatrix} -1 & -1 & 1 & 1 & 0 \\ -1 & -1 & 0 & 1 & 0 \\ 1 & 1 & 0 & 0 & 0 \\ 0 & -1 & -1 & 1 & 1 \\ 0 & -1 & -1 & 0 & 1 \\ 0 & 1 & 1 & 0 & 0 \end{bmatrix}
$$

“行 3×（1）”加于行 1，“行 3×（1）”加于行 2，

“行 6×（1）”加于行 4，“行 6×（1）”加于行 5 →

$$
\begin{bmatrix} 0 & 0 & 1 & 1 & 0 \\ 0 & 0 & 0 & 1 & 0 \\ 1 & 1 & 0 & 0 & 0 \\ 0 & 0 & 0 & 1 & 1 \\ 0 & 0 & 0 & 0 & 1 \\ 0 & 1 & 1 & 0 & 0 \end{bmatrix}
$$

“行 2×（–1）”加于行 1，“行 2×（–1）”加于行 4 →

$$
\begin{bmatrix} 0 & 0 & 1 & 0 & 0 \\ 0 & 0 & 0 & 1 & 0 \\ 1 & 1 & 0 & 0 & 0 \\ 0 & 0 & 0 & 0 & 1 \\ 0 & 0 & 0 & 0 & 1 \\ 0 & 1 & 1 & 0 & 0 \end{bmatrix}
$$

“行 1×（–1）”加于行 6 →

$$
\begin{bmatrix} 0 & 0 & 1 & 0 & 0 \\ 0 & 0 & 0 & 1 & 0 \\ 1 & 1 & 0 & 0 & 0 \\ 0 & 0 & 0 & 0 & 1 \\ 0 & 0 & 0 & 0 & 1 \\ 0 & 1 & 0 & 0 & 0 \end{bmatrix}
$$

“行 6×（–1）”加于行 3 →

$$
\begin{bmatrix} 0 & 0 & 1 & 0 & 0 \\ 0 & 0 & 0 & 1 & 0 \\ 1 & 0 & 0 & 0 & 0 \\ 0 & 0 & 0 & 0 & 1 \\ 0 & 0 & 0 & 0 & 1 \\ 0 & 1 & 0 & 0 & 0 \end{bmatrix}
$$

由所导出矩阵为列满秩，而初等变换不改变矩阵的秩，可知系数矩阵 $\boldsymbol{S}_1$ 列满秩。由此，“使 $\boldsymbol{S}_{\mathrm{L}}$ 列满秩”的 $L_{\min}=1$，$\bar{\boldsymbol{G}}(s)$ 的能观测性指数 $\bar{\nu}=L_{\min}+1=2$。于是，由系统的 $\bar{\boldsymbol{G}}(s)$

为真，对应地取“对 $\bar{\boldsymbol{G}}(s)\ \boldsymbol{t}_1$ 的补偿器 $\bar{\boldsymbol{C}}(s)$”为严真，$\bar{\boldsymbol{C}}(s)$ 的维数 $m=\bar{\nu}=2$ 。

⑥ 确定对 $\bar{\boldsymbol{G}}(s)\ \boldsymbol{t}_1$ 的 1×2 补偿器 $\bar{\boldsymbol{C}}(s)$。对闭环系统共需指定“$(n+m)=(3+2)=5$”个期望闭环极点，由题中给出的期望闭环分母矩阵可以定出其为$\{-1,\ -1,\ -1,\ -1,\ -1\}$。基此，定出

期望闭环特征多项式 $\alpha^*(s)=(s^2+2s+1)(s^3+3s^2+3s+1)$

$$=s^5+5s^4+10s^3+10s^2+5s+1$$

期望闭环分母多项式 $D_{\rm CF}^*(s)=k\alpha^*(s)=1\times(s^5+5s^4+10s^3+10s^2+5s+1)$

$$=s^5+5s^4+10s^3+10s^2+5s+1$$

由此，并考虑到输出维数 q=2，系统维数 n=3，补偿器 $\bar{\boldsymbol{C}}(s)$ 维数 m=2，再行定出 $[(q+1)\times(m+1)]\times(n+m+1)$系数阵 $\boldsymbol{S}_m=$ 9×6 系数阵 $\boldsymbol{S}_2$

$$=\begin{bmatrix} D_0 & D_1 & D_2 & D_3 & 0 & 0 \\ \boldsymbol{N}_0 & \boldsymbol{N}_1 & \boldsymbol{N}_2 & \boldsymbol{N}_3 & \boldsymbol{0} & \boldsymbol{0} \\ 0 & D_0 & D_1 & D_2 & D_3 & 0 \\ \boldsymbol{0} & \boldsymbol{N}_0 & \boldsymbol{N}_1 & \boldsymbol{N}_2 & \boldsymbol{N}_3 & \boldsymbol{0} \\ 0 & 0 & D_0 & D_1 & D_2 & D_3 \\ \boldsymbol{0} & \boldsymbol{0} & \boldsymbol{N}_0 & \boldsymbol{N}_1 & \boldsymbol{N}_2 & \boldsymbol{N}_3 \end{bmatrix}$$

$$=\begin{bmatrix} -1 & -1 & 1 & 1 & 0 & 0 \\ -1 & -1 & 0 & 1 & 0 & 0 \\ 1 & 1 & 0 & 0 & 0 & 0 \\ 0 & -1 & -1 & 1 & 1 & 0 \\ 0 & -1 & -1 & 0 & 1 & 0 \\ 0 & 1 & 1 & 0 & 0 & 0 \\ 0 & 0 & -1 & -1 & 1 & 1 \\ 0 & 0 & -1 & -1 & 0 & 1 \\ 0 & 0 & 1 & 1 & 0 & 0 \end{bmatrix}$$

$$\begin{bmatrix} F_0 & F_1 & F_2 & F_3 & F_4 & F_5 \end{bmatrix}=\begin{bmatrix} 1 & 5 & 10 & 10 & 5 & 1 \end{bmatrix}$$

进而，组成方程

$$\begin{bmatrix} D_{\rm c0} & N_{\rm c01} & N_{\rm c02} & D_{\rm c1} & N_{\rm c11} & N_{\rm c12} & D_{\rm c2} & N_{\rm c21} & N_{\rm c22} \end{bmatrix}\boldsymbol{S}_2 =\begin{bmatrix} F_0 & F_1 & F_2 & F_3 & F_4 & F_5 \end{bmatrix}$$

代入参数矩阵后则为

$$\begin{bmatrix} D_{\rm c0} & N_{\rm c01} & N_{\rm c02} & D_{\rm c1} & N_{\rm c11} & N_{\rm c12} & D_{\rm c2} & N_{\rm c21} & N_{\rm c22} \end{bmatrix}$$

$$\times\begin{bmatrix}-1 & -1 & 1 & 1 & 0 & 0\\ -1 & -1 & 0 & 1 & 0 & 0\\ 1 & 1 & 0 & 0 & 0 & 0\\ 0 & -1 & -1 & 1 & 1 & 0\\ 0 & -1 & -1 & 0 & 1 & 0\\ 0 & 1 & 1 & 0 & 0 & 0\\ 0 & 0 & -1 & -1 & 1 & 1\\ 0 & 0 & -1 & -1 & 0 & 1\\ 0 & 0 & 1 & 1 & 0 & 0\end{bmatrix}=\begin{bmatrix}1 & 5 & 10 & 10 & 5 & 1\end{bmatrix}$$

上述方程组中，由“方程个数为 6”和“待定量个数为 9”，可知方程组解为不惟一。基此，按补偿器 $\bar{C}(s)$ 为严真要求 $N_{c21}=0$ 和 $N_{c22}=0$，并求解上述方程组，导出

$$D_{c0}=7,\quad D_{c1}=5,\quad D_{c2}=1$$

$$N_{c01}=-1,\quad N_{c02}=7,\quad N_{c11}=-1,\quad N_{c12}=8,\quad N_{c21}=0,\quad N_{c22}=0$$

基于上述结果，就可定出

$$D_c(s)=D_{c2}s^2+D_{c1}s+D_{c0}=s^2+5s+7$$

$$\begin{aligned}\boldsymbol{N}_c(s)&=[N_{c21}\quad N_{c22}]s^2+[N_{c11}\quad N_{c12}]s+[N_{c01}\quad N_{c02}]\\&=[-1\quad 8]s+[-1\quad 7]\end{aligned}$$

从而，导出对 $\bar{\boldsymbol{G}}(s)\,\boldsymbol{t}_1$ 的 1×2 补偿器的传递函数矩阵 $\bar{\boldsymbol{C}}(s)$ 为

$$\begin{aligned}\bar{\boldsymbol{C}}(s)&=D_c^{-1}(s)\boldsymbol{N}_c(s)=[s^2+5s+7]^{-1}[-(s+1)\quad 8s+7]\\&=\begin{bmatrix}\dfrac{-(s+1)}{s^2+5s+7} & \dfrac{8s+7}{s^2+5s+7}\end{bmatrix}\end{aligned}$$

⑦ 确定对 $\bar{\boldsymbol{G}}(s)$ 的 3×2 补偿器 $\boldsymbol{C}(s)$。由上述结果，并考虑到 $\boldsymbol{C}(s)=\boldsymbol{t}_1\,\bar{\boldsymbol{C}}(s)$，就可导出对 $\bar{\boldsymbol{G}}(s)$ 的 3×2 补偿器传递函数矩阵 $\boldsymbol{C}(s)$ 为

$$\boldsymbol{C}(s)=\boldsymbol{t}_1\,\bar{\boldsymbol{C}}(s)=\begin{bmatrix}1\\0\\1\end{bmatrix}\begin{bmatrix}\dfrac{-(s+1)}{s^2+5s+7} & \dfrac{8s+7}{s^2+5s+7}\end{bmatrix}$$

$$=\begin{bmatrix}\dfrac{-(s+1)}{s^2+5s+7} & \dfrac{8s+7}{s^2+5s+7}\\ 0 & 0\\ \dfrac{-(s+1)}{s^2+5s+7} & \dfrac{8s+7}{s^2+5s+7}\end{bmatrix}$$

⑧ 确定配置期望闭环分母矩阵 $\boldsymbol{D}_f^*(s)$ 的补偿器。对受控系统 $\bar{\boldsymbol{G}}(s)$ 和串联补偿器 $\boldsymbol{C}(s)$ 的输出反馈系统，若表 $\bar{\boldsymbol{G}}(s)=\bar{\boldsymbol{D}}_L^{-1}(s)\bar{\boldsymbol{N}}_L(s)$ 和 $\boldsymbol{C}(s)=\bar{\boldsymbol{N}}_c(s)\bar{\boldsymbol{D}}_c^{-1}(s)$ 为不可简约，则其闭环

分母矩阵为

$$\boldsymbol{D}_{\mathrm{f}}(s)=\bar{\boldsymbol{D}}_{\mathrm{L}}(s)\bar{\boldsymbol{D}}_{\mathrm{c}}(s)+\bar{\boldsymbol{N}}_{\mathrm{L}}(s)\bar{\boldsymbol{N}}_{\mathrm{c}}(s)$$

再由“ $\boldsymbol{D}_{\mathrm{f}}(s)$ 和 $\boldsymbol{D}_{\mathrm{f}}^{*}(s)$ 具有等同首一特征多项式即等同闭环极点”可知， $\boldsymbol{D}_{\mathrm{f}}(s)$ 必可通过行和列初等运算化为 $\boldsymbol{D}_{\mathrm{f}}^{*}(s)$，即存在维数相容的单模阵 $\boldsymbol{U}(s)$ 和 $\boldsymbol{V}(s)$ 使成立

$$\boldsymbol{D}_{\mathrm{f}}^{*}(s)=\boldsymbol{U}(s)\boldsymbol{D}_{\mathrm{f}}(s)\boldsymbol{V}(s)$$

基此，进而导出

$$\begin{aligned}\boldsymbol{D}_{\mathrm{f}}^{*}(s)&=\boldsymbol{U}(s)\boldsymbol{D}_{\mathrm{f}}(s)\boldsymbol{V}(s)=\boldsymbol{U}(s)[\bar{\boldsymbol{D}}_{\mathrm{L}}(s)\bar{\boldsymbol{D}}_{\mathrm{c}}(s)+\bar{\boldsymbol{N}}_{\mathrm{L}}(s)\bar{\boldsymbol{N}}_{\mathrm{c}}(s)]\boldsymbol{V}(s)\\&=\boldsymbol{U}(s)\bar{\boldsymbol{D}}_{\mathrm{L}}(s)\bar{\boldsymbol{D}}_{\mathrm{c}}(s)\boldsymbol{V}(s)+\boldsymbol{U}(s)\bar{\boldsymbol{N}}_{\mathrm{L}}(s)\bar{\boldsymbol{N}}_{\mathrm{c}}(s)\boldsymbol{V}(s)\\&=\hat{\boldsymbol{D}}_{\mathrm{L}}(s)\hat{\boldsymbol{D}}_{\mathrm{c}}(s)+\hat{\boldsymbol{N}}_{\mathrm{L}}(s)\hat{\boldsymbol{N}}_{\mathrm{c}}(s)\end{aligned}$$

这表明，为实现配置期望闭环分母矩阵 $\boldsymbol{D}_{\mathrm{f}}^{*}(s)$，应取

受控系统　$\hat{\boldsymbol{D}}_{\mathrm{L}}^{-1}(s)\hat{\boldsymbol{N}}_{\mathrm{L}}(s)=[\boldsymbol{U}(s)\bar{\boldsymbol{D}}_{\mathrm{L}}(s)]^{-1}\boldsymbol{U}(s)\bar{\boldsymbol{N}}_{\mathrm{L}}(s)=\bar{\boldsymbol{D}}_{\mathrm{L}}^{-1}(s)\bar{\boldsymbol{N}}_{\mathrm{L}}(s)=\bar{\boldsymbol{G}}(s)$

补偿器　$\hat{\boldsymbol{N}}_{\mathrm{c}}(s)\hat{\boldsymbol{D}}_{\mathrm{c}}^{-1}(s)=\bar{\boldsymbol{N}}_{\mathrm{c}}(s)\boldsymbol{V}(s)[\bar{\boldsymbol{D}}_{\mathrm{c}}(s)\boldsymbol{V}(s)]^{-1}=\bar{\boldsymbol{N}}_{\mathrm{c}}(s)\bar{\boldsymbol{D}}_{\mathrm{c}}^{-1}(s)=\boldsymbol{C}(s)$

显然，这即为前述配置期望闭环极点中“所面对的受控系统”和“所导出的补偿器”。从而可知，可实现期望闭环分母矩阵 $\boldsymbol{D}_{\mathrm{f}}^{*}(s)$ 配置的补偿器就为

$$\boldsymbol{C}(s)=\begin{bmatrix}\dfrac{-(s+1)}{s^2+5s+7} & \dfrac{8s+7}{s^2+5s+7}\\ 0 & 0\\ \dfrac{-(s+1)}{s^2+5s+7} & \dfrac{8s+7}{s^2+5s+7}\end{bmatrix}$$

题 13.8　给定图 P13.5 所示具有补偿器的线性时不变单位输出反馈系统，设受控系统的 $q\times p$ 传递函数矩阵

$$\boldsymbol{G}(s)=\boldsymbol{N}(s)\ \boldsymbol{D}^{-1}(s)=\boldsymbol{D}_{\mathrm{L}}^{-1}(s)\ \boldsymbol{N}_{\mathrm{L}}(s)$$

为互质 MFD，再设 $\boldsymbol{X}(s)$ 和 $\boldsymbol{Y}(s)$ 为使 $\boldsymbol{X}(s)\ \boldsymbol{D}(s)+\boldsymbol{Y}(s)\ \boldsymbol{N}(s)=\boldsymbol{I}$ 成立的 $p\times p$ 和 $p\times q$ 多项式矩阵。试证明：若 $\boldsymbol{H}(s)$ 为极点均具有负实部的任意 $p\times q$ 有理分式阵，则形如下式的补偿器

$$\boldsymbol{C}(s)=[\boldsymbol{X}(s)-\boldsymbol{H}(s)\boldsymbol{N}_{\mathrm{L}}(s)]^{-1}\ [\boldsymbol{Y}(s)+\boldsymbol{H}(s)\boldsymbol{D}_{\mathrm{L}}(s)]$$

可使单位输出反馈系统为稳定。

解　本题属于对单位输出反馈系统中指定补偿器可镇定性的证明题，意在训练运用已有结果导出待证结论的演绎推证能力。

首先，推导补偿器的 $\boldsymbol{C}(s)$ 表达式。表 $p\times q$ 有理分式阵 $\boldsymbol{H}(s)$ 为不可简约左 MFD $\boldsymbol{H}(s)=\boldsymbol{D}_{\mathrm{HL}}^{-1}(s)\ \boldsymbol{N}_{\mathrm{HL}}(s)$，并由“ $\boldsymbol{H}(s)$ 极点均具有负实部”知“ $\det\boldsymbol{D}_{\mathrm{HL}}(s)=0$ 根均具有负实部”。基此，并据给定补偿器的 $\boldsymbol{C}(s)$ 表达式，就可导出

$$\boldsymbol{C}(s)=[\boldsymbol{X}(s)-\boldsymbol{H}(s)\boldsymbol{N}_{\mathrm{L}}(s)]^{-1}\ [\boldsymbol{Y}(s)+\boldsymbol{H}(s)\boldsymbol{D}_{\mathrm{L}}(s)]$$

$$= [X(s) - D_{HL}^{-1}(s)N_{HL}(s)N_L(s)]^{-1}[Y(s) + D_{HL}^{-1}(s)N_{HL}(s)D_L(s)]$$
$$= [D_{HL}^{-1}(s)(D_{HL}(s)X(s) - N_{HL}(s)N_L(s))]^{-1}$$
$$\times[D_{HL}^{-1}(s)(D_{HL}(s)Y(s) + N_{HL}(s)D_L(s))]$$
$$= [D_{HL}(s)X(s) - N_{HL}(s)N_L(s)]^{-1}[D_{HL}(s)Y(s) + N_{HL}(s)D_L(s)]$$
$$= D_{CL}^{-1}(s)\ N_{CL}(s)$$

其次，推证输出反馈系统闭环分母矩阵 $D_F(s) = D_{HL}(s)$ 。由“输出反馈系统为稳定”意味着“系统中任一变量均为稳定”。基此，并据 $C(s) = D_{CL}^{-1}(s)\ N_{CL}(s)$，对以“补偿器输出”为输出和以“参考输入”为输入的闭环系统传递函数矩阵，有

$$G_{EV}(s) = [I + C(s)G(s)]^{-1}C(s)$$
$$= [I + D_{CL}^{-1}(s)N_{CL}(s)N(s)D^{-1}(s)]^{-1}D_{CL}^{-1}N_{CL}(s)$$
$$= D(s)[D_{CL}(s)D(s) + N_{CL}(s)N(s)]^{-1}N_{CL}(s) = D(s)\ D_F^{-1}(s)\ N_{CL}(s)$$

其中，输出反馈系统闭环分母矩阵 $D_F(s)$ 为

$$D_F(s) = D_{CL}(s)D(s) + N_{CL}(s)N(s)$$

再将前面导出的 $D_{CL}(s)$ 和 $N_{CL}(s)$ 的关系式

$$D_{CL}(s) = D_{HL}(s)X(s) - N_{HL}(s)N_L(s),\quad N_{CL}(s) = D_{HL}(s)Y(s) + N_{HL}(s)D_L(s)$$

代入闭环分母矩阵 $D_F(s)$ 的关系式，有

$$D_F(s) = D_{CL}(s)D(s) + N_{CL}(s)N(s)$$
$$= [D_{HL}(s)X(s) - N_{HL}(s)N_L(s)]\ D(s) + [D_{HL}(s)Y(s) + N_{HL}(s)D_L(s)]\ N(s)$$
$$= D_{HL}(s)[X(s)D(s) + Y(s)N(s)] + N_{HL}(s)[D_L(s)N(s) - N_L(s)D(s)]$$

进而，由 $N(s)\ D^{-1}(s) = D_L^{-1}(s)\ N_L(s)$ 可导出“ $D_L(s)N(s) - N_L(s)D(s) = 0$ ”，且已知“ $X(s)\ D(s) + Y(s)\ N(s) = I$”。于是，将此代入上述分母矩阵的 $D_F(s)$ 关系式，证得

$$D_F(s) = D_{HL}(s)$$

最后，证明结论。对此，由 $H(s) = D_{HL}^{-1}(s)\ N_{HL}(s)$ 和 $D_F(s) = D_{HL}(s)$ ，即可证得

$H(s) = D_{HL}^{-1}(s)\ N_{HL}(s)$ 不可简约且极点均具有负实部

$\Rightarrow$ $\det D_{HL}(s) = 0$ 根均具有负实部

$\Rightarrow$ $\det D_F(s) = 0$ 根均具有负实部

$\Rightarrow$ 给定补偿器 $C(s)$ 可使单位输出反馈系统为稳定

题 13.9 给定线性时不变受控系统的传递函数矩阵为

$$G(s) = \begin{bmatrix} 1 & 1 \\ s & 1 \end{bmatrix}\begin{bmatrix} 0 & s^2 \\ s-1 & s \end{bmatrix}^{-1}$$

试综合一个“观测器-控制器型”补偿器，使所导出的闭环控制系统的分母矩阵配置为

$$D_f^*(s) = \begin{bmatrix} (s+1)^3 & 0 \\ 0 & (s+1)^2 \end{bmatrix}$$

解 本题属于按配置期望闭环分母矩阵综合"观测器-控制器型"补偿器的基本题。较为简单的解题思路是，先行按配置期望闭环极点组即期望闭环分母矩阵综合输出反馈系统中的串联补偿器，再行导出"观测器-控制器型"补偿器。

① 判断 $\boldsymbol{G}(s)$ 循环性。由给定受控系统传递函数矩阵

$$\boldsymbol{G}(s)=\begin{bmatrix}1&1\\s&1\end{bmatrix}\begin{bmatrix}0&s^2\\s-1&s\end{bmatrix}^{-1}=\begin{bmatrix}1&1\\s&1\end{bmatrix}\begin{bmatrix}\dfrac{-1}{s(s-1)}&\dfrac{1}{s-1}\\\dfrac{1}{s^2}&0\end{bmatrix}=\begin{bmatrix}\dfrac{-1}{s^2(s-1)}&\dfrac{1}{s-1}\\\dfrac{-s^2+s-1}{s^2(s-1)}&\dfrac{s}{s-1}\end{bmatrix}$$

导出

$$\boldsymbol{G}(s)\text{特征多项式}=\Delta(s)=\boldsymbol{G}(s)\text{所有 1 阶、2 阶子式最小公分母}=s^2(s-1)$$

$$\boldsymbol{G}(s)\text{最小多项式}=\phi(s)=\boldsymbol{G}(s)\text{所有 1 阶子式最小公分母}=s^2(s-1)$$

由 $\Delta(s)=\phi(s)$ 并据循环性定义可知，给定传递函数矩阵 $\boldsymbol{G}(s)$ 为循环。

② 采用非循环情形极点配置输出反馈系统结构。由 $\boldsymbol{G}(s)$ 循环，本无需此步骤，但为训练非循环情形计算方法，不妨仍采用图 P13.7 具有"预输出反馈 $\boldsymbol{K}$"和"补偿器 $\boldsymbol{C}(s)$"的单位输出反馈系统结构。引入反馈 $\boldsymbol{K}$ 使局部输出反馈系统传递函数矩阵

$$\bar{\boldsymbol{G}}(s)=[\boldsymbol{I}+\boldsymbol{G}(s)\boldsymbol{K}]^{-1}\boldsymbol{G}(s)$$

保持为循环。再基于 $\bar{\boldsymbol{G}}(s)$，按配置期望闭环极点组综合单位输出反馈系统中补偿器 $\boldsymbol{C}(s)$。

③ 导出循环 $\bar{\boldsymbol{G}}(s)$。表给定 2×2 $\boldsymbol{G}(s)$ 为

$$\boldsymbol{G}(s)=\begin{bmatrix}1&1\\s&1\end{bmatrix}\begin{bmatrix}0&s^2\\s-1&s\end{bmatrix}^{-1}=\boldsymbol{N}(s)\boldsymbol{D}^{-1}(s)$$

为使

$$\bar{\boldsymbol{G}}(s)=\boldsymbol{G}(s)[\boldsymbol{I}+\boldsymbol{K}\boldsymbol{G}(s)]^{-1}=\boldsymbol{N}(s)[\boldsymbol{D}(s)+\boldsymbol{K}\boldsymbol{N}(s)]^{-1}$$

为循环，选取并计算：

$$\boldsymbol{K}=\begin{bmatrix}1&1\\1&0\end{bmatrix}$$

$$\boldsymbol{D}(s)+\boldsymbol{K}\boldsymbol{N}(s)=\begin{bmatrix}0&s^2\\s-1&s\end{bmatrix}+\begin{bmatrix}1&1\\1&0\end{bmatrix}\begin{bmatrix}1&1\\s&1\end{bmatrix}=\begin{bmatrix}s+1&s^2+2\\s&s+1\end{bmatrix}$$

$$[\boldsymbol{D}(s)+\boldsymbol{K}\boldsymbol{N}(s)]^{-1}=\begin{bmatrix}\dfrac{-(s+1)}{(s^3-s^2-1)}&\dfrac{(s^2+2)}{(s^3-s^2-1)}\\\dfrac{s}{(s^3-s^2-1)}&\dfrac{-(s+1)}{(s^3-s^2-1)}\end{bmatrix}$$

$$\bar{G}(s)=N(s)\,[D(s)+KN(s)]^{-1}=\begin{bmatrix}1 & 1\\ s & 1\end{bmatrix}\begin{bmatrix}\dfrac{-(s+1)}{(s^3-s^2-1)} & \dfrac{(s^2+2)}{(s^3-s^2-1)}\\ \dfrac{s}{(s^3-s^2-1)} & \dfrac{-(s+1)}{(s^3-s^2-1)}\end{bmatrix}$$

$$=\begin{bmatrix}\dfrac{-1}{(s^3-s^2-1)} & \dfrac{s^2-s+1}{(s^3-s^2-1)}\\ \dfrac{-s^2}{(s^3-s^2-1)} & \dfrac{s^3+s-1}{(s^3-s^2-1)}\end{bmatrix}$$

基此，导出

$\bar{G}(s)$特征多项式$=\bar{\Delta}(s)=\bar{G}(s)$所有1阶、2阶子式最小公分母$=s^3-s^2-1$

$\bar{G}(s)$最小多项式$=\bar{\phi}(s)=\bar{G}(s)$所有1阶子式最小公分母$=s^3-s^2-1$

由$\bar{\Delta}(s)=\bar{\phi}(s)$并据循环性定义可知，导出的传递函数矩阵$\bar{G}(s)$为循环。

④ 取2×1实向量t_1使$\Delta[\bar{G}(s)\,t_1]=k_1\,\bar{\Delta}(s)$，$k_1$为任意非零常数。对此

取 $t_1=\begin{bmatrix}1\\0\end{bmatrix}$

满足 $\Delta[\bar{G}(s)\,t_1]=\Delta\left[\begin{bmatrix}\dfrac{-1}{(s^3-s^2-1)} & \dfrac{s^2-s+1}{(s^3-s^2-1)}\\ \dfrac{-s^2}{(s^3-s^2-1)} & \dfrac{s^3+s-1}{(s^3-s^2-1)}\end{bmatrix}\begin{bmatrix}1\\0\end{bmatrix}\right]$

$$=\Delta\left[\begin{bmatrix}\dfrac{-1}{(s^3-s^2-1)}\\ \dfrac{-s^2}{(s^3-s^2-1)}\end{bmatrix}\right]=s^3-s^2-1=\bar{\Delta}(s)$$

⑤ 确定对2×1的$\bar{G}(s)\,t_1$的1×2补偿器$\bar{C}(s)$的阶数m。先行导出

$$\bar{G}(s)\,t_1=\begin{bmatrix}\dfrac{-1}{(s^3-s^2-1)}\\ \dfrac{-s^2}{(s^3-s^2-1)}\end{bmatrix}=\begin{bmatrix}-1\\-s^2\end{bmatrix}[s^3-s^2-1]^{-1}=\bar{N}(s)\bar{D}^{-1}(s)$$

易知$\bar{N}(s)\bar{D}^{-1}(s)$不可简约，且有

$$\bar{D}(s)=D_3s^3+D_2s^2+D_1s+D_0=s^3-s^2-1$$

$$\bar{N}(s)=N_3s^3+N_2s^2+N_1s+N_0=\begin{bmatrix}0\\-1\end{bmatrix}s^2+\begin{bmatrix}-1\\0\end{bmatrix}$$

由此组成系数矩阵

$$\boldsymbol{S}_{\mathrm{L}}=\boldsymbol{S}_1=\begin{bmatrix} D_0 & D_1 & D_2 & D_3 & 0 \\ \boldsymbol{N}_0 & \boldsymbol{N}_1 & \boldsymbol{N}_2 & \boldsymbol{N}_3 & \boldsymbol{0} \\ 0 & D_0 & D_1 & D_2 & D_3 \\ \boldsymbol{0} & \boldsymbol{N}_0 & \boldsymbol{N}_1 & \boldsymbol{N}_2 & \boldsymbol{N}_3 \end{bmatrix}=\begin{bmatrix} -1 & 0 & -1 & 1 & 0 \\ -1 & 0 & 0 & 0 & 0 \\ 0 & 0 & -1 & 0 & 0 \\ 0 & -1 & 0 & -1 & 1 \\ 0 & -1 & 0 & 0 & 0 \\ 0 & 0 & 0 & -1 & 0 \end{bmatrix}$$

并由对 $\boldsymbol{S}_1$ 的行初等变换，导出

$$\boldsymbol{S}_1=\begin{bmatrix} -1 & 0 & -1 & 1 & 0 \\ -1 & 0 & 0 & 0 & 0 \\ 0 & 0 & -1 & 0 & 0 \\ 0 & -1 & 0 & -1 & 1 \\ 0 & -1 & 0 & 0 & 0 \\ 0 & 0 & 0 & -1 & 0 \end{bmatrix}$$ “行 2×（−1）”加于行 1，“行 3×（−1）”加于行 1，

“行 6×（1）”加于行 1，“行 5×（−1）”加于行 4，“行 6×（−1）”加于行 4 →

$$\begin{bmatrix} 0 & 0 & 0 & 0 & 0 \\ -1 & 0 & 0 & 0 & 0 \\ 0 & 0 & -1 & 0 & 0 \\ 0 & 0 & 0 & 0 & 1 \\ 0 & -1 & 0 & 0 & 0 \\ 0 & 0 & 0 & -1 & 0 \end{bmatrix}$$

由所导出矩阵为列满秩，而初等变换不改变矩阵的秩，可知系数矩阵 $\boldsymbol{S}_1$ 列满秩。由此，“使 $\boldsymbol{S}_{\mathrm{L}}$ 列满秩”的 $L_{\min}=1$，$\bar{\boldsymbol{G}}(s)$ 的能观测性指数 $\bar{\nu}=L_{\min}+1=2$。于是，由系统的 $\bar{\boldsymbol{G}}(s)$ 为真，对应地取“对 $\bar{\boldsymbol{G}}(s)$ $\boldsymbol{t}_1$ 的补偿器 $\bar{\boldsymbol{C}}(s)$”为严真，$\bar{\boldsymbol{C}}(s)$ 的维数 $m=\bar{\nu}=2$。

⑥ 确定对 $\bar{\boldsymbol{G}}(s)$ $\boldsymbol{t}_1$ 的 1×2 补偿器 $\bar{\boldsymbol{C}}(s)$。对闭环系统共需指定“$(n+m)=(3+2)=5$”个期望闭环极点，由题中给出的期望闭环分母矩阵可以定出其为$\{-1，-1，-1，-1，-1\}$。基此，定出

期望闭环特征多项式　$\alpha^*(s)=(s^2+2s+1)(s^3+3s^2+3s+1)$

$$=s^5+5s^4+10s^3+10s^2+5s+1$$

期望闭环分母多项式　$D_{\mathrm{CF}}^*(s)=k\alpha^*(s)=1\times(s^5+5s^4+10s^3+10s^2+5s+1)$

$$=s^5+5s^4+10s^3+10s^2+5s+1$$

由此，并考虑到输出维数 $q=2$，系统维数 $n=3$，补偿器 $\bar{\boldsymbol{C}}(s)$ 维数 $m=2$，再行定出

$[(q+1)\times(m+1)]\times(n+m+1)$系数阵 $\boldsymbol{S}_m=$

$$9\times 6\text{ 系数阵 }\boldsymbol{S}_2=\begin{bmatrix} D_0 & D_1 & D_2 & D_3 & 0 & 0 \\ \boldsymbol{N}_0 & \boldsymbol{N}_1 & \boldsymbol{N}_2 & \boldsymbol{N}_3 & \boldsymbol{0} & \boldsymbol{0} \\ 0 & D_0 & D_1 & D_2 & D_3 & 0 \\ \boldsymbol{0} & \boldsymbol{N}_0 & \boldsymbol{N}_1 & \boldsymbol{N}_2 & \boldsymbol{N}_3 & \boldsymbol{0} \\ 0 & 0 & D_0 & D_1 & D_2 & D_3 \\ \boldsymbol{0} & \boldsymbol{0} & \boldsymbol{N}_0 & \boldsymbol{N}_1 & \boldsymbol{N}_2 & \boldsymbol{N}_3 \end{bmatrix}$$

$$=\begin{bmatrix} -1 & 0 & -1 & 1 & 0 & 0 \\ -1 & 0 & 0 & 0 & 0 & 0 \\ 0 & 0 & -1 & 0 & 0 & 0 \\ 0 & -1 & 0 & -1 & 1 & 0 \\ 0 & -1 & 0 & 0 & 0 & 0 \\ 0 & 0 & 0 & -1 & 0 & 0 \\ 0 & 0 & -1 & 0 & -1 & 1 \\ 0 & 0 & -1 & 0 & 0 & 0 \\ 0 & 0 & 0 & 0 & -1 & 0 \end{bmatrix}$$

$$\begin{bmatrix} F_0 & F_1 & F_2 & F_3 & F_4 & F_5 \end{bmatrix}=\begin{bmatrix} 1 & 5 & 10 & 10 & 5 & 1 \end{bmatrix}$$

进而，组成方程

$$\begin{bmatrix} D_{c0} & N_{c01} & N_{c02} & D_{c1} & N_{c11} & N_{c12} & D_{c2} & N_{c21} & N_{c22} \end{bmatrix}\boldsymbol{S}_2=\begin{bmatrix} F_0 & F_1 & F_2 & F_3 & F_4 & F_5 \end{bmatrix}$$

代入参数矩阵后则为

$$\begin{bmatrix} D_{c0} & N_{c01} & N_{c02} & D_{c1} & N_{c11} & N_{c12} & D_{c2} & N_{c21} & N_{c22} \end{bmatrix}\times\begin{bmatrix} -1 & 0 & -1 & 1 & 0 & 0 \\ -1 & 0 & 0 & 0 & 0 & 0 \\ 0 & 0 & -1 & 0 & 0 & 0 \\ 0 & -1 & 0 & -1 & 1 & 0 \\ 0 & -1 & 0 & 0 & 0 & 0 \\ 0 & 0 & 0 & -1 & 0 & 0 \\ 0 & 0 & -1 & 0 & -1 & 1 \\ 0 & 0 & -1 & 0 & 0 & 0 \\ 0 & 0 & 0 & 0 & -1 & 0 \end{bmatrix}=\begin{bmatrix} 1 & 5 & 10 & 10 & 5 & 1 \end{bmatrix}$$

上述方程组中，由“方程个数为 6”和“待定量个数为 9”，可知方程组解为不惟一。基此，按补偿器 $\bar{C}(s)$ 为严真要求取 $N_{c21}=0$ 和 $N_{c22}=0$，并求解上述方程组，导出

$$D_{c0}=8,\ D_{c1}=6,\ D_{c2}=1$$

$$N_{c01}=-9,\ N_{c02}=-19,\ N_{c11}=-11,\ N_{c12}=-8,\ N_{c21}=0,\ N_{c22}=0$$

基于上述结果，就可定出

$$D_c(s) = D_{c2}s^2 + D_{c1}s + D_{c0} = s^2 + 6s + 8$$

$$\begin{aligned} N_c(s) &= [N_{c21} \quad N_{c22}]s^2 + [N_{c11} \quad N_{c12}]s + [N_{c01} \quad N_{c02}] \\ &= [-11 \quad -8]s + [-9 \quad -19] \end{aligned}$$

从而，导出对$\bar{G}(s)\ t_1$的1×2补偿器的传递函数矩阵$\bar{C}(s)$为

$$\begin{aligned} \bar{C}(s) &= D_c^{-1}(s)N_c(s) = [s^2+6s+8]^{-1}[-(11s+9) \quad -(8s+19)] \\ &= \begin{bmatrix} \dfrac{-(11s+9)}{s^2+6s+8} & \dfrac{-(8s+19)}{s^2+6s+8} \end{bmatrix} \end{aligned}$$

⑦ 确定对$\bar{G}(s)$的2×2补偿器$C(s)$。由上述结果，并考虑到$C(s) = t_1\ \bar{C}(s)$，就可导出对$\bar{G}(s)$的2×2补偿器传递函数矩阵$C(s)$为

$$\begin{aligned} C(s) = t_1\ \bar{C}(s) &= \begin{bmatrix} 1 \\ 0 \end{bmatrix} \begin{bmatrix} \dfrac{-(11s+9)}{s^2+6s+8} & \dfrac{-(8s+19)}{s^2+6s+8} \end{bmatrix} \\ &= \begin{bmatrix} \dfrac{-(11s+9)}{s^2+6s+8} & \dfrac{-(8s+19)}{s^2+6s+8} \\ 0 & 0 \end{bmatrix} \end{aligned}$$

并且，由题13.7中的论证知，上述$C(s)$既是配置期望闭环极点组的补偿器，同样也是配置期望闭环分母矩阵$D_f^*(s)$的补偿器。

⑧ 导出“观测器-控制器型”补偿器。综上，对给定受控系统的$G(s)$，按配置期望闭环分母矩阵$D_f^*(s)$的要求，得到图P13.7所示具有“预输出反馈K”和“补偿器$C(s)$”的单位输出反馈系统，其中

$$\text{预输出反馈阵}\quad K = \begin{bmatrix} 1 & 1 \\ 1 & 0 \end{bmatrix}$$

$$\text{串联补偿器}\quad C(s) = \begin{bmatrix} \dfrac{-(11s+9)}{s^2+6s+8} & \dfrac{-(8s+19)}{s^2+6s+8} \\ 0 & 0 \end{bmatrix}$$

已经证明，在保证闭环分母矩阵保持为$D_f^*(s)$目标下，可将上述具有“预输出反馈K”和“补偿器$C(s)$”的单位输出反馈系统，等价地化为图P13.9a所示包含串联补偿器“$C(s)+K$”的单位输出反馈系统。

进而，将图P13.9a包含串联补偿器“$C(s)+K$”的单位输出反馈系统加以一般化，表为图P13.9b包含串联补偿器$G_T(s)$和并联补偿器$G_P(s)$的输出反馈系统，其中

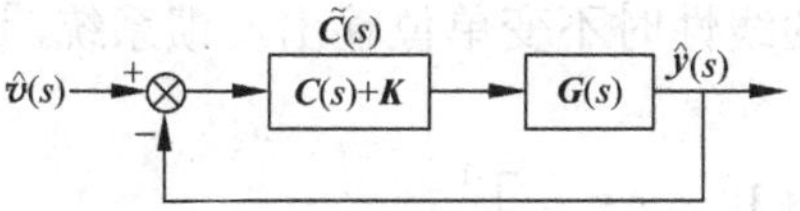

图 P13.9a

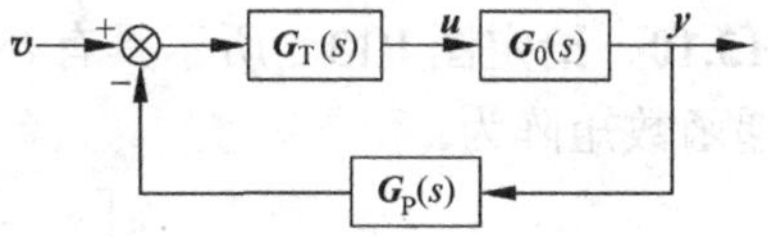

图 P13.9b

$$\text{串联补偿器}\quad \boldsymbol{G}_{\mathrm{T}}(s)=\boldsymbol{C}(s)+\boldsymbol{K}=\begin{bmatrix}\dfrac{-(11s+9)}{s^2+6s+8} & \dfrac{-(8s+19)}{s^2+6s+8}\\ 0 & 0\end{bmatrix}+\begin{bmatrix}1 & 1\\ 1 & 0\end{bmatrix}$$

$$=\begin{bmatrix}\dfrac{s^2-5s-1}{s^2+6s+8} & \dfrac{s^2-2s-11}{s^2+6s+8}\\ 1 & 0\end{bmatrix}$$

$$\text{并联补偿器}\quad \boldsymbol{G}_{\mathrm{P}}(s)=\boldsymbol{I}$$

再之，在主教材的节 6.15 的“具有观测器状态反馈系统和具有补偿器输出反馈系统的等价性”部分中已经证明，“图 P13.9b 包含串联补偿器 $\boldsymbol{G}_{\mathrm{T}}(s)$ 和并联补偿器 $\boldsymbol{G}_{\mathrm{P}}(s)$ 的输出反馈系统”等价于“图 P13.9c 的观测器-控制器型补偿器的输出反馈系统”，且有

$$\boldsymbol{G}_{\mathrm{T}}(s)=[\boldsymbol{I}+\boldsymbol{G}_1(s)]^{-1},\quad \boldsymbol{G}_{\mathrm{P}}(s)=\boldsymbol{G}_2(s)$$

从而，基此可知，按配置期望闭环分母矩阵 $\boldsymbol{D}_{\mathrm{f}}^{*}(s)$ 的要求导出的含“观测器-控制器型”补偿器的输出反馈系统如图 P13.9c 所示，其中“观测器-控制器型”补偿器为

$$\boldsymbol{G}_1(s)=\boldsymbol{G}_{\mathrm{T}}^{-1}(s)-\boldsymbol{I}=\begin{bmatrix}\dfrac{s^2-5s-1}{s^2+6s+8} & \dfrac{s^2-2s-11}{s^2+6s+8}\\ 1 & 0\end{bmatrix}^{-1}-\begin{bmatrix}1 & 0\\ 0 & 1\end{bmatrix}$$

$$=\begin{bmatrix}0 & 1\\ \dfrac{s^2+6s+8}{s^2-2s-11} & \dfrac{-(s^2-5s-1)}{s^2-2s-11}\end{bmatrix}-\begin{bmatrix}1 & 0\\ 0 & 1\end{bmatrix}=\begin{bmatrix}-1 & 1\\ \dfrac{s^2+6s+8}{s^2-2s-11} & \dfrac{-(2s^2-7s-12)}{s^2-2s-11}\end{bmatrix}$$

$$\boldsymbol{G}_2(s)=\boldsymbol{G}_{\mathrm{P}}(s)=\boldsymbol{I}$$

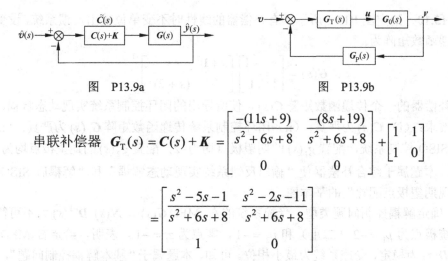

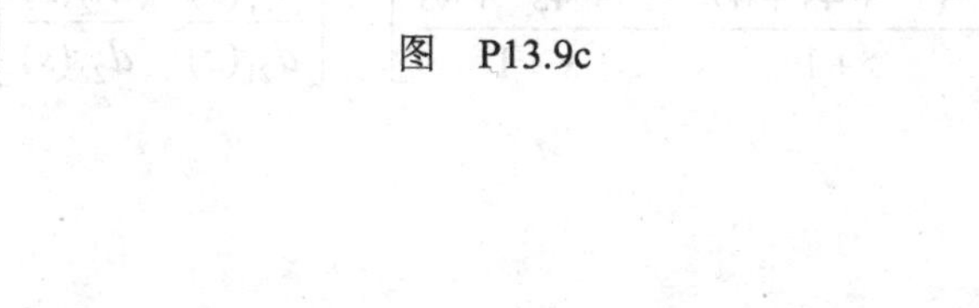

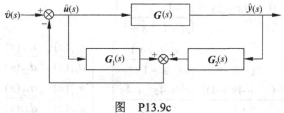

图 P13.9c

题 13.10 给定图 P13.5 所示具有补偿器的线性时不变单位输出反馈系统，设受控系统的传递函数矩阵为：

$$\boldsymbol{G}(s)=\begin{bmatrix} s & -1 \\ 1 & 1 \end{bmatrix}\begin{bmatrix} s+1 & s \\ 0 & (s+2)^2 \end{bmatrix}^{-1}$$

试综合补偿器的一个传递函数矩阵 $\boldsymbol{C}(s)$，使所导出的闭环控制系统实现动态解耦，并满足如下要求：（i）$\boldsymbol{C}(s)$ 为严真；（ii）闭环控制系统传递函数矩阵 $\boldsymbol{G}_{\mathrm{f}}(s)$ 为严真；（iii）对解耦后 SISO 控制系统，配置 $g_1(s)$ 的期望极点均为–2，配置 $g_2(s)$ 的期望极点均为–3。

解 本题属于综合补偿器使“输出反馈系统实现动态解耦”和“解耦后 SISO 控制系统实现期望极点配置”的基本题。

① 确定解耦控制问题类型。受控系统的右 MFD $\boldsymbol{G}(s)=\boldsymbol{N}(s)\boldsymbol{D}^{-1}(s)$ 为不可简约，定出系统极点为 $p_1=-2$（二重）和 $p_2=-1$，零点为 $z_1=-1$。表明，给定右 MFD 的分母矩阵 $\boldsymbol{D}(s)$ 为稳定，受控系统为最小相位。可知，本题属于“基本解耦控制问题”，$\boldsymbol{N}(s)$ 和 $\boldsymbol{D}(s)$ 为非奇异，采用图 P13.10 解耦控制系统结构图，按基本解耦控制算法综合补偿器。

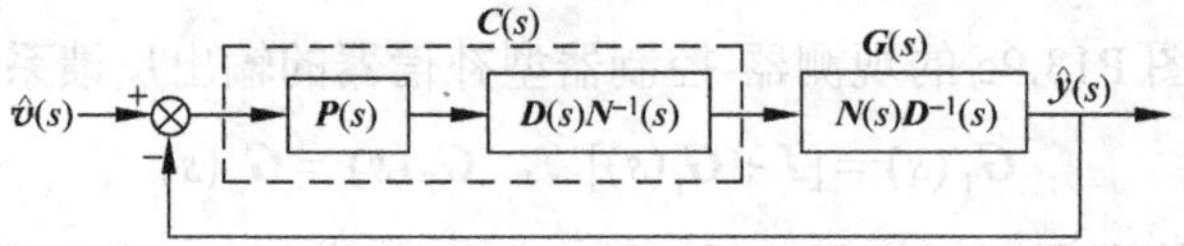

图 P13.10

② 按“$\boldsymbol{C}(s)$ 严真”综合 $\boldsymbol{P}(s)$ 中次数关系。引入和计算

$$\boldsymbol{P}(s)=\begin{bmatrix} \dfrac{\beta_1(s)}{\alpha_1(s)} & 0 \\ 0 & \dfrac{\beta_2(s)}{\alpha_2(s)} \end{bmatrix}$$

$$\boldsymbol{G}^{-1}(s)=\boldsymbol{D}(s)\boldsymbol{N}^{-1}(s)=\begin{bmatrix} s+1 & s \\ 0 & (s+2)^2 \end{bmatrix}\begin{bmatrix} s & -1 \\ 1 & 1 \end{bmatrix}^{-1}$$

$$=\begin{bmatrix} s+1 & s \\ 0 & (s+2)^2 \end{bmatrix}\begin{bmatrix} \dfrac{1}{s+1} & \dfrac{1}{s+1} \\ \dfrac{-1}{s+1} & \dfrac{s}{s+1} \end{bmatrix}$$

$$=\begin{bmatrix} \dfrac{1}{s+1} & \dfrac{s^2+s+1}{s+1} \\ \dfrac{-(s^2+4s+4)}{s+1} & \dfrac{s^3+4s^2+4s}{s+1} \end{bmatrix}=\begin{bmatrix} \dfrac{n_{11}(s)}{d_{11}(s)} & \dfrac{n_{12}(s)}{d_{12}(s)} \\ \dfrac{n_{21}(s)}{d_{21}(s)} & \dfrac{n_{22}(s)}{d_{22}(s)} \end{bmatrix}$$

基此，由“ $\boldsymbol{C}(s)$ 严真”要求

$$(\deg\alpha_1(s)-\deg\beta_1(s)) > \max_{i=1,2}[\deg n_{i1}(s)-\deg d_{i1}(s)] = \max[-1, 1] = 1$$

$$(\deg\alpha_2(s)-\deg\beta_2(s)) > \max_{i=1,2}[\deg n_{i2}(s)-\deg d_{i2}(s)] = \max[1, 2] = 2$$

取满足 $\boldsymbol{C}(s)$ 严真的“次数关系”为

$$(\deg\alpha_1(s)-\deg\beta_1(s)) = 2,\quad (\deg\alpha_2(s)-\deg\beta_2(s)) = 3$$

③ 按“闭环 $\boldsymbol{G}_{\mathrm{f}}(s)$ 严真”综合 $\boldsymbol{P}(s)$ 中次数关系。取 $\beta_1(s)=\beta_1=$ 常数，$\beta_2(s)=\beta_2=$ 常数。由“闭环 $\boldsymbol{G}_{\mathrm{f}}(s)$ 严真”要求

$$\deg\alpha_1(s) > \max_{i=1,2}[\deg n_{i1}(s)-\deg d_{i1}(s)] = \max[-1, 1] = 1$$

$$\deg\alpha_2(s) > \max_{i=1,2}[\deg n_{i2}(s)-\deg d_{i2}(s)] = \max[1, 2] = 2$$

取满足闭环 $\boldsymbol{G}_{\mathrm{f}}(s)$ 严真的“次数关系”为

$$\deg\alpha_1(s) = 2,\quad \deg\alpha_2(s) = 3$$

④ 按解耦后“配置 $g_1(s)$ 期望极点均为–2，配置 $g_2(s)$ 期望极点均为–3”综合 $\boldsymbol{P}(s)$。解耦后 SISO 控制系统传递函数为

$$g_1(s) = \frac{\beta_1}{\alpha_1(s)+\beta_1},\quad g_2(s) = \frac{\beta_2}{\alpha_2(s)+\beta_2}$$

前已导出 $\deg\alpha_1(s)=2$ 和 $\deg\alpha_2(s)=3$，基此并据给定的各 SISO 系统期望闭环极点，定出解耦后 SISO 控制系统传递函数的期望分母多项式为

$$\alpha_1^*(s) = (s+2)^2 = s^2+4s+4,\quad \alpha_2^*(s) = (s+3)^3 = s^3+9s^2+27s+27$$

再由 $\alpha_1^*(s)=\alpha_1(s)+\beta_1$ 和 $\alpha_2^*(s)=\alpha_2(s)+\beta_2$，导出

$$\alpha_1(s) = \alpha_1^*(s)-\beta_1 = s^2+4s+4-\beta_1$$

$$\alpha_2(s) = \alpha_2^*(s)-\beta_2 = s^3+9s^2+27s+27-\beta_2$$

现取 $\beta_1=1$ 和 $\beta_2=2$，于是得到

$$\alpha_1(s) = s^2+4s+3,\quad \alpha_2(s) = s^3+9s^2+27s+25$$

$$\boldsymbol{P}(s) = \begin{bmatrix} \dfrac{\beta_1(s)}{\alpha_1(s)} & 0 \\ 0 & \dfrac{\beta_2(s)}{\alpha_2(s)} \end{bmatrix} = \begin{bmatrix} \dfrac{1}{s^2+4s+3} & 0 \\ 0 & \dfrac{2}{s^3+9s^2+27s+25} \end{bmatrix}$$

⑤ 定出补偿器传递函数矩阵 $\boldsymbol{C}(s)$。基于上述结果，即得补偿器的严真 $\boldsymbol{C}(s)$ 为

$$\boldsymbol{C}(s) = \boldsymbol{G}^{-1}(s)\ \boldsymbol{P}(s) = \boldsymbol{D}(s)\ \boldsymbol{N}^{-1}(s)\ \boldsymbol{P}(s)$$

$$= \begin{bmatrix} \dfrac{1}{s+1} & \dfrac{s^2+s+1}{s+1} \\ \dfrac{-(s^2+4s+4)}{s+1} & \dfrac{s^3+4s^2+4s}{s+1} \end{bmatrix} \begin{bmatrix} \dfrac{1}{s^2+4s+3} & 0 \\ 0 & \dfrac{2}{s^3+9s^2+27s+25} \end{bmatrix}$$

$$
=\begin{bmatrix} \dfrac{1}{(s+1)(s^2+4s+3)} & \dfrac{2(s^2+s+1)}{(s+1)(s^3+9s^2+27s+25)} \\ \dfrac{-(s^2+4s+4)}{(s+1)(s^2+4s+3)} & \dfrac{2(s^3+4s^2+4s)}{(s+1)(s^3+9s^2+27s+25)} \end{bmatrix}
$$

题 13.11 给定图 P13.11 所示具有补偿器的线性时不变单位输出反馈系统，受控系统的传递函数矩阵 $\boldsymbol{G}(s)$ 同于上题，试确定补偿器的真或严真传递函数矩阵 $\boldsymbol{P}(s)$ 和 $\boldsymbol{C}(s)$，使所导出的闭环控制系统相对于单位阶跃型参考输入

$$
\boldsymbol{v}(t)=1(t)\begin{bmatrix}1\\1\end{bmatrix}
$$

实现静态解耦，且配置闭环控制系统传递函数矩阵的极点即 $\det\boldsymbol{D}_{\mathrm{f}}(s)=0$ 的根均为–2。

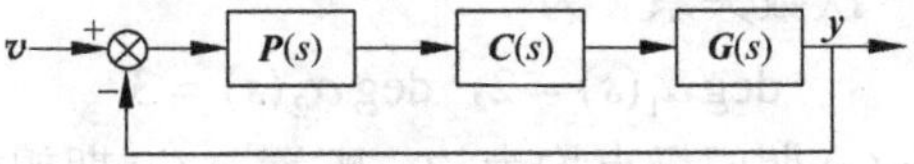

图 P13.11

解 本题属于综合补偿器使“输出反馈系统实现静态解耦”和“解耦后 SISO 控制系统实现期望极点配置”的基本题。

① 判断系统基于补偿输出反馈的可静态解耦性。给定受控系统右 MFD

$$
\boldsymbol{G}(s)=\begin{bmatrix} s & -1 \\ 1 & 1\end{bmatrix}\begin{bmatrix} s+1 & s \\ 0 & (s+2)^2\end{bmatrix}^{-1}
$$

为不可简约，系统零点为 $z_1=-1$，输出维数 $q=2$，输入维数 $p=2$，单位阶跃型参考输入的拉普拉斯变换为 $(1/s)\boldsymbol{I}$。可知，满足“传递函数矩阵 $\boldsymbol{G}(s)$ 不包含 $s=0$ 的零点”和“$p\geqslant q$”的条件。表明，只要“取 $\boldsymbol{P}(s)=(1/s)\boldsymbol{I}$”和“取 $\boldsymbol{C}(s)$ 使图 P13.11 补偿输出反馈系统渐近稳定”，那么系统基于补偿输出反馈必可实现静态解耦。

② 按“配置闭环极点均为–2”综合补偿器 $\boldsymbol{C}(s)$。采用输出反馈极点配置的补偿器综合算法来确定补偿器 $\boldsymbol{C}(s)$。

第一步：判断 $\boldsymbol{P}(s)\boldsymbol{G}(s)$ 的循环性。先行定出

$$
\boldsymbol{P}(s)\boldsymbol{G}(s)=\frac{1}{s}\boldsymbol{G}(s)=\begin{bmatrix} s & -1 \\ 1 & 1\end{bmatrix}\begin{bmatrix} s(s+1) & s^2 \\ 0 & s(s+2)^2\end{bmatrix}^{-1}
$$

$$
=\begin{bmatrix} s & -1 \\ 1 & 1\end{bmatrix}\begin{bmatrix} \dfrac{1}{s(s+1)} & \dfrac{-1}{(s+1)(s+2)^2} \\ 0 & \dfrac{1}{s(s+2)^2}\end{bmatrix}=\begin{bmatrix} \dfrac{1}{(s+1)} & \dfrac{-(s^2+s+1)}{s(s+1)(s+2)^2} \\ \dfrac{1}{s(s+1)} & \dfrac{1}{s(s+1)(s+2)^2}\end{bmatrix}
$$

$\boldsymbol{P}(s)\boldsymbol{G}(s)$ 的 1 阶子式 $= \dfrac{1}{(s+1)}，\ \dfrac{1}{s(s+1)}，\ \dfrac{-(s^2+s+1)}{s(s+1)(s+2)^2}，\ \dfrac{1}{s(s+1)(s+2)^2}$

$$\boldsymbol{P}(s)\boldsymbol{G}(s) \text{ 的 2 阶子式} = \begin{vmatrix} \dfrac{1}{(s+1)} & \dfrac{-(s^2+s+1)}{s(s+1)(s+2)^2} \\ \dfrac{1}{s(s+1)} & \dfrac{1}{s(s+1)(s+2)^2} \end{vmatrix} = \frac{1}{s^2(s+2)^2}$$

基此，导出

$\boldsymbol{P}(s)\boldsymbol{G}(s)$ 特征多项式 $\Delta(s) = \boldsymbol{P}(s)\boldsymbol{G}(s)$ 1 阶、2 阶子式最小公分母 $= s^2(s+1)(s+2)^2$

$\boldsymbol{P}(s)\boldsymbol{G}(s)$ 最小多项式 $\phi(s) = \boldsymbol{P}(s)\boldsymbol{G}(s)$ 1 阶子式最小公分母 $= s(s+1)(s+2)^2$

从而，由 $\Delta(s) = s\phi(s)$ 并据循环性定义知，传递函数矩阵 $\boldsymbol{P}(s)\boldsymbol{G}(s)$ 为非循环。

第二步：非循环 $\boldsymbol{P}(s)\boldsymbol{G}(s)$ 的循环化。途径是选取 2×2 常阵 $\boldsymbol{K}$，使 $\bar{\boldsymbol{G}}(s) = \boldsymbol{P}(s)\boldsymbol{G}(s)[\boldsymbol{I}+\boldsymbol{K}\boldsymbol{P}(s)\boldsymbol{G}(s)]^{-1}$ 为循环。据此，选取和计算：

$$\boldsymbol{K} = \begin{bmatrix} 1 & 0 \\ 1 & 1 \end{bmatrix}$$

$$\boldsymbol{K}\boldsymbol{P}(s)\boldsymbol{G}(s) = \begin{bmatrix} 1 & 0 \\ 1 & 1 \end{bmatrix} \begin{bmatrix} \dfrac{1}{(s+1)} & \dfrac{-(s^2+s+1)}{s(s+1)(s+2)^2} \\ \dfrac{1}{s(s+1)} & \dfrac{1}{s(s+1)(s+2)^2} \end{bmatrix} = \begin{bmatrix} \dfrac{1}{(s+1)} & \dfrac{-(s^2+s+1)}{s(s+1)(s+2)^2} \\ \dfrac{1}{s} & \dfrac{-1}{(s+2)^2} \end{bmatrix}$$

$$\boldsymbol{I}+\boldsymbol{K}\boldsymbol{P}(s)\boldsymbol{G}(s) = \begin{bmatrix} \dfrac{(s+2)}{(s+1)} & \dfrac{-(s^2+s+1)}{s(s+1)(s+2)^2} \\ \dfrac{1}{s} & \dfrac{(s^2+4s+3)}{(s+2)^2} \end{bmatrix}$$

$$[\boldsymbol{I}+\boldsymbol{K}\boldsymbol{P}(s)\boldsymbol{G}(s)]^{-1} = \begin{bmatrix} \dfrac{(s+2)}{(s+1)} & \dfrac{-(s^2+s+1)}{s(s+1)(s+2)^2} \\ \dfrac{1}{s} & \dfrac{(s^2+4s+3)}{(s+2)^2} \end{bmatrix}^{-1}$$

$$= \begin{bmatrix} \dfrac{s^2(s+1)(s^2+4s+3)}{s^2(s+2)(s^2+4s+3)+(s^2+s+1)} & \dfrac{s(s^2+s+1)}{s^2(s+2)(s^2+4s+3)+(s^2+s+1)} \\ \dfrac{-s(s+1)(s+2)^2}{s^2(s+2)(s^2+4s+3)+(s^2+s+1)} & \dfrac{s^2(s+2)^3}{s^2(s+2)(s^2+4s+3)+(s^2+s+1)} \end{bmatrix}$$

$$=\begin{bmatrix}\dfrac{s^2(s+1)(s^2+4s+3)}{s^5+6s^4+11s^3+7s^2+s+1} & \dfrac{s(s^2+s+1)}{s^5+6s^4+11s^3+7s^2+s+1}\\ \dfrac{-s(s+1)(s+2)^2}{s^5+6s^4+11s^3+7s^2+s+1} & \dfrac{s^2(s+2)^3}{s^5+6s^4+11s^3+7s^2+s+1}\end{bmatrix}$$

$$\bar{\boldsymbol{G}}(s)=\boldsymbol{P}(s)\boldsymbol{G}(s)[\boldsymbol{I}+\boldsymbol{KP}(s)\boldsymbol{G}(s)]^{-1}=\begin{bmatrix}\dfrac{1}{(s+1)} & \dfrac{-(s^2+s+1)}{s(s+1)(s+2)^2}\\ \dfrac{1}{s(s+1)} & \dfrac{1}{s(s+1)(s+2)^2}\end{bmatrix}\times$$

$$\begin{bmatrix}\dfrac{s^2(s+1)(s^2+4s+3)}{s^2(s+2)(s^2+4s+3)+(s^2+s+1)} & \dfrac{s(s^2+s+1)}{s^2(s+2)(s^2+4s+3)+(s^2+s+1)}\\ \dfrac{-s(s+1)(s+2)^2}{s^2(s+2)(s^2+4s+3)+(s^2+s+1)} & \dfrac{s^2(s+2)^3}{s^2(s+2)(s^2+4s+3)+(s^2+s+1)}\end{bmatrix}$$

$$=\begin{bmatrix}\dfrac{s^2(s^2+4s+3)+(s^2+s+1)}{s^2(s+2)(s^2+4s+3)+(s^2+s+1)} & \dfrac{-s(s^2+s+1)}{s^2(s+2)(s^2+4s+3)+(s^2+s+1)}\\ \dfrac{s(s^2+4s+3)-1}{s^2(s+2)(s^2+4s+3)+(s^2+s+1)} & \dfrac{(2s+1)}{s^2(s+2)(s^2+4s+3)+(s^2+s+1)}\end{bmatrix}$$

并可导出，

$\bar{\boldsymbol{G}}(s)$ 1 阶子式 =

$$\frac{s^2(s^2+4s+3)+(s^2+s+1)}{s^2(s+2)(s^2+4s+3)+(s^2+s+1)},\quad \frac{-s(s^2+s+1)}{s^2(s+2)(s^2+4s+3)+(s^2+s+1)}$$

$$\frac{s(s^2+4s+3)-1}{s^2(s+2)(s^2+4s+3)+(s^2+s+1)},\quad \frac{(2s+1)}{s^2(s+2)(s^2+4s+3)+(s^2+s+1)}$$

$\bar{\boldsymbol{G}}(s)$ 2 阶子式 $=\det\bar{\boldsymbol{G}}(s)=\dfrac{(s+1)}{s^2(s+2)(s^2+4s+3)+(s^2+s+1)}$

基此，得到

$\bar{\boldsymbol{G}}(s)$ 特征多项式 $\bar{\Delta}(s)=\bar{\boldsymbol{G}}(s)$ 1 阶、2 阶子式最小公分母

$$=s^2(s+2)(s^2+4s+3)+(s^2+s+1)$$

$\bar{\boldsymbol{G}}(s)$ 最小多项式 $\bar{\phi}(s)=\bar{\boldsymbol{G}}(s)$ 1 阶子式最小公分母

$$=s^2(s+2)(s^2+4s+3)+(s^2+s+1)$$

从而，由 $\bar{\Delta}(s)=\bar{\phi}(s)$ 并据循环性定义知，传递函数矩阵 $\bar{\boldsymbol{G}}(s)$ 为循环。

第三步：对导出的循环传递函数矩阵 $\bar{\boldsymbol{G}}(s)$，任取实向量 $\boldsymbol{t}_1=[0\quad 1]^{\mathrm{T}}$，有

$$\bar{G}(s)t_1=\begin{bmatrix}\dfrac{s^2(s^2+4s+3)+(s^2+s+1)}{s^2(s+2)(s^2+4s+3)+(s^2+s+1)} & \dfrac{-s(s^2+s+1)}{s^2(s+2)(s^2+4s+3)+(s^2+s+1)}\\ \dfrac{s(s^2+4s+3)-1}{s^2(s+2)(s^2+4s+3)+(s^2+s+1)} & \dfrac{(2s+1)}{s^2(s+2)(s^2+4s+3)+(s^2+s+1)}\end{bmatrix}\begin{bmatrix}0\\1\end{bmatrix}$$

$$=\begin{bmatrix}\dfrac{-s(s^2+s+1)}{s^2(s+2)(s^2+4s+3)+(s^2+s+1)}\\ \dfrac{(2s+1)}{s^2(s+2)(s^2+4s+3)+(s^2+s+1)}\end{bmatrix}=\begin{bmatrix}\dfrac{-(s^3+s^2+s)}{s^5+6s^4+11s^3+7s^2+s+1}\\ \dfrac{2s+1}{s^5+6s^4+11s^3+7s^2+s+1}\end{bmatrix}$$

使其特征多项式满足

$$\Delta[\bar{G}(s)t_1]=\Delta[\bar{G}(s)]=s^2(s+2)(s^2+4s+3)+(s^2+s+1)$$
$$=s^5+6s^4+11s^3+7s^2+s+1$$

并表 $\bar{G}(s)t_1$ 为不可简约右 MFD $\bar{N}(s)\ \bar{D}^{-1}(s)$：

$$\bar{G}(s)t_1=\begin{bmatrix}\dfrac{-(s^3+s^2+s)}{s^5+6s^4+11s^3+7s^2+s+1}\\ \dfrac{2s+1}{s^5+6s^4+11s^3+7s^2+s+1}\end{bmatrix}$$
$$=\begin{bmatrix}-(s^3+s^2+s)\\ 2s+1\end{bmatrix}[s^5+6s^4+11s^3+7s^2+s+1]^{-1}=\bar{N}(s)\ \bar{D}^{-1}(s)$$

$$\bar{D}(s)=\bar{D}_5s^5+\bar{D}_4s^4+\bar{D}_3s^3+\bar{D}_2s^2+\bar{D}_1s+\bar{D}_0=s^5+6s^4+11s^3+7s^2+s+1$$

$$\bar{N}(s)=\bar{N}_5s^5+\bar{N}_4s^4+\bar{N}_3s^3+\bar{N}_2s^2+\bar{N}_1s+\bar{N}_0=\begin{bmatrix}-(s^3+s^2+s)\\ 2s+1\end{bmatrix}$$
$$=\begin{bmatrix}0\\0\end{bmatrix}s^5+\begin{bmatrix}0\\0\end{bmatrix}s^4+\begin{bmatrix}-1\\0\end{bmatrix}s^3+\begin{bmatrix}-1\\0\end{bmatrix}s^2+\begin{bmatrix}-1\\2\end{bmatrix}s+\begin{bmatrix}0\\1\end{bmatrix}$$

第四步：确定对 $\bar{G}(s)t_1$ 的补偿器 $\bar{C}(s)$ 的“真或严真”和维数。先行组成系数矩阵

$$S_2=\begin{bmatrix}\bar{D}_0 & \bar{D}_1 & \bar{D}_2 & \bar{D}_3 & \bar{D}_4 & \bar{D}_5 & 0 & 0\\ \bar{N}_0 & \bar{N}_1 & \bar{N}_2 & \bar{N}_3 & \bar{N}_4 & \bar{N}_5 & \mathbf{0} & \mathbf{0}\\ 0 & \bar{D}_0 & \bar{D}_1 & \bar{D}_2 & \bar{D}_3 & \bar{D}_4 & \bar{D}_5 & 0\\ \mathbf{0} & \bar{N}_0 & \bar{N}_1 & \bar{N}_2 & \bar{N}_3 & \bar{N}_4 & \bar{N}_5 & \mathbf{0}\\ 0 & 0 & \bar{D}_0 & \bar{D}_1 & \bar{D}_2 & \bar{D}_3 & \bar{D}_4 & \bar{D}_5\\ \mathbf{0} & \mathbf{0} & \bar{N}_0 & \bar{N}_1 & \bar{N}_2 & \bar{N}_3 & \bar{N}_4 & \bar{N}_5\end{bmatrix}$$

$$
=\begin{bmatrix}
1 & 1 & 7 & 11 & 6 & 1 & 0 & 0 \\
0 & -1 & -1 & -1 & 0 & 0 & 0 & 0 \\
1 & 2 & 0 & 0 & 0 & 0 & 0 & 0 \\
0 & 1 & 1 & 7 & 11 & 6 & 1 & 0 \\
0 & 0 & -1 & -1 & -1 & 0 & 0 & 0 \\
0 & 1 & 2 & 0 & 0 & 0 & 0 & 0 \\
0 & 0 & 1 & 1 & 7 & 11 & 6 & 1 \\
0 & 0 & 0 & -1 & -1 & -1 & 0 & 0 \\
0 & 0 & 1 & 2 & 0 & 0 & 0 & 0
\end{bmatrix}
$$

并对其引入行初等运算：

$$
\boldsymbol{S}_2=\begin{bmatrix}
1 & 1 & 7 & 11 & 6 & 1 & 0 & 0 \\
0 & -1 & -1 & -1 & 0 & 0 & 0 & 0 \\
1 & 2 & 0 & 0 & 0 & 0 & 0 & 0 \\
0 & 1 & 1 & 7 & 11 & 6 & 1 & 0 \\
0 & 0 & -1 & -1 & -1 & 0 & 0 & 0 \\
0 & 1 & 2 & 0 & 0 & 0 & 0 & 0 \\
0 & 0 & 1 & 1 & 7 & 11 & 6 & 1 \\
0 & 0 & 0 & -1 & -1 & -1 & 0 & 0 \\
0 & 0 & 1 & 2 & 0 & 0 & 0 & 0
\end{bmatrix}
$$

“行 9×（–7）”加于行 1；“行 9×（1）”加于行 2；“行 9×（–1）”加于行 4；“行 9×（1）”加于行 5；“行 9×（–2）”加于行 6；“行 9×（–1）”加于行 7 →

$$
\begin{bmatrix}
1 & 1 & 0 & -3 & 6 & 1 & 0 & 0 \\
0 & -1 & 0 & 1 & 0 & 0 & 0 & 0 \\
1 & 2 & 0 & 0 & 0 & 0 & 0 & 0 \\
0 & 1 & 0 & 5 & 11 & 6 & 1 & 0 \\
0 & 0 & 0 & 1 & -1 & 0 & 0 & 0 \\
0 & 1 & 0 & -4 & 0 & 0 & 0 & 0 \\
0 & 0 & 0 & -1 & 7 & 11 & 6 & 1 \\
0 & 0 & 0 & -1 & -1 & -1 & 0 & 0 \\
0 & 0 & 1 & 2 & 0 & 0 & 0 & 0
\end{bmatrix}
$$

“行 2×（1）”加于行 1；“行 2×（2）”加于行 3；“行 2×（1）”加于行 4；“行 2×（1）”加于行 6 →

$$\begin{bmatrix} 1 & 0 & 0 & -2 & 6 & 1 & 0 & 0 \\ 0 & -1 & 0 & 1 & 0 & 0 & 0 & 0 \\ 1 & 0 & 0 & 2 & 0 & 0 & 0 & 0 \\ 0 & 0 & 0 & 6 & 11 & 6 & 1 & 0 \\ 0 & 0 & 0 & 1 & -1 & 0 & 0 & 0 \\ 0 & 0 & 0 & -3 & 0 & 0 & 0 & 0 \\ 0 & 0 & 0 & -1 & 7 & 11 & 6 & 1 \\ 0 & 0 & 0 & -1 & -1 & -1 & 0 & 0 \\ 0 & 0 & 1 & 2 & 0 & 0 & 0 & 0 \end{bmatrix}$$ "行 6×（$-\frac{2}{3}$）" 加于行 1；"行 6×（$\frac{1}{3}$）" 加于行 2；

"行 6×（$\frac{2}{3}$）" 加于行 3；"行 6×（2）" 加于行 4；"行 6×（$\frac{1}{3}$）" 加于行 5；

"行 6×（$-\frac{1}{3}$）" 加于行 7；"行 6×（$-\frac{1}{3}$）" 加于行 8；"行 6×（$\frac{2}{3}$）" 加于行 9；"行 6×（$\frac{1}{3}$）$\rightarrow$

$$\begin{bmatrix} 1 & 0 & 0 & 0 & 6 & 1 & 0 & 0 \\ 0 & -1 & 0 & 0 & 0 & 0 & 0 & 0 \\ 1 & 0 & 0 & 0 & 0 & 0 & 0 & 0 \\ 0 & 0 & 0 & 0 & 11 & 6 & 1 & 0 \\ 0 & 0 & 0 & 0 & -1 & 0 & 0 & 0 \\ 0 & 0 & 0 & -1 & 0 & 0 & 0 & 0 \\ 0 & 0 & 0 & 0 & 7 & 11 & 6 & 1 \\ 0 & 0 & 0 & 0 & -1 & -1 & 0 & 0 \\ 0 & 0 & 1 & 0 & 0 & 0 & 0 & 0 \end{bmatrix}$$ "行 5×（6）" 加于行 1；"行 5×（11）" 加于行 4；

"行 5×（7）" 加于行 7；"行 5×（−1）" 加于行 8 $\rightarrow$

$$\begin{bmatrix} 1 & 0 & 0 & 0 & 0 & 1 & 0 & 0 \\ 0 & -1 & 0 & 0 & 0 & 0 & 0 & 0 \\ 1 & 0 & 0 & 0 & 0 & 0 & 0 & 0 \\ 0 & 0 & 0 & 0 & 0 & 6 & 1 & 0 \\ 0 & 0 & 0 & 0 & -1 & 0 & 0 & 0 \\ 0 & 0 & 0 & -1 & 0 & 0 & 0 & 0 \\ 0 & 0 & 0 & 0 & 0 & 11 & 6 & 1 \\ 0 & 0 & 0 & 0 & 0 & -1 & 0 & 0 \\ 0 & 0 & 1 & 0 & 0 & 0 & 0 & 0 \end{bmatrix}$$ "行 8×（1）" 加于行 1；"行 8×（6）" 加于行 4；

"行 8×（11）" 加于行 7 $\rightarrow$

$$\begin{bmatrix} 1 & 0 & 0 & 0 & 0 & 0 & 0 & 0 \\ 0 & -1 & 0 & 0 & 0 & 0 & 0 & 0 \\ 1 & 0 & 0 & 0 & 0 & 0 & 0 & 0 \\ 0 & 0 & 0 & 0 & 0 & 0 & 1 & 0 \\ 0 & 0 & 0 & 0 & -1 & 0 & 0 & 0 \\ 0 & 0 & 0 & -1 & 0 & 0 & 0 & 0 \\ 0 & 0 & 0 & 0 & 0 & 0 & 6 & 1 \\ 0 & 0 & 0 & 0 & 0 & -1 & 0 & 0 \\ 0 & 0 & 1 & 0 & 0 & 0 & 0 & 0 \end{bmatrix} \text{“行 3×（−1）”加于行 1；“行 4×（−6）”加于行 7} \longrightarrow$$

$$\begin{bmatrix} 0 & 0 & 0 & 0 & 0 & 0 & 0 & 0 \\ 0 & -1 & 0 & 0 & 0 & 0 & 0 & 0 \\ 1 & 0 & 0 & 0 & 0 & 0 & 0 & 0 \\ 0 & 0 & 0 & 0 & 0 & 0 & 1 & 0 \\ 0 & 0 & 0 & 0 & -1 & 0 & 0 & 0 \\ 0 & 0 & 0 & -1 & 0 & 0 & 0 & 0 \\ 0 & 0 & 0 & 0 & 0 & 0 & 0 & 1 \\ 0 & 0 & 0 & 0 & 0 & -1 & 0 & 0 \\ 0 & 0 & 1 & 0 & 0 & 0 & 0 & 0 \end{bmatrix} \text{行交换} \longrightarrow \begin{bmatrix} 0 & 0 & 0 & 0 & 0 & 0 & 0 & 0 \\ 1 & 0 & 0 & 0 & 0 & 0 & 0 & 0 \\ 0 & -1 & 0 & 0 & 0 & 0 & 0 & 0 \\ 0 & 0 & 1 & 0 & 0 & 0 & 0 & 0 \\ 0 & 0 & 0 & -1 & 0 & 0 & 0 & 0 \\ 0 & 0 & 0 & 0 & -1 & 0 & 0 & 0 \\ 0 & 0 & 0 & 0 & 0 & -1 & 0 & 0 \\ 0 & 0 & 0 & 0 & 0 & 0 & 1 & 0 \\ 0 & 0 & 0 & 0 & 0 & 0 & 0 & 1 \end{bmatrix}$$

可知

$$\operatorname{rank} \boldsymbol{S}_2 = \operatorname{rank} \begin{bmatrix} 1 & 1 & 7 & 11 & 6 & 1 & 0 & 0 \\ 0 & -1 & -1 & -1 & 0 & 0 & 0 & 0 \\ 1 & 2 & 0 & 0 & 0 & 0 & 0 & 0 \\ 0 & 1 & 1 & 7 & 11 & 6 & 1 & 0 \\ 0 & 0 & -1 & -1 & -1 & 0 & 0 & 0 \\ 0 & 1 & 2 & 0 & 0 & 0 & 0 & 0 \\ 0 & 0 & 1 & 1 & 7 & 11 & 6 & 1 \\ 0 & 0 & 0 & -1 & -1 & -1 & 0 & 0 \\ 0 & 0 & 1 & 2 & 0 & 0 & 0 & 0 \end{bmatrix} = \operatorname{rank} \begin{bmatrix} 0 & 0 & 0 & 0 & 0 & 0 & 0 & 0 \\ 1 & 0 & 0 & 0 & 0 & 0 & 0 & 0 \\ 0 & -1 & 0 & 0 & 0 & 0 & 0 & 0 \\ 0 & 0 & 1 & 0 & 0 & 0 & 0 & 0 \\ 0 & 0 & 0 & -1 & 0 & 0 & 0 & 0 \\ 0 & 0 & 0 & 0 & -1 & 0 & 0 & 0 \\ 0 & 0 & 0 & 0 & 0 & -1 & 0 & 0 \\ 0 & 0 & 0 & 0 & 0 & 0 & 1 & 0 \\ 0 & 0 & 0 & 0 & 0 & 0 & 0 & 1 \end{bmatrix}$$

$= 8$（列满秩）

由“使 $\operatorname{rank} \boldsymbol{S}_{\mathrm{L}}$ 列满秩”的 L 最小值 $L_{\min} = 2$，定出 $\bar{\nu} = L_{\min} + 1 = 3$。基此并由 $\bar{\boldsymbol{G}}(s)$ 为严真可知，应取 $\bar{\boldsymbol{C}}(s)$ 为真，$\bar{\boldsymbol{C}}(s)$ 维数 $m = \bar{\nu} - 1 = 2$。

第五步：确定对 $\bar{\boldsymbol{G}}(s)\boldsymbol{t}_1$ 的补偿器 $\bar{\boldsymbol{C}}(s)$。由“配置闭环极点均为−2”知，闭环系统的“$n + m = 5 + 2 = 7$”个期望闭环极点为

$$\lambda_j^* = -2\,,\quad j = 1, 2, 3, 4, 5, 6, 7$$

对应的期望闭环特征多项式为

$$\alpha^*(s) = \prod_{j=1}^{7}(s+\lambda_j^*) = \prod_{j=1}^{7}(s+2)$$

$$= s^7 + 14s^6 + 84s^5 + 280s^4 + 560s^3 + 672s^2 + 448s + 128$$

并取

$$D_{\rm CF}^* = \alpha^*(s) = s^7 + 14s^6 + 84s^5 + 280s^4 + 560s^3 + 672s^2 + 448s + 128$$

$$= F_7s^7 + F_6s^6 + F_5s^5 + F_4s^4 + F_3s^3 + F_2s^2 + F_1s + F_0$$

进而，组成方程

$$\begin{bmatrix} D_{\rm c0} & N_{\rm c0} & D_{\rm c1} & N_{\rm c1} & D_{\rm c2} & N_{\rm c2} \end{bmatrix} \boldsymbol{S}_2 = \begin{bmatrix} F_0 & F_1 & F_2 & F_3 & F_4 & F_5 & F_6 & F_7 \end{bmatrix}$$

将其代入参数后为

$$\begin{bmatrix} D_{\rm c0} & N_{\rm c01} & N_{\rm c02} & D_{\rm c1} & N_{\rm c11} & N_{\rm c12} & D_{\rm c2} & N_{\rm c21} & N_{\rm c22} \end{bmatrix}$$

$$\times \begin{bmatrix} 1 & 1 & 7 & 11 & 6 & 1 & 0 & 0 \\ 0 & -1 & -1 & -1 & 0 & 0 & 0 & 0 \\ 1 & 2 & 0 & 0 & 0 & 0 & 0 & 0 \\ 0 & 1 & 1 & 7 & 11 & 6 & 1 & 0 \\ 0 & 0 & -1 & -1 & -1 & 0 & 0 & 0 \\ 0 & 1 & 2 & 0 & 0 & 0 & 0 & 0 \\ 0 & 0 & 1 & 1 & 7 & 11 & 6 & 1 \\ 0 & 0 & 0 & -1 & -1 & -1 & 0 & 0 \\ 0 & 0 & 1 & 2 & 0 & 0 & 0 & 0 \end{bmatrix} = \begin{bmatrix} 128 & 448 & 672 & 560 & 280 & 84 & 14 & 1 \end{bmatrix}$$

上述方程解为不惟一，通过求解可定出一个解为

$$\begin{bmatrix} D_{\rm c0} & N_{\rm c01} & N_{\rm c02} & D_{\rm c1} & N_{\rm c11} & N_{\rm c12} & D_{\rm c2} & N_{\rm c21} & N_{\rm c22} \end{bmatrix}$$

$$= \begin{bmatrix} 40 & -56 & 88 & 8 & 40 & 168 & 1 & 15 & 31 \end{bmatrix}$$

基此，导出

$$\bar{D}_{\rm c}(s) = D_{\rm c2}s^2 + D_{\rm c1}s + D_{\rm c0} = s^2 + 8s + 40$$

$$\bar{\boldsymbol{N}}_{\rm c}(s) = \boldsymbol{N}_{\rm c2}s^2 + \boldsymbol{N}_{\rm c1}s + \boldsymbol{N}_{\rm c0} = [15 \quad 31]s^2 + [40 \quad 168]s + [-56 \quad 88]$$

$$= [15s^2 + 40s - 56 \quad 31s^2 + 168s + 88]$$

$$\bar{\boldsymbol{C}}(s) = \bar{\boldsymbol{N}}_{\rm c}(s)\,\bar{D}_{\rm c}^{-1}(s) = [15s^2 + 40s - 56 \quad 31s^2 + 168s + 88]\,[s^2 + 8s + 40]^{-1}$$

第六步：确定对 $\bar{\boldsymbol{G}}(s)$ 的补偿器 $\tilde{\boldsymbol{C}}(s)$。由上述结果，并据 $\tilde{\boldsymbol{C}}(s) = \boldsymbol{t}_1\,\bar{\boldsymbol{C}}(s)$，就可导出

$$\tilde{\boldsymbol{C}}(s) = \boldsymbol{t}_1\,\bar{\boldsymbol{C}}(s) = \begin{bmatrix} 0 \\ 1 \end{bmatrix} [15s^2 + 40s - 56 \quad 31s^2 + 168s + 88]\,[s^2 + 8s + 40]^{-1}$$

$$= \begin{bmatrix} 0 & 0 \\ 15s^2+40s-56 & 31s^2+168s+88 \end{bmatrix} [s^2+8s+40]^{-1}$$

$$= \begin{bmatrix} 0 & 0 \\ \dfrac{15s^2+40s-56}{s^2+8s+40} & \dfrac{31s^2+168s+88}{s^2+8s+40} \end{bmatrix}$$

第七步：确定图 P13.11 补偿输出反馈系统中的补偿器$\boldsymbol{C}(s)$。利用主教材中图 13.11 的非循环$\boldsymbol{G}(s)$情形的基于“相同极点配置”的等价补偿输出反馈系统结构图，有

$$\boldsymbol{C}(s) = \tilde{\boldsymbol{C}}(s)+\boldsymbol{K} = \begin{bmatrix} 0 & 0 \\ \dfrac{15s^2+40s-56}{s^2+8s+40} & \dfrac{31s^2+168s+88}{s^2+8s+40} \end{bmatrix} + \begin{bmatrix} 1 & 0 \\ 1 & 1 \end{bmatrix}$$

$$= \begin{bmatrix} 1 & 0 \\ \dfrac{16s^2+48s-16}{s^2+8s+40} & \dfrac{32s^2+176s+128}{s^2+8s+40} \end{bmatrix}$$

③ 结论。综上，本题满足“传递函数矩阵$\boldsymbol{G}(s)$不包含$s=0$的零点”和“$p \geqslant q$”条件。据可静态解耦性结论知，在取“$\boldsymbol{P}(s)=(1/s)\boldsymbol{I}$”和“取上述$\boldsymbol{C}(s)$使$\boldsymbol{G}(s)$的补偿输出反馈系统满足期望闭环极点配置”下，图 P13.11 补偿输出反馈系统必可静态解耦，并配置闭环控制系统的极点均为–2。

题 13.12 给定图 P13.12 所示具有补偿器的线性时不变单位输出反馈系统，受控系统的传递函数矩阵$\boldsymbol{G}(s) = \boldsymbol{N}(s)\boldsymbol{D}^{-1}(s)$同于题 13.9，再设$\boldsymbol{D}_{\rm L}^{-1}(s)\boldsymbol{N}_{\rm L}(s)$为$\boldsymbol{G}(s)$的一个不可简约左 MFD，参考输入和扰动为

$$\boldsymbol{v}(t)=1(t)\begin{bmatrix} 1 \\ 1 \end{bmatrix}, \quad \boldsymbol{w}(t)={\rm e}^{2t}\begin{bmatrix} 1 \\ 1 \end{bmatrix}$$

试确定补偿器的一个传递函数矩阵$\boldsymbol{C}(s)$，使所导出的闭环控制系统实现无静差跟踪，且配置系统闭环极点即$\det\boldsymbol{D}_{\rm f}(s)=0$的根均为–2。

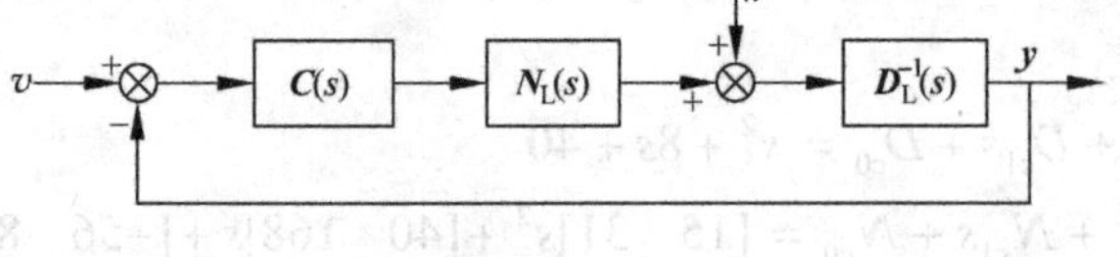

图 P13.12

解 本题属于综合补偿器使“闭环控制系统实现无静差跟踪”和“闭环控制系统实现期望极点配置”的基本题。

① 判断系统基于补偿输出反馈的无静差跟踪的可实现性。首先，导出给定传递函数矩阵$\boldsymbol{G}(s)$的不可简约左 MFD。对此，由给定不可简约右 MFD 先行导出$\boldsymbol{G}(s)$的有理分式矩阵：

$$G(s)=\begin{bmatrix}1&1\\s&1\end{bmatrix}\begin{bmatrix}0&s^2\\s-1&s\end{bmatrix}^{-1}=\begin{bmatrix}1&1\\s&1\end{bmatrix}\begin{bmatrix}\frac{-1}{s(s-1)}&\frac{1}{(s-1)}\\\frac{1}{s^2}&0\end{bmatrix}=\begin{bmatrix}\frac{-1}{s^2(s-1)}&\frac{1}{(s-1)}\\\frac{-(s^2-s+1)}{s^2(s-1)}&\frac{s}{(s-1)}\end{bmatrix}$$

并基此定出传递函数矩阵 $G(s)$ 的左 MFD:

$$G(s)=\bar{D}_L^{-1}(s)\ \bar{N}_L(s)=\begin{bmatrix}s^2(s-1)&0\\0&s^2(s-1)\end{bmatrix}^{-1}\begin{bmatrix}-1&s^2\\-(s^2-s+1)&s^3\end{bmatrix}$$

且知 $\bar{D}_L^{-1}(s)\ \bar{N}_L(s)$ 为非不可简约。为此，对$\{\bar{D}_L(s),\ \bar{N}_L(s)\}$引入列初等变换以导出其一个 gcld，有

$[\bar{D}_L(s)\ \ \bar{N}_L(s)]=$

$$\left[\begin{array}{ccc|c}s^2(s-1)&0&-1&s^2\\0&s^2(s-1)&-(s^2-s+1)&s^3\end{array}\right]\text{“列 2×（-1）加于列 4}\rightarrow$$

$$\left[\begin{array}{ccc|c}s^2(s-1)&0&-1&s^2\\0&s^2(s-1)&-(s^2-s+1)&s^2\end{array}\right]\text{“列 4×[-（s-1）]” 加于列 1}\rightarrow$$

$$\left[\begin{array}{ccc|c}0&0&-1&s^2\\-s^2(s-1)&s^2(s-1)&-(s^2-s+1)&s^2\end{array}\right]\text{“列 2×（1）” 加于行 1}\rightarrow$$

$$\begin{bmatrix}0&0&-1&s^2\\0&s^2(s-1)&-(s^2-s+1)&s^2\end{bmatrix}\text{“列 3×（s）” 加于列 2}\rightarrow$$

$$\begin{bmatrix}0&-s&-1&s^2\\0&-s&-(s^2-s+1)&s^2\end{bmatrix}\text{“列 2×（s）” 加于列 4}\rightarrow$$

$$\begin{bmatrix}0&-s&-1&0\\0&-s&-(s^2-s+1)&0\end{bmatrix}\text{“列 2×（-1）”；“列 3×（-1）”}\rightarrow$$

$$\begin{bmatrix}0&s&1&0\\0&s&(s^2-s+1)&0\end{bmatrix}\text{列 2 与列 1 交换，列 3 与列 2 交换}\rightarrow\begin{bmatrix}s&1&0&0\\s&s^2-s+1&0&0\end{bmatrix}$$

基此，得到$\{\bar{D}_L(s),\ \bar{N}_L(s)\}$的 gcld $\bar{R}_L(s)$ 及其逆 $\bar{R}_L^{-1}(s)$ 为

$$\bar{R}_L(s)=\begin{bmatrix}s&1\\s&s^2-s+1\end{bmatrix},\quad \bar{R}_L^{-1}(s)=\begin{bmatrix}\frac{s^2-s+1}{s^2(s-1)}&\frac{-1}{s^2(s-1)}\\\frac{-1}{s(s-1)}&\frac{1}{s(s-1)}\end{bmatrix}$$

从而，定出传递函数矩阵 $G(s)$ 的不可简约左 MFD $D_L^{-1}(s)\ N_L(s)$ 为

$$\boldsymbol{D}_{\mathrm{L}}(s)=\bar{\boldsymbol{R}}_{\mathrm{L}}^{-1}(s)\,\bar{\boldsymbol{D}}_{\mathrm{L}}(s)$$

$$=\begin{bmatrix}\dfrac{s^2-s+1}{s^2(s-1)} & \dfrac{-1}{s^2(s-1)}\\ \dfrac{-1}{s(s-1)} & \dfrac{1}{s(s-1)}\end{bmatrix}\begin{bmatrix}s^2(s-1) & 0\\ 0 & s^2(s-1)\end{bmatrix}=\begin{bmatrix}s^2-s+1 & -1\\ -s & s\end{bmatrix}$$

$$\boldsymbol{N}_{\mathrm{L}}(s)=\bar{\boldsymbol{R}}_{\mathrm{L}}^{-1}(s)\,\bar{\boldsymbol{N}}_{\mathrm{L}}(s)$$

$$=\begin{bmatrix}\dfrac{s^2-s+1}{s^2(s-1)} & \dfrac{-1}{s^2(s-1)}\\ \dfrac{-1}{s(s-1)} & \dfrac{1}{s(s-1)}\end{bmatrix}\begin{bmatrix}-1 & s^2\\ -(s^2-s+1) & s^3\end{bmatrix}=\begin{bmatrix}0 & s-1\\ -1 & s\end{bmatrix}$$

$$\boldsymbol{D}_{\mathrm{L}}^{-1}(s)\,\boldsymbol{N}_{\mathrm{L}}(s)=\begin{bmatrix}s^2-s+1 & -1\\ -s & s\end{bmatrix}^{-1}\begin{bmatrix}0 & s-1\\ -1 & s\end{bmatrix}$$

其次，再来导出参考输入 $\boldsymbol{v}(t)$ 和扰动信号 $\boldsymbol{w}(t)$ 的共同不稳定特征多项式 $\phi(s)$ 。为此，对

$$\boldsymbol{v}(t)=1(t)\begin{bmatrix}1\\1\end{bmatrix}\quad 和\quad \boldsymbol{w}(t)=\mathrm{e}^{2t}\begin{bmatrix}1\\1\end{bmatrix}$$

先行导出其拉普拉斯变换及其不可简约左 MFD 模型：

$$\hat{\boldsymbol{v}}(s)=\begin{bmatrix}\dfrac{1}{s}\\ \dfrac{1}{s}\end{bmatrix}=\begin{bmatrix}s & 0\\ -1 & 1\end{bmatrix}^{-1}\begin{bmatrix}1\\0\end{bmatrix}=\boldsymbol{D}_v^{-1}(s)\,\boldsymbol{N}_v(s)$$

$$\hat{\boldsymbol{w}}(s)=\begin{bmatrix}\dfrac{1}{s-2}\\ \dfrac{1}{s-2}\end{bmatrix}=\begin{bmatrix}s-2 & 0\\ -1 & 1\end{bmatrix}^{-1}\begin{bmatrix}1\\0\end{bmatrix}=\boldsymbol{D}_w^{-1}(s)\,\boldsymbol{N}_w(s)$$

基此，进而定出

$$\det\boldsymbol{D}_v(s)=\det\begin{bmatrix}s & 0\\ -1 & 1\end{bmatrix}=s,\quad \det\boldsymbol{D}_w(s)=\det\begin{bmatrix}s-2 & 0\\ -1 & 1\end{bmatrix}=s-2$$

从而，就可导出

“$\det\boldsymbol{D}_v(s)=0$ 不稳定根”组成的特征多项式 $=\phi_v(s)=s$

“$\det\boldsymbol{D}_w(s)=0$ 不稳定根”组成的特征多项式 $=\phi_w(s)=s-2$

$\boldsymbol{v}(t)$ 和 $\boldsymbol{w}(t)$ 共同不稳定特征多项式 $\phi(s)=s\,(s-2)$

最后，判断受控系统基于补偿输出反馈的无静差跟踪的可实现性。对此，基于上述导出的结果：

$$\boldsymbol{D}_{\mathrm{L}}^{-1}(s)\ \boldsymbol{N}_{\mathrm{L}}(s)\text{的零点} = \text{“}\det\begin{bmatrix}0 & s-1\\ -1 & s\end{bmatrix}=0\text{ 根”}=1$$

$$\text{“}\phi(s)=s(s-2)=0\text{ 的根”}=0,\ 2$$

基此，并知输出维数 $q=2$ 和输入维数 $p=2$，可知满足“无静差跟踪可实现条件”：

$$p \geqslant q,\quad \boldsymbol{D}_{\mathrm{L}}^{-1}(s)\ \boldsymbol{N}_{\mathrm{L}}(s)\text{零点} \neq \text{“}\phi(s)=0\text{ 根”}$$

从而，给定受控系统基于补偿输出反馈可对给定参考输入和扰动信号实现无静差跟踪。

并且，对图 P13.12 所示具有补偿器 $\boldsymbol{C}(s)$ 的线性时不变单位输出反馈系统，使闭环系统实现无静差跟踪的补偿器 $\boldsymbol{C}(s)=\boldsymbol{C}_2(s)\ \boldsymbol{C}_1(s)$，其中内模补偿器 $\boldsymbol{C}_1(s)$ 和镇定补偿器 $\boldsymbol{C}_2(s)$ 可分别进行综合。

② 综合内模补偿器 $\boldsymbol{C}_1(s)$。基于无静差跟踪控制的机制，并据 $\boldsymbol{v}(t)$ 和 $\boldsymbol{w}(t)$ 共同不稳定特征多项式 $\phi(s)=s(s-2)$，可直接定出内模补偿器的传递函数矩阵 $\boldsymbol{C}_1(s)$ 为

$$\boldsymbol{C}_1(s)=\phi^{-1}(s)\ \boldsymbol{I}_2=\begin{bmatrix}\dfrac{1}{s(s-2)} & 0\\ 0 & \dfrac{1}{s(s-2)}\end{bmatrix}$$

③ 综合镇定补偿器 $\boldsymbol{C}_2(s)$。首先，导出新受控系统的传递函数矩阵 $\bar{\boldsymbol{G}}_{\mathrm{T}}(s)$ 为

$$\bar{\boldsymbol{G}}_{\mathrm{T}}(s)=\phi^{-1}(s)\boldsymbol{I}\boldsymbol{D}_{\mathrm{L}}^{-1}(s)\ \boldsymbol{N}_{\mathrm{L}}(s)=\frac{1}{s(s-2)}\begin{bmatrix}s^2-s+1 & -1\\ -s & s\end{bmatrix}^{-1}\begin{bmatrix}0 & s-1\\ -1 & s\end{bmatrix}$$

$$=\begin{bmatrix}s(s-2)(s^2-s+1) & -s(s-2)\\ -s^2(s-2) & s^2(s-2)\end{bmatrix}^{-1}\begin{bmatrix}0 & s-1\\ -1 & s\end{bmatrix}=\tilde{\boldsymbol{D}}_{\mathrm{L}}^{-1}(s)\ \boldsymbol{N}_{\mathrm{L}}(s)$$

显然，$\tilde{\boldsymbol{D}}_{\mathrm{L}}^{-1}(s)\ \boldsymbol{N}_{\mathrm{L}}(s)$ 为不可简约，且可定出 $\bar{\boldsymbol{G}}_{\mathrm{T}}(s)$ 的有理分式矩阵表达式为

$$\bar{\boldsymbol{G}}_{\mathrm{T}}(s)=\begin{bmatrix}\dfrac{1}{s^2(s-1)(s-2)} & \dfrac{1}{s^3(s-1)(s-2)}\\ \dfrac{1}{s^2(s-1)(s-2)} & \dfrac{(s^2-s+1)}{s^3(s-1)(s-2)}\end{bmatrix}\begin{bmatrix}0 & s-1\\ -1 & s\end{bmatrix}$$

$$=\begin{bmatrix}\dfrac{-1}{s^3(s-1)(s-2)} & \dfrac{1}{s(s-1)(s-2)}\\ \dfrac{-(s^2-s+1)}{s^3(s-1)(s-2)} & \dfrac{1}{(s-1)(s-2)}\end{bmatrix}$$

基此，采用输出反馈极点配置问题的补偿器综合算法，对 $\bar{\boldsymbol{G}}_{\mathrm{T}}(s)$ 确定配置闭环极点均为 -2 的镇定补偿器 $\boldsymbol{C}_2(s)$。

第一步：判断 $\bar{\boldsymbol{G}}_{\mathrm{T}}(s)$ 循环性。先行定出

$$\bar{G}_{\mathrm{T}}(s)\,1\,\text{阶子式}=\frac{-1}{s^3(s-1)(s-2)},\ \frac{1}{s(s-1)(s-2)},\ \frac{-(s^2-s+1)}{s^3(s-1)(s-2)},\ \frac{1}{(s-1)(s-2)}$$

$$\bar{G}_{\mathrm{T}}(s)\,2\,\text{阶子式}=\det\begin{bmatrix}\dfrac{-1}{s^3(s-1)(s-2)} & \dfrac{1}{s(s-1)(s-2)}\\ \dfrac{-(s^2-s+1)}{s^3(s-1)(s-2)} & \dfrac{1}{(s-1)(s-2)}\end{bmatrix}=\frac{1}{s^4(s-2)^2}$$

由此，得到

$$\bar{G}_{\mathrm{T}}(s)\,\text{特征多项式}\,\Delta(s)=\bar{G}_{\mathrm{T}}(s)\,1\,\text{阶、}2\,\text{阶子式最小公分母}=s^4(s-1)(s-2)^2$$

$$\bar{G}_{\mathrm{T}}(s)\,\text{最小多项式}\,\phi(s)=\bar{G}_{\mathrm{T}}(s)\,1\,\text{阶子式最小公分母}=s^3(s-1)(s-2)$$

从而，由 $\Delta(s)=s(s-2)\phi(s)$，并据循环性定义，可知传递函数矩阵 $\bar{G}_{\mathrm{T}}(s)$ 为非循环。

第二步：非循环 $\bar{G}_{\mathrm{T}}(s)$ 的循环化。采用途径是，选取 2×2 常阵 K 使

$$\begin{aligned}\hat{G}_{\mathrm{T}}(s)&=[I+\bar{G}_{\mathrm{T}}(s)K]^{-1}\,\bar{G}_{\mathrm{T}}(s)=[I+\tilde{D}_{\mathrm{L}}^{-1}(s)N_{\mathrm{L}}(s)K]^{-1}\,\tilde{D}_{\mathrm{L}}^{-1}(s)\,N_{\mathrm{L}}(s)\\&=[\tilde{D}_{\mathrm{L}}(s)+N_{\mathrm{L}}(s)K]^{-1}\,N_{\mathrm{L}}(s)\end{aligned}$$

为循环。据此，选取和计算：

$$K=\begin{bmatrix}1 & -1\\ 0 & 0\end{bmatrix},\quad N_{\mathrm{L}}(s)K=\begin{bmatrix}0 & s-1\\ -1 & s\end{bmatrix}\begin{bmatrix}1 & -1\\ 0 & 0\end{bmatrix}=\begin{bmatrix}0 & 0\\ -1 & 1\end{bmatrix}$$

$$\begin{aligned}\tilde{D}_{\mathrm{L}}(s)+N_{\mathrm{L}}(s)K&=\begin{bmatrix}s(s-2)(s^2-s+1) & -s(s-2)\\ -s^2(s-2) & s^2(s-2)\end{bmatrix}+\begin{bmatrix}0 & 0\\ -1 & 1\end{bmatrix}\\&=\begin{bmatrix}s(s-2)(s^2-s+1) & -s(s-2)\\ -s^2(s-2)-1 & s^2(s-2)+1\end{bmatrix}\end{aligned}$$

$$\begin{aligned}[\tilde{D}_{\mathrm{L}}(s)+N_{\mathrm{L}}(s)K]^{-1}&=\begin{bmatrix}s(s-2)(s^2-s+1) & -s(s-2)\\ -s^2(s-2)-1 & s^2(s-2)+1\end{bmatrix}^{-1}\\&=\begin{bmatrix}\dfrac{s^2(s-2)+1}{s^2(s-1)(s-2)[s^2(s-2)+1]} & \dfrac{s(s-2)}{s^2(s-1)(s-2)[s^2(s-2)+1]}\\ \dfrac{s^2(s-2)+1}{s^2(s-1)(s-2)[s^2(s-2)+1]} & \dfrac{s(s-2)(s^2-s+1)}{s^2(s-1)(s-2)[s^2(s-2)+1]}\end{bmatrix}\\&=\begin{bmatrix}\dfrac{s^2(s-2)+1}{s^2(s-1)(s-2)[s^2(s-2)+1]} & \dfrac{1}{s(s-1)[s^2(s-2)+1]}\\ \dfrac{s^2(s-2)+1}{s^2(s-1)(s-2)[s^2(s-2)+1]} & \dfrac{(s^2-s+1)}{s(s-1)[s^2(s-2)+1]}\end{bmatrix}\end{aligned}$$

$$\hat{G}_{\mathrm{T}}(s)=[\tilde{D}_{\mathrm{L}}(s)+N_{\mathrm{L}}(s)K]^{-1}\,N_{\mathrm{L}}(s)$$

$$=\begin{bmatrix}\dfrac{s^2(s-2)+1}{s^2(s-1)(s-2)[s^2(s-2)+1]} & \dfrac{1}{s(s-1)[s^2(s-2)+1]}\\ \dfrac{s^2(s-2)+1}{s^2(s-1)(s-2)[s^2(s-2)+1]} & \dfrac{(s^2-s+1)}{s(s-1)[s^2(s-2)+1]}\end{bmatrix}\begin{bmatrix}0 & s-1\\ -1 & s\end{bmatrix}$$

$$=\begin{bmatrix}\dfrac{-1}{s(s-1)[s^2(s-2)+1]} & \dfrac{(s-1)[s^2(s-2)+1]+s^2(s-2)}{s^2(s-1)(s-2)[s^2(s-2)+1]}\\ \dfrac{-(s^2-s+1)}{s(s-1)[s^2(s-2)+1]} & \dfrac{(s-1)[s^2(s-2)+1]+s^2(s-2)(s^2-s+1)}{s^2(s-1)(s-2)[s^2(s-2)+1]}\end{bmatrix}$$

并可导出，

$$\hat{\boldsymbol{G}}_{\mathrm{T}}(s)\,1\text{ 阶子式}=\frac{-1}{s(s-1)[s^2(s-2)+1]},\quad \frac{-(s^2-s+1)}{s(s-1)[s^2(s-2)+1]}$$

$$\frac{(s-1)[s^2(s-2)+1]+s^2(s-2)}{s^2(s-1)(s-2)[s^2(s-2)+1]},\quad \frac{(s-1)[s^2(s-2)+1]+s^2(s-2)(s^2-s+1)}{s^2(s-1)(s-2)[s^2(s-2)+1]}$$

$\hat{\boldsymbol{G}}_{\mathrm{T}}(s)$ 2 阶子式

$$=\det\begin{bmatrix}\dfrac{-1}{s(s-1)[s^2(s-2)+1]} & \dfrac{(s-1)[s^2(s-2)+1]+s^2(s-2)}{s^2(s-1)(s-2)[s^2(s-2)+1]}\\ \dfrac{-(s^2-s+1)}{s(s-1)[s^2(s-2)+1]} & \dfrac{(s-1)[s^2(s-2)+1]+s^2(s-2)(s^2-s+1)}{s^2(s-1)(s-2)[s^2(s-2)+1]}\end{bmatrix}$$

$$=\frac{-[s^2(s-2)+1](s-1)+[s^2(s-2)+1](s-1)(s^2-s+1)}{s^3(s-1)^2(s-2)[s^2(s-2)+1]^2}$$

$$=\frac{[s^2(s-2)+1](s-1)(s^2-s)}{s^3(s-1)^2(s-2)[s^2(s-2)+1]^2}=\frac{1}{s^2(s-2)[s^2(s-2)+1]}$$

基此，得到

$$\hat{\boldsymbol{G}}_{\mathrm{T}}(s)\text{ 特征多项式 }\hat{\Delta}(s)=\hat{\boldsymbol{G}}_{\mathrm{T}}(s)\,1\text{ 阶、2 阶子式最小公分母}$$
$$=s^2(s-1)(s-2)[s^2(s-2)+1]$$

$$\hat{\boldsymbol{G}}_{\mathrm{T}}(s)\text{ 最小多项式 }\hat{\phi}(s)=\hat{\boldsymbol{G}}_{\mathrm{T}}(s)\,1\text{ 阶子式最小公分母}$$
$$=s^2(s-1)(s-2)[s^2(s-2)+1]$$

从而，由 $\hat{\Delta}(s)=\hat{\phi}(s)$，并据循环性定义，可知传递函数矩阵 $\hat{\boldsymbol{G}}_{\mathrm{T}}(s)$ 为循环。

第三步：对循环传递函数矩阵 $\hat{\boldsymbol{G}}_{\mathrm{T}}(s)$，取实向量 $\boldsymbol{t}_1=[0\quad 1]^{\mathrm{T}}$，使

$$\hat{\boldsymbol{G}}_{\mathrm{T}}(s)\boldsymbol{t}_1=\begin{bmatrix}\dfrac{-1}{s(s-1)[s^2(s-2)+1]} & \dfrac{(s-1)[s^2(s-2)+1]+s^2(s-2)}{s^2(s-1)(s-2)[s^2(s-2)+1]}\\ \dfrac{-(s^2-s+1)}{s(s-1)[s^2(s-2)+1]} & \dfrac{(s-1)[s^2(s-2)+1]+s^2(s-2)(s^2-s+1)}{s^2(s-1)(s-2)[s^2(s-2)+1]}\end{bmatrix}\begin{bmatrix}0\\ 1\end{bmatrix}$$

$$= \begin{bmatrix} \dfrac{(s-1)[s^2(s-2)+1]+s^2(s-2)}{s^2(s-1)(s-2)[s^2(s-2)+1]} \\ \dfrac{(s-1)[s^2(s-2)+1]+s^2(s-2)(s^2-s+1)}{s^2(s-1)(s-2)[s^2(s-2)+1]} \end{bmatrix}$$

的特征多项式满足$\Delta[\hat{\boldsymbol{G}}_{\mathrm{T}}(s)\boldsymbol{t}_1] = \Delta[\hat{\boldsymbol{G}}_{\mathrm{T}}(s)] = s^2(s-1)(s-2)[s^2(s-2)+1]$。

再表

$$\hat{\boldsymbol{G}}_{\mathrm{T}}(s)\boldsymbol{t}_1 = \begin{bmatrix} \dfrac{(s-1)[s^2(s-2)+1]+s^2(s-2)}{s^2(s-1)(s-2)[s^2(s-2)+1]} \\ \dfrac{(s-1)[s^2(s-2)+1]+s^2(s-2)(s^2-s+1)}{s^2(s-1)(s-2)[s^2(s-2)+1]} \end{bmatrix}$$

$$= \begin{bmatrix} (s-1)[s^2(s-2)+1]+s^2(s-2) \\ (s-1)[s^2(s-2)+1]+s^2(s-2)(s^2-s+1) \end{bmatrix} \{s^2(s-1)(s-2)[s^2(s-2)+1]\}^{-1}$$

$$= \begin{bmatrix} s^4-2s^3+s-1 \\ s^5-2s^4+s-1 \end{bmatrix} [s^7-5s^6+8s^5-3s^4-3s^3+2s^2]^{-1} = \hat{\boldsymbol{N}}(s)\,\hat{D}^{-1}(s)$$

$$\hat{D}(s) = \hat{D}_7 s^7 + \hat{D}_6 s^6 + \hat{D}_5 s^5 + \hat{D}_4 s^4 + \hat{D}_3 s^3 + \hat{D}_2 s^2 + \hat{D}_1 s + \hat{D}_0$$
$$= s^7 - 5s^6 + 8s^5 - 3s^4 - 3s^3 + 2s^2 + 0s + 0$$

$$\hat{\boldsymbol{N}}(s) = \hat{\boldsymbol{N}}_7 s^7 + \hat{\boldsymbol{N}}_6 s^6 + \hat{\boldsymbol{N}}_5 s^5 + \hat{\boldsymbol{N}}_4 s^4 + \hat{\boldsymbol{N}}_3 s^3 + \hat{\boldsymbol{N}}_2 s^2 + \hat{\boldsymbol{N}}_1 s + \hat{\boldsymbol{N}}_0 = \begin{bmatrix} s^4-2s^3+s-1 \\ s^5-2s^4+s-1 \end{bmatrix}$$

$$= \begin{bmatrix} 0 \\ 0 \end{bmatrix} s^7 + \begin{bmatrix} 0 \\ 0 \end{bmatrix} s^6 + \begin{bmatrix} 0 \\ 1 \end{bmatrix} s^5 + \begin{bmatrix} 1 \\ -2 \end{bmatrix} s^4 + \begin{bmatrix} -2 \\ 0 \end{bmatrix} s^3 + \begin{bmatrix} 0 \\ 0 \end{bmatrix} s^2 + \begin{bmatrix} 1 \\ 1 \end{bmatrix} s + \begin{bmatrix} -1 \\ -1 \end{bmatrix}$$

第四步：确定对$\hat{\boldsymbol{G}}_{\mathrm{T}}(s)\boldsymbol{t}_1$的$1\times 2$补偿器$\hat{\boldsymbol{C}}_2(s)$的“真或严真性”和“维数”。对此，先行组成系数矩阵

$$\boldsymbol{S}_3 = \begin{bmatrix} \hat{D}_0 & \hat{D}_1 & \hat{D}_2 & \hat{D}_3 & \hat{D}_4 & \hat{D}_5 & \hat{D}_6 & \hat{D}_7 & 0 & 0 & 0 \\ \hat{\boldsymbol{N}}_0 & \hat{\boldsymbol{N}}_1 & \hat{\boldsymbol{N}}_2 & \hat{\boldsymbol{N}}_3 & \hat{\boldsymbol{N}}_4 & \hat{\boldsymbol{N}}_5 & \hat{\boldsymbol{N}}_6 & \hat{\boldsymbol{N}}_7 & \boldsymbol{0} & \boldsymbol{0} & \boldsymbol{0} \\ 0 & \hat{D}_0 & \hat{D}_1 & \hat{D}_2 & \hat{D}_3 & \hat{D}_4 & \hat{D}_5 & \hat{D}_6 & \hat{D}_7 & 0 & 0 \\ \boldsymbol{0} & \hat{\boldsymbol{N}}_0 & \hat{\boldsymbol{N}}_1 & \hat{\boldsymbol{N}}_2 & \hat{\boldsymbol{N}}_3 & \hat{\boldsymbol{N}}_4 & \hat{\boldsymbol{N}}_5 & \hat{\boldsymbol{N}}_6 & \hat{\boldsymbol{N}}_7 & \boldsymbol{0} & \boldsymbol{0} \\ 0 & 0 & \hat{D}_0 & \hat{D}_1 & \hat{D}_2 & \hat{D}_3 & \hat{D}_4 & \hat{D}_5 & \hat{D}_6 & \hat{D}_7 & 0 \\ \boldsymbol{0} & \boldsymbol{0} & \hat{\boldsymbol{N}}_0 & \hat{\boldsymbol{N}}_1 & \hat{\boldsymbol{N}}_2 & \hat{\boldsymbol{N}}_3 & \hat{\boldsymbol{N}}_4 & \hat{\boldsymbol{N}}_5 & \hat{\boldsymbol{N}}_6 & \hat{\boldsymbol{N}}_7 & \boldsymbol{0} \\ 0 & 0 & 0 & \hat{D}_0 & \hat{D}_1 & \hat{D}_2 & \hat{D}_3 & \hat{D}_4 & \hat{D}_5 & \hat{D}_6 & \hat{D}_7 \\ \boldsymbol{0} & \boldsymbol{0} & \boldsymbol{0} & \hat{\boldsymbol{N}}_0 & \hat{\boldsymbol{N}}_1 & \hat{\boldsymbol{N}}_2 & \hat{\boldsymbol{N}}_3 & \hat{\boldsymbol{N}}_4 & \hat{\boldsymbol{N}}_5 & \hat{\boldsymbol{N}}_6 & \hat{\boldsymbol{N}}_7 \end{bmatrix}$$

$$
=\begin{bmatrix}
0 & 0 & 2 & -3 & -3 & 8 & -5 & 1 & 0 & 0 & 0\\
-1 & 1 & 0 & -2 & 1 & 0 & 0 & 0 & 0 & 0 & 0\\
-1 & 1 & 0 & 0 & -2 & 1 & 0 & 0 & 0 & 0 & 0\\
0 & 0 & 0 & 2 & -3 & -3 & 8 & -5 & 1 & 0 & 0\\
0 & -1 & 1 & 0 & -2 & 1 & 0 & 0 & 0 & 0 & 0\\
0 & -1 & 1 & 0 & 0 & -2 & 1 & 0 & 0 & 0 & 0\\
0 & 0 & 0 & 0 & 2 & -3 & -3 & 8 & -5 & 1 & 0\\
0 & 0 & -1 & 1 & 0 & -2 & 1 & 0 & 0 & 0 & 0\\
0 & 0 & -1 & 1 & 0 & 0 & -2 & 1 & 0 & 0 & 0\\
0 & 0 & 0 & 0 & 0 & 2 & -3 & -3 & 8 & -5 & 1\\
0 & 0 & 0 & -1 & 1 & 0 & -2 & 1 & 0 & 0 & 0\\
0 & 0 & 0 & -1 & 1 & 0 & 0 & -2 & 1 & 0 & 0
\end{bmatrix}
$$

通过对其引入列和行初等运算，可知 $\mathrm{rank}\,\boldsymbol{S}_3=11$（列满秩）。基此，定出“使 $\mathrm{rank}\,\boldsymbol{S}_L$ 列满秩”的 L 最小值 $L_{\min}=3$，并有 $\hat{\nu}=L_{\min}+1=4$。而由传递函数矩阵 $\hat{\boldsymbol{G}}_{\mathrm{T}}(s)$ 为严真，可以确定补偿器 $\hat{\boldsymbol{C}}_2(s)$ 为真，$\hat{\boldsymbol{C}}_2(s)$ 的维数 $m=\hat{\nu}-1=3$。

第五步：确定对 $\hat{\boldsymbol{G}}_{\mathrm{T}}(s)\boldsymbol{t}_1$ 的 1×2 补偿器 $\hat{\boldsymbol{C}}_2(s)$。基于“配置闭环极点均为–2”，可知系统的“$n+m=7+3=10$”个期望闭环极点为

$$\lambda_j^*=-2,\quad j=1,2,3,4,5,6,7,8,9,10$$

对应的期望闭环特征多项式 $\alpha^*(s)$ 和期望分母 D_{CF}^* 为

$$
\begin{aligned}
\alpha^*(s)&=\prod_{j=1}^{10}(s+\lambda_j^*)=\prod_{j=1}^{10}(s+2)=s^{10}+20s^9+180s^8+960s^7\\
&\quad+3360s^6+8064s^5+13440s^4+15360s^3+11520s^2+5120s+1024
\end{aligned}
$$

$$
\begin{aligned}
D_{\mathrm{CF}}^*&=\alpha^*(s)=s^{10}+20s^9+180s^8+960s^7+3360s^6+8064s^5\\
&\quad+13440s^4+15360s^3+11520s^2+5120s+1024\\
&=F_{10}s^{10}+F_9s^9+F_8s^8+F_7s^7+F_6s^6+F_5s^5+F_4s^4+F_3s^3+F_2s^2+F_1s+F_0
\end{aligned}
$$

进而，组成方程

$$
\begin{aligned}
&[\hat{D}_{\mathrm{c0}}\quad \hat{\boldsymbol{N}}_{\mathrm{c0}}\quad \hat{D}_{\mathrm{c1}}\quad \hat{\boldsymbol{N}}_{\mathrm{c1}}\quad \hat{D}_{\mathrm{c2}}\quad \hat{\boldsymbol{N}}_{\mathrm{c2}}\quad \hat{D}_{\mathrm{c3}}\quad \hat{\boldsymbol{N}}_{\mathrm{c3}}]\,\boldsymbol{S}_3=\\
&\qquad[F_0\quad F_1\quad F_2\quad F_3\quad F_4\quad F_5\quad F_6\quad F_7\quad F_8\quad F_9\quad F_{10}]
\end{aligned}
$$

将其代入参数后为

$$[\hat{D}_{\mathrm{c0}}\quad \hat{N}_{\mathrm{c01}}\quad \hat{N}_{\mathrm{c02}}\quad \hat{D}_{\mathrm{c1}}\quad \hat{N}_{\mathrm{c11}}\quad \hat{N}_{\mathrm{c12}}\quad \hat{D}_{\mathrm{c2}}\quad \hat{N}_{\mathrm{c21}}\quad \hat{N}_{\mathrm{c22}}\quad \hat{D}_{\mathrm{c3}}\quad \hat{N}_{\mathrm{c31}}\quad \hat{N}_{\mathrm{c32}}]\times$$

$$
\begin{bmatrix}
0 & 0 & 2 & -3 & -3 & 8 & -5 & 1 & 0 & 0 & 0 \\
-1 & 1 & 0 & -2 & 1 & 0 & 0 & 0 & 0 & 0 & 0 \\
-1 & 1 & 0 & 0 & -2 & 1 & 0 & 0 & 0 & 0 & 0 \\
0 & 0 & 0 & 2 & -3 & -3 & 8 & -5 & 1 & 0 & 0 \\
0 & -1 & 1 & 0 & -2 & 1 & 0 & 0 & 0 & 0 & 0 \\
0 & -1 & 1 & 0 & 0 & -2 & 1 & 0 & 0 & 0 & 0 \\
0 & 0 & 0 & 0 & 2 & -3 & -3 & 8 & -5 & 1 & 0 \\
0 & 0 & -1 & 1 & 0 & -2 & 1 & 0 & 0 & 0 & 0 \\
0 & 0 & -1 & 1 & 0 & 0 & -2 & 1 & 0 & 0 & 0 \\
0 & 0 & 0 & 0 & 0 & 2 & -3 & -3 & 8 & -5 & 1 \\
0 & 0 & 0 & -1 & 1 & 0 & -2 & 1 & 0 & 0 & 0 \\
0 & 0 & 0 & -1 & 1 & 0 & 0 & -2 & 1 & 0 & 0
\end{bmatrix}
$$

$$
= [1024 \quad 5120 \quad 11520 \quad 15360 \quad 13440 \quad 8064 \quad 3360 \quad 960 \quad 180 \quad 20 \quad 1]
$$

由“方程个数为11”和“待求变量个数为12”，并据代数方程组解理论，可知上述方程组解为不惟一。基此，通过对方程的预求解，可以导出部分变量：

$$
\hat{D}_{c3} = 1,\ \hat{D}_{c2} = 25,\ \hat{D}_{c1} = 200,\ \hat{N}_{c32} = 97
$$

并同时导出方程组：

$$
\begin{bmatrix}
0 & -1 & -1 & 0 & 0 & 0 & 0 & 0 \\
0 & 1 & 1 & -1 & -1 & 0 & 0 & 0 \\
2 & 0 & 0 & 1 & 1 & -1 & -1 & 0 \\
-3 & -2 & 0 & 0 & 0 & 1 & 1 & -1 \\
-3 & 1 & -2 & -2 & 0 & 0 & 0 & 1 \\
8 & 0 & 1 & 1 & -2 & -2 & 0 & 0 \\
-5 & 0 & 0 & 0 & 1 & 1 & -2 & -2 \\
1 & 0 & 0 & 0 & 0 & 0 & 1 & 1
\end{bmatrix}
\begin{bmatrix}
\hat{D}_{c0} \\ \hat{N}_{c01} \\ \hat{N}_{c02} \\ \hat{N}_{c11} \\ \hat{N}_{c12} \\ \hat{N}_{c21} \\ \hat{N}_{c22} \\ \hat{N}_{c31}
\end{bmatrix}
=
\begin{bmatrix}
1024 \\ 5120 \\ 11520 \\ 15057 \\ 13893 \\ 8737 \\ 1838 \\ 1957
\end{bmatrix}
$$

现采用行初等变换法求解此方程组，为此对“系数矩阵”和“右边向量”引入行初等运算：

$$
\begin{bmatrix}
0 & -1 & -1 & 0 & 0 & 0 & 0 & 0 \\
0 & 1 & 1 & -1 & -1 & 0 & 0 & 0 \\
2 & 0 & 0 & 1 & 1 & -1 & -1 & 0 \\
-3 & -2 & 0 & 0 & 0 & 1 & 1 & -1 \\
-3 & 1 & -2 & -2 & 0 & 0 & 0 & 1 \\
8 & 0 & 1 & 1 & -2 & -2 & 0 & 0 \\
-5 & 0 & 0 & 0 & 1 & 1 & -2 & -2 \\
1 & 0 & 0 & 0 & 0 & 0 & 1 & 1
\end{bmatrix}
\begin{bmatrix}
1024 \\ 5120 \\ 11520 \\ 15057 \\ 13893 \\ 8737 \\ 1838 \\ 1957
\end{bmatrix}
\quad \text{“行 1×（1）加于行 2，}
$$

“行 2×（1）加于行 3，“行 3×（1）加于行 4 →

$$\begin{bmatrix} 0 & -1 & -1 & 0 & 0 & 0 & 0 & 0 \\ 0 & 0 & 0 & -1 & -1 & 0 & 0 & 0 \\ 2 & 0 & 0 & 0 & 0 & -1 & -1 & 0 \\ -1 & -2 & 0 & 0 & 0 & 0 & 0 & -1 \\ -3 & 1 & -2 & -2 & 0 & 0 & 0 & 1 \\ 8 & 0 & 1 & 1 & -2 & -2 & 0 & 0 \\ -5 & 0 & 0 & 0 & 1 & 1 & -2 & -2 \\ 1 & 0 & 0 & 0 & 0 & 0 & 1 & 1 \end{bmatrix} \begin{bmatrix} 1024 \\ 6144 \\ 17664 \\ 32721 \\ 13893 \\ 8737 \\ 1838 \\ 1957 \end{bmatrix}$$ “行 8×（2）加于行 7，

“行 7×（2）加于行 6，“行 6×（2）加于行 5，“行 5×（1）加于行 4 →

$$\begin{bmatrix} 0 & -1 & -1 & 0 & 0 & 0 & 0 & 0 \\ 0 & 0 & 0 & -1 & -1 & 0 & 0 & 0 \\ 2 & 0 & 0 & 0 & 0 & -1 & -1 & 0 \\ 0 & -1 & 0 & 0 & 0 & 0 & 0 & 0 \\ 1 & 1 & 0 & 0 & 0 & 0 & 0 & 1 \\ 2 & 0 & 1 & 1 & 0 & 0 & 0 & 0 \\ -3 & 0 & 0 & 0 & 1 & 1 & 0 & 0 \\ 1 & 0 & 0 & 0 & 0 & 0 & 1 & 1 \end{bmatrix} \begin{bmatrix} 1024 \\ 6144 \\ 17664 \\ 87096 \\ 54375 \\ 20241 \\ 5752 \\ 1957 \end{bmatrix}$$ “行 8×（3）加于行 7，

“行 8×（–2）加于行 6，“行 8×（–1）加于行 5，“行 8×（–2）加于行 3 →

$$\begin{bmatrix} 0 & -1 & -1 & 0 & 0 & 0 & 0 & 0 \\ 0 & 0 & 0 & -1 & -1 & 0 & 0 & 0 \\ 0 & 0 & 0 & 0 & 0 & -1 & -3 & -2 \\ 0 & -1 & 0 & 0 & 0 & 0 & 0 & 0 \\ 0 & 1 & 0 & 0 & 0 & 0 & -1 & 0 \\ 0 & 0 & 1 & 1 & 0 & 0 & -2 & -2 \\ 0 & 0 & 0 & 0 & 1 & 1 & 3 & 3 \\ 1 & 0 & 0 & 0 & 0 & 0 & 1 & 1 \end{bmatrix} \begin{bmatrix} 1024 \\ 6144 \\ 13750 \\ 87096 \\ 52418 \\ 16327 \\ 11623 \\ 1957 \end{bmatrix}$$ “行 4×（–1）加于行 1，

“行 4×（1）加于行 5 →

$$\begin{bmatrix} 0 & 0 & -1 & 0 & 0 & 0 & 0 & 0 \\ 0 & 0 & 0 & -1 & -1 & 0 & 0 & 0 \\ 0 & 0 & 0 & 0 & 0 & -1 & -3 & -2 \\ 0 & -1 & 0 & 0 & 0 & 0 & 0 & 0 \\ 0 & 0 & 0 & 0 & 0 & 0 & -1 & 0 \\ 0 & 0 & 1 & 1 & 0 & 0 & -2 & -2 \\ 0 & 0 & 0 & 0 & 1 & 1 & 3 & 3 \\ 1 & 0 & 0 & 0 & 0 & 0 & 1 & 1 \end{bmatrix} \begin{bmatrix} -86072 \\ 6144 \\ 13750 \\ 87096 \\ 139514 \\ 16327 \\ 11623 \\ 1957 \end{bmatrix}$$ “行 1×（1）加于行 6 →

$$\begin{bmatrix} 0 & 0 & -1 & 0 & 0 & 0 & 0 & 0 \\ 0 & 0 & 0 & -1 & -1 & 0 & 0 & 0 \\ 0 & 0 & 0 & 0 & 0 & -1 & -3 & -2 \\ 0 & -1 & 0 & 0 & 0 & 0 & 0 & 0 \\ 0 & 0 & 0 & 0 & 0 & 0 & -1 & 0 \\ 0 & 0 & 0 & 1 & 0 & 0 & -2 & -2 \\ 0 & 0 & 0 & 0 & 1 & 1 & 3 & 3 \\ 1 & 0 & 0 & 0 & 0 & 0 & 1 & 1 \end{bmatrix} \begin{bmatrix} -86072 \\ 6144 \\ 13750 \\ 87096 \\ 139514 \\ -69745 \\ 11623 \\ 1957 \end{bmatrix}$$

“行 2×（1）加于行 6 →

$$\begin{bmatrix} 0 & 0 & -1 & 0 & 0 & 0 & 0 & 0 \\ 0 & 0 & 0 & -1 & -1 & 0 & 0 & 0 \\ 0 & 0 & 0 & 0 & 0 & -1 & -3 & -2 \\ 0 & -1 & 0 & 0 & 0 & 0 & 0 & 0 \\ 0 & 0 & 0 & 0 & 0 & 0 & -1 & 0 \\ 0 & 0 & 0 & 0 & -1 & 0 & -2 & -2 \\ 0 & 0 & 0 & 0 & 1 & 1 & 3 & 3 \\ 1 & 0 & 0 & 0 & 0 & 0 & 1 & 1 \end{bmatrix} \begin{bmatrix} -86072 \\ 6144 \\ 13750 \\ 87096 \\ 139514 \\ -63601 \\ 11623 \\ 1957 \end{bmatrix}$$

“行 6×（−1）加于行 2，

“行 6×（1）加于行 7 →

$$\begin{bmatrix} 0 & 0 & -1 & 0 & 0 & 0 & 0 & 0 \\ 0 & 0 & 0 & -1 & 0 & 0 & 2 & 2 \\ 0 & 0 & 0 & 0 & 0 & -1 & -3 & -2 \\ 0 & -1 & 0 & 0 & 0 & 0 & 0 & 0 \\ 0 & 0 & 0 & 0 & 0 & 0 & -1 & 0 \\ 0 & 0 & 0 & 0 & -1 & 0 & -2 & -2 \\ 0 & 0 & 0 & 0 & 0 & 1 & 1 & 1 \\ 1 & 0 & 0 & 0 & 0 & 0 & 1 & 1 \end{bmatrix} \begin{bmatrix} -86072 \\ 69745 \\ 13750 \\ 87096 \\ 139514 \\ -63601 \\ -51978 \\ 1957 \end{bmatrix}$$

“行 7×（1）加于行 3 →

$$\begin{bmatrix} 0 & 0 & -1 & 0 & 0 & 0 & 0 & 0 \\ 0 & 0 & 0 & -1 & 0 & 0 & 2 & 2 \\ 0 & 0 & 0 & 0 & 0 & 0 & -2 & -1 \\ 0 & -1 & 0 & 0 & 0 & 0 & 0 & 0 \\ 0 & 0 & 0 & 0 & 0 & 0 & -1 & 0 \\ 0 & 0 & 0 & 0 & -1 & 0 & -2 & -2 \\ 0 & 0 & 0 & 0 & 0 & 1 & 1 & 1 \\ 1 & 0 & 0 & 0 & 0 & 0 & 1 & 1 \end{bmatrix} \begin{bmatrix} -86072 \\ 69745 \\ -38228 \\ 87096 \\ 139514 \\ -63601 \\ -51978 \\ 1957 \end{bmatrix}$$

“行 5×（2）加于行 2，

“行 5×（−2）加于行 3，“行 5×（−2）加于行 6，“行 5×（1）加于行 7，

“行 5×（1）加于行 8 →

$$\begin{bmatrix} 0 & 0 & -1 & 0 & 0 & 0 & 0 & 0 \\ 0 & 0 & 0 & -1 & 0 & 0 & 0 & 2 \\ 0 & 0 & 0 & 0 & 0 & 0 & 0 & -1 \\ 0 & -1 & 0 & 0 & 0 & 0 & 0 & 0 \\ 0 & 0 & 0 & 0 & 0 & 0 & -1 & 0 \\ 0 & 0 & 0 & 0 & -1 & 0 & 0 & -2 \\ 0 & 0 & 0 & 0 & 0 & 1 & 0 & 1 \\ 1 & 0 & 0 & 0 & 0 & 0 & 0 & 1 \end{bmatrix} \begin{bmatrix} -86072 \\ 348773 \\ -317256 \\ 87096 \\ 139514 \\ -342629 \\ 87536 \\ 141471 \end{bmatrix}$$

“行 3×（2）加于行 2，

“行 3×（–2）加于行 6，　“行 3×（1）加于行 7，　“行 3×（1）加于行 8 →

$$\begin{bmatrix} 0 & 0 & -1 & 0 & 0 & 0 & 0 & 0 \\ 0 & 0 & 0 & -1 & 0 & 0 & 0 & 0 \\ 0 & 0 & 0 & 0 & 0 & 0 & 0 & -1 \\ 0 & -1 & 0 & 0 & 0 & 0 & 0 & 0 \\ 0 & 0 & 0 & 0 & 0 & 0 & -1 & 0 \\ 0 & 0 & 0 & 0 & -1 & 0 & 0 & 0 \\ 0 & 0 & 0 & 0 & 0 & 1 & 0 & 0 \\ 1 & 0 & 0 & 0 & 0 & 0 & 0 & 0 \end{bmatrix} \begin{bmatrix} -86072 \\ -285739 \\ -317256 \\ 87096 \\ 139514 \\ 291883 \\ -229720 \\ -175785 \end{bmatrix}$$

由此，得到

$$\begin{bmatrix} 0 & 0 & -1 & 0 & 0 & 0 & 0 & 0 \\ 0 & 0 & 0 & -1 & 0 & 0 & 0 & 0 \\ 0 & 0 & 0 & 0 & 0 & 0 & 0 & -1 \\ 0 & -1 & 0 & 0 & 0 & 0 & 0 & 0 \\ 0 & 0 & 0 & 0 & 0 & 0 & -1 & 0 \\ 0 & 0 & 0 & 0 & -1 & 0 & 0 & 0 \\ 0 & 0 & 0 & 0 & 0 & 1 & 0 & 0 \\ 1 & 0 & 0 & 0 & 0 & 0 & 0 & 0 \end{bmatrix} \begin{bmatrix} \hat{D}_{c0} \\ \hat{N}_{c01} \\ \hat{N}_{c02} \\ \hat{N}_{c11} \\ \hat{N}_{c12} \\ \hat{N}_{c21} \\ \hat{N}_{c22} \\ \hat{N}_{c31} \end{bmatrix} = \begin{bmatrix} -86072 \\ -285739 \\ -317256 \\ 87096 \\ 139514 \\ 291883 \\ -229720 \\ -175785 \end{bmatrix}$$

从而，定出其余部分变量为

$$\hat{D}_{c0}=-175785,\quad \hat{N}_{c01}=-87096,\quad \hat{N}_{c02}=86072,\quad \hat{N}_{c11}=285739,$$
$$\hat{N}_{c12}=-291883,\quad \hat{N}_{c21}=-229720,\quad \hat{N}_{c22}=-139514,\quad \hat{N}_{31}=317256$$

于是，基此就可导出对 $\hat{\boldsymbol{G}}_{T}(s)\boldsymbol{t}_1$ 的 1×2 补偿器 $\hat{\boldsymbol{C}}_2(s)$ 为

$$\hat{D}_c(s)=\hat{D}_{c3}s^3+\hat{D}_{c2}s^2+\hat{D}_{c1}s+\hat{D}_{c0}=s^3+25s^2+200s-175785$$

$$\hat{\boldsymbol{N}}_c(s)=\hat{\boldsymbol{N}}_{c3}s^3+\hat{\boldsymbol{N}}_{c2}s^2+\hat{\boldsymbol{N}}_{c1}s+\hat{\boldsymbol{N}}_{c0}=[317256\quad 97]s^3+[-229720\quad -139514]s^2$$

$$+[285739 \quad -291883]s+[-87096 \quad 86072]$$

$$=[317256s^3-229720s^2+285739s-87096 \quad 97s^3-139514s^2-291883s+86072]$$

$$\hat{C}_2(s)=\hat{D}_c^{-1}(s)\,\hat{N}_c(s)=[s^3+25s^2+200s-175785]^{-1}\times$$

$$[317256s^3-229720s^2+285739s-87096 \quad 97s^3-139514s^2-291883s+86072]$$

第六步：确定对 $\hat{G}_T(s)$ 的 1×2 补偿器 $\tilde{C}_2(s)$。对此，利用上述求得的结果，即可导出

$$\tilde{C}_2(s)=t_1\,\hat{C}_2(s)$$

$$=\begin{bmatrix}0\\1\end{bmatrix}[s^3+25s^2+200s-175785]^{-1}\times$$

$$[317256s^3-229720s^2+285739s-87096 \quad 97s^3-139514s^2-291883s+86072]$$

$$=[s^3+25s^2+200s-175785]^{-1}\times$$

$$\begin{bmatrix}0 & 0\\317256s^3-229720s^2+285739s-87096 & 97s^3-139514s^2-291883s+86072\end{bmatrix}$$

$$=\begin{bmatrix}0 & 0\\ \dfrac{317256s^3-229720s^2+285739s-87096}{s^3+25s^2+200s-175785} & \dfrac{97s^3-139514s^2-291883s+86072}{s^3+25s^2+200s-175785}\end{bmatrix}$$

第七步：确定镇定补偿器 $C_2(s)$。对此，利用对非循环 $G(s)$ 情形的基于“相同极点配置”的等价补偿输出反馈系统结构，即有

$$C_2(s)=\tilde{C}(s)+K$$

$$=\begin{bmatrix}0 & 0\\ \dfrac{317256s^3-229720s^2+285739s-87096}{s^3+25s^2+200s-175785} & \dfrac{97s^3-139514s^2-291883s+86072}{s^3+25s^2+200s-175785}\end{bmatrix}$$

$$+\begin{bmatrix}1 & -1\\0 & 0\end{bmatrix}$$

$$=\begin{bmatrix}1 & -1\\ \dfrac{317256s^3-229720s^2+285739s-87096}{s^3+25s^2+200s-175785} & \dfrac{97s^3-139514s^2-291883s+86072}{s^3+25s^2+200s-175785}\end{bmatrix}$$

④ 确定图 P13.12 所示线性时不变单位输出反馈系统中的补偿器 $C(s)$。对此，基于上述导出的内模补偿器 $C_1(s)$ 和镇定补偿器 $C_2(s)$，就可定出所要综合的补偿器 $C(s)$ 为

$$C(s)=C_2(s)\,C_1(s)$$

$$=\begin{bmatrix}1 & -1\\ \dfrac{317256s^3-229720s^2+285739s-87096}{s^3+25s^2+200s-175785} & \dfrac{97s^3-139514s^2-291883s+86072}{s^3+25s^2+200s-175785}\end{bmatrix}$$

$$\times\begin{bmatrix}\dfrac{1}{s(s-2)} & 0\\ 0 & \dfrac{1}{s(s-2)}\end{bmatrix}$$

对本题中求解过程加以引申，可以得到如下一般性结论。

推论 13.12 本题中求解方程组

$$\begin{bmatrix}0 & -1 & -1 & 0 & 0 & 0 & 0 & 0\\ 0 & 1 & 1 & -1 & -1 & 0 & 0 & 0\\ 2 & 0 & 0 & 1 & 1 & -1 & -1 & 0\\ -3 & -2 & 0 & 0 & 0 & 1 & 1 & -1\\ -3 & 1 & -2 & -2 & 0 & 0 & 0 & 1\\ 8 & 0 & 1 & 1 & -2 & -2 & 0 & 0\\ -5 & 0 & 0 & 0 & 1 & 1 & -2 & -2\\ 1 & 0 & 0 & 0 & 0 & 0 & 1 & 1\end{bmatrix}\begin{bmatrix}D_{c0}\\ N_{c01}\\ N_{c02}\\ N_{c11}\\ N_{c12}\\ N_{c21}\\ N_{c22}\\ N_{c31}\end{bmatrix}=\begin{bmatrix}1024\\ 2560\\ 3840\\ 3787\\ 2963\\ 1855\\ 288\\ 557\end{bmatrix}$$

所采用行初等变换法是求解代数方程组的一种较为有效和较为简便的方法，在线性系统理论中是有用处的。

题 13.13 给定线性时不变受控系统和二次型性能指标为

$$\dot{\boldsymbol{x}}=\begin{bmatrix}0 & 1\\ 2 & -3\end{bmatrix}\boldsymbol{x}+\begin{bmatrix}0\\ 1\end{bmatrix}u$$

$$J=\int_0^{\infty}(x_1^2+4x_2^2+2u^2)\mathrm{d}t$$

试利用复频率域法定出其最优状态反馈增益矩阵 $\boldsymbol{K}^*$。

解 本题属于按复频率域法综合线性二次型最优状态反馈增益矩阵的基本题。

① 确定给定最优控制问题的传递函数矩阵 $\boldsymbol{G}(s)$ 及其不可简约右 MFD。对此，由

$$J=\int_0^{\infty}(x_1^2+4x_2^2+2u^2)\mathrm{d}t$$

$$=\int_0^{\infty}\left\{[x_1\quad x_2]\begin{bmatrix}1 & 0\\ 0 & 4\end{bmatrix}\begin{bmatrix}x_1\\ x_2\end{bmatrix}+2u^2\right\}\mathrm{d}t=\int_0^{\infty}\left\{[x_1\quad x_2]\boldsymbol{Q}\begin{bmatrix}x_1\\ x_2\end{bmatrix}+Ru^2\right\}\mathrm{d}t$$

先行定出

$$\boldsymbol{Q}=\begin{bmatrix}1 & 0\\ 0 & 4\end{bmatrix}=\begin{bmatrix}1 & 0\\ 0 & 2\end{bmatrix}\begin{bmatrix}1 & 0\\ 0 & 2\end{bmatrix}=\boldsymbol{C}^{\mathrm{T}}\boldsymbol{C}，\ \boldsymbol{C}=\begin{bmatrix}1 & 0\\ 0 & 2\end{bmatrix}，\ R=2$$

基此，并利用给定受控系统的系数矩阵

$$\boldsymbol{A}=\begin{bmatrix}0 & 1\\ 2 & -3\end{bmatrix},\quad \boldsymbol{b}=\begin{bmatrix}0\\ 1\end{bmatrix}$$

定出传递函数矩阵 $\boldsymbol{G}(s)$ 为

$$\boldsymbol{G}(s)=\boldsymbol{C}(s\boldsymbol{I}-\boldsymbol{A})^{-1}\boldsymbol{b}=\begin{bmatrix}1&0\\0&2\end{bmatrix}\begin{bmatrix}s&-1\\-2&s+3\end{bmatrix}^{-1}\begin{bmatrix}0\\1\end{bmatrix}$$

$$=\begin{bmatrix}1&0\\0&2\end{bmatrix}\begin{bmatrix}\dfrac{s+3}{s^2+3s-2}&\dfrac{1}{s^2+3s-2}\\\dfrac{2}{s^2+3s-2}&\dfrac{s}{s^2+3s-2}\end{bmatrix}\begin{bmatrix}0\\1\end{bmatrix}=\begin{bmatrix}\dfrac{1}{s^2+3s-2}\\\dfrac{2s}{s^2+3s-2}\end{bmatrix}$$

进而，又可定出 $\boldsymbol{G}(s)$ 的不可简约右 MFD 为

$$\boldsymbol{G}(s)=\begin{bmatrix}1\\2s\end{bmatrix}[\,s^2+3s-2\,]^{-1}=\boldsymbol{N}(s)\ D^{-1}(s)$$

$$\boldsymbol{N}(s)=\begin{bmatrix}1\\2s\end{bmatrix},\qquad D(s)=s^2+3s-2\ \text{为列既约}$$

② 定出分母矩阵 $D(s)$ 的低幂次阵 $\boldsymbol{\Psi}(s)$。考虑到 $D(s)$ 列次数 $k=2$，即可定出

$$\boldsymbol{\Psi}(s)=\begin{bmatrix}s\\1\end{bmatrix}$$

③ 组成代数方程 $D^{\mathrm{T}}(-s)\ R\ D(s)+\boldsymbol{N}^{\mathrm{T}}(-s)\ \boldsymbol{N}(s)=0$ 并计算其“稳定根”。对此，将方程中代入参数，得到

$$(\,s^2-3s-2\,)\,2\,(\,s^2+3s-2\,)+[1\quad -2s]\begin{bmatrix}1\\2s\end{bmatrix}=0$$

通过计算化简，化为

$$2s^4-30s^2+9=0$$

求解上述代数方程，并注意到 $n=2$，定出其 2 个“稳定根”为

$$\mu_1=-\sqrt{0.3062527}=-0.553401\text{，}\ \mu_2=-\sqrt{14.693745}=-3.8332421$$

而“$\det D(s)=0$ 的根” = “$s^2+3s-2=0$ 的根”为

$$s_1=0.5615528\text{，}\quad s_2=-3.5615528$$

表明，对 $i,j=1,2$，满足 $\mu_i\neq$“$\det D(s)=0$ 根”条件。

④ 对 $i=1,2$，计算 $\det[\,D^{\mathrm{T}}(-\mu_i)\ R\ D(\mu_i)+\boldsymbol{N}^{\mathrm{T}}(-\mu_i)\ \boldsymbol{N}(\mu_i)\,]\,\hat{\xi}(\mu_i)=0$ 的非平凡解 $\hat{\xi}(\mu_i)$。对此，考虑到

$$D^{\mathrm{T}}(-\mu_i)\ R\ D(\mu_i)+\boldsymbol{N}^{\mathrm{T}}(-\mu_i)\ \boldsymbol{N}(\mu_i)=2\mu_i^4-30\mu_i^2+9=0,\quad i=1,2$$

可知 $\hat{\xi}(\mu_i)\neq 0$ 均为 $\det[\,D^{\mathrm{T}}(-\mu_i)\ R\ D(\mu_i)+\boldsymbol{N}^{\mathrm{T}}(-\mu_i)\ \boldsymbol{N}(\mu_i)\,]\,\hat{\xi}(\mu_i)=0$ 的非平凡解。基此，取一组非平凡解为

$$\hat{\xi}(\mu_1)=1,\qquad \hat{\xi}(\mu_2)=2$$

⑤ 确定最优状态反馈增益矩阵 $\boldsymbol{K}^*$。先行计算定出

$$\boldsymbol{\Psi}(\mu_1)=\begin{bmatrix}-0.553401\\1\end{bmatrix},\quad \boldsymbol{\Psi}(\mu_1)\,\hat{\xi}(\mu_1)=\begin{bmatrix}-0.553401\\1\end{bmatrix}\times 1=\begin{bmatrix}-0.553401\\1\end{bmatrix}$$

$$\boldsymbol{\Psi}(\mu_2)=\begin{bmatrix}-3.8332421\\1\end{bmatrix},\quad \boldsymbol{\Psi}(\mu_2)\,\hat{\xi}(\mu_2)=\begin{bmatrix}-3.8332421\\1\end{bmatrix}\times 2=\begin{bmatrix}-7.6664842\\2\end{bmatrix}$$

$$D(\mu_1)=\mu_1^2+3\mu_1-2=-3.3539503$$

$$D(\mu_1)\,\hat{\xi}(\mu_1)=(-3.3539503)\times 1=-3.3539503$$

$$D(\mu_2)=\mu_2^2+3\mu_2-2=1.194018,\quad D(\mu_2)\,\hat{\xi}(\mu_2)=1.194018\times 2=2.388036$$

基此，并据最优状态反馈增益矩阵 $\boldsymbol{K}^*$ 的复频率域算式，即可定出

$$\begin{aligned}\boldsymbol{K}^* &= -[D(\mu_1)\hat{\xi}(\mu_1)\quad D(\mu_2)\hat{\xi}(\mu_2)]\,[\boldsymbol{\Psi}(\mu_1)\hat{\xi}(\mu_1)\quad \boldsymbol{\Psi}(\mu_2)\hat{\xi}(\mu_2)]^{-1}\\ &= -[-3.3539503\quad 2.388036]\begin{bmatrix}-0.553401 & -7.6664842\\ 1 & 2\end{bmatrix}^{-1}\\ &= -[-3.3539503\quad 2.388036]\begin{bmatrix}0.3048928 & 1.1687279\\ -0.1524464 & -0.0843639\end{bmatrix}\\ &= [\,1.3866426\quad 4.1213192\,]\end{aligned}$$

第三部分

新 增 习 题

第 14 章 线性系统理论的新增习题

本章是对本书配套主教材《线性系统理论（第 2 版）》的补充习题。这些新增习题选自于作者多年教授相关课程中的补充题或测验题。新增习题在题型上更加突出类型的多样化，在目标上更加注重分析的灵活性，在训练上更加强调概念的正确性，而在计算上不加着重。本章中对新增习题不再提供解答，基本出发点是使读者有机会和空间，能利用前面各章的“习题与解答”中所获得的启示和技巧，运用已学的概念、结果和方法来自行独立求解一定数量和不同形式的习题，以达到“理解概念、掌握理论、熟练方法，灵活运用、提高能力”的教学目的。

14.1 线性系统时间域理论部分的新增习题

题 14.1 列写出严真连续时间线性时不变系统的状态空间描述和输入输出描述表达式，并指出两种描述间的等价条件。

题 14.2 指出两个代数等价的连续时间线性时不变系统 Σ_1 和 Σ_2 的五种等同的特性。

题 14.3 画出基于状态反馈构成的连续时间线性时不变控制系统的框图，指出其可能实现的三种控制功能。

题 14.4 给定连续时间线性时不变受控系统和任意期望闭环极点组，要求综合得到的闭环控制系统同时满足极点配置和工程可实现性，试问应采用何种控制方式，并画出控制系统框图和简略说明设计要点。

题 14.5 给定同时作用有参考输入和扰动信号的连续时间线性时不变系统，参考输

入为阶跃函数 $a1(t)\boldsymbol{I}$，扰动信号为正弦函数 $b\sin(\omega_0 t+\theta)\boldsymbol{I}$，$\omega_0$ 为已知常数，a、b 和 θ 为未知常数。试构造一种可实现无静差跟踪的控制系统框图，并说明控制器的形式和功能。

题 14.6 给定 SISO 连续时间线性时不变系统 $\dot{\boldsymbol{x}}=\boldsymbol{A}\boldsymbol{x}+\boldsymbol{b}u$，$y=\boldsymbol{c}\boldsymbol{x}$，其中 $\boldsymbol{b}=[1\ \ 0\ \ 0]^{\mathrm{T}}$ 和 $\boldsymbol{c}=[0\ \ 0\ \ 1]$，试确定一个使系统为联合完全能控和完全能观测的系统矩阵 $\boldsymbol{A}$。

题 14.7 设标量 λ 和向量 $\boldsymbol{v}$ 为连续时间线性时不变系统 $\dot{\boldsymbol{x}}=\boldsymbol{A}\boldsymbol{x}+\boldsymbol{B}\boldsymbol{u}$，$\boldsymbol{y}=\boldsymbol{C}\boldsymbol{x}$ 的一个特征值和所属特征向量，表系统离散化模型为 $\boldsymbol{x}(k+1)=\boldsymbol{G}\boldsymbol{x}(k)+\boldsymbol{H}\boldsymbol{u}(k)$，$\boldsymbol{y}(k)=\boldsymbol{C}\boldsymbol{x}(k)$ 试定出离散化系统的对应特征值和一个所属特征向量。

题 14.8 给定 SISO 连续时间线性时不变系统为

$$\dot{\boldsymbol{x}}=\begin{bmatrix}0 & 1\\ -3 & -2\end{bmatrix}\boldsymbol{x}+\begin{bmatrix}2\\ 1\end{bmatrix}u,\quad y=[1\ \ 1]\boldsymbol{x}$$

已知 $y(0)=2$，$\dot{y}(0)=5$ 和 $u(0)=1$，试定出系统的零输入响应 $\boldsymbol{x}_{0u}(t)$。

题 14.9 给定 SISO 连续时间线性时不变系统为

$$\dot{\boldsymbol{x}}=\begin{bmatrix}0 & 1\\ -3 & -2\end{bmatrix}\boldsymbol{x}+\begin{bmatrix}1\\ 1\end{bmatrix}u,\quad y=[1\ \ 2]\boldsymbol{x}$$

已知输出 $y=5\mathrm{e}^{-t}+2\mathrm{e}^{-2t}$ 和输入 $u=3\mathrm{e}^{3t}$，试确定系统的状态响应 $\boldsymbol{x}(t)$。

题 14.10 给定 SISO 连续时间线性时不变系统为

$$\dot{\boldsymbol{x}}=\begin{bmatrix}-1 & 1 & 0\\ 0 & -1 & 0\\ 0 & 0 & -2\end{bmatrix}\boldsymbol{x}+\begin{bmatrix}0\\ 0\\ 1\end{bmatrix}u,\quad y=[1\ \ 1\ \ 0]\boldsymbol{x},\quad t\geqslant 0$$

试对任意有界输入 $u(t)$ 定出可使“$y(t)=-2t\mathrm{e}^{-t}$，$t\geqslant 0$”的所有初态 $\boldsymbol{x}(0)$。

题 14.11 设两维连续时间线性时不变系统对应于两个不同非零初态的状态零输入响应为

$$\boldsymbol{x}_{0u(1)}=\begin{bmatrix}-\dfrac{1}{2}\mathrm{e}^{-t}\\ \mathrm{e}^{-t}\end{bmatrix},\quad \boldsymbol{x}_{0u(2)}=\begin{bmatrix}\dfrac{3}{2}\mathrm{e}^{-2t}\\ -2\mathrm{e}^{-2t}\end{bmatrix}$$

试定出系统的状态转移矩阵 $\boldsymbol{\Phi}(t)$。

题 14.12 设连续时间线性时不变系统“$\dot{\boldsymbol{x}}=\boldsymbol{A}\boldsymbol{x}+\boldsymbol{B}\boldsymbol{u}$，$\dim(\boldsymbol{A})=2$”的特征值为 λ_1 和 λ_2，且 $\lambda_1\neq\lambda_2$，试证明系统状态转移矩阵为

$$\boldsymbol{\Phi}(t)=\frac{1}{\lambda_1-\lambda_2}\mathrm{e}^{\lambda_1 t}(\boldsymbol{A}-\lambda_2\boldsymbol{I})+\frac{1}{\lambda_2-\lambda_1}\mathrm{e}^{\lambda_2 t}(\boldsymbol{A}-\lambda_1\boldsymbol{I})$$

（提示：采用 $\mathrm{e}^{\boldsymbol{A}t}$ 的有限项展开法）

题 14.13　给定连续时间线性时不变系统为

$$\dot{\boldsymbol{x}}=\begin{bmatrix}-2 & 2 & -1\\ 0 & -2 & 0\\ 1 & -4 & 0\end{bmatrix}\boldsymbol{x}+\begin{bmatrix}0 & 1\\ 1 & 0\\ 0 & -2\end{bmatrix}\boldsymbol{u},\quad \boldsymbol{u}=\begin{bmatrix}u_1\\ u_2\end{bmatrix}$$

试判断系统相对于控制分量u_2是否为完全能控。

题 14.14　给定 SISO 连续时间线性时不变系统 $\dot{\boldsymbol{x}}=\boldsymbol{A}\boldsymbol{x}+\boldsymbol{b}u$，$y=\boldsymbol{c}\boldsymbol{x}$，$\dim(\boldsymbol{A})=n$，现知 $\boldsymbol{c}\boldsymbol{b}=0$，$\boldsymbol{c}\boldsymbol{A}\boldsymbol{b}=0$，…，$\boldsymbol{c}\boldsymbol{A}^{n-2}\boldsymbol{b}=0$，试导出系统可由传递函数完全表征的充分必要条件。

题 14.15　设 SISO 连续时间线性时不变系统“$\dot{\boldsymbol{x}}=\boldsymbol{A}\boldsymbol{x}+\boldsymbol{b}u$，$y=\boldsymbol{c}\boldsymbol{x}$，$\dim(\boldsymbol{A})=3$”为联合完全能控和完全能观测，给定其状态转移矩阵为

$$\boldsymbol{\Phi}(t)=\begin{bmatrix}e^{-t} & 0 & 0\\ 0 & (1-2t)e^{-2t} & 4te^{-2t}\\ 0 & -te^{-2t} & (1+2t)e^{-2t}\end{bmatrix}$$

试定出系统的一组系数矩阵（$\boldsymbol{A},\boldsymbol{b},\boldsymbol{c}$）。

题 14.16　给定单输入连续时间线性时不变系统“$\dot{\boldsymbol{x}}=\boldsymbol{A}\boldsymbol{x}+\boldsymbol{b}u$，$\dim(\boldsymbol{A})=2$，$t\geqslant 0$”为完全能控，且知系统对应于两个不同非零初态的状态零输入响应为

$$\boldsymbol{x}_{0u(1)}=\begin{bmatrix}-\frac{1}{2}e^{-t}\\ e^{-t}\end{bmatrix},\quad \boldsymbol{x}_{0u(2)}=\begin{bmatrix}\frac{3}{2}e^{-2t}\\ -2e^{-2t}\end{bmatrix}$$

试据此定出系统的一个矩阵对$\{\boldsymbol{A},\boldsymbol{b}\}$。

题 14.17　设单输入连续时间线性时不变系统“$\dot{\boldsymbol{x}}=\boldsymbol{A}\boldsymbol{x}+\boldsymbol{b}u$，$\dim(\boldsymbol{A})=n$”为完全能控，表$\alpha(s)=\det(s\boldsymbol{I}-\boldsymbol{A})$。现知

$$(s\boldsymbol{I}-\boldsymbol{A})^{-1}\boldsymbol{b}=\frac{1}{\alpha(s)}\boldsymbol{P}\begin{bmatrix}1\\ s\\ \vdots\\ s^{n-1}\end{bmatrix},\quad \boldsymbol{P}\text{为 }n\times n\text{ 常阵}$$

试：（i）证明矩阵 $\boldsymbol{P}$ 必为非奇异；（ii）定出矩阵 $\boldsymbol{P}$。

题 14.18　已知 SISO 连续时间线性时不变系统“$\dot{\boldsymbol{x}}=\boldsymbol{A}\boldsymbol{x}+\boldsymbol{b}u$，$y=\boldsymbol{c}\boldsymbol{x}$，$\dim(\boldsymbol{A})=n$”为联合完全能控和完全能观测，现知系统特征方程$\alpha(s)=\det(s\boldsymbol{I}-\boldsymbol{A})=0$只有一个重根，即系统 n 个特征值为$\{\lambda_1,\lambda_1,\lambda_2,\cdots,\lambda_{n-1}\}$，且$\lambda_i\neq\lambda_j$，$\forall i\neq j$。试证明：系统矩阵 $\boldsymbol{A}$ 必不可能化为对角线型约当规范形。

题 14.19　给定 SISO 连续时间线性时不变系统为

$$\dot{\boldsymbol{x}}=\begin{bmatrix}0 & 1\\ 2 & -1\end{bmatrix}\boldsymbol{x}+\begin{bmatrix}0\\ 1\end{bmatrix}u,\quad y=\boldsymbol{c}\boldsymbol{x}$$

就如下两种情况分别定出相应的所有输出矩阵 $\boldsymbol{c}$：（i）使系统可由其传递函数完全表征；（ii）使系统为 BIBO 稳定。

题 14.20 给定 SISO 连续时间线性时不变系统为

$$\dot{\boldsymbol{x}}=\begin{bmatrix}-1 & 1 & 0\\ 0 & -1 & 0\\ 0 & 0 & 0\end{bmatrix}\boldsymbol{x}+\begin{bmatrix}1\\ 2\\ 0\end{bmatrix}u,\quad y=[2\quad 3\quad 1]\boldsymbol{x}$$

试判断：（i）系统是否为渐近稳定；（ii）系统是否为 BIBO 稳定。

题 14.21 给定 SISO 连续时间线性时不变系统

$$\dot{\boldsymbol{x}}=\begin{bmatrix}-1 & 0 & 1\\ 0 & 2 & 0\\ 0 & 0 & -1\end{bmatrix}\boldsymbol{x}+\begin{bmatrix}1\\ 2\\ 1\end{bmatrix}u,\quad y=\boldsymbol{c}\boldsymbol{x}$$

试定出使系统为 BIBO 稳定的一个输入矩阵 $\boldsymbol{c}$。

题 14.22 给定连续时间线性时不变系统 Σ “ $\dot{\boldsymbol{x}}=\boldsymbol{A}\boldsymbol{x}+\boldsymbol{B}\boldsymbol{u}$， $\boldsymbol{y}=\boldsymbol{C}\boldsymbol{x}$， $\dim(\boldsymbol{A})=n$ ” 的离散化模型为 Σ_k “ $\boldsymbol{x}(k+1)=\boldsymbol{G}\boldsymbol{x}(k)+\boldsymbol{H}\boldsymbol{u}(k)$， $\boldsymbol{y}(k)=\boldsymbol{C}\boldsymbol{x}(k)$ ”，试证明：Σ_k 为渐近稳定当且仅当 Σ 为渐近稳定。

题 14.23 设离散时间线性时不变自治系统 Σ_k “ $\boldsymbol{x}(k+1)=\boldsymbol{G}\boldsymbol{x}(k)$，$\dim(\boldsymbol{G})=n$ ” 为渐近稳定，现据此构造一个连续时间线性时不变自治系统 Σ “ $\dot{\boldsymbol{x}}=\boldsymbol{A}\boldsymbol{x}$，$\boldsymbol{A}=(\boldsymbol{G}+\boldsymbol{I})^{-1}(\boldsymbol{G}-\boldsymbol{I})$，且 $\lambda_i(\boldsymbol{A})\neq 1$， $i=1,2,\cdots,n$ ”，试证明 Σ 必为渐近稳定。

（提示： $\boldsymbol{P}\boldsymbol{A}+\boldsymbol{A}^{\mathrm{T}}\boldsymbol{P}=\dfrac{1}{2}[(\boldsymbol{A}^{\mathrm{T}}+\boldsymbol{I})\boldsymbol{P}(\boldsymbol{A}+\boldsymbol{I})-(\boldsymbol{I}-\boldsymbol{A}^{\mathrm{T}})\boldsymbol{P}(\boldsymbol{I}-\boldsymbol{A})]$）

题 14.24 给定 SISO 连续时间线性时不变系统 “ $\dot{\boldsymbol{x}}=\boldsymbol{A}\boldsymbol{x}+\boldsymbol{b}u$， $y=\boldsymbol{c}\boldsymbol{x}$， $t\geqslant 0$ ”，其中

$$\boldsymbol{A}=\begin{bmatrix}0 & 1\\ -a_0 & -a_1\end{bmatrix},\quad \boldsymbol{c}=[0\quad \sqrt{2a_1}],\quad a_0>0,\quad a_1>0,\quad \boldsymbol{x}(0)=\begin{bmatrix}1\\ 1\end{bmatrix}$$

且表 $\boldsymbol{P}$ 为系统的李亚普诺夫方程 $\boldsymbol{P}\boldsymbol{A}+\boldsymbol{A}^{\mathrm{T}}\boldsymbol{P}=-\boldsymbol{c}^{\mathrm{T}}\boldsymbol{c}$ 的对称解阵。试定出参数 a_0 和 a_1 值使零输入情况下有

$$\int_0^{\infty}y^2(t)\mathrm{d}t=10$$

题 14.25 给定 3 维双输入双输出连续时间线性时不变系统为

$$\dot{\boldsymbol{x}}=\begin{bmatrix}0 & a & 1\\ 0 & 1 & -1\\ 0 & 1 & -1\end{bmatrix}\boldsymbol{x}+\begin{bmatrix}0 & 0\\ 1 & 0\\ 0 & 1\end{bmatrix}\boldsymbol{u},\quad \boldsymbol{y}=\begin{bmatrix}0 & -1 & 1\\ 1 & 0 & 0\end{bmatrix}\boldsymbol{x},\quad t\geqslant 0$$

试就如下 4 种情况分别定出待定参数 a 的相应全部取值范围：（i）使系统可由状态反馈配置全部任意期望闭环特征值；（ii）使对系统可构造配置全部任意期望特征值的状态观测器；（iii）使系统可由“输入变换和状态反馈”进行动态解耦；（iv）在加权阵

$Q = C^{\mathrm{T}}C \geqslant 0$ 的选取下使系统的无限时间 LQ 最优调节系统为渐近稳定。

题 14.26 给定单输入连续时间线性时不变系统为

$$\dot{x} = \begin{bmatrix} 0 & 1 & 0 \\ 0 & 0 & 1 \\ 1 & -2 & -1 \end{bmatrix} x + \begin{bmatrix} 0 \\ 0 \\ 1 \end{bmatrix} u$$

试确定一个状态反馈控制 u，使状态反馈闭环系统的状态转移矩阵为

$$\bar{\boldsymbol{\Phi}}(t) = P\begin{bmatrix} e^{-4t} & & \\ & e^{-2t} & \\ & & e^{-t} \end{bmatrix} P^{-1}，\ P\text{ 为给定 }3\times 3\text{ 非奇异常阵}$$

题 14.27 给定连续时间线性时不变受控系统为“$\dot{x} = Ax + Bu,\ y = Cx + Du,\ \dim(A) = n$”，取控制输入 $u = -Kx + v$，v 为参考输入，导出状态反馈闭环系统为

$$\dot{x} = (A - BK)x + Bv,\quad y = (C - DK)x + Dv$$

现设 T 为任意 $n \times n$ 非奇异阵，试证明：“状态反馈闭环系统”和“受控系统”满足：

$$\mathrm{rank}\begin{bmatrix} sI - A & B \\ C & D \end{bmatrix} = \mathrm{rank}\begin{bmatrix} T(sI - A + BK)T^{-1} & TB \\ (C - DK)T^{-1} & D \end{bmatrix}$$

题 14.28 给定按“$\Sigma_1 - \Sigma_2$”顺序构成的串联系统 Σ_{T}，子系统 Σ_1 和 Σ_2 均为连续时间线性时不变系统，其状态空间描述为

$$\Sigma_1:\ \dot{x}_{(1)} = \begin{bmatrix} 0 & 1 \\ -3 & -4 \end{bmatrix} x_{(1)} + \begin{bmatrix} 0 \\ 1 \end{bmatrix} u_{(1)},\quad y_{(1)} = [2\quad 1]x_{(1)}$$

$$\Sigma_2:\ \dot{x}_{(2)} = -2x_{(2)} + u_{(2)},\quad y_{(2)} = x_{(2)}$$

试问：(i) 对串联系统 Σ_{T} 可否基于状态反馈配置全部任意期望闭环特征值；(ii) 对串联系统 Σ_{T} 可否构造能配置全部任意期望特征值的全维状态观测器。

题 14.29 给定 SISO 受控系统由传递函数 $g(s) = 1/s^2$ 完全表征，设系统初态 $x(0) = h$，输入 u 不受限制，性能指标取为

$$J(u(\cdot)) = \int_0^{\infty} (y^2 + u^2)\mathrm{d}t$$

试定出最优控制 u^* 和最优性能值 J^*，并估计系统的增益裕度和相位裕度。

14.2 线性系统复频率域理论部分的新增习题

题 14.30 给定包含待定参量 α 的一个多项式矩阵为

$$M(s) = \begin{bmatrix} s+3 & s+4 & 0 \\ \alpha & s+1 & s+1 \\ 0 & s+2 & s \end{bmatrix}$$

试：（i）分别定出 $\boldsymbol{M}(s)$ 为奇异、非奇异和单模的 α 取值范围；（ii）分别定出 α 随机取值时 $\boldsymbol{M}(s)$ 为奇异、非奇异和单模的概率。

题 14.31 设 $\boldsymbol{M}(s)$ 为 $q\times p$ 多项式矩阵，$q>p$ 且“$\text{rank}\boldsymbol{M}(s)=p$，$\forall$ 所有 s”，试证明：$\boldsymbol{M}(s)$ 的史密斯形 $\boldsymbol{\Lambda}(s)=[\boldsymbol{I}_p\quad \boldsymbol{0}]$。

题 14.32 列写出给定矩阵束（$s\boldsymbol{E}-\boldsymbol{A}$）的克罗内克尔形，其中

$$\boldsymbol{E}=\begin{bmatrix}1 & 2\\ 2 & 4\end{bmatrix},\quad \boldsymbol{A}=\begin{bmatrix}1 & 0\\ 0 & 0\end{bmatrix}$$

题 14.33 给定连续时间线性时不变系统为

$$\dot{\boldsymbol{x}}=\boldsymbol{A}\boldsymbol{x}+\begin{bmatrix}1\\ -2\end{bmatrix}u,\quad \boldsymbol{y}=\begin{bmatrix}2 & 3\\ 0 & 1\end{bmatrix}\boldsymbol{x}$$

已知系统对应于两个不同非零初态的零输入状态响应为

$$\boldsymbol{x}_{0\mathrm{u}(1)}(t)=\begin{bmatrix}-\dfrac{1}{2}\mathrm{e}^{-t}\\ \mathrm{e}^{-t}\end{bmatrix},\quad \boldsymbol{x}_{0\mathrm{u}(2)}(t)=\begin{bmatrix}\dfrac{3}{2}\mathrm{e}^{-2t}\\ -2\mathrm{e}^{-2t}\end{bmatrix}$$

试定出系统的一个不可简约右 MFD。

题 14.34 令 $\boldsymbol{D}_{\mathrm{L}}(s)$ 和 $\boldsymbol{N}_{\mathrm{L}}(s)$ 分别为 2×2 和 2×3 的多项式矩阵，现知 $\boldsymbol{D}_{\mathrm{L}}(s)$ 和 $\boldsymbol{N}_{\mathrm{L}}(s)$ 的一个 gcld 为

$$\boldsymbol{R}_{\mathrm{L}}(s)=\begin{bmatrix}1 & s+2\\ s+3 & s^2+5s+6\end{bmatrix}$$

试：（i）判断矩阵 $[\boldsymbol{D}_{\mathrm{L}}(s)\quad \boldsymbol{N}_{\mathrm{L}}(s)]$ 是否对所有 s 为行满秩；（ii）定出 $\boldsymbol{D}_{\mathrm{L}}(s)$ 和 $\boldsymbol{N}_{\mathrm{L}}(s)$ 的另一个 gcld $\bar{\boldsymbol{R}}_{\mathrm{L}}(s)$。

题 14.35 给定多项式矩阵对 $\{\boldsymbol{D}(s),\ \boldsymbol{N}(s)\}$ 为

$$\boldsymbol{D}(s)=\begin{bmatrix}s+2 & s+a\\ s+1 & s+3\end{bmatrix},\quad \boldsymbol{N}(s)=\begin{bmatrix}s+1 & s+1\\ 0 & s+3\end{bmatrix}$$

试：（i）确定待定参量 a 的范围使“存在多项式矩阵 $\boldsymbol{X}(s)$ 和 $\boldsymbol{Y}(s)$，成立 $\boldsymbol{X}(s)\ \boldsymbol{N}(s)+\boldsymbol{Y}(s)\ \boldsymbol{D}(s)=\boldsymbol{I}$”；（ii）在导出的范围内选取一个待定参量 a，定出满足上式多项式矩阵等式的多项式矩阵 $\boldsymbol{X}(s)$ 和 $\boldsymbol{Y}(s)$。

题 14.36 给定连续时间线性时不变系统的左 MFD $\boldsymbol{D}_{\mathrm{L}}^{-1}(s)\boldsymbol{N}_{\mathrm{L}}(s)$，已知

$$\boldsymbol{N}_{\mathrm{L}}(s)=\begin{bmatrix}2 & s+3 & s^2+2s+1\\ s+1 & 0 & s^2+5s+4\end{bmatrix}$$

试确定一个非对角分母矩阵 $\boldsymbol{D}_{\mathrm{L}}(s)$，使 $\boldsymbol{D}_{\mathrm{L}}^{-1}(s)\boldsymbol{N}_{\mathrm{L}}(s)$ 同时为真和不可简约。

题 14.37 给定连续时间线性时不变系统的左 MFD $\boldsymbol{D}_{\mathrm{L}}^{-1}(s)\boldsymbol{N}_{\mathrm{L}}(s)$ 为

$$D_L^{-1}(s)N_L(s)=\begin{bmatrix}0 & 10(s+3)^2\\(s-1)(s+3)^2 & 7s+5\end{bmatrix}^{-1}\begin{bmatrix}s+3 & 3\\(s-1)(s+2)^2 & s-1\end{bmatrix}$$

试回答下列问题并说明理由：(i) $\{D_L(s),\ N_L(s)\}$的 gcld 是否为单模；(ii) $D_L^{-1}(s)N_L(s)$ 是否为物理上可实现的。

题 14.38 给定连续时间线性时不变系统的右 MFD $N(s)D^{-1}(s)$，已知$\{D(s),\ N(s)\}$的一个 gcrd $R(s)$ 及其构造定理变换阵 $U(s)$ 为

$$R(s)=\begin{bmatrix}s+1 & s+2\\2 & s+3\end{bmatrix},\quad U(s)=\begin{bmatrix}2s+1 & 0 & s+5\\1 & 2 & s\\s & 1 & s+2\end{bmatrix}$$

试：(i) 判断此右 MFD $N(s)D^{-1}(s)$ 是否为不可简约；(ii) 定出 $N(s)D^{-1}(s)$ 的两个不可简约右 MFD $\bar{N}(s)\bar{D}^{-1}(s)$ 和 $\tilde{N}(s)\tilde{D}^{-1}(s)$。

题 14.39 给定连续时间线性时不变系统的两个右 MFD $\bar{N}(s)\bar{D}^{-1}(s)=\tilde{N}(s)\tilde{D}^{-1}(s)$，已知分母矩阵 $\bar{D}(s)$ 和 $\tilde{D}(s)$ 为

$$\bar{D}(s)=\begin{bmatrix}(s+1)^2 & (s+1)(s+2)\\(s-1)(s+1)(s+2)+(s-1)(s+3) & (s-1)(s+2)^2+(s-1)(s+4)\end{bmatrix}$$

$$\tilde{D}(s)=\begin{bmatrix}(s+1) & 0\\(s-1)(s+2) & (s-1)\end{bmatrix}$$

试证明：$\tilde{N}(s)\tilde{D}^{-1}(s)$ 为不可简约当且仅当 $\bar{N}(s)\bar{D}^{-1}(s)$ 为不可简约。

题 14.40 设有真右 MFD $N_1(s)D_1^{-1}(s)=N_2(s)D_2^{-1}(s)$，其中 $N_1(s)D_1^{-1}(s)$ 为不可简约，现知

$$D_1(s)=\begin{bmatrix}(s+1) & 0\\(s-1)(s+2) & (s-1)\end{bmatrix}$$

试：(i) 定出使 $N_1(s)$ 和 $N_2(s)$ 具有相同零点集的一个 $D_2(s)$；(ii) 定出一对满足上述要求的 $N_1(s)$ 和 $N_2(s)$。

题 14.41 给定传递函数矩阵 $G(s)$ 为

$$G(s)=\begin{bmatrix}\dfrac{s+1}{(s+2)^2} & 0 & 0\\ 0 & \dfrac{(s+1)^2}{s+2} & 0\\ 0 & 0 & \dfrac{1}{(s+2)(s+1)^2}\end{bmatrix}$$

试定出 $G(s)$ 的史密斯-麦克米伦形和变换矩阵对$\{U(s),\ V(s)\}$。

题 14.42 给定连续时间线性时不变系统的传递函数矩阵为

$$G(s)=\begin{bmatrix}\dfrac{s}{s+2} & 0 & \dfrac{s+1}{s+2}\\ 0 & \dfrac{s+1}{s^2} & \dfrac{1}{s}\end{bmatrix}$$

试定出：（i）$G(s)$的全部“有限极点零点”和“无限极点零点”；（ii）$G(s)$的亏数。

题 14.43 给定 $p\times p$ 传递函数矩阵 $G(s)$ 为非奇异，现知

$$G(s)\text{ 的史密斯-麦克米伦形 }M(s)=\begin{bmatrix}\dfrac{\varepsilon_1(s)}{\psi_1(s)} & & \\ & \ddots & \\ & & \dfrac{\varepsilon_p(s)}{\psi_p(s)}\end{bmatrix}$$

$G(s)$的有限极点$=s_1,s_2,\cdots,s_\alpha$，　$G(s)$的有限零点$=z_1,z_2,\cdots,z_\beta$

试定出：（i）$G^{-1}(s)$的史密斯-麦克米伦形；（ii）$G^{-1}(s)$的有限极点和有限零点。

题 14.44 给定连续时间线性时不变系统的传递函数矩阵为

$$G(s)=\begin{bmatrix}\dfrac{s}{s+2} & 0 & \dfrac{s+1}{s+2}\\ 0 & \dfrac{s+1}{s^2} & \dfrac{1}{s}\end{bmatrix}$$

试定出：（i）$G(s)$的右零空间Ω_r的维数；（ii）Ω_r的一个最小多项式基；（iii）$G(s)$的右最小指数和亏数。

题 14.45 确定下列连续时间线性时不变系统传递函数矩阵的两个最小实现：

$$G(s)=\begin{bmatrix}\dfrac{(s+3)}{(s+1)(s+2)}\\ \dfrac{(s+4)}{(s+3)}\end{bmatrix}$$

题 14.46 设（A,b,c）为n维 SISO 连续时间线性时不变系统的传递函数的一个最小实现，现知系统矩阵A可通过线性非奇异变换化为对角线型约当规范形，试证明：系统特征方程$\alpha(s)=\det(sI-A)=0$的n个根必为两两相异。

题 14.47 给定连续时间线性时不变系统的左 MFD $D_L^{-1}(s)N_L(s)$为

$$D_L^{-1}(s)N_L(s)=\begin{bmatrix}0 & 10(s+3)^2\\ (s-1)(s+3)^2 & 7s+5\end{bmatrix}^{-1}\begin{bmatrix}s+3 & 3\\ (s-1)(s+2)^2 & s-1\end{bmatrix}$$

试回答下列问题并说明理由：（i）给定系统是否只采用 4 个积分器就可进行仿真；（ii）给定系统最少需要采用多少个积分器就能进行仿真。

题 14.48 给定连续时间线性时不变系统的右 MFD $N(s)D^{-1}(s)$，已知

$$N(s)=\begin{bmatrix} s+3 & 3 \\ (s-1)(s+2) & s-1 \end{bmatrix}$$

试定出一个分母矩阵 $\boldsymbol{D}(s)$，使 $\boldsymbol{N}(s)\boldsymbol{D}^{-1}(s)$ 的能控性形实现（$\boldsymbol{A}, \boldsymbol{B}, \boldsymbol{C}, \boldsymbol{E}=\boldsymbol{0}$）为联合完全能控和完全能观测。

题 14.49　设（$\boldsymbol{A}, \boldsymbol{b}, \boldsymbol{c}$）为 SISO 连续时间线性时不变系统右 MFD $N(s)D^{-1}(s)$ 的维数为 $\deg D(s)=5$ 的一个实现，现知存在 5×5 非奇异变换阵 $\boldsymbol{T}$，使可将系统矩阵 $\boldsymbol{A}$ 变换为约当规范形：

$$\boldsymbol{A}=\begin{bmatrix} -1 & & & & \\ & -2 & & & \\ & & -2 & & \\ & & & -3 & \\ & & & & -4 \end{bmatrix}$$

试判断 $N(s)D^{-1}(s)$ 是否为不可简约，并简要说明理由。

题 14.50　给定连续时间线性时不变系统的右 MFD $\boldsymbol{N}(s)\boldsymbol{D}^{-1}(s)$，其中

$$\boldsymbol{N}(s)=\begin{bmatrix} s+3 & 3 \\ (s-1)(s+2) & s-1 \end{bmatrix},\quad \boldsymbol{D}(s)=\begin{bmatrix} 0 & 10(s+3) \\ (s-1)(s+3)^2 & (s-1) \end{bmatrix}$$

试问：$\boldsymbol{N}(s)\boldsymbol{D}^{-1}(s)$ 的控制器形实现是否为最小实现，并简要说明理由。

题 14.51　给定连续时间线性时不变系统的 PMD 为 $\{\boldsymbol{P}(s),\ \boldsymbol{Q}(s),\ \boldsymbol{R}(s)\}$，现知

$$\boldsymbol{R}(s)=\begin{bmatrix} s+1 & s \\ s+3 & s+4 \end{bmatrix},\quad \boldsymbol{Q}(s)=\begin{bmatrix} s(s+1) & 1 \\ 0 & s \end{bmatrix}$$

试确定一个多项式矩阵 $\boldsymbol{P}(s)$ 使系统“不存在输出解耦零点，但存在输入解耦零点”。

题 14.52　给定连续时间线性时不变系统的 PMD 为 $\{\boldsymbol{P}(s),\ \boldsymbol{Q}(s),\ \boldsymbol{R}(s)\}$，现知

$$\boldsymbol{R}(s)=\begin{bmatrix} s+1 & s \\ s+3 & s+4 \end{bmatrix},\quad \boldsymbol{Q}(s)=\begin{bmatrix} s(s+1) & 1 \\ 0 & s \end{bmatrix}$$

试确定一个多项式矩阵 $\boldsymbol{P}(s)$ 使

$$\begin{bmatrix} \boldsymbol{P}^2(s) & \boldsymbol{P}(s)\boldsymbol{Q}(s) \\ \boldsymbol{R}(s)\boldsymbol{P}(s) & \boldsymbol{R}(s)\boldsymbol{Q}(s) \end{bmatrix} \text{的史密斯形为} \begin{bmatrix} \boldsymbol{I} & \boldsymbol{0} \\ \boldsymbol{0} & \boldsymbol{0} \end{bmatrix}$$

题 14.53　给定连续时间线性时不变系统的 PMD 为 $\{\boldsymbol{P}(s),\ \boldsymbol{Q}(s),\ \boldsymbol{R}(s)\}$，现知

$$\boldsymbol{R}(s)=\begin{bmatrix} s & s \\ s+3 & s+4 \end{bmatrix},\quad \boldsymbol{Q}(s)=\begin{bmatrix} s(s+1) & 1 \\ 0 & s \end{bmatrix}$$

试确定一个多项式矩阵 $\boldsymbol{P}(s)$ 使 PMD 的维数为 4 的实现是最小实现。

题 14.54　给定连续时间线性时不变系统 PMD 为 $\{\boldsymbol{P}(s),\ \boldsymbol{Q}(s),\ \boldsymbol{R}(s),\ \boldsymbol{W}(s)\}$，现知

$$\begin{bmatrix} \boldsymbol{P}^2(s) & \boldsymbol{P}(s)\boldsymbol{Q}(s) \\ \boldsymbol{R}(s)\boldsymbol{P}(s) & \boldsymbol{R}(s)\boldsymbol{Q}(s) \end{bmatrix} \text{的史密斯形为} \begin{bmatrix} \boldsymbol{I} & \boldsymbol{0} \\ \boldsymbol{0} & \boldsymbol{0} \end{bmatrix}$$

试证明：给定系统可由 $\boldsymbol{R}(s)\boldsymbol{P}^{-1}(s)\boldsymbol{Q}(s)+\boldsymbol{W}(s)$ 完全表征。

题 14.55 设连续时间线性时不变串联系统的传递函数矩阵为 $\boldsymbol{G}_{\mathrm{T}}(s)=\boldsymbol{G}_1(s)\boldsymbol{G}_2(s)$，且知 $\boldsymbol{G}_1(s)=\boldsymbol{N}_1(s)\boldsymbol{D}_1^{-1}(s)$ 和 $\boldsymbol{G}_2(s)=\boldsymbol{D}_{\mathrm{L}2}^{-1}(s)\boldsymbol{N}_{\mathrm{L}2}(s)$ 为不可简约，试给出串联系统可由 $\boldsymbol{G}_{\mathrm{T}}(s)$ 完全表征的条件。

参 考 文 献

[1] 郑大钟. 1990. 线性系统理论. 北京: 清华大学出版社

[2] 郑大钟. 2002. 线性系统理论(第二版). 北京：清华大学出版社，Springer

[3] Chen Chi-Tsong. 1970. Introduction to Linear System Theory. New York: Holt, Rinehart and Winston

[4] Chen Chi-Tsong. 1984. Linear System Theory and Design. New York: Holt, Rinehart and Winston

[5] Kailath T. 1980. Linear Systems. Englewood Cliffs, NJ: Prentice-Hall

[6] Kailath T. 1985. 《线性系统》习题解答. 李清泉等译. 北京：科学出版社

[7] Nise N S. 2000. Control Systems Engineering, Third Edition. New York: John Wiley & Sons, Inc.

[8] Ogata K. 1967. State Space Analysis of Control Systems. Englewood Cliffs, NJ: Prentice-Hall

[9] Ogata K. 1970. Modern Control Engineering. Englewood Cliffs, NJ: Prentice-Hall

[10] D'azzo J J and Houpis C H. 1995. Linear Control System Analysis and design, Fourth Edition. New York: McGraw-Hill

[11] Driels M. 1996. Linear Control Systems Engineering. New York: McGraw-Hill

[12] 有本卓著，马力建、刘铁军、于连波译. 1984. 线性系统理论及习题解. 哈尔滨：黑龙江科学技术出版社